RENCONTRES
571

Pour une poétique des villes-fleuves du monde, entre géopoétique et écopoétique

Actes du colloque international « Orléans et villes-fleuves du monde
au fil des siècles : histoire d'eau et d'art », organisé les 16 et 17 mars 2017
au musée des Beaux-Arts d'Orléans, France

Pour une poétique des villes-fleuves du monde,

entre géopoétique et écopoétique

Sous la direction de Patrick Voisin

PARIS
CLASSIQUES GARNIER
2023

Patrick Voisin, agrégé de grammaire, professeur de chaire supérieure (H), membre du laboratoire Babel (université de Toulon) et de l'Académie de Béarn, a dirigé *La Valeur de l'œuvre littéraire* (Paris, 2012), *Ahmadou Kourouma, entre poétique romanesque et littérature politique* (Paris, 2015), *Réinventer la brachylogie* (Paris, 2020) et *Relire Rachid Mimouni, entre hier et demain* (Paris, 2021).

ISBN 978-2-406-14480-9 (livre broché)
ISBN 978-2-406-14481-6 (livre relié)
ISSN 2103-5636

HOMMAGE AU PROFESSEUR BI KACOU PARFAIT DIANDUÉ (1973-2019)

Bi Kacou Parfait Diandué, professeur de littérature comparée à l'Université Félix-Houphouët-Boigny d'Abidjan, est décédé à l'aéroport Charles-De-Gaulle (Paris-Roissy), le 24 décembre 2019. Ayant soutenu une thèse sur Ahmadou Kourouma en 2003, *Histoire et fiction dans la production romanesque d'Ahmadou Kourouma*, il multiplia les publications sur son compatriote ivoirien, par exemple *Réflexions géocritiques sur l'œuvre d'Ahmadou Kourouma* (2013).

Disciple de Bertrand Westphal, il développa son travail universitaire vers la géocritique et est l'auteur de deux volumes – *Topolectes 1* (2005) et *Topolectes 2* (2013) – dans lesquels il étudie la relation qui existe entre l'espace et la création romanesque, et plus précisément entre la spatialité, la temporalité et la scripturalité.

Dans *Topolectes 2*, il écrit ainsi à propos de ses propres travaux sur Ahmadou Kourouma : « Mes réflexions géocritiques sur l'œuvre d'Ahmadou Kourouma s'originent dans l'analyse des lieux et des espaces de création de l'auteur. Il s'agit de lieux culturels, de lieux mémoriels, de lieux thématiques qui en appellent à l'espace du style, à l'espace du sens. L'espace de création de Kourouma, qui intègre son environnement culturel, sa mémoire, sa page blanche, son auditoire et son *locus*, amène à comprendre dans ma perspective que tout est spatial. L'espace cerne le tout, l'art et la vie. »

En 2013, il fonda la *Revue des Lettres, Arts, Sciences de l'imaginaire et Sciences humaines* « *Nodus Sciendi* » (https://nodus-sciendi.net/) dont la finalité est, dans une approche métadiscursive, de mettre la création littéraire en connexion avec tous les autres domaines du Savoir et, plus précisément, d'interroger l'apport de la Littérature en tant que science de l'imaginaire dans ses liens avec le monde du Savoir qui l'entoure, tant au niveau de sa construction propre qu'au niveau de ses rapports interdisciplinaires.

Il devait prendre une place importante dans cet ouvrage sur la poétique des villes-fleuves, après avoir participé à notre travail sur la brachylogie par un article épistémologique rapprochant philosophie, littérature et science : « Brachylogie : théorie, méthode et pratique », *Réinventer la brachylogie entre dialectique, rhétorique et poétique*, Patrick Voisin (dir.), Paris, Garnier, 2020, p. 543-556. Mais il est parti trop tôt…

« Vu que demain n'est qu'une hypothèse, tous nos projets devraient s'écrire entre parenthèses », avait-il écrit, avec la sagesse, la mesure et l'humanisme profond qui le caractérisaient.

Patrick VOISIN
Membre du Comité Scientifique
de *Nodus Sciendi*, Abidjan,
Côte d'Ivoire

PROLÉGOMÈNES
À L'ÉTUDE DES VILLES-FLEUVES DU MONDE
SOUS LE SIGNE DE ZEUGMA

« Lyon, fille de ses “fleuves” », titrait le site web officiel de la ville de Lyon le 26 mars 2021, considérant que la Saône et le Rhône ont joué un rôle majeur dans l'histoire de la ville, avant que celle-ci ne se détourne d'eux au fil des siècles, et appelant à une réconciliation avec ce patrimoine naturel.

Qui ne se souvient en effet des nombreux dizains (XVII, CCCXLVI, CCCXCVI, etc.) du *canzoniere* de Maurice Scève *Délie, objet de plus haute vertu* (1544) ! « Et toi, ô Rhône, en fureur, en grande ire / Tu viens courant des Alpes roidement / Vers celle-là qui t'attend froidement / Pour en son sein tant doux te recevoir. » Quant à Léon Daudet, il avait coutume de dire, de façon humoristique : « Lyon est une ville arrosée par trois grands fleuves : le Rhône, la Saône et le Beaujolais. Et l'on rapporte qu'Édouard Herriot, maire de Lyon entre 1905 et 1940, puis entre 1945 et 1957, ne jugeait pas utile l'installation de compteurs d'eau dans les immeubles lyonnais afin d'économiser les ressources en eau potable, puisqu'il y avait ces deux fleuves qui traversaient Lyon ; la rencontre du Rhône et de la Saône a toujours constitué un élément fondamental – quasiment mythique – de l'identité lyonnaise qui s'y ressource.

PAS DE VILLE SANS FLEUVE ?

Cela paraît évident *a priori* que toute ville est traversée par un fleuve ou une rivière. Le constat est globalement juste, mais pas à 100 % ! En effet toutes les grandes villes ne sont pas liées à un fleuve – ou même à une rivière[1] – qui les traverserait voire qui coulerait à proximité ! Parfois, c'est un cours d'eau qui est loin d'avoir une taille digne de la ville ; Jules Blache écrit ainsi :

> On voit partout des villes notables associées aux fleuves notables, de préférence. Le cours d'eau, avec son ou ses ponts, fait partie du paysage urbain. [...] mais il en est de grandes sur des rivières sans conséquence, comme Berlin ou Moscou, qui n'a pas cherché un fleuve à sa taille ; ou encore sans rivière et sans pont comme Madrid, qui ne fait que dominer de loin le dérisoire Manzanarès[2].

Et il fait ce bilan pour la France :

> Chez nous, Reims, Dijon, ne sont associées qu'à des ruisseaux, qu'enjambent des ponts sans prestige. [...] Il est assez facile de dresser la liste des villes dont le site de départ se place sans discussion à l'écart du réseau fluvial. Ce sont des *oppida* purs (Laon, Chaumont), des créations princières (Versailles, Nancy). Sont aussi dépourvues de rivières appréciables Clermont-Ferrand, Montpellier et Gap ainsi que Nîmes, bien que celle-ci soit associée à une source. Au total, 8 villes réfractaires.

Corréler vitalité de la ville et présence d'un fleuve n'est pas obligatoire : Dijon, dont le nom d'origine celtique est associé à la présence de sources, a été un carrefour de routes et un lieu d'échanges commerciaux florissant sur la route de l'étain entre nord et sud de l'Europe, en n'ayant pourtant que deux rivières très modestes. Et l'on peut toujours pallier le manque de fleuve par le creusement d'un canal qui fait office de fleuve sans en être un, puisque non naturel : en Chine, Beijing (Pékin) n'est reliée à l'eau que par le canal impérial ou grand Canal qui va jusqu'à Tianjin puis à Hangchou. Si l'on change d'échelle géographique, il existe même des pays entiers sans le moindre fleuve ni la moindre rivière ! Des îles certes, ne possédant pas la moindre source, mais également l'Arabie Saoudite ou le Yémen.

---

1 Rappelons qu'un fleuve finit sa course dans un océan, une mer ou une mer intérieure – tel l'Okavango qui se jette dans un delta situé dans le désert du Kalahari, fleuve endoréique –, alors qu'une rivière est un affluent d'un fleuve ou d'une autre rivière ; ce n'est pas une affaire de taille ou de débit du cours d'eau.

2 Jules Blache, « Sites urbains et rivières françaises », *Revue de géographie de Lyon*, vol. 34, n° 1, 1959, p. 17-55 : https://www.persee.fr/doc/geoca_0035-113x_1959_num_34_1_2317 (consulté le 22 septembre 2022). Depuis cette date, certaines villes ont eu cœur à redécouvrir et valoriser des ruisseaux qui les traversent, par exemple Montpellier et le Lez (long de 28,5 km), Saint-Étienne et le Furan. Et il y a aussi la Bièvre à Paris.

Que dire encore d'une ville comme Byzance-Constantinople-Istanbul qui est traversée par un fleuve qui n'en est pas un ! Le Bosphore, qui coupe la ville en deux parties (anatolienne et rouméliote) reliées par trois ponts – et le tunnel routier Eurasia long de 5,4 km depuis 2016 – et situées sur deux continents différents (l'Europe et l'Asie), fonctionne comme un fleuve, mais c'est pourtant un détroit maritime qui relie la mer Noire à la mer de Marmara, long de 32 km et large de 698 m à son point le plus étroit.

Il y a également les fleuves qui traversent des villes et ceux qui passent non loin. C'est le cas du Tigre et de l'Euphrate : c'est le premier qui traverse Bagdad, et non l'Euphrate qui a un cours parallèle depuis la Turquie et qui n'est distant du Tigre et de Bagdad que de 30 km, avant de former la Mésopotamie avec un estuaire commun qui débouche dans le golfe Persique.

Ville et fleuve c'est une histoire d'amour ! Ainsi Stéphane Castonguay et Dany Fougères considèrent-ils qu'il faut « aborder le couple rivière-ville, non pas côte à côte ou bout à bout, mais l'un dans l'autre », car les deux éléments du couple sont engagés « dans un rapport de co-production[3] ».

VILLES BIPARTITES ET VILLES JUMELLES

Cela conduit à s'intéresser au cas très particulier des villes bipartites ou jumelles (à ne pas confondre avec les villes jumelées par un partenariat) par rapport à un fleuve. Les premières sont constituées d'un noyau urbain situé sur une rive du fleuve, dont le développement a entraîné l'investissement ultérieur de la rive opposée qui ne constitue, en général, qu'un faubourg plus ou moins important ; c'est le cas, en France, de Vienne et de Saint-Romain-en-Gal, par exemple. En revanche, on parle de villes-jumelles lorsque deux agglomérations distinctes, aux noms distincts et ayant été fondées comme telles, fonctionnent en miroir de part et d'autre d'un fleuve, qu'elles soient appelées à se réunir et à

3 Stéphane Castonguay et Dany Fougères, « Les rapports riverains de la ville : Sherbrooke et ses usages des rivières Magog et Saint-François, XIXe-XXe siècles », *Revue d'histoire urbaine*, vol. 36, n° 1, 2007, p. 3-15 : https://www.erudit.org/fr/revues/uhr/2007-v36-n1-uhr0596/1015816ar/ (consulté le 22 septembre 2022).

former une même unité urbaine – comme c'est le cas de Buda et de Pest devenues Budapest, sur le Danube en Hongrie, ou de Minneapolis et de Saint-Paul, sur le Mississipi aux États-Unis, ou encore de Clermont et Montferrand devenues Clermont-Ferrand, loin de l'Allier mais sur de petits cours d'eau (la Tiretaine, l'Artière et le Bédat) dont le principal, la Tiretaine, est busé –, ou que la fusion administrative n'ait jamais eu lieu.

On peut même considérer le cas d'agglomérations transfrontalières, lorsque chacune des deux villes jumelles est située de part et d'autre d'une frontière : c'est le cas de Kinshasa et de Brazzaville, de part et d'autre du fleuve Congo, le deuxième d'Afrique par sa longueur derrière le Nil, et le deuxième au monde par son débit derrière l'Amazone. Fruit des rivalités coloniales, deux capitales, les plus rapprochées au monde (2 à 3 km) se font face à l'amont des rapides, et c'est le fleuve qui sert de frontière. Leur poids démographique inégal, près de deux millions d'habitants pour Brazzaville, une dizaine de millions pour Kinshasa, reflète la différence de taille entre les deux états qui se partagent les rives du Pool et le nom du fleuve : la République du Congo (5,5 millions d'habitants) et la République démocratique du Congo (80 millions d'habitants), dénommée Zaïre (autre nom du fleuve) entre 1971 et 1997.

Autre cas intéressant : San Diego, aux États-Unis, et Tijuana, au Mexique, sont deux villes jumelles transfrontalières, mais ni la rivière San Diego ni la rivière Tijuana ne les limitent nettement et complètement : la rivière San Diego coupe San Diego d'est en ouest, délimitant deux secteurs nord et sud ; le Rio Tijuana devient Tijuana River à la fin de son parcours, en changeant de territoire, mais Tijuana est séparée de San Diego par un axe routier et non par le cours d'eau.

LES VILLES-FLEUVES OBJET D'ÉTUDE

Les travaux d'ordre géographique sur les relations entretenues par des villes et des fleuves ne manquent pas. Ils surprennent parfois, comme lorsqu'on découvre que ce n'est pas la Seine qui coule à Paris, mais l'Yonne ! En effet, scientifiquement parlant, selon les règles de l'hydrographie (étude des cours d'eau), au croisement de deux cours d'eau c'est celui qui apporte le débit d'eau le plus fort qui conserve son nom en aval, et l'autre cours d'eau devient son affluent – par exemple, la Saône pour le Rhône, l'Indre pour la Loire. Or, lorsque l'Yonne et la Seine se rejoignent au niveau du village de Montereau-Fault-Yonne, c'est l'Yonne qui apporte le volume d'eau le plus important ; c'est donc l'Yonne qui devrait traverser Paris. Mais l'histoire a eu raison de la géographie : les Gaulois n'étudiaient pas l'hydrographie et ne pouvaient donc savoir quel fleuve amenait plus d'eau que l'autre ; en revanche, là où se trouve la source sacrée de la Seine il y avait un temple gallo-romain ; la Seine a donc pris le dessus sur l'Yonne et l'histoire a conservé cette tradition ; quand les scientifiques ont compris que c'était finalement l'Yonne qui traversait Paris, la Seine était déjà installée dans la capitale et la région ; il en résulte que le 93 n'est pas le département de l'Yonne-Saint-Denis mais celui de la Seine-Saint-Denis !

Si l'on reprend dans un ordre chronologique les publications sur ce sujet, on citera tout d'abord un numéro de la *Revue de géographie de Lyon* qui s'intéressait en 1990 aux « villes et fleuves au Japon et en France[4] », tout particulièrement l'article de Jean Pelletier sur « les relations de la ville et des cours d'eau[5] ». De même, *Villes et fleuves en Europe*[6] est un ouvrage issu d'une journée d'études (Lyon 2 / musée Gadagne) « visant à placer Lyon et les liens complexes qui unissent la ville à ses fleuves dans une perspective européenne » et à envisager « quelles relations d'autres villes comme Rome, Paris, Arras ou encore Strasbourg entretiennent avec leurs fleuves, à partir de regards croisés d'historiens, de géographes, de conservateurs du patrimoine autour de problématiques essentielles à la compréhension de l'histoire urbaine et sociale ».

Plus récemment, Thierry Mercadal, dans un film intitulé *Villes et fleuves* (*On Stage Production*, 2020[7]), montre comment « les villes qui se sont construites autour d'un fleuve entretiennent depuis longtemps un

---

4 Jacques Bethemont (dir.), *Villes et fleuves au Japon et en France*, *Revue de géographie de Lyon*, vol. 65, n°4, 1990 : https://www.persee.fr/issue/geoca_0035-113x_1990_num_65_4 (consulté le 22 septembre 2022) ; Jacques Bethemont, *Les grands fleuves. Entre nature et société*, Paris, Armand Colin, collection U, Paris, 1999.

5 Jean Pelletier, « Les relations de la ville et des cours d'eau », *Villes et fleuves au Japon et en France*, *op. cit.*, p. 233-239 : https://www.persee.fr/doc/geoca_0035-113x_1990_num_65_4_5741 (consulté le 22 septembre 2022).

6 Jacques Rossiaud, *Villes et fleuves en Europe*, Milan, Silvana Editoriale, 2016.

7 *Cf.* http://www.film-documentaire.fr/4DACTION/w_fiche_film/41799_0 (consulté le 22 septembre 2022).

lien très fort avec leur cours d'eau » ; le documentaire pose différentes questions, dont celle de « l'évolution de ce lien depuis la cessation des activités industrielles liées au transport fluvial » ; et il retrace « l'évolution des attitudes de la ville envers le fleuve ». Après lui avoir tourné le dos en faveur de la voiture, il s'agit de savoir de quelle manière la ville fait du cours d'eau « un enjeu de reconquête et de requalification de son centre », ou encore par quels facteurs les quais et les hangars industriels deviennent « des opportunités pour créer de nouveaux quartiers et lieux de vie, dédiés à la promenade ou aux loisirs ». Le désir de retour à la nature en centre-ville doit être étudié à partir de villes-fleuves comme Lyon avec le Rhône et la Saône, Paris et Rouen avec la Seine, Nantes avec la Loire, Bordeaux avec la Garonne, Strasbourg avec le Rhin, exemples de « reconquête des fleuves par les villes ».

Sur le blog *demain la ville*, un article intitulé « Retrouver son fleuve : une nécessité pour la ville durable[8] » envisage Paris, Lyon, Nantes, Bordeaux, Toulouse, Strasbourg en tant que villes construites en bordure de fleuve et montre par exemple comment, parce que le fleuve est souvent vécu comme une contrainte, Nantes, souvent décrite comme la Venise de l'Ouest, a comblé les différents bras de la Loire, tournant de ce fait le dos à son patrimoine naturel ; or, dans une perspective de ville durable, il est nécessaire que le fleuve reprenne toute sa place – tendance qui commence à s'inverser dans toutes les villes pour des raisons économiques, sociales, écologiques ou encore culturelles, avec des promenades sur berges, des miroirs d'eau voire des plages urbaines ! Autrement dit, le fleuve est un élément essentiel du patrimoine des villes : les artistes du *Land Art*, mouvement né dans les années 1960 et qui utilise le cadre et les matériaux de la nature (bois, terre, pierres, sable, rocher, etc.), ont fait du fleuve un véritable support pour l'œuvre d'art[9].

Une note de synthèse de Gabriele Lechner aborde en détail (sur 87 pages) toutes les problématiques de la relation de la ville à son fleuve[10], de « la

8 *Cf.* « Retrouver son fleuve : une nécessité pour la ville durable » : https://www.demainlaville.com/retrouver-son-fleuve-une-necessite-pour-la-ville-durable/#:~:text=Le%20fleuve%20%3A%20un%20patrimoine%20particulier,un%20m%C3%A9dium%20id%C3%A9al-%20de%20sensibilisation (consulté le 22 septembre 2022).

9 Voir par exemple : https://www.landart-creations-sur-le-champ.ca/land_art.html (consulté le 22 septembre 2022).

10 Gabriele Lechner, « Le fleuve dans la ville. La valorisation des berges en milieu urbain », *Les dossiers* de la Direction générale de l'Urbanisme, de l'Habitat et de la construction,

ville déshydratée » à la « *waterfront attitude* », pour arriver aujourd'hui à « l'inscription du fleuve dans un projet urbain global » ; Lyon, Bordeaux, Orléans, Paris, Rouen… sont ainsi les laboratoires de ce changement. Comme l'ont titré *Les Échos* le 24 janvier 2013, « les villes se réconcilient avec leurs fleuves » : Toulouse, Blois, Nevers, Auxerre…

EN FRANCE ET EN EUROPE

L'ouvrage *Villes et fleuves de France*[11], considérant que « villes et rivières entretiennent un lien organique puissant, vital, mais aussi ambivalent », décline en « vingt-neuf portraits » « un panorama des villes et rivières françaises d'aujourd'hui pour rendre compte du passé et esquisser leurs avenirs possibles en 2020 ». Mais il faut aussi mentionner l'important travail de Florentin Guitton qui se penche sur la représentation du fleuve dans les cultures ; et c'est ainsi que nous sortons de nos frontières[12]. Il est absolument admis que l'histoire des rapports entre la ville et le fleuve est faite de rapprochements et de détachements dont un aspect est révélateur ; c'est celui des berges.

Les villes-fleuves, du moins en Europe, mais pas seulement, ont été construites pour trois fonctions différentes : protection contre les crues, embellissement, activité portuaire. New York a par exemple été fondée sur la presqu'île de Manhattan sur un critère défensif de protection contre les attaques des Indiens, quitte à ce que le site ait obligé ensuite la construction de nombreux ponts et tunnels sur le fleuve Hudson. D'autre part, pour rester schématique, les fondateurs de villes fluviales ont privilégié trois sortes d'endroits : les terrasses alluviales plates et non inondables, les îles fluviales facilitant la traversée du fleuve et assurant

octobre 2006 : http://www.geographie.ens.fr/IMG/file/seminaires/initiation%20recherche/fleuvedanslavilleaveccouv.pdf (consulté le 22 septembre 2022).

11 Nathalie Carcaud, Gilles Arnaud-Fassetta et Caroline Évain, *Villes et rivières de France*, Paris, CNRS Éditions, 2019.

12 Florentin Guitton, *Fleuve en ville, enjeux et perspectives dans les projets de reconquête*, Travail de fin d'études pour l'obtention du diplôme de Master d'architecte paysagiste, Université de Liège, 2020 : https://matheo.uliege.be/bitstream/2268.2/10175/4/GUITTON%20Florentin%20_%20TFE%20AP%202019-2020.pdf (consulté le 22 septembre 2022).

une meilleure défense, les sites de gué permettant un franchissement facile du fleuve.

Pour cela le choix s'est la plupart du temps porté tout d'abord sur les estuaires permettant l'installation de ports (Londres, Bordeaux, Nantes ou Hambourg) ou d'avant-ports (Saint-Nazaire ou Le Havre), mais aussi, en considérant d'autres continents, sur les confluents comme véritables carrefours fluviaux (Manaus sur le Río Negro et le Río Solimões, Saint-Louis sur le Mississipi et le Missouri), et sur les ruptures de pente de chutes d'eau ou de rapides où la navigation fluviale est interrompue (Kinshasa sur le fleuve Congo).

Globalement, le fleuve est un élément familier pour les villes, depuis l'Antiquité jusqu'au XIXe siècle, pour ses usages domestique (lessive et eau potable), artisanal et industriel (fonctionnement des moulins), commercial (transport de marchandises, quais et ponts facilitant les déplacements), mais également récréatif (joutes nautiques spécifiques à certaines villes). C'est au XIXe siècle et jusqu'à la fin du XXe siècle qu'apparurent les premiers facteurs de perte d'attractivité, avec le déclin du rôle économique du fleuve en tant que voie navigable, avec la disparition des baignades et des jeux en raison de la pollution de l'eau, avec l'apparition de friches industrielles et le développement de l'automobile. Et ce n'est que depuis la fin du XXe siècle que le renouvellement urbain redonne au fleuve sa place dans la ville, pour répondre au désir de nature des habitants, au détriment de la circulation en bord de fleuve.

DE PAR LE MONDE

À l'horizon mondial des « villes-fleuves », de nombreux travaux reflètent les mêmes préoccupations que sur notre continent et dans notre pays. Par exemple, l'Asie du Sud, qui présente deux des plus grands bassins hydrographiques de la planète, a une longue histoire urbaine derrière elle. « À travers l'analyse de sept couples villes/fleuves, des plaines du moyen Indus au Pakistan (Sehwan Sharif) à celle du Brahmapoutre en Assam (Guwahati), de la vallée du Gange et de la Yamuna (Bénarès et Delhi) à celle de la Vaigai en Inde du Sud (Madurai) en passant par le bassin de la Narmada en Inde centrale (Amarkantaka et Omkareshwar) », l'ouvrage *Ville et fleuve en Asie du Sud* « explore la multiplicité des visions et des émotions qui continuent de susciter des pratiques et des aménagements spécifiques sur les berges urbaines », proposant ainsi :

> [...] une réflexion pluridisciplinaire sur cet héritage singulier, aujourd'hui menacé par l'explosion démographique et par la pollution, et sur les perceptions contemporaines contradictoires des dévôts et des touristes, des populations locales et des décideurs nationaux, des habitants de bidonvilles et des citadins des classes moyennes[13].

Les plus grands fleuves du monde sont inégalement parsemés de villes dont ils ont fait la richesse, en traversant plusieurs pays même : le Nil (Khartoum, Le Caire, Alexandrie), l'Amazone (Manaus), le Yangzi Jiang ou fleuve Bleu (Chongqing, Wuhan, Nanjing, Shanghaï), le Mississippi (Minneapolis, La Nouvelle-Orléans), le Ienisseï (des villes de Sibérie plus ou moins connues telle Krasnoïark), le Huang He ou fleuve Jaune (Zhengzhou), l'Ob (Novossibirsk), le Congo (Brazzaville, Kinshasa), l'Amour (Khabarovsk), la Léna (Iakoutsk), le Mékong (Phnom Penh), le Niger (Bamako, Niamey). Le fleuve Danube (2.850 km sur dix pays), deuxième d'Europe après la Volga – la Mère de la Russie –, semble être le plus saturé en grandes villes voire capitales, en Europe, avec Ratisbonne, Vienne, Bratislava, Budapest, Belgrade, Braïla, de même que le Rhin, sur 883 km navigables, dans quatre pays, avec Bâle, Strasbourg, un nombre considérable de villes allemandes et Rotterdam en dernier, aux Pays-Bas. Il faudrait ajouter la Volga, l'Indus, le Rio Grande, le Brahmapoutre, le Zambèze, le Gange, l'Orénoque, le Saint-Laurent, etc. Mais certains fleuves ne semblent pas avoir vu des villes profiter de leur cours, tel l'Okavango qui traverse pourtant trois pays d'Afrique. En revanche, Stockholm, par exemple, est traversée par un fleuve d'un kilomètre seulement, le Norrström ! Great Falls bat tous les records aux États-Unis avec un fleuve de 61 mètres, Roe River ! Si nous revenons en France, la Veules, qui traverse Veules-les-Roses, même si ce n'est pas une grande ville, fait 1,149 km.

---

13 Harit Joshi et Anne Viguier (éd.), *Ville et fleuve en Asie du Sud. Regards croisés*, Paris, Presses de l'INALCO, 2016.

COMMENT ENVISAGER LA RELATION ENTRE VILLE ET FLEUVE ?

Il y a deux façons d'aborder les liens qui peuvent se tisser entre ville et fleuve. Tout d'abord il y a quatre configurations d'étude possibles qui multiplient les spécificités : une ville et le fleuve qui la traverse, une ville et les fleuves qui s'y rencontrent… ou pas, un fleuve et l'une des villes qu'il traverse, un fleuve et toutes les villes qu'il rencontre sur son passage. Cela justifierait que l'on parle de villes-fleuve ou de ville-fleuves, tout autant que de ville-fleuve et de villes-fleuves avec une concordance au singulier ou au pluriel de pur ordre grammatical et non géographique.

La manière la plus courante est de considérer que c'est la ville qui fait du fleuve ce qu'elle veut, entre mise à l'écart pendant longtemps ou utilisation purement défensive ou commerciale. Mais c'est parfois le fleuve qui modèle la politique urbaine et fait d'elle ce que les forces de la nature imposent, même parfois celles d'un petit cours d'eau, dans le cas de crues et d'inondations comme la Rome antique en a connues avec le Tibre[14]. Le fleuve prend de nos jours sa revanche, comme le développe Fanny Romain : « Le fleuve est en passe de jouer un rôle d'image urbaine : ses berges sont devenues en deux décennies une pièce essentielle du décor urbain. » Ayant un « rôle structurant dans le projet urbain […] le fleuve est convoqué comme argument des politiques publiques de la ville, infléchissant les réorganisations urbaines actuelles, et inaugurant un nouveau caractère d'espace public[15] ». Lâchons le grand mot de notre époque, éprise de « résilience » pour résoudre les petits ou grands maux :

> Aujourd'hui, le fleuve est vécu comme un balcon sur la ville, et éventuellement un endroit où aller se rafraîchir, particulièrement en été. Il convient alors d'organiser les espaces publics, sans engendrer de risques supplémentaires.

---

14 Joël Le Gall, *Le Tibre, fleuve de Rome, dans l'Antiquité, entre 414 av. J.-C. et 398 ap. J.-C.*, Paris, P.U.F., 1953. Patrick Voisin, *EcolΩ. Écologie et environnement en Grèce et à Rome*, Paris, Les Belles Lettres, 2014.

15 Fanny Romain, « Le fleuve, porteur d'images urbaines : formes et enjeux », *Géocarrefour*, vol. 85/3, *Fléau, ressource, exutoire : visions et usages des rivières urbaines, XVIII*e*-XIX*e* siècles*, 2010, p. 253-260 : https://journals.openedition.org/geocarrefour/8001 (consulté le 22 septembre 2022).

> Ce sont ces espaces qui permettront à la ville d'être résiliente et fréquentable malgré le réchauffement climatique[16].

Mais il semblerait qu'une ville au moins échappe à la relation étroite entre ville et fleuve : en effet, Buenos Aires, sur la rive ouest de l'estuaire du Rio de la Plata qui sépare l'Argentine de l'Uruguay au niveau de l'embouchure avec l'Océan Atlantique, ville des Portègnes (« les habitants du port »), tourne le dos au fleuve, dans une forme d'indifférence entre la ville et son fleuve.

LES VILLES-FLEUVES COMME CARREFOUR D'ÉTUDES

La géographie des villes-fleuves entretient nécessairement un lien étroit avec l'histoire, d'où le travail commun entre géographes et historiens au service de la géohistoire ou géo-histoire. À propos de l'histoire « environnementale », Stéphane Frioux écrit ceci :

> Envisagés dans leur rapport avec les villes, les cours d'eau sont bien objet d'histoire car ils tiennent souvent plus d'une « seconde nature » longuement modifiée par l'homme que d'une nature intacte telle que les penseurs américains de la *Wilderness* l'ont longtemps envisagée. Ainsi, l'histoire environnementale exhume des archives qui dévoilent l'ancienneté des conflits d'acteurs autour des rivières urbaines. Elle permet donc aisément la convergence avec la géographie, qui n'hésite plus, de son côté, à poser de nouveaux problèmes avec les sources historiques (Jacob-Rousseau, 2009)[17].

Il distingue ainsi « trois âges » dans les relations entre villes et fleuves ou rivières : la rivière « sauvage » et « dangereuse », la rivière domestiquée

---

16 Gilles Mulhauser, Directeur général de l'Office de l'eau de Genève : https://www.initiativesfleuves.org/actualites/lac-fleuve-proximite-de-leau-permet-a-ville-detre-resiliente/ (consulté le 22 septembre 2022).

17 Stéphane Frioux, « Fléau, ressource, exutoire : visions et usages des rivières urbaines (XVIIIe-XXIe s.) », *Fléau, ressource, exutoire : visions et usages des rivières urbaines, XVIIIe-XIXe siècles, op. cit.*, p. 188-192 : https://journals.openedition.org/geocarrefour/7939#ftn1 (consulté le 22 septembre 2022). Il renvoie au travail de Nicolas Jacob-Rousseau : *Géocarrefour*, vol. 84/4, *Géohistoire / géo-histoire : quelles méthodes pour quel récit ?*, 2009 : https://journals.openedition.org/geocarrefour/7496 (consulté le 22 septembre 2022).

voire sacrifiée, disparaissant même du paysage, et la rivière réhabilitée avec un front d'eau patrimonialisé.

Cette relation entre géographie et histoire va en quelque sorte de soi, en vertu d'études menées de façon commune avant toute spécialisation, mais il faut bien reconnaître qu'au niveau de la recherche l'on est généralement soit historien soit géographe ! Cependant la géohistoire veut rapprocher les deux domaines comme l'illustre par exemple le travail de Géraldine Djament-Tran sur Rome et le Tibre entre géographie et histoire[18].

Mais il ne faut pas oublier la littérature à la croisée des chemins tracés par les sciences humaines ! Comme Maurice Scève permet de le constater dès nos premières lignes, la littérature n'est pas restée indifférente à la relation que villes et fleuves entretiennent. La liste des écrivains qui ont choisi la ville comme motif d'inspiration est longue et aussi longue celle des villes qui sont entrées en littérature. *L'Éducation sentimentale* (1869) de Flaubert s'ouvre sur les images d'un bateau à vapeur, « Le Ville-de-Montereau », fumant « à gros tourbillons » devant le quai Saint-Bernard à Paris, et la remontée de la Seine. Guillaume Apollinaire célèbre les ponts parisiens dans « Le Pont Mirabeau » et « Zone » du recueil *Alcools* (1913). Ainsi, une bibliographie commentée, publiée en 1992 par le Groupe de recherche québécois *Montréal imaginaire*, cite plus de 225 écrivains de la ville de Montréal et recense un nombre encore plus élevé d'études sur le sujet.

Dans ce cadre, les villes qui nous intéressent sont celles qui sont traversées par un fleuve ou qui sont au milieu d'un fleuve, et il ne faut pas négliger l'influence que joue la littérature sur les représentations des villes-fleuves. Pierre Popovic montre combien se crée un fossé entre les représentations fondées sur la littérature et la réalité :

> Entre les représentations de la ville que nous ont léguées l'histoire et la littérature et les villes où nous vivons aujourd'hui de plus en plus nombreux s'est créée une incompatibilité. La littérature contemporaine rend compte de ce divorce et développe des thématiques de l'exil, de l'errance, du voyage. L'écriture se déplace, rêve d'un mouvement perpétuel, cherche une course

18 Géraldine Djament-Tran, « Questions géographiques, sources historiques. Pourquoi Rome devint capitale de l'Italie », Nicolas Jacob-Rousseau (dir.), *Géohistoire / géo-histoire : quelles méthodes pour quel récit ?*, *op. cit.*, p. 241-248 : https://journals.openedition.org/geocarrefour/7531 (consulté le 22 septembre 2022).

> libre à travers les histoires, les cultures, le temps et l'espace. Le texte n'habite plus une ville, mais toutes les villes à la fois, c'est-à-dire aucune. Pourtant, "*since there has been literature, there have been cities in literature*[19]". Il faut croire que les villes ne sont plus ce qu'elles étaient[20].

De même, tout en rappelant que Michel Butor considérait que « toutes les grandes œuvres, [...] transforment la façon dont nous voyons et racontons le monde, et par conséquent transforment le monde[21] », Géraldine Molina s'interroge « sur les raisons qui expliquent une telle efficience[22] » :

> Un premier postulat consiste à considérer que la particularité de la représentation littéraire réside dans l'intensité des rapports entre cette représentation individuelle et les représentations sociales. La représentation littéraire se caractériserait donc par une faculté transpersonnelle. En lien avec le précédent, un second postulat repose sur la capacité de transmission de la représentation littéraire dans le temps. La représentation littéraire semble en effet présenter un fort potentiel transhistorique.

Dès lors, continue-t-elle, la littérature paraît être « comme un foyer privilégié de création de matrices structurant les représentations urbaines[23] ». Mais avant d'envisager le grand domaine des discours reliant géographie et littérature, avec l'implication qu'ils ont sur les villes-fleuves, revenons au cas déjà présenté des villes jumelles pour en analyser un cas d'espèce de relation au fleuve.

---

19 Burton Pike, *The Image of the City in Modern Literature*, Princeton University Press, 1981, p. 3.

20 Pierre Popovic, « De la ville à sa littérature », *Études françaises*, 24 (3), *Lectures – Montaigne, Vallès, Larbaud, Ollier, Tournier*, Montréal, Presses de l'Université de Montréal, 1988, p. 109-121 : https://id.erudit.org/iderudit/035765ar (consulté le 22 septembre 2022).

21 Michel Butor, « Recherches sur la technique du roman », *Essais sur le roman*, Paris, Gallimard, 1995, p. 112.

22 Géraldine Molina, « L'influence de la littérature sur les représentations de la ville – L'exemple de la "ville tentaculaire" ou l'instrumentalisation politique d'une matrice poétique », *Bulletin de l'Association de Géographes Français*, n° 84-3, 2007, *Géographie et littérature / Marginalités spatiales et sociales*, p. 287-303 : https://www.researchgate.net/publication/278809100_L'influence_de_la_litterature_sur_les_representations_de_la_ville_-L'exemple_de_la_ville_tentaculaire_ou_l'instrumentalisation_politique_d'une_matrice_poetique (consulté le 22 septembre 2022).

23 Géraldine Molina, art. cité, résumé.

SÉLEUCIE-ZEUGMA ET APAMÉE

Séleucie-Zeugma et Apamée, dans l'actuelle Turquie, correspondent à la catégorie des villes jumelles ; ainsi que le rapporte Pline l'Ancien dans son *Histoire naturelle* (V, 86), il s'agit, dès leur origine, de deux agglomérations distinctes, ayant des noms distincts et ayant été fondées comme telles ; Catherine Abadie-Reynal les a étudiées dans leur fonctionnement tout au long de l'histoire[24].

Elle rappelle tout d'abord que la construction d'un barrage en amont de la ville de Birecik, en Turquie, a provoqué la disparition d'une vingtaine de sites antiques de la moyenne vallée de l'Euphrate ; parmi ceux-ci, il y a principalement Séleucie-Zeugma sur la rive droite et Apamée sur la rive gauche du fleuve. Les deux villes sont situées l'une en face de l'autre, de part et d'autre du fleuve et, selon les Anciens, elles auraient été fondées à des dates assez proches, au début du IIIe siècle av. J.-C., par Séleukos Ier Nikâtor, un souverain séleucide. La zone envisagée était à la charnière de l'empire séleucide et les deux villes étaient destinées à contrôler le passage sur l'Euphrate de la grande route qui reliait la capitale Antioche et le monde méditerranéen, d'une part, à la Mésopotamie et à l'Asie profonde, d'autre part.

Or, Catherine Abadie-Reynal note que Séleucie-Zeugma et Apamée ont eu « des rapports distanciés avec le fleuve » :

> Fondées selon des principes différents, ces deux villes paraissent pourtant vivre dans une même méfiance à l'égard du fleuve vers lequel elles ne se tournent guère, peut-être encore par souci défensif bien que les inquiétudes devant les colères de l'Euphrate aient probablement joué un rôle dans ce repliement. Leur urbanisme est, de ce point de vue, tout à fait révélateur : à Apamée, on peut remarquer que l'on n'a pas trouvé de porte donnant, au sud, vers le fleuve […] Remarquons également qu'il ne semble pas y avoir de rue qui longe la muraille dans sa partie méridionale afin de faciliter la circulation le long du fleuve et de jouer ainsi le rôle d'axe d'échanges.

---

24 Catherine Abadie-Reynal, « Séleucie-Zeugma et Apamée sur l'Euphrate : étude d'un cas de villes jumelles dans l'Antiquité », *Histoire urbaine*, 2001/1 (n° 3), p. 7-24 : http://www.cairn.info/revue-histoire-urbaine-2001-1-page-7.htm (consulté le 22 septembre 2022).

Et l'on retrouve à Séleucie-Zeugma le même rapport au fleuve, puisque toute construction le long de la rive de l'Euphrate a été soigneusement évitée – peur devant la violence du fleuve au cours violent et irrégulier, donc facteur de crues, attestée par Dion Cassius et Plutarque quand ils relatent les difficultés de l'armée de Crassus entreprenant de passer sur la rive orientale[25].

Dès lors, si l'Euphrate est visiblement utilisé à titre défensif à Apamée, en revanche, il ne joue pas le rôle que l'on peut attendre : celui d'espace de circulation entre les deux villes, puisqu'elles n'ont guère développé leurs rives respectives. Il en ressort que la puissance du fleuve les sépare et même crée un obstacle. Catherine Abadie-Reynal montre que c'est souvent la logique paradoxale des villes jumelles situées sur les rives de fleuves difficiles à franchir, et il en découle que « chaque centre urbain garde ses particularités, son individualité ».

La réponse au problème paraît évidente : la présence d'un pont devrait faciliter les échanges et les contacts que la traversée empêche. Or, si les Anciens mentionnent un pont et c'est ainsi que Séleucie aurait pris progressivement le nom de Zeugma (« pont », en grec), la nature ainsi que l'emplacement de ce pont ne donnent lieu qu'à des hypothèses puis à des démentis archéologiques ; à ce jour, aucun autre vestige de pont n'existe sur l'une ou l'autre des deux rives. Alors a été proposée une autre localisation du passage du fleuve, légèrement en amont de Séleucie, dans un méandre avec des îlots facilitant la traversée qui pouvait même se faire à pied. En tout cas, s'il y a eu un pont, nécessaire pour des raisons économiques, le passage de l'Euphrate ne pouvait se faire qu'en amont des deux villes qui se trouvèrent donc à l'écart du mouvement des caravanes : Apamée et Séleucie-Zeugma, l'une en face de l'autre, ne furent vraisemblablement jamais reliées par un pont et fonctionnèrent indépendamment l'une de l'autre.

Il en ressort qu'il ne faut pas considérer d'autre objectif que défensif pour le fondateur des deux villes jumelles à vocation militaire, comme le pense Catherine Abadie-Reynal :

> L'Euphrate est considéré comme un lieu privilégié d'un affrontement pour le contrôle du territoire, comme un lieu hautement stratégique. Effectivement, la

---

25 Plutarque, *Vies parallèles*, *Crassus*, 19, 3-20, 2 ; Dion Cassius, *Histoire romaine*, 40, 1 7, 3-19, 3.

route qui passait par Séleucie et Apamée et qui permettait de relier Antioche et la Méditerranée à Séleucie du Tigre et la Mésopotamie était un axe clef de l'empire séleucide. C'est lui qui assurait la liaison entre Séleukos Ier et son fils Antiochos nommé, vers 294 ou 293, co-régent dans les satrapies orientales, à l'est de l'Euphrate, avec Séleucie du Tigre pour capitale. Les deux villes ne sont donc pas de simples sites de passage d'une rive à l'autre ; elles furent certainement conçues comme des verrous destinés à tenir cette route vitale.

Et le sort des deux villes – loin des enjeux commerciaux qui étaient concevables – ne s'améliora pas avec la poussée des Parthes entre le Tigre et l'Euphrate, en Mésopotamie, au cours du IIe siècle av. J.-C, puisque le fleuve de même que la route qui reliait Antioche à la Mésopotamie perdent quasiment tout intérêt stratégique. C'est cette évolution du rôle de l'Euphrate qui, pour Catherine Abadie-Reynal, semble être la cause majeure de la fin du couple Apamée-Zeugma. Rien ne changea d'ailleurs ensuite à l'époque romaine, puisque les légions ne sont pas stationnées directement sur les rives du fleuve. Dès lors, la conclusion qu'en tire Catherine Abadie-Reynal est la suivante :

> L'Euphrate ne paraît pas avoir été un axe économique majeur. Seul son franchissement par une route essentiellement économique demeure un point important, mais qui ne suffit plus à justifier l'existence de ces villes jumelles. Tout au plus, comme sur les nombreux lieux de franchissement connus, aurait-on pu avoir un site urbain, prolongé, sur l'autre rive, par un modeste « faubourg-relais ». [...] Autrement dit, ces villes jumelles trouvent leur justification à la fois dans la nécessité absolue de maintenir les deux rives de l'Euphrate sous la même autorité politique et dans l'obligation qu'il y avait à défendre le passage du fleuve.

C'est donc la fin des deux villes jumelles :

> Quand le fleuve sera devenu un simple lieu de franchissement, voire une frontière au dispositif défensif peu important, le couple Apamée-Séleucie sera brisé et ne pourra plus fonctionner. [...] On ne peut donc qu'être frappé par la fragilité de ces liens. Sur une durée de vie de près de mille ans, Séleucie-Zeugma n'aura coexisté avec Apamée que pendant deux cents ans.

ZEUGMA : LE SYMBOLE

L'étude des deux villes-fleuves antiques de Séleucie-Zeugma et d'Apamée est intéressante en soi, mais, au-delà de l'approche purement géo-historique qu'elles permettent, il y a la charge d'un symbole à retenir pour la suite de ces prolégomènes.

Remarquons tout d'abord, sur la base de ce qui a été analysé auparavant, que seule Séleucie a pris le nom de Zeugma (« le pont ») –, et non Apamée, située en face, de l'autre côté de l'Euphrate : c'est un premier déséquilibre entre les deux villes qui semble donner plus d'importance à Séleucie qu'à Apamée. À cela s'ajoute le caractère hypothétique – mais pas confirmé archéologiquement, donc fragile –, de la présence d'un pont. Enfin, si la gémellité de Séleucie et d'Apamée a une courte justification dans le temps, c'est sur un mode qui ne contribue pas à les faire œuvrer ensemble à un projet d'ordre économique de façon positive en alliant leurs forces dans une parité de moyens, mais plutôt selon un processus qui leur assigne un même objectif pourtant sans mode opératoire partagé ni corrélé : « maintenir les deux rives de l'Euphrate sous la même autorité politique », chacune de son côté du fleuve. Le pont – réalité ou image –, ou encore l'attelage dont il va être question ensuite, est donc bancal.

Il se trouve en effet que le substantif grec ancien *zeugma* (qui signifie au premier degré « un lien » ou un « joug », avant de désigner de façon imagée la cité sur l'Euphrate) a pris une place dans le lexique de la stylistique ; le zeugma[26], ou zeugme, est une figure de style non-trope qui désigne un « attelage » de mots : cela consiste à lier syntaxiquement deux mots ou deux groupes de mots de sens et/ou d'emplois différents, c'est-à-dire qui sont normalement incompatibles sémantiquement et/ou syntaxiquement, par le biais d'une polysémie par exemple et avec une finalité – quand elle ne relève pas d'une écriture artiste – très souvent ironique ou burlesque ou encore triviale. Bernard Dupriez fait

26 *Cf.* de façon non exhaustive Pierre Fontanier, *Les figures du discours* (1830), Paris, Flammarion, Champs, 1977, p. 313-315 ; Bernard Dupriez, *Gradus. Les procédés littéraires (Dictionnaire)*, Paris ; 10/18, p. 473-474 ; Catherine Fromilhague, *Les figures de style*, Paris, Nathan Université, coll. « 128 », 1996, p. 41-43 ; Patrick Bacry, *Les figures de style*, Paris, Belin coll. « Sujets », p. 13 et p. 152-155.

ressortir très justement que « le zeugme comprend l'adjonction et la disjonction », car il y a « contraste entre une construction identique et un écart sémantique » comme l'ajoute Patrick Bacry, ce qui crée l'effet boiteux : il ne suffit pas de dire « et » pour associer ce qui est différent !

Il est évident à présent que Zeugma, la ville, fonctionne avec sa jumelle Apamée sur le mode du zeugma, mais ne peut-on pas retrouver métaphoriquement cette figure dans un autre attelage bancal, celui de discours dont l'horizon serait de joindre géographie et littérature ? Si associer géographie et histoire est un attelage naturel dans les études, associer géographie et littérature va peut-être moins de soi ; nous ne voulons pas dire qu'associer géographie et littérature crée nécessairement à la fois de l'adjonction et de la disjonction, mais que, principalement, deux approches théoriques qui ont cet objectif font elles-mêmes zeugma, avec une même visée certes, mais selon des moyens différents.

POUR UNE POÉTIQUE DES VILLES-FLEUVES

En travaillant sur les villes-fleuves, le présent ouvrage tente de constituer, à un premier degré, un attelage des approches géohistorique et géolittéraire : les deux démarches y sont présentes, de façon mêlée, de la part d'historiens-géographes et de littéraires, comme sur un chantier de fouilles archéologiques nécessitant l'intervention et l'expertise de disciplines connexes mais différentes.

Toutefois, dans la perspective littéraire qui est ici la plus nombreuse en termes de contributions, un autre attelage, récent dans les études, se partage les villes-fleuves du monde, constitué des discours géopoétique et écopoétique dont le point de départ plus ancien peut être situé dans la critique thématique. Avant de mesurer leur pertinence à propos des villes-fleuves dans l'ouvrage, il s'agit de vérifier comment s'articule théoriquement l'attelage !

En effet, deux grands courants critiques modernes se partagent aujourd'hui l'étude des lieux joignant études géographiques et études littéraires : d'une part, la géocritique de Bertrand Westphal[27], la géogra-

27 Bertrand Westphal, *La Géocritique : réel, fiction, espace*, Paris, Éditions de Minuit, 2007, ouvrage pour lequel on peut signaler deux comptes rendus : Caroline Doudet, « Géocritique :

phie littéraire de Franco Moretti[28] ou Michel Collot, ainsi que la géopoétique de Michel Deguy et Kenneth White[29] ; d'autre part, l'écocritique d'Alain Suberchicot ainsi que l'écopoétique de Thomas Pughe et, au plus près de notre ouvrage, celle de Pierre Schoentjes[30]. Claire Jacquier définit clairement ce large champ de l'espace et de la littérature, véritable « territoire critique », dans plusieurs articles de l'*Atelier Fabula* où elle montre que « l'espace devient un critère d'intelligibilité majeur de l'existence humaine, individuelle et collective » ; elle donne de l'attelage une présentation positive :

> Leurs origines culturelles différentes, respectivement américaines et françaises, n'empêchent pas l'écopoétique et la géopoétique de se croiser au carrefour de préoccupations communes. Elles s'ancrent en effet, historiquement, dans le *spatial turn*, cette mutation qui promeut l'espace au rang d'objet d'intérêt central pour les sciences humaines et sociales dès les années 1980. Prenant la place, partiellement au moins, du temps et du langage, l'espace devient un critère d'intelligibilité majeur de l'existence humaine, individuelle et collective[31].

Mais, puisque *zeugma* désigne en grec ancien le joug sous lequel avancent deux animaux de trait de même puissance pour un travail coordonné et efficace, notre attelage constitué par ces deux types de

---

théorie, méthodologie, pratique », *Acta fabula*, vol. 9, nº 5, mai 2008 : http://test.fabula.org/revue/document4136.php (consulté le 22 septembre 2022), et Jean-Christophe Valtat, « Le mouvement éternel de ces espaces infinis », novembre 2007 : https://www.nonfiction.fr/article-257-le_mouvement_eternel_de_ces_espaces_infinis.htm (consulté le 22 septembre 2022).

28 Franco Moretti, *Graphes, cartes et arbres. Modèles abstraits pour une autre histoire de la littérature*, trad. fr. de Étienne Dobenesque, préface de Laurent Jeanpierre, Les Prairies Ordinaires, coll. « Penser/Croiser », 2008, avec le compte rendu de Marc Escola, « Voir de loin. Extension du domaine de l'histoire littéraire », *Acta fabula*, vol. 9, nº 6, « Essais critiques », juin 2008 : http://test.fabula.org/revue/document4291.php (consulté le 22 septembre 2022). Autre compte rendu à signaler : Jean-Christophe Valtat, « Le texte comme territoire », mai 2008 : https://www.nonfiction.fr/article-1141-le_texte_comme_territoire.htm (consulté le 22 septembre 2022).

29 Signalons d'ores et déjà son site web : http://www.kennethwhite.org/geopoetique/ (consulté le 22 septembre 2022).

30 Pierre Schoentjes, *Ce qui a lieu. Essai d'écopoétique*, Marseille, Wildproject, coll. « tête nue », 2015, ainsi que *Littérature et écologie. Le Mur des abeilles*, Éditions José Corti, coll. « les essais », 2020.

31 Claire Jacquier, « Écopoétique, un territoire critique », *Atelier Fabula*, 2015 : https://www.fabula.org/atelier.php?Ecopoetique_un_territoire_critique (consulté le 22 septembre 2022).

discours – tout d'abord critiques puis poétiques – tournés vers l'étude de la nature dans la littérature – mais géo- pour l'un et éco- pour l'autre – est-il semblable à celui, harmonieux, que nous venons d'évoquer ou connaît-il le même contraste que le zeugma figure de style ?

L'HOMME ET SON ENVIRONNEMENT
Problématique-source

Claire Jacquier explique à quoi remontent ces deux courants critiques qui font fusionner géographie et littérature :

> Au plan philosophique, écopoétique et géopoétique se rejoignent autour du constat, partagé par nombre de penseurs au XXᵉ siècle, d'une perte de solidarité entre l'homme et son environnement, qu'on situe ordinairement au début de l'ère industrielle, voire à l'émergence de la rationalité scientifique moderne : maîtrisant la nature, considérée comme un matériau extérieur à lui et exploitable, l'homme occidental a négligé de faire usage de cette conscience de la mesure pourtant propre à la rationalité des Lumières. Renouer et repenser les liens de co-appartenance entre l'homme et la terre – ou entre l'homme et le cosmos – apparaît dès lors comme une exigence intellectuelle majeure pour la philosophie et pour les arts.

En effet, le champ n'est pas vierge avant ces deux grands courants modernes que nous allons définir plus en détail ; ce serait oublier un certain nombre de discours personnels ou constitués en courants. Le lien entre littérature et géographie passe par l'étude de l'espace[32] et, au départ, il y a la « poétique de l'espace » de Gaston Bachelard[33].

De même, la critique thématique et la mythocritique ont travaillé par exemple sur la ville-fleuve ; Bertrand Westphal rappelle ceci :

> Au demeurant, outre l'imagologie, il est au moins deux autres approches traditionnelles qui examinent les relations entre espaces humains et littérature,

32 *Cf. Atelier Fabula*, « Espace et littérature » : https://www.fabula.org/atelier.php?Espace (consulté le 22 septembre 2022).

33 Gaston Bachelard, *La Poétique de l'espace*, Paris, PUF, 1957. *Cf.* également *L'Eau et les Rêves. Essai sur l'imagination de la matière*, Paris, Éditions José Corti, 1942.

à savoir la thématologie, ou critique thématique (la *Stoffgeschichte*), et la mythocritique[34].

Il définit la première ainsi :

> La première accordera une place privilégiée au thème de la ville, de l'île ou encore du fleuve ou de la montagne – mais sans que ces catégories renvoient forcément à des espaces désignés. S'il est question du Rhin, ce ne sera pas en tant que tel, mais parce qu'il sera perçu comme un paradigme fluvial, un *limes*/frontière et un *limen*/seuil, qui implique notamment blocage et franchissement. En l'occurrence, le fleuve est *parfois* le Rhin, *entre autres* le Rhin : le prédicat prime sur le sujet.

Et il lui oppose la deuxième :

> Inversement, la mythocritique intègre des espaces à référent réel qui re-simulent ce réel, mais à condition qu'ils soient hissés au rang de mythe. L'extrême prestige devient une condition indispensable. En l'espèce, il arrive souvent que l'on évoque le nom de Venise. Il y aurait d'ailleurs tout lieu (c'est le mot !) de s'interroger sur les fondements d'une telle récurrence. Venise n'est sans doute pas qu'un endroit mythique ; plus globalement, elle constitue peut-être la métaphore idéale du Mythe.

Pensons à Jean-Pierre Richard[35], figure majeure de la critique thématique ; pensons à l'œuvre de Julien Gracq – nom d'écrivain du professeur de géographie Louis Poirier[36] ; pensons à Michel Butor[37] dont le parcours est parallèle à celui de Julien Gracq ; pensons à George Perec[38] ; pensons à François Bon[39] ; pensons à Jean-Marie Gustave Le Clézio[40] ; pensons

34 Bertrand Westphal, « Pour une approche géocritique des textes », *La Géocritique mode d'emploi*, Bertrand Westphal (dir.), Limoges, P.U.L.I.M., collection « Espaces Humains », 2000, p. 9-40 : https://sflgc.org.bibliotheque/westphal-bertrand-pour-une-approche-geocritique-des-textes/ (consulté le 22 septembre 2022).

35 Jean-Pierre Richard, *Paysage de Chateaubriand*, Paris, Éditions du Seuil, 1967, et *Pages Paysages,* Paris, Éditions du Seuil, 1984.

36 Julien Gracq, *La Presqu'île*, *Les Eaux étroites*, *La Forme d'une ville*, *Carnets du grand chemin*, parus à Paris, aux Éditions José Corti, respectivement en 1970, 1976, 1985 et 1992.

37 Michel Butor, I : *Le Génie du lieu*, Paris, Grasset, 1958 ; II : *Où* ; III : *Boomerang* ; IV : *Transit A / Transit B* ; V : *Le Génie du lieu, Cinquième et dernier, autrement dit Gyroscope*, Paris, Gallimard, respectivement en 1971, 1978, 1992, 1996.

38 George Perec, *Espèces d'espaces*, Paris, Galilée, 1974.

39 François Bon, *Paysage fer*, Lagrasse, Verdier, 1999 ; *Décor ciment*, Paris, Éditions de Minuit, 1988.

40 Jean-Marie Gustave Le Clézio, *Le Livre des fuites*, Paris, Gallimard, 1969.

à Jean Echenoz[41] ; pensons encore, sans prétention à l'exhaustivité, à Pierre Bergounioux[42].

Les liens entre littérature et paysage alimentent quantités de travaux[43], dans le sillage de Maurice Blanchot[44] ou de Gérard Genette[45] qui ne sont pas pour autant classés dans la géocritique ou dans l'écocritique. Marielle Macé développe pour sa part le lien entre littérature et géographie en appliquant la cartographie à l'histoire littéraire : « Peut-on faire de l'histoire littéraire une histoire des possibles, disposés selon une cartographie mentale[46] ? » Mais c'est une autre question que nous évoquons seulement ! Une place particulière revient cependant à Michel Collot.

41 Jean Echenoz, *Je m'en vais*, Paris, Éditions de Minuit, 1999.

42 Pierre Bergounioux, *Un peu de bleu dans le paysage*, Lagrasse, Verdier, 2001.

43 *Cf.*, par exemple, Christine Baron, « Littérature et géographie : lieux, espaces, paysages et écritures », *Fabula-LhT*, n° 8, *Le Partage des disciplines*, Nathalie Kremer (dir.), 2011 : http://www.fabula.org/lht/8/baron.html (consulté le 22 septembre 2022) ; François Béguin, *La Construction des horizons : nature, lieux, paysages dans la littérature et la géographie*, Paris, E.H.E.S.S., 1991 ; Jean-Louis Tissier, « Géographie et littérature, présentation », *Géographie et littérature / Marginalités spatiales et sociales*, *op. cit.* ; p. 243-247 : https://www.persee.fr/doc/bagf_0004-5322_2007_num_84_3_2563 (consulté le 22 septembre 2022) ; Michel Chevalier (dir.), *La littérature dans tous ses espaces*, Paris, Éditions du C.N.R.S., 1993 ; Anne-Laure Daux-Combaudon, Élisa Goudin-Steinmann, Céline Trautmann-Waller (ed.), « Espace du récit, récit de l'espace en contexte germanique », *Cahiers de Narratologie*, n° 31 bis, 2017 : https://journals.openedition.org/narratologie/7637 (consulté le 22 septembre 2022) ; Lionel Dupuy, *L'Imaginaire géographique. Essai de géographie littéraire*, Pau, Presses de l'Université de Pau et de l'Adour, coll. « Spatialités », 2019, avec le compte rendu fait par Stéphanie Charles-Nicolas, « Défense & illustration de la géographie littéraire : du chronotope au chronochore », *Acta fabula*, vol. 20, n° 7, « Notes de lecture », septembre 2019 : http://www.fabula.org/revue/document12347.php (consulté le 22 septembre 2022).

44 Maurice Blanchot, *L'Espace littéraire*, Paris, Gallimard, 1955.

45 Gérard Genette, « Espace et langage », *Figures I*, Paris, Éditions du Seuil, 1966, p. 101-108.

46 Marielle Macé, « L'histoire littéraire : une géographie ? », *Atelier Fabula*, septembre 2015 : https://www.fabula.org/atelier.php?L%27histoire_litt%26eacute%3Braire_comme_g%26eacute%3Bographie (consulté le 22 septembre 2022).

L'HORIZON MICHEL COLLOT

La critique littéraire de l'espace doit à Michel Collot deux notions, celle de « paysage littéraire » et celle d'« horizon », qu'il a développées dans de nombreux ouvrages ou articles en faisant des émules[47]. L'auteur de *Paysage et Poésie, du romantisme à nos jours* (2005) ne peut concevoir le fait que l'homme, tout en appartenant à un environnement spatial – que celui-ci soit concret, fictif ou complètement imaginaire –, laisse hors-jeu des disciplines comme l'histoire, la géographie, la philosophie, la psychologie et les arts :

> Certes, l'intérêt pour les relations que la littérature entretient avec son environnement spatial ne date pas d'hier, et il a toujours été plus ou moins présent en littérature comparée et au sein de l'histoire littéraire elle-même ; mais il s'est récemment développé et autonomisé au point de susciter de nouvelles théories ou méthodes [...] On assiste donc à une convergence remarquable entre

47 Michel Collot, *Paysage et Poésie, du romantisme à nos jours*, Paris, Éditions José Corti, 2005, particulièrement « L'espacement du sujet », p. 43-64 ; *Pour une géographie littéraire*, Paris, Éditions José Corti, 2014, dans le prolongement de « Pour une géographie littéraire », *Fabula-LhT*, nº 8, *Le Partage des disciplines*, Nathalie Kremer (dir.), 2011 : http://www.fabula.org/lht/8/collot.html (consulté le 22 septembre 2022), avec le compte rendu de Sébastien Baudoin, « Théories & pratiques de la géographie littéraire : bilan & perspectives », *Acta fabula*, vol. 15, nº 10, « Notes de lecture », décembre 2014 : http://www.fabula.org/revue/document9024.php (consulté le 22 septembre 2022) ; « Tendances actuelles de la géographie littéraire », 13 mars 2014 (vidéo) : https://www.canal-u.tv/chaines/universite-toulouse-jean-jaures/tendances-actuelles-de-la-geographie-litteraire-michel (consulté le 22 septembre 2022) ; « L'inspiration géographique », *Le Génie du lieu : des paysages en littérature*, Arlette Bouloumié et Isabelle Trivisani-Moreau (dir.), Paris, Imago, 2005 ; en collaboration avec Julien Knebusch, « Vers une géographie littéraire » : geographielitteraire.hypotheses.org. (consulté le 22 septembre 2022) ; « L'horizon comme structure anthropologique de la perception humaine » : https://www.fabula.org/atelier.php?Horizon_structure (consulté le22 septembre 2022) ; *L'Horizon fabuleux*, t. I : XIXe siècle, t. II : XXe siècle, Paris, Éditions José Corti, 1988 (rééd. 2019) ; *La Poésie moderne et la structure d'horizon*, Paris, P.U.F., coll. « Écritures », 1989 (nouvelle édition 2005) ; « À la lumière de l'horizon », *Géographie et cultures*, nº 14, été 1995, p. 103-114 ; « H comme Horizon », Philippe Bonnin et Alessia de Biase (dir.), « Abécédaire anthropologique de l'architecture et de la ville », *Cahiers de la Recherche Architecturale et Urbaine*, nº 20-21, 2007, p. 89-92 ; « Entre ciel et terre : l'horizon », *Symbole & philosophie*, nº 1, oct.-déc. 2018, p. 37-43 ; *La Pensée-paysage*, Arles, Actes Sud / Versailles, ENSP, 2011 ; « La pensée paysage », *Le Paysage : état des lieux*, textes réunis par Michel Collot, Françoise Chenet et Baldine Saint Girons, Bruxelles, Ousia, 2001, p. 498-511 ; *Le Chant du monde dans la poésie française contemporaine*, Paris, Éditions José Corti, coll. « Les Essais », 2019.

> les deux disciplines, les géographes trouvant dans la littérature la meilleure expression de la relation concrète, affective et symbolique qui unit l'homme aux lieux, et les littéraires se montrant de leur côté de plus en plus attentifs à l'espace où se déploie l'écriture[48].

Mais Michel Collot a soin de garantir la spécificité littéraire des œuvres et de leur approche, « si l'on ne veut pas transformer la géographie littéraire en une simple annexe de la géographie culturelle ». Il justifie d'autre part son point de vue à la lumière de la production littéraire :

> Beaucoup de récits contemporains se présentent comme des « récits d'espace », à l'image des textes emblématiques de Georges Perec. Dans certains d'entre eux, la trame narrative se réduit à un parcours de l'espace, comme dans *Paysage fer* de François Bon, qui suit le trajet effectué chaque semaine en train par l'auteur entre Paris et la Lorraine. C'est vrai même d'œuvres qui se présentent encore comme des « romans », par exemple ceux de Le Clézio, qui voit dans *Le Livre des fuites* « une tentative pour découvrir l'espace », ou ceux de Jean Echenoz, qui dit écrire « des romans géographiques ». Et lorsque Pierre Bergounioux relate son enfance, c'est à travers l'évocation des lieux qui l'ont marqué, en se livrant à une véritable autobiogéographie[49].

Marc Brosseau[50] partage cette perspective que les romanciers contemporains sont eux-mêmes en quelque sorte des « géographes », car leur façon de penser l'espace est une manière de faire de la géographie. Mais Michel Collot a surtout le grand mérite d'essayer de comprendre l'origine de ce phénomène et il y voit deux causes, dont la première serait la crise du récit :

> L'espace semble [...] profiter de la crise du récit et de la psychologie traditionnelle pour occuper une place croissante dans la fiction contemporaine. Il s'agit là sans doute de la traduction littéraire de phénomènes plus généraux souvent considérés comme caractéristiques de l'ère post-moderne : la « mort du Sujet » et la « fin de l'Histoire[51] ».

Toutefois il nuance son analyse :

48 Michel Collot, « Pour une géographie littéraire », art. cité.

49 *Id.*

50 Marc Brosseau, *Des romans géographes*, Paris, L'Harmattan, 1996. *Cf.* également : Thierry Paquot, « La géographie, ça sert à faire des romans » : https://www.nonfiction.fr/article-7416-la_geographie_ca_sert_a_faire_des_romans.htm (consulté le 22 septembre 2022).

51 Michel Collot, « Pour une géographie littéraire », art. cité, de même que pour les citations suivantes.

> […] l'inconvénient de ces formules est qu'elles sont uniquement négatives, comme l'adjectif « postmoderne » lui-même ; il vaudrait mieux parler de la fin d'une certaine conception du sujet et de l'Histoire, et de l'avènement d'une nouvelle vision du monde et de l'homme. La remise en cause de la souveraineté du Sujet cartésien, capable de se saisir dans l'acte de la réflexion, maître de lui comme de l'univers, fait par exemple place dans la phénoménologie à une redéfinition de la conscience comme « être au monde » ; et dès lors, la « chose pensante » ne s'oppose plus à la « chose étendue » comme une pure intériorité à un dehors indifférent : elle s'espace autant qu'elle se temporalise.

Et il en tire une conclusion :

> La promotion de l'espace dans la poésie et dans le récit contemporains ne signifie donc pas nécessairement une déshumanisation ou un objectivisme radical. Elle peut être au service d'une redéfinition du sujet lyrique ou du personnage, devenus inséparables du paysage qui les entoure.

Une deuxième cause, selon lui, s'ajouterait à la première :

> D'autre part, la crise du modèle historique qui avait prévalu en Occident, fondé sur une progression voire un progrès linéaire et continu de l'activité humaine, donne sa chance à une nouvelle conception de l'histoire, une « géo-histoire » qui intègre les rapports des sociétés humaines à leur environnement, et qui explore la longue durée et ses cycles, en les confrontant aux cycles naturels. Les paysages qui envahissent la fiction contemporaine racontent à leur manière l'histoire des hommes et de la société. Le « paysage fer » décrit par François Bon, par exemple, est celui d'une région confrontée au déclin de la sidérurgie ; et son « décor ciment » reflète la crise des banlieues.

GÉOCRITIQUE ET GÉOPOÉTIQUE

C'est au tournant des années 2000 que la géocritique a été fondée lors d'un colloque en littérature comparée de l'Université de Limoges intitulé « La géocritique mode d'emploi ». Et c'est Bertrand Westphal qui a développé cette approche critique dans un article intitulé « Pour une approche géocritique des textes » prolongé par tous les travaux qu'il a menés ensuite :

> N'est-il pas temps, en somme, de songer à articuler la littérature autour de ses relations à l'espace, de promouvoir une géocritique, poétique dont l'objet

> serait non pas l'examen des représentations de l'espace dans la littérature, mais plutôt celui des interactions entre espaces humains et littérature, et l'un des enjeux majeurs d'une contribution à la détermination/indétermination des identités culturelles[52].

Et c'est dans *La géocritique. Réel, fiction, espace* qu'il approfondir la question du rapport entre espace réel et espace fictif, pour proposer une méthode d'analyse des textes centrée sur la question de l'espace humain[53].

Quant à la géopoétique, elle est née en France dans les années 1960 et a été initiée par Michel Deguy puis par Kenneth White ; elle se distingue de la géographie littéraire de nature sociologique pratiquée par Franco Moretti et de la géocritique promue par Bertrand Westphal. Kenneth White, dans le prolongement de ses essais, a mis sur pied en 1989 l'Institut international de Géopoétique[54]. Rachel Bouvet rassemble toutes les données relatives à ce dossier et définit la géopoétique au plus près du travail de création :

> Largement inspirée des rapports entre littérature et géographie, notamment en ce qui a trait aux réflexions sur le paysage, le lieu, l'*œkoumène*, l'approche géopoétique s'inscrit délibérément à la croisée des disciplines. Elle s'efforce de saisir le texte littéraire dans sa singularité, en convoquant des savoirs spécifiques : la géographie humaine et physique, la cartographie, la géologie, la botanique, les théories littéraires de la narration, de la description, de la lecture […][55].

52 Bertrand Westphal, « Pour une approche géocritique des textes », art. cité.

53 Rappelons les différents autres travaux de Bertrand Westphal : « Le Rivage des mythes. Une géocritique méditerranéenne », *Le lieu et son mythe*, Bertrand Westphal (dir.), Limoges, P.U.L.I.M., 2001 ; *Le Monde plausible. Espace, lieu, carte*, Paris, Éditions de Minuit, coll. « Paradoxe », 2011, ouvrage pour lequel on peut signaler deux comptes rendus : Jean-François Duclos, « Reculer pour prolonger le lieu, avancer pour disloquer l'espace », *Acta fabula*, vol. 13, nº 1, « Notes de lecture », janvier 2012 : http://www.fabula.org/revue/document6714.php (consulté le 22 septembre 2022), et Laurence Dahan-Gaida, « Éditorial. La géocritique au confluent du savoir et de l'imaginaire », *La Revue*, vol. 9, *Géocritique* : https://epistemocritique.org/editorial-la-geocritique-au-confluent-du-savoir-et-de-limaginaire/ (consulté le 22 septembre 2022).

54 Kenneth White, « Sur la géopoétique des fleuves de Kenneth White » : https://www.larevuedesressources.org/Sur-la-geopoetique-des-fleuves-de-Kenneth-White.html (consulté le 22 septembre 2022). Voir également : *L'Archipel Institut international de Géopoétique* : http://www.geopoetique.net/archipel_fr/index.html (consulté le 22 septembre 2022).

55 *Cf.* Rachel Bouvet, « Géopoétique, géocritique, écocritique : points communs et divergences », M.S.H. de l'Université d'Angers, mardi 28 mai 2013, Laboratoire C.E.R.I.E.C. (Centre d'études et de recherche sur imaginaire, écriture et cultures), p. 14 : https://

De son côté, dans la partie « Orientations » de *Pour une géographie littéraire* – essai précédé d'une esquisse sous le même titre parue dans *Le partage des disciplines* (*LhT*, mai 2011) –, Michel Collot souligne que la géopoétique ne fait que répondre à un certain état de la création littéraire elle-même, qui fait aujourd'hui une large place à l'espace et à l'inspiration géographique ; c'est là qu'il énonce trois niveaux – qu'il qualifie de distincts et de complémentaires à la fois – dans l'évolution de la terminologie propre à l'évolution des pratiques et des formes d'écriture intégrant la dimension spatiale dans les études littéraires :

> [...] celui d'une *géographie de la littérature*, qui étudierait le contexte spatial dans lequel sont produites les œuvres, et qui se situerait sur le plan géographique, mais aussi historique, social et culturel ; celui d'une *géocritique*, qui étudierait les représentations de l'espace dans les textes eux-mêmes, et qui se situerait plutôt sur le plan de l'imaginaire et de la thématique ; celui d'une *géopoétique*, qui étudierait les rapports entre l'espace et les formes et genres littéraires, et qui pourrait déboucher sur une poïétique, une théorie de la création littéraire[56].

Comme cette première formulation ne semble pas suffisante à Michel Collot – au-delà de la géographie littéraire qui étudie globalement, d'une part, dans quels contextes spatiaux les œuvres sont produites et reçues, d'autre part, à quels lieux réels les œuvres renvoient –, il définit plus précisément encore ce qu'est la géocritique dont la finalité est d'analyser dans les textes comment se construisent les paysages et comment des univers spatiaux donnent lieu à une représentation imaginaire dans une relation d'inter-influence réciproque :

> [...] l'analyse des représentations littéraires de l'espace telle qu'on peut la tirer d'une étude du texte ou de l'œuvre d'un auteur, et non plus de son contexte. Il s'agit pour elle d'étudier moins les référents ou les références dont s'inspire le texte que les images et les significations qu'il produit, non pas une géographie réelle mais une géographie plus ou moins imaginaire[57].

---

rachelbouvet.wordpress.com/2013/05/30/geopoetique-geocritique-ecocritique-points-communs-et-divergences/ (consulté le 22 septembre 2022) : elle cite des travaux pionniers : les *Cahiers de géopoétique* en ligne sur le site de *L'Archipel* (www.geopoetique.net), de même que les huit premiers numéros des *Carnets de navigation* qui peuvent être consultés en format pdf sur le site de *La Traversée* : www.latraversee.uqam.ca (onglet Publications).

56 Michel Collot, « Pour une géographie littéraire », art. cité.

57 *Id.*

Quant à la géopoétique, dont la préoccupation est de mettre en forme les rapports qui existent entre espace et création artistique afin de refonder la relation que l'homme entretient avec la terre, elle prend deux formes :

> […] à la fois une *poétique* : une étude des formes littéraires qui façonnent l'image des lieux, et une *poïétique* : une réflexion sur les liens qui unissent la création littéraire à l'espace. C'est ce second aspect qui a été privilégié par les inventeurs du mot en français, qui sont deux créateurs, et en l'occurrence deux poètes, Michel Deguy, qui l'a esquissée, et Kenneth White, qui est allé plus loin dans la défense et illustration de cette notion, en proposant dans *Le Plateau de l'Albatros* une *Introduction à la Géopoétique*[58].

Ce que Michel Collot voit dans la géopoïétique c'est que « l'espace peut être source non seulement d'inspiration, mais d'invention de formes nouvelles », ce qui, selon lui, « n'a rien d'évident pour beaucoup d'esprits, attachés à une conception de l'écriture comme activité essentiellement spirituelle, qui se situe dans la sphère de l'intériorité » ; et il cite, à titre d'exemple, Maurice Blanchot pour qui l'espace littéraire est un espace à part, réservé à l'écriture et sans lien avec le monde extérieur. Or, pour Michel Collot, l'activité littéraire n'est pas cela et il rejoint plutôt Gérard Genette :

> La géopoïétique suppose une tout autre conception de l'activité littéraire, qui repose sur l'hypothèse d'une solidarité entre la *res cogitans* et la *res extensa*. L'écriture est une forme d'espacement du sujet, qui a besoin pour s'ex-primer de se projeter dans l'espace : celui de la page et celui du paysage. Elle postule aussi une certaine continuité entre l'expérience de l'espace et le langage : « il existe », écrivait Genette, « entre les catégories du langage et celles de l'étendue une sorte d'affinité, qui fait que de tous temps les hommes ont emprunté au vocabulaire spatial des termes destinés aux applications les plus diverses ».

De même, Michel Collot définit la géocritique et la géopoétique en se désolidarisant d'Henri Bergson :

> Les métaphores spatiales qui hantent nos discours à tout propos ne sont pas nécessairement le signe de l'impuissance ou de la déchéance de notre pensée, comme le soutenait Bergson, mais la preuve qu'elle a besoin du support de l'espace pour se déployer et s'ex-primer. En les renouvelant, la littérature contribue au renouveau de l'esprit et de la condition humaine, et elles sont

58 *Id.*

pour une géopoétique et une géocritique un objet d'étude privilégié, témoignant que l'espace n'est pas seulement pour les écrivains un cadre extérieur mais qu'il est investi des valeurs et des significations de leur imaginaire le plus intime et porteur d'un potentiel considérable d'invention linguistique et formelle.

ÉCOCRITIQUE ET ÉCOPOÉTIQUE

Produit des universités américaines dans les années 90, l'écocritique a pris son essor avec la création de l'*Association for the Study of Literature and Environment* qui compte plus de 1.300 membres, principalement dans le monde anglophone, et avec l'ouvrage collectif *The Ecocriticism Reader*[59] :

> Qu'est-ce que l'écocritique ? Dit simplement, l'écocritique est l'étude du rapport entre la littérature et l'environnement naturel. Tout comme la critique féministe examine le langage et la littérature d'une perspective consciente du genre [« *gender* »], tout comme la critique marxiste apporte une conscience des rapports de classe et des modes de production à sa lecture des textes, l'écocritique amène une approche centrée sur la Terre aux études littéraires[60].

Rachel Bouvet commente leur démarche ainsi :

> Fortement impliqués dans la sphère sociale et politique, surtout au début, les chercheurs considèrent la littérature comme un moyen d'éveiller les consciences, de sensibiliser les lecteurs aux dangers écologiques auxquels est confronté notre monde actuel, mais aussi comme un moyen de reconnecter l'étude de la littérature avec la Terre (*living earth*), de renouer avec la nature, de redécouvrir la beauté des paysages et du monde animal[61].

Mais les travaux français d'écocritique ciblent essentiellement l'univers anglophone, de la part d'américanistes et de comparatistes qui s'intéressent

---

59 Cheryl Glotfelty et Harold Fromm (dir.), *The Ecocriticism Reader*, Athènes & Londres, University of Georgia Press, 1996.

60 Cheryl Glotfelty et Harold Fromm, *op. cit.*, p. XVIII, traduction de Nathalie Blanc, Denis Chartier, Thomas Pughe citée dans leur « Introduction », *Écologie & Politique*, n° 36, *Littérature & Écologie : vers une écopoétique*, 2008, p. 17-28.

61 Rachel Bouvet, « Géopoétique, géocritique, écocritique : points communs et divergences », art. cité, p. 4.

à la *Nature Writing* et à la question du *Wilderness*, tel Alain Suberchicot qui travaille sur Henri David Thoreau[62] et construit une écocritique centrée sur l'étude de textes américains, français et chinois[63]. Toutefois, d'autres chercheurs, telle Stéphanie Posthumus, tentent de développer une écocritique ou une écopoétique francophone en se fondant plutôt sur une tradition philosophique française, à partir de la pensée de Michel Serres notamment[64].

Contrairement à ce que l'on pourrait penser, l'écopoétique n'est pas à l'écocritique ce qu'est la géopoétique à la géocritique. Claire Jacquier la rattache plutôt – curieusement – à la géopoétique :

> L'écopoétique apparaît [...] comme une inflexion forte, produite par la prise de conscience croissante des menaces pesant sur ce qui n'est pas seulement un espace extérieur, mais aussi un *oikos*, à la fois habitat et condition de la vie humaine sur terre. Elle s'articule autour de deux axes, selon les termes de Nathalie Blanc, Denis Chartier et Thomas Pughe : un « axe politique », qu'on peut considérer comme une orientation nouvelle des *cultural studies*, et un « axe poétologique », attentif au texte littéraire en tant qu'il explore, par ses formes propres, des manières inédites de percevoir et de comprendre l'environnement naturel, d'illustrer les émotions ou les formations imaginaires que suscitent les interactions avec la nature.

En effet, l'écopoétique s'efforce de rester distante des influences américaines de contre-culture hostile à la science qui pèsent sur l'écocritique[65] ;

---

62 Alain Suberchicot, *Littérature américaine et écologie*, Paris, L'Harmattan, 2002.

63 Alain Suberchicot, *Littérature et environnement. Pour une écocritique comparée*, Paris, Honoré Champion, coll. « Unichamp Essentiel », 2012 : https://www.fabula.org/actualites/a-suberchicot-litterature-et-environnement-pour-une-ecocritique-comparee_49110.php (consulté le 22 septembre 2022), ouvrage pour lequel il faut ajouter deux comptes rendus : François Specq, « Alain *Suberchicot, Littérature et environnement. Pour une écocritique comparée*, Paris, Honoré Champion, 2012, 274 pages », *Transatlantica*, 2 | 2012 : http://journals.openedition.org/transatlantica/6178 (consulté le 22 septembre 2022) ; Bertrand Guest, « Littératures de l'écologie, témoins du social », *Acta fabula*, vol. 13, n° 9, *Essais critiques*, novembre-décembre 2012 : http://www.fabula.org/revue/document7348.php (consulté le 22 septembre 2022). *Cf.* également : François Gavillon, « Écocritique et écolittérature américaines à l'heure (post- ?) postmoderne », *Écologie & politique*, 2008/2, n° 36, p. 85-97 : https://www.cairn.info/revue-ecologie-et-politique1-2008-2-page-85.htm (consulté le 22 septembre 2022) ; Bertrand Guest, « L'essai, forme-sens de l'écologie naissante ? Humboldt, Thoreau, Reclus », *Romantisme*, n° 164, 2014/2, p. 63-73.

64 Stéphanie Posthumus : « État des lieux de la pensée écocritique française », Ecozon@, vol. 1, n° 1, 2010, p. 148-154 ; « Vers une écocritique française : le contrat naturel de Michel Serres », *Mosaic : A Journal for the Study of Interdisciplinarity Study of Literature*, vol. 44, n° 2, juin 2011, p. 85-100.

65 Nathalie Blanc, Denis Chartier, Thomas Pughe, *Littérature & écologie : vers une écopoétique*, *Écologie & politique*, n° 36, 2008/2 : https://www.cairn.info/revue-ecologie-et-politique1.htm. et www.cairn.info/revue-ecologie-et-politique-2008-2-p-15.htm. (consulté le

mais sa tâche n'est pas évidente, selon Claire Jacquier, car elle doit se méfier d'être « une simple poétique verte, comme effet de mode, [qui] pourrait conduire à sélectionner des textes selon un catalogue des critères, thématiques et formels, de la bonne volonté écologique » :

> Pour prendre son rang dans l'institution littéraire, l'écopoétique a […] trois travaux à mener […] dans un contexte où les études littéraires se rallient au projet des études culturelles, s'ouvrent à l'interdisciplinarité tout en renouvelant les approches du texte et de la lecture : identifier son objet et proposer des corpus ; définir des questions poétologiques (genres, formes, fondements esthétiques, ouvertures des textes sur la pratique ou l'action, etc.), cerner ses enjeux critiques et la légitimité du rôle qu'elle assigne à la littérature. […] L'écopoétique pourrait […] renforcer son ambition critique en cherchant à identifier à quelles représentations de la nature – historiquement et idéologiquement marquées – les textes s'ordonnent.

Ainsi considère-t-elle que, même si « l'écologie comme discipline scientifique voit le jour à la fin du XIXe siècle et l'engagement écologiste dans la seconde moitié du XXe siècle, des pans entiers de la littérature du passé peuvent être relus à la lumière de la question de la nature », que l'on considère ou représente celle-ci « comme *physis*, *cosmos* ou *chaos*, comme création, comme système, comme habitat, comme unité vivante, comme réalité assignée à un plan providentiel, comme réalité incréée, etc.[66] »

---

22 septembre 2022) ; « *Ecopoetic*/L'Écopoétique », *Dix-Neuf. Journal of the Society of Dix-Neuviémistes*, 19/3, November 2015) ; Thomas Pughe, « Réinventer la nature : vers une écopoétique », *Études anglaises*, 1/2005, tome 58, p. 68-81 : https://www.cairn.info/revue-etudes-anglaises-2005-1-page-68.htm (consulté le 22 septembre 2022).

66 En note infrapaginale 31 de son article, Claire Jacquier ajoute : « C'est ce que fait Patrick Voisin dans son anthologie de textes antiques : *Écologie et environnement en Grèce et à Rome*, Paris, Les Belles Lettres, 2014. » – ouvrage que cite également Frédéric Le Blay dans son article : « Se confronter à la pensée complexe : la fin du monde, de la théorie à l'expérience vécue », *Cahiers François Viète*, III, 7 : numéro spécial proposant des textes issus du programme ATLANTYS : *La fin du monde, de la théorie à l'expérience vécue* (*cf.* avant-propos de l'éditeur), 2019, p. 6 et 24 : https://www.academia.edu/84458683/Se_confronter_%C3%A0_la_pens%C3%A9e_complexe_la_fin_du_monde_de_la_th%C3%A9orie_%C3%A0_lexp%C3%A9rience_v%C3%A9cue (consulté le 22 septembre 2022).

PIERRE SCHOENTJES ET CE QUI A LIEU

Bien que les deux termes d'écocritique et d'écopoétique semblent parfois cohabiter dans les études littéraires, que « la frontière entre les deux options critiques [ne soit] pas étanche », et que « la dimension engagée des œuvres prises en compte par l'écopoétique [ne soit] absolument pas exclue », comme le montre Claire Jacquier dans son article, Pierre Schoentjes[67] fait une mise au point essentielle sur les enjeux respectifs de l'*ecocriticism*, qui relève des études dites culturelles – les *Cultural Studies* –, et des études littéraires françaises dont les préoccupations poétiques sont centrales. Claire Jacquier situe ainsi la démarche de Pierre Schoentjes :

> Le projet de l'auteur consiste à cerner les caractéristiques d'une écriture des espaces naturels, en tant qu'ils sont au centre d'une expérience concrète de participation à l'*oikos* terrestre, auquel l'homme n'est pas extérieur. Nourrissant l'ambition de donner la mesure d'un « vaste paysage littéraire[68] » et de le cartographier.

Elle montre surtout en quoi, dans le champ même de l'écopoétique française, Pierre Schoentjes se différencie de Thomas Pughe :

> Schoentjes évite l'écueil consistant à définir ce que Thomas Pughe nomme une « poétique écologique » aux propriétés formelles et thématiques définies. Dans son article intitulé « Réinventer la nature : vers une éco-poétique[69] », Thomas Pughe désigne comme un leurre la tentation d'une réinvention littéraire de la nature, hors des représentations qui l'associent à un espace

---

67 Pierre Schoentjes, *Ce qui a lieu. Essai d'écopoétique*, *op. cit.*, p. 21-24. Voir le site www.literature.green lié au projet *Littérature, Environnement et Écologie* de l'Université de Gand et dirigé par Pierre Schoentjes. Le site contient de nombreuses ressources écopoétiques : une section (« Propos d'auteurs ») où l'on trouve des entretiens avec des « écrivain.e.s » sensibles à la question écologique, un abécédaire écopoétique, une section de veille scientifique, etc. *Cf.* également *Écopoétiques*, Alain Romestaing, Pierre Schoentjes et Anne Simon (dir.), *FiXXIon*, n° 11 : http://www.revue-critique-de-fixxion-francaise-contemporaine.org/rcffc/issue/view/21 (consulté le 22 septembre 2022). À propos des travaux de Pierre Schoentjes, voir Hicham-Stéphane Afeissa, « De la Terre au terroir : comment écrire la nature ? », https://www.nonfiction.fr/article-7549-de_la_terre_au_terroir__comment_ecrire_la_nature_.htm (consulté le 22 septembre 2022), de même que *Manifeste pour une écologie de la différence*, Bellevaux, Éditions Dehors, 2021.

68 C'est le titre du chapitre 6 dans la deuxième partie intitulée « Cartographie ».

69 Thomas Pughe, « Réinventer la nature : vers une éco-poétique », art. cité.

maîtrisé, cultivé, civilisé, aliéné par la technique et le progrès. Si la littérature environnementale peut pour certains incarner un discours alternatif ou représenter une espérance de salut, l'écopoétique, comme le souligne Pierre Schoentjes, doit être attentive à tous les usages littéraires de la nature, aussi divergents soient-ils.

Anne Gourio souligne pourtant ceci : « […] l'essai de synthèse de Schoentjes, présentant une recension précise du corpus écopoétique des années 50 à aujourd'hui, balise les genres du roman, de la nouvelle et de l'essai, en se gardant toutefois de leur associer le genre poétique[70]. » Et elle signale que « ce positionnement paradoxalement marginal de la poésie dans le champ actuel de la réflexion sur l'écopoétique est pointé par Jean-Claude Pinson dans son petit manifeste *Autrement le monde* ». Jean-Claude Pinson déplore en effet que le « phénomène critique (écocritique, *Green Studies*) » tende à « oublier la poésie et le poème[71] ».

Sur un autre plan, Stéphanie Posthumus, à propos de la démarche de Pierre Schoentjes, souhaite que soit articulé plus clairement « le rapport entre le local, le culturel et le global » :

> D'un côté, il souligne l'importance de l'expérience concrète du monde à une échelle régionale. De l'autre, il cite la pensée cosmopolite de [Ursula] Heise comme modèle afin de justifier son choix de textes français et italiens[72].

L'Atelier Fabula aborde plus abondamment toutes les questions relatives à l'écopoétique[73].

---

70 Anne Gourio, « L'Écopoèthe : émergence d'une nouvelle figure d'auteur en poésie contemporaine », *Elfe XX-XXI*, 10 | 2021 : http://journals.openedition.org/elfe/3798 (consulté le 22 septembre 2022).

71 Jean-Claude Pinson, *Autrement le monde*, Nantes, Éditions Joca Seria, 2016.

72 Stéphanie Posthumus, « Écocritique : vers une nouvelle analyse du réel, du vivant et du non-humain dans le texte littéraire », *Humanités environnementales. Enquêtes et contre-enquêtes*, Guillaume Blanc, Élise Demeulenaere et Wolf Feuerhahn (dir.), Paris, Éditions de la Sorbonne, collection « Homme et société », nº 55, 2017, chap. 7, p. 161-179 : https://books.openedition.org/psorbonne/84380?lang=fr (consulté le 22 septembre 2022). Autre travail de Stéphanie Posthumus à consulter : « État présent. *Is* Écocritique *still possible* ? », *French Studies*, vol. LXXIII, nº 4, p. 598-616, trad. Jean-Christophe Cavallin : « État présent. L'Écocritique est-elle encore possible ? », *Fabula- LhT*, nº 27, *Écopoétique pour des temps extrêmes*, novembre 2021 : https://www.fabula.org/lht/27/posthumus.html (consulté le 22 septembre 2022).

73 *Cf. Atelier Fabula* : https://www.fabula.org/atelier.php?Ecopoetique (consulté le 22 septembre 2022).

LES ÉLÉMENTS DU ZEUGMA

Dans son article déjà cité[74], Rachel Bouvet, dont les travaux sont plus proches de la géopoétique que de l'écocritique[75], articule les trois courants critiques qui se sont développés indépendamment les uns des autres à la fin du XXe siècle et qui ont pour « point commun d'accorder une place prépondérante à la littérature » de façon complémentaire plutôt que concurrente (géopoétique, géocritique, écocritique) ; mais l'on ne peut manquer de remarquer qu'elle n'inclut pas dans le titre l'écopoétique – encore moins l'écopoéthique – par rapport à elles.

Avant d'envisager comment se situent ces deux autres discours, qu'en est-il des trois auxquels elle s'intéresse ? De toute évidence, l'attelage – dont les deux premiers éléments sont français et le troisième originaire des États-Unis – ne fonctionne pas de concert, malgré un dénominateur commun ; c'est un peu comme si un chef d'orchestre ne pouvait conduire complètement ses solistes aux individualités marquées :

> Elles ont toutes trois en commun le fait de vouloir replacer le lien entre l'homme et la Terre au centre de la réflexion. Géo-centrée – géo en grec signifie la Terre – ou éco-centrée – *oikos*, la maisonnée en grec, est à la base du concept d'environnement –, elles ont [...] comme point commun d'accorder une place prépondérante à la littérature. Ces trois mouvements se sont développés de manière indépendante, sans que de véritables liens se tissent jusqu'à présent. En observant les particularités propres à chacun et en tentant d'identifier leurs principales divergences, je tenterai de montrer qu'on peut les concevoir comme complémentaires plutôt que concurrents[76].

Elle établit une première différence lorsqu'elle note le caractère transdisciplinaire de la géopoétique contrairement à l'approche plus strictement littéraire de la géocritique :

---

74 Rachel Bouvet, « Géopoétique, géocritique, écocritique : points communs et divergences », art. cité.

75 Rachel Bouvet et Kenneth White, *Le nouveau territoire. L'exploration géopoétique de l'espace*, Montréal, Université du Québec, Centre de recherche sur le texte et l'imaginaire, coll. « Figura », 2008.

76 Rachel Bouvet, « Géopoétique, géocritique, écocritique : points communs et divergences », art. cité, p. 1.

> La géopoétique cherche à construire un nouveau territoire, [...] « agrandir » son être, nouer des rapports harmonieux avec les autres sur la base d'une appartenance commune et d'un travail mené en commun, un vaste champ de recherche et de création dans lequel se croisent les sciences, les arts et la littérature, autrement dit un champ transdisciplinaire. [...] En ce qui concerne la géocritique, la dimension interdisciplinaire est beaucoup moins importante [...]. Il s'agit d'abord et avant tout d'une approche littéraire, d'une nouvelle critique, d'une nouvelle manière d'interpréter le texte littéraire[77].

C'est à propos de l'écocritique que Rachel Bouvet situe pourtant l'écopoétique qui n'est donc oubliée que dans le titre !

> Certains parlent d'écopoétique pour différencier cette deuxième vague de chercheurs en écocritique, car ils tentent de mettre de l'avant la dimension littéraire du texte, parfois oubliée au profit de sa dimension politique. C'est cette tendance que semble suivre l'écocritique française, tournée davantage vers la pensée écologique élaborée par des philosophes tels que Michel Serres, Bruno Latour, Gilles Deleuze et Félix Guattari, que vers les sciences de l'environnement. Au Québec, Stéphanie Posthumus travaille sur la notion de « personnage environnemental » afin de redonner au sujet une place dans l'approche écocritique et de pouvoir du même coup analyser un plus grand nombre de textes n'appartenant pas forcément à la littérature environnementale[78].

Dans la confrontation des différents discours, Rachel Bouvet voit même davantage de liens entre la géopoétique et l'écopoétique (ou l'écocritique) qu'entre la géopoétique et la géocritique :

> À la fois en ce qui concerne les genres et les espaces abordés, on peut dire que la géopoétique et la géocritique sont aux antipodes l'une de l'autre. En revanche, les liens entre la géopoétique et l'écopoétique semblent plus faciles à établir puisque la préoccupation écologique n'est pas étrangère à la géopoétique. Certains propos de White ont d'ailleurs donné lieu à certaines méprises, comme on le constate dans *La géocritique mode d'emploi*, où la géopoétique est présentée avant tout comme un mouvement écologique. Cela dit, il importe d'insister sur le fait que le rôle de l'artiste ou de l'écrivain comme éveilleur de conscience ne forme que l'un des aspects de ce champ de recherche et de création[79].

77 *Ibid.*, p. 6 *sq.* Rachel Bouvet note d'ailleurs que les villes ont été un matériau très important en tant que propices à l'étude des espaces humains.

78 *Ibid.*, p. 13.

79 *Id.*

La conclusion est donc claire :

> Malgré les parentés entre l'écocritique et la géopoétique, sur le plan littéraire et philosophique notamment, les divergences restent assez nombreuses. Plus important encore, la géopoétique constitue un champ et non une approche critique, comme le sont à la fois l'écocritique et la géocritique[80].

L'ÉCOPOÈTHE

Face au déficit dont semble pâtir la poésie, Anne Gourio[81] se penche sur un ensemble d'essais de poètes contemporains (Jean-Claude Pinson, Michel Deguy, Jean-Christophe Bailly, Stéphane Bouquet) qui, face à l'urgence écologique, entendent relancer l'impératif hölderlinien d'une « habitation poétique du monde ». Elle affirme ainsi :

> En revenant sur les spécificités du langage poétique et sur son lien consubstantiel avec la *physis*, tous affirment la possibilité, pour la poésie, de se faire la porte-parole d'une écologie radicale. En cela, ces essais définissent bien une figure renouvelée de poète engagé – que nous qualifierons d'écopoèthe – en charge d'un nouveau devoir face au monde sensible.

Elle rappelle que la revue *Catastrophes*, créée en 2017 par Laurent Albarracin, Guillaume Condello et Pierre Vinclair, joue sur l'étymologie du mot et sur la résonance de « strophe » pour enjoindre à la poésie d'inventer des formes de « soulèvement » face aux désastres du monde ; ces désordres ont été abordés lors d'un colloque à visée transdisciplinaire[82] visant à « mettre en lumière les potentialiés transdisciplinaires qui caractérisent l'écocritique, en faisant dialoguer sciences humaines et sciences naturelles autour de la notion de catastrophe ». Or, c'est dans cette revue que Jean-Claude Pinson, poète, philosophe, essayiste,

80 *Ibid.*, p. 14.

81 Anne Gourio, « L'Écopoèthe : émergence d'une nouvelle figure d'auteur en poésie contemporaine », *Elfe, XX-XXI*, 10 | 2021 : http://journals.openedition.org/elfe/3798 (consulté le 22 septembre 2022).

82 Chloé Chaudet, Anne Garrait-Bourrier, Lila Ibrahim-Lamrous, Gaëlle Loisel, *Écocritique(s) et catastrophes naturelles : perspectives transdisciplinaires*, 2022 : https://halshs.archives-ouvertes.fr/halshs-03595562 (consulté le 22 septembre 2022).

a publié, entre octobre 2018 et janvier 2019, *Pastoral. De la poésie comme écologie première*[83], un essai qui questionne le lien constitutif qui existe entre poésie et nature, relançant par-là même le débat sur la fonction du poète au XXIe siècle face à la « catastrophe écologique » qui constitue notre « horizon indépassable ».

La démarche n'est pas nouvelle, puisqu'en 1989 déjà, dans *Les Trois Écologies*, Félix Guattari en appelait à « de nouvelles pratiques micro-politiques et micro-sociales, de nouvelles solidarités, une nouvelle douceur conjointement à de nouvelles pratiques esthétiques[84] ». C'est ainsi, rappelle Anne Gourio, que Jean-Claude Pinson (*Autrement le monde*[85], *Pastoral. De la poésie comme écologie*), Michel Deguy (*Écologiques* ; *L'Envergure des comparses. Écologie et poétique*[86]), Jean-Christophe Bailly (*L'Élargissement du poème*[87]) ont fait le choix de « repositionner le poète au cœur non seulement de la cité, mais du monde sensible », reprenant de façon convergente, trente ans plus tard, l'impératif hölderlinien d'une « habitation poétique du monde » dans une période où l'urgence écologique devient majeure. Le poète devient lanceur d'alerte : « voyant, c'est-à-dire lumière qui s'allume pour nous alerter[88] ». Cela change radicalement l'*ethos* du poète : « le sujet lyrique n'est plus le support transparent d'une parole inspirée », mais il devient « le porteur d'une proposition de monde, ouvrant l'axe temporel sur l'avenir et traçant un nouveau territoire à partager ».

Il faut souligner le rôle majeur de Jean-Claude Pinson qui rémunère le mot-valise « poét*h*ique » de Georges Perros[89] : ce qui importe, c'est la destination du texte. Ainsi naît la figure de « l'écopoèthe » ; celui-ci s'inscrit évidemment dans le discours écopoétique français mettant l'accent moins sur l'engagement que sur le *poïein*[90] littéraire.

---

83 Jean-Claude Pinson, *Pastoral. De la poésie comme écologie*, Ceyzérieu, Champ Vallon, 2020, sous le titre « Écologie première », p. 11-46.

84 Félix Guattari, *Les Trois Écologies*, Paris, Galilée, 1989, p. 45-46.

85 Jean-Claude Pinson, *Autrement le monde*, *op. cit.*

86 Michel Deguy, *Écologiques*, Paris, Hermann, 2012 ; *L'Envergure des comparses. Écologie et poétique*, Paris, Hermann, 2017.

87 Jean-Claude Bailly, *L'Élargissement du poème*, Paris, Christian Bourgois, 2015. On peut ajouter : *Le Dépaysement. Voyages en France*, Paris, Seuil, 2011, et *Le Versant animal*, Paris, Bayard, 2007.

88 Michel Deguy, *La Fin dans le monde*, Paris, Hermann, coll. « Le Bel aujourd'hui », 2006, p. 46.

89 Georges Perros, *Papiers collés II*, Paris, Gallimard, coll. « L'Imaginaire », 1989, p. 133.

90 Dans « Essor d'une conscience littéraire de l'environnement », *Revue critique de Fixxion contemporaine*, n° 11 : http://www.revue-critique-de-fixxion-francaise-contemporaine.

Tous ces poètes ont leur propre définition de l'écopoèthe : Michel Deguy a une lecture heideggerienne du poète : le « monde », qui ne se conçoit qu'à travers l'idée d'« habitabilité », et l'« environnement » ne doivent pas être confondus : « L'homme a un monde qui n'est pas la somme de tous les environnements. Il est au monde, a une dimension, une ouverture, une "apérité" qui traverse tout milieu[91] ». Il conçoit le mot « écologie » comme une « logie de l'*oïkos* », c'est-à-dire « une parole de la demeure[92] ». En revanche, Jean-Claude Pinson redéfinit « l'habitation poétique du monde » selon le concept de « poéthique » ; il s'agit de mettre en avant l'*ethos*, et la poésie devient l'espace d'une autre façon de considérer l'existence ; ce n'est plus la « poésie vécue » qui importe, mais la « poésie pour vivre ». Et la finalité est que « l'existence et le monde soient davantage habitables[93] ».

Selon Anne Gourio, les écopoèthes prennent rang comme héritiers de l'éthopoïétique définie par Michel Foucault[94] ; dans une démarche prospective, ils disent que le genre poétique contient naturellement une dimension écologique et aurait le privilège de la proximité avec la nature plus que les autres genres littéraires. Le paysage-état d'âme a vécu, taxé de « rêverie de propriétaire foncier » et de « rapt par lequel l'homme substitue à la violence de la signifiance celle de la signification », les « choses » étant « sommées de répondre[95] ». Jean-Claude Pinson remet en question la tradition de l'effet-miroir entre l'homme et le monde, et il revendique le retour à un état sauvage et disponible des choses d'où émerge le sens.

---

org/rcffc/article/view/fx11.0 (consulté le 22 septembre 2022), Alain Romestaing, Pierre Schoentjes et Anne Simon notent qu'en France « se sont plutôt développées des approches prolongeant un intérêt ancien pour le paysage et la géographie, notamment avec la géopoétique de Kenneth White ou la géocritique de Michel Collot et Bertrand Westphal ».

91 Michel Deguy, *L'Envergure des comparses. Écologie et poétique*, *op. cit.*, p. 17.

92 *Id.*

93 Jean-Claude Pinson, *Poéthique. Une autothéorie*, Ceyzérieu, Champ Vallon, 2013, p. 5.

94 Michel Foucault, *L'Herméneutique du sujet : cours au collège de France (1981-1982)*, Paris, Seuil, 2001.

95 Jean-Christophe Bailly, *L'Élargissement du poème*, *op. cit.*, p. 17.

QU'EN SERA-T-IL DEMAIN ?

Tournons-nous vers de nouvelles voix ! Marielle Macé colore son discours d'une perspective écologico-politique ; ainsi, dans *Nos cabanes*[96], puis dans « Pour une poésie élargie[97] », elle donne un cadre plus large à son approche avec les formes de vie les plus diverses, et elle embrasse la totalité des éléments naturels : « L'élargissement radical des formes de vie à considérer et des ententes à construire, voilà le point vif[98]. » C'est pourquoi elle considère qu'il faut « honorer d'autres styles d'être, d'autres pensées, d'autres comportements dans le sensible, de suivre d'autres lignes qui constituent autant de propositions sur le monde et les façons de s'y tenir[99] ».

Jean-Christophe Bailly est sur la même ligne dans son approche des paysages qu'il parcourt dans *Dépaysement. Voyages en France* : sa démarche consiste à dépayser le pays lui-même et à l'arracher à l'appartenance ; il s'agit plutôt de privilégier « le battement de la plus exacte proximité, à même les herbes, la terre, avec l'eau claire, la boue, la mousse de rayons[100] ».

Sans prolonger davantage cette orientation par d'autres témoignages, il suffit de remarquer que, face à une précarité écologique qui ne cesse d'augmenter, la finalité purement esthétique du poème a vécu ; ce qui compte dorénavant, c'est la construction d'un nouvel *ethos* pour construire un séjour vivable et un monde commun. Stéphane Bouquet défend l'idée que le poème est « production non d'un texte mais de la vie[101] ».

Un courant se développe aujourd'hui de manière importante, celui de l'esthétique environnementale, dans le cadre plus large des humanités environnementales[102] qui regroupent nombre de disciplines (anthropo-

---

96 Marielle Macé, *Nos cabanes*, Paris, Verdier, 2019.

97 Marielle Macé, « Pour une poésie élargie », conférence prononcée à l'I.M.E.C. (abbaye d'Ardenne) le 20 juin 2019. Citons également : « Élargissement du poème », *Arts et sociétés. Lettre du séminaire*, n° 108 : https://www.sciencespo.fr/artsetsocietes/fr/archives/3944 (consulté le 22 septembre 2022).

98 Marielle Macé, *Nos cabanes*, *op. cit.*, p. 77.

99 *Ibid.*, p. 98.

100 Jean-Christophe Bailly, *Le Dépaysement. Voyages en France*, *op. cit.*, p. 143.

101 Stéphane Bouquet, *La Cité de paroles*, Paris, Éditions José Corti, p. 65.

102 Guillaume Blanc, Élise Demeulenaere, Wolf Feuerhahn (dir.), *Humanités environnementales. Enquêtes et contre-enquêtes*, *op. cit.* : https://books.openedition.org/psorbonne/84270 (consulté le 22 septembre 2022).

logie, histoire, philosophie, géographie, sociologie, études littéraires, sciences politiques, économie, droit) et retracent l'émergence intellectuelle et institutionnelle des « sciences humaines et sociales aux prises avec l'environnement ». Il prétend redéfinir les critères de définition du beau ; la beauté désintéressée kantienne doit faire place à une autre beauté qui englobe les conditions de notre présence au monde, de notre « habitation » terrestre ; cela implique d'envisager l'esthétique non plus comme une dimension autonome, mais existant sur un fond d'éthique qui lui donne sens. L'écrivain vit dans la cité, et l'écopoèthe – à un degré supérieur – dans le monde sensible ; il s'agit bien d'une nouvelle approche des relations entre le poème et le monde naturel, en renvoyant l'écriture du poème (*poiesis*) à sa source.

Notre projet est destiné à prolonger le remarquable travail que Nathalie Carcaud, Gilles Arnaud-Fassetta et Caroline Évain ont publié aux éditions du C.N.R.S.[103], avec deux spécificités : d'une part, un champ géographique plus étendu, le monde, impliquant de grands fleuves, par la longueur ou par l'importance qu'ils ont dans l'économie du pays ou l'imaginaire des hommes ; d'autre part, la possibilité de faire travailler ensemble géographie et littérature, puisque les deux courants critiques évoqués précédemment le permettent avec des lectures originales.

En ce sens, Jean-Christophe Bailly et son approche de l'identité nationale dans *Le Dépaysement. Voyages en France* est un repère majeur ; comme l'écrit Emmanuelle Caminade dans le blog *L'Or des livres* (23 mars 2012), dans ce livre « on entrecroise les lieux et les époques » dans ce que Jean-Christophe Bailly appelle « une pelote enchevêtrée où époques, affects et dimensions s'entremêlent ». L'eau et les rêves ! L'eau des rivières n'est jamais loin, physique ou symbolique, dans la continuité de *L'Histoire d'un ruisseau* d'Élisée Reclus.

103 Nathalie Carcaud, Gilles Arnaud-Fassetta et Caroline Évain, *Villes et rivières de France*, *op. cit.*

POÉTIQUE DES VILLES-FLEUVES
La source et l'embouchure

Les différents contributeurs de cet ouvrage suivent en quelque sorte le conseil de Rachel Bouvet : « La promenade au bord du fleuve n'est pas un divertissement, mais un travail, dont le but est d'apprendre à "voir" le monde autrement, pour développer par la suite une manière de "lire" les textes autrement[104] ». N'oublions pas de rappeler également que Rachel Bouvet s'est penchée sur la question des villes[105] ; quant à son anthologie *Littérature et géographie*, elle rassemble les textes qui sont essentiels pour aborder les relations entre littérature et géographie afin de montrer « tout le potentiel que représentent les notions, théories et outils développés par les géographes et les littéraires[106] ».

Pour une poétique des villes-fleuves du monde entre géopoétique et écopoétique prend sa source dans un colloque qui s'est tenu les 16 et 17 mars 2017 au musée des Beaux-Arts d'Orléans, organisé par les musées d'Orléans et l'Université d'Orléans (laboratoire EA 1210 CEDETE du Collegium lettres, langues et sciences humaines), coordonné par Olivia Voisin, directrice des musées d'Orléans, Patrick Voisin, directeur scientifique du colloque, et Bertrand Sajaloli, co-directeur scientifique du colloque : « Orléans et villes-fleuves du monde au fil des siècles : histoire d'eau et d'art ». Toutefois l'ouvrage ne conserve que quelques contributions pouvant rejoindre scientifiquement le nouveau projet situé entre géopoétique et écopoétique, et les contributions les plus nombreuses ont fait suite à un appel sur ce projet spécifique ; d'autre part, alors que le colloque rendait hommage au Professeur Alain Malissard, antiquisant orléanais notoire, l'ouvrage est dédié au Professeur géopoéticien Bi Kacou Parfait Diandué de l'Université Félix-Houphouët-Boigny d'Abidjan, décédé le 24 décembre 2019.

---

104 Rachel Bouvet, art. cité, p. 8.

105 Rachel Bouvet, « Introduction », George Amar, Rachel Bouvet et Jean-Pierre Loubes, *Ville et géopoétique*, Paris, L'Harmattan, 2016.

106 Rachel Bouvet, *Littérature et géographie*, Québec, Presses de l'Université, collection « Approches de l'imaginaire », 2018 : https://www.puq.ca/catalogue/livres/litterature-geographie-3593.html. (consulté le 22 septembre 2022).

Habité par tous ses auteurs de contributions tournées vers la France, l'Europe, l'Afrique, l'Amérique et l'Asie, le monde – que leur discours soit d'ordre historique, géographique ou littéraire, mais surtout au croisement de ces disciplines par le biais de la géohistoire, de la géocritique et/ou géopoétique, de l'écocritique et/ou écopoétique, et des humanités environnementales –, l'ouvrage fait métaphoriquement figure de ville traversée par des fleuves. Les plus grands fleuves du monde ont développé l'imaginaire de nombreux auteurs ; un ouvrage récent[107] – sorte d'atlas des cours d'eau – en aborde dix-huit sur dix pays, mais, même si l'on peut y constater des éléments relatifs aux questions écologiques, il s'agit d'un album photographique pour la jeunesse, non d'un ouvrage scientifique proprement dit tel que nous l'avons souhaité.

Les fleuves en ville et les villes à fleuves sont incontestablement aujourd'hui les lieux plus particuliers d'enjeux écologiques liés à des projets urbains[108], mais cela ne concerne pas seulement l'urbaniste – même s'il est au premier plan –, puis l'historien et le géographe ; les humanités environnementales convoquent dorénavant aussi le littéraire entre géopoétique et écopoétique. L'horizon qui fonde la réflexion menée par Michel Collot a évolué ! Il s'est élargi. Et si la poétique du fleuve a déjà été travaillée[109], c'est celle des « villes-fleuves du monde » qui importe à présent. Arrivé à l'embouchure après avoir suivi son cours depuis sa source, notre ouvrage – telle la Garonne devenue Gironde après avoir traversé Toulouse et Bordeaux puis rencontré la Dordogne – a jeté puis levé l'a/encre, désormais bouteille à la mer pour qui voudra concevoir le rôle majeur qu'ont les villes-fleuves sur l'océan de nos enjeux écologiques, dans le

---

107 Volker Mehnert et Martin Haake (dir.), *Les plus grands fleuves du monde*, Voisins-Le-Bretonneux, Rue du Monde, 2021.

108 *Cf.* Sophie Bonin, « Fleuves en ville : enjeux écologiques et projets urbains », *Strates. Matériaux pour la recherche en sciences sociales*, nº 13, *Paysage urbain : genèse, représentations, enjeux contemporains*, IV. « Paysage urbain : fleuve et rivière : enjeux environnementaux contemporains », 2017 : https://journals.openedition.org/strates/5963 (consulté le 22 septembre 2022). Ou encore : Sandy Kumar, Lucie Naveteur, Benjamin Persitz, Gaëlle Renoncet, Jean-Baptiste Roussat, *La ville fluviale*, Mastère AMUR, Atelier International, mars 2015.

109 *La Poétique du fleuve*, études réunies par et publiées par Francesca Melzi d'Eril, avec la collaboration de Maria Silvia Da Re et Eleonora Sparvoli, Milano, Cisalpino, Istituto editoriale universitario, 2004.

zeugma des différents discours complémentaires qui s'emparent de la question.

« Le vers à moitié fleuve » – mais aussi à moitié ville – … « comme les mots disent, les vers prédisent[110] ».

Patrick VOISIN
Laboratoire Babel EA 2649,
Université de Toulon, France
Projet *Literature.green*,
Université de Gent, Belgique

110 Aimé Éyengué, 25 septembre 2020, page facebook : Éditions de la Fleuvitude.

PETITE ÉCOPOÉTIQUE DU FLEUVE CHEZ PIERRE GASCAR

> Le mouvement de ses eaux me rendait
> le monde, dont cette ville m'excluait[1].

RELIRE À TRAVERS LE PRISME DE L'ÉCOPOÉTIQUE

Depuis quelques années maintenant, la recherche littéraire fait une place à l'écopoétique, qui était restée longtemps discrète en France. Les programmes académiques intègrent eux aussi chaque jour davantage des initiatives qui interrogent les liens unissant la littérature à un environnement naturel… menacé. Il ne fait guère de doute que la tendance est appelée à se renforcer dans la mesure où ce champ d'étude fait résonner des problématiques qui sont centrales pour une nouvelle génération. L'approche peut s'appuyer maintenant sur une production romanesque qui s'intéresse de plus en plus fréquemment aux enjeux écologiques : chaque rentrée littéraire voit un nombre croissant d'ouvrages s'intéresser à la sphère environnementale. Si dans la littérature d'imagination c'est la littérature « verte », tournée vers une nature sauvage ou campagnarde, qui a d'abord recueilli le plus de suffrages, les lecteurs peuvent aujourd'hui aussi explorer une littérature « marron », qui aborde les différentes formes de pollutions et regarde ainsi du côté de réalités qui ne font pas rêver[2].

Par le biais de l'écologie, l'engagement retrouve en littérature une légitimité qu'elle avait perdue. Les jeux de l'autoréférentialité, caractéristiques

1 Pierre Gascar, *Les sources*, Paris, Gallimard, 1975, p. 246 ; dorénavant *LS*.

2 Pour une catégorisation détaillée du champ, voir : Pierre Schoentjes, *Littérature et écologie. Le Mur des abeilles*, Paris, Éditions José Corti, collection « les essais », 2020.

d'une littérature brillante mais pas toujours ancrée dans le réel, peuvent désormais apparaître dépassés aux yeux de certains, comme d'ailleurs la littérature de l'autofiction quand celle-ci ne prend pas suffisamment en considération le collectif et le monde qui nous entoure. À condition que les auteurs ne chaussent pas de trop lourds sabots verts, une perspective éthique ouvertement assumée n'est plus taboue, bien au contraire : elle semble aujourd'hui attendue.

Axée prioritairement sur une production littéraire de l'extrême contemporain, dont la fenêtre temporelle coïncide avec une prise de conscience environnementale accrue, l'écopoétique permet toutefois aussi de se retourner sur le passé. Relire une littérature plus ancienne permet d'éclairer des auteurs reconnus à travers un nouveau prisme. Se montrer attentif à des œuvres dans lesquelles une sensibilité pré-écologique s'exprime permet aussi d'esquisser une histoire littéraire alternative. Il reste en effet à découvrir des écrivaines et des écrivains qui n'appartiennent pas au canon mais qui ont néanmoins contribué à préparer l'imaginaire au tournant majeur que nous observons actuellement.

Pierre Gascar, pseudonyme de Pierre Fournier, est de ceux-là. Malgré un prix Goncourt (1953), un Grand prix de l'Académie française (1978) et une œuvre constituée d'une cinquantaine de romans et de récits, publiés chez Gallimard entre 1949 et 1989, il est hélas largement oublié[3]. Cet écrivain exigeant, dont la critique a systématiquement mis en avant la qualité du style, est cependant le premier – et pendant très longtemps le seul – à avoir fait résonner les questions environnementales dans la littérature d'imagination française. Au début des années 70, alors que l'écologie commençait seulement à s'imposer dans le débat public, Gascar a fait paraître successivement *L'arche* (1971) et *Le présage* (1972), premiers d'une série de récits dans lesquels il allait explorer le rapport de l'homme avec monde naturel, minéral, animal mais d'abord végétal. Son œuvre, qui au milieu de la décennie va intégrer la « mystique matérialiste » empruntée à Roger Caillois, va faire une place importante aux éléments. L'eau occupera en particulier une place centrale dans *Les sources* (1975), et c'est à ce titre que l'œuvre de Gascar retiendra ici notre attention.

---

3 On verra cependant, dans une perspective écologique : Pierre Schoentjes, *Ce qui a lieu. Essai d'écopoétique*, Marseille, Wildproject, collection « tête nue », 2015, et plus récemment : Sara Buekens, *Émergence d'une littérature environnementale. Gary, Gascar, Gracq, Le Clézio, Trassard à la lumière de l'écopoétique*, Genève, Droz, 2021.

Rappelons, en guise de contextualisation – hélas trop succincte –, qu'en 1972 la Conférence des Nations Unies sur l'environnement, organisée à Stockholm, avait porté la sauvegarde de l'environnement à l'attention du plus grand nombre. Plus tôt, dans la France des années 60, quelques voix s'étaient d'ailleurs déjà élevées pour pointer les risques que les modes de vie modernes faisaient courir à la nature. À une époque qui était encore celle du consumérisme triomphant des Trente Glorieuses, Alain Bombard et Jacques-Yves Cousteau – des figures qui jouissaient d'une importante audience – s'étaient efforcés de sensibiliser le public à l'écologie en montrant les menaces qui pesaient sur l'univers qu'ils connaissaient le mieux : celui des fleuves et de la mer.

VOIR LA SEINE À AUTEUIL

Pour des raisons qui tiennent à son parcours personnel et sur lesquelles il faut revenir ici, Gascar s'est lui aussi montré sensible à l'élément liquide en général et aux fleuves en particulier. Gascar, né en 1916, a vécu les huit premières années de son enfance pauvre à Paris, dans le quartier du Point-du-Jour. *La graine* (1955), « roman » inspiré de l'aveu même de l'auteur par sa propre enfance, rappelle la proximité du fleuve : « À Paris, la Seine coulait non loin de notre maison[4] ». Dans *L'ange gardien*, son autobiographie, Gascar insistera sur l'importance du lieu en répétant une fois encore qu'il a passé le début de sa « vie tout près de la Seine, dans cette enclave d'Auteuil, moins bourgeoise que l'autre partie du quartier[5] ».

Revenant sur la valeur qu'il accorde à la proximité du fleuve, il note : « la place que je donne à la Seine dans mes souvenirs d'enfance [relève de] ce qu'on appelle un "thème d'auteur" » (*AG*, p. 12). Gascar précise l'origine du motif dans son vécu personnel :

> La Seine m'apporta mon premier mort ; il s'agissait en fait d'une morte, mais le terme impersonnel s'impose, du moins pour le moment, car il s'agit

4 Pierre Gascar, *La graine*, Paris, Gallimard, p. 133 ; dorénavant *LG*.

5 Pierre Gascar, *L'ange gardien*, Paris, Plon, 1987, p. 7 ; dorénavant *AG*.

> avant tout, dans cette circonstance, de la première rencontre d'un enfant de sept ans avec l'image d'un cadavre. C'était une noyée de l'âge de ma mère ; du quai où je me promenais avec mon frère, je la découvris sur la berge où des employés de la brigade fluviale ou de la Morgue s'employaient à la caser dans un grand cercueil de bois brun. [...] Son visage d'un blanc de craie, reparaissant devant mes yeux, m'effrayait non pas tant par son aspect propre, mais par son caractère de leurre, comme s'il eût été un masque derrière lequel une personne hier bienveillante, soudain pervertie, la voisine, la maîtresse d'école, l'épicière, se cachait. (*AG*, p. 12)

L'épisode a d'autant plus d'importance que plusieurs indices laissent à penser que la propre mère de Gascar est morte noyée dans la Seine, sans doute par suicide. L'auteur se montre très discret sur la question et sans doute que personne dans une famille qui fait silence sur la disparition de cette femme ne lui a jamais parlé de suicide, mais le lecteur de Gascar penche irrésistiblement pour cette possibilité. Cette conclusion s'impose de manière diffuse, un peu comme elle aurait pu prendre forme dans l'esprit de l'enfant devant lequel l'on n'explicitait rien. Mais les indices s'accumulent, dont celui-ci : « [Ma mère] avait, à n'en pas douter, commis une faute, une faute un peu semblable, pensais-je, à celle qu'avait commise la noyée de la Seine en se jetant à l'eau car on m'avait dit qu'il s'était agi d'un suicide. » (*AG*, p. 23)

Quoi qu'il en soit de la réalité du suicide, l'eau du fleuve se trouve pour Gascar associée depuis l'enfance avec l'idée de la mort, aussi dans ce qu'elle implique de communion à travers un retour à la matière. Le lien s'établit d'ailleurs déjà avant la disparition de la mère. C'est en sa compagnie qu'il avait éprouvé un jour un désarroi en regardant « la Seine à l'endroit où, juste après le viaduc d'Auteuil, marquée encore du remous des piles, elle s'élargissait, courant vers des lointains que le contre-jour du couchant obscurcissait » : « J'avais alors brusquement senti que tout pouvait se dérober dans la vie, dans le monde, en moi-même. » (*AG*, p. 56) Cette expérience va déterminer une série d'intérêts liés au fleuve. Ainsi, Gascar signalera par exemple dans *Vertiges du présent* (1962) l'attention particulière qu'il porte à ces postes de secours aux noyés que l'on retrouvait à l'époque sur les quais de la Seine :

> J'ai toujours été fasciné par ces enseignes de fonte apposées sur les espèces de petits bastions, parfois sommés d'un drapeau délavé, qui s'élèvent, çà et là, sur les berges de la Seine. [...] On a l'impression que les noyés font partie de

> la vie courante, qu'ils sont, chaque jour, assez nombreux pour que la Société prenne le soin de mettre en place cette signalisation[6].

Si ces lignes sont directement dictées par le constat que les troubles psychologiques – que Gascar imagine en hausse à l'époque – peuvent conduire au suicide, elles soulignent aussi l'idée plus générale, que l'auteur éprouve des difficultés à intégrer, selon laquelle la normalité et la catastrophe sont proches, comme si une ironie malicieuse s'ingéniait à rapprocher ce qui devrait à toujours rester séparé : la vie et la mort.

L'enfant va cependant s'éloigner de la Seine. En effet, à la suite du décès de son épouse, le père de Gascar, incapable de se charger de son fils, va le confier à la garde d'oncles qui vivent à Sainte-Livrade-sur-Lot. Après la pauvreté de la ville, Gascar connaîtra celle du monde rural et, de manière significative, l'écriture fera le lien entre les deux univers en s'appuyant sur l'image de l'eau. *La graine* évoque ainsi les dramatiques inondations qui touchent le Lot-et-Garonne en mars 1930, faisant une vingtaine de morts :

> Maintenant, les crues d'une autre rivière venaient mouiller les pieds tous les soirs jaunes et froids de février. Je regrettais la Seine. L'autre rivière, plus elle dévastait, noyait, et plus ce pays-ci ressemblait aux plaines du déluge, plus se contenait secrètement mon cœur. Ma solitude repoussait au loin ses rives d'herbes. Des maisons riveraines s'effondrèrent. On avait emmené leurs habitants dans des barques plates qu'on poussait à la perche. Ce qui avait alors été droit, vivant ou jailli passait maintenant à plat, couché dans l'eau limoneuse et presque à la hauteur des yeux ; les arbres tournoyants et noirs, les bêtes blondes et la chevelure éparse des blés. La pluie continuait avec, entre les nuées assombries, des éclaircies funèbres. (*LG*, p. 114)

Dans ce passage, qui montre bien l'aptitude de Gascar à faire voir le monde naturel par le biais d'une écriture des sens, le malheur qu'éprouve l'adolescent, mal-aimé dans une famille qui le traite en pensionnaire, se dit à travers la satisfaction qu'il ressent à voir le pays inondé par une rivière.

La contemplation des eaux joue, on le vérifie ici, un rôle important dans l'imaginaire de Gascar et l'on ne s'étonnera pas de constater que l'autobiographie revient sur des événements que *La graine* évoquait déjà. *L'ange gardien* évoque un épisode lors duquel l'enfant avait été obligé par

6 Pierre Gascar, *Vertiges du présent*, Paris, Arthaud, 1962, p. 17.

sa tante d'aller noyer des chatons à la rivière. Par nécessité sans doute mais par provocation aussi, afin de mettre la sensibilité de Gascar à l'épreuve. Une fois que le sac contenant les chatons a disparu dans les flots, le garçon contemple la rivière :

> Je sentais renaître en moi un très ancien désarroi, le sentiment d'un glissement irrépressible qui, comme celui de ces eaux charriant du bois mort pris aux rives, entraînait les réalités secourables de la vie. Il me semblait être intérieurement entraîné par cette débâcle ; à peine nées, mes pensées perdaient tout sens, toute destination, comme l'auraient fait mes paroles, si je m'étais mis à parler face à l'immensité de cette rivière en crue qui fuyait en bruissant. On le sait : depuis près de dix ans revenait constamment à mon esprit l'image d'un autre fleuve, derrière celles des cours d'eau auprès desquels le hasard m'amenait. (*AG*, p. 162)

Les événements qui marquent la vie de Gascar dans le Sud-Ouest se trouvent, par le biais de l'eau, régulièrement mis en rapport avec la Seine. Le fleuve, associé à la mort de la mère par le truchement de la noyée que très jeune il avait vu repêcher, se dessine en filigrane derrière le Lot qui coule à Sainte-Livrade. Les images de plaines englouties continueront d'ailleurs à cristalliser la réflexion de Gascar sur l'existence. Lorsqu'il se rend en Chine avec une délégation française qui participe aux célébrations qui entourent le cinquième anniversaire de la révolution, il verra, survolant en avion le centre du pays, les catastrophes que l'eau peut provoquer :

> À un moment, la terre manque. Les inondations ont transformé la Chine en une planète noyée. L'eau devant soi, l'eau derrière soi, l'eau sur tous les horizons que le regard découvre, mais une eau qui n'a pas l'unité de la mer qui enserre les villages, qui subit la division des haies, qui laisse dépasser des touffes d'arbres et qui, par transparence, permet de lire une page agricole figée dans le désastre : le sorgho submergé, le soja aquatique et le blé sous-marin. Cette image de déluge où la couleur des terres paysannes reste visible à travers l'eau, nous accompagne longtemps[7].

Même quand elle ne réactive pas directement le souvenir de la Seine, la contemplation de fleuves, de rivières et d'inondations fait surgir les connotations complexes qui se trouvent associées à l'eau depuis l'enfance.

7 Pierre Gascar, *Chine ouverte*, Paris, Gallimard, 1955, p. 183 ; dorénavant *ChO*.

TOUCHER L'EAU DES RUISSEAUX DE GUYENNE

Dès lors que Gascar quitte Paris pour la Guyenne, la Seine, qui avait occupé une place si centrale dans sa première enfance, disparaît de son horizon. Dans le Lot ce sont les rivières qui traversent cette campagne maraîchère qui constituent son quotidien. C'est dans une nature qu'il découvre avec émerveillement que l'enfant trouve un certain contrepoids à la dureté avec laquelle le traite la famille qui l'accueille. L'écart entre le fleuve qui traverse Paris et les petites rivières de campagne est majeur, même si l'imaginaire enfantin grossit les ruisseaux aussi bien en force qu'en mystère :

> […] car si la Seine avait tenu ces derniers temps une place importante dans ma vie avec ses horizons, passé le viaduc du Point-du-Jour, avec ses reflets, sa lumière, mais aussi avec ses obscures profondeurs, sa noyée blafarde et toutes ses semblables, cachées dans son courant, elle ne recelait aucune vie aquatique, contrairement au ruisseau de Guyenne, peuplé, nous l'avions constaté, d'écrevisses, d'épinoches, de rats et de couleuvres d'eau. (*AG*, p. 18)

L'installation dans le Sud-Ouest marque la découverte, capitale, de l'univers végétal et de la vie animale. Au lieu d'un fleuve vivant par son mouvement mais mort en raison du fait qu'il n'abrite guère de vie, Gascar découvre maintenant des ruisseaux où la vie animale abonde. La pêche aux écrevisses, qui compte moins pour ce qu'elle peut apporter comme nourriture que comme expérience concrète du monde sensible, prend place parmi les expériences fondamentales vécues par Gascar. Il y reviendra régulièrement dans son œuvre, jouant comme il le fait souvent du motif en le répétant avec de multiples variations.

Plus tard, alors que Gascar vit entre Paris et Baume-les-Messieurs, il retournera à l'occasion d'un voyage d'enquête dans la région de son enfance sur les traces de Bernard de Palissy, le potier-philosophe protestant du XVIe siècle, originaire de la région. Il suivra la Lède, une rivière qui coule au pied du village natal de Palissy et qui se trouve être proche de l'endroit où lui-même pêchait les écrevisses. Aucune nostalgie ne pousse cependant l'auteur ; ce n'est pas à la recherche d'une image perdue de lui-même qu'il part. Gascar s'efforce plutôt de comprendre comment à l'époque un accès direct au monde lui était donné par l'expérience du concret, ici celle de l'eau : « J'essaie de comprendre pourquoi la voie d'accès qu'il constituait alors pour nous semble s'être à jamais fermée. » (*LS*, p. 225)

Les sources (1975), d'où est tirée cette dernière citation, est le récit dans lequel Gascar s'est consacré le plus longuement à l'eau. Cet élément l'accompagne depuis son enfance, mais il est devenu d'autant plus important qu'à Baume-les-Messieurs où il s'est installé sa maison possède dans sa cave une petite source, que des travaux à la voirie vont brutalement tarir. L'événement va stimuler la réflexion d'un auteur chez lequel c'est toujours l'expérience directe du monde qui fonde l'écriture. Le contact avec le concret est toujours premier, Gascar le souligne très explicitement lorsqu'il note : « Dans mon amour des fleuves, il n'entre aucun attachement aux légendes, aux mythes, aucun instinct de déification. » (*LS*, p. 251) Sa perspective est matérialiste, mais elle n'empêche pas qu'un riche imaginaire vienne se greffer sur le réel.

À la différence d'une démarche étroitement rationaliste, position contre laquelle il s'opposera toujours avec force, ses œuvres intègrent la part d'inexplicable qui est liée à l'expérience des sens. Les éléments – l'eau, la pierre –, les végétaux et les animaux, tout ce qui participe de notre expérience du monde joue dès lors un rôle prépondérant. *Les sources* l'exprime en ces termes :

> Ce n'est pas sérieux […] de voir dans les fleuves une direction de vie, pour l'ensemble des hommes, une leçon ou une promesse […] ; ce n'est pas sérieux d'imaginer qu'une source puisse donner accès à la vérité […] Et pourtant rien au monde, ni les produits les plus purs de l'intelligence, ni l'exemple des enchaînements les plus rigoureux de la raison, ne m'empêchera de croire que l'idée est dans les choses. (*LS*, p. 265)

Gascar concède qu'une stricte rationalité trouverait incontestablement à redire à pareille position, mais l'auteur choisit de l'assumer, dans le prolongement d'un matérialisme qui pour Roger Caillois, ami de l'auteur et qui influence ici sa pensée, n'excluait pas une dimension « mystique ».

L'attention pour une signification qu'il serait possible de dégager de l'expérience du règne minéral, végétal ou animal conduit d'ailleurs l'auteur à accorder aux éléments constitutifs de la nature une valeur intrinsèque, indépendante de l'utilité pratique qu'ils peuvent avoir pour l'homme. Il ne nie évidemment pas la nécessité de se servir de certaines ressources essentielles. Soucieux du bien-être des plus défavorisés, à qui même l'essentiel manque, il notera en particulier : « L'eau est commune ; chacun peut et doit en avoir sa part, mais personne n'a le droit d'en détenir la source. C'est être le voleur de feu. » (*LS*, p. 45) Pour avoir été missionné dans les régions les plus pauvres du monde par de grands organismes internationaux comme l'Organisation Mondiale de la Santé, Gascar sait à quel point l'accès à l'eau est indispensable.

Mais il sait aussi que notre rapport au monde passe par l'imaginaire et qu'un changement de l'environnement naturel peut avoir des conséquences majeures, pas seulement sur le bien-être matériel. On le vérifie à travers la manière dont il observe comment la dégradation de la nature bouleverse aussi nos modes de pensées. Gascar rappelle en particulier qu'en raison de l'augmentation exponentielle de la population humaine l'eau viendra prochainement à manquer. Il concède qu'il est vraisemblable d'admettre que certains procédés nouveaux permettront de remédier au problème, par « le dessalement de l'eau de mer et la purification de nos eaux usées » (*LS*, p. 29). Mais il souligne que la réponse apportée par des moyens industriels et techniques aura des conséquences :

> À l'eau vivante, se substituera une eau qu'aucun mouvement naturel n'aura jamais animée, une eau presque aussi statique et fermée que du mercure. Nous ne serons plus physiquement reliés au cycle de l'eau ; elle ne se placera plus sur notre chemin ; elle ne s'introduira plus dans cette dialectique de la nature. En perdant ses dernières eaux limpides, celles dont on pouvait s'abreuver à même leur courant, la terre aura perdu comme son regard, son intelligence. Une intelligence qui, à notre insu, se communiquait à nous. Qui pourrait s'attendre à un grand jaillissement d'idées, dans un monde privé d'eaux vives. (*LS*, p. 30)

Gascar imagine que par le truchement de l'eau tout un réseau se met en place entre l'homme et le monde ; un réseau simultanément matériel et imaginaire. Lorsque la source qui coule dans la cave de sa maison se trouve coupée un peu en amont de chez lui, c'est donc un lien fondamental qui le rattache au monde qui disparaît :

> [...] si je me suis attaché autant à ce dérisoire filet d'eau, c'est parce que j'éprouve le besoin de relier ma vie à un système cohérent qui la dépasse, à

> une sorte de réseau vasculaire qui lui donne un prolongement dans les deux sens, qui m'assure (je simplifie) une antériorité et une postérité [...]. (*LS*, p. 22)

L'imaginaire, auquel Gascar contribue à donner forme par son écriture, confère une épaisseur supplémentaire à la réalité.

LA LAGUNE DE VENISE
Inconscience écologique

On imagine qu'un écrivain qui établit un lien fort entre expérience de la nature et construction de l'imaginaire ne pouvait que se montrer attentif aux diverses formes de pollution qui touchent l'eau et la dénaturent. Gascar observera ainsi dans le Jura deux agriculteurs convertis à l'agriculture biologique qui arrosent leurs cultures afin d'éviter le dessèchement mais aussi avec pour but de purifier la terre de restes d'engrais chimiques :

> [...] mais cette eau, qui provient du réseau d'adduction communal maintenant étendu à toutes les fermes, est assez fortement javellisée, la nappe qui la fournit n'étant pas à l'abri d'infiltrations suspectes. Le chlore vient ainsi prendre le relais, dans le sol, des nitrates et autres superphosphates ammoniaqués qu'on s'efforce d'en éliminer. Si l'on se plaisait à se désespérer, on en viendrait même à s'interroger sur la pureté de l'eau de pluie, laquelle est produite par des nuages qui, en passant au-dessus des villes, ont permis que divers gaz, notamment les gaz sulfureux émis par les appareils de chauffage et les usines, s'y condensent. (*LS*, p. 120)

L'eau des fleuves et des rivières, qui jouait déjà un rôle important en raison du vécu et de l'imaginaire parisien de l'auteur, s'est chargée en Guyenne d'un sens supplémentaire, lié à l'expérience directe que l'enfant avait pu faire de la nature. Bien plus tard, au début des années 70, lorsque Gascar fait de la préservation de l'environnement sa préoccupation principale, son écriture intégrera la problématique écologique aux pages qui s'attachent à l'élément liquide.

L'arche dresse le constat : « augmentation de la radioactivité ambiante, pollution croissante de l'air, de l'eau et du sol, destruction de l'équilibre naturel nécessaire à la survie de la flore et de la faune, sophistication des aliments, intoxication thérapeutique, accroissement du bruit... » (*A*, p. 105) ; et Gascar fait mine d'accepter qu'une civilisation aurait raison de préférer disparaître plutôt que d'endurer pareils maux. Dans la sphère de l'eau, et celle des fleuves en particulier, l'expression la plus puissante de la prise de conscience environnementale s'exprime dans *Le présage* (1972). Cet ouvrage prend la disparition des lichens, très sensibles à toutes les formes de pollution, comme motif privilégié pour réfléchir non seulement à la dégradation de l'environnement mais encore aux bouleversements de l'imaginaire qui en seront la conséquence. Gascar pose Venise, ville d'art par excellence, dans le delta du Pô :

> Elle baigne, radieuse de toutes ses pierres, dans les émanations des foyers domestiques, qui brûlent presque tous du mazout, et dans les gaz des bateaux à moteur, que l'humidité et la salinité de l'air rendent encore plus nocifs qu'ailleurs. Elle se mire majestueusement dans l'eau de la lagune moirée de naphte et rendue opaque par les résidus de l'industrie [...] On serait tenté de parler ici d'une « inconscience » du paysage[8].

Le contraste ironique entre les beautés architecturales si souvent célébrées et un environnement déjà extrêmement pollué dans les années 70 souligne les conséquences dramatiques de nos modes de vie modernes. Les eaux de Venise sont fermées comme le mercure, pour reprendre ici l'image dont Gascar se servait à une autre occasion et qui fait résonner la question de la pollution des rivières, des fleuves et de la mer par les métaux lourds.

La pollution est clôture, alors que pour Gascar l'eau devrait être synonyme d'ouverture et de liberté. Ces connotations se sont formées dès l'enfance quand, malgré le trouble que Gascar pouvait ressentir devant la Seine, la contemplation des mouvements de l'eau avait été pour lui une manière d'échapper à une ville dans laquelle il se sentait prisonnier. Regarder les remous de la Seine au-delà du viaduc d'Auteuil n'a pourtant jamais été une invitation au voyage :

> Je ne rêvais pas aux contrées que le fleuve avait traversées, avant d'arriver entre ces quais de pierre, et pas davantage à celles qu'il allait arroser, quand il aurait dépassé la capitale ; je ne rêvais pas à la mer, où il finirait par se jeter. À lui seul, le mouvement de ses eaux me rendait le monde, dont cette ville

8 Pierre Gascar, *Le présage*, Paris, Gallimard, 1972, p. 64 ; dorénavant *LP*.

> m'excluait. La nature n'est pas le milieu, le décor; elle est ce qui y circule, s'y échange et ne connaît jamais l'immobilité. (*LS*, p. 246)

Dans ce paragraphe des *Sources*, où l'adulte revient sur les impressions de l'enfant qu'il a été, Gascar précise une pensée essentielle et qui explique la place de la Seine dans les premières lignes de son autobiographie. Alors que la tradition littéraire a toujours considéré la nature comme un arrière-plan, ce qui explique la primauté donnée pendant longtemps au paysage, Gascar souligne que loin d'être un décor statique et immuable, la nature est toujours mouvement. C'est par ce biais spécifique que l'image du fleuve devient synonyme de liberté.

Les sources explicitera l'idée en insistant sur le fait que l'eau permet à Gascar d'éprouver la sensation d'être en relation avec l'ensemble du monde. Il ressent un sentiment de plénitude qui relève de ce qu'il nommera « unanimisme » :

> La liberté dont les fleuves me parlent est celle de tous, dont la mienne ne peut être réellement séparée, bien que je m'emploie, par divers moyens, depuis bien longtemps, à me persuader du contraire. (*LS*, p. 255)

Tout fleuve est mouvement et par là expérience d'une liberté constitutive de la nature elle-même.

Dans son récit de 1975, Gascar multipliera l'évocation de moments qui peuvent souligner cette association puissante. Revenant sur la période de sa captivité en Allemagne, il fait le récit de ses relations avec une jeune Ukrainienne. Elles relèvent d'un peu plus que de la simple amitié :

> C'est un peu plus qu'une leçon de liberté qui nous est apportée par les cours d'eau : déjà la liberté même. Je n'avais pas compris tout de suite pourquoi Nadia, la petite Ukrainienne (elle n'avait pas dix-huit ans), me donnait rendez-vous, chaque après-midi, dans une barque à l'amarre. La Warnow est une rivière assez étroite qui se jette dans la Baltique, en formant quelques bras. C'était sur l'un d'eux que nous nous livrions à notre navigation immobile. (*LS*, p. 257)

La barque reste à l'amarre, mais l'imaginaire que le fleuve charrie est assez puissant pour que le couple éprouve un sentiment de liberté alors même qu'ils sont prisonniers l'un comme l'autre et obligés de travailler au service des nazis.

Tout au long de l'œuvre de Gascar l'eau – celle des sources, des rivières et des fleuves – se trouve associée avec l'idée de liberté, menacée par la mort, la guerre ou les atteintes au monde naturel. Parmi les éléments à travers lesquels Gascar interroge le monde, l'eau occupe la première place. L'auteur l'a d'ailleurs recherchée aussi dans sa vie, en multipliant les occasions de parcourir les fleuves. Il lui reste cependant un regret :

> Après avoir parcouru le monde dans bien des sens, je découvre que le voyage dont je rêvais, je ne l'ai pas encore accompli : je n'ai pas remonté ou descendu un seul fleuve. J'ai traversé, quelquefois même longé sur une certaine distance quelques-uns des cours d'eau les plus célèbres du monde : le Yang-tseu-kiang, le Gange, la Volga, le Nil, le Mississippi, ou des plus secrets, tels que l'Ouebi Chebeli qui, en Afrique orientale, disparaît avant d'avoir atteint l'océan Indien, mais, les fleuves et moi, nous n'avons jamais confondu nos routes. (*LS*, p. 248-249)

Gascar tiendra à souligner qu'il n'entre aucune nostalgie de l'enfance dans ce qui le pousse vers les fleuves. S'il se montre fasciné par leur univers, ce n'est pas parce qu'il serait resté au fond de lui « l'enfant qui rêvait sur des récits d'explorateurs » (*LS*, p. 248). Son désir de voyager en empruntant la voie des fleuves s'explique d'une autre manière :

> […] j'ai toujours pensé qu'en voyageant de la sorte j'aurais enfin connu une impression de totale liberté. J'ai toujours ressenti le poids des pays que je traversais. En s'ajoutant sans fin les unes aux autres, les étendues de terre qui défilent sous nos yeux semblent fermer de plus en plus le monde, le bloquer, comme, en se rassemblant, les glaces d'abord éparses d'une banquise bloquent peu à peu la mer. Il s'instaure alors, d'un horizon à l'autre (et nous savons que tout continue au-delà), une massivité désespérante. La terre n'est plus la multiplicité vivante des lieux qu'elle était pour nous auparavant ; les lieux s'y soudent et elle établit par-dessus eux son règne accablant. (*LS*, p. 249)

L'animal et le végétal, auxquels Gascar a consacré l'essentiel de son œuvre, participent chacun à leur façon du mouvement qui constitue pour lui la caractéristique essentielle de la nature. En contraste avec la terre, le fleuve offre, dès lors que l'on se tourne vers les éléments plutôt que vers le vivant, l'image la plus satisfaisante pour dire cette liberté à laquelle Gascar est attaché.

Attentif à la nature, qu'il connaît par l'expérience du corps, soucieux de l'environnement à une époque où fort peu d'écrivains s'intéressaient à la problématique écologique, Gascar a privilégié l'eau. Pour des raisons qui tiennent évidemment au parcours d'un enfant né à côté de la Seine, qui a joué dans les ruisseaux de la Guyenne et qui a pris adulte conscience de la menace que la pollution fait peser sur les eaux. Mais aussi parce que l'eau, considérée de la source à l'embouchure du fleuve, offre au citoyen du monde que Gascar a toujours été l'opportunité de mettre l'accent sur le mouvement et sur la liberté.

Cette relation dynamique se situe ainsi à l'opposé absolu d'un imaginaire qui valorise la terre et le principe d'enracinement. Gascar a en effet suffisamment observé pendant la guerre les dérives auxquelles pouvaient conduire des idéologies et des littératures qui prônaient un attachement fort au sol. Le programme moral de Pétain – « vertus paysannes, sagesse du passé, art de la patience[9] » – l'a définitivement instruit et il ne cédera jamais à pareilles tentations. Quand il s'agira de penser un rapport à la nature, sur fond d'enjeux environnementaux nouveaux, c'est toujours contre un imaginaire de l'enracinement qu'il écrira, estimant d'ailleurs que celui-ci est d'autant moins fréquentable qu'il veut jouer gagnant sur tous les tableaux et ne craint pas de faire simultanément l'éloge de « la douceur de la France et [de] sa virilité » (*ibid.*). Loin donc de ces dangereuses facilités, l'œuvre de Gascar dessine le réseau d'un imaginaire de la mobilité et du mouvement : « Il faut [...que] la liberté de l'eau soit, en quelque sorte, porteuse de la nôtre. » (*LS*, p. 11)

Pierre SCHOENTJES
Ghent University, Belgique

9 Pierre Gascar, *Histoire de la captivité des français en Allemagne*, Paris, Gallimard, 1967, p. 131.

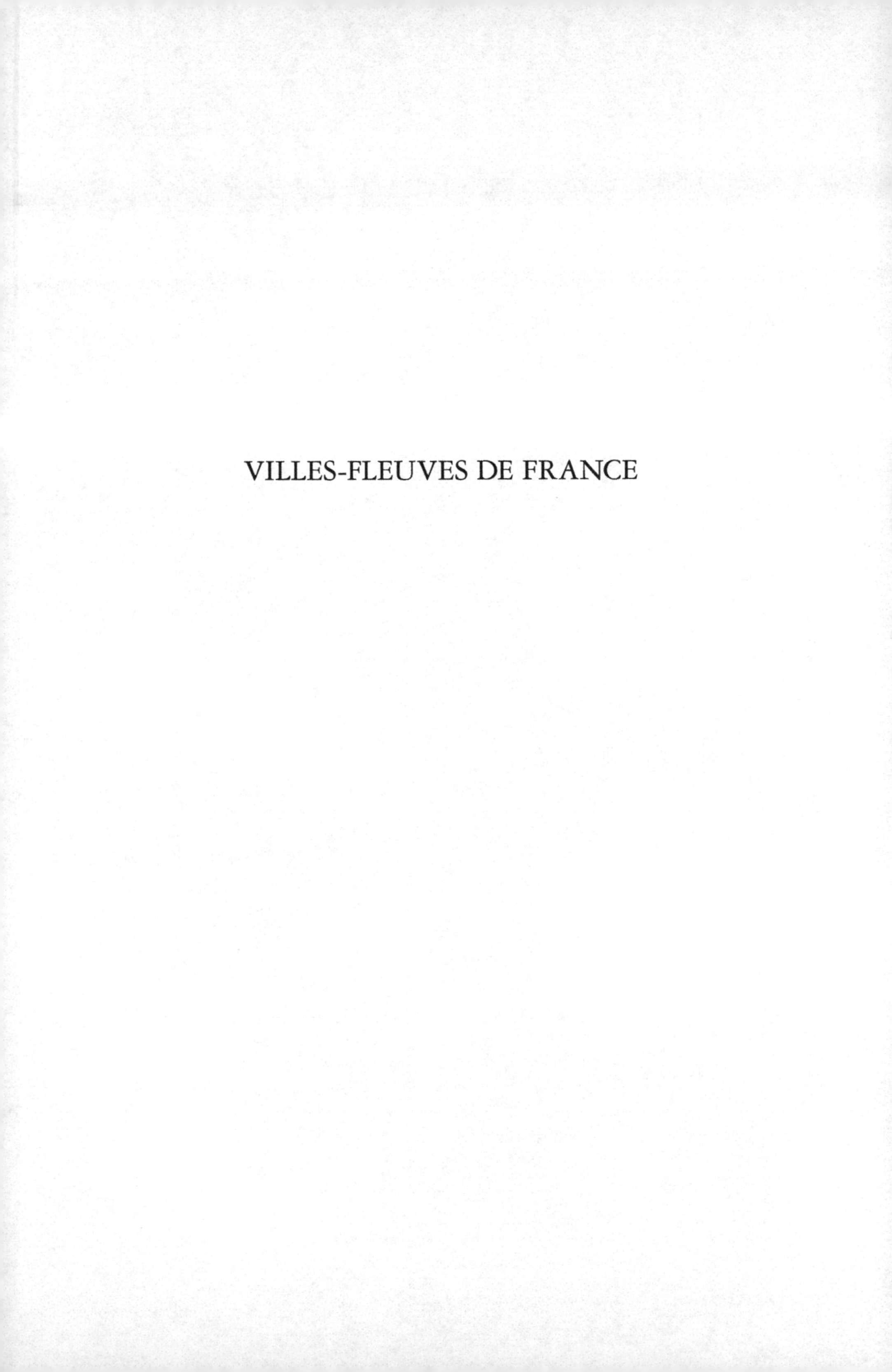

VILLES-FLEUVES DE FRANCE

BEAUCAIRE AU FIL DE L'EAU, AU FIL DES LIGNES

> La ville avec orgueil, du haut des grands quais blancs / Regarde s'avancer ses flots nobles et lents. / Les vieux palais bâtis par les races lointaines / Suspendent sur ses eaux leurs terrasses hautaines.
>
> Les rêveurs éblouis vont voir, les soirs vermeils, / Sur ses flots somptueux descendre les soleils ;
>
> […] Un peuple de bateaux le sillonnent sans fin / Il apporte le blé, le fer, le bois, le vin,
>
> […] Il est religieux, sacré, fécond, puissant, / Et coule au cœur des nations comme le sang[1].

Une inscription latine atteste de la renommée de la ville de Beaucaire. Elle résume ses principaux titres de gloire, à savoir sa qualité de ville royale, son attachement à la foi catholique et sa célébration de la foire annuelle de la Sainte-Madeleine. En somme, sont mis en avant ses rapports au politique, à la religion et à son mode de subsistance.

La manifestation commerciale revêt donc une importance capitale pour la vie et le devenir de la ville. Il s'agit au départ d'une fête religieuse appelée fête votive ou patronale que le village organise en hommage à sa sainte patronne : Marie-Madeleine. Elle est une attraction incontournable qui rythme la vie de la cité : sa mise en valeur, sa cohésion sociale et son rayonnement en dépendent. Nonobstant l'aspect commercial qui met les produits du terroir à l'honneur et exhibe les richesses du monde, c'est aussi un moment de convivialité, de retrouvailles et de rencontres : on

1 Albert Samain, « Le Fleuve » (mai 1889), *Symphonie héroïque*, 1900.

fait ripaille, on danse et on boit. On joue aux boules, et les plus jeunes, très téméraires, s'engagent dans des courses de taureaux. Bref, c'est une récréation collective où l'ambiance a un caractère bon enfant.

Mais, au fil du temps, année après année, siècle après siècle, la foire de la Madeleine a gagné en renommée. Sa confirmation par Louis XI en 1464 a bouleversé le destin de la ville et lui a acquis une aura sans précédent. Le coup d'envoi est donné : la région acquiert de l'importance, drainant des foules des quatre coins du pays. La foire devient l'événement incontournable où l'on doit se montrer, car il y va par exemple de sa réputation de grand négociant.

Cette ascension de Beaucaire s'intensifie au XVIIIe siècle et se poursuit jusqu'au XIXe siècle. En effet l'affluence des négociants, des forains et des visiteurs s'accroît sans discontinuer. Les pays du Nord et ceux de la Méditerranée s'y bousculent aussi. Le monde se concentre à Beaucaire ! La ville se hisse au niveau des grands centres d'affaires européens, au même titre que les grandes foires de Champagne et d'ailleurs. Frédéric Mistral n'hésite pas à mettre sur la balance Beaucaire et le Caire : « [...] À l'égard de Beaucaire en temps de foire, le grand Caire d'Égypte, Dieu m'aide, n'était rien ! » déclare-t-il[2].

Cependant, par quel miracle, d'une fête locale, puis régionale, cette cité médiévale, enfermée dans ses murs, s'érige-t-elle en place forte du négoce ? Pourquoi Beaucaire, au détriment de ses voisines prospère-t-elle et se transforme-t-elle en grand marché international, de quoi faire pâlir de jalousie ses voisines : Tarascon, Nîmes et Montpellier ? Indépendamment de son héritage historique, le « grand manitou » de cette réussite de la ville, de sa prospérité et de son rayonnement n'est-il pas, en grande partie, le Grand Rhône ? Sa contribution fut, en effet, capitale dans cette entreprise.

Notre travail consistera à étudier la relation intrinsèque qui existe entre la ville de Beaucaire et le fleuve qui l'irrigue. Nous essayerons de démontrer comment la dialectique qui unit leurs destins respectifs fait de Beaucaire une ville-fleuve et du Rhône un fleuve majeur incontournable. Dans une même logique, à la désertion de la voie fluviale vont correspondre un oubli et une léthargie de la ville.

Nous mettrons l'accent sur les angles saillants de l'alchimie qui opère entre le fleuve et la ville. La géographie et l'histoire, la culture et l'économie

2 Frédéric Mistral, *Lou Pouèmo dóu Rose*, traduit par l'auteur lui-même : *Le poème du Rhône* (1897), nouvelle traduction par Claude Guerre, Arles, Actes Sud, 2016, p. 82.

font de Beaucaire et du Rhône un pôle à deux têtes, une curiosité que tous viennent voir de près. La dimension littéraire contribue également à mettre en exergue la réussite de la *feria*, arrosée par les eaux du Rhône. Dumas, Daudet, Stendhal et Mistral, en leur qualité de visiteurs de la foire, sont des témoins vivants. Chacun immortalise, au moyen de sa plume, selon sa sensibilité et ses objectifs, aussi bien les festivités dans l'enceinte de la ville que le tumulte sur la surface de l'eau. Nous nous appuierons sur leurs témoignages et leurs impressions pour étayer notre démonstration.

BEAUCAIRE : UN SITE, UNE HISTOIRE

Beaucaire doit sa renommée à son site et à son histoire. Avec une tête dans le ciel et les pieds dans l'eau, sa géographie physique est sans conteste très avantageuse. Elle est propice à une mise en valeur du territoire et au bien-être de ses habitants. Les hauteurs lui épargnent les désagréments des attaques ennemies et son positionnement sur le trajet du Grand Rhône, en dépit de sa dangerosité, l'ouvre sur le monde. Dans *Beaucaire, cité portuaire à travers l'histoire*, Georges Sudres répertorie et énumère toutes les données naturelles qui en font une ville prospère dont le génie humain tire profit :

> Un site idéal : un rocher défensif pour surveiller le Rhône assez éloigné de la mer pour éviter la piraterie contrairement à Arles. [...] Une ville en bordure du plus puissant fleuve de France, le Rhône, au débit soutenu[3].

Quant à l'histoire antique, elle nous apprend que Beaucaire était déjà en rapport avec l'Ailleurs par sa situation sur le trajet de la voie Domitienne. Cette voie romaine la reliait en effet à l'Italie et à la péninsule Ibérique. De ce fait, Beaucaire fut de tout temps disposée à rencontrer l'Autre, à commercer avec lui, à échanger richesses et savoir-faire, culture et convivialité.

La volonté et le génie humain, afin de transfigurer le réel pour donner à la ville son essor, ne recula devant aucune tractation. Ainsi, au Moyen

---

3 Georges Sudres, *Beaucaire, cité portuaire à travers l'histoire* : https://docplayer.fr/66899625-Beaucaire-cite-portuaire-a-travers-l-histoire-par-georges-sudres.html, p. 1 (consulté le 22 septembre 2022).

Âge, elle se vit confirmée par le roi dans son rôle de foire alors que ses voisines se plaignaient et l'accusaient d'usurpation de titre. L'établissement de la foire de la Sainte-Madeleine lui conféra de façon officielle son rôle de ville-hôtesse, de maîtresse de maison accueillante vers laquelle le monde afflue, rendant ainsi les affaires prospères et l'ambiance pérenne.

Les archives de la ville rapportent que « du XVIe au XIXe siècle, la Foire de la Madeleine a apporté à Beaucaire un rayonnement international. Dix jours de Foire franche généraient un volume d'affaires comparable à celui du port de Marseille en une année[4] ». Et, pour drainer le monde et favoriser les échanges commerciaux, il est dit que « toutes les personnes qui veulent y venir d'où que ce soit n'ont à payer aucun péage, redevance ou imposition[5] », une manière d'ouvrir la ville, d'en faire un pôle attractif. Cette aubaine non négligeable fut saisie par tous ceux qui voulaient faire fructifier leurs commerces. Chacun venait avec la ferme décision de faire l'« affaire du siècle ». Aussi, pour exciter l'empressement des marchands, les organisateurs multipliaient les attentions : Frédéric Mistral évoque le cadeau des consuls aux Tunisiens arrivés les premiers au port de Beaucaire, avec les peaux de moutons :

> Mais au milieu des vergues et des mâts, des voitures, des cordages et des palans où montent et descendent des pieds nus, sous le croissant enorgueilli de la lune, à l'arbre maître de mât, à son plus haut croisillon, ô Mahomet ! C'est le bateau de Tunis qui arbore la peau de mouton. Ils sont bien arrivés les premiers. Les consuls alors ont offert un sac de pain bis et une barrique de vieux chante-perdrix. Feront ripaille… puis à la garde d'Allah, s'ils se grisent[6].

D'autres sources parlent de l'émulation et de la compétition entre exposants. Chacun veut décrocher le lot que la ville offre au premier qui foule le sol de la foire :

> Une course se fait bientôt entre les bateaux marchands. Elle a tellement de succès que la ville offre au premier arrivé un mouton entier dont la toison flotte au sommet du mât du vainqueur[7].

---

4 Beaucaire : https://www.beaucaire.fr/notre-ville/presentation/notre-histoire/ (consulté le 22 septembre 2022).

5 *Ibid.*

6 Frédéric Mistral, *Le poème du Rhône*, *op. cit.*, p. 86.

7 Patrick Garcia, « Beaucaire, ville frontière, son monstre Drac, son château » : http://memoiredelivrade.canalblog.com/archives/2018/08/18/36637176.html (consulté le 22 septembre 2022).

C'est donc par voie fluviale que les cargaisons descendent du Grand Nord et par voie maritime qu'elles remontent du Sud, faisant de la ville de Beaucaire un point de confluence où les eaux se rejoignent, permettant ainsi au monde de débarquer sur ses quais. Georges Sudres suit la trace de la course des eaux, leurs points de jonction, les relais qui les prolongent, augmentant ainsi l'intensité du trafic :

> Beaucaire est au point de rupture de charge des bateaux de mer jusqu'au XIXe siècle. Au point d'arrivée de toutes les embarcations fluviales du Rhône et de ses affluents, comme la Durance. Au débouché du canal du Rhône à Sète puis jusqu'à l'Atlantique par le canal du Midi et la Garonne[8].

Le Rhône roule la Vie vers Beaucaire. Les richesses du Nord descendent alors que celles du Sud remontent pour séjourner quelques temps entre eau et terre afin de s'échanger et de trouver leurs destinations. Méticuleusement, Arsène Fages énumère les richesses qui font la fête de l'industrie :

> Mulhausen (Mulhouse) envoie ses impressions et ses calicots blancs, Rouen ses tissus, Nîmes ses toiles et ses alcools, Perpignan ses anchois et ses sardines, Saint-Étienne ses fusils et ses rubans, Grasse ses eaux de fleur d'oranger et ses huiles, Avignon ses cuirs et ses florences, Marseille ses bois de campêche et ses denrées coloniales, Tarare ses mousselines et ses broderies, Saint-Quentin ses basins et ses percales, Lyon ses chapeaux et sa soie, Sauve ses bas et ses bonnets de coton, Montpellier ses drogueries, Salin ses cristaux, Vervin ses chanvres, Saint-Claude ses tabatières, Chatellerault sa coutellerie, Vienne ses draps, Amiens ses velours, Paris sa quincaillerie, ses bijoux et ses châles, enfin Gênes ses pâtes, la Catalogne ses lièges et la Prusse ses chevaux[9].

LES NOCES DE BEAUCAIRE ET DU RHÔNE

Il apparaît clairement que la ville de Beaucaire tire profit de son très avantageux potentiel naturel. Cependant, elle doit sa sortie de l'anonymat à cette fameuse semaine de juillet durant laquelle se tient la foire alors que le reste du temps elle hiberne. Dans *Midi de la France : impressions*

8 Georges Sudres, *Beaucaire, cité portuaire à travers l'histoire*, doc. cité.

9 Arsène Fages, *Beaucaire et sa foire à travers les siècles*, Lyon, Société anonyme de l'imprimerie A. Rey, 1943, ouvrage cité par Georges Sudres.

de voyage, publié en 1887, Alexandre Dumas compare les Beaucairois à des serpents. Il les taxe de fainéants qui s'agitent une fois l'an alors que le reste du temps ils vivent sur le dos de la foire :

> Beaucaire, comme ces serpents gigantesques de l'Amérique méridionale qui mangent tout un jour et qui digèrent pendant six mois, vit toute l'année de sa foire dont la réputation est européenne[10].

Cependant, le foisonnement des affaires et l'échange des biens lors de la foire de Beaucaire l'impressionnent. Il compare l'activité commerciale que la foire génère à un jeune cœur vigoureux dont la fluidité et la force du flux sanguin irriguent les différentes artères :

> Pendant ces six jours, il s'est fait pour plusieurs millions d'affaires : ce qui est venu en marchandise s'en retourne en or ; ce qui est venu en or s'en retourne en marchandise. Ce cœur, qui a battu un moment, pour donner de la vie pendant une année, non seulement à une ville, mais à quarante, tant chacune de ses pulsations a attiré de sang à lui et en a renvoyé aux extrémités[11].

Par ailleurs, il ne faut pas oublier que le fleuve est le pourvoyeur de ses richesses et le partenaire de sa prospérité. Sans lui, la Sainte-Madeleine ne serait qu'une fête de village. Un ancien manuscrit écrit par Vincent Seve, aux alentours des années 1647-1649, rapporte les mérites du fleuve quant aux origines de la richesse et de la notoriété naissante de la Foire de Beaucaire :

> Le Rhosne ce beau fleuve est proche de la mer, / Il me moulhe le pied, arrose mon terroir / Et fait que l'estranger mes foires viennent voir / Pour y prendre ce qui leur est nécessaire. / Bref tout le languedoc, la guyenne, la provence / La bourgogne, le lyonnais, me portent leur subsistance / L'Espagne, l'Italie et tout le dauphiné / Font le mesme par eau ou par charroy par terre[12].

Mais si le Rhône est le tempo de sa respiration et son cœur battant, la ville, à travers la main de l'homme, ne s'est-elle pas imprimée dans le courant du fleuve, modelant ainsi ses contours et augmentant ses capacités, contribuant à sa force mythique et le contraignant à la servir ?

---

10 Alexandre Dumas, *Midi de la France : impressions de voyage*, Paris, Bourin éditeur, 2011, ouvrage cité par Georges Sudres.

11 *Ibid.*

12 Vincent Seve, *La fondation de la ville de Beaucaire*, Beaucaire, Société d'histoire et d'archéologie de Beaucaire, 1980.

En effet, le Rhône sauvage se voit d'une certaine façon domestiqué, sa sauvagerie domptée et sa dangerosité relativement maîtrisée. Sa longueur naturelle en fait le prince des voies fluviales et l'aménagement de ses berges favorise les escales. Les travaux entrepris pour gérer ses crues et ses décrues lui donnent son envergure de grand fleuve où le monde ose s'aventurer. Cette nouvelle identité du fleuve est l'œuvre collégiale des villes qu'il traverse, conscientes de la manne que ses eaux leur apportent.

Le Rhône, qui inonde Beaucaire dans ses moments de grande colère, est certes celui qui l'élève au rang de plaque tournante du négoce – lui qui d'aventure étend ses bras, se fortifie et s'approfondit au niveau de la ville de Beaucaire, facilitant de la sorte la navigation et l'affluence des visiteurs –, mais il subit un rapt de la part de cette dernière. Elle le conquiert, elle le retient, elle le séquestre ! Ses eaux semblent stagner sous le poids des embarcations. Cette captation de l'énergie du Rhône, cette séquestration de son flux et de sa sève par la ville est en fait jouissance et réjouissance. Tout danse sous le soleil et sur l'eau : hommes et embarcations. Docile, le Rhône s'abandonne à sa fiancée et semble se pétrifier, tant l'émotion le submerge, mais, en vérité, il s'agite pour plaire à sa belle, en participant activement à l'événement. Frédéric Mistral n'hésite pas à attribuer le mérite de l'activité débordante du fleuve à la ville de Beaucaire, organisatrice de la foire : « C'était, en ce temps-là, l'époque où Beaucaire, avec sa foire, faisait merveille sur le Rhône[13]. »

La surface du Rhône s'apparente donc à une ville flottante, investie par une foule bigarrée venant de différentes contrées du monde. Leurs embarcations, leurs accoutrements, leurs langues, leurs habitudes et leurs marchandises attestent de leurs provenances respectives. Patrick Garcia rapporte avec force détails le nombre et les caractéristiques des embarcations :

> On évalue à sept ou huit cents bateaux le nombre des embarcations qui s'amarrent à Beaucaire. Le plus au nord se trouvent les bateaux de bois, puis viennent les barques de Gênes, les coches d'eau, les penelles et les galéottes, les vaisseaux espagnols et catalans, les barbaresques, les turcs et levantins, les français du littoral avec leurs tatares provençales et languedociennes, les anglais et les hollandais, enfin les allègues d'Arles, les canots de Beaucaire et Tarascon[14].

13 Frédéric Mistral, *Le poème du Rhône*, *op. cit.*, p. 88.

14 Patrick Garcia, « Beaucaire, ville frontière, son monstre Drac, son château », doc. cité.

De son côté, Frédéric Mistral décrit le tumulte du fleuve dans *Le poème du Rhône*. Son occupation par les hommes, leur agitation et leur relation physique avec le Rhône pendant la foire retiennent son attention :

> Couvrant le Rhône long, une enfilade de barques et de navires de tout genre, pavoisés des ors, pavoisés des flammes de toutes les nations, confusément vers les bords sablonneux déjà se presse. [...] C'est que du sud sont montées les tartanes [...] ; déjà les débardeurs en multitude tumultueusement envahissent, emportent les cargaisons, en faisant à la course bruire et chanceler les passerelles minces. « Gare devant les Condrillots ! » On gueule, on cogne [...] Quel grouillement[15] !

Ainsi, le monde vogue sur le Rhône, avec la ferme décision de commercer, de s'enrichir et de s'amuser. C'est aussi l'occasion de s'imprégner de l'altérité et de tendre sa différence aux autres. La richesse du fleuve et son importance se mesurent à l'aune de ses différentes facettes : il est frontière et passage, tisseur de liens et nourricier, mythique et historique, générateur d'effort et d'amusement. Il est le point de ralliement des hommes et de leurs projections sur l'avenir. Sa métamorphose répond aux besoins des hommes, à commencer par les riverains qui profitent de sa manne.

Pour Alphonse Daudet, les frontières de la ville s'effacent et débordent sur le fleuve qui s'apparente à une surface d'exposition, faisant de Beaucaire un port cosmopolite et magique à la fois :

> Les barques en file le long du pré, au bord du Rhône, qui lui-même n'était qu'un mouvant champ de foire, balançant ses bateaux de toutes formes, ses lahuts [petit navire avec voile latine armé pour le cabotage et la pêche] aux voiles latines, venus d'Arles, de Marseille, de Barcelone, des îles Baléares[16].

En somme, entre Beaucaire et le Rhône, il y a « don et contre-don dont la dette est positive », pour reprendre des mots d'Abdelfattah Kilito. La foire est la saison des amours de la ville avec le fleuve qui l'irrigue. Le rythme séculier de leur rapprochement est la promesse tenue d'un rendez-vous amoureux attendu par tous. C'est le mariage de la terre et du fleuve. Ce sont les noces que le monde célèbre en grande pompe

---

15 Frédéric Mistral, *Le poème du Rhône*, *op. cit.*, p. 89.

16 Alphonse Daudet, *Nouma Roumestan. Mœurs parisiennes*, Paris, G. Charpentier, 1881, cité par Roger Klotz, « Une disparition à la foire de Beaucaire en 1792 », *Gard périodiques*, 2001, p. 26.

aux abords de ses rives. De leur union naît la foire sous le patronat de la Sainte-Madeleine : cette célèbre et prospère foire qui extrait la ville à sa léthargie.

Par ailleurs, cette conquête du Rhône par Beaucaire peut se lire comme étant une exploitation de la nature dans ses moindres recoins et dans ses multiples visages. La ville ne s'ingénie-t-elle pas à tirer profit de la nature même du fleuve ? Ne fait-elle pas du fleuve une composante de sa nature urbaine ? Ne change-t-elle pas aussi de physionomie à son contact ? Avec une partie solide et une autre liquide, ne devient-elle pas fantastique, n'entre-t-elle pas dans la légende au côté du Drac, le dragon méphistophélique, maître des profondeurs du Rhône ?

Ce rapprochement avec la nature, Frédéric Mistral l'exprime aussi dans son poème. Il traduit son angoisse d'un monde qui se meurt, sacrifié par les avancées techniques. Dans son évocation des bateliers qui descendent le Rhône et le remontent après avoir pris part à la foire de Beaucaire, du halage en tant que pratique et savoir ancestral et de la cohabitation avec le moderne vapeur qui brise l'embarcation d'Arpian, le capitaine des bateliers de Condrieu, on comprend que l'auteur tente d'immortaliser un monde en déshérence. Le vapeur est le nouveau monstre qui sévit dans les eaux du Rhône, tout comme le monstre Drac. Mistral admire le travail des hommes et leur sacrifice qui les rapprochent d'une nature pourvoyeuse et riche leur permettant de tirer subsistance, bien-être et équilibre. En ce sens, ne peut-on dès lors le considérer comme un précurseur de la question écologique, préfigurant la pensée écologiste moderne ?

BEAUCAIRE : CAPITALE ÉPHÉMÈRE DU RHÔNE

La réussite de la semaine commerciale a eu une incidence réelle sur le paysage de la ville de Beaucaire. Son aspect moyenâgeux, calqué sur le modèle architectural des villes de cette époque, s'en est vu modifié. Le cœur de la ville prend vie et ses artères principales étendent leurs tentacules avec la nette ambition de prospérer. La capacité matérielle de la ville se mesure à l'aune de l'aménagement de son espace urbain. En effet, de nombreux hôtels particuliers dressent leurs belles façades sur les principales rues de la ville. Entrepôts et boutiques occupent les rez-de-chaussée des grosses demeures. C'est qu'il faut loger hommes, bêtes et marchandises ! Ainsi, Beaucaire expose son aisance, modifie son tracé et augmente sa capacité d'accueil, et ce, depuis le XVIIe siècle. C'est en effet à cette époque que s'édifient les plus beaux hôtels particuliers et demeures, dont l'hôtel de Clausonnette et l'Hôtel de Ville, comme il est dit dans les annales de la ville. Aujourd'hui, ces belles réalisations architecturales font partie du patrimoine dont la ville s'enorgueillit. Cette « ville nouvelle » s'intègre parfaitement dans le paysage.

Mais il est une autre ville, éphémère celle-ci, et c'est le Rhône qui l'enfanta. Ses jours sont certes comptés, mais elle doit sa renommée à sa capacité à renaître de ses cendres pour devenir une institution, ainsi qu'aux différentes manifestations commerciales, récréatives et culturelles qui font son histoire. Même les petites et sombres ruelles, où le soleil ne s'aventure que subrepticement, préférant se mirer sur les toits et cuirasser d'argent les eaux du Rhône, s'animent et se colorent, se parent et s'imposent comme des espaces incontournables dont il faut tirer profit.

Dans *Mémoires d'un touriste*, Stendhal est frappé par la manne immobilière et la prolifération des échoppes éphémères qui se résument à un trottoir ou à un banc et font office de biens à louer :

> Longtemps avant la foire, les principaux négociants s'occupent de louer une maison, un appartement, une chambre. Ici, dans chaque chambre on voit quatre ou cinq lits. […] Les boutiques des maisons ne sont pas seules louées ; devant le mur, d'une boutique à l'autre, il y a des échoppes couvertes en toile. L'on tire parti même des bancs de pierre qui se trouvent quelquefois le long des maisons : ils font l'affaire des petits merciers[17].

La morphologie de la ville se modifie et tente de s'adapter pour la circonstance. En fait, une ville dans la ville, faite de bric et de broc, s'impose dans le paysage beaucairois. On dresse ici et là des baraques de planches, des hameaux de toiles. Des ruelles, des passages et des places de village s'aménagent et sont prêts à disparaître, comme un décor de cinéma. Cependant la ville est incapable de contenir forains et visiteurs qui affluent en masse. Réactif, le Rhône se métamorphose en cité-dortoir, prêtant de la sorte main forte à la ville dont il est à la fois le partenaire et le prolongement :

17 Stendhal, *Mémoires d'un touriste*, Paris, Calmann Lévy, 1891, p. 92.

> La petite ville de Beaucaire ne pourrait contenir tous les marchands qui arrivent de Naples, de Gênes, de Grèce et de tous les pays du Midi. [...] Non seulement les maisons de la ville, les baraques et les tentes du pré de la Madeleine sont remplies d'une immense population, mais le fleuve même, tout rapide qu'il est, est couvert de barques, dans chacune desquelles couchent huit ou dix personnes ; chaque barque a une place déterminée d'après sa forme, je crois[18].

Par ailleurs, l'occupation des lieux par les marchands répond à une logique. C'est d'abord par instinct grégaire que les hommes d'un même pays se regroupent dans une même rue et se signalent par des enseignes relatives à leurs professions :

> D'ordinaire les marchands d'un même pays se réunissent dans la même rue. [...] Les marchands les suspendent [les enseignes] à des cordes tendues d'une maison à celle qui est vis-à-vis. Ces toiles portent l'indication de leurs noms, de leurs domiciles ordinaires et de leurs demeures à Beaucaire. C'est ainsi que le négociant catalan peut apprendre qu'un négociant grec son ami est en *foire*[19].

L'infrastructure de la ville, avec l'ensemble des installations et des équipements conditionne le bon fonctionnement de la manifestation commerciale. C'est par rue que s'organisent les différents commerces. Les plus belles, les plus centrales sont dédiées au commerce florissant et leurs occupants payent d'importants baux :

> Les marchands de laine et les drapiers doivent loger alternativement dans la Grande-Rue et dans la Rue-Haute. Les drapiers payent leur loyer beaucoup plus cher, parce qu'ils vendent une *marchandise riche*. [...] Les lingers s'établissent tout près de la porte du Rhône ; les juifs occupent le milieu d'une certaine rue, dont le haut et le bas sont pris par les marchands de cuir[20].

Il est un autre moment, en dehors des tractations et transactions commerciales, que les habitués de la foire recherchent. Ils viennent à Beaucaire avec la ferme décision de le vivre. C'est celui des plaisirs et des amusements. Stendhal attache beaucoup d'importance à cet aspect des choses. Il décrit les différentes manifestations. Les spectacles de rues sont attrayants, distrayants et dépaysants. Ainsi, les montreurs d'animaux « exotiques » côtoient les courses de chevaux, les diseuses de bonne aventure, les conteurs, les acteurs et les musiciens qui animent les bals :

---

18 *Ibid.*, p. 92-94.
19 *Ibid.*, p. 92.
20 *Ibid.*, p. 93.

> On va essayer de rencontrer la beauté *lion*, comme disent les Anglais. Pour y parvenir, on court les ménageries, les bateleurs, les courses de chevaux, les danseurs de corde, ou la comédie, qui en vérité n'est pas mauvaise. Il y avait un acteur languedocien qui jouait fort bien *Le sourd ou L'auberge pleine*[21], délices de notre première jeunesse. [...] Vers les neuf heures et demie, la bonne compagnie se rend au pré ; on prend des glaces. À ce moment le bruit des instruments se fait entendre de tous côtés ; ici c'est le bal de Nîmes, là celui d'Aix, ailleurs celui d'Avignon ; chacun cherche le bal de ses compatriotes[22].

Cet attrait pour l'amusement, ces échanges de « saines curiosités » ne masquent pas un autre but, non avouable celui-ci, mais qui fait « la gaieté de la foire » : l'encanaillement des femmes « honnêtes ». Elles veulent juste « jouir vite de la vie qui s'envole ». À ce titre, elles sont comme beaucoup d'hommes qui s'aventurent à Beaucaire, à commencer par Stendhal lui-même :

> Mais le plus grand charme de Beaucaire a été la société et l'amitié, si j'ose le dire, de monsieur et madame Sharen. Je l'avoue, j'hésite un peu à raconter l'histoire suivante. Outre qu'elle est un peu leste, cette aventure, qui pour moi a été la plus intéressante du voyage, me semble bien longue, écrite[23].

Stendhal présente les femmes qui fréquentent la foire comme des « amazones, chasseuses d'hommes » d'un soir. La foire récréative est un carnaval sans philtre ni masque, l'anonymat de la cohue protège des regards, et tout un chacun court après son plaisir et s'affaire à le satisfaire. Les femmes osent donc des aventures amoureuses, sans lendemain :

> Une jeune femme qui arrive à Beaucaire veut avant tout trouver quelque plaisir extraordinaire. Oserai-je avouer, au grand détriment de la morale, qu'on ne prend rien au sérieux à Beaucaire[24].

Pour donner plus de crédit à ses dires, Stendhal donne la parole à l'une d'entre elles qui vit cette parenthèse sans témoin – une expérience extraordinaire qui ferait supporter le quotidien féminin morose, sans provoquer de critiques ni soulever les tempêtes des jalousies conjugales :

---

21 Jean-Baptiste Desforges (1746-1806), *Le Sourd ou L'auberge pleine, comédie en trois actes et en prose par le citoyen Desforges*, 1790.

22 Stendhal, *Mémoires d'un touriste, op. cit.*, p. 95.

23 *Ibid.*, p. 99.

24 *Ibid.*, p. 96.

> Me permettra-t-on de répéter ce qui m'a été dit par une jolie femme de vingt-cinq ans, à la vérité plus raisonnable qu'une autre ? « On est assuré de ne revoir jamais l'homme pour qui on aurait eu un moment de faiblesse, tandis qu'il y a à penser dans une petite ville qu'on l'aura éternellement sous les yeux, et il peut devenir ennemi[25]. »

Par ailleurs, cette ville éphémère draine toute une faune qui se poste en embuscade hors de la ville, prête à détrousser les passants. Au sein de la foire même, des malfaiteurs commettent des larcins. Des vols, des viols et des meurtres ont lieu. Aussi, la ville demande à ses voisines un renfort de policiers pour maintenir l'ordre et sécuriser la ville contre la délinquance. Maurice Contestin consacre un article au banditisme et à la prostitution, en cette semaine de foire au XVIIIe siècle. La foire de Beaucaire, dit-il, « joue un peu le rôle d'une vitrine attrayante, d'un bouillon de culture de la délinquance ; mais peut-être aussi elle est le baromètre d'une société en proie de plus en plus au désordre[26] ».

In fine, la *ville-feria* s'apparente à un « théâtre du monde » où les différentes contrées sont représentées, où se côtoient différentes classes sociales alors que le fleuve est le réceptacle d'un monde cosmopolite qu'il déverse sur la ville. Un monde où tout, en apparence, n'est que contrastes et bigarrures, bien qu'un même motif agite les pensées, faisant courir les uns et les autres. Bonnes et mauvaises gens se croisent, se parlent, fraternisent, se jaugent, s'invectivent, se grugent…

Un monde en miniature prend forme sur les rives du fleuve. La dyade ville-fleuve est liée par l'interaction d'un partenariat prospère et vivant. L'ordre économique du monde se joue aux abords des rives du Rhône.

Mais, sous la schlague industrielle, la désolation fait rage. En effet, l'énergie du fleuve est délaissée par le progrès qui privilégie le transport routier et ferroviaire. La ville de Beaucaire se coupe du monde. Son destin reste à jamais lié à celui du fleuve sinistré par le progrès. Le vide imposé à l'un s'entend de façon assourdissante dans les murs de l'autre. La « mort » de l'un entraîne celle de l'autre.

Ainsi, les oukases du pouvoir central, l'idéologie politico-commerciale de l'industrialisation, ses décisions brutales et sans appel paralysent le

25 *Ibid.*, p. 96.

26 Maurice Contestin, « Banditisme et prostitution en foire de Beaucaire au XVIIIe siècle », *Bulletin de la société d'histoire et d'archéologie de Beaucaire*, n° 50, 1976.

trafic sur le Rhône et plongent Beaucaire dans le silence de l'oubli, les situant en marge du tumulte de leur grandeur. Désormais, aux « eaux dormantes » du fleuve répond le sommeil léthargique et définitif de la ville.

L'histoire d'amour entre la ville et le fleuve qui l'irrigue ne se dément jamais. L'énergie de l'un fait la prospérité de l'autre et la débâcle de l'un entraîne l'autre dans ses effrayants abîmes. Au fil de l'eau, le majestueux Rhône insuffle à la ville son âme, modèle ses contours et façonne sa physionomie, assure son quotidien et dresse son étendard haut dans le ciel, alors que la ville, par son activité commerciale, assure au fleuve sa fréquentation, lui signifiant, d'une part, sa force, puisqu'un peuple de bateaux flotte à sa surface, et, de l'autre, son incontournable utilité en tant qu'ami des hommes qui en tirent leur subsistance.

Cette proximité des deux « amants » enrichit le rapport homme-nature, maintient le dialogue entre eux sur les plans écologique, intellectuel et psychologique. C'est en binôme, jamais l'un sans l'autre, que les perspectives existentielles s'ébauchent, entrent en circulation et prennent vie.

Fatouma QUINTIN[27]
Laboratoire ICTT
– Université d'Avignon et des Pays du Vaucluse, France

27 Également membre de l'Observatoire des Littératures Francophones du Sud et de la S.I.E.L.E.C. (Société Internationale des Études Littéraires de l'Ère Coloniale.

PARIS AU MIROIR DE LA SEINE CHEZ BALZAC

Une mythologie sociale ?

Balzac, originaire de Tours, aimait la Loire qu'il estimait être le plus beau fleuve, le plus lumineux et le plus fécond ; il considérait en revanche la Seine avec anxiété et appréhension. Elle était pour lui le reflet des turpitudes de la capitale, soit qu'elle reproduise les monstruosités et les contrastes du Moloch de la société, soit qu'elle constitue un refuge morbide pour les désespérés. Outre l'opposition structurante dans *La Comédie humaine* entre la torpeur heureuse de la province et l'énergie dévorante de la capitale, au-delà du sentiment tendre à l'égard de l'origine tourangelle que tout oppose à l'inquiétude suscitée par les ambitions parisiennes, se manifeste sans doute dans ces images respectives des deux fleuves une question d'esthétique. La critique traditionnelle du vingtième siècle a en effet eu coutume d'opposer de façon un peu caricaturale la part « réaliste » de Balzac à son côté « fantastique » ou « mystique », comme Albert Béguin[1] ou Gaëtan Picon[2] s'opposant à Maurice Bardèche[3] ou André Maurois[4]. Elle a parfois tenté aussi de réconcilier synthétiquement les deux notions en « réalisme fantastique » chez Lukacs[5] ou par le terme de « mythologie réaliste » sous la plume de Barbéris[6]. De quelle manière définir le « réalisme » balzacien dans sa relation à cet imaginaire singulier, la représentation du fleuve dans le roman ? Le fleuve est-il du côté du « réalisme social » et de l'urbanité, qui fonde, traverse et transcende les contradictions sociales, ou bien est-il, de façon plus invisible et subtile, la projection imaginaire d'un écrivain fasciné par les dessous infernaux de la capitale ?

---

1 Albert Béguin, *L'Âme romantique et le rêve* (1937), Paris, Le livre de Poche, 1993.

2 Gaetan Picon, *Balzac par lui-même*, Paris, Seuil, collection « Écrivains de toujours », 1956.

3 Maurice Bardèche, *Balzac romancier* (1940), Paris, éditions Slatkine, 1993.

4 André Maurois, *Prométhée ou la vie de Balzac* (1965), Paris, Flammarion, 1985.

5 Georg Lukács, *Balzac et le réalisme français* (1951), Paris, éditions La Découverte Poche, 1967.

6 Pierre Barbéris, *Mythes balzaciens*, Paris, Librairie Armand Colin, 1972.

En effet, si la Seine n'est que rarement décrite dans *La Comédie humaine*, elle est pourtant bel et bien présente comme une sinuosité symbolique, traversant Paris d'Est en Ouest, entre les rues populaires et les beaux quartiers, et ses deux rives désignent toujours une sociologie, entre rive droite et rive gauche. Peut-on dire qu'elle est le révélateur de l'ascension sociale des héros, selon un principe d'écriture visant à l'explication déterministe du réel ? Ou bien la Seine est-elle plus généralement la métaphore de l'existence, le lieu opaque où viennent se briser les rêves et les désirs des protagonistes, qui ne voient dans ses eaux sombres que le moyen de mettre fin à leurs jours, comme Raphaël dans *La Peau de chagrin*[7] ?

Miroir exact des dangers que représente la capitale pour les ambitieux, métaphore poétique de la vie insatisfaite, n'est-elle pas aussi pour Balzac « un mythe littéraire », au sens où il crée sous la plume une nébuleuse d'images fécondes, génératrices d'œuvres futures, comme le fit Defoe pour Robinson[8] ou Tirso de Molina pour Don Juan[9] ? Ce mythe littéraire est celui de « l'inconnue de la Seine », terme repris au tout début du XXe siècle par les surréalistes et qui fait écho à ce fait divers évoqué dans *La Peau de Chagrin* : « Hier, à quatre heures, une jeune femme s'est jetée dans la Seine du haut du Pont-des-Arts[10]. »

La Seine alors féminisée, porteuse en son sein des mystères humains, donne naissance, comme une parturiante, à une sirène étrange et quasi-surnaturelle de la beauté foudroyée par les tourments de l'existence.

Nous suivrons donc l'itinéraire suivant : la Seine est-elle le miroir de la ville, reflétant ainsi une mythologie sociale ? est-elle la métaphore de l'existence du héros balzacien, ou bien encore est-elle porteuse de la poéticité d'un « mythe littéraire » ?

---

7 Balzac, *La Peau de chagrin* (1831), Paris, Le Livre de Poche classique, 2004.

8 Daniel Defoe, *The Life and Strange Surprizing Adventures of Robinson Crusoe, Of York, Mariner*, 1719.

9 Tirso de Molina, *El Burlador de Sevilla y convidado de piedra*, 1630.

10 Balzac, *La Peau de chagrin*, *op. cit.*, p. 12.

LA SEINE, MIROIR DE LA VILLE ?

Balzac n'aime guère la Seine. Elle forme avec la verte Loire scintillante un contraste remarquable. Les *a priori* de l'écrivain ont aussi bien des causes historiques que sensibles et personnelles.

LA LOIRE EXALTÉE / LA SEINE DIMINUÉE

Il y a curieusement, pour un écrivain soucieux des préambules historico-explicatifs, une étrange répartition des rôles entre deux régions. Voici ce qu'il dit de la Touraine et de la Loire dans *Sur Catherine de Médicis* :

> Les rives de la Loire, depuis Blois jusqu'à Angers, ont été l'objet de la prédilection des deux dernières branches de la race royale [...] Ce beau bassin mérite si bien les honneurs que lui ont fait les rois, que voici ce qu'en disait naguère l'un de nos plus élégants écrivains : « Il existe en France une province qu'on n'admire jamais assez. Parfumée comme l'Italie, fleurie comme les rives du Guadalquivir, et belle, en outre de sa physionomie particulière, toute française, ayant toujours été française, contrairement à nos provinces du Nord abâtardies par le contact allemand, et à nos provinces du Midi qui ont vécu en concubinage avec les Maures, les Espagnols et tous les peuples qui en ont voulu ; cette province pure, chaste, brave et loyale, c'est la Touraine[11] ! »

Il conclut ainsi :

> La France historique est là ! L'Auvergne est l'Auvergne, le Languedoc n'est que le Languedoc, mais la Touraine est la France, et le fleuve le plus national pour nous est la Loire qui arrose la Touraine [...] À chaque pas qu'on fait dans ce pays d'enchantements, on découvre un tableau dont la bordure est une rivière ou un ovale tranquille qui réfléchit dans ses profondeurs liquides un château, ses tourelles, ses bois, ses eaux jaillissantes. Il était naturel que là où vivait de préférence la Royauté, où elle établit si longtemps sa cour, vinssent se grouper les hautes fortunes, les distinctions de race et de mérite, et qu'elles s'y élevassent des palais grands comme elles. (*Ibid.*)

Dans *La Femme de trente ans*[12], c'est la beauté du fleuve qui l'inspire, ou dans *Le Lys dans la vallée*[13] : « ... la belle lame d'or de la Loire où,

11 Balzac, *Sur Catherine de Médicis* (1830-1842), Paris, Le Livre de Poche, 2006, p. 43.
12 Balzac, *La Femme de trente ans* (1842), Paris, Le Livre de Poche, 2004.
13 Balzac, *Le Lys dans la vallée* (1836), Paris, Le Livre de Poche, 2008, p. 28.

parmi les roulées, les voiles dessinaient de fantasques figures qui fuyaient emportées par le vent. » Dans *Deux jeunes mariées*, il écrit :

> Paris m'ennuie d'ailleurs. Felipe soupire autant que moi après la belle solitude de notre parc, nos fraîches prairies et notre Loire pailletée par ses sables, à laquelle aucune rivière ne ressemble.

Dans *La Peau de chagrin*, on peut lire au cours du voyage en Bourgogne au bord de l'Allier : « … enfin la Loire et ses longues nappes diamantées reluisirent au milieu de ses sables dorés. Séductions sans fin ! ». Enfin, dans *La Muse du département* : « La superbe nappe de la Loire produit l'effet d'un lac. »

Liée aux souvenirs d'enfance, à l'origine familiale et patriotique, paradoxalement, la Loire fait figure de fleuve symbolique de la francité, alors que la Seine est davantage le témoin des luttes passées, des invasions et des tourments de l'Histoire. À l'échelle individuelle, on retrouve cette même opposition entre Loire et Seine, entre une douce et rassurante stabilité et la nécessité de la lutte pour la réussite. La Seine est alors un miroir qui reflète les espoirs exaltés des ambitieux venus chercher fortune dans la capitale, leurs succès matériels ou leurs désespoirs. Mais ce miroir est-il fidèle et rigoureux ? L'évocation de la Seine obéit-elle aux principes d'une forme de scientificité en écriture, régie par l'exactitude et le principe de causalité ?

UNE GÉOGRAPHIE RÉALISTE AMBIGUË

Plus souvent désignée comme une rivière que comme un fleuve, la Seine est « sale », « froide », « bourbeuse ». Elle est le collecteur des égouts de Paris, des ruisseaux « verts et noirs » empuantis par les teinturiers de la rue de Fouarre[14] et les droguistes de la rue des Cinq-Diamants[15]. Elle roule les « boues noires » de la Bièvre menaçante[16], qui n'était pas encore canalisée à l'époque.

Ses dimensions sont curieusement rétrécies, faisant fi de toute vraisemblance de perspective toponymique. Ainsi, la Cousine Bette, en longeant le parapet du quai Voltaire, pourra reconnaître Wenceslas – sur lequel elle a jeté son dévolu – débouchant par le guichet des Tuileries

14 Balzac, *La Peau de chagrin*, *op. cit.*, VI, p. 433.

15 Balzac, *César Birotteau* (1837), Paris, Le Livre de Poche, 1989, IV, p. 174.

16 Balzac, *La Femme de trente ans*, *op. cit.*, 2003, II, p. 190.

pour gagner le pont Royal : le lecteur parisien se dira qu'elle a de bons yeux ! En fait, le paysage est rapetissé. Elle « marche en idée sur l'autre rive » en « dévorant la rivière[17] ».

De même, celui qui, en lisant Balzac, attendrait de reconnaître quelque gravure romantique ou l'esquisse d'un pittoresque historique serait déçu. L'écrivain précise bien que le fleuve est encore intimement lié à la vie des Parisiens qui boivent de son eau, mais, sous sa plume, on ne trouve pas de bateau à vapeur, alors qu'en 1825 un bateau à vapeur fait trois fois par jour le voyage de Paris à Saint-Cloud, avec un embarcadère au quai d'Orsay. On n'y trouve pas non plus les péniches chargées de bois et de vin, ni de chevaux à l'abreuvoir, ni de lavandières, ni rien qui rappelle une image connue. Il n'y a pas davantage de descriptions pittoresques du port fluvial.

Cette absence de goût pour le détail précis ou pour la mention d'une activité économique existante dans la première moitié du XIXe siècle montre à la fois que le réalisme balzacien n'est pas de l'ordre de l'inventaire ou du catalogue et qu'on se place d'emblée sur le plan de la symbolisation.

LA SEINE : UNE PRÉSENCE LOINTAINE ET UN REFLET

La Seine est bien une présence lointaine et mystérieuse, perçue de loin, en contrebas des quais du haut des ponts, ou depuis un promontoire, dont l'apparence et les usages sociaux ne sont pas toujours mentionnés avec véracité.

Dans le système si particulier à Balzac qui oppose Paris et la Province, dans un jeu d'illusions respectives, le roman *Modeste Mignon* est significatif en ce qu'il figure deux espaces géographiques bien distincts, l'embouchure et Le Havre d'un côté, et Paris d'un autre, la ville fondée historiquement autour de Lutèce, l'île fluviale. Ces deux lieux illustrent une véritable mythologie sociale. À chaque ville ses secteurs bien distincts socialement, et dominant le fleuve, comme le suggère la description d'Ingouville, éminence huppée du Havre :

> Ingouville est au Havre ce que Montmartre est à Paris, une haute colline au pied de laquelle la ville s'étale, à cette différence près que la mer et la Seine entourent la ville et la colline, que le Havre se voit fatalement circonscrire par d'étroites fortifications, et qu'enfin l'embouchure du fleuve, le port, les bassins

17 Balzac, *La Cousine Bette* (1846-1847), Paris, Le Livre de Poche, 2007, V, p. 49.

> présentent un spectacle tout autre que celui des cinquante mille maisons de Paris. Au bas de Montmartre, un océan d'ardoises montre ses lames bleues figées ; à Ingouville, on voit comme des toits mobiles agités par les vents[18].

La Seine est là, commune aux deux réalités, mais quasi-invisible et si lointaine qu'elle ne fait que dessiner discrètement des contours occupés par les hommes. Une double hiérarchie est signalée dans ce long chapitre introductif, entre les quartiers des négociants enrichis en 1829 par le commerce maritime et ceux du peuple havrais, et entre la capitale et la ville de province. Modeste Mignon choisira finalement d'épouser un Parisien, le secrétaire d'un poète qu'elle prit pour l'écrivain. Le fleuve dessine donc, géométriquement et dans la société, un parcours ascensionnel.

Dans Paris lui-même, l'espace symbolique reprend bien évidemment les répartitions des classes sociales, et offre une posture critique à l'encontre de l'immobilité, tout en étant un appel à décrire le véritable moteur de l'histoire : l'argent.

Si Rastignac prononce la fameuse formule adressée à Paris : « À nous deux maintenant ! » à la fin du *Père Goriot*, depuis une hauteur, c'est bien que la topographie parisienne est abstraite. Il s'agit avant tout de s'élever et le point le plus bas de la vallée fluviale, la Seine, est en fait un gouffre opaque. Balzac s'intéresse aux aspects spéculatifs de l'expansion urbaine (plus-value des terrains, maisons de profit) mais beaucoup moins à l'activité productrice, aux travaux d'art d'intérêt public, ou aux nouveautés techniques. Ainsi, l'opposition entre l'Est populaire de la Seine et l'Ouest bourgeois sont mentionnés, mais ce qui sépare les deux rives est plus ambigu.

La cousine Bette contemple la rive droite avec envie mais on remarque que ces quais – la rive droite est consacrée au trafic fluvial – ne sont jamais mentionnés et que seuls les quais de la rive gauche sont parcourus par les flâneurs balzaciens. Les axes qui bordent le fleuve, la rue Saint-Antoine ou la rue Saint-Honoré, forment une voie de circulation qui concurrence la Seine.

Il n'est pas de notre propos ici de nous demander si Balzac était plutôt monarchiste ou si ses textes, sans le savoir, étaient porteurs d'une critique révolutionnaire de la bourgeoisie montante, figurée par Vautrin ou par bon nombre de personnages ambitieux. Il s'agira plutôt de se

---

18 Balzac, *Modeste Mignon* (1844), Paris, Le Livre de Poche, 2007, p. 56.

demander comment se combine l'observation d'une réalité sociale avec une psychologie romanesque qui place au premier plan l'énergie et la dépense. Les passions sont à l'œuvre, comme le désir de vengeance et de revanche sociale chez la Cousine Bette qui a de longue date prévu la déchéance du baron Hulot. La focalisation se place donc bien plus sur l'existence individuelle que sur la vision des masses.

Le fleuve, miroir de la ville, est surtout le reflet d'un point de vue, tiraillé entre infini des désirs et insatisfaction. Séduction d'une mort prématurée, il est surtout métaphore de l'existence.

LA SEINE : MÉTAPHORE DE L'EXISTENCE

LIEU DE MÉDITATION, DE MÉLANCOLIE ET DE CONTEMPLATION DES AMBITIEUX

La Seine est donc d'abord une surface sombre qui n'est guère miroitante, si l'on compare aux réverbérations lumineuses qu'offre la Loire. Celle-ci reflète le minéral plus que la lumière.

Le pouvoir d'attraction du fleuve vient d'abord du fait qu'il résume toute l'histoire de l'humanité par le reflet de ses monuments. Dans *L'Envers de l'histoire contemporaine*[19], Balzac décrit la rêverie de l'Initié, Godefroid, accoudé « au parapet de ce quai d'où l'on peut voir à la fois la Seine en amont depuis le Jardin des Plantes jusqu'à Notre-Dame, et en aval la vaste perspective de la rivière jusqu'au Louvre ». « Les eaux de la Seine s'y brisent à grand bruit » et « la cathédrale y jette ses ombres au coucher du soleil. » Le héros, « âme sans boussole » et « à la poupe de ce vaiseau gigantesque » est séduit par l'harmonie qui règne entre « ses idées du moment et celles qui naissent à la vue de scènes si diverses » entre Paris et lui. La Seine est alors ennoblie de tout le passé qu'elle reflète. Le courant du fleuve et celui de la rêverie sont, une fois de plus, harmonieusement parallèles.

Fleuve mugissant paré de tous les prestiges du passé qui invite au recueillement, la Seine est aussi, et surtout, dans les ouvrages romanesques, un cloaque où les désespérés se réfugient.

19 Balzac, *L'Envers de l'histoire contemporaine* (1848), Paris, Folio classique, 1978, V, p. 404.

Les monuments prestigieux de la capitale sont évoqués au début de *La Peau de chagrin*, et leur image est plutôt, pour Raphaël, un signe de l'impossible accession aux hautes sphères de la société et au succès. Tout au plus peut-on dire que ces reflets mettent à nu les désirs du héros.

> Quand les boutiques lui manquèrent, il étudia le Louvre, l'Institut, les tours de Notre-Dame, celles du Palais, le Pont-des-Arts. Ces monuments paraissaient prendre une physionomie triste en reflétant les teintes grises du ciel dont les rares clartés prêtaient un air menaçant à Paris qui, pareil à une jolie femme, est soumis à d'inexplicables caprices de laideur et de beauté[20].

Doubles miroirs réfléchissants que le héros contemple : d'une part, Paris, qui sans la Seine ne serait pas, d'autre part, la Seine, qui sans le reflet de ces monuments qui résument son histoire ne serait rien. On peut raisonnablement penser que pour Raphaël de Valentin, cette promenade au bord de la Seine « gorgée de civilisation » a favorisé ses méditations et son sentiment d'échec, ainsi que sa pulsion suicidaire initiale. Le pont des Arts, pourtant l'objet d'une agréable promenade bordée d'orangers à l'époque de la Restauration, est surtout évoqué comme tremplin des suicidés.

Dans son ouvrage *Balzac « archéologue » de Paris*[21], Jeannine Guichardet énumère les quelques ponts évoqués dans tout l'ensemble de *La Comédie humaine.* Le pont Marie, le pont de l'Archevêché, le pont d'Arcole, le pont Royal, le pont Louis XVI, le pont d'Iéna. Il y en a finalement bien peu et certains, comme le tout récent pont Louis-Philippe, sont oubliés !

C'est bien le pont des Arts qui reparaît le plus souvent. Ouvrage métallique à péage, ouvert en 1803, interdit aux voitures, il est un lieu maléfique où les rencontres ne sont point amoureuses mais inquiétantes. Dans *Splendeurs et misères des courtisanes*, Paccard y rencontre le sinistre Carlos. Encore une fois, Balzac y campe l'envers du décor parisien qu'il incarne en un seul personnage.

MÉTAPHORE DE LA MORT

L'ensemble du chapitre introductif de *La Peau de chagrin*, qui mène à la découverte du magasin d'antiquités et au talisman avec lequel Raphaël joue sa vie, est une longue méditation sur le suicide, ponctué de la lugubre et poétique présence de la Seine :

---

20 Balzac, *La Peau de chagrin*, *op. cit.*, p. 70.

21 Jeannine Guichardet, *Balzac « archéologue » de Paris*, Paris, S.E.D.E.S., 1986.

> Arrivé au point culminant de la voûte, il regarda l'eau d'un air sinistre.
> Mauvais temps pour se noyer, lui dit en riant une vieille femme vêtue de haillons. Est-elle sale et froide, la Seine !
> Il répondit par un sourire plein de naïveté qui attestait le délire de son courage ; mais il frissonna tout à coup en voyant de loin, sur le port des Tuileries, la baraque surmontée d'un écriteau où ces paroles sont tracées en lettres hautes d'un pied : SECOURS AUX ASPHYXIÉS. [...] Mort, il valait cinquante francs, mais vivant il n'était qu'un homme de talent sans protecteurs, sans amis, sans paillasse, sans tambour, un véritable zéro social, inutile à l'État, qui n'en avait aucun souci[22].

L'obsession visuelle combine, comme toujours dans l'écriture fantastique, l'extrême précision du détail trivial avec le grossissement du trait et le brouillage des contours. Raphaël imagine, en un scénario funèbre anticipé, son cadavre ramassé par les bateliers, sa tête vendue pour quelques écus à la morgue. Une forme de délire s'empare de son esprit : « Il résolut de mourir pendant la nuit, afin de rendre un cadavre indéchiffrable à cette Société qui méconnaissait la grandeur de sa vie. »

À l'extrême opposé du fonctionnement social, le fleuve est le lieu où on livre la vérité de son être, exclu de l'utilitarisme, de la règle de production et du profit. L'inutile flânerie en est la règle, comme le suggère l'ironique formule : « ... et [il] se dirigea vers le quai Voltaire en prenant la démarche indolente d'un désœuvré qui veut tuer le temps. » Tuer le temps autant que soi-même, après avoir perdu au jeu ses derniers deniers au Palais-Royal, puis, quelques lignes plus loin, donné ses dernières pièces à deux mendiants, un enfant et un vieillard, plus malheureux que lui et pour de bonnes raisons !

Dans *La Vieille Fille*, Athanase Granson se suicide par la noyade :

> Il arriva devant le beau peuplier sous lequel il avait médité depuis quarante jours, et où il avait apporté deux grosses pierres pour s'asseoir. [...] Il alla reconnaître l'endroit profond qu'il avait choisi depuis longtemps ; il s'y glissa résolument en tâchant de ne point faire de bruit, et il en fit très peu[23].

Dans *Illusions perdues*, Lucien éprouve la même tentation :

> Il s'était promené le long de la rivière et avait remarqué, non loin du moulin, une de ces nappes rondes, comme il s'en trouve dans les petits cours d'eau,

22 Balzac, *La Peau de chagrin*, *op. cit.*, p. 68.
23 Balzac, *La Vieille Fille* (1837), Paris, Le Livre de Poche, 2005, p. 34.

> dont l'excessive profondeur est accusée par la tranquillité de la surface. [...] Celui qui avait le courage d'emplir ses poches de cailloux devait y trouver une mort inévitable, et ne jamais être retrouvé. – Voilà, s'était dit le poète en admirant ce joli petit paysage, un endroit qui vous met l'eau à la bouche d'une noyade[24].

Pour schématiser à l'extrême : la surface du fleuve reflète la ville et les aspérités de la vie sociale, la profondeur attire pour un repos éternel. Le fleuve est donc métaphore d'une existence qui se vit d'abord comme poétique.

DIMENSION ÉPIQUE DU SUICIDE : LA SEINE FÉMINISÉE ET LE MYSTÈRE DU DÉSIR

Le thème du suicide, nous dira-t-on, est le *topos* romantique par excellence, qu'il dise l'absurdité de la vie, l'absence de toute maxime ou l'impossibilité matérielle de subsister. Ce thème, littérairement parlant, du suicide solitaire (et non celui du héros de tragédie) est celui de l'homme individuellement enfermé, ne pouvant communiquer avec personne et surtout pas avec les témoins de sa mort. Thème littéraire mis en vogue depuis *Les Souffrances du jeune Werther* de Goethe (1774, puis 1787), *Julie ou la Nouvelle Héloïse* de Rousseau (1761), ou encore les *Méditations poétiques* de Lamartine (1820), c'était aussi un thème social bien présent dans la banalité de l'actualité. C'était un véritable fléau sous la Restauration, qui faisait les choux gras de la presse et de la petite littérature, avec ses jeunes filles séduites se débarrassant de la honte infligée dans les eaux de la Seine. Entre lyrisme et réalisme, Balzac y ajoute une dimension épico-métaphysique :

> Où trouverez-vous, dans l'océan des littératures, un livre surnageant qui puisse lutter de génie avec cet entrefilet :
>
> *Hier, à quatre heures, une jeune femme s'est jetée dans la Seine du haut du Pont-des-Arts.*
>
> Devant ce laconisme parisien, les drames, les romans, tout pâlit[25].

Le fait divers, relaté par une feuille de chou, dépasse le roman. Par ce constat, Balzac prépare une longue carrière à l'objectivité poétique du petit fait réel, sublimé par l'effroi qu'il suscite, devenu poétique *en soi* et non par l'écriture. Prélude au naturalisme, et surtout au surréalisme !

---

24 Balzac, *Illusions perdues* (1837-1843), Paris, Le Livre de Poche, 2010, p. 57.

25 Balzac, *La Peau de chagrin*, *op. cit.*, p. 72.

Cette étrange formule, qui insère un simple entrefilet de journal au milieu d'un roman dont l'ambition est de faire concurrence à l'état civil, et dont la vision est totalisatrice, laisse pour le moins perplexe. Notons la disproportion entre le laconisme du fait divers et le principe du roman-fleuve que la logique du feuilleton semble orienter vers l'infinie prolongation. Le mystère mal éludé du désespoir féminin est ici pointé, ainsi que la fascination pour les dessous de la vie urbaine. Il n'en fallait pas plus pour que s'en emparent un certain nombre d'auteurs, pas nécessairement adeptes du récit balzacien.

CRÉATION D'UN MYTHE LITTÉRAIRE ?

LA NOYÉE SURRÉALISTE

Des noyés, il y en eut des quantités dans la réalité historique, mais un fait remarquable fit se télescoper la tristesse du réel, le récit balzacien et, nouvel élément, la création poétique. Aux tournants du XXe siècle, on découvrit dans la Seine une jeune noyée dont subsistaient seul le tronc et le visage demeurés intacts et extrêmement beaux. Son extrême jeunesse – elle devait avoir quinze ou seize ans –, l'étrangeté de sirène de ce corps mutilé associé au sourire énigmatique de son visage firent de cette femme un symbole érotique. On fit avec du plâtre son masque mortuaire qui devint un ornement sur les maisons d'artistes. À partir de là, et bien des années plus tard, toute une série de photographies du moulage furent multipliées et vendues dans le Tout-Paris bohême des années trente. Comme pour le sourire de *La Joconde*, de nombreuses spéculations sont formulées quant à ce que l'expression heureuse de son visage peut révéler de sa vie, de sa mort et de sa place dans la société.

En 1929, Jules Supervielle, dans le recueil *L'enfant de la haute mer*[26], dans la nouvelle « L'Inconnue de la Seine », rédige un conte où une femme noyée dérive jusqu'au fond de l'océan où elle doit apprendre à vivre avec les autres noyés. Avant cela, en 1910, le personnage du roman de Rainer Maria Rilke *Les Cahiers de Malte Laurids Brigge*[27] dit :

26 Jules Supervielle, *L'enfant de la haute mer* (1931), Paris, Gallimard, Folio, 1972.
27 Rainer Maria Rilke, *Les Cahiers de Malte Laurids Brigge* (1910), Paris, Gallimard, Folio, 1989.

> Le mouleur que je visite chaque jour a deux masques accrochés près de sa porte. Le visage de la jeune noyée, que quelqu'un a copié à la morgue parce qu'il était beau, parce qu'il souriait toujours, parce que son sourire était trompeur ; comme s'il savait.

Un poème de Nabokov, paru en 1934, s'intitule également « L'inconnue de la Seine ».

Toute cette constellation de poètes transforment le fait divers en mythe littéraire où se confondent les mystères de la vie d'une femme avec les mystères de l'érotisme poétisé. Déjà dans *La Peau de chagrin*, les deux femmes aimées de Raphaël, Foedora et Pauline, opposent les règles cruelles de la société et l'idéal amoureux.

ARAGON ET LE MASQUE DE L'INCONNUE DE LA SEINE

Dans son roman *Aurélien*[28] paru en 1944, Aragon tisse une trame poétique autour de ce masque. Le personnage principal, Aurélien, amoureux de Bérénice, possède chez lui le masque de la noyée inconnue qui ressemble étrangement à celui de la femme aimée. Cette ressemblance est telle qu'on ne sait plus quelle est la femme qui suscite le plus de passion. Plus tard, Bérénice, tellement troublée par cette confusion, fera un moulage de son propre visage après avoir brisé celui de l'Inconnue de la Seine, par rage et par jalousie. Le mystère de la noyée se dissimule derrière les vertiges de l'amour, du désir d'exclusivité et du destin. On voit donc que le fleuve, qui porte dans ses flancs le destin féminin, est non seulement la métonymie de la ville – et on sait à quel point Aragon est resté l'éternel « paysan de Paris » en quête du hasard objectif –, mais, par le truchement du masque de l'Inconnue, celle de tout destin humain.

Ce faisant, le principe du « mentir-vrai » aragonien, qui transcende le réalisme balzacien, atteint sa véritable dimension poétique. Une écriture tout à fait différente dans ses principes transforme la relation de l'écrivain au réel, qui le charge en le symbolisant.

28 Louis Aragon, *Aurélien* (1944), Paris, Gallimard, Folio, 1986.

L'INCONNUE DE LA SEINE : UN MOTIF À LA GRANDE FORTUNE LITTÉRAIRE

En 2012, Didier Blonde publie le roman d'une enquête quasi-policière où le narrateur cherche à reconstituer les détails aussi bien anecdotiques que psychologiques du suicide par noyade d'une toute jeune femme :

> Elle était devant moi, endormie. Ou elle faisait semblant. Quel secret cachait-elle derrière cette moue lassée qui n'était pas de son âge ? À l'instant même où le brocanteur a dit simplement « l'Inconnue de la Seine » comme s'il faisait les présentations, j'ai reconnu la jeune noyée dont le visage a été moulé à la morgue. L'anonymat n'a jamais été levé. Elle reste retranchée derrière le rempart de son secret. Pour qui, pourquoi a-t-elle choisi la mort ? Qu'a-t-elle entrevu pour en ramener ce souvenir d'extase ? Elle est tombée dans le domaine public, mais on n'a pas réussi à la faire parler. À quoi sert de trépaner les morts[29] ?

Texte éminemment intéressant en ce qu'il combine plusieurs références. L'intertextualité balzacienne est manifeste par la présence du brocanteur (le vieillard du magasin d'antiquités où Raphaël trouve la peau de chagrin) et la mention de la jeune noyée, mais la référence au masque renvoie davantage à la nébuleuse surréaliste (voire germanique). Roman au second degré, il reprend le principe de Barthes selon lequel tout roman est une enquête policière, mais il est surtout un roman-critique qui évalue les relations des divers poètes (Supervielle, Rilke) au fait réel. Question rebattue, bien balzacienne et toujours en suspens. Ce motif de la morte-noyée dans l'eau à la fois matricielle et létale du fleuve qui arrose la ville est propice à la réécriture d'une constellation de textes infiniment nouveaux. À Didier Blonde il faut ajouter Jacques Brenner[30] et Guillaume Musso[31].

Par conséquent, il serait inexact de dire que Balzac dépeint Paris au miroir de la Seine dans *La Comédie humaine.* Le fleuve n'a qu'une présence épisodique comparée au labyrinthe des rues, au fourmillement des personnages, à la formidable énergie qui se dégage de leurs passions.

S'il est vrai qu'une certaine mythologie sociale peut se lire dans une géographie où s'opposent la capitale et l'embouchure, l'est et l'ouest, la rive gauche et la rive droite, le rôle du fleuve ne peut se reconstituer

---

29 Didier Blonde, *L'Inconnue de la Seine*, Paris, Gallimard, 2012, p. 13.

30 Jacques Brenner, *L'Inconnue de la Seine*, Paris, Albin Michel, 2015.

31 Guillaume Musso, *L'Inconnue de la Seine*, Paris, Calmann Lévy, 2021.

qu'à partir d'une archéologie explicative qui rend compte du tracé des voies et des lieux de prestige. C'est pourquoi l'essentiel demeure la poétisation du fleuve, reflet, selon un principe romantique, d'un paysage intérieur, d'un état d'âme. Si Balzac persiste à appeler la Seine une rivière, n'est-ce pas car il y voit les « rives » de la « vie » ? Ce faisant, il reprend un invariant quasi universel du fleuve, image de l'existence.

La singularité de son œuvre est cette féminisation paradoxale d'un fleuve qui accouche littéralement d'une morte, elle-même chargée du pouvoir d'Éros. Faut-il y comprendre la fascination inquiète de ses héros, bien ancrés dans leur siècle, pour la Ville chargée d'attraits pour le moins ambigus ? Tels sont bien les deux versants du « réalisme mythologique » et dont aucune lecture strictement marxisante ni strictement psychanalytique ou bachelardienne ne saurait rendre compte. Retenons surtout que la Seine chez Balzac engendre un « mythe littéraire » au sens exact du terme, une constellation de signifiants destinés à être repris, réécrits et enrichis par les poètes qui lui succédèrent.

Annie Rizk
Professeur honoraire de lettres
Classes préparatoires à l'E.N.S.
de Lyon, France

LA SEINE OU PONGE À L'ÉPREUVE DE L'INFORME

Dans *La Seine*[1], le lecteur de Ponge rencontre trois points qui lui sont familiers dans l'œuvre du poète et qui, ici, sont articulés avec une netteté qui ne se trouve pas ailleurs.

D'abord on rencontre une scène récurrente : le *je* poétique en train de regarder l'eau qui coule. C'est l'*incipit* du *Parti pris des choses*[2] (1942) et c'est le texte liminaire de *La Rage de l'expression* (1952) intitulé « Berges de la Loire[3] ». L'eau affirme d'emblée sa présence dès la marge des recueils, elle s'infiltre, pour ainsi dire, à plusieurs reprises dans le premier recueil[4] ; cependant, Ponge préfère des objets aux formes définies et célèbres (le pain et les pins, pour donner des exemples connus). Avec *La Seine* on a un changement radical de point de vue : le *je* poétique ne quitte plus l'eau des yeux et ainsi a-t-on un saisissant triptyque dans lequel il ne se contente plus de « regarder[5] » l'eau, mais de la prendre activement à parti et aussi d'en prendre son parti, selon la double signification du recueil qui a rendu Ponge si célèbre.

Ensuite *La Seine* est une tentative de cosmogonie à grande échelle. Là encore, le lecteur de Ponge est frappé de la cohérence et de la continuité entre *Le parti pris des choses*, dans lequel « Le galet » propose déjà une courte anamnèse vers les origines géologiques de notre planète[6], et *La Seine*, qui remonte le cours du temps vers la Préhistoire. Une intention s'est affirmée et Ponge s'en est expliqué dans ses *Proêmes* (1948), en

1 Francis Ponge, *La Seine*, photos de Maurice Blanc, Lausanne, La Guilde du Livre, 1950, première édition.

2 Nous nous référerons toujours à l'édition de Ponge dans la collection de la Pléiade, Gallimard, tome I 1999, tome II 2002. Ici, tome I, p. 15-16.

3 *Ibid.*, p. 337-338.

4 « Bords de mer », p. 29-30, « De l'eau », p. 31.

5 « La pluie, dans la cour où je la regarde tomber… » (p. 15) ; « Ainsi, écrivant *sur* la Loire d'un endroit des berges de ce fleuve, devrai-je y replonger sans cesse mon regard. » (p. 337)

6 Le texte figure aux p. 49-56 et le passage auquel nous renvoyons est à la p. 50.

disant qu'il « voudrai[t] écrire une sorte de *De natura rerum*[7] ». Nous allons voir que le lien entre les sciences, la philosophie et la poésie est très fort dans *La Seine*.

Enfin *La Seine* nous fait entendre une voix-fleuve dans ses dernières pages[8] : le *je* poétique devient l'eau et la fusion s'opère entre l'eau et l'observateur détaché et méfiant du *Parti pris des choses* et des « Berges de la Loire ». Il se pourrait que le texte de Ponge entre en résonance avec de prestigieux prédécesseurs, rien moins que ces trois phares que sont Homère, Hugo et Apollinaire.

La radicalité de l'écriture pongienne nous conduit ainsi à étudier d'abord l'aspect critique de *La Seine*, puis les figures et le malaise de l'informe et enfin la question des savoirs. En effet, Ponge fait une expérience périlleuse quand il rencontre l'eau et il dit sa déception quand il confronte ses lectures au noyau intime de ses sensations. Nous partirons de cet aspect « réactif » du texte, avant de cerner le malaise et l'obsession de l'eau chez Ponge – obsession qui peut se qualifier de malaise devant l'informe. Le déploiement des savoirs et d'une voix poétique en rapport avec d'autres est la parade devant l'informe – parade au double sens de protection et de spectacle assumé de l'écriture.

L'ÉLIMINATION MÉTHODIQUE DE CE QUI « RONRONNE »

Ponge est explicite : dans « Berges de la Loire », texte rédigé bien avant *La Seine*, le poète dit qu'il devra donner « un coup de reins » s'il conçoit à son propre égard « le moindre soupçon de ronron poétique[9] ». Le ronron, il va le traquer chez les autres et faire de *La Seine* un texte très critique sur les tentatives précédant la sienne pour parler de l'eau et des fleuves.

Le premier refus est celui du recours jugé facile à la mythologie : « Non, le Rhin n'est pas mon père, la Seine n'est pas ma femme, et s'il y a une littérature que j'abhorre, c'est bien celle, en termes lyriques, qui divinise

7 I, p. 204.
8 I, p. 296-297.
9 I, p. 338.

l'Ève, l'Onde[10]. » Ponge se démarque de l'Antiquité qui voit dans les fleuves des figures de fécondité et il refuse la tradition depuis Ausone, l'auteur de *La Moselle*, texte dans lequel le Rhin occupe une place de choix[11] qu'il a encore dans *Alcools* (1913) d'Apollinaire, qui situe sur ses bords la section intitulée « Rhénanes ». Quant à la féminité et à ses liens avec l'eau, sous la forme de l'ondine, par exemple, on peut penser à un texte contemporain du *Parti pris des choses*, qui est l'*Ondine* (1939) de Giraudoux. C'est là une figure du folklore, qui se trouve par exemple en Allemagne avec la *Lorelei* et en Russie avec la *roussalka* (mot qui a fourni le titre d'une pièce de Pouchkine, *La Roussalka*, en 1837). Il convient de noter que l'eau n'est pas du tout présentée comme familière : Ponge refuse la figure paternelle et celle de la femme, qui inscrivent usuellement un être humain dans une lignée et une descendance possible. Est-ce si certain que cela ? Nous verrons plus loin que les choses sont plus délicates... Notons d'ores et déjà que le lien au père et à la femme est problématique.

Cela nous permet de comprendre le deuxième refus : pas question pour Ponge d'être un épigone ou un descendant d'Apollinaire. C'est en usant de la litote qu'il cite ce poète (« nous ne sommes pas près de renier de telles voix[12] »), et plus précisément *Alcools* : les pages 273-274 forment un centon d'Apollinaire et finalement une critique agacée de cet auteur. Il est placé du côté du « joli, ravissant, touchant[13] » et cependant « de telles chansons ne sont nullement notre propre[14] ». La critique est dirigée contre le lyrisme, comme on l'a vu auparavant ; elle est aussi adressée à un auteur qui recourt au refrain dans l'exemple cité du « Pont Mirabeau » et de « Marie ». Ces ronrons-là ne plaisent pas à Ponge. Le lien entre la femme et un poète vivant deux générations avant Ponge renforce le double front du refus : ni père ni femme !

Notons que cette fois le lecteur est averti : il n'entendra pas de Ponge « de telles chansons ». Allusion assez transparente à la poésie

---

10 I, p. 277.

11 Il fait son apparition à partir du v. 418. On donne *La Moselle* pour le premier poème occidental entièrement consacré à un fleuve ; il date de la fin du IVe siècle de notre ère.

12 C'est un cas exemplaire qui montre que l'emploi de deux négations n'équivaut pas à employer le terme non-marqué, pour reprendre la terminologie d'Oswald Ducrot dans l'article « Catégories linguistiques » que l'on trouve dans le *Dictionnaire encyclopédique des sciences du langage* (Paris, Seuil, 1972, p. 149).

13 I, p. 273.

14 I, p. 274.

d'Apollinaire et aussi au sens de « balivernes » qu'a le mot « chansons ». Ponge est, on le sait, un lecteur du Dictionnaire *Littré* et il ne saurait ignorer un sens aussi dépréciatif pour parler d'un poète qu'il n'aime guère. La version pongienne ne sera donc pas une chanson et elle sera en prose – et prosaïque, disons-le d'emblée.

Enfin, dans le passage consacré à l'Inconnue de la Seine[15], Ponge rédige une *ekphrasis* biaisée qui lui donne l'occasion de dénoncer des positions esthétiques qu'il ne partage pas. D'abord il refuse l'association eau/femme, ce qui ne nous étonne pas. Ensuite il trouve que c'est là un cliché (autre forme de « ronron »), car la figure est « reproduite à des millions d'exemplaires » que l'on peut se procurer sur les quais parisiens de la Seine : cette « reproduction » fait fi de toute originalité. En troisième lieu, l'association de ce visage avec celui de *La Joconde* et les « vierges de Reims ou de Chartres » tend à laisser penser que c'est là un produit destiné à des touristes qui veulent avoir un souvenir du célèbre musée (situé sur les bords de la Seine, justement) et des deux cathédrales gothiques. C'est littéralement un produit de synthèse ! Enfin la mention de la mort par noyade nous met déjà sur le chemin du malaise éprouvé par Ponge en présence de l'eau. Mais c'est aussi la représentation de la Seine comme lieu des suicides, comme le montre parfaitement Annie Rizk dans son étude de la Seine chez Balzac dans cet ouvrage. Là encore, le cliché a la vie dure, puisqu'Aragon, dans *Aurélien* (1944), parle de l'Inconnue, comme le signale Bernard Beugnot[16]. Les rapports difficiles entre Ponge et les surréalistes sont chose connue et on en retrouve ici la trace.

De la même façon, Ponge prend ses distances d'avec le photographe Maurice Blanc, auquel il reproche à mots couverts le goût du pittoresque[17], dans le genre des cartes postales. C'est ainsi que « les baigneurs, les canotiers, les laveuses, les pêcheurs, les remorqueurs[18]… » sont mentionnés, mais pour être aussitôt congédiés d'un texte que Ponge envisage et n'écrit cependant pas.

Il ressort de cela que Ponge évite dans tous les sens du terme le *cliché*. Ponge a donc fait place nette pour avancer sa propre esthétique, une fois qu'il a écarté celle des autres.

---

15 I, p. 271.
16 I, note 33, p. 1000.
17 I, p. 275.
18 I, p. 266.

FIXER LE MALAISE NÉ DE LA SEINE

Dans « Bords de mer », Ponge parle de « l'anarchie des fleuves » : il voit en eux quelque chose que l'on ne contrôle pas et qui lui inspire à ce titre une vive inquiétude.

La première de ces inquiétudes est la hantise de la noyade. L'eau est présentée, non pas comme le berceau maternel des êtres humains, mais comme une force aveugle faisant irruption, « une masse d'eau hostile[19] », mettant fin immédiatement à la vie. L'eau est donnée pour le contraire absolu de la pensée et de l'écriture : pour qu'elles soient, il faut que celle-là garde ses distances. Le corps noyé qui descend à la mer rappelle la distance qui sépare Ponge de Rimbaud qui, dans « Le Bateau ivre » (1871), décrit les noyés comme des êtres endormis et pour lequel le naufrage est une occasion de découvrir des spectacles hauts en couleurs[20].

Le suicide par noyade est décrit comme « l'écrasement sous les roues lentes et froides de ce sauvage, de cet immémorial charroi naturel[21] » qu'est le fleuve. Cette métaphore est intéressante, car elle fait d'un élément de la nature (le fleuve) l'équivalent d'un moyen de transport moderne et non naturel (l'autobus, le train) et elle inverse le procédé. En effet, les désespérés se jettent sous les roues de ces moyens de transport pour en finir vite ; pensons au suicide d'Anna Karénine, si vite conçu et accompli, personnage du roman éponyme de Tolstoï (1877), alors qu'ici les adjectifs « lentes et froides » créent un oxymore qui vient juste après « les flammes froides du liquide ». Loin d'être un doux fleuve, la Seine de Ponge est « sauvage ».

C'est là un terme-clef, qui fait surgir le malaise au sein du lieu civilisé, celui des beaux monuments parisiens célébrés par le vers d'un poète tellement aimé de Ponge, Malherbe (1555-1628) : les « beaux et grands bâtiments d'éternelle structure[22] » aperçus à Paris se reflètent bien dans la Seine mais ne sauraient la civiliser, la domestiquer. Elle reste une matière rétive et sauvage. Et, par sauvage, Ponge entend deux choses qu'il va expliciter et détailler.

---

19 *Id.*

20 Lire en particulier les vers 65-80.

21 I, p. 267.

22 François de Malherbe, « Sur l'absence de la même » (1608), l'un des sonnets dédiés à Caliste, que Ponge cite aux pages 265 et 277.

La Seine est d'abord sauvage parce que se concentrent en elle toutes les matières du bas corporel : elle est ce « flux de ce qui n'a pu être assimilé, et qui doit être rejeté, évacué[23] ». Ici on trouve en Ponge un auteur qui poursuit la pratique d'un Saint-Amant (1594-1661) qui, dans sa *Rome ridicule, caprice* (1643), voit dans le Tibre un « égout à ciel ouvert[24] ». Notons que chez les deux poètes le fleuve est qualifié de « sauvage[25] ».

Toutefois cet aspect n'est pas introduit dans le texte pour faire rire, ce qui est le propre du ridicule ; au contraire, il a laissé « une impression si forte qu'[il] souhaite [s]'en débarrasser au plus tôt[26] ». Il y a une sorte de malaise et, de même que la Seine évacue les matières du bas corporel, le texte qui s'intitule *La Seine* va lui aussi les charrier. Ce malaise ne peut être tu et il faut même en passer par là. L'informe est la catégorie qui comprend à la fois ce qui a perdu sa forme (« les animaux crevés[27] ») et toutes les formes d'écoulement qui n'ont pas de forme propre mais plutôt une tendance à aller en suivant la loi de la gravité vers le bas.

Et c'est là ce qui fait tellement impression sur Ponge ; le fleuve est composé de liquides provenant continuellement des corps humains : l'urine, la salive[28] ; et l'eau est même comparée au sang des menstruations par la Marquise, selon laquelle le fleuve connaît des « jours impurs[29] ». Michel Collot note que c'est là une obsession et une question récurrente dans l'œuvre de Ponge[30] : il compare ses *Proêmes* au phénomène périodique féminin[31], parce qu'il désire créer et dit ne pas en être capable. Les menstruations disent l'ambivalence de cette création problématique chez le poète et la hantise de ne pas trouver la forme qui définit le geste poétique.

Ponge développe toutes les ressources qu'il trouve enveloppées dans le mot « bassin » qu'il met en italique à la page 279. Ce terme permet

---

23 I, p. 280.

24 L'expression est de Ponge : I, p. 280.

25 *La Rome ridicule, caprice*, VI, v. 1 : « Cependant rien de plus sauvage » est le vers qui introduit la comparaison entre la version idéalisée et invisible et le Tibre comme chose vue.

26 I, p. 281.

27 I, p. 282.

28 I, p. 280 : Ponge met en garde ceux qui « pisse[nt] ou crache[nt] », car tout va à l'eau !

29 I, p. 245.

30 Il le dit à propos d'un texte de *Proêmes* intitulé « La Loi et les Prophètes », dans une note de la page 979 du tome I.

31 I, *Proêmes*, « Pages bis », IX, p. 220.

de concentrer ce qui a tendance à échapper à toute forme : la Seine coule dans le Bassin parisien, le bassin est la partie associée au bas corporel et enfin c'est un objet qui permet de recueillir les flux corporels. Cette trouvaille verbale dit le malaise et permet aussi de l'évacuer en lui donnant une forme langagière – ce qui permet à Ponge de ne pas en rester à la critique.

À ce malaise qui naît du corps correspond un autre que Ponge formule ainsi, à quelques pages d'écart :

> Oui, le fleuve est ce cours d'eau sauvage qui passe à travers tout, à travers les monuments des civilisations les plus raffinées – d'une allure à la fois fatale et stupide, profonde, parfois fangeuse, – c'est le courant du non-plastique, de la non-pensée qui traverse constamment l'esprit, – écoulant ses détritus, ses débris, ses ressources, les jetant à la mer. Aveugle et sourd. Froid, insensible[32].

Et presque dans les mêmes termes, on lit encore ceci : « Oui, c'est le flux incessant des idées sauvages dont je parlais tout à l'heure, oui, c'est le flux du non-plastique, du non-pensable[33]. »

Cette fois la Seine a le pouvoir redoutable d'entrer dans l'intimité protégée de l'esprit ; on se souvient que la hantise de l'irruption de l'eau dans l'espace domestique a été décrite avec crainte aux pages 266-267. Rien ne semble devoir lui résister et elle met fin à toute pensée, à toute représentation structurée du réel. Elle est un défi pour l'esprit dont elle est la plus totale antithèse.

Ponge voit là une limite très dangereuse à la possibilité de la création : rien ne peut intégrer le fleuve à une opération de la pensée, parce que celle-ci ne peut pas arrêter ce qui n'est même pas un objet ; loin de se tenir devant l'observateur-poète accoudé à un pont, elle traverse, emporte et rien ne la retient. On est à l'opposé d'une quelconque notion de « fleuvitude » telle qu'Aimé Eyengué la développe en fin d'ouvrage. L'eau n'est en rien accueillante et elle a tendance à dissoudre les corps et les esprits.

Il est temps de voir comment Ponge trouve une parade.

32 I, p. 278.
33 I, p. 280.

LA PARADE SELON PONGE

Par « parade » il faut entendre « une opération qui consiste sans doute à dompter, à surcoder, à *métriser* l'espace lisse, à le neutraliser, mais aussi bien à lui donner un milieu de propagation, d'extension, de réfraction, de renouvellement, de poussée, sans lequel il mourrait peut-être de lui-même » pour citer Deleuze[34]. Il ne paraît pas très difficile de faire de cette eau rétive à toute mesure et à tout concept un avatar de l'espace lisse cher à Deleuze.

La *métrise* va d'abord se décliner dans *La Seine* par la présence abondante des sciences : il va s'agir de mesurer la Seine et, ainsi, de retrouver la jonction faite par Lucrèce (Ier siècle av. J.-C.) entre poésie et sciences, qui vont donner de « solides définitions[35] » ; l'adjectif signifie « fermes, sûres », mais il ne peut pas ne pas renvoyer à l'état solide par opposition à l'état liquide. La Seine va alors disparaître en tant que fleuve singulier pour prendre l'uniforme universel de l'eau que lui donnent les différentes sciences.

C'est dans la physique contemporaine que Ponge trouve un premier moyen de réduire l'instabilité de l'informe. Dans les pages 249 à 251, il reprend les explications données par le chimiste et physicien Eugène Darmois dans son ouvrage intitulé *L'état liquide de la matière*[36]. Ce dernier s'appuie sur les découvertes de Boltzmann concernant l'entropie thermodynamique S[37] : elle permet de mesurer le degré de désordre de la matière. Si elle est nulle dans le cas d'un solide placé à la température du zéro absolu, elle est nettement plus élevée dans le cas de l'eau à température ambiante. Toutefois les interactions entre les molécules existent encore dans l'eau, à la différence des gaz. Ce qui a intéressé Ponge ne nous semble pas tant la rigoureuse démarche du calcul que la possibilité de dépasser l'antinomie si présente encore dans *Le parti pris des choses* ou « Berges de la Loire » entre les solides et les liquides.

---

34 Félix Guattari et Gilles Deleuze, *Mille plateaux*, Paris, Éditions de Minuit, 1980, p. 607.

35 I, p. 275.

36 Eugène Darmois, *L'état liquide de la matière*, Paris, Albin Michel, 1943.

37 Je remercie mon camarade Pascal Olive, professeur de physique et de chimie en PSI* au lycée Montaigne à Bordeaux : il m'a expliqué de façon très claire le principe de l'entropie et m'a ainsi permis de découvrir la force du lien entre la science physique et la tentative pongienne de conjurer l'informe.

Un obstacle était levé, la science permet à l'imaginaire et à la création littéraire de s'emparer du liquide.

Ensuite, Ponge recourt à deux reprises à la géologie : il s'agit pour lui de rappeler comment l'eau est apparue sur Terre[38], ce qui fait le lien entre cette science et la chimie ; et surtout il essaie d'introduire une échelle temporelle quand il dit que le fleuve « coulait au sein d'une forêt tropicale[39] » qui existait à la fin de l'Oligocène ou au début du Miocène.

Enfin Ponge consacre de nombreuses pages à la géographie physique : il les rédige selon le principe des cercles concentriques. D'abord il rappelle ce que sont les fleuves en général (p. 289) ; puis il indique l'origine des perturbations climatiques entraînant les précipitations (p. 290-292) ; enfin il s'intéresse à celles qui donnent naissance à la Seine (p. 292-294). Bel exemple de « neutralisation », pour citer Deleuze : la Seine relève de lois générales qui expliquent de part en part sa présence.

Ce désir d'explication nous apparaît comme étant l'autre versant de l'inquiétude qui saisit Ponge devant l'eau qui coule. Il va de pair avec l'adoption d'un point de vue fortement inspiré par le *Livre de La Genèse* dans la Bible et Lucrèce, qui fournissent de prestigieux modèles d'explication du monde.

En recourant cinq fois à l'anaphore de l'expression « comme il est bon » en deux pages[40], Ponge nous fait reconnaître le modèle biblique de la plus célèbre épiphore de la littérature, que l'on trouve dans le chapitre I du *Livre de La Genèse*[41]. Il nous paraît significatif que l'on rencontre dans ce passage à haute coloration épidictique les caractéristiques du concept de « fleuvitude » dont traite Aimé Eyengué dans le présent ouvrage : la fraîcheur, la douceur, la bonté de l'eau ; il peut apparaître maintenant que les opérations de *métrise* ont enlevé au fleuve son caractère déstabilisant et dangereux.

Toutefois, Ponge est principalement inspiré par Lucrèce dans *La Seine*. Ce poète ainsi qu'Épicure (342-270 av. J.-C.) sont cités explicitement comme des penseurs qui font pendant à une tendance au dénigrement de la petitesse de l'homme que Pascal (1623-1662) traite dans le texte dit des « deux infinis[42] ». Il s'agit de guérir les hommes

38 I, p. 287.

39 I, p. 255.

40 Voir les pages 285 et 286.

41 Voir le chapitre 1, dans les phrases 8, 10, 12, 18, 20 et 25.

42 Blaise Pascal, *Pensées* (1669 posthume), fragment 72 de l'édition Brunschvicg, fragment 199 de l'édition Lafuma.

de leur angoisse d'être mortels et d'accéder à « la nature des choses[43] ». Et de nombreux dispositifs de l'écriture pongienne suivent la méthode de Lucrèce. D'abord, comme dans le poème latin, la situation générale d'énonciation met en scène sans arrêt un destinataire, l'équivalent de Memmius, désigné le plus souvent par les mots de « cher lecteur[44] » et une fois au moins de « cher ami[45] ». Ensuite, comme dans le poème de Lucrèce, Ponge dénonce la confusion qui existe entre les fleuves, en tant qu'éléments de la nature, et les dieux, source de peur[46]. Mais, au-delà des ressemblances doctrinales, il y a un point de vue au sens le plus littéral qui est le même que celui adopté par Lucrèce dans l'un des plus célèbres passages de son œuvre. Quand le *je* poétique regarde couler la Seine, il n'occupe pas seulement, pas essentiellement dirions-nous, la « position d'un observateur », mais la « position d'un observateur examinant de sur un pont le fleuve[47] ». Ponge est à la recherche d'un point de vue englobant et bientôt il le trouve : quand il décrit les phénomènes climatiques de notre planète, il commence par dire que son ami lecteur et lui se trouvent « sur un point élevé[48] ». Ailleurs, il est question « d'un point de vue comme panoramique[49] » et d'« un observateur haut placé[50] ». C'est là une sublime vue de l'esprit, l'adoption d'un point de vue en surplomb adopté par une intelligence qui se soustrait (ou cherche à se soustraire) à l'expérience partielle du fleuve, fût-elle offerte par la contemplation du fleuve depuis un pont, qui est déjà un lieu un peu élevé. Cette configuration qui soustrait l'observateur au danger et même à l'écoulement temporel[51] est au plus haut point un indice de la présence de Lucrèce et sans doute un renvoi au plus célèbre passage de son poème, le début du chant II avec le célèbre *Suaue mari magno* (v. 1) jusqu'au vers 13. Quoi de plus normal pour un auteur qui cherche à conjuguer sciences et poésie tout comme Lucrèce ?

Enfin Ponge développe sa parade en recourant aux ressources données en propre par la littérature. Il a l'ambition d'écrire littéralement

43 I, p. 247. C'est le titre même de Lucrèce qui est cité sans guillemets dans un élan.
44 I, p. 245, soit dès le début du texte.
45 I, p. 259.
46 I, p. 289 ; voir en parallèle *De natura rerum*, V, v. 1183-1240.
47 I, p. 278.
48 I, p. 290.
49 I, p. 253.
50 I, p. 260.
51 I, p. 292 : « [...] du point de vue où nous sommes placés, les années passent vite. »

un texte-fleuve. Le titre fait disparaître l'objet (ou, si l'on veut, le fait apparaître) dans une tentative d'englobement dont nous aimerions dessiner les éléments principaux.

En premier lieu, Ponge caresse le projet d'un cratylisme[52] de premier degré aux pages 263-266 : le texte devrait littéralement prendre la place de la Seine, en essayant de mettre la typographie en jeu pour rendre compte des réalités physiques du fleuve. Mais il y renonce. Le rêve d'une écriture qui serait le reflet du monde est écarté ; on peut voir là une tendance ancienne dans l'univers pongien, et en même temps marginale. La Seine dans ce segment précis du texte et le gymnaste du *Parti pris des choses* sont des tentatives sans lendemain qui disent seulement que le poète a l'ambition de tout dire de la chose et qu'il n'a pas encore trouvé la méthode qui le lui permettra.

En deuxième lieu, la parade poétique gagne de l'ampleur lorsque la Seine se range sous la loi du sapate[53], cet objet pongien par excellence. Même s'il n'est pas tout à fait dupe de cette image, Ponge avance la possibilité pour l'eau la plus sale de refléter le ciel et, dès lors, de proposer une richesse de prime abord absente[54]. Le commerce poétique a besoin d'objets sales et médiocres exactement comme le commerce des cosmétiques et autres poudres prospère sur les bords de la Seine[55]. Sans être lui-même tout à fait rassuré – car le malaise né de l'eau n'est pas totalement dissipé –, le poète finit par faire entrer le fleuve dans son monde.

En dernier lieu, il nous semble que Ponge retrouve Apollinaire à la toute fin de *La Seine*. En effet, comme au terme d'*Alcools* dans « Vendémiaire », la Seine prend la parole[56]. Tout oppose les deux poètes : le recours au vers *vs* le recours à la prose, le vin *vs* l'eau, le christianisme *vs* le matérialisme, la présence du nord *vs* le refus de la présence du nord[57] ;

52 Voir Platon, *Cratyle*. Le cratylisme est une théorie du langage selon laquelle les noms ont un lien direct avec leur signification : onomatopées ou certains mots comme « serpent » ou « souffle ».

53 « Présent considérable donné sous la forme d'un autre qui l'est beaucoup moins, un citron par exemple, et il y a dedans un gros diamant » (Dictionnaire *Littré*).

54 I, p. 284.

55 Voir les pages 281-282.

56 Ce sont les pages 295-296.

57 Dans « Vendémiaire », « Trèves la ville ancienne » (v. 138) se mêle à la voix de la Seine, ce qui crée une confluence entre la Moselle qui coule à Trèves et la Seine. Que l'on se souvienne du refus de Ponge : « Non, le Rhin n'est pas mon père » (p. 277). N'oublions pas que la Moselle se jette dans le Rhin, ce que chante Ausone dans ce texte absolument

à notre avis l'enjeu est d'être sacré le poète de la modernité. Ponge, dans un passage du *Grand recueil. Lyres. Méthodes. Pièces* (1961), « Le Verre d'eau », évoque l'eau transportée par le réseau moderne desservant les maisons et il l'oppose à « celle du passé », cette « bergère avec ses moutons[58] ». Cette eau à la façon ancienne est associée aux « souillures » et aux « larges égouts[59] ». Façon exemplaire de dire que la Seine pongienne l'emporte sur la Seine d'Apollinaire dont on aura reconnu la « Bergère ô tour Eiffel le troupeau des ponts bêle ce matin », vers 2 du poème « Zone » d'*Alcools*, le recueil honni et jalousé tout à la fois. Ponge reste dans la sobriété et, même si *La Seine* peut avoir des moments où perce le genre épidictique – comme on l'a vu plus haut avec *Le Livre de La Genèse* et le *De natura rerum* –, le texte n'a pas l'aspect triomphant de l'*ivrognerie* chère à Apollinaire. Le Rhin, Apollinaire – ces avatars du Père en poésie – sont dépassés, la parade pongienne consomme leur défaite.

« Cet ouvrage, qui a un fleuve pour sujet, s'est, par une coïncidence bizarre, produit lui-même tout spontanément et tout naturellement à l'image d'un fleuve[60]. » Cette phrase de Victor Hugo nous permet ici d'inscrire le projet pongien dans le temps long de la création littéraire.

Ne s'agit-il pas, encore et encore, de l'opération de la *métrise* deleuzienne ? La dernière partie de notre travail a essayé d'en montrer les différents visages dans *La Seine*. Les sciences sont là pour mesurer et rassurer.

Mais l'essentiel n'est-il pas finalement ailleurs. On ne veut dompter que ce qui n'est pas dompté, c'est-à-dire l'informe qui forme l'épreuve qu'est *La Seine* pour Ponge. C'est d'abord une épreuve parce que l'eau n'a pas de forme ; or, on a vu que cela causait un trouble réel chez un artiste féru d'objets aux formes stables. C'est aussi le fleuve « sans nom[61] » qui coule depuis un temps que les hommes ne peuvent qu'à peine imaginer. C'est la seconde épreuve : il faut rendre compte de quelque chose qui est *innommé* – et *innommable* à cause de l'association de l'eau et de la souillure.

Y a-t-il plus beau défi poétique que de nommer ce qui jusqu'ici n'était pas nommé ? L'absence de mots joue donc comme un stimulant

---

fondamental qu'est *La Moselle*... Ponge, par goût et par fidélité à ses origines, préfère le Rhône (*cf.* I, p. 276-277).

58 I, p. 829, vers 8 et 11.

59 I, vers 9 et 10.

60 Victor Hugo, « Préface » du *Rhin*, 1842.

61 I, p. 255.

à la création sur le fond anonyme et inquiétant de l'*innommé/innommable*. On comprend alors la tentation de faire du texte un substitut du fleuve lui-même, en faisant croire au lecteur, en fin de compte, qu'il a entendu la voix de la Seine elle-même et qu'elle a pris corps dans le texte qu'il a lu. Hugo, grand amateur de fleuves, a déjà tenté cela dans « Le Danube en colère » situé dans *Les Orientales*.

Mais faire entrer un fleuve dans un texte littéraire ne se fait pas sans peine. Dans Hugo déjà, les deux dernières strophes ne respectent plus la convention selon laquelle le dernier vers de la strophe s'achève sur un signe de ponctuation fort. Rien n'arrête l'eau, comme on dit… Dans Ponge, la noyade est souvent présente, comme on l'a vu, et, si l'observateur cherche un point idéal de *métrise*, c'est parce que le danger est grand.

Quel est-il ? Celui de ne pouvoir plus ni penser ni écrire, de ne plus pouvoir ordonner des formes qui conjurent le chaos. Au début du texte, Ponge prévoit la disparition des cités et des hommes de la surface du globe, tandis que « la Seine y coulera encore[62] ». Même la consolation digne d'un poète antique d'avoir rédigé un texte qui passera à la postérité ne parvient plus à dissiper le malaise. Ponge retrouve ici Homère : dans l'*Iliade* les fleuves font leur entrée dans ce qui va devenir la littérature occidentale et c'est la catégorie de l'informe qui est mobilisée dans l'épopée. Au chant XII Homère précise que les fleuves de la région de Troie effaceront toutes les traces du combat entre Grecs et Troyens[63], et au chant XXI le Scamandre manque d'engloutir Achille et d'empêcher qu'il reste la moindre trace de lui[64]. Dans les deux cas, la mémoire fait office de rempart à la dévastation causée par les fleuves. La parole épique n'ignore pas le danger de l'engloutissement et de l'oubli qu'elle entend conjurer.

Ponge retrouve dans *La Seine* la force inquiétante de l'eau, mais retrouve-t-il la confiance homérique en la parole poétique qui triomphe de l'oubli ? Nous dirions que la parade est brillante, que la voix du fleuve sonne comme un triomphe en fin de texte, que Ponge a mené un combat puissant contre Apollinaire et que la *métrise* a été sollicitée avec l'ardeur de la rationalité la plus rigoureuse. Mais il reste au fleuve sa puissance irrationnelle qui permet au poète de ressentir sa propre

62 I, p. 254.
63 Homère, *Iliade*, XII, v. 12-35.
64 Homère, *Iliade*, XXI, v. 318-323.

« identité[65] » d'homme et de créateur. Il lui reste son anonyme permanence, paradoxe pour un élément si marqué dans notre culture par la vision héraclitéenne[66] de l'eau (*panta rhei* « toutes les choses coulent » donc « tout passe »), quand tout le reste est emporté par la mort et l'oubli.

Après d'autres, Ponge a relevé le défi du fleuve. Ce faisant, il a fait entendre sa voix si particulière où sonnent les refus catégoriques, où la basse continue de l'angoisse se mêle, où le fleuve se met à parler dans sa langue poétique. Ponge demeure pourtant conscient que c'est justement ce que Deleuze appelle une traduction : l'espace lisse résiste, se dérobe et finalement échappe à toute prise humaine. Faut-il s'en attrister ? Faut-il s'en réjouir ? Cette force de l'informe permet en tout cas aux grands écrivains de répondre au défi de l'eau et à nous d'être fascinés par les voix-fleuves qui résonnent sur tous les continents et sur tous les modes, de la « fleuvitude » venue d'Afrique à l'inquiétude de l'Occident.

Comme le dit une immémoriale chanson russe, « la Volga coule, elle n'a ni fin ni rive » ; le défi sera relevé encore et encore.

Frédéric Picco
Classes préparatoires aux E.N.S.
Lycée Michel de Montaigne,
Bordeaux, France

65 I, p. 247 et 278.
66 Héraclite d'Éphèse, VIe siècle av. J.-C.

CONTRE VENTS ET MARÉES…

Bordeaux et son fleuve durant la guerre de Cent Ans

Bordeaux, à la fin du Moyen Âge, a fait l'objet de nombreuses études, dont celles de Jacques Bernard, qui comptent parmi les plus populaires et qui font d'ailleurs encore office aujourd'hui de références sur le sujet. Ces travaux ont autant concerné l'évolution politique qu'économique de la ville sous les rois anglais comme au retour de la monarchie française. Cela contribue ainsi à mettre en avant le caractère singulier de la capitale de la Guyenne, dont la sympathie anglaise dans un territoire français lui donne une couleur particulière. Soulignons d'ailleurs que l'intérêt que les historiens portent à la ville tient surtout aux altercations politiques qui marquent Bordeaux tout au long de la guerre de Cent Ans. Les spécialistes se sont attardés davantage à la sympathie que la ville portuaire a portée aux Anglais qui semblent d'ailleurs bien le lui rendre par le transport récurrent qui est fait du vin bordelais dans les navires d'Édouard III. Autrement, c'est le retour de Bordeaux dans le giron du royaume de France, sous Charles VII, qui attise la curiosité des historiens. L'époque moderne ne laisse pas la ville de côté, alors que celle-ci voit son commerce prospérer avec le développement du commerce transatlantique avec les Amériques.

Toutefois, peu d'ouvrages se sont penchés sur l'histoire du fleuve à proprement parler, ne lui laissant qu'un rôle secondaire, auxiliaire, alors qu'il est pourtant un acteur central dans l'évolution du port bordelais. Nous en profitons d'ailleurs pour signaler ici l'appellation double du courant fluvial, Gironde ou Garonne, que même Jacques Bernard semble mettre sur un pied d'égalité pour ce qui est de l'époque médiévale, n'osant pas poser un jugement tranché quant au nom de la fameuse rivière bordelaise[1]. Ceci explique l'usage alternatif des deux appellations

1 Jacques Bernard, « Le fleuve, le port, la navigation », Yves Renouard (dir.), *Bordeaux sous les rois d'Angleterre*, Bordeaux, Fédération historique du Sud-Ouest, 1965, p. 267.

dans le présent texte, en l'absence de réponse quant à une dénomination unique commune du fleuve au Moyen Âge.

Notre travail a donc pour but de brosser un portrait succinct du rôle qu'a joué le fleuve entre le XIVe et le XVe siècle, alors que Bordeaux est aux prises avec les tensions de la guerre de Cent Ans. Nous avons divisé notre étude en trois sections distinctes. Premièrement, il sera question du fleuve en tant que territoire politique important disputé entre la France et l'Angleterre ; il est alors évident que l'ouverture du fleuve représente, pour l'un, l'entrée sur le continent, alors que, pour l'autre, l'accès au fleuve permet un meilleur contrôle sécuritaire de la région. Deuxièmement, nous étudierons le fleuve sous son aspect utilitaire ; nous observerons alors la pratique du fleuve qui se révèle assez éprouvante autant par le caractère changeant de celui-ci que par ses abords délicats ; de même, nous verrons que, si les Bordelais ne sont pas connus comme des navigateurs aguerris en haute mer, leur flotte communale n'est pas inactive sur la Gironde. Troisièmement, la Garonne sera abordée sous l'angle de l'impact qu'elle a eu sur l'économie de la ville, en tant que lieu d'échanges entre l'arrière-pays bordelais et les autres ports de l'Atlantique, permettant ainsi de trouver un marché prospère aux produits du pays, dont le vin est sans aucun doute le plus populaire.

LA GARONNE, ENJEU TERRITORIAL DE TAILLE

Bien que cela soit souvent passé à tort sous silence, la guerre de Cent Ans a connu plusieurs épisodes militaires sur les flots. En effet, les ports, dont Bordeaux, ont représenté des emplacements stratégiques de première importance pour la France et l'Angleterre comme porte d'entrée sur le continent. Le contrôle de la Garonne devient donc un enjeu majeur pour les forces anglaises et bordelaises. En effet, l'accès sécurisé à la rivière évite l'isolement de la ville et assure l'indépendance de la région face au roi de France :

> […] pour Bordeaux, la maîtrise du fleuve, qui lui assure ses liens vitaux avec l'Angleterre comme avec la Guyenne et les pays alliés, est un enjeu majeur qui justifie, à lui seul, l'existence de la flotte communale. Celle-ci a une fonction

> à la fois défensive : assurer la sécurité sur la rivière au niveau de la ville et de son plat-pays immédiat, et offensive : engager des opérations militaires pour la défense ou la reconquête du duché[2].

Le blocage de la rivière est d'ailleurs parmi les premières mesures que les Français vont mettre en place, lors de la reprise de la région par Charles VII en 1451, pour repousser les forces des Anglais, tout en laissant les autres villes du Bordelais, qui ont leur sympathie, isolées sur la Garonne[3]. Bordeaux n'oublie pas pour autant son allégeance à l'Angleterre, ce qui amène les Anglais à revenir tenter leur chance en France en 1452, réussissant par la même occasion à reprendre une partie de la région de l'ancien duché d'Aquitaine anglaise. La lune de miel est de courte durée ; les Anglais sont vaincus lors de la bataille de Castillon le 17 juillet 1453 et Charles VII de France s'installe en personne à Bordeaux pour mieux assurer sa victoire[4]. Dans ces revirements de situation, la Garonne représente le véritable talon d'Achille du territoire. En effet, pour Charles VII, la rivière est autant une menace qu'un atout, rendant aisé un retour éventuel des ennemis, d'autant plus que la ville semble encore attachée à son ancien souverain. Son allégeance ne peut être encore garantie dans la seconde moitié du XVe siècle, ce qui fait encore craindre au souverain français une invasion anglaise par les voies maritimes. L'acquisition et le contrôle des villes portuaires le long de la Garonne permettent de pourvoir au retrait des Anglais sur le continent, à défaut d'avoir la faveur des Bordelais. En outre, le roi de France ancre son passage dans la ville par la construction de forts de défense, notamment le château Trompette, dont la tâche est surtout de contrôler le trafic du port de la ville[5].

Malgré tout, rien n'apaisera réellement l'inquiétude du souverain de France d'un retour potentiel de son ennemi sur ses terres, qui aurait alors pour effet de raviver la sympathie de Bordeaux pour les Anglais. C'est cette peur qui incite Louis XI, peu après la bataille de Castillon, à exiger de Bordeaux et Bayonne de « […] mettre leurs ports en défense en transformant

2 Sandrine Lavaud, « La flotte communale au service de l'effort de guerre : le cas de Bordeaux durant la guerre de Cent Ans », Éric Guerber et Gérard Le Bouëdec (dir), *Les Gens de mer : ports et cités aux époques ancienne, médiévale et moderne*, Rennes, Presses Universitaires de Rennes, 2013, p. 55-72, p. 62.

3 Anne-Marie Cocula, *Histoire de Bordeaux*, Toulouse, Le Pérégrinateur éditeur, 2010, p. 68.

4 *Ibid.*, p. 68-69.

5 *Ibid.*, p. 71.

des navires marchands en bateaux de guerre[6] ». Ces mesures de défense se conjuguent aussi avec une surveillance accrue des bateaux étrangers qui arrivent dans le port, en particulier ceux en provenance d'Angleterre. Les marchands qui veulent alors venir faire leur commerce au sein de Bordeaux doivent détenir un sauf-conduit, un congé, de même qu'une autorisation spéciale de séjour, décernés par les autorités françaises concernées[7]. Ceci illustre bien la méfiance que les rois de France continuent d'entretenir à l'égard des étrangers d'outre-Manche, visible par l'intensification de la défense du port bordelais et du trafic maritime que l'on y retrouve[8].

Le contrôle du fleuve par l'occupation des villes portuaires a pour but de couper la route aux Anglais. Les régions environnantes ne sont pas pour autant épargnées par les attaques des différents partis de la guerre de Cent Ans. Outre Bordeaux, c'est « [...] l'estuaire de la Gironde [...] les basses et moyennes vallées de la Dordogne et de la Garonne, riches de châteaux et de villes riveraines qui sont des cibles privilégiées : en aval de Bordeaux, les "sentinelles" de Blaye et de Bourg ; en amont, sur la Garonne, La Réole, Saint-Macaire et Rions ; et, sur la Dordogne, Libourne, Castillon, Sainte-Foy, Bergerac[9]. » La fin du XIVe siècle est particulièrement difficile pour les Bordelais, puisque les multiples attaques des Français, notamment sous la direction du duc d'Anjou, de Du Guesclin et du maréchal de Sancerre, contribuent à l'isolement géographique de la ville, entraînant ainsi son affaiblissement[10]. D'autant plus qu'à la suite du Traité de Brétigny, en 1372, on assiste à l'émergence d'actions de corsaires de la ville de Talmont, œuvrant pour la solde du roi de France, qui font des navires défilant seuls sur la Garonne des proies de choix, rendant ainsi la Gascogne plus vulnérable par la voie maritime[11].

La vaillance de la ville est pourtant mise en avant dans la biographie chevaleresque du *Victorial*, qui relate les faits d'armes du chevalier castillan don Pero Niño[12] :

---

6 *Ibid.*, p. 73.

7 Robert Boutruche *et alii*, *Histoire de Bordeaux*, sous la direction de Charles Higounet, tome IV : *Bordeaux de 1453 à 1715*, Bordeaux, Fédération historique du Sud-Ouest, 1966, p. 18.

8 *Ibid.*

9 Anne-Marie Cocula, *Histoire de Bordeaux*, *op. cit.*, p. 61.

10 *Ibid.*, p. 65.

11 Jacques Bernard, « L'exportation des vins gascons », Yves Renouard (dir.), *Bordeaux sous les rois d'Angleterre*, *op. cit.*, p. 268.

12 Écrite au début du XVe siècle par le porte-étendard de Pero Niño, Gutierre Díaz de Games, cette œuvre est fort intéressante puisqu'elle est non seulement la première biographie

> […] on franchit les Aynes, on entra dans la Gironde et on alla à Royan et à Talmont, deux villes de France situées sur la rive du fleuve, du côté de La Rochelle, et qui sont toujours sur le pied de guerre[13].

Malgré la réplique de Bordeaux à ces agresseurs, par la mise en place d'une flotte communale, cette mesure resta cependant sans effet éloquent :

> […] ces flottilles ne pouvaient assurer aux Bordelais la maîtrise du fleuve contre les corsaires venus de l'extérieur et qui faisaient des prises bien avant dans la rivière, contre les raids menés par surprise, comme ceux de Pero Niño, montés à la faveur de la nuit jusque devant la ville[14].

En effet, le protagoniste du *Victorial*, lors de sa campagne contre les Anglais dans le golfe de Gascogne, décide de porter un coup aux Anglais en effectuant un raid sur Bordeaux, étant donné qu'il s'agit d'un territoire ennemi. Une telle entreprise est d'autant plus envisageable par sa proximité avec le port français de La Rochelle, où le chevalier est alors de passage sur sa route vers la Manche :

> Il résolut, avec quelques chevaliers de France qui étaient là, de remonter le fleuve de la Gironde, qui n'était pas éloigné, et d'arriver devant la ville de Bordeaux pour essayer de prendre quelques navires anglais[15].

Nous pouvons donc voir ici le désavantage que Bordeaux a d'être aussi peu éloigné de l'Océan, ce qui en fait une cible assez aisée. De plus, Bordeaux est résolument perçu comme un port anglais, du moins au tournant du XVe siècle, dont le fleuve facilite résolument l'approche.

Cependant, Bordeaux ne reste pas les bras croisés devant sa vulnérabilité géographique et décide de porter secours à ses « filleules de l'estuaire[16] ». C'est en se servant de la force des flots que les Bordelais, de même que les habitants des villes riveraines, vont épisodiquement

---

chevaleresque rédigée en castillan, mais aussi parce qu'elle est l'une des quelques chroniques qui font état des campagnes militaires qui ont eu lieu sur les flots durant la guerre de Cent Ans.

13 Gutierre Díaz de Games, *Le Victorial. Chronique de Don Pero Niño, comte de Buelna (1378-1453)*, traduit du castillan par Jean Gautier-Dalché, Turnhout, Brepols publishers, 2001, p. 199.

14 Anne-Marie Cocula, *Histoire de Bordeaux*, *op. cit.*, p. 269.

15 Gutierre Díaz de Games, *Le Victorial. Chronique de Don Pero Niño, comte de Buelna (1378-1453)*, *op. cit.*, p. 199.

16 Anne-Marie Cocula, *Histoire de Bordeaux*, *op. cit.*, p. 66.

entreprendre des attaques contre les Français et assurer un certain ravitaillement[17]. Au sein même de Bordeaux, la Jurade est loin d'être passive quant à la protection de la circulation sur la Gironde :

> Le gouvernement perçoit des taxes de circonstance sur les échanges, lève des impôts pour renforcer les fortifications de Bordeaux, ravitailler et entretenir les navires qui gardaient la Gironde. Il se préoccupe de loger les gens de guerre. Il prend aussi des dispositions favorables au trafic en diminuant les péages et en reliant par Bordeaux l'arrière-pays aux marchés extérieurs[18].

Nous pouvons donc le dire, Bordeaux est réellement sur le pied de guerre tout au long du XVe siècle, de manière à pouvoir parer à toutes les éventualités qu'amène l'alternance de trêves et d'offensives qui se fait entre la France et l'Angleterre. Les registres bordelais de 1406 à 1422 détiennent soixante-quatorze ordonnances, concernant notamment la batellerie de la ville, donnant ainsi une idée de l'ampleur des efforts de la flotte communale. Les actions de cette dernière, conjuguées en cas de force majeure à ceux de la batellerie privée, ont comme objectif principal la défense du duché par le fleuve[19]. Malgré tout, ces gestes ne constituent pas un obstacle de taille aux attaques françaises, mais donnent toutefois l'occasion aux Bordelais de faire une belle démonstration de force de leurs effectifs militaires sur les eaux[20].

Loin de n'être qu'une zone de transport, le fleuve est au centre des préoccupations politiques et militaires autant du côté des Bordelais que du roi de France, et très certainement des forces anglaises. L'accès au fleuve est la clé pour garder le contrôle de la région, ce qui en fait sa force en même temps que sa principale faiblesse. Ceci explique l'intérêt qui est porté tour à tour à la surveillance du trafic sur la Gironde et aux entrées représentées dans le port par les fortifications du château Trompette, qui concrétise alors l'autorité du roi de France dans l'enceinte de Bordeaux. La Gironde n'a pourtant rien d'un long fleuve tranquille et la navigation qui s'y pratique requiert un certain savoir-faire.

---

17 Jacques Bernard, « L'affaiblissement commercial et naval », Yves Renouard (dir.), *Bordeaux sous les rois d'Angleterre*, *op. cit.*, p. 543.

18 Robert Boutruche *et alii*, *Bordeaux de 1453 à 1715*, *op. cit.*, p. 72.

19 Sandrine Lavaud, « La flotte communale au service de l'effort de guerre : le cas de Bordeaux durant la guerre de Cent Ans », art. cité, p. 55.

20 *Ibid.*, p. 63.

LE RÔLE UTILITAIRE DU FLEUVE DANS LE DÉVELOPPEMENT DE BORDEAUX

Selon l'historien Sébastien Périsse, l'épanouissement de Bordeaux serait en partie dû aux transformations que la topographie de la région a subies à la fin de la période médiévale, ce qui ne semble pas être le cas des villes voisines, qui ont alors évolué en ports de petite envergure :

> […] faute de disposer d'un véritable arrière-pays, ces petits ports restèrent cantonnés dans un rôle économique secondaire (cabotage et redistribution locale des produits) à l'ombre de leurs deux grands voisins, La Rochelle au nord, et Bordeaux au Sud. Les transformations naturelles subies par leurs sites à partir de la fin du XVe siècle (alluvionnement dans l'embouchure de la Seudre, érosion sur la rive droite de la Gironde) ont constitué des entraves supplémentaires au moment où l'unification de cette portion du littoral sous la domination française leur ouvrait des perspectives nouvelles[21].

C'est donc, non seulement sa position géographique en tant que site portuaire, mais aussi les modifications de la côte qui ont avantageusement profité à la ville, lui donnant ainsi un atout physionomique sur ses voisines et sur le fleuve. Ce dernier passe pour être un cours d'eau assez difficile, qui nécessite les services de navigateurs chevronnés et accoutumés à ses travers. Jacques Bernard le décrit comme une « rivière majestueuse et redoutée cependant, plus ample parfois que de nos jours entre des berges moins défendues, appelée indifféremment Gironde ou Garonne[22] », doté d'une nature plutôt changeante. Selon Jacques Bernard, c'est ce trait de caractère de la Gironde qui aurait également pénalisé Bordeaux dans son rôle de plaque tournante du négoce entre son arrière-pays et les royaumes de la côte atlantique. En effet, la proximité du fleuve aurait eu le même effet sur la navigation des Bordelais que le vin sur l'activité commerciale de la ville, soit d'être suffisamment accessible pour que les habitants n'en développent pas une habilité

---

21 Sébastien Périsse, « La transformation de la côte saintongeoise et leurs répercussions sur les activités maritimes et portuaires aux XVe et XVIe siècles », Michel Bochaca et Jean-Luc Sarrasin (dir.), *Ports et littoraux de l'Europe atlantique, transformations naturelles et aménagements humains (XIVe-XVIe siècles)*, Rennes, Presses universitaires de Rennes, 2007, p. 81-96, p. 95.

22 Jacques Bernard, « Le fleuve, le port, la navigation », art. cité, p. 267-268.

reconnue, à l'instar des Rochelais en la matière[23]. En effet, le produit vinicole des régions environnantes de la ville était si réputé « [...] que ce sont les navires des autres ports océaniques qui viennent le chercher[24] ». Les Bordelais n'ont donc vraisemblablement pas eu à améliorer outre mesure leur maîtrise des flots pour rendre plus aisée l'exportation de leurs vins, tant ceux-ci trouvent preneurs, notamment chez les sujets du roi d'Angleterre. La réflexion de Jacques Bernard sur la question semble sévère, mais une telle affirmation doit néanmoins être nuancée, puisqu'il est difficile pour les historiens d'aujourd'hui de visualiser la navigation sur la Gironde à la fin du Moyen Âge. En effet, il n'existe aucune carte permettant de donner un aperçu de la topographie du fleuve et de ses rivages avant 1550[25].

Néanmoins, la navigation semble être réellement très ardue sur la Gironde, comme le témoigne le passage de Pero Niño sur ses eaux alors qu'il tente de revenir vers l'Océan :

> Un vent très fort se leva. Il venait du côté des Aynes et prenait les galères par la proue. [...] À l'aube, alors que les galères allaient doubler les Aynes, la mer se mit à monter avec la marée, de sorte qu'elles avaient à naviguer contre vent et marée. En outre le vent était devenu très fort et faisait enfler les vagues. On s'acharnait à essayer de gagner la haute mer. L'embouchure du fleuve est si large à cet endroit qu'il y a au moins une lieue d'une rive à l'autre. On lutta bien deux heures contre la tourmente sans avancer beaucoup[26].

Nous pouvons bien voir, par les péripéties de Pero Niño, le genre d'obstacles que pouvaient rencontrer les marins bordelais, pour qui le trajet vers la mer paraît être problématique non seulement à cause du courant, mais également en raison du vent. Si le fleuve passe pour être difficile à pratiquer, ses rivages donnent l'impression d'être tout aussi redoutables :

> [...] le risque le plus grave, pour les navires petits ou grands, c'était d'être drossés à la côte, ou sur les bancs qui bordaient un chenal assez étroit malgré tout, et dont l'eau limoneuse et opaque ne permet pas de deviner la présence[27].

---

23 Jacques Bernard, *Navires et gens de mer à Bordeaux (vers 1400-vers 1550)*, vol. 1, Paris, S.E.V.P.E.N., 1968, p. 124.

24 Jacques Bernard, « Le fleuve, le port, la navigation », art. cité, p. 242.

25 Jacques Bernard, *Navires et gens de mer à Bordeaux (vers 1400-vers 1550)*, *op. cit.*, p. 91.

26 Gutierre Díaz de Games, *Le Victorial. Chronique de Don Pero Niño, comte de Buelna (1378-1453)*, *op. cit.*, p. 201.

27 Jacques Bernard, *Navires et gens de mer à Bordeaux (vers 1400-vers 1550)*, *op. cit.*, p. 116.

Les bateaux ont donc autant à craindre les aléas du fleuve que la traîtrise de ses rives. Ajoutons à cela que les recueils de navigation de l'époque n'évoquent pas ou peu d'abris en cas de mauvais temps, ce qui laisse les navires en situation précaire sans réels secours[28]. De ce fait, en facilitant l'invasion d'ennemis, en plus d'être un terrain miné par les actions des corsaires à la solde des Français, le fleuve devient alors une source d'inquiétude et de dangers pour les Bordelais, ce qui « [...] les incite à renforcer leurs défenses *debert la mar* aussi bien que *debert terra*[29] ».

Malgré tout, Bordeaux n'a pas su tirer profit de son fleuve pour contrer le désavantage de son éloignement dans les terres[30], ce qui a enlevé l'opportunité à ses habitants de s'illustrer parmi les plus grands navigateurs d'Europe en éveillant chez eux le goût, sinon la nécessité, de la maîtrise des flots. Même au sein de son propre port, le pavillon bordelais est faiblement représenté, comparativement à celui des Bretons, bien présents sur la Gironde dès 1468 avec la trêve conclue entre le roi de France et le duc de Bretagne[31]. De plus, les Bordelais ne semblent pas plus armateurs qu'ils ne sont navigateurs ; c'est le plus souvent en tant que commerçants que les habitants de Bordeaux vont participer aux activités sur le fleuve[32]. C'est d'ailleurs grâce aux multiples ententes et trêves politiques entre les souverains anglais et français que le trafic fluvial survit au XVe siècle, ce qui permet au commerce bordelais de suivre son cours, et ce malgré les incertitudes de la guerre[33].

Une nuance supplémentaire doit être apportée sur le prétendu désintérêt des Bordelais pour leur fleuve. En effet, l'historienne Sandrine Lavaud souligne que, si les habitants de Bordeaux n'ont jamais fait preuve d'une implication significative en ce qui concerne la navigation en haute mer, ils ne sont pas totalement inactifs ou absents sur le fleuve à la fin du Moyen Âge. En démontre le dynamisme de la batellerie fluviale et de la flotte entretenue par Bordeaux :

28 *Ibid.*

29 *Ibid.*, p. 541.

30 Jacques Bernard souligne par là les vingt lieues, environ quatre-vingt-seize kilomètres de distance qui séparent la ville du versant océanique : *cf.* Jacques Bernard, « Les Gascons et la mer (XIVe-XVIe siècle) », *Société et groupes sociaux en Aquitaine et en* Angleterre, Actes du colloque franco-britannique tenu à Bordeaux du 27 au 30 juin 1976, Bordeaux, Fédération historique du Sud-Ouest, 1979, p. 141-156, p. 145.

31 Robert Boutruche *et alii*, *Bordeaux de 1453 à 1715*, *op. cit.*, p. 75.

32 *Ibid.*

33 Jacques Bernard, « Le fleuve, le port, la navigation », art. cité, p. 270.

> [Elle] sillonnait la *mar* de Garonne, s'aventurait parfois au-delà de l'estuaire et assurait les liens avec l'arrière-pays. Indispensable au bon fonctionnement du port de Bordeaux, elle servait d'auxiliaire aux bateaux de haute mer, dont elle effectuait le transbordement et l'aconage[34].

Nous pouvons donc supposer que si la nécessité d'assurer un lien économique par une marine marchande ne paraît pas primordiale pour les Bordelais, sachant que leur vin est tellement apprécié qu'on vient le chercher à la source, il en va autrement de la défense de la ville, qui ne peut être laissée à des mains étrangères, malgré l'intérêt que les Anglais portent à la ville.

Nous avons donc vu ici l'importance du fleuve comme espace de transit et de trafic maritime, dont l'intensité varie avec la fin de la domination anglaise et l'intérêt que le roi de France porte à Bordeaux. Cependant, la Gironde est loin d'être un long fleuve tranquille ; sa pratique nécessite une connaissance de ses eaux et de ses rives, dont les Bordelais se font les maîtres, bien qu'ils ne cherchent pas à faire reconnaître leur savoir-faire outre-mer. En effet, l'exportation continue et recherchée du vin de la région, en plus du désavantage que pose sa situation géographique, semble avoir joué comme un frein à l'expansion commerciale de Bordeaux, qui s'est contenté de rester cantonné dans ses terres et aux limites de son fleuve. La capitale de la Guyenne n'est cependant pas totalement désintéressée par la Garonne, sur laquelle elle entretient une flotte fluviale dont le dynamisme a su se démarquer dans les premières années du XVe siècle, et dont sa victoire contre les Français en 1406 représente l'apogée de la force maritime des Bordelais.

L'histoire du trafic de la Gironde, comme nous avons pu l'observer, suit de très près l'activité économique de la ville. En effet, c'est sur le fleuve que voguent les navires des autres pays d'Atlantique, simplifiant l'entrée de la ville, malgré les actions ponctuelles de corsaires et la navigation difficile que peuvent offrir ses flots.

---

34 Sandrine Lavaud, « La flotte communale au service de l'effort de guerre : le cas de Bordeaux durant la guerre de Cent Ans », art. cité, p. 55.

LE FLEUVE BORDELAIS, UN ESPACE DE TRANSIT ÉCONOMIQUE

Bordeaux demeurait néanmoins quelque peu pénalisé par sa position en retrait dans les terres :

> Bordeaux était donc au fond d'un double cul-de-sac : il fallait vouloir y aller pour s'y rendre ; il ne se proposait pas de lui-même aux bateaux de l'Océan. Il était situé sur une admirable voie d'eau orientée du sud-est au nord-ouest ; mais cette voie d'eau ne communiquait pas avec la Méditerranée et elle se trouvait à l'écart des grands itinéraires de l'Atlantique[35].

Nous serions donc tentés de croire, malgré la position désavantageuse de la ville et la navigation difficile du fleuve, que c'est grâce à l'intérêt qu'on portait aux produits de la région, notamment son vin, qui a sauvé la ville en lui conférant le titre de passage obligé entre le pays bordelais, les régions voisines, et le commerce international. En effet, en tant que port prépondérant de la Garonne, lieu de convergence des autres villes riveraines qui gravitent autour de son influence, Bordeaux « […] facilitait les contrôles commerciaux, douaniers, fiscaux, de différents ports, plus ou moins spécialisés[36] ».

C'est donc le fleuve qui permet à la ville de tenir un commerce florissant, malgré les hasards de la guerre de Cent Ans. En effet, grâce au circuit maritime, Bordeaux entretient des relations commerciales avec les régions avoisinantes du Languedoc et d'Albi comme les colonies américaines du Portugal et de l'Espagne, au tournant de l'époque moderne[37] :

> […] son port est le lieu de chargement ou de transbordement des vins gascons produits dans les vallées de la Garonne et de ses affluents sur les vaisseaux qui les emportent dans les pays du Nord[38].

Toutefois, Bordeaux n'est pas sans concurrentes commerciales de taille. En tant que ville portuaire d'un certain volume, dont le produit vinicole

---

35 Robert Boutruche *et alii*, *Bordeaux de 1453 à 1715*, *op. cit.*, p. 240.

36 Jacques Bernard, « Le fleuve, le port, la navigation », art. cité, p. 281.

37 Anne-Marie Cocula, *Histoire de Bordeaux*, *op. cit.*, p. 77.

38 Yves Renouard, « Bordeaux dans le monde au XIVe siècle », Yves Renouard (dir.), *Bordeaux sous les rois d'Angleterre*, *op. cit.*, p. 216.

est prisé dans l'ensemble de l'Europe, elle doit subir la compétition commerciale des grands ports de Flandre, de la Hanse, de même que ceux de Bretagne, dont le négoce paraît plus varié que celui de la capitale bordelaise[39]. La Rochelle représente aussi une adversaire de taille, notamment en raison de son emplacement trop rapproché de Bordeaux[40].

De même, c'est aussi grâce au fleuve, en tant que lieu de transit important de navires étrangers, que Bordeaux a pu garder la tête hors de l'eau lors de la disgrâce que lui témoigne le roi de France dans la deuxième moitié du XVe siècle[41]. En effet, la Gironde aide à l'entretien d'une communication aisée avec l'Angleterre, de même que des liens commerciaux fructueux avec la Castille et la péninsule Ibérique[42], simplifiant ainsi l'exportation de ses produits[43]. De plus, grâce à la Gironde, et aux routes terrestres qui lui sont reliées, Bordeaux reste connecté au centre et au nord du royaume de France, lui donnant ainsi accès à des produits essentiels, comme le blé de la Champagne ou de la Picardie, de même que le sel de l'Aunis[44]. Encore une fois, l'entretien de ces liens économiques et sociaux avec les régions et ports environnants est dû au dynamisme de la batellerie fluviale bordelaise :

> L'activité maritime de Bordeaux, étendue de la mer du Nord à l'Espagne, se doublait ainsi dans les eaux intérieures d'un petit cabotage fluvial très actif, qui allait cueillir ou décharger le fret sur une multitude de petites cales [...]. [...], tout ainsi, les grandes entreprises commerciales transmarines se doublaient d'opérations plus modestes, dont les promoteurs étaient soucieux de ne pas aventurer le capital de leur « cabau » en dehors de la barre. On voit donc quel rôle primordial jouait la batellerie comme auxiliaire des navires et du port de Bordeaux au Moyen Âge[45].

Le commerce du vin demeure ainsi étroitement relié au dynamisme de la navigation sur la Gironde qui est directement influencée par les tensions entre la France et l'Angleterre. De même, les tribulations de la guerre de Cent Ans, notamment les tensions qui y en ont découlé dans la deuxième moitié du XVe siècle, ont considérablement influencé le trafic commercial sur la Garonne :

---

39 Anne-Marie Cocula, *Histoire de Bordeaux*, *op. cit.*, p. 74.

40 *Ibid.*, p. 75.

41 Robert Boutruche *et alii*, *Bordeaux de 1453 à 1715*, *op. cit.*, p. 20.

42 Yves Renouard, « Bordeaux dans le monde au XIVe siècle », art. cité, p. 215.

43 Yves Renouard, « L'exportation des vins gascons », Yves Renouard (dir.), *Bordeaux sous les rois d'Angleterre*, *op. cit.*, p. 238.

44 Robert Boutruche *et alii*, *Bordeaux de 1453 à 1715*, *op. cit.*, p. 75.

45 Jacques Bernard, « Le fleuve, le port, la navigation », art. cité, p. 274.

> Elles perturbaient gravement le train de la navigation par les réquisitions de navires et de marins, détournés ainsi de leurs entreprises commerciales, et par l'insécurité qu'elles entretenaient sur la mer, où les pêcheurs et les caboteurs se muaient volontiers en corsaires ou en pirates[46].

Les activités maritimes de Bordeaux, à la toute fin du Moyen Âge, doivent donc composer fréquemment avec celles de la guerre, se révélant rarement profitables au commerce, gêné ponctuellement par les attaques qui ont lieu sur le fleuve.

Il demeure que les affaires, aussi fortement qu'elles aient pu être déséquilibrées, n'ont jamais définitivement cessé, comme le souligne Jacques Bernard :

> Nos registres de notaires, entre autres documents, le démontrent : jamais le trafic n'a été complètement interrompu. Il fut relancé par les soins empressés des intermédiaires, munis de sauf-conduits avoués ou subreptices[47].

Nous pourrions donc supposer que le commerce maritime de Bordeaux, alors même que les rois de France ont tenté d'y fermer l'accès aux Anglais, a toujours trouvé une manière de maintenir un rythme minimal. En 1481, la ville devient même

> […] provisoirement l'unique centre d'exportation des produits de la contrée et des régions voisines vers la péninsule Ibérique, la Bretagne, l'Angleterre et les pays du Nord. Ce système ne fut nullement « l'arrêté de mort » des petits ports du Bordelais, mais il donna une place exceptionnelle à la capitale de la Guyenne[48].

Ayant alors récupéré la confiance du souverain de France, Bordeaux obtient ainsi un contrôle accru sur son trafic maritime, renforçant de fait sa position en tant que ville commerciale portuaire sur la scène de l'Atlantique, sous le patronage de la royauté française.

Nous avons exposé, précédemment, que les Bordelais ne sont pas les premiers navigateurs que l'on croise sur la Gironde. Il semble également que les commerçants bordelais laissent le transport de leurs marchandises sur la Gironde à des mains étrangères dès lors que leurs affaires s'avèrent prospères, et ce dès le XIVe siècle[49]. Cela concerne autant le transport

46 Jacques Bernard, « L'affaiblissement commercial et naval », art. cité, p. 544.

47 Robert Boutruche *et alii*, *Bordeaux de 1453 à 1715*, *op. cit.*, p. 73.

48 *Ibid.*, p. 74.

49 Jacques Bernard, « Les Gascons et la mer (XIVe-XVIe siècle) », art. cité, p. 146-147.

fluvial que celui sur la haute mer, où l'on voit les Bordelais avoir recours à des intermédiaires pour la vente et l'achat de marchandises, ce qui ne paraît inchangé à l'aube de l'époque moderne[50].

Il est évident que Bordeaux, à la fin de la période médiévale, doit sa survie politique à son fleuve, alors que la ville se retrouve dans une position délicate entre les prétentions territoriales des Anglais sur le continent et la réintégration du duché de Guyenne au sein du royaume de France. Comme nous l'avons démontré, Bordeaux représente pour les deux souverains un enjeu de taille, notamment en raison de sa localisation, qui fait de la capitale bordelaise une précieuse ouverture sur le territoire français. Pour le roi de France, la solution est simple : d'une part isoler, notamment par les actions des corsaires sur les flots fluviaux, pour ensuite faciliter l'assujettissement de la ville, puis de la région. L'objectif est évidemment d'affaiblir le penchant de la ville portuaire pour l'ennemi anglais. C'est la crainte continuelle d'un retour en force de la présence des forces anglaises dans ses terres qui conduit le roi de France à se méfier de Bordeaux au XVe siècle et à douter de sa réelle allégeance politique, malgré son retour dans le giron français. Ceci amena des mesures concrètes, mises en place par Charles VII, dans le but de garantir le départ définitif des Anglais de la région.

Le fleuve n'est pas seulement une courroie de transmission entre le roi d'Angleterre et ses troupes présentes en France. Il se trouve à être un espace transitionnel plus qu'utile dans le développement de Bordeaux dans les derniers siècles du Moyen Âge. En effet, l'usage des eaux capricieuses de la Gironde permet à la ville de rester sur la carte, malgré le désavantage que pose sa position géographique reculée dans les terres. Toutefois, si les Bordelais ne sont pas reconnus comme de grands navigateurs, les activités de la batellerie et de la flotte communale assurent une présence significative de la ville sur les flots, qui vise à assurer une défense, bien que mineure, face aux actions des Français dans les premières décennies du XVe siècle. De plus, les Bordelais se font les champions de la maîtrise de la Gironde, dont la navigation requiert un savoir-faire nécessaire pour vaincre les tromperies du fleuve et de ses rives.

Enfin, nous ne pouvons négliger l'impact économique de la Gironde sur l'évolution du commerce de Bordeaux. En effet, malgré les aléas de la guerre, qui a opposé la France à l'Angleterre aux XIVe et XVe siècles, le fleuve a permis au commerce de la ville de rester à flot. Véritable

50 *Ibid.*, p. 148.

lien maritime entre la Guyenne et l'Angleterre, le fleuve encourage l'exportation des produits régionaux, dont le vin est de loin le plus prisé. Cet intérêt pour son exploitation vinicole a assuré à Bordeaux un rôle de transit commercial de première importance entre les villes voisines du Bordelais, celles des régions avoisinantes et les royaumes de l'Atlantique, malgré le caractère très spécialisé de son négoce.

Pour conclure, si Bordeaux semble occuper un place secondaire sur la scène maritime à la fin du XVe siècle, la capitale de la Guyenne n'a pas pour autant disparu du décor atlantique de la France avec la découverte européenne de l'Amérique. Au contraire, son fleuve lui a encore une fois sauvé la mise, en faisant de la ville un incontournable du commerce transatlantique, notamment en ce qui concerne la traite des esclaves africains, resserrant encore une fois les liens entre Bordeaux et la Gironde. L'écriture de cette histoire reste cependant à faire. En effet, le fleuve ne peut davantage se satisfaire d'un rôle auxiliaire dans l'histoire médiévale de Bordeaux. Une position secondaire ne lui sied pas plus au XVIe siècle, alors que le dynamisme économique européen se détourne de la Méditerranée pour se concentrer sur l'Atlantique, au grand bonheur des marchands de la capitale du Bordelais[51].

Valérie BORDUA
Collège Jean-de-Brébeuf,
Montréal, Canada
Université de Montréal, Canada

51 Nous citerons comme compléments de lecture : Beatriz Arízaga Bolumburu et Michel Bochaca, « Un témoignage sur les relations commerciales entre Bordeaux et la province de Guipúzcoa au milieu du XVe siècle : une expédition de vins vers Fontarabie au printemps 1449 », María Isabel del Val Valdivieso, Pascual Martínez Sopena et Diana Pelaz Flores (dir.), *Castilla y el mundo feudal : Homenaje al profesor Julio Valdeón*, Valladolid, Junta de Castilla y León, 2009, vol. 1, p. 615-624 ; Jacques Bernard, « *The maritime intercourse between Bordeaux and Ireland c. 1450-1520* », *Irish Economic and Social History*, janvier 1980, p. 7-21 ; Michel Bochaca, Jesús Ángel Solórzano Telechea, Amélia Aguiar Andrade, « Les "gens de la mer" dans les villes portuaires de France à la fin du Moyen Âge : l'exemple de Bayonne, Bordeaux et Libourne », *Gentes de mar en la ciudad atlántica medieval*, vol. 1, 2012, p. 45-62 ; Jacques Rossiaud, « Les ports fluviaux au Moyen âge », *Ports maritimes et ports fluviaux au Moyen âge*, Actes du XXXVe Congrès de la S.H.M.E.S. (La Rochelle, 5 et 6 juin 2004), Société des historiens médiévistes de l'Enseignement supérieur public, Paris, Publications de la Sorbonne, 2005, p. 9-20 ; Mathias Tranchant, « Les ports maritimes en France au Moyen âge », *Ports maritimes et ports fluviaux au Moyen âge*, *op. cit.*, p. 21-32.

VILLES-FLEUVES D'EUROPE

AMSTERDAM OU LA « NOSTALGIE DU PRÉSENT »

Traversée-lecture de la ville qui avait canalisé son fleuve

> […] il nommerait cette sensation « la nostalgie du présent[1] ».

Il semble un fait certain que tout roman situant son action à Amsterdam, tout écrivain, toute écrivaine originaire de cette ville, mette en exergue un seul et même décor. Récemment, la vidéo de lancement, par les éditions Actes Sud, du roman *Quand je n'aurai plus d'ombre* de l'Amstellodamois Adriaan van Dis, sur la plateforme YouTube[2], mais aussi la couverture d'*Une maison sur l'eau*[3], de l'Israélienne Emuna Elon, ou celles, un peu antérieures quoique encore récentes, du roman *Quatuor*[4] de la Néerlandaise native d'Amsterdam, Anna Enquist, et, avant lui, du best-seller *Miniaturiste*[5] de l'Anglaise Jessie Burton, toutes ces mises en scène d'Amsterdam ont pour point commun de nous *vendre* une seule et même image, romantique et spéculaire : reconnaissable entre toutes et, semblerait-il, reproductible à l'infini, cette double rangée, par effet miroir, de hautes maisons de briques sombres que rehaussent corniches, pignons ou chambranles blancs, et de leur reflet inversé dans les eaux

---

1 Paul Auster, *The Invention of Solitude*, Santa Fe, Sun Publishing, 1982 ; tr. fr. *L'Invention de la solitude*, Christine Le Bœuf, Arles, Actes Sud, collection « Babel », 1993 ; réédition 2017, p. 119.

2 Adraan van Dis, *Quand je n'aurai plus d'ombre*, vidéo postée sur la plateforme *YouTube* le 6 janvier 2021.

3 Emuna Elon, *Une maison sur l'eau*, Kinneret, Zmora-Bitan, Dvir ; tr. fr. Katherine Werchowski, Paris, Albin Michel, 2021.

4 Anna Enquist, *Quatuor*, tr. fr. Emmanuelle Tardif, Arles, Actes Sud, 2016.

5 Jessie Burton, *The Miniaturist*, Peebo & Pilgrim Limited, 2014 ; tr. fr. *Miniaturiste*, Dominique Letellier, Paris, Gallimard, coll. « Du monde entier », 2015.

moirées d'un canal – qu'importe donc lequel – du fleuve Amstel. Ce n'est pas forcément le cas des couvertures de romans plus anciens tels que *La Chute*[6] d'Albert Camus, ou bien, aujourd'hui comme hier, d'œuvres ou d'artistes qui ne font pas spécialement de la ville un personnage à part entière, quand ce n'est l'écrin sur-connoté de leur personne artistique convoquée comme personnage. C'est le cas en revanche, et en toute logique, de la majorité des guides touristiques sur la ville.

Ainsi observe-t-on chaque fois davantage la cristallisation esthétique d'Amsterdam comme ville-fleuve (sur l'IJ et l'Amstel) dans l'imaginaire collectif, au point que ce leitmotiv urbain-liquide finisse par se simplifier à l'état de logo *ciel-architecture-fleuve*, rejoignant là l'ancien motif de bas-relief visible sur l'un de ses ponts, aux abords du Vondelpark. C'est aussi le point commun du corpus ici réuni : des fragments non fictionnels, de l'écrivain-voyageur néerlandais Cees Nooteboom, le roman philosophique *La Chute*, du Français Albert Camus, le roman autobiographique *L'Invention de la solitude*, de l'Américain Paul Auster, le roman historique *Miniaturiste*, de l'Anglaise Jessie Burton, le roman d'initiation *Une maison sur l'eau*, de l'Israélienne Emuna Elon, le poème « Amsterdam[7] » du Pyrénéen Francis Jammes, et la fable géographique *Les Villes invisibles*[8], de l'Italien Italo Calvino – entre autres échappées littéraires.

Camus fait se figurer à son personnage Clamence, sorte de *décliniste* enclin à la jactance, qu'Amsterdam est un corps liquide et humoral, sanglé de canaux, offert aux visiteurs pour un échange facile et occasionnel :

> Il y en a beaucoup dans le monde, mais le hasard, la commodité, l'ironie, et la nécessité aussi d'une certaine mortification, m'ont fait choisir une capitale d'eaux et de brumes, corsetée de canaux, particulièrement encombrée, et visitée par des hommes venus du monde entier[9].

Qu'est-ce qui fait d'Amsterdam une ville-fleuve où l'on affluerait comme par « hasard », « commodité », « ironie », « et la nécessité aussi d'une certaine mortification » ? En quatre déambulations superposant champ géopoétique et approche géocritique en partant des canaux du

---

6 Albert Camus, *La Chute*, Paris, Gallimard, 1956.

7 Francis Jammes, *Le Deuil des primevères (1898-1900)*, Paris, Mercure de France, 1901.

8 Italo Calvino, *Le città invisibili*, Turin, Einaudi, 1972 ; tr. fr. *Les Villes invisibles*, Jean Thibaudeau, Paris, Seuil, collection « Cadre Vert », 1974.

9 Albert Camus, *La Chute*, *op. cit.* ; réédition collection « Folio », 1995, p. 144.

centre, nous suivrons au fil de l'eau ce que Paul Auster a appelé « la nostalgie du présent », une traversée thaumaturgique de l'espace et du temps de ce fleuve à la fois Achéron, Cocyte et Léthé, sur lequel la ville s'offre à être lue, écrite, relue, jusqu'à devenir mythe esthétique.

LA VILLE QUI COINÇAIT L'EAU ENTRE SES CUISSES ET VOYAGEAIT

Les maisons de canal sur pilotis de bois, ou à présent de ciment, sont de désormais célèbres et longues dames penchées, qui enfoncent des jambes d'environ dix-huit mètres dans à peu près les deux tiers de tourbe avant d'atteindre du solide, découvrant parfois au grand jour, parce qu'on a décidé de baisser le niveau de l'Amstel, leurs rudes cuisses de bois, que la pourriture dévore une fois dénudées. Jessie Burton plante ainsi le décor de *Miniaturiste* :

> Cette portion du Herengracht fait partie de la Courbe d'Or, mais, ce jour-là, le canal est brun et banal. Les maisons qui se dressent sur le quai couleur de boue sont phénoménales. Admirant leur reflet symétrique dans l'eau, majestueuses et superbes, elles sont les joyaux qui font la fierté de la ville[10].

Dans une archive du *Monde* de 1950, le journaliste François Depret se livre à un inventaire « à la Prévert » de ces maisons de fleuve qu'il dépeint « alignées comme ces armoires aux corniches pittoresques », qui « regardent les canaux immobiles de leurs yeux en fleurs ». Le reporter-badaud y décrit Amsterdam comme « un poème en 90 îles et 400 ponts » : on y dénombrerait aujourd'hui près de 1.281 ponts, et 165 canaux totalisant 75 kilomètres de ruban d'eau. L'écrivain-voyageur Cees Nooteboom, un des plus grands auteurs en langue néerlandaise, décrit pour sa part « une ville au bord de l'eau, une ville d'hommes, une ville conçue et écrite par les hommes et par l'eau[11] », et il écrit pour le magazine *Newsweek* : « Ma maison date de 1731 et se situe entre deux

10 Jessie Burton, *Miniaturiste*, *op. cit.*, réédition collection « Folio », 2017, p. 26.

11 Cees Nooteboom cité par Brigitte Forgeur, *L'Art de vivre à Amsterdam*, Paris, Flammarion, 1992, p. 28.

canaux. Amsterdam est une ville d'eau ; vous pouvez le voir dès que vous ouvrez une carte[12]. » Il évoque un fleuve qui « serpente voluptueusement dans la ville depuis le bas à droite, se jetant dans une toile d'araignée de canaux, ou *grachten*, pour former un demi-cercle magique, puis dans la rivière IJ, qui fait partie de l'ancien Zuiderzee[13] ». Lorsque des pêcheurs posèrent leurs pénates sur les rivages marécageux du fleuve à la fin du XIIe siècle, ils utilisèrent pour désigner ces parages un mot ancien qui en néerlandais veut dire « contrée où l'eau abonde », *Ame-Stelle* : « Âme, eau. / Stelle, lieu de sécurité. / Le nom de leur liquide ville », rappelle l'écrivain, citant un de ses poèmes amstellodamois. C'est-à-dire qu'à son origine, désormais légendaire, la ville et son fleuve furent un seul et même objet à travers le mot qui aujourd'hui désigne le fleuve Amstel, et qui est devenu la racine du nom *Amsterdam*, pour la protection de laquelle fut construite une digue contre le Zuiderzee capricieux et crachant, et un *dam* au-dessus du barrage. « Ils ont fait des digues, un barrage dans l'Amstel : Amstel-dam, Amsterdam. Ils ont sorti cette ville de la boue et de l'eau[14]. » Jessie Burton écrit dans *Miniaturiste*, dont l'action se déroule en 1686-1687, que « garder Amsterdam à flot nécessite de ne jamais relâcher ses efforts » ; et l'expression est à prendre au propre comme au figuré, puisqu'il s'agit aussi bien du négoce que de « la montée des eaux » qui par moment « semble imminente[15] ». Emuna Elon évoque ainsi cette ville qui prend littéralement racine dans l'eau : « Soixante-seize mille arbres sont plantés sur les bords des canaux d'Amsterdam afin que leurs racines puisent l'eau sur laquelle la ville a été édifiée[16]. » Montesquieu, quant à lui, avait écrit dans ses *Voyages* : « J'aimerais mieux Amsterdam que Venise : car, à Amsterdam, on a l'eau sans être privé de la terre[17]. » Est-ce à dire que la ville-fleuve en est une pour n'avoir que ces deux éléments ?

Dans sa chronique de la ville où toujours il revient de ses virées exotiques (notamment de Minorque), Cees Nooteboom laisse voguer son imagination sur le globe, revoyant comme en rêve les vaisseaux affrétés par la Compagnie des Indes, orientales puis occidentales, et le

12 Cees Nooteboom, "*Reflects on Amsterdam*", *Newsweek*, 28/11/2011 ; notre traduction.
13 *Ibid.* Notre traduction. *Zuiderzee* signifie « la mer intérieure ».
14 *Ibid.* ; notre traduction.
15 Jessie Burton, *Miniaturiste*, *op. cit.*, p. 20.
16 Emuna Elon, *Une maison sur l'eau*, *op. cit.*, p. 59.
17 Montesquieu, *Voyages* (1729), Paris, Arléa, 2003.

voilà imaginant que si ces navires de jadis revenaient vers le vieux port aujourd'hui, alourdis des merveilles de l'Asie et des vivants d'Afrique, du Suriname ou de Curaçao, confondus dans le statut de marchandises, ils entreraient tout bonnement… en gare. Car, à Amsterdam, dans l'épaisseur du temps comme dans la brume du jour, un train peut cacher un bateau, marquant la ville immobile de ce sceau des multiples et du divers, ce tampon des voyages et des malles à trésors qui furent, faisant d'elle, et pour toujours, toute enlisée qu'elle soit dans la « vasière » de son « fleuve vagabond », et combien de canaux qu'on ait pu combler à la fin du XIXe siècle, une « Voyageuse ! ô cosmopolite ! », reprenant à son compte le cosmopolitisme caractéristique des hommes et des femmes qui sont passés par là au gré de leurs pérégrinations, comme dans le poème de jeunesse de Valery Larbaud « L'ancienne gare de Cahors[18] ». Et, à l'instar de « l'espace larbaldien » qui naît d'une « ouverture sur l'autre » et embarque « la sensibilité esthétique aux lieux […] sur les rails de la mémoire poétique », Amsterdam est un espace « parcouru d'échanges, lieu de perpétuelles transmutations et métamorphoses. Tout lieu y est toujours, plus ou moins, promesse et souvenir d'autres lieux, comme s'il n'était vraiment lui-même qu'à condition d'être aussi la trace d'un autre[19] ». La référence à Valery Larbaud ne s'arrête pas là : non seulement, comme nous allons le voir, certains trains de l'histoire continuent d'emporter Amsterdam vers sa propre altérité cahotée ; non seulement plus d'une « marquise » architecturale est devenue « inutile » à Amsterdam comme dans l'ancienne gare de Cahors, par exemple ces crochets d'autrefois à certains pignons, qui permirent d'extraire des barges tant de marchandises à stocker, tant de meubles, hissés par des poulies ; mais il y a aussi les perpétuels va-et-vient permis ici par le fleuve, qui font de la ville, comme de l'ancienne gare de Cahors, « le témoin de l'expérience cosmopolite[20] ». Jean-Baptiste Clamence, le narrateur infatigable de *La Chute* d'Albert Camus, en est fasciné :

18 Valery Larbaud, *Les Poésies de A.O. Barnabooth*, 1913.

19 Jean-Claude Corger, « Jeux d'espace européen dans le journal intime de Barnabooth », Auguste Dezalay et Françoise Lioure (dir.), *Valery Larbaud. Espaces et Temps de l'Humanisme*, Clermont-Ferrand, Presses Universitaires Blaise Pascal, 1995, p. 41-42, cité par Christine Kossaifi, « Le *bateau ivre* du cosmopolitisme larbaldien : sur les rails de l'ancienne gare de Cahors », *Cahiers Valery Larbaud*, n° 53, 2017, p. 171-186.

20 Christine Kossaifi, « Le *bateau ivre* du cosmopolitisme larbaldien : sur les rails de l'ancienne gare de Cahors », art. cité, p. 171-186.

> J'aime ce peuple, grouillant sur les trottoirs, coincé dans un petit espace de maisons et d'eaux, cerné par des brumes, des terres froides, et la mer fumante comme une lessive. Je l'aime, car il est double. Il est ici et il est ailleurs[21].

Cette ubiquité impensable, permise par les va-et-vient sur le fleuve, et qui rend cosmopolite la ville comme par capillarité, est prolongée chez Camus par l'image du mouvement perpétuel des Amstellodamois à travers le chronotope, le manège infini de leurs vélos à col de cygne au bord des canaux :

> [...] sur leurs noires bicyclettes à hauts guidons, cygnes funèbres qui tournent sans trêve, dans tout le pays, autour des mers, le long des canaux. Ils rêvent, la tête dans leurs nuées cuivrées, ils roulent en rond, ils prient, somnambules, dans l'encens doré de la brume, ils ne sont plus là. Ils sont partis à des milliers de kilomètres, vers Java, l'île lointaine. Ils prient ces dieux grimaçants de l'Indonésie dont ils ont garni toutes leurs vitrines, et qui errent en ce moment au-dessus de nous, avant de s'accrocher, comme des singes somptueux, aux enseignes et aux toits en escaliers, pour rappeler à ces colons nostalgiques que la Hollande n'est pas seulement l'Europe des marchands, mais la mer, la mer qui mène à Cipango, et à ces îles où les hommes meurent fous et heureux[22].

Par ailleurs, le fleuve, avec le mouvement qui le définit comme écoulement directionnel, produit dans le va-et-vient des barges et autres embarcations une illusion d'optique assez fascinante, un troisième glissement, du même ordre que celui qui, dans « L'ancienne gare de Cahors », attribue à l'élément immobile l'énergie de mouvement des moyens de transport qui le traversent et des êtres qui y transitent (« Voyageuse ! ô cosmopolite ! ») : « Le canal est si lisse, le batelier si habile qu'on a l'impression que ce sont les maisons qui bougent et non leur étroite embarcation[23] », « l'interminable coulée de façades passant devant les fenêtres du bateau[24] ». La ville-fleuve floute ainsi toutes les frontières spatio-temporelles, devenant le chronotype de tous les possibles, selon la célèbre devise amstellodamoise du « "*moet kunne*", que l'on pourrait traduire par "et pourquoi pas[25] !" », ou du tout dernier possible, le voyage

21 Albert Camus, *La Chute*, *op. cit.*, p 16.

22 *Ibid.*, p. 18.

23 Jessie Burton, *Miniaturiste*, *op. cit.*, p. 113-114.

24 *Ibid.*, p. 118.

25 Gerald de Hemptinne *et alii*, *Pays-Bas. Les pieds sur terre*, Bruxelles, Éditions Nevicata, 2014.

vers les Enfers. Les « cygnes funèbres qui tournent sans trêve, dans tout le pays, autour des mers, le long des canaux », chez Camus, deviennent ici la barque de Charon, passeur sempiternel, laissant entrevoir le rapport fluide que la ville liquide entretient avec la mort. La narration-fleuve de Clamence chez Camus prétend embarquer l'interlocuteur fantôme, mais aussi bien le lecteur caché, dans l'entreprise de compréhension de la cohérence quasi systémique de la ville-fleuve que sillonne sa déambulation existentielle :

> Mais je me laisse aller, je plaide ! Pardonnez-moi. L'habitude, monsieur, la vocation, le désir aussi où je suis de bien vous faire comprendre cette ville, et le cœur des choses. Car nous sommes au cœur des choses. Avez-vous remarqué que les canaux concentriques d'Amsterdam ressemblent aux cercles de l'enfer ? L'enfer bourgeois, naturellement peuplé de mauvais rêves. Quand on arrive de l'extérieur, à mesure qu'on passe ces cercles, la vie, et donc ses crèmes, devient plus épaisse, plus obscure. Ici, nous sommes dans le dernier cercle[26].

L'écrivain néerlandais Cees Nooteboom insiste lui aussi sur la place centrale du fleuve et de sa canalisation innervée comme un véritable cœur que l'Unesco a classé au Patrimoine mondial :

> Ce demi-cercle magique de canaux voyageant d'eau en eau est le cœur d'Amsterdam. [...] Ce demi-cercle est à la fois un labyrinthe et une image de premier ordre. Le cercle le plus intime, Singel, était autrefois une barrière défensive contre l'eau et les ennemis. Puis le second canal fut creusé, Herengracht, le canal des seigneurs, son nom témoignant d'une bourgeoisie nouvelle et affirmée. Les princes et les empereurs sont venus plus tard, à Prinsengracht et Keizersgracht, qui sont entrecoupés de tant de petits *grachten*[27].

Errance thaumaturgique et géopoétique aux allures dantesques : c'est également l'Amsterdam de Paul Auster, dont le personnage-projection, qui « décide de s'appeler A[28]. », y déambule dans *L'Invention de la solitude.*

> Durant ces trois jours à Amsterdam, il a passé son temps à se perdre. La ville a un plan circulaire (une série de cercles concentriques coupés par les canaux, hachurés par des centaines de petits ponts dont chacun donne accès à un autre, puis à un autre, indéfiniment), et on ne peut pas, comme ailleurs, « suivre » simplement une rue. Pour atteindre un endroit, il faut savoir

26 Albert Camus, *La Chute*, *op. cit.*, p. 18.

27 Cees Nooteboom, "*Reflects on Amsterdam*", art. cité ; notre traduction.

28 Paul Auster, *L'Invention de la solitude*, *op. cit.*, p. 119.

> d'avance par où aller. [...] Parfois – il s'en apercevait ensuite –, il prenait à quelques mètres de sa destination mais, faute de savoir où tourner, s'engageait alors dans une mauvaise direction et s'éloignait de plus en plus de l'endroit vers lequel il croyait aller. L'idée lui est venue qu'il errait peut-être dans les cercles de l'enfer, que le plan de la ville avait été conçu comme une image du royaume des morts[29].

Enfin, on retrouve à la fois une conception antique et les accents cosmiques de Larbaud dans l'âme amstellodamoise, en ceci qu'à Amsterdam toute poétisation de l'espace vient du troisième élément, le vent, et, notamment, de la capacité du poète à se révéler « sensible » aux « doigts légers du vent » larbaldiens, au « souffle cosmique » comme « architecture sensuelle du cosmos[30] », ainsi qu'en témoigne Cornelis Van Beverloo, alias Guillaume Corneille, un Liégeois citoyen d'Amsterdam et peintre du mouvement CoBrA :

> On a souvent écrit qu'Amsterdam avait donné tant de peintres à cause de la mobilité de son ciel, ou à cause des reflets multiples de ses eaux, ou encore à cause des couleurs que le soleil fait à tout moment apparaître dans les vapeurs grises et humides qui enveloppent la ville. Si je peins aujourd'hui, c'est à cause du vent[31].

Le vent comme souffle créateur de divination météorologique, de caractère amstellodamois – « Nous sommes des marins de terre » –, d'« idées », d'« émotions », sans limites pour l'imagination. La ville-fleuve est donc ici ville de trois éléments, la triade *air-terre-eau*. Le quatrième élément, le feu, n'est présent qu'en ce qu'il embrase dans le regard du poète, du peintre ou du badaud, « ébloui par la lumière sur l'eau des canaux, cette lumière unique qu'ont immortalisée les maîtres flamands[32] » (Rembrandt, Vermeer). Le feu, c'est le miracle de la lumière sur la « toile d'araignée de canaux ».

Des péniches, des maisons sur l'eau – les *woonboten* –, de nouveaux quartiers flottants, fers-de-lance de l'urbanisme des villes d'eau, et des îles, qui ne sont pas sans rappeler à nouveau les territoires mentaux chers

---

29 *Ibid.*, p. 136-137.

30 Christine Kossaifi, « Le *bateau ivre* du cosmopolitisme larbaldien : sur les rails de l'ancienne gare de Cahors », art. cité, p. 171-186.

31 Cornelis Van Beverloo cité par Jean-Clarence Lambert, *Cobra Poésie*, anthologie, Paris, éd. La Différence, coll. « Orphée », 1992, p. 75.

32 Bruno Corty, « L'Amsterdam de Cees Nooteboom », *Le Figaro*, 18/10/2013.

à Valery Larbaud. La lumière d'Amsterdam est elle-même un fleuve d'abondance traversant de part en part des maisons qui n'occultent rien de leurs intérieurs par des rideaux ou des courtines – des maisons que le poète Aragon personnifiait lui aussi, leur trouvant à chacune « le cœur traversé de lumière », et dans ce flot de lumière de l'« ouverte demeure / Où plongent passant les passants », « tête la première / sans pudeur nous y regardons », car là où la lumière coule et inonde, le regard à son tour plonge, embarquant l'être entier dans les intérieurs[33]. La lumière artificielle aussi joue avec ces eaux à l'heure où elles sont d'un noir d'Achéron : « les néons des bars et des sex-shops qui se reflètent dans le canal ; les passants, tous des hommes en imperméable ; les vitrines, au premier plan, encadrées de lanternes d'un rouge violet, avec une femme en sous-vêtements[34] », décrit John Irving dans *Une veuve de papier*, où son personnage Ruth, écrivaine, se coule dans le Quartier rouge en quête d'inspiration.

Or, quand les rideaux se tirent, là où sont les vitrines des *Wallen*, ce simple coulissement sur rail, sur tringle, opère un quatrième glissement spatio-temporel et met le cap sur le rêve !

> Le rêve, monsieur, le rêve à peu de frais, le voyage aux Indes ! Ces personnes se parfument aux épices. Vous entrez, elles tirent les rideaux et la navigation commence. Les dieux descendent sur les corps nus et les îles dérivent, démentes, coiffées d'une chevelure ébouriffée de palmiers sous le vent. Essayez[35].

Comme l'a théorisé Bertrand Westphal, au cœur de la ville-fleuve « l'espace est appréhendé dans sa double tension centrifuge et centripète » :

> Tiraillé de-ci de là, il perd son ancrage. Empruntant plus avant la voie maritime, on parlera d'espaces flottants, *navicules* – épithète que Leon Battista Alberti appliqua naguère aux États évanescents (*nauiculae*) qui formaient l'Italie du *Quattrocento*[36].

---

33 Louis Aragon, *Le voyage de Hollande*, Paris, Seghers, 1964, Collection « Poésie d'abord », Seghers, 2005.

34 John Irving, *A Widow from One Year*, New-York, Garp Enterprises Ltd, 1998 ; tr. fr. *Une veuve de papier*, Josée Kamoun, Paris, Seuil, 1999 ; réédition collection « Points », 2001. p. 400.

35 Albert Camus, *La Chute*, *op. cit.*, p 18.

36 Bertrand Westphal, « Pour une approche géocritique des textes », *La géocritique mode d'emploi*, Limoges, P.U.L.I.M., collection « Espaces humains », n° 0, 2000, p. 9-40 : https://sflgc.org/bibliotheque/westphal-bertrand-pour-une-approche-geocritique-des-textes/ p. 3 (consulté le 22 septembre 2022).

Dès lors, toute parcelle de quoi que ce soit devient une île, même la pourriture quand elle affleure à la surface des eaux, et dans *La Chute* Clamence professe :

> Comme les canaux sont beaux, le soir ! J'aime le souffle des eaux moisies, l'odeur des feuilles mortes qui macèrent dans le canal et celle, funèbre, qui monte des péniches pleines de fleurs[37].

Car à Amsterdam tout travaille, même la putréfaction. Tout est industrieux, tout est énergie. L'Amstel est sève, le réseau de canaux, nervures. « Dehors, le canal grouille de vie, avec les bateliers qui s'interpellent » et au Siècle d'Or « les voies d'eaux grouill[aie]nt de navires pleins d'hommes, de femmes, de biens à vendre, de quelques moutons, même[38] ».

L'eau dessine l'urbanisme au point que les quelques rues animées qui ne donnent pas sur les quais ou les berges se trouvent désignées comme *en creux* par le fait de ne *pas* être en bordure de canal : « la Kalverstraat est une rue longue et animée, à l'écart des canaux[39] », relate Jessie Burton.

AMSTERDAM, ÎLE INTENSE
Une immersion géopoétique dans tous les états de l'eau

Amsterdam se prête *naturellement* à la navigation géopoétique. Parler d'Amsterdam, c'est toujours parler de canaux et de ponts. Une carte postale, un leitmotiv, le lieu-même de la banalité dans cette ville, dont John Irving résume ainsi les cinq piliers en une phrase-liste : « Et elle avait aimé la ville d'emblée, ses canaux, ses ponts, ses bicyclettes, ses cafés et ses restaurants[40]. » L'emploi des adjectifs possessifs, ici, pastiche volontiers le style des dépliants touristiques où on peut lire : « Amsterdam, ses canaux, ses ponts, ses bicyclettes, ses cafés, [...] ses restaurants ». Emuna Elon rappelle qu'Amsterdam peut être vue comme la quintessence de ce qu'on nomme *lieu*, car les Néerlandais le « surnomment Mokum,

37 Albert Camus, *La Chute*, *op. cit.*, p. 48.
38 Jessie Burton, *Miniaturiste*, *op. cit.*, p. 83 et 148.
39 *Ibid.*, p. 95.
40 John Irving, *Une veuve de papier*, *op. cit.*, p. 401.

de l'hébreu *makom* "lieu[41]" ». Un lieu à facettes, dont le morcellement cadastral, les emboîtements gigognes de quais, les enfilades de ponts à arches ou à doubles-levis, décomposent en fragments les objets, en paillettes la lumière, et tout est dans tout.

On croit se souvenir qu'un petit Hollandais courageux, dont la légende dit qu'il avait vu un trou dans le barrage, l'a bouché en y coinçant son doigt, des heures et des heures durant, jusqu'à ce qu'un adulte le découvre, héroïque et épuisé, ayant empêché l'eau de reprendre la ville. Cette eau qui se trouve sous les pieds, sous la ville, gît de sa puissance magnifique que l'on entend chanter : « Sonia sur son vélo entend la rumeur de l'eau sous la chaussée et les trottoirs. Elle entend sous la ville bruire l'eau primitive, qui cherche à sourdre et à tout submerger[42]. » Pour parler d'elle, il faut se situer, comme Michel Tournier l'a dit de Venise, sur le plan des « météores » c'est-à-dire « tout phénomène ayant lieu dans l'atmosphère, grêle, brouillard, neige, aurore boréale, et dont la météorologie est la science[43] ». Or, c'est là un fait frappant que toute histoire qui dénoue ses fils dans cette ville le fasse au fil de l'eau, de *toute* l'eau : qu'elle fasse entrer en jeu, à des moments cruciaux, maints autres états de l'eau entre les nuages et les canaux. Plus qu'une intempérie, l'eau est une véritable *péripétie* de la ville-fleuve, rappelant le Kenneth White des *Limbes incandescents* : « La vie indifférenciée – c'est la pluie et la brume blanche, la substance insinuante, vagabonde que j'aime sentir autour de moi[44]. » C'est aussi l'enveloppe d'une humide sensualité, la « capitale d'eaux et de brumes, corsetée de canaux » de Camus. Le géopoéticien Régis Poulet évoque le Paris de la Seine et de tous les états de l'eau chez Kenneth White, qui est également le Paris de *La Chute* de Camus, une superposition de quais, de ponts, d'eau dans tous ses états : « Ce qui domine en ces pages est la solitude et le mouvement, – malgré ou en raison de nombreuses rencontres ! L'eau y est présente sous toutes ses

---

41 Emuna Elon, *Une maison sur l'eau*, *op. cit.*, p. 81 et 226.

42 *Ibid.*, p. 212.

43 Michel Tournier, *Les météores*, chapitre XIV « La Malencontre », Paris, Gallimard, 1975, p. 400.

44 Kenneth White, *Les Limbes incandescents ou Le livre des sept chambres*, 41, trad. fr. Patrick Mayoux, Paris, Denoël, 1976, cité par Régis Poulet, « Du mandala à l'atopie. L'expérience urbaine extrême de Kenneth White », Georges Amar, Rachel Bouvet et Jean-Pierre Loubes (dir.), *Ville et géopoétique*, Paris, L'Harmattan, collection « Colloques & Rencontres », 2016. Également sur le site web de l'*Institut International de Géopoétique* : https://www.institut-geopoetique.org/fr/articles/252-du-mandala-a-l-atopie-l-experience-urbaine-extreme-de-kenneth-white (consulté le 22 septembre 2022).

formes : brume, pluie, neige, glace, eau du fleuve et de la mer[45]. » Dans sa contribution, Régis Poulet écrit que « les nuages et la pluie sont des moments de condensation ». Les saisons comme la richesse de la cité s'y condensent plus ou moins, du canal, qui « sert de dépotoir toute l'année et, quand le froid le solidifie, les actions passées se voient révélées aux yeux de toute la ville », à l'argent d'un riche marchand de l'Âge d'Or, « sorte d'humidité dont on ne peut prédire quand elle va se dissoudre et se reformer[46] ».

Des champs de blanchiment de tissus teints enneigés du tableau *Het Raamportje in Amsterdam*[47], près du Bloemgracht (le canal aux fleurs, aux teintures, aux éditions d'atlas), à *De Nieuwe Haarlem Sluis bik het Singel*, dit *Souvenir d'Amsterdam*, peinture d'un vieux pont basculant célèbre, blafard dans le brouillard du matin, avec son écluse et sa fantomatique vapeur enrobant des hommes penchés, plusieurs tableaux du Rijksmuseum célèbrent ces « météores » ; on y voit l'activité humaine, dans tous ses états et sous ses formes les plus spécifiques à la Hollande, comme à travers ces moulins à vent que peignait Piet Mondrian en 1917, du temps où il aimait à figurer les choses.

Une cité sur l'eau à habiter, à s'approprier et à incarner de façon éphémère, de canal en fleuve, de ponts en îles. Une ville à peindre, à photographier, à écrire, parce qu'intrinsèquement « pittoresque », comme s'en émeut l'épouse de Yoel, protagoniste d'*Une maison sur l'eau* :

> Depuis leur atterrissage à l'aéroport de Schipol, elle ne cessait de s'extasier et de se montrer impressionnée par l'architecture pittoresque d'Amsterdam, la magie des canaux, des ponts, des avenues et des bâtiments, par la variété des couleurs et des formes, et bien évidemment par ses habitants, ces géants à l'air avenant qui circulaient librement à vélo[48].

Le personnage central, qui porte lui aussi un point de vue exogène sur la ville, essaie pour sa part d'en comprendre l'organisation, le sens, la logique, le système particulier :

> Yoel, lui, ne comprenait pas comment s'orienter dans cette ville étrange dotée de quatre canaux principaux concentriques. Par exemple le canal de l'Empereur, qui commençait à la limite occidentale d'Amsterdam et

45 Régis Poulet, « Du mandala à l'atopie. L'expérience urbaine extrême de Kenneth White », art. cité.

46 Jessie Burton, *Miniaturiste*, *op. cit.*, p. 238 et 135.

47 Du peintre néerlandais Wouter Johannes van Troostwijk (1782-1810).

48 Emuna Elon, *Une maison sur l'eau*, *op. cit.*, p. 20.

> s'achevait après avoir tracé un demi-cercle à sa limite orientale : devant le panneau indiquant « Keizersgracht », on savait qu'on se trouvait au bord de ce canal, mais on ne pouvait deviner si on était au centre, à l'est ou à l'ouest de la ville[49].

Sa femme, qui porte sur la ville un regard de touriste émerveillée et cherche immédiatement le lien entre ce qu'elle découvre et une forme d'ethnotype mélioratif, fait, tel Monsieur Jourdain dans *Le Bourgeois gentilhomme* (1670) de Molière, de la géopoétique sans le savoir, en se situant uniquement dans le champ de la jouissance de « ce qui a lieu[50] » :

> Bat Ami avait aussitôt appris à s'orienter avec assurance dans ces bandes de terre labyrinthiques tout en louant l'esprit de liberté qui régnait partout, et même en s'émerveillant devant ce piège à touristes qu'était le marché aux fleurs flottant ou devant les escaliers étonnamment raides et mortellement dangereux des différentes bâtisses[51].

Conjuguant la triade *carte-paysage-récit de voyage* dans laquelle Rachel Bouvet circonscrit le champ géopoétique[52], Bat Ami projette l'explication du guide, opérant une mise en abyme inversée de la ville-livre : « C'est à cause de l'eau que les escaliers sont si raides. […] D'abord pour exploiter au mieux l'espace au sol, une denrée rare, ensuite pour pouvoir s'enfuir en cas d'inondation[53]. » Ce faisant, elle-même devenant une projection géopoéticienne de l'auteure en flâneuse et du lecteur en touriste, elle fait surgir un monde flottant qui la fascine et en quelque sorte lui permet de vivre à ce moment-là plus intensément, mettant en branle un acte que théorise Rachel Bouvet :

> […] l'acte de paysage qui se déclenche lors de l'interaction entre un sujet et son environnement, un acte dans lequel les filtres esthétiques et culturels revêtent autant d'importance que les formes et les couleurs des éléments physiques[54].

49 *Id.*

50 L'expression est de Pierre Schoentjes dans *Ce qui a lieu. Essai d'écopétique*, Marseille, Éditions Wildproject, collection « tête nue », 2015.

51 Emuna Elon, *Une maison sur l'eau*, *op. cit.*, p. 20.

52 Rachel Bouvet, « Géopoétique, géocritique, écocritique : points communs et divergences », conférence présentée à l'université d'Angers le mardi 28 mai 2013 en tant que professeure invitée par le laboratoire C.E.R.I.E.C. (Centre d'études et de recherche sur imaginaire, écriture et culture) : https://rachelbouvet.files.wordpress.com/2013/05/confecc81rence_angers-28-mai-2013.pdf (consulté le 22 septembre 2022).

53 Emuna Elon, *Une maison sur l'eau*, *op. cit.*, p. 20.

54 Rachel Bouvet, « Géopoétique, géocritique, écocritique : points communs et divergences », art. cité, p. 16.

Bat Ami, épouse qui ne reste que quelques jours auprès de Yoel et ne partage son immersion dans cette ville qu'à deux moments cruciaux, dont celui de sa découverte, incarne une sorte de premier degré candide et naïf de la plongée géopoétique, l'impression de se trouver devant un paysage immuable, définissable pour toujours par son maillage liquide malgré la sédimentation temporelle : « Regarde comme rien n'a changé ici à Amsterdam depuis l'âge d'or hollandais ! [...] et tout ce temps, ces bâtiments, ces rues, cette eau et ces gens sont restés inchangés[55] ! » Le protagoniste lui-même, immédiatement sensible à la composition réticulaire de la ville-fleuve et à sa cinématique, accède assez rapidement, une fois qu'il se retrouve en solo, à un deuxième degré plus riche de l'immersion géopoétique, parce qu'il est écrivain et qu'il sait bien que tout ce qui est saisi ne l'est que pour l'instant qu'il dure :

> Il doit apprendre à s'orienter dans ce réseau labyrinthique que constituent les canaux d'Amsterdam et ses rues, il doit observer, regarder, se souvenir de ce qu'il voit mais aussi de ce qu'il ne verra pas[56].

Yoel a une autre particularité que celle d'être écrivain : sa défunte mère lui avait fait jurer de ne jamais venir dans cette ville. Voilà ce que Rachel Bouvet appellerait le « point d'ancrage » de cette double entrée géopoétique dans la ville, première « dimension » enrichie de trois autres : deuxième, « la ligne tracée par le parcours des personnages », « cheminement singulier d'un individu immergé dans un monde », d'un être qui flirte avec les « marges » ou les « lignes de fuite » ; troisième, « la surface de la carte » ou l'appropriation d'une cartographie intime ; quatrième, la dimension « des volumes à habiter[57] ».

Ainsi, l'immersion géopoétique est sensible, non seulement à la composition du paysage en deux dimensions comme en trois à partir d'un point d'ancrage initial, mais également à l'effet gigogne, à l'imbrication de volumes les uns dans les autres, jusqu'à saturer l'expérience immersive. L'hôtel dans la ville, la chambre dans l'hôtel, par exemple, sur un plan basique. Le bateau touristique passe par d'étroits canaux puis donne sur le fleuve Amstel avant de se jeter dans la mer, et au retour la navicule

55 Emuna Elon, *Une maison sur l'eau*, *op. cit.*, p. 21.

56 *Ibid.*, p. 62-63.

57 Rachel Bouvet, « Géopoétique, géocritique, écocritique : points communs et divergences », art. cité, p. 17-18.

revient en sens inverse du plus grand au plus petit : la mer, le fleuve, les canaux, l'individu singulier comme dernière, minuscule, poupée russe, refermée dans son chiasme parfait.

On relève chez Camus la même imagologie de l'imbrication géo-amniotique de l'humain dans la mer à Amsterdam quand il évoque « ce peuple, grouillant sur les trottoirs, coincé dans un petit espace de maisons et d'eaux, cerné par des brumes, des terres froides, et la mer fumante comme une lessive[58] ». À Amsterdam le liquide est dans le liquide, tout est flot[59] ; « l'écoulement ordonné des tramways », « le flot des véhicules qui traversent le pont », « ce fleuve de bicyclettes ». Le personnage-écrivain arpente méthodiquement la ville, « il marche lentement, observant l'eau du large canal sur laquelle se reflètent les derniers rayons du soleil », et il est sensible au fait de n'être qu'un atome pris dans « un flot ininterrompu » de cyclistes, ou, parmi des piétons, « se laisse porter par le flot qui s'écoule de la place pour irriguer les ruelles adjacentes[60] ». Il en conçoit à son tour un ethnotype mélioratif; et il se sent en dehors et imbriqué en même temps. Exclu-inclus :

> Un flot infini de vélos s'écoule devant le café. Un fleuve de bicyclettes, dont des tandems avec parent et enfant. Avec quelle tranquillité ils se meuvent ! Comme ils sont confiants en l'homme et dans le monde[61] !

Par-delà les quatre dimensions du champ géopoétique dessinées par Rachel Bouvet, l'écrivain-voyageur esquisse son rapport à la ville-fleuve à travers une perception-interprétation sensible et intime de ce qu'il entrevoit comme étant sa beauté : *perception-interprétation-esthétisation*, dans les pas de Kenneth White[62].

---

58 Albert Camus, *La Chute*, *op. cit.*, p. 16.

59 Emuna Elon, *Une maison sur l'eau*, *op. cit.*, p. 120, 147, 231.

60 *Ibid.*, p. 283, 104.

61 *Ibid.*, p. 294.

62 « C'est aussi une manière de "composer" (organiser, mettre en forme) qui est la forme de l'esprit humain à ses grands moments, là où il entre, avec toutes ses facultés de perception et de compréhension, dans un large espace-temps. » : Kenneth White, « Lettre au Centre International de Recherches et Études transdisciplinaires », *Bulletin Interactif du Centre International de Recherches et Études transdisciplinaires*, n° 2, juin 1994, cité par Rachel Bouvet, « Géopoétique, géocritique, écocritique : points communs et divergences », art. cité, p. 5 et 6. Rachel Bouvet commente elle-même (p. 5) : « Il s'agit de percevoir la beauté du monde, de comprendre les infimes modifications de son environnement naturel ou urbain, mais aussi de créer, de composer avec des idées, des mots, des images, toutes sortes de matériaux. »

> Tout ici est beau et précis. S'il avait vécu ici toute son existence, peut-être serait-il aussi léger que ces mouettes blanches qui planent au-dessus du canal, plongent en piqué et jaillissent presque aussitôt de l'eau pour s'élever dans le ciel[63].

On ne manquera pas de noter certains accents écopoétiques dans ces moments d'intensité maximale du champ géopoétique qui consacrent une connexion particulière avec l'environnement naturel. Si l'on parle de beauté au sujet d'Amsterdam, force est de rappeler que c'est aussi une ville-musée, avec ses « musées de l'autre côté de l'Amstel », le Rijksmuseum, le musée Van Gogh, la « maison de Rembrandt », mais aussi le Stedelijksmuseum, l'extension « la baignoire », le musée de l'Ermitage-Amsterdam, le musée historique juif. Les visites d'œuvres d'art augmentent l'expérience sensible et intensifient voire subliment le cheminement intérieur du personnage-écrivain, pareil au lit d'un fleuve :

> Il erre dans les rues, dans les musées, dans les méandres de son âme. Il contemple la beauté d'Amsterdam, la profondeur d'une œuvre d'art, et il sait – le temps d'une étincelle, mais il sait – ce qu'est cette chose qu'il a toujours recherchée[64].

Paul Auster superpose cette multifocalisation polysensorielle[65] :

> Une fois de plus, ses réactions intimes se trouvaient exprimées par la peinture : les œuvres d'art offraient une représentation tangible d'un état émotionnel, comme si la solitude de l'autre était en fait l'écho de la sienne. [...] Tel un traumatisme primitif enfoui dans l'inconscient et qui lie à jamais deux objets dépourvus de relation apparente (cette chaussure est mon père ; cette rose est ma mère), la peinture de Van Gogh lui apparaît comme une image de son adolescence, une traduction des sentiments les plus profonds qu'il ait éprouvés durant cette période[66].

Or, l'approche intertextuelle révèle que la beauté d'Amsterdam présente une dichotomie *eros-thanatos* : grimaçante chez Camus, putrescente chez Burton – deux fictions ancrées dans une Amsterdam de canaux

---

63 Emuna Elon, *Une maison sur l'eau*, *op. cit.*, p. 60.

64 *Ibid.*, p. 203.

65 Termes repris de Bertrand Westphal par Rachel Bouvet au sujet de la démarche géocritique : « La méthode élaborée par Westphal pour analyser la représentation de l'espace et les rapports entre le réel et la fiction comprend quatre points cardinaux : la multifocalisation, la polysensorialité, la stratigraphie et l'intertextualité », Rachel Bouvet, « Géopoétique, géocritique, écocritique : points communs et divergences », art. cité, p. 10-11.

66 Paul Auster, *L'Invention de la solitude*, *op. cit.*, p. 220-221.

nauséabonds qu'on ne draguait pas pour les nettoyer –, une beauté douloureuse souvent. Pourtant l'expérience traumatique n'altère pas le potentiel esthétique de la cité sur l'eau : « La beauté règne malgré tout. Il arpente les rues et la beauté, sans crier gare, le submerge avec un plaisir oppressant et douloureux[67]. » Un peu plus loin, on lit encore :

> Les façades ornementées, les parterres de fleurs, l'eau irisée sous les ponts de pierre, les cimes des arbres qui se balancent, et le ciel en arrière-plan, tout cela est d'une insupportable et douloureuse beauté[68].

L'ATLANDIDE AMSTELLODAMOISE
Géocritique du jumeau englouti à l'est du fleuve Amstel

L'esclavage dans *Miniaturiste*, la Shoah dans *Une maison sur l'eau*, les deux plus grands des crimes contre l'humanité réunis dans *La Chute*, voilà le miroir le plus sombre qu'Amsterdam et l'Amstel aient à nous tendre, faisant dire à Clamence qu'il « habite sur les lieux d'un des plus grands crimes de l'histoire ». Dans cet aveu plein de forfanterie et d'une ironie qui sonne faux, comme s'il n'était pas *réellement* possible de regarder l'Holocauste au moment où sort *La Chute*, Clamence le hâbleur « trivialise cet épisode de l'extermination des Juifs[69] » et prétend admirer la « méthode », à défaut de pouvoir s'ébaudir sur l'âme du peuple qui a présidé à ce « lessivage », ce « nettoyage par le vide » qui a eu lieu dans la ville-fleuve, jusqu'à effacer le quartier juif transformé en ghetto, alors que les Juifs d'Amsterdam, comme cela est répété çà et là en *mantra* incrédule chez Elon, pensaient que jamais personne ne s'en prendrait à eux en Hollande. « C'est dangereux à présent, ils lèvent les ponts[70] », s'exclame un personnage juif dans *Une maison sur l'eau.* Dans *La Chute*, Clamence évoque, en les balayant presque à son tour d'un revers de main,

---

67 Emuna Elon, *Une maison sur l'eau*, *op. cit.*, p. 226.

68 *Ibid.*, p. 283.

69 Vincent Grégoire, « L'Holocauste dans les écrits de Camus », *The French Review*, vol. 80, nº 5, *American Association of Teachers of French*, 2007, p. 1070-1084.

70 Emuna Elon, *Une maison sur l'eau*, *op. cit.*, p. 159.

« soixante-quinze mille juifs déportés ou assassinés ». Le nombre en est sous-évalué puisqu'un récent reportage de la chaîne Arte intitulé « À Amsterdam, *La Chute* d'Albert Camus » fait état des « restes de l'ancien quartier juif où plus de 100.000 Juifs ont trouvé la mort pendant la Seconde Guerre mondiale[71] ». Une sordide soustraction permet de le vérifier en lisant cette phrase d'Emuna Elon : « Sur cent quarante mille Juifs des Pays-Bas, seuls trente-huit mille survivront à la guerre. Enfant compris[72]. » L'historien Wim Berkelaar estime qu'en l'abordant dix ans après les camps, « Camus est un précurseur sur cette question », car « la question juive, la Shoah, n'a été abordée aux Pays-Bas que dans les années 1960 ». L'historien dresse un pont entre l'esclavage de l'Âge d'Or et la Shoah dans *La Chute* : « Camus a fait le lien entre l'Âge d'Or et le XXe siècle, son époque, et il se rend compte que malgré les trois-cents années qui séparent ces deux périodes, Amsterdam a conservé une part sombre[73]. »

L'errance thaumaturgique au-dessus de l'Amstel fait ressurgir les démons profonds de l'histoire, il n'y a qu'à draguer les canaux, et tout remonte à la surface. Ce qui a été volé, dont on a usé et qu'on a poussé à l'eau pour s'en débarrasser ensuite, métaphore de ce qui a été fait aux Juifs d'Amsterdam, ce sont, hier comme aujourd'hui, des « milliers de vélos » dont les cadavres « gisent au fond des canaux » :

> Il est si facile de choisir l'un des multiples deux-roues garés dans chaque rue et à chaque angle, de l'enfourcher pour se rendre où l'on veut, puis de le balancer dans le canal le plus proche[74].

Pendant la guerre, « un tas de vélos rouillent aussi au fond du Herengracht », le canal des seigneurs. Ces vélos engloutis sont à la fois la métaphore du cycle de la souffrance, cet éternel recommencement de la persécution et de la relégation, la représentation désincarnée voire désossée des amoncellements de corps dans les charniers jouxtant les chambres à gaz de la Solution finale, et une mise en abyme du traumatisme de Clarence, celui de n'avoir pas empêché une femme de se jeter dans la Seine pour se suicider, ce qui le condamne, dans une autre

---

71 « À Amsterdam, *La Chute* d'Albert Camus », *L'inspiration – Invitation au voyage*, Arte, 2020.

72 Emuna Elon, *Une maison sur l'eau*, *op. cit.*, p. 262.

73 « À Amsterdam, *La Chute* d'Albert Camus », documentaire cité.

74 Emuna Elon, *Une maison sur l'eau*, *op. cit.*, p. 169.

ville-fleuve, à redouter sans cesse qu'un passant ne saute à l'eau pour y mourir. Ce peuple de vélos immergés – et invisible – figure ainsi le monde englouti par le système concentrationnaire nazi, comme si tous ces Juifs qui ont perdu la vie aux mains des barbares dans les camps de concentration étaient revenus hanter de leurs carcasses et de leur rouille les eaux glauques de la ville d'où ils n'auraient pas dû partir ; et cette femme prête à sombrer, sur le funeste projet de laquelle Clamence ne s'est pas retourné, même au son fatidique du plongeon de l'ange dans la Seine, c'est peut-être métaphoriquement, autre écho à la tentative de suicide de la femme de Camus, cette Europe sans espoir tombant aux mains de la barbarie, comme si quiconque pouvait survivre en se laissant glisser dans le courant sans même un peu de lutte. Dédoublée de leurs humaines carcasses, les coquilles vides des possessions dont ils sont spoliés suivent le long du fleuve un chemin plus ou moins parallèle à celui des Juifs déportés, dans « la péniche qui bientôt partira » :

> […] chargée de tous les meubles du couple Sherman, de leurs tapis, de leurs lustres, de leurs bibelots, de leurs objets d'art, d'autant de jours, d'années, d'amours et d'espoirs. La péniche descendra alors le Keizergracht, gagnera l'Amstel pour rejoindre le Rhin, et le cœur de l'Allemagne[75].

À partir de ce moment, dans le roman d'Emuna Elon, s'initie le lent ensevelissement du peuple juif d'Amsterdam, véritable Atlantide juive sombrant parfois dans la clandestinité, dans la déportation souvent, via le Hollandsche Shouwburg, « ce théâtre où l'on avait rassemblé les Juifs d'Amsterdam avant leur déportation[76] » :

> Ils ont disparu de l'espace public et ne réapparaîtront qu'à la fin de la guerre. […] Ils ont tous plongé sous la surface […] Et c'est exprès […] qu'ils définissent la clandestinité comme une plongée, car la seule chose à faire, dans la situation qui règne à Amsterdam, c'est de faire profil bas. De mettre la tête sous l'eau et disparaître pendant un certain temps[77].

L'écrivain-voyageur, à Amsterdam, est forcément hanté par Anne Frank et son double adulte Etty Hillesum. La queue qui s'étend devant la maison d'Anne Frank semble un flot ininterrompu, un affluent *de fait*

75 *Ibid.*, p. 178.
76 *Id.*
77 *Ibid.*, p. 191.

du Prinsengracht. Les personnages-écrivains (Yoel, A.) viennent s'enfermer dans cette fabrique pour remonter le temps compté d'Anne et boire à la source de son énergie vitale. Anne se projette comme un fleuve, tout est rive à son imagination qui décrit des « méandres », que l'enfermement ne parvient à enterrer, et qui jaillit hors des murs qui l'enserrent.

> Anne rêve d'être un grand écrivain. À travers la fenêtre occultée et quasi opaque du bureau, elle regarde les enfants sales qui vont et viennent en courant près du canal. Elle a envie de les harponner pour les laver et rapiécer leurs vêtements déchirés. Elle prend plaisir à observer les voitures, les barques, la pluie, le crissement des roues du tramway la divertit et elle imagine l'existence et l'époux de chaque passante[78].

La déambulation dans la maison d'Anne Frank est labyrinthique et sinueuse, « dans le flux des visiteurs ». On se coule dans cette marche de l'histoire, en une queue serrée semblable à un serpent enfermé dans une corbeille, dessinant un « circuit », de « couloir » en « corridor », un « parcours » encore tout palpitant de vie. « Ils montent et descendent, inspectent les différentes pièces, reflets des méandres de l'âme d'Anne[79]. » Devant l'indécence inconsciente des petites touches ludiques apportées au lieu, l'« amusant périple » de la visite de propriétaire, la vente de journaux intimes vierges copiés sur celui de la recluse, d'une « Annexe » miniature (de la taille d'une maison de poupée) pour jouer à se planquer de l'occupant, ou le jeu interactif « où l'on peut à loisir errer virtuellement dans les recoins de la maison, se glisser derrière la bibliothèque coulissante et se hisser dans la cachette pour son plus grand plaisir[80] », Emuna Elon emprunte à Camus « ce tour d'ironie appuyée et systématique qu'il fait prendre à son personnage dans sa démonstration par l'absurde de l'absurde[81] dans *La Chute*, et à la mise en abyme de *Miniaturiste* pour tendre aux visiteurs un miroir sardonique :

> Ainsi les visiteurs pourront eux aussi tenir un journal, qui se vendra peut-être dans le monde entier si par chance ils traversent une guerre qui leur permet de se cacher à leur tour dans des conditions aussi favorables à l'inspiration littéraire[82].

---

78 *Ibid.*, p. 257.
79 *Id.*
80 *Ibid.*, p. 258.
81 Émile Henriot, de l'Académie française, « Avec *La Chute*, Albert Camus retombe dans un sombre désespoir », *Le Monde*, 30 mai 1956, Archives *Le Monde*, 18/12/2019.
82 Emuna Elon, *Une maison sur l'eau*, *op. cit.*, p. 257-258.

Le *quidam* trivialise la poignante dichotomie déambulation/claustration, n'en saisissant ni la blessure ni le sacré.

Au fur et à mesure que se précise le destin funeste des Juifs d'Amsterdam dans l'anamnèse qui remonte en Yoel tandis qu'il écrit l'histoire familiale, les « météores » se rassemblent, roulent leur colère, et de pluie en tempête, s'amassent au-dessus des Amstellodamois d'aujourd'hui, en quelques pages resserrées où se déclenche, d'une ligne sur l'autre, un déchaînement furieux d'eau et de vent. Comme si la seule chose susceptible d'expliquer la disparition brutale de plus de 100.000 innocents ne pouvait être qu'un déchaînement furieux des éléments, de nature à produire cet arrachement cyclonique : après quinze pages de levée de tornade, « Yoel était sans domicile fixe, sans nom, et Amsterdam lui apparaissait comme après l'Apocalypse, jonchée de décombres et d'arbres décapités[83] ». La communauté juive est déracinée, arrachée à la ville d'eau par le vent de l'histoire, et Amsterdam se trouve comme décapitée par le passage de cette dévastation totalitaire.

Dans la littérature sur Amsterdam, l'identité juive ou la question juive sont très présentes, charriant leur lot de préjugés dits *d'époque*, de *bavures littéraires* si on les contemple rétrospectivement, témoins d'un temps où l'antisémitisme passait pour aller bien au teint. Lorsque le poète Francis Jammes se prend à rêver et à laisser « flotter » son âme sur le thème d'Amsterdam[84], au-delà des évocations attendues (« Les maisons pointues ont l'air de pencher. On dirait / qu'elles tombent. Les mâts des vaisseaux qui s'embrouillent / dans le ciel sont penchés comme des branches sèches »), le poète véhicule, pour ainsi dire sans penser à mal, des stéréotypes antisémites et racistes qui sont un reflet spéculaire d'une époque où la xénophobie avait pignon sur rue : imaginant un autre lui-même en miroir à Amsterdam, « devant les gros commerces / où l'on songe à des Juifs qui touchent des balances, / avec des doigts osseux noués de bagues vertes », il croit savoir que « dans les quartiers juifs où sont les détritus, / on sentait l'odeur crue et froide du poisson ». D'autres allusions de xénophobie acquise semblent aussi révélatrices : « J'aurais reçu chez moi les seigneurs de Bombay / qu'eût tentés mon épouse à la belle santé », comme le rappel que la prospérité supposée

83 *Ibid.*, p. 256.

84 Francis Jammes, *Le Deuil des primevères (1898-1900)*, Paris, Collection « *nrf* Poésie/Gallimard », 1967.

des Juifs et l'esclavage organisé des Noirs étaient deux univers de xénophobie liés dans l'imaginaire de l'époque : « Un nègre aux anneaux d'or fût venu du Mogol / trafiquer, souriant, sous mon grand parasol ! / Il aurait enchanté de ses récits sauvages / ma mince fille aînée, à qui il eût offert / une robe en rubis filé par des esclaves. »

Ces relents fantômes font partie intégrante de l'expérience géocritique d'Amsterdam. Ils ne sont pas isolés, et ils ont marqué le cours de la ville-fleuve d'une manière indélébile. Dès 1954, Camus en avait bien saisi le tragique. Après une immersion dans le musée historique juif d'Amsterdam, le personnage-auteur d'Emuna Elon ressent cette persécution ancienne dans ses déambulations, « comme devant un barrage invisible » qui lui rend soudain effrayante et paralysante la perspective d'emprunter les transports publics. Il se met à redouter la liquidation ancienne :

> Face à la chaussée bourdonnante séparant le quartier juif du pont doré au-dessus du fleuve, il a peur de quitter le trottoir, persuadé que les automobilistes et les conducteurs de bus cherchent à l'écraser. [...] Regardez ! Un Juif ! Il faut le liquider[85] !

Le choix du verbe est intéressant dans cette cité élevée sur l'eau, comme auparavant le mot « méandres » pour caractériser l'imagination-fleuve d'Anne Frank. Yoel ressent le « syndrome de la paranoïa juive », une « peur fantôme » qui flotte à jamais parmi le brouillard d'Amsterdam. Cette peur a son propre réseau spéculaire qui passe par Lisbonne et New York, d'autres villes-fleuves, depuis les « Juifs expulsés d'Espagne et du Portugal » que Yoel se remémore au moment de visiter « l'ancienne synagogue portugaise, l'Esnoga » qui fut construite « par des Juifs débarqués à Amsterdam après l'expulsion d'Espagne en s'inspirant du Premier Temple ». « L'Esnoga a été bâtie sur pilotis et le plancher en bois est recouvert de sable marin pour prévenir l'humidité qui pourrait s'infiltrer par le bas[86]. » Car sous les temples et les églises d'Amsterdam se meut la rumeur de l'Amstel, faisant d'eux des arches, puissante image.

C'est probablement ce peuple englouti tout entier qui est présent à travers le remords de Clamence de n'être pas retourné sur ses pas en entendant se jeter l'inconnue de Paris. Émile Henriot écrivit à ce sujet :

---

85 Emuna Elon, *Une maison sur l'eau*, *op. cit.*, p. 71-72.
86 *Ibid.*, p. 74.

> Une affirmation valant l'autre, il n'y a qu'à ne pas se reconnaître dans le nouveau personnage de M. Camus. Tout compte fait, j'aimais mieux son « étranger », un pauvre bougre sans cervelle, jeté à l'eau et dérivant, que le triste et intelligent « juge-pénitent » de *La Chute*, qui pour juger les autres se noircit lui-même et nous accuse finalement de lui ressembler[87].

N'en déplaise à lui, la culpabilité de n'avoir rien fait pour sauver cette rencontre de hasard fait sens dans le roman comme dans le réel, et, justement, Clamence partage avec l'« étranger » cette indifférence aux choses et aux gens, cet égoïsme indolent, qui furent le mal du siècle et précipitèrent l'Atlantide juive.

C'est ce jumeau perdu, le peuple juif, qu'Amsterdam reproduit sur l'étendue spéculaire de l'Amstel, comme dans *Sur l'eau*, de Hans Maarten Van den Brink, où, en 1939, le jeune Anton, qui ne vit que pour l'aviron, muscles bandés sur la surface tendue du fleuve, bientôt va perdre son coéquipier de deux-sans-barreur, David, selon la triple injustice de l'innocence, de la jeunesse et de l'absurde idée qu'il faille que l'un des deux plutôt que l'autre disparaisse. Il y a là, au-delà de la décharge esthétique sublime au fil du fleuve et dans l'indifférenciation parfaite de leurs deux corps synchronisés, cette souffrance impensable que l'on retrouve aussi dans *La Chute*, narrée de l'air de rien, comme au détour d'une anecdote :

> Savez-vous que dans mon petit village, au cours d'une action de représailles, un officier allemand a courtoisement prié une vieille femme de bien vouloir choisir celui de ses deux fils qui serait fusillé comme otage ? Choisir, imaginez-vous cela ? Celui-là ? Non, celui-ci. Et le voir partir[88].

Cette amputation sauvage d'un des deux frères pareils, voilà l'insurmontable absurde, l'éternelle mélancolie de l'Amsterdam du quartier juif. Voilà ce qui fait que Clamence s'accuse et nous accuse d'indifférence ; voilà qui fait de Clamence, autant que de l'« étranger », un homme contemporain en même temps qu'un insauvable humain.

Ainsi, arpentant la ville-fleuve, flânant, circulant, déambulant, errant, le personnage-écrivain rejoue la figure du Juif errant, dans une cité d'eau, amniotique, matricielle.

---

87 Émile Henriot, « Avec *La Chute*, Albert Camus retombe dans un sombre désespoir », art. cité.

88 Albert Camus, *La Chute*, *op. cit.*, p 15.

> Il doit apprendre à s'orienter dans ce réseau labyrinthique que constituent les canaux d'Amsterdam et ses rues, il doit observer, regarder, se souvenir de ce qu'il voit mais aussi de ce qu'il ne verra pas[89].

Un personnage d'Emuna Elon imagine le lien esthétique qu'il peut y avoir entre une célèbre marine de Jan Toorop (1858-1928), *La mer près de Katwijk*, et une nature morte de style néerlandais :

> Être ou ne pas être, répond-il. C'est la question contenue tout entière dans le dilemme. Soit nous sommes sous l'eau. Soit nous sommes sur la terre ferme, avec une table, des objets, du pain et du vin[90].

La ville-fleuve exprime à la fois cette finitude-ci et cet infini-là. Le lien entre les deux, marine et nature morte, est l'image du poisson, que l'on retrouve aussi bien chez Paul Auster que chez Emuna Elon[91], tantôt tué ou dévoré, tantôt engloutissant. Chez les deux auteurs, l'évocation de Pinocchio[92] dans l'épisode de la baleine représente à la fois la quête vitale d'existence et le fantasme d'inexister au fond d'un ventre sans lumière, ce vertige qui nous attire pour un temps vers les profondeurs, celui qui nous fascine du haut des ponts, quand nous contemplons l'élément liquide, à la fois unifié et changeant.

CE QUI EST ET QUI N'EST PAS
Énergie de la mélancolie

Cette ville a mille manières de miroiter. La lumière qui danse sur l'eau du fleuve, ou inonde un canal d'une improbable *monnaie du pape*. Les fenêtres, claires-voies qui à la fois séparent et donnent à voir – *os-tensibles*, c'est-à-dire, littéralement, « tendant des visages » –, les fenêtres qui se font « vitrines », le promeneur, « zoologiste », comme à Jordaan, qui lui tend les miroirs de ses « appartements éclairés[93] ». Parfois le miroitement

89 Emuna Elon, *Une maison sur l'eau*, *op. cit.*, p. 62.
90 *Ibid.*, p. 166.
91 *Ibid.*, p. 196-197 ; Paul Auster, *L'Invention de la solitude*, *op. cit.*, p. 203-209.
92 Carlo Collodi, *Le Avventure di Pinocchio*, 1881, trad. fr. *Les Aventures de Pinocchio*.
93 Emuna Elon, *Une maison sur l'eau*, *op. cit.*, p. 227.

éclate en myriade de pépites lumineuses de ce qui n'appartient déjà plus au présent, et qui semble glisser sur le dos du fleuve, comme des épaules du temps stratigraphe : « Et l'eau sombre du canal continua de couler Dieu sait vers où, charriant avec elle les derniers souvenirs diurnes, riches en visions et en échos d'autrefois[94]. » Dans la transparence des miroirs à facettes que lui tend la ville, l'écrivain-personnage, tel un vampire suçant le sang de cette ville, disparaît à ses propres yeux, car le miroir ne saisit pas son reflet, et l'abolition des limites, au bout de toutes ces lignes de fuite, le fait accéder à l'infini de l'espace-temps superposé :

> Anonyme jusqu'à la transparence, il sonde les replis de la ville à travers ses époques, il voit sans être vu, est présent sans exister vraiment. Comme s'il s'était affranchi de toute limite extérieure et s'ouvrait vers les espaces infinis de l'expérience intérieure, expérience au cœur des choses, où tout est un. Où il n'existe plus de division dans le temps, entre les hommes, entre la réalité et l'imagination[95].

L'effet démultiplicateur n'est pas qu'individuel, il est aussi collectif, lié à la grande attractivité d'une ville illustre au paysage sur-connoté, mythique, qui se transforme en véritable tour de Babel :

> Des touristes venus du monde entier traversent cette place en couples ou en groupes, admirant, chacun dans sa langue, l'architecture ou les canaux, avant d'accélérer le pas vers le Bloemenmarkt, le marché aux fleurs flottant[96].

La présence du fleuve, qu'elle soit dite ou anormalement tue, est également un facteur démultiplicateur sur le plan temporel. L'écoulement du fleuve, la gestion des écluses, introduisent le *mantra* des cycles temporels ; le cycle des saisons démultipliées contient lui-même en poupée russe le cycle du jour, qui lui-même contient la lumière, qui elle-même contient la transparence. « Tôt le matin, l'eau des canaux scintille. Toute la journée l'eau des canaux, dont les couleurs et les formes changent au gré des heures et du soleil, étincellera[97]. » La réduplication du jour en effet-miroir est une répétition du même, miroitant, ondoyant de diaphanéité diffractée :

94 *Ibid.*, p. 32.
95 *Ibid.*, p. 155.
96 *Ibid.*, p. 62.
97 *Ibid.*, p. 193.

> Belle journée à Amsterdam. Belle journée dans les jardins. Belle journée dans les rues et sur les places. Sur les berges des canaux, au-desssus de l'eau miroitante, les feuilles des arbres s'agitent, diaphanes, sous la lumière nouvelle et unique[98].

Dans le roman, ces deux passages appartenant à deux chapitres différents se font face, à gauche selon la perception du personnage écrivain, à droite selon celle du personnage créé par le personnage, miroirs l'un de l'autre, jeu de plans d'eau. Miroirs aussi les uns des autres, comme dans toutes les grandes villes à la faveur de la mondialisation, il y a ces archipels du monde ultra-contemporain, ces mondes flottants eux-mêmes atomisés en îlots, que sont les chaînes comme l'américaine Starbucks :

> Il songe à la multitude de petites tables circulaires semblables à la sienne, installées dans une multitude d'autres Starbucks à travers le monde. Il songe à la multitude de tasses fumantes comme la sienne, posées sur une multitude de tables devant une multitude de buveurs de café, assis sur des chaises semblables à la sienne, sous des toitures identiques à celle qui s'élève au-dessus de sa tête[99].

Or, une telle systématisation de l'occurrence effet-miroir dans la ville-fleuve, au-delà de la profondeur spatio-temporelle qu'elle crée par stratigraphie-superposition, provoque par projection une tendance au dédoublement. L'écrivain se voit et se décrit « en train d'écrire[100] ». La ville des autoportraits de Van Gogh est aussi celle du dédoublement de personnalité du verbeux Clamence de *La Chute*. Yoel se mire comme s'il était étranger à lui-même dans le « miroir ébréché au-dessus du petit lavabo du cabinet de toilette qui jouxte sa chambre[101] », et un peu plus loin son identité disparaît totalement à son propre regard dans le « miroir au-dessus du lavabo » et au gré de la magique dissolution permise par l'eau in-réglable dont il a inondé la salle de bain : « Un visage étranger l'observe à travers la vapeur. [...] Il est différent car il a entrepris une véritable rénovation intérieure, pense-t-il, comme dans les rues d'Amsterdam[102]. » La ville-fleuve a fait de lui un personnage-fleuve, effectuant des va-et-vient entre lui-même et lui-même, entouré de particules d'eau à l'état gazeux,

---

98 *Id.*
99 *Ibid.*, p. 167.
100 *Ibid.*, p. 143.
101 *Ibid.*, p. 159.
102 *Ibid.*, p. 212.

comme une sorte de transfiguration vaporeuse lors de laquelle il endosse la ville-fleuve. Clamence, lui, associe dédoublement, miroir et masque :

> Je fabrique un portrait qui est celui de tous et de personne. Un masque, en somme, assez semblable à ceux du carnaval [...] Mais, du même coup, le portrait que je tends à mes contemporains devient un miroir[103].

Camus mêle chez son personnage le champ / chant géopoétique, et l'approche géocritique où « toute identité est archipel », et où l'archipélisation, figurée par cet état de l'eau qui représente à la fois la fragmentation et la pure fraîcheur – je veux dire la neige –, ressortit d'une espèce de mystique écopoétique basée sur la double vectorisation chute-rédemption, mi-chute céleste, mi-élévation terrestre, « planant par la pensée », démultipliée en miroirs à facettes, où des flocons-cristaux s'accrochent à des vitres-vitrines pour recréer la palpitation vitale, la chute-envol démiurgique où tout est en tout, « colombes, sûrement » ou miroir aux alouettes :

> Ces nuits-là, ces matins plutôt, car la chute se produit à l'aube, je sors, je vais, d'une marche emportée, le long des canaux. [...] Regardez, la neige tombe ! Oh, il faut que je sorte ! Amsterdam endormie dans la nuit blanche, les canaux de jade sombre sous les petits ponts neigeux, les rues désertes, mes pas étouffés, ce sera la pureté, fugitive, avant la boue de demain. Voyez les énormes flocons qui s'ébouriffent contre les vitres. Ce sont les colombes, sûrement. Elles se décident enfin à descendre, ces chéries, elles couvrent les eaux et les toits d'une épaisse couche de plumes, elles palpitent à toutes les fenêtres. Quelle invasion ! Espérons qu'elles apportent la bonne nouvelle[104].

L'approche géocritique retrouve çà et là, aussi bien d'un point de vue allogène que d'un point de vue endogène, de significatives occurrences de cette imagologie du dédoublement, à travers la scission schizophrénique de Clamence chez Camus, la partition initiatique de Yoel, le personnage-écrivain, chez Elon, la maison-musée miniature de Petronella Oortman (authentique pièce du Rijksmuseum), qui dédouble à l'identique, mais avec sa vie propre, une maisonnée amstellodamoise chez Burton comme chez Aragon[105], ou la double Amsterdam « pour nous » / « pour les autres »

---

103 Albert Camus, *La Chute*, *op. cit.*, p. 145-146.

104 *Ibid.*, p. 149-151.

105 Louis Aragon, *Le voyage de Hollande*, Paris, Seghers, 1964 : « La vie est un tableau complexe / Où s'inscrivent meubles et gens / Suivant un ordre convergent / Comme dans ce miroir convexe ».

de l'écrivain-voyageur du cru, l'Amstellodamois Cees Nooteboom, qui file la dichotomie :

> Ville ouverte, ville close. Une ville pour nous, une autre pour les autres. Une ville au bord de l'eau, une ville d'hommes, une ville conçue et écrite par les hommes et par l'eau. Une ville de tous les temps, une ville dans le temps. Une ville à la double existence, visible et invisible, une ville de pierre, de bois, d'eau et de verre, et d'une autre substance que le langage ne peut nommer[106].

Cette aspiration au dédoublement que tous notent, étrangers et autochtones, est elle-même le double d'autres villes-fleuves aux images spéculaires. Camus le tout premier les convoque, les assimile, les réplique ironiquement comme s'il importait peu de se répliquer soi-même dans l'une ou l'autre de ces villes-fleuves, et Elon aussi, par l'entremise des musées dont les œuvres dialoguent fluidement entre elles indépendamment des pays. Paris et ses quais de Seine, New York – « la Nouvelle Amsterdam » –, México et sa lagune. Jean-Baptiste Clamence, en bon Jean-Baptiste, s'interroge sur le nom de baptême choisi pour son établissement par le patron de bar des bas-fonds d'Amsterdam où il traîne ses guêtres et entame la conversation avec des *alter ego* : « Son métier consiste à recevoir des marins de toutes les nationalités dans ce bar d'Amsterdam qu'il a appelé d'ailleurs, on ne sait pourquoi, Mexico-City[107]. » Il dresse aussi le parallèle avec Paris : « Et je n'ai rien oublié de notre belle capitale, ni de ses quais. Paris est un vrai trompe-l'œil, un superbe décor habité par quatre millions de silhouettes[108]. » Enfin, en sa qualité de « Venise du Nord », Amsterdam évoque toujours sa prestigieuse jumelle italienne, sommet de la mythocritique dans la pyramide thématologique des villes-fleuves, ville de miroirs s'il en est. « Point n'est besoin d'être allé à Venise pour connaître cette ville, tant elle fait partie du paysage imaginaire de chaque Européen. Tout au plus y va-t-on pour la *reconnaître*[109]. » Venise est cette jumelle qui cristallise de la façon la plus dense l'approche géocritique, puisque l'on s'y rend aussi bien pour reconnaître la ville que pour « être "reconnu" par Venise[110] ». Hormis certains traits spécifiques, comme les gondoles, vaporettos, masques et carnavals, on retrouve exactement le

106 Cees Nooteboom cité par Brigitte Forgeur, *L'Art de vivre à Amsterdam*, *op. cit.*, p. 28.
107 Albert Camus, *La Chute*, *op. cit.*, p. 8.
108 *Ibid.*, p. 10-11.
109 Michel Tournier, *Les météores*, chapitre XV « Les miroirs vénitiens », *op. cit.*, p. 424.
110 *Ibid.*, p. 425.

même traitement littéraire, vascularisation de canaux, bateaux, ponts et quais, archipélisation, humains agglomérés en liquides organiques pris dans d'autres maillages liquides comme ces flots de touristes qui coulent et se déversent, les « météores » et les humeurs au sens humoral, associés tout autant à la mélancolie qu'aux labiles états de l'eau, « le rideau de la pluie » s'estompant en « brume mouillée[111] », le gazeux planant au-dessus du liquide. Mais le parallèle passe aussi par la fascination toute géopoétique pour le plan de la ville comme clé première, la « clé gémellaire[112] ». Clé de cette clé, l'effet-miroir :

> Venise n'est pas seulement une ville spectaculaire, mais *spéculaire*. Spéculaire – du latin *speculum*, miroir –, Venise l'est à plus d'un titre. Elle l'est parce qu'elle se reflète dans ses eaux et que ses maisons n'ont que leur propre reflet pour fondation. Elle l'est aussi par sa nature foncièrement *théâtrale* en vertu de laquelle Venise et l'image de Venise sont toujours données simultanément, inséparablement[113].

Or, c'est précisément parce que Camus a perçu la même duplicité dramatique à Amsterdam que l'histrion hâbleur Clamence – *clamans* en latin, « celui qui clame » – se fabrique un double ironique et grinçant au cœur de ce décor de « multifocalisation », « polysensorialité », « stratigraphie » et « intertextualité[114] », dans les coulisses duquel pourrit le cloaque de l'humaine condition, « un enfer humide et mou, qui cache des vérités peu reluisantes[115] », et, ce faisant, il dévoile l'amertume qui est « l'essence d'Amsterdam », l'envers goguenard d'une carte postale convenue. En creux, à travers les flots du genièvre et les pérégrinations des récits de marins qui culottent les réconfortantes parois des cafés bruns comme le Mexico-City – café brun qui exista vraiment, sous ce nom spéculaire qui ne put que fasciner Camus en 1954 –, le banni de l'existentialisme soigne, incrédule, ses plaies de jumeau intellectuel déchu en même temps que d'âme-sœur incompétente, tendant le miroir de la tentative de suicide de sa femme au lâche Clamence, qui n'aurait rien fait pour l'éviter et serait condamné à être hanté par le spectre de

111 *Ibid.*, p. 425-427.
112 *Ibid.*, p. 426.
113 *Ibid.*, p. 428.
114 Cette terminologie est reprise de Bertrand Westphal par Rachel Bouvet dans « Géopoétique, géocritique, écocritique : points communs et divergences », art. cité.
115 « À Amsterdam, *La Chute* d'Albert Camus », documentaire cité.

la mort. En guise de « clé gémellaire », selon l'historien Wim Berkelaar, et après sa prise de distance vis-à-vis du communisme, Camus « vient de l'Éden, de Paris, où il est renié par Dieu lui-même, c'est-à dire Sartre, et donc condamné à l'enfer, pour ainsi dire[116] ».

> L'atmosphère qu'il ressent ici est double. Ce sont les deux visages d'Amsterdam, l'ombre et la lumière, et ces deux aspects se retrouvent en lui. Les canaux renvoient le héros à un traumatisme. Ils sont pour lui la preuve que l'enfer existe[117].

Paul Auster, dans *L'Invention de la solitude*, au « Livre de la mémoire », écrit ainsi :

> Et si Amsterdam était l'enfer, et l'enfer la mémoire, cela avait peut-être un sens, il s'en rendait compte, qu'il se perdît ainsi. [...] Loin de l'inquiéter, cette absence de repère devenait une source de bonheur, d'exaltation. Il s'en imprégnait jusqu'à la moelle. Comme à l'ultime instant précédant la découverte de quelque connaissance cachée, il s'en imprégnait jusqu'à la moelle en se disant, presque triomphalement : Je suis perdu[118].

Par association affinitaire, A., le personnage qu'il a ainsi dépouillé même d'un nom, accueille naturellement les correspondances dont sa mémoire le berce, l'illusion matricielle qu'un jumeau perdu se re-connecte à son frère pareil, quelque part : c'est d'abord la visite impromptue à la maison-musée d'Anne Frank, la découverte d'une chambre d'écrivaine, depuis laquelle on aperçoit l'arrière de l'antre d'un autre monstre sacré, Descartes. Passerelle entre les plumes. Mais le désir de gémellité ne s'arrête pas là.

> Il note avec une certaine fascination que l'anniversaire d'Anne Frank est le même jour que celui de son fils. Le 12 juin. Sous le signe des Gémeaux. L'image des jumeaux. Un monde où tout est double, où tout arrive toujours deux fois. La mémoire : espace dans lequel un événement se produit pour la seconde fois[119].

La jumelle perdue de Venise, selon Tournier, c'est Byzance[120], tandis que la jumelle perdue d'Amsterdam est Venise. Ainsi ricoche l'image spéculaire : « Ces miroirs obliques sur lesquels le regard ricoche et atteint

116 *Id.*
117 *Id.*
118 Paul Auster, *L'Invention de la solitude*, *op. cit.*, p. 137-138.
119 *Ibid.*, p. 131-132.
120 Michel Tournier, *Les météores*, chapitre XV « Les miroirs vénitiens », *op. cit.*, p. 438.

quelqu'un d'autre indirectement[121]. » La comparaison d'Amsterdam avec les quatre cercles de l'*Enfer* de Dante[122] lance une passerelle gémellaire supplémentaire vers une autre ville-fleuve, le Bangkok de Kenneth White, dont parle Régis Poulet :

> Chaque lieu, chaque situation constitue une sorte d'épreuve, une sorte de défi. Chaque localité contient les autres royaumes de l'existence tels que les conçoit le bouddhisme : le royaume du châtiment, le royaume de la félicité, le royaume de la forme et le royaume de l'informe. Ce qu'il faut, c'est les traverser tous les quatre, pour atteindre [...] le Grand Espace, le grand Non-Lieu. Telle est mon approche de Bangkok[123].

Régis Poulet poursuit sur le lien avec Dante :

> D'un enfer urbain l'autre, White s'est non seulement désencombré, il est devenu, à l'instar de Dante, « stratège de mutations ». / Dans ces pages, il constate sa dilection pour les villes portuaires : « Pérégrinations à travers la ville, et de ville en ville, des ports presque toutes. / Glasgow, Bangkok. Anvers, Amsterdam, Barcelone. / Hong Kong[124] ».

Régis Poulet évoque les pages « surnihilistes » de Kenneth White et rejoint *Les météores* de Michel Tournier pour lier toutes les villes-fleuves boréales en « errances hyperboréennes » qui font écho à la fin de *La Chute* :

> C'est cet iceberg, ce froid, présent à l'extérieur de moi cette nuit, mais toujours là au-dedans, c'est lui qui m'a guéri des maux de ce temps, qui a glacé, puis expulsé de moi les illusions cancéreuses, les pensées tuberculaires qui lient mes contemporains à un destin en technicolor[125].

Régis Poulet précise :

> Ce qui domine en ces pages est la solitude et le mouvement – malgré ou en raison de nombreuses rencontres ! L'eau y est présente sous toutes ses formes : brume, pluie, neige, glace, eau du fleuve et de la mer. La triade eros, cosmos,

---

121 *Id.*

122 Dante Alighieri, *Comedia* (1357-1362), tr. fr. *Divine Comédie* : *Enfer*, *Purgatoire* et *Paradis*.

123 Kenneth White, *Le visage du vent d'Est. Errances asiatiques*, Paris, Albin Michel, coll. « Espaces libres », 2007, p. 194, cité par Régis Poulet, « Du mandala à l'utopie. L'expérience urbaine extrême de Kenneth White », art. cité.

124 *Ibid.*, p. 230, cité par Régis Poulet, « Du mandala à l'utopie. L'expérience urbaine extrême de Kenneth White », art. cité.

125 *Ibid.*, p. 59, cité par Régis Poulet, « Du mandala à l'utopie. L'expérience urbaine extrême de Kenneth White », art. cité.

logos rejoint celle-ci : *landscape, mindscape, wordscape* (paysage physique, paysage mental, paysage verbal)[126].

Ainsi *Les météores* de Tournier, qui ouvrent l'expérience de la ville-fleuve au champ géopoétique parce que « les météores vivent très précisément à notre allure », contiennent eux aussi une « clé gémellaire » de *La Chute* de Camus, et notamment du dédoublement verbeux de Clamence se parlant à lui-même comme s'il rencontrait un autre dans les bas-fonds d'Amsterdam, alors qu'il s'agit de son jumeau déparié :

> Car la parole gémellaire destinée à un seul, par la force du dépariage s'adresse désormais au sable, au vent et à l'étoile. Ce qu'il y avait de plus intime devient universel. Le chuchotement s'élève à la puissance divine. [...] Au-dessus des masses de neige dures et intactes tremble un brouillard transparent et irisé. La neige devient vapeur sans fondre, sans couler, sans mollir. / Cela s'appelle : sublimation[127].

Bien plus : au-delà de cette sublimation minérale et humorale à laquelle se prête particulièrement la ville-fleuve, comme le montrent l'Amsterdam de Camus et la Venise de Tournier, aux amertumes si jumelles, ce qui se dessine entre ces deux cités, c'est le plan, désormais mythique, imaginaire, « invisible », d'une ville qui elle-même aurait la nostalgie de Venise, et qui parlerait d'Elle à travers toutes les autres, invariablement, inéluctablement, comme un Marco Polo de papier le ferait *sans y pouvoir mais*, racontant au Grand Khan quels territoires sont siens au-delà des mers :

> C'était l'aube quand il dit :
> – Sire, désormais je t'ai parlé de toutes les villes que je connais.
> – Il en reste une dont tu ne parles jamais.
> Marco Polo baissa la tête.
> – Venise, dit le Khan.
> Marco sourit.
> – Chaque fois que je fais la description d'une ville, je dis quelque chose de Venise. [...] Pour distinguer les qualités des autres, je dois partir d'une première ville qui reste implicite. Pour moi, c'est Venise[128].

---

126 Régis Poulet, « Du mandala à l'utopie. L'expérience urbaine extrême de Kenneth White », art. cité.

127 Michel Tournier, *Les météores*, chapitre XXII « L'âme déployée », *op. cit.*, p. 622-625.

128 Italo Calvino, *Les villes invisibles*, *op. cit.*, collection « Petit Point », Points Seuil, 1988. p. 104.

Plusieurs de ces villes invisibles car non visibles du Grand Khan, n'était le récit de l'explorateur, pourraient être Amsterdam, ou Venise racontée à travers Amsterdam comme le suggère Marco Polo, les villes-fleuves lançant les unes vers les autres leurs fils de vers à soie pour dessiner l'arachnéenne cartographie de *la* ville-fleuve universelle, mythique d'être polymorphe, intertextuelle, réticulaire. L'exemple le plus frappant en est peut être Sméraldine :

> À Sméraldine, ville aquatique, un réseau de canaux et un réseau de rues se superposent et se recoupent. Pour aller d'un endroit à un autre, tu as toujours le choix entre le parcours terrestre et le parcours en barque : et comme à Sméraldine le chemin le plus court d'un point à un autre n'est pas une droite mais une ligne en zigzags ramifiée en variantes tortueuses, les voies qui s'offrent aux passants ne sont pas simplement deux, il y en a beaucoup, et elles augmentent encore si l'on fait alterner trajets en barque et passages à pieds secs[129].

Il est une autre *ville invisible* où l'effet-miroir cette fois n'est pas parfaitement symétrique, mais offre une « réflection » pénétrant mieux l'intime en répliquant une image non pas symétrique mais inversée, qui rejoint l'Amsterdam grinçant de Camus, sa mélancolie, mais aussi le modèle réduit de maison qui est un véritable personnage, animé de vie propre, en même temps qu'une représentation spéculaire de la maison de canal de l'Âge d'Or dans *Miniaturiste* : c'est Valdrade et son reflet inversé dans l'eau :

> Il n'existe ou n'arrive rien dans l'une des Valdrade que l'autre Valdrade ne répète, car la ville fut construite de telle manière qu'en tous ses points elle soit réfléchie par son miroir, et la Valdrade qui est en bas dans l'eau contient non seulement toutes les cannelures et tous les reliefs des façades qui se dressent au-dessus du lac mais encore l'intérieur des appartements avec les plafonds et planchers, la perspective des couloirs, les glaces des armoires. [...] Les deux villes jumelles ne sont pas égales, puisque rien de ce qui existe ou arrive à Valdrade n'est symétrique : et qu'à tout visage ou geste répondent dans le miroir un geste ou un visage inversé, point par point. Les deux Valdrade vivent l'une pour l'autre, elles se regardent dans les yeux : mais elles ne s'aiment pas[130].

Le départ forcé des Juifs d'Amsterdam vers les camps de concentration peut être entrevu dans la vision qu'a eue le Grand Khan de familles se

129 *Ibid.*, p. 106-107.
130 *Ibid.*, p. 66.

séparant sur un quai de brouillard, avec un passeur, un navire en partance, et dont Marco Polo lui révèle qu'elle a eu lieu, et que ceux qui sont partis jamais plus ne reviendront.

> – Mets-toi en route, explore toutes les côtes et trouve cette ville, dit le Khan à Marco. Puis reviens me dire si mon rêve correspond à la réalité.
> – Excuse-moi, seigneur : il n'y a pas de doute, tôt ou tard je partirai de ce môle, répond Marco, mais je ne reviendrai pas pour t'en rendre compte. La ville existe et elle n'a qu'un secret : elle ne connaît que des départs, elle ne connaît pas de retours[131].

Or, le mécanisme inverse peut également se produire, et la ville-fleuve réelle, son expérience empirique, peuvent être en retour – ou les premières – appréhendées comme « une extension de l'imaginaire », au nom de la nécessité, partagée par beaucoup, et qui nous rend si fragiles devant les séductions systémiques et les rêves totalisants, « que les choses aient un sens », et que ce sens soit donné sous forme de prédestination, ce qui invite à faire préexister une signification, à l'animer de volonté propre, et à créer le réel à son image :

> Comme tout le monde, il mène une existence si fragmentée que s'il aperçoit une connexion entre deux fragments sa tentation est grande, chaque fois, de lui chercher une signification. La connexion existe. Mais lui donner un sens, chercher plus loin que le simple fait de son existence, reviendrait à construire un monde imaginaire à l'intérieur du monde réel, et il sait que cela ne tiendrait pas debout[132].

Or c'est bien là un des ressorts de l'approche géocritique, qui effectue des va-et-vient entre le regardant et le regardé, le reconnu et le reconnaissant, le réel de la ville-fleuve nourrissant l'imaginaire autant que l'imaginaire de la ville-fleuve se ré-injecte dans le réel, pour le modifier tout aussi sûrement et faire de l'altérité un phoenix qui renaît sans cesse de ses cendres, donnant vie à un oiseau littéraire toujours renouvelé. C'est exactement ce que le climat de ville-fleuve a fait à l'un des plus célèbres oiseaux d'Amsterdam, la statue nommée *L'Oiseau*, que réalisa le Norvégien Carl Nesjar d'après un dessin que Picasso avait donné en 1964 pour les cent ans du Vondelpark, et que les Amstellodamois appellent *Le Poisson*.

131 *Ibid.*, p. 12.
132 Paul Auster, *L'Invention de la solitude*, *op. cit.*, p. 231.

Enfin, c'est probablement parce qu'Amsterdam est une ville d'eau qu'elle est aussi une ville de musique et de mots : « On est à Amsterdam, où les mots s'écoulent comme l'eau, inondent les oreilles, nourrissent la pourriture », écrit Jessie Burton[133]. L'écrivain-voyageur Cees Nooteboom associe Amsterdam à cette langue relativement confidentielle qu'est le néerlandais et qui en fait une « sémiosphère[134] » unique, un « signe » à la Borges dans sa nacre authentique :

> Voici que je longe les canaux où flânèrent les poètes qui ont écrit en mon langage secret et que nul étranger ne peut lire, Hooft, Vondel, Bredero, Hoornik, Slauerhoff[135]. [...] C'est ma ville, un signe réservé aux initiés. Elle ne se livrera jamais totalement à l'étranger qui en ignore la langue et l'histoire, parce que ce sont justement la langue et les noms qui conservent les humeurs, des lieux et des souvenirs[136].

Ainsi s'achève cette flânerie littéraire dans la ville qui était Venise sans être Venise, au fil vagabond des humeurs, au détour funeste et fumeux des brumes, sur le pont plus de mille fois répliqué d'un vaisseau-ville, fantôme à ses heures perdues ; à l'affût d'un signe – une signification profonde qui ne se donnât point, ou le suspens infini d'un suicide à éviter – sur ces eaux où à tout jamais fascine le spectacle toujours renouvelé du même. « Rien n'est resté pareil et tout est inchangé[137] », écrit Cees Nooteboom. « Il y a des siècles que des fumeurs de pipe y contemplent la même pluie tombant sur le même canal[138] », remarque sentencieusement Clamence.

C'est que l'eau est ce qui rend les villes éternelles, d'où la fascination qu'entretiennent pour elles, d'Amsterdam à Venise, de Bangkok à México et de New York à Amsterdam, les arpenteurs des boréales cités d'eau, miroirs des cultures passées, où « on pourra, entre chaque notion et chaque point de l'itinéraire, établir un lien d'affinité et de contraste, qui serve à la mémoire de rappel instantané[139] », selon Italo Calvino, jusqu'à

133 Jessie Burton, *Miniaturiste*, *op. cit.*, p. 17.

134 Youri Lotman cité par Bertrand Westphal, « Pour une approche géocritique des textes », art. cité, p. 9-40.

135 Pieter Corneliszoon Hooft (1581-1647), Joost van den Vondel (1587-1679), Gerbrand Adriaenszoon Bredero (1585-1618), Eduard Hoornik (1910-1970), Jan Jacob Slauerhoff (1898-1936).

136 Cees Nooteboom cité par Brigitte Forgeur, *L'Art de vivre à Amsterdam*, *op. cit.*, p. 28.

137 *Id.*

138 Albert Camus, *La Chute*, *op. cit.*, p. 61.

139 Italo Calvino, *Les villes invisibles*, *op. cit.*, p. 21.

« perdre toutes identités pour devenir à la fin (peut-être ?) une densité anonyme », rêva un jour l'auteur des *Limbes incandescents*[140].

L'impossibilité de choisir, parmi toutes les images spéculaires que la ville-fleuve projette et qui sont projetées sur elle, une route plutôt qu'une autre sans s'en trouver changé, fait que le va-et-vient permanent et ultra-rapide entre « les Amsterdam » – entre les époques dans le paysage urbain, par effet de stratigraphie, et entre les représentations simultanées des villes-fleuves jumelles comme, aussi, entre les projections phantasmées ou atopiques produites par les différents arts, par effet de stéréotype et d'intertextualité, tout cela à une vitesse telle que tous les états de la ville et de l'eau semblent se superposer dans un impossible empilement de possibles – élève la ville-fleuve à l'état de choix à faire perpétuel, projetant devant soi son risible *fatum* et son inextinguible finitude annoncée, porteuse de frustration éternelle, comme dans le poème de Robert Frost, « *The Road Not Taken*[141] ».

Mayi VINCENT
Classes préparatoires aux E.N.S.
– Lycée Leconte de Lisle
Saint-Denis de la Réunion, France

140 Kenneth White, *Les Limbes incandescents ou Le livre des sept chambres*, *op. cit.*, p. 48.

141 Cité par David Orr, "*You're Probably Misreading Robert Frost's Most Famous Poem*", *Literary Hub*, 18.08.2016 : https://lithub.com/youre-probably-misreading-robert-frosts-most-famous-poem/ (consulté le 22 septembre 2022) : "*The Road Not Taken : Finding America in the Poem Everyone Loves and Almost Everyone Gets Wrong*, Penguin Press, 2015.

LONDRES ET LA TAMISE

Théâtre de fictions contemporaines

« La plupart des gens se promènent dans [Londres] sans voir autre chose que des rues, des magasins et des voitures. Mais quand on accompagne Sherlock Holmes, on voit le champ de bataille. »

C'est ce que Mycroft Holmes déclare au docteur Watson dans le premier épisode de la série *Sherlock*[1]. Par ces mots, il n'évoque pas seulement la perspicacité exceptionnelle de son célèbre frère, mais aussi une autre vision possible de Londres. Le détective créé par Sir Arthur Conan Doyle va en effet bien au-delà des apparences paisibles et banales de la ville, telle qu'elle est perçue par le commun des mortels. Son esprit aiguisé en remodèle la carte : il n'y voit rien de moins qu'un théâtre d'opérations et de rapports de force aussi violents que mystérieux, qu'il a pour tâche d'élucider et de neutraliser grâce à ses qualités de stratège. Et, en tant que tel, il prend en compte tous les aspects géographiques de Londres, y compris la Tamise : elle apparaît clairement dès le début du générique de la série et fait donc pleinement partie d'un vaste champ de bataille secret contre le crime.

Bien entendu, Sherlock n'est pas seul à concevoir une représentation originale des relations entre la Tamise et Londres. On pourrait en dire autant des nombreux artistes célèbres qui se sont inspirés de la capitale anglaise et de son fleuve, ont réfléchi à leurs liens et en ont proposé une vision singulière dans des œuvres devenues classiques, par exemple Joseph Turner[2] ou Claude Monet[3].

Dans notre étude, nous choisirons cependant de nous intéresser à un corpus réduit d'œuvres plus contemporaines relevant des arts visuels au

---

1 Steven Moffat et Mark Gatiss, *Sherlock*, *B.B.C.*, 2012, saison 1, épisode 1 (« Une Étude en Rose »).

2 On peut penser à son tableau *La Tamise au-dessus du Pont de Waterloo* (vers 1830), Tate Britain, Londres.

3 Par exemple son tableau *Londres. Le Parlement. Reflets sur la Tamise* (1905), Musée Marmottan Monet, Paris.

sens large (bande dessinée, manga, cinéma et séries télévisées), qui nous présentent également des conceptions singulières des relations qui se tissent entre le fleuve et la ville. Quelles représentations originales du lien entre la Tamise et Londres ces œuvres nous proposent-elles ? Nous envisagerons tout d'abord la représentation de la Tamise en champ de bataille stratégique au cœur de Londres ; puis, nous analyserons la Tamise vue comme un lieu mystérieux et criminel au sein de la capitale ; enfin, nous considérerons le fleuve dépeint comme une frontière ambivalente de la ville.

LA TAMISE COMME LIEU STRATÉGIQUE

Tout d'abord, plusieurs œuvres représentent la Tamise comme un champ de bataille et un enjeu stratégique dont le contrôle est crucial pour Londres, de *Vinland Saga*[4] de Makoto Yukimura à la bande dessinée *Le Roi des Sept Mers*[5] en passant par *Steamboy* de Katsuhiro Ôtomo[6].

VINLAND SAGA DE MAKOTO YUKIMURA

Intéressons-nous en premier lieu au manga historique *Vinland Saga* de Makoto Yukimura, dont le premier tome a été publié en 2009 ; Londres et la Tamise sont le cadre des aventures.

L'intrigue en est située au XIe siècle, dans l'univers des Vikings qui sont alors à l'apogée de leur puissance et lancent des raids de pillage et de conquête à travers l'Europe. Le protagoniste, un jeune Viking nommé Thorfinn, fait partie de l'équipage d'Askeladd, un commandant respecté et un combattant redoutable dont il souhaite se venger depuis que celui-ci a tué son père Thors par traîtrise. Askeladd a pourtant choisi de garder Thorfinn à ses côtés et de lui apprendre à se battre, car il est conscient qu'il ne l'assassinera pas. En effet, le code d'honneur viking impose de provoquer son ennemi en combat singulier, que celui-ci est

4 Makoto Yukimura, *Vinland Saga*, Kurokawa eds, tome 1, 2005, tr. fr. Xavière Daumarie, 2009.

5 *Le Roi des Sept Mers*, scénario de Jean-Michel Charlier et dessin de Victor Hubinon, Dargaud, 1962. Il s'agit du deuxième tome de la série *Les Aventures de Barbe-Rouge*.

6 Katsuhiro Ôtomo, *Steamboy*, 2003.

libre d'accepter ou pas. Askeladd accorde donc ses duels au jeune guerrier en échange de missions très dangereuses qu'il doit accomplir seul, par exemple l'élimination du commandant ennemi lors d'une bataille.

Thorfinn y est passé maître, maniant ses armes de prédilection (deux couteaux, dont un hérité de son père) avec rapidité et agilité. Mais, perdant son sang-froid au moment de ses duels avec Askeladd, il échoue systématiquement à tuer ce dernier. Il est donc devenu un tueur taciturne, haineux et obnubilé par sa vengeance, trahissant l'éducation non violente que lui avait donnée son père. Celui-ci, un ancien guerrier appartenant à l'unité d'élite des Jomsvikings, était surnommé « Le Troll de Jom » en raison de sa férocité au combat, avant de renoncer subitement à se battre pour une raison mystérieuse : il s'est donc retiré en Islande pour y vivre en paix avec sa famille, ce qui ne l'a pas empêché d'être assassiné par Askeladd sur les ordres d'un de ses rivaux, inquiet de son aura au sein des Jomsvikings. Loin de s'inquiéter de la haine que Thorfinn lui porte, Askeladd exploite sans scrupule son obstination vengeresse afin d'obtenir des victoires faciles et de riches butins, résumant sa méthode d'« éducation » par cette maxime cynique dans le tome 1 : « N'importe qui est utile pourvu qu'on sache s'en servir intelligemment[7]. »

Dans le tome 3, il décide de se joindre à une expédition lancée par le roi Sven du Danemark afin de conquérir l'Angleterre et plus précisément Londres. Des centaines de capitaines comme lui, attirés par la promesse de gloire et de richesses, ont grossi les rangs de l'armée danoise et se sont massés avec leurs navires sur la Tamise en aval de la ville. Mais celle-ci est protégée par un imposant pont de bois fortifié bloquant entièrement le fleuve, doté d'un chemin de ronde et de bastions. Confiants en leur puissance navale, les Vikings espèrent prendre le pont d'assaut et s'ouvrir ainsi un accès direct pour s'emparer de Londres. Mais Thorkell, le plus puissant d'entre eux, un combattant jovial doté d'une force herculéenne, les a trahis : ennuyé par la perspective d'une victoire facile sur les Londoniens, il a rejoint leurs rangs, espérant un combat plus stimulant contre ses anciens frères d'armes. Après qu'il a fait échouer plusieurs assauts frontaux, Askeladd ordonne à Thorfinn de l'assassiner (en échange de la promesse d'un nouveau duel), ce qui permettrait de briser net la résistance des assiégés mais représente pour ainsi dire une mission suicide. De manière prévisible,

7 Makoto Yukimura, *Vinland Saga*, *op. cit.*, p. 98.

le jeune homme accepte et engage le combat seul. Un duel sans pitié s'ensuit pour le contrôle du pont et de la ville, entre le géant hilare qui ne vit que pour la guerre et le jeune homme renfermé qui ne vit que pour sa vengeance. Chacun trouve enfin un adversaire à sa mesure. Tous deux sortent du combat sérieusement blessés et se promettent de s'affronter à mort à leur prochaine rencontre, mais ni le pont ni la ville ne tomberont aux mains de Sven, qui devra se retirer avec le gros de ses troupes.

Le fleuve est donc dépeint ici comme un enjeu stratégique essentiel, aussi bien pour les assiégeants que pour les assiégés. La muraille que représente le pont détermine le contrôle de la ville, en particulier face aux Vikings dont la puissance est essentiellement navale. Le fleuve revêt une dimension essentiellement guerrière, puisqu'il devient le champ de bataille de la ville. N'est-ce pas l'image que l'on peut avoir de Londres sur la Tamise depuis la *Londinium* romaine ?

STEAMBOY DE KATSUHIRO ÔTOMO

C'est de manière analogue que Londres et la Tamise sont mises en scène dans un film d'animation du célèbre *mangaka* Katsuhiro Ôtomo, *Steamboy*, sorti en 2003.

Cette uchronie (une fiction mettant en scène un passé alternatif) se déroule dans l'Angleterre victorienne de 1866. Un inventeur génial, Lloyd Steam, a mis au point une source d'énergie révolutionnaire : la « *Steam Ball* », une sphère métallique portative renfermant une quantité phénoménale de vapeur concentrée. Un puissant fabricant d'armes américain, la Fondation O'Hara, a fait main basse sur les trois exemplaires existants de son invention, avec l'aide de son fils James qu'ils ont acquis à leur cause. Il peut cependant compter sur son petit-fils Ray, lui-même inventeur malgré son jeune âge. Enlevé par la Fondation, ce dernier est emmené de force à Londres et se retrouve prisonnier du pavillon monumental aménagé par la Fondation pour l'Exposition Universelle de Londres, au bord de la Tamise. Après avoir subtilisé une « *Steam Ball* », il parvient cependant à s'en échapper et à rejoindre un autre inventeur, un ami de son grand-père nommé Robert Stevenson. Mais celui-ci agit en réalité pour le compte du gouvernement, qui perçoit (à juste titre) la Fondation comme une menace : elle entend en effet profiter de l'Exposition Universelle pour expérimenter ses dernières armes (soldats blindés, chars d'assaut, planeurs...) contre l'armée anglaise, afin de conquérir de nouveaux marchés. Stevenson lance donc immédiatement la *Navy* et la police à l'assaut du pavillon.

Alors que la bataille semble tourner à son avantage, puisque ses navires de guerre positionnés sur la Tamise lui assurent une puissance de feu écrasante, la Fondation dévoile son arme ultime : le pavillon lui-même. Celui-ci est en réalité un gigantesque aéronef futuriste à réaction, propulsé par la puissance des « *Steam Balls* ». À la stupéfaction générale, il s'élève dans les airs, brise au passage le célèbre *Tower Bridge* et gèle instantanément le fleuve, prenant les navires de guerre de Stevenson au piège d'une banquise artificielle. Mais avec deux « *Steam Balls* » seulement pour l'alimenter, il se retrouve rapidement en difficulté, dérive et menace d'exploser en plein milieu de la ville. Ray et son grand-père (aidés par James, qui a tourné inopinément le dos à la Fondation) parviennent à en reprendre le contrôle et à le ramener au-dessus du fleuve, où il finit par exploser sans danger pour la population, formant un gigantesque mais étonnamment gracieux geyser de vapeur glacée. Ayant réussi à s'échapper au dernier moment grâce à un appareil de propulsion individuelle à vapeur, Ray contemple depuis la coupole de la cathédrale Saint-Paul la désagrégation de la structure, avant que les débris du pavillon ne soient engloutis par la Tamise. Mais il n'est pas le seul survivant, car Lloyd et James ont probablement réussi à s'échapper à bord d'un sous-marin.

Dans cette œuvre, on remarque que le fleuve constitue également un champ de bataille, ayant pour enjeu stratégique le contrôle voire la destruction de Londres. Ce combat voit la marine anglaise, toute-puissante sur le terrain naval, dépassée et réduite à l'impuissance par un adversaire futuriste qui conquiert pour la toute première fois le terrain aérien : l'uchronie permet ici à Katsuhiro Ôtomo d'anticiper, avec une fantaisie débridée, un siècle de progrès technologiques. On peut noter que la Tamise est aussi représentée comme le théâtre de faits aussi spectaculaires que techniquement soignés (comme la destruction du *Tower Bridge* ou la glaciation du fleuve) et qu'elle constitue également la seule protection qui permette de sauver la ville de l'explosion dévastatrice du pavillon. Celle-ci est certes inoffensive, mais le geyser de glace qu'elle produit n'est pas sans rappeler (encore une fois avec un siècle d'avance) une explosion nucléaire : on peut faire ici la comparaison avec le manga et le film d'animation *Akira*[8] du même Ôtomo (sortis respectivement en 1982 et 1988), qui montraient avec un luxe de détails inédit la destruction de Tokyo par un pouvoir surnaturel équivalent à une arme atomique, écho du traumatisme subi par les Japonais durant la Seconde Guerre mondiale.

LA BANDE DESSINÉE *LE ROI DES SEPT MERS*

Par ailleurs, la Tamise joue un rôle assez proche dans le deuxième tome des *Aventures de Barbe-Rouge* : la bande dessinée *Le Roi des Sept Mers*, scénarisée par Jean-Michel Charlier et dessinée par Victor Hubinon, publiée en 1962.

Cette célèbre série d'aventures (inspirée par les feuilletons romanesques du XIXe siècle) narre les péripéties de son personnage éponyme, un redoutable pirate du XVIIIe siècle qui sème la terreur sur les mers du Nouveau Monde en attaquant aussi bien les riches villes portuaires que les galions chargés de ramener en Europe l'or des Amériques. Il s'attache cependant à un bébé, qu'il recueille après avoir tué ses parents lors de l'attaque d'un navire marchand. Il le nomme Eric et l'adopte, entendant faire de lui un pirate impitoyable capable de lui succéder. Cependant, ce dernier, s'il démontre une vive intelligence et de grandes capacités de combat, s'avère être foncièrement honnête et n'éprouve que répugnance à l'égard de la vie de crimes de son père adoptif. Celui-ci l'envoie alors, sous un faux nom, à l'Académie Navale de Londres, avec un double objectif : parfaire sa formation d'officier de marine et faire l'expérience des injustices sociales, pour endurcir son cœur et venir à bout de ses scrupules. Eric (qui a décidé de ne jamais reprendre sa vie de pirate) devient rapidement un des plus brillants éléments de l'Académie, d'autant plus que sa volonté farouche de réussir et son travail acharné contrastent fortement avec la paresse et la morgue de ses condisciples, des fils d'aristocrates avec lesquels il entretient des relations méprisantes. Il n'en oublie pas pour autant son père adoptif, pour lequel il éprouve un mélange complexe d'affection et de rejet.

Au bout de deux ans, ce parcours exemplaire est cependant interrompu par un événement grave : Barbe-Rouge a été capturé par la *Navy* après

8 Le manga *Akira* de Katsuhiro Ôtomo a été publié en France par Glénat entre 1990 et 1992. Le film du même nom, adaptation du manga par l'auteur lui-même, est sorti en 1988. Ces deux œuvres, considérées comme des références incontournables, ont largement contribué à faire connaître le genre du manga en Occident.

avoir tué au combat le père d'un des camarades d'Eric. Il est incarcéré sur un ponton pénitentiaire lourdement gardé en plein milieu de la Tamise, dont les abords sont interdits d'accès à tout navire sous peine d'être coulé, et il doit être pendu en place publique trois jours plus tard. Eric décide de le sauver pour ainsi lui payer sa dette de reconnaissance. Il élabore pour cela un plan audacieux, avec l'aide de Triple-Pattes, le plus fidèle lieutenant de Barbe-Rouge et son ami de toujours. Faisant croire à son camarade que le chef pirate souhaite soulager sa conscience en lui transmettant les dernières volontés de son père, il pousse celui-ci à obtenir un permis royal afin de lui rendre visite. Il le fait ensuite enlever et usurpe son identité, ce qui lui permet d'accéder au ponton et de délivrer son père de son cachot. Pendant ce temps, Triple-Pattes, qui a affrété un navire léger et rapide, profite de la brume épaisse qui s'étend sur le fleuve ce jour-là pour déjouer la surveillance des guetteurs du ponton et canonner celui-ci à bout portant. Profitant du chaos, Eric et Barbe-Rouge sautent à la mer et sont recueillis par Triple-Pattes, qui met le cap vers l'aval et la liberté.

Ici, la Tamise peut tout d'abord être assimilée à une prison, puisqu'elle complète très efficacement le dispositif de sécurité du ponton, en isolant presque totalement Barbe-Rouge de la ville et des soutiens qu'il pourrait y trouver (Eric, Triple-Pattes et leurs hommes). Pourtant son rôle est ambivalent, puisque sa célèbre brume limite la vue des guetteurs et permet à Triple-Pattes de s'approcher suffisamment sans être repéré : elle les isole donc également et se révèle être un adjuvant précieux pour Eric. On constate qu'elle est à nouveau montrée comme un champ de bataille, dont l'enjeu reste stratégique, même s'il ne s'agit pas du contrôle de la ville : l'enjeu c'est Barbe-Rouge, dont tout Londres veut la mort afin de sauver le commerce anglais dans les Caraïbes, et qui recommencera ses attaques sans tarder.

LONDRES SUR TAMISE
Entre mystères et crimes

Est-il dès lors étonnant que la Tamise soit également représentée comme un lieu particulièrement propice, au sein de la ville qu'elle traverse, Londres, au mystère ou au crime ? C'est cette facette que permettent de découvrir ces figures notoires que sont Sherlock, James Bond ou encore Blake et Mortimer.

SHERLOCK

Sherlock, de Steven Moffat et Mark Gatiss, dont la première saison est sortie en 2012, en offre un premier exemple parlant. Cette série télévisée britannique, produite par la *B.B.C.*, constitue une adaptation très moderne du héros d'Arthur Conan Doyle[9], puisqu'elle le transpose de la fin du XIXe siècle au XXIe siècle, en assumant pleinement le décalage social et technologique entre les deux époques. Les personnages et les intrigues, quoique revisités, conservent pourtant les caractéristiques essentielles des récits d'origine. Sherlock devient ainsi un « détective consultant » utilisant très régulièrement son *smartphone*, mais il reste doté de son légendaire sens de la déduction et d'un orgueil qui insupporte les inspecteurs de Scotland Yard avec lesquels il travaille, particulièrement l'inspecteur Lestrade ; Watson, médecin militaire revenu d'Afghanistan (l'histoire se répète), écrit à propos de leurs enquêtes un *blog* qui connaît un certain succès. Tous deux ont également le même antagoniste récurrent que dans les romans originaux : James Moriarty, chef génial et machiavélique d'une puissante organisation criminelle.

Dans l'épisode 3 de la saison 1[10], intitulé « *The Great Game* », Sherlock est confronté directement à ce dernier pour la première fois. Celui-ci a en effet eu vent de sa réputation et a décidé de lui imposer un défi : Sherlock doit résoudre une série de crimes dans un temps limité (généralement quelques heures) et en informer Moriarty via un téléphone que celui-ci lui a fourni, faute de quoi un innocent mourra. Ces affaires

9 Par exemple, le titre du premier épisode (« Une Étude en Rose ») reprend celui de la première nouvelle mettant en scène Sherlock Holmes (« Une Étude en Rouge »).

10 Steven Moffat et Mark Gatiss, *Sherlock*, *op. cit.*, saison 1, épisode 3 (« Le Grand Jeu »).

criminelles, assez complexes, visent autant à mettre à l'épreuve la sagacité de l'enquêteur qu'à démontrer l'étendue des activités illégales de Moriarty : Sherlock doit notamment élucider un faux meurtre (mis en scène par les hommes de Moriarty pour permettre à un homme d'affaires criblé de dettes de disparaître) et la disparition des plans d'un projet gouvernemental ultra-secret de bouclier anti-missiles. L'une de ces affaires se révélera particulièrement ardue. Elle débute précisément sur les bords de la Tamise, sur une berge déserte où Sherlock doit identifier un cadavre anonyme qui ne porte en apparence aucun signe distinctif. Faisant à nouveau preuve de son intelligence hors pair, il y parvient sans peine et déchiffre des indices imperceptibles pour tout autre que lui, comme une déchirure caractéristique sur la veste de sa victime, indiquant qu'elle portait un badge. Il en tire la conclusion que le mort était un gardien de musée. Celui-ci travaillait dans une institution renommée qui doit prochainement exposer une toile inédite de Vermeer, dont la découverte très récente fait sensation dans le monde de l'art et qui a déjà été authentifiée par plusieurs experts : elle pourrait atteindre un prix record de plusieurs millions de livres au moment de sa vente aux enchères. Sans s'arrêter là, Sherlock analyse également le mode opératoire du meurtre et en déduit l'identité de l'assassin, un tueur recherché par Interpol sous le nom de « Golem ».

Son enquête l'amène à découvrir que ce meurtre vise en réalité à dissimuler une affaire de faux, le Vermeer n'étant qu'une copie particulièrement réussie. La véritable difficulté (imposée par Moriarty) consiste pourtant à prouver cette hypothèse, car la toile, techniquement parfaite, a trompé les meilleurs spécialistes du maître de Delft. Alors que le criminel a lancé le compte à rebours et que les dernières secondes s'égrènent, Sherlock se confronte au tableau, l'analyse dans les moindres détails en déployant toutes ses ressources, et il relève le défi au tout dernier moment : le faussaire, si doué soit-il, a commis une erreur de composition en représentant sur son tableau la supernova Van Buren, un phénomène astronomique postérieur de deux siècles à la mort de Vermeer. Sherlock sauve ainsi de justesse la vie d'un enfant pris en otage par Moriarty.

Ce dernier a ici joué sur l'imaginaire collectif des Londoniens, qui considèrent la Tamise comme un lieu mystérieux mais vulgaire de leur ville, propice aux crimes crapuleux, aux accidents ou aux suicides. Loin d'un banal fait divers, il s'agissait en réalité d'une escroquerie de haut vol, où le fleuve jouait le rôle de leurre dans un jeu de piste labyrinthique à l'échelle de la ville. La présence du corps sur les berges de la Tamise avait pour seul but d'égarer l'enquêteur loin du lieu réel du crime (une galerie londonienne feutrée) et de son véritable commanditaire (la conservatrice de cette galerie). Mais Sherlock n'a pas été dupe de ce jeu de fausses apparences !

JAMES BOND

Un autre héros anglais emblématique pourchasse lui aussi, à deux reprises, des criminels sur la Tamise : il s'agit bien entendu de James Bond !

La première scène constitue la séquence d'ouverture du film *Le monde ne suffit pas*, réalisé par Michael Apted et sorti en 1999. Le célèbre espion y pourchasse une tireuse d'élite en hors-bord, qui a fait sauter une bombe au siège des services secrets britanniques, le MI6, situé au bord du fleuve. Pour cela, il utilise sans autorisation un canot expérimental mis au point par Q, le spécialiste en technologie de la maison… au grand désespoir (comique) de celui-ci, puisque l'engin n'est pas terminé ! S'ensuit une course-poursuite entre les deux embarcations, Bond pourchassant son ennemie aussi bien sur le cours principal du fleuve (avec un passage obligé devant le Palais de Westminster) qu'à travers des canaux secondaires étroits, bordés d'anciens quais et d'entrepôts. L'ayant perdue de vue, il finit par emprunter un raccourci pour le moins inattendu par voie de terre (probablement à travers l'*Isle of Dogs*), ce qui provoque une courte poursuite cocasse avec une voiture de police et la traversée brutale d'un restaurant bondé. Il la rejoint finalement devant le *Millenium Dome* (autre passage obligé et iconique, ce stade étant alors en construction pour être ouvert en 2000) sur la péninsule de Greenwich. Il déploie au passage une palette étonnante de gadgets (dont des turboréacteurs, un mode « sous-marin » et des torpilles guidées) et provoque de multiples destructions. Il finit par contraindre son ennemie à accoster, mais elle se suicide avant qu'il ne parvienne à la capturer.

Dans le film *Spectre*, réalisé par Sam Mendes et sorti en 2015, une courte course-poursuite (qui constitue de toute évidence une réécriture de la précédente) a lieu entre Bond et son ennemi de toujours, Ernst Stavro Blofeld, chef de la puissante organisation criminelle qui donne son nom au film. Celui-ci ne s'est pas contenté de faire exploser une bombe au siège du MI6, à présent désaffecté : il a fait sauter le bâtiment tout entier en actionnant prématurément les charges de démolition, après y avoir enfermé l'amante de Bond, Madeline, espérant les prendre tous les deux au piège. Cependant, ils en ont réchappé de justesse à l'aide d'un hors-bord. Passant bien évidemment devant le Palais de Westminster, ils poursuivent sur le fleuve l'hélicoptère de Blofeld : Bond ouvre le feu à coups de pistolet et parvient (de manière assez improbable) à l'endommager assez gravement pour l'obliger à atterrir en catastrophe sur le *Westminster Bridge*, devant *Big Ben*. Après avoir failli le tuer par vengeance (Blofeld a en effet tué son père adoptif), il le livre à la police avant de quitter les services secrets avec Madeline.

Dans les deux cas, la Tamise est un lieu de combat entre Bond et le crime, tout à fait dans l'esprit de la saga : des courses-poursuites haletantes et à grand spectacle, faisant indirectement la promotion de plusieurs lieux emblématiques de la capitale, avec leur lot de gadgets et de destructions spectaculaires. Dans les deux cas, l'espion remplit sa mission, neutralise le criminel et protège la ville ainsi que ses habitants.

BLAKE ET MORTIMER

Pourtant, le fleuve peut également révéler des mystères avec une dimension criminelle nettement moins marquée. Nous nous appuierons ici sur *Le Testament de William S*[11]., un tome de bande dessinée de la série *Blake et Mortimer* scénarisé par Yves Sente et dessiné par André Juillard, sorti en 2016. Les deux auteurs lancent le célèbre duo d'enquêteurs britanniques imaginé par E.P. Jacobs (le physicien écossais Philip Mortimer et le capitaine du MI5 Francis Blake) sur la piste d'un mystère littéraire et historique d'importance nationale. En effet, il ne s'agit de rien de moins que de la véritable identité de William Shakespeare.

Ce mystère trouve sa source dans la Grande Puanteur de 1858, une période de sécheresse grave qui assécha la Tamise et provoqua de nombreux problèmes sanitaires. Un personnage de l'album raconte que les autorités décidèrent alors un grand nettoyage du réseau d'égouts (en construction, mais encore largement insuffisant) afin d'améliorer la salubrité publique. Entre la rive sud de la Tamise et l'emplacement de l'ancien Théâtre du Globe, qui avait brûlé accidentellement en 1613,

11 Yves Sente et André Juillard, *Le Testament de William S.*, éditions Blake et Mortimer, 2016.

les agents de la municipalité découvrirent une lettre manuscrite du XVIIe siècle dans un coffret. Signée « W. S. », elle était apparemment de la main de Shakespeare lui-même, qui l'avait adressée à un ami très proche nommé Guillermo, dont les historiens n'avaient jamais entendu parler et qui paraissait l'avoir aidé dans ses travaux. Or, au même moment, deux clubs (la *Shakespeare Defenders Society* et la Loge d'Oxford) se livraient une lutte farouche au sujet de la paternité des œuvres de Shakespeare : les premiers considéraient qu'il en était le véritable auteur alors que les seconds les attribuaient à Edward De Vere, comte d'Oxford. Pour mettre fin à cette dispute et aux duels parfois mortels qu'elle entraînait entre *gentlemen*, le richissime Lord Sandfield utilisa à bon escient la découverte de cette lettre : en échange d'un accord de paix perpétuelle entre les deux clubs, il s'engageait à verser une prime de cent mille livres à celui qui produirait d'ici cent ans la preuve définitive et écrite de la paternité des œuvres de Shakespeare.

Au moment où l'histoire commence, en 1958, plus aucun duel n'a eu lieu entre les deux clubs, mais cette quête est restée un échec et le délai est sur le point d'expirer. Cependant, une lettre du XVIIe siècle tout juste découverte à Venise vient apporter un indice décisif à Blake et à Mortimer : un marquis vénitien nommé Guillermo Da Spiri y affirme avoir aidé Shakespeare dans l'écriture de ses pièces et avoir caché le manuscrit inédit de l'une d'entre elles. Ce document pourrait constituer une preuve suffisante pour remporter la prime de Lord Sandfield, laquelle s'élève, après un siècle d'intérêts, à près de dix millions de livres ! Entre Venise, Vérone et Ravenne, Mortimer et Elisabeth (une jeune universitaire spécialiste de Shakespeare) se lancent alors dans une chasse au trésor effrénée pour retrouver ce manuscrit dans les délais impartis. Suivant les indices laissés par le marquis (des énigmes faisant référence à la vie et aux œuvres de Shakespeare), ils y parviennent à temps et résolvent ainsi le mystère sur lequel achoppaient les historiens : comment Shakespeare, qui n'a jamais quitté l'Angleterre et n'a pas reçu *a priori* une instruction très poussée, a-t-il pu rassembler les récits dont il a fait la matière de ses pièces ? En réalité, Da Spiri a bel et bien collaboré avec Shakespeare en lui fournissant cette matière, qu'il a puisée dans sa culture d'aristocrate et ses nombreux voyages, avant de devenir son ami le plus proche. Tous deux ont simulé la mort de l'auteur, qui ne repose pas à Stratford mais s'est enfui en secret à Venise avec son ami avant d'y mourir plusieurs années plus tard. Pourtant, le manuscrit promis n'étant qu'un canevas exécuté à quatre mains, il ne constitue pas une preuve légale suffisante et ne leur permet pas de remporter la prime colossale de Lord Sandfield.

Ici, la Tamise recèle, parmi ses vestiges archéologiques, un mystère historique et littéraire d'importance qui passionne de nombreux Londoniens et revêt un certain aspect criminel. En effet, Elizabeth, Mortimer et Blake ne sont pas les seuls à s'intéresser à ce manuscrit. Les représentants actuels de la Loge d'Oxford ne reculent devant rien pour le retrouver et établir leur vérité : ils n'hésitent pas à recourir aux services du colonel Olrik, génie du crime et ennemi notoire de Blake et Mortimer. Bien qu'enfermé dans la prison de Wandsworth, ce dernier se montre un fin stratège et manque de peu de mettre la main sur le manuscrit. On peut également mentionner le fils de l'actuel Lord Sandfield, jeune homme sans scrupules qui projette de tuer son père pour s'approprier la prime.

LA TAMISE COMME FRONTIÈRE LIBÉRATRICE… OU OPPRESSANTE

En dernier lieu, notons que le fleuve joue, assez logiquement, le rôle d'une frontière, qui permet la fuite ou devient, au contraire, synonyme d'enfermement, toujours dans *Le Roi des Sept Mers*, mais également dans *His Dark Materials*[12] et *Les Fils de l'homme*[13].

LE ROI DES SEPT MERS

Revenons au *Roi des Sept Mers* de Charlier et Hubinon. Après avoir libéré son père, Eric prend une décision radicale et pour le moins inattendue : refusant de redevenir pirate et préférant mener dorénavant une vie honnête, il saute à la mer et rentre à Londres, mais il se retrouve, de ce fait, pris au piège. En effet l'évasion de Barbe-Rouge a provoqué un scandale énorme, et l'état d'urgence a été décrété pour retrouver le fugitif et ses complices : la ville est dorénavant totalement quadrillée

12 Philip Pullman, *His Dark Materials*, *B.B.C.* et *H.B.O.*, saison 1, 2019.

13 Alfonso Cuarón, *Les Fils de l'homme*, 2006.

par l'armée, nul ne pouvant y entrer ou en sortir, ni même s'approcher de la Tamise, sans un laisser-passer spécial. Qui plus est, une prime énorme a été offerte pour la capture d'Eric, dont la tête est désormais mise à prix aussi cher que celle de son père – ce qui indique bien qu'il est devenu un criminel tout aussi redoutable aux yeux des autorités. Une solution se présente pourtant au jeune homme lorsqu'il croise un cortège funéraire. Il décide de s'y mêler, pensant que les gardes ne le contrôleront pas, et parvient effectivement à passer un point de contrôle sans être inquiété, jusqu'à arriver au milieu d'un pont. Afin de s'éloigner au plus vite, il saute dans le fleuve, se couvre d'un panier à la dérive et se laisse porter par le courant, sans que ni les gardes ni les badauds n'aient éventé son subterfuge. Son audace est finalement récompensée puisque qu'il parvient à s'embarquer clandestinement sur un navire en partance pour les Indes qui vient d'être contrôlé : il quitte donc à la fois Londres et l'Angleterre, par la Tamise puis par l'océan, au nez et à la barbe de l'armée et de la police du roi.

La Tamise joue donc bien le rôle d'une frontière stratégique et lourdement gardée, qu'il faut traverser pour retrouver une liberté fortement menacée dans une ville sous état d'urgence, transformée en une gigantesque prison.

HIS DARK MATERIALS

Une autre série télévisée anglaise récente, *His Dark Materials*, réalisée par la *B.B.C.* et *H.B.O.* en 2019, présente une thématique proche sur la relation entre la ville et son fleuve. Cette adaptation des *Royaumes du Nord*, premier tome de la trilogie romanesque de Philip Pullman, se déroule dans une version alternative de l'Angleterre du XIXe siècle, située dans un univers parallèle au nôtre.

L'héroïne, Lyra, est une jeune fille dotée de mystérieux pouvoirs et d'un objet magique très convoité : un aléthiomètre, capable de révéler tout ce qu'il veut savoir à l'interprète assez habile pour déchiffrer son fonctionnement, généralement après des années d'études. Or, Lyra l'a appris instinctivement, ce qui la rend d'autant plus exceptionnelle et dangereuse aux yeux du Magisterium, l'autorité religieuse suprême (une version dictatoriale du Vatican) qui régente ce monde et considère les aléthiomètres comme des menaces potentielles. Ayant quitté sa ville natale d'Oxford après la disparition de Roger, un de ses amis d'enfance, la jeune fille se rend à Londres à sa recherche. Mme Coulter, une puissante et mystérieuse aristocrate liée au Magisterium, la prend sous son aile et fait d'elle sa secrétaire, lui promettant d'utiliser ses relations pour l'aider à retrouver Roger. D'abord éblouie par la vie mondainc fastueuse de Mme Coulter, Lyra commence pourtant à se méfier d'elle. Elle découvre qu'elle fait partie des « Enfourneurs », une organisation secrète liée au Magisterium, et qu'elle a commandité l'enlèvement de Roger.

Déterminée à garder Lyra prisonnière, Mme Coulter met alors bas les masques et enferme la jeune fille dans son appartement. Mais celle-ci est délivrée par un commando de Gitans (dont Mme Coulter a également enlevé un des enfants), au prix de la vie de l'un d'entre eux, et parvient à quitter la ville à bord de leur péniche. Elle y retrouve Ma Costa, son ancienne nourrice gitane, qui lui apprend la raison de l'affection maladive que lui porte Mme Coulter : celle-ci est en réalité sa mère. Pour le compte du Magisterium, elle mène, au-delà du Cercle polaire, des expériences interdites sur des enfants qu'elle a enlevés un peu partout dans le pays. Lyra doit donc s'y rendre avec les Gitans pour les sauver, en même temps que Roger.

Ici aussi, la ville est d'abord un havre trompeur qui séduit Lyra (par ses apparences élégantes et la fausse bienveillance de Mme Coulter), puis une véritable prison dont Mme Coulter semble être la maîtresse. Cette dernière est en effet une parfaite hypocrite qui dissimule soigneusement un caractère tourmenté, à la fois aimant, tyrannique et possessif. Par ses relations, elle semble maîtriser les jeux politiques dangereux du Magisterium. Grâce à ses expériences, qui semblent revêtir un intérêt stratégique majeur, elle paraît même y avoir conquis une position influente (rarissime pour une femme dans ce monde resté extrêmement patriarcal). Cette maîtrise se double pourtant d'une folie latente qui transparaît brutalement dans sa relation avec sa fille, créant un attachement profondément étouffant. Seul le fleuve (avec les Gitans qui en ont fait leur foyer dans le cadre de leur mode de vie nomade) permet à Lyra d'échapper à son emprise. Après avoir tenté de se suicider (ce qui montre également le côté auto-destructeur de son amour), Mme Coulter ne renonce pas à cette emprise puisqu'elle se lance à la poursuite de sa fille pour la reconquérir de gré ou de force, en employant tous les moyens à sa disposition.

LES FILS DE L'HOMME

Pour finir, nous changerons légèrement de perspective en considérant la Tamise, non plus comme une frontière potentiellement libératrice, mais comme une démarcation brutale et oppressante. Pour cela, nous prendrons comme exemple un plan du film *Les Fils de l'homme* d'Alfonso Cuarón, sorti en 2006.

Ce film post-apocalyptique se déroule dans un monde futuriste devenu totalement infertile : aucun enfant n'a vu le jour depuis dix-huit ans, ce qui a plongé la Terre dans le désespoir et la guerre généralisée. L'intrigue prend place dans une Angleterre dystopique qui a survécu au chaos, au prix de sa liberté et de sa dignité : elle est en effet dominée par une dictature militaire qui parque les étrangers (surnommés « Refs ») dans des camps et réprime sévèrement les libertés de tous les citoyens, tout en les incitant à se suicider pour fuir ce monde sans espoir. Le protagoniste, Thelonius (surnommé Theo), est un petit fonctionnaire désabusé et indifférent qui vit à Londres et fait de son mieux pour ignorer la souffrance de ses contemporains. Mais, à l'instance de son ex-femme Julian, cheffe d'un mouvement rebelle, il accepte de contacter Nigel, un de ses cousins du gouvernement, afin d'obtenir un laisser-passer qui permettra à une étrangère de quitter le pays. Il traverse pour cela une sorte de « zone verte » sévèrement gardée de la ville, dotée de parcs verdoyants où les citoyens de l'élite assistent paisiblement à des concerts en plein air. Cette oasis de tranquillité contraste fortement avec le reste de Londres où vit Theo : des rues étroites, sales, quadrillées par la police et encombrées par des pénitents appartenant à différentes sectes, où des bombes (peut-être posées par le gouvernement pour justifier la terreur) explosent régulièrement.

Son cousin vit dans un secteur à part au sein même de cette enclave privilégiée : visiblement un ancien complexe industriel situé de l'autre côté de la Tamise et qu'il a reconverti en « Arche des Arts », y entassant les œuvres les plus emblématiques de l'humanité qu'il a pu sauver de la destruction, comme *Guernica* de Picasso ou le *David* de Michel-Ange, qui ornent à présent respectivement son hall d'entrée et sa salle à manger. Le pont pour accéder à l'Arche est lui-même sévèrement gardé. Nigel y vit dans le luxe et l'insouciance, entouré de domestiques et de gardes du corps, au milieu des œuvres d'art qui constituent son unique préoccupation. Même s'il accepte avec quelques réticences d'aider Theo, il lui confie clairement son égoïsme : le sort actuel et futur de l'humanité lui est indifférent, même si cela rend son projet d'Arche des Arts caduc à moyen terme puisque l'humanité s'éteindra inéluctablement avant un siècle. Face à l'admiration ironique de Theo, il revendique ainsi sans complexes son refus total du monde : « La solution, c'est de ne pas y penser. » Mais ce qu'il ignore, c'est que la réfugiée à qui le laisser-passer est destiné est la première femme enceinte depuis dix-huit ans, et qu'elle pourrait sauver le monde en apportant un remède à l'infertilité. D'abord malgré lui, puis de toutes ses forces, Theo devra se battre pour la protéger.

On pourrait considérer ici que le fleuve symbolise l'égoïsme et le mépris de Nigel, sa volonté de se couper du reste de la ville mais aussi plus largement de toute l'humanité, afin de vivre retranché dans son monde artificiel. La séparation est dans un premier temps géographique et sociale : le fleuve l'isole aussi bien de ses concitoyens aisés que des classes inférieures vivant à l'extérieur de la « zone verte », mais aussi – à plus forte raison – des « Refs » survivant à grand-peine dans des camps délabrés et insalubres. Le réalisateur nous montrera par la suite un de ces camps avec une précision quasi documentaire : bien qu'il propose une intrigue de science-fiction, son film constitue une critique en règle de politiques xénophobes bien actuelles.

Mais la séparation est également culturelle : ce bunker n'a rien d'un musée, puisque Nigel se considère comme le seul digne d'admirer ses œuvres, méprisant jusqu'à ses concitoyens de l'élite qu'il en estime indignes. Il va jusqu'à afficher son mépris pour eux en accrochant au toit de son Arche, aux yeux de tous, un énorme cochon gonflé à l'hélium : on peut y voir une caricature d'un art contemporain devenu suprêmement arrogant et se moquant d'une humanité inculte. Grâce au symbole du fleuve, le monde de l'art renonce à toute volonté fédératrice et s'isole ostensiblement du reste de l'humanité : pourtant, ce monde « préservé » n'échappera pas au sort commun, puisqu'il est lui aussi en sursis. L'Arche de Nigel trahit par conséquent sa vocation première. Retranchée derrière son pont, elle sert les désirs égoïstes d'un homme qui n'a rien d'un Noé déterminé à faire renaître l'humanité, tâche qui reviendra au bébé à naître.

La perspective envisagée dans cette étude était de découvrir quelles représentations originales du lien entre la Tamise et Londres différentes œuvres contemporaines relevant des arts visuels au sens large (bande dessinée, manga, cinéma et séries télévisées) nous proposaient. Nous avons pu constater que plusieurs d'entre elles représentent le fleuve comme un champ de bataille navale en plein cœur de la ville ; ces combats, tous d'une grande violence, sont reconstitués avec un certain degré de précision historique, en particulier dans *Le Roi des Sept Mers*. Toutefois, ils demeurent au service de la fiction : ainsi le siège du pont de Londres permet-il par exemple à Makoto Yukimura de poser les enjeux politiques et personnels de son intrigue. Et ils relèvent même de la fantaisie pure de l'auteur, quand Katsuhiro Ôtomo s'attache à représenter la destruction du *Tower Bridge* et la Tamise gelée.

Mais nous avons pu constater également que plusieurs œuvres présentent la Tamise comme un lieu mystérieux et criminel au sein de la capitale, Londres. La représentation d'un fleuve propice au mystère et au crime crapuleux, au sein d'une ville elle-même dangereuse, constitue un *topos* dans la culture et l'imaginaire britannique, illustré notamment par Sherlock Holmes ou par le tueur en série Jack l'Éventreur. *Le Testament de William S.* s'y réfère directement, en faisant de la Tamise la gardienne d'un mystère archéologique et littéraire qui passionne aussi bien les *gentlemen* que les criminels londoniens. Au contraire, les deux scènes tirées des films de James Bond montrent certes le fleuve et la ville comme potentiellement criminels, mais ils ne sont que des lieux emblématiques servant de théâtre aux affrontements classiques entre Bond et ses ennemis. La série *Sherlock*, de son côté, détourne habilement ce cliché en déjouant nos attentes : le crime commis près de la Tamise était trompeur et hautement élaboré.

Enfin, la Tamise apparaît bien comme une frontière ambivalente de la ville et la dimension géographique est ici très présente. Dans *Le Roi des Sept Mers*, la Tamise fait avancer l'intrigue en l'ouvrant à de nouveaux horizons : la suite se déroulera ainsi bien loin de Londres, en plein Atlantique, et proposera une réécriture savoureuse de l'histoire du *Bounty*[14]. Dans les deux autres œuvres étudiées, on peut même noter que le fleuve et la ville s'opposent aussi bien géographiquement que

14 Eric se retrouvera en effet pris au piège sur le navire où il s'est embarqué. D'un côté, le capitaine, un véritable tyran, sera déterminé à l'exécuter comme passager clandestin ; de l'autre, son équipage, au bord de la mutinerie, voudra qu'il prenne leur tête afin de prendre le commandement du vaisseau et de mener des campagnes de piraterie. Cela

symboliquement. Dans la série *His Dark Materials*, la Tamise représente en effet la liberté et l'entraide des Gitans qui y ont élu domicile, alors que Londres symbolise la tyrannie et l'amour profondément égoïste de Mme Coulter qui y règne en maîtresse absolue. Dans le film *Les Fils de l'homme*, le fleuve trace une frontière nette mais trompeuse entre le monde « préservé » de l'art et une capitale en pleine déchéance – comme l'humanité elle-même –, qui sont pourtant tous les deux condamnés.

Ces œuvres nous offrent par conséquent des représentations très variées des relations que tissent la Tamise et Londres. La ville et son fleuve représentent une vaste carte chargée d'histoire et de représentations, où les auteurs peuvent trouver un cadre emblématique pour leurs récits – sans avoir à se soucier d'exactitude historique ou géographique –, suivre des clichés ou les détourner, donner libre cours à leur fantaisie ou mettre en scène des possibles terrifiants. Dans tous les cas, ils semblent jouer à transformer la géographie réelle de la Tamise et de Londres en une géographie imaginaire originale.

Ce n'est pas sans rappeler le personnage de Michel-Ange dans le roman historique *Parle-leur de batailles, de rois et d'éléphants*[15]. Appelé à Constantinople par le sultan Bayazid pour construire un pont sur la Corne-d'Or, l'artiste italien doit lui aussi passer d'une géographie réelle à une géographie imaginaire : comprendre cette ville orientale qui lui est profondément étrangère pour créer une œuvre architecturale monumentale mais digne d'elle.

Pierre Lavielle
Lycée Georges Braque,
Argenteuil, France

fait évidemment écho à l'histoire célèbre des mutins du navire anglais *Bounty*, narrée notamment par Jules Verne dans sa nouvelle *Les Révoltés de la Bounty* publiée en 1879.

15 Mathias Énard, *Parle-leur de batailles, de rois et d'éléphants*, Arles, Actes Sud, 2010.

LES VILLES AQUATIQUES DANS LA LITTÉRATURE *FIN-DE-SIÈCLE*

Bruges, une topographie de l'âme

Le décor urbain pluvieux ou brumeux des grandes villes (Paris, Londres) et surtout la cité sur l'eau (l'on songe principalement aux petites villes flamandes Gand, Bruges, Anvers) occupent une place centrale dans la production littéraire *fin-de-siècle.* Quand bien même le thème urbain jouit d'une faveur particulière avec Baudelaire et Gautier, on constate que la ville sur l'eau des poètes belges connaît un essor important. Elle est bien plus qu'une toile de fond ou un élément descriptif. D'une part, elle concrétise l'exploitation d'un thème spécifique à la sensibilité décadente, c'est-à-dire le labyrinthe aquatique où l'artiste se promène, se perd, se miroite et se retrouve. D'autre part, la ville-fleuve témoigne de la fascination pour un espace qui suscite la rêverie et la communication entre le sujet et l'univers, la cristallisation des relations primitives. Cette symbiose se manifeste dans le couplage du paysage intérieur et du paysage urbain. « Je ne comprendrais pas moins sans la ville », avoue l'écrivain belge Max Elskamp, auteur, parmi d'autres, de *Dominical*[1], un recueil de poèmes où Anvers apparaît comme la métaphore obsédante du sujet lyrique. Quoique Londres et Paris inondent les vers des décadents et des symbolistes, les petites villes flamandes sous les brumes du Nord constituent la géographie privilégiée de l'âme et de l'imaginaire fin-de-siècle.

Nous nous proposons d'examiner quelques représentations emblématiques des villes-fleuves au sein de la littérature belge francophone, en accordant une attention particulière à Bruges. Cependant, commencer par une citation emblématique de Paul Valéry, disciple de Mallarmé, concernant Londres nous semble fondamental pour comprendre l'essence

1 Max Elskamp, *Dominical*, illustré par Henry Van de Velde, Anvers et Bruxelles, Lacomblez, 1892.

du symbolisme. Au cours d'une promenade dans la capitale anglaise, le poète s'arrête sur le pont traversant la Tamise et se livre à une réflexion qui capture les relations consubstantielles entre la ville et l'âme du poète :

> Comment se peut-il qu'un passant tout à coup soit saisi d'absence, et qu'il se passe en lui un changement si profond, qu'il tombe brusquement d'un monde presque entièrement fait de *signes* dans un autre monde presque entièrement formé de *significations* ? Toutes choses soudain perdent pour lui leurs effets ordinaires, et ce qui fait qu'on s'y reconnaît tend à s'évanouir. Il n'y a plus d'abréviations, ni presque de noms sur les objets ; mais, dans l'état le plus ordinaire, le monde qui nous environne pourrait être *utilement* remplacé par un monde de symboles et d'écriteaux. Voyez-vous ce monde de flèches et de lettres ? *In eo uiuimus et mouemur*[2].

Mais rien n'est perdu, en fait, et il ajoute :

> Or, parfois, moyennant un transport indéfinissable, la puissance de nos sens l'emporte sur ce que nous savons. Le savoir se dissipe comme un songe, et nous voici comme dans un pays tout inconnu au sein même du réel pur.
>
> Comme dans un pays tout inconnu où se parlant une langue ignorée, ce langage pour nous ne serait que sonorités, rythmes, timbres, accents, surprises de l'ouïe ; ainsi quand les objets perdent soudain toute valeur humaine usuelle, et que l'âme appartient au seul monde des yeux. Alors, pour la durée d'un temps qui a des limites et point de mesure (car ce qui fut, ce qui sera, ce qui doit être, ce ne sont que des signes vains), *je suis ce que je suis, je suis ce que je vois*, présent et absent sur le Pont de Londres.

Ce pays inconnu dans lequel aboutit le « transport indéfinissable » n'est que le paysage intérieur, un pays où tous les signes se dissolvent comme un fleuve qui disparaît à l'horizon ou dans la verticalité du ciel. Brumeuse et labyrinthique, Londres est une ville dans laquelle le poète se perd et se retrouve, comme l'écrivait déjà Mallarmé :

> Son brouillard monumental – il ne faudra le séparer de la ville, en esprit ; pas plus que la lumière et le vent ne le roulent et le lèvent des assises de matériaux bruts jusque par-dessus les édifices, sauf pour le laisser retomber closement, superbement, immensément : la vapeur semble, liquéfiée, couler peu loin avec la Tamise[3].

---

2 Paul Valéry, « *London Bridge* » (juin 1930), *Choses tues*, *Tel Quel*, Paris, Gallimard, Bibliothèque de la Pléiade, vol. II, 1960, p. 513-514.

3 Stéphane Mallarmé, « Déplacement avantageux », *Oxford, Cambridge, La musique et les lettres*, Paris, Perrin et Cie, 1895, p. 2.

Mais, si nous quittons Londres pour les provinces flamandes sous les brumes du Nord – les « petites patries[4] » dont parle Georges Rodenbach –, les cités mortes menacées par l'eau noire, les « villes tentaculaires[5] » aux atmosphères brumeuses et oniriques ou encore les canaux immobiles du dédale urbain sont les véritables protagonistes de la fin du XIXe siècle. Émile Verhaeren résume le projet poétique de ses compagnons belges : « Rodenbach traduit Bruges, Maeterlinck évoque Gand, Max Elskamp fleurdelise Anvers[6]. » Et comme le remarque le critique Christian Berg à propos de *Bruges-la-morte* de Rodenbach :

> Les villes mortes ou mourantes menacées par l'eau noire, les palais abandonnés environnés de plans d'eau stagnante, les petites cités de province prostrées dans le silence et l'oubli constituent la géographie privilégiée de l'imaginaire fin-de-siècle puisque le dégoût révulsé du présent de toute une génération d'artistes trouvait ainsi à s'exprimer à travers un lieu qui évoque d'abord la stagnation, la régression, l'involution mais qui permet aussi de rêver un temps immobile[7].

Bruges, la ville gothique et sainte du Moyen Âge flamand, mérite une attention particulière. Reprise par de nombreux poètes au fil des siècles, c'est sans doute à Rodenbach et à son œuvre-phare *Bruges-la-Morte* que l'on

---

4 *Cf.* Georges Rodenbach, « Paris et les petites patries », *Agonies de villes* (1897), série de portraits publiés dans *Le Figaro* puis dans *Évocations*, Bruxelles, éd. La Renaissance du livre, 1924, p. 13-139 ; Georges Rodenbach, *Bruges, Saint-Malo, Paris et les petites patries*, Damien Blanchard (éd.), Montceaux-lès-Meaux, Fiacre, 2008. Voir également : Jean-Pierre Bertrand, « Les petites patries de Georges Rodenbach », *Le monde de Rodenbach*, Bruxelles, Labor, 1999 ; Paul Aron, *La Belgique artistique et littéraire. Une anthologie de langue française 1848-1914*, Bruxelles, éd. Complexe, 1997.

5 Émile Verhaeren, *Les Villes tentaculaires*, Belgique, E. Deman, 1895 : https://fr.wikisource.org/wiki/Les_Villes_tentaculaires,_pr%C3%A9c%C3%A9d%C3%A9es_des_Campagnes_hallucin%C3%A9es_(Verhaeren) (consulté le 22 septembre 2022).

6 Émile Verhaeren, « Les Lettres françaises de Belgique », *La Nation Belge 1830-1905*, conférences jubilaires faites à l'Exposition Universelle de Liège en 1905, Bruxelles-Liège, 1905, p. 255.

7 Christian Berg, Bruges-la-Morte *de Georges Rodenbach. Lecture*, Bruxelles, Labor, 1999, p. 133. Voir également : Paul Joret, « Bruges-la-Morte ou la fêlure d'un idealisme : les racines idéologiques d'une fleur de papier », *Revue belge de Philologie et d'Histoire*, 1988, n° 66-3, p. 502-534 : https://www.persee.fr/doc/rbph_0035-0818_1988_num_66_3_3635 (consulté le 22 septembre 2022). Marc Quaghebeur (dir.), *Les villes du symbolisme*, Actes du colloque de Bruxelles 21-23 octobre 2003, Bruxelles / Bern / Berlin / Frankfurt am Main / New York / Oxford / Wien, Peter Lang, « Documents pour l'Histoire des Francophonies », 2007 ; Donald Flannel Friedman, *The Symbolist Dead City : A Landscape of Poesis*, New-York, New-York University, 1985.

attribue le mérite d'avoir transformé cette ville d'eau et de canaux immobiles dans une véritable topographie de l'âme, voire une *ville-état d'âme*. Pour le poète, Bruges a une fonction clairement dramatique, tel qu'il le dit dans l'Avertissement de la première édition du roman-poème : « [...] la ville comme un personnage essentiel, associé aux états d'âme, qui conseille, dissuade, détermine à agir. » La ville morte apparaît donc comme « le miroir d'une intériorité vécue comme solitude et déréliction, lieu symbolique par excellence puisqu'il devient le paradigme structural de l'inconscient[8] ». Ainsi, les représentations de l'eau, le ciel brumeux, les canaux miroitants, le béguinage, le silence des ruelles, la mélancolie des personnages se présentent comme la substance du paysage aussi bien que le travail analogique entrepris dans le roman. La vieille cité flamande est le reflet de l'esprit de l'auteur et de ses personnages. En ce sens, l'élection d'un décor urbain esthétiquement agonisant rend compte de l'agonie latente du décor psychique.

Le labyrinthe des eaux noires, la contemplation onirique d'Hugues Viane, le sentiment du passé évanoui sont l'expression de l'âme malade du protagoniste. Le veuf inconsolable est entouré de ses obsessions comme la ville est « emmaillotée dans les mille bandelettes de ses canaux[9] ». Les multiples cours d'eau suggèrent « les accords secrets, le réseau invisible des correspondances qui rapprochent jusqu'à se confondre une ville et un homme[10] ». Le paysage extérieur s'enchaîne et répond une fois de plus au paysage intérieur :

> Par l'accumulation de tableaux que lui offrait son univers flamand – paysages mélancoliques d'eaux stagnantes, de maisons à redans, d'églises et d'édifices gothiques, pays de silence et de brumes, traversé de blanches coiffes des béguines et poudré de la neige des cygnes –, par l'entrelacement des analogies secrètes entre la tristesse de Hugues et le demi-deuil éternel de la cité grise, par la présence de l'angoisse et de la mort qui flotte sur la ville, Rodenbach communique au lecteur un sentiment de tournoiement, une sensation de vertige[11].

Sur cet axe, Rodenbach greffe le renfermement de son personnage, Hughes, dans « les artères froidies de ces canaux », en mettant en

8 Christian Berg, Bruges-la-Morte *de Georges Rodenbach. Lecture*, *op. cit.*, p. 111.

9 Georges Rodenbach, *Bruges-la-Morte*, Paris, Marpon & Flammarion, 1892, p. 42 : https://fr.wikisource.org/wiki/Bruges-la-Morte (consulté le 22 septembre 2022).

10 Paul Gorceix, « Bruges-la-Morte, un roman symboliste », *L'Information littéraire*, nov.-déc. 1985, p. 205-210.

11 *Id.*

évidence le rapport analogique claustration-maladie-mélancolie-mort, qui est d'ailleurs présent dans *Les Vies encloses* (1896) et le conte « La Ville ». Dans ce dernier, les deux amants qui ont déménagé dans la ville morte allaient

> [...] au long des quais où songe une eau inanimée. Ils se regardaient parfois, du haut des ponts, dans cette eau des canaux. Eau vide, où il n'y avait qu'eux deux... Leurs visages étaient rapprochés l'un de l'autre, et se reflétaient mais tout pâles, tout lointains [...]. Une grande mélancolie planait [...]. On aurait dit de la ville qu'elle était le Musée de la Mort [...]. Tout mourait sans cesse dans la ville morte [...]. Ici tout sentait la mort [...]. Dans les églises, il flottait un relent de moisi [...]. Ils dormaient sans s'étreindre, avec leur amour entre eux, déjà froid et immobile, comme l'eau des canaux entre les quais de pierre[12].

C'est comme si les personnages choisissaient les villes nordiques aux eaux inanimées, non pour y vivre, mais pour y mourir poétiquement, ce que corrobore Bachelard en ces termes : « Contempler l'eau c'est s'écouler, c'est se dissoudre, c'est mourir[13]. » En ce qui concerne la relation entre l'eau et la maladie, il faut sans doute au moins mentionner « Les malades aux fenêtres[14] » de Rodenbach et « Hôpital[15] » de Maeterlinck, mais la production littéraire *fin-de-siècle* est inondée par des poèmes qui, en ayant recours aux métaphores de l'eau, célèbrent la maladie et la douleur :

> L'eau des anciens canaux est débile et malade, / Si morne, parmi les villes mortes, aux quais / Parés d'arbres et de pignons en enfilade / Qui sont, dans cette eau pauvre, à peine décalqués, / Eau vieillie et sans force ; eau malingre et déprise / De tout élan pour se raidir contre la brise / Qui lui creuse trop de rides... Oh !

---

12 Georges Rodenbach, *Le Rouet des Brumes. Contes posthumes* (1901), Paris, Société d'éditions Littéraires et Artistiques, Libraire Paul Ollendorff, 1914, p. 71-75 : https://archive.org/details/lerouetdesbrumes00rodeuoft/page/12/mode/2up (consulté le 22 septembre 2022). Voir également l'édition de Bertrand Vibert et Jean Rime, *Contes symbolistes*, vol. 3, Grenoble, ELLUG, Université Grenoble Alpes, 2016, p. 17-449. Pour compléter : David Paigneau, « La poétique de la Ville de Georges Rodenbach », *Lublin Studies in Modern Languages and Literature*, Maria Curie-Sklodowska University Press, vol. 44, n° 4, 2020 : https://www.researchgate.net/publication/348216559_La_poetique_de_la_Ville_de_Georges_Rodenbach (consulté le 22 septembre 2022).

13 Gaston Bachelard, *L'Eau et les Rêves. Essai sur l'imagination de la matière*, Paris, José Corti, 1942, p. 59.

14 Georges Rodenbach, « Les Malades aux fenêtres », *Les Vies encloses* (1896), Paris, Fasquelle, 1916 : https://fr.wikisource.org/wiki/Livre:Rodenbach_-_Les_Vies_encloses,_1896.djvu (consulté le 22 septembre 2022).

15 Maurice Maeterlinck, « Hôpital », *Serres chaudes*, Paul Lacomblez éditeur, 1912, p. 45-48 : https://fr.wikisource.org/wiki/Serres_chaudes (consulté le 22 septembre 2022).

> la triste eau / Qui va pleurer sous les ponts noirs et qui s'afflige / Des reflets qu'elle doit porter, eau vraiment lige, / Et qui lui sont comme un immobile fardeau. / Mais, trop âgée, à la surface qui se moire, / Elle perd ses reflets, comme on perd la mémoire, / Et les délaie en de confus mirages gris. / Eau si dolente, au point qu'elle en semble mortelle, / Pourquoi si nue et si déjà nulle[16] ?

À côté de l'eau malade de la ville morte dans laquelle le poète dissout sa peine et se dissout lui-même, nous retrouvons également l'image de l'eau enfermée et emprisonnée par les usines. C'est le cas, par exemple, des « villes tentaculaires » de Verhaeren ; l'image de l'eau cloîtrée et parfois pourrie sert à transposer la dégénérescence morale et culturelle de la société *fin-de-siècle*. L'eau reflète l'idéal spirituel autant que le côté corrompu de l'être humain. Dans les poèmes « La Ville[17] » (« Le fleuve de naphte et de poix / Bat les môles de pierre et les pontons de bois »), « La Plaine[18] » (« L'égout charrie une fange velue / Vers la rivière qu'il pollue »), « Les Usines[19] » (« Se regardant avec les yeux cassés de leurs fenêtres / Et se mirant dans l'eau de poix et de salpêtre / D'un canal droit… »), les cours d'eau n'offrent pas un paysage paisible pour l'âme, qui se voit donc obligée de chercher un autre abri comme l'hôpital ou la cathédrale.

La référence à la substance glauque peut donc représenter une menace pour l'esprit (chez Verhaeren) ou – par ses propriétés miroitantes – une sorte de refuge (chez Rodenbach). La descente dans les profondeurs abyssales du moi peut se produire par la contemplation des surfaces immobiles, mais aussi à travers la prière ou le béguinage. Ces deux derniers sont un autre exemple de clôture au monde, une mise en abyme d'une topographie diaphane aux multiples degrés : les rues de la cité flamande se doublent des couloirs silencieux du béguinage – qui est comme « une petite ville à part dans l'autre ville, plus morte encore[20] », mais aussi du musée – comme nous le voyons dans le recueil *Musée de Béguines*[21] constitué de

---

16 Georges Rodenbach, « Les Malades aux fenêtres », *Les Vies encloses*, *op. cit.*

17 Émile Verhaeren, *Les campagnes hallucinées* (1893), Paris, Mercure de France, 1920 : https://fr.wikisource.org/wiki/Les_Villes_tentaculaires,_pr%C3%A9c%C3%A9d%C3%A9es_des_Campagnes_hallucin%C3%A9es_(Verhaeren) (consulté le 22 septembre 2022)

18 Émile Verhaeren, *Les villes tentaculaires* (1895), Paris, Mercure de France, 1920 : https://fr.wikisource.org/wiki/Les_Villes_tentaculaires,_pr%C3%A9c%C3%A9d%C3%A9es_des_Campagnes_hallucin%C3%A9es_(Verhaeren) (consulté le 22 septembre 2022).

19 Émile Verhaeren, *Les villes tentaculaires*, *op. cit.*

20 Georges Rodenbach, *Bruges-la-Morte*, *op. cit.*, p. 111.

21 Georges Rodenbach, *Musée de Béguines*, Paris, Charpentier et Fasquelle, 1894.

neuf nouvelles entrecoupées de huit « Nature-Morte » – ou encore des fils de la dentelle qu'il évoque ainsi :

> Partout, le déroulement de ces exquises dentelles, en larges bandes, en rectangles symétriques. Un caprice infini : des fleurs, des palmes, un fouillis de lignes qui sont aussi mystérieuses que les lignes de la main. N'est-ce pas comme un vitrail de linge ? N'est-ce pas comme une géographie de fils, ruisselets, nappes, amas d'eau gelée, ruissellement calme, ici tari et bu, aboutissant au vide, là s'éparpillant en méandres, en petites ondes qui se prennent et se quittent[22].

Les fils que les béguines bordent sont ceux d'une écriture fluctuante qui se matérialise en un tissu poétique bâti sur la généalogie tellurique du pays :

> C'est la beauté de Bruges. Grande gloire finie ! Dernier sourire immobile ! Tout s'est recueilli alentour : les eaux sont inertes, les maisons sont closes, les cloches chuchotent dans la brume. Voilà le secret de son charme. Pourquoi vouloir qu'elle redevienne comme les autres ? Elle est unique. On marche dans elle comme dans un souvenir[23].

Dès *Le Règne du silence* (1901), Rodenbach a remonté jusqu'au mythe de la cité médiévale en déterminant une correspondance entre la ville et la vie intérieure : « Ô ville, toi ma sœur à qui je suis pareil, / Ville déchue, en proie aux cloches [...] Toi, ville ! Toi ma sœur douloureuse qui n'as / Que du silence et le regret des anciens mâts ; / Moi, dont la vie aussi n'est qu'un grand canal mort[24] ! » La ville aquatique est étouffée par la présence de la mort, du mystère ou du silence qui précède le réveil, comme on le retrouve chez Eugène Demolder :

> Les maisons pensives et candides ont l'air d'avoir reçu une absolution. On n'entend que les cloches, les cloches, les cloches, bing ! bang ! bing ! bang ! bing ! bang ! Elles filent au rouet des clochers les musiques de leurs carillons, mais, entre chaque tour de leur vibrant fuseau, écoutez quel mystère ! [...] On dirait qu'elles veulent sonner à mort ! [...] Elles sanglotent, et c'est un carillon de larmes qui pleut en taches de deuil[25] !

---

22 Georges Rodenbach, *Le Carillonneur*, Bruxelles, Les Éperonniers, 1897, p. 297 : https://fr.wikisource.org/wiki/Le_Carillonneur (consulté le 22 septembre 2022).

23 Georges Rodenbach, *Le Carillonneur*, *op. cit.*, p. 22.

24 Georges Rodenbach, Poème XV, « La Vie des Chambres », *Le Règne du silence* (1891), Paris, Charpentier, 1901 : https://fr.wikisource.org/wiki/Le_R%C3%A8gne_du_silence (consulté le 22 septembre 2022).

25 Eugène Demolder, *Contes d'Yperdamme*, Bruxelles, Paul Lacomblez, 1891, p. 8 : https://gallica.bnf.fr/ark:/12148/bpt6k1478945/f59.image (consulté le 22 septembre 2022).

De même, « les cloches [qui] rythment le silence » ne sont pas chez Grégoire Le Roy « les cloches triomphales, / Les lourds bourdons des cathédrales, / Mais des cloches monacales / qui scandent les nombres du sort », et « leur envol sinueux et lent » est semblable à celui « des ailes d'oiseau blessé » dont la voix « un signe dans le silence – / Entre dans les maisons qui dorment, / Et passe, en jetant sur les âmes qui souffrent, / – Comme un peu de semence – / L'inquiétude et la pensée[26] ». Mais les cloches annoncent également la célébration de la mort.

Ainsi, par un jeu de correspondances, la ville, les eaux, les rues, les cloches, les béguines, les églises deviennent un réceptacle de la maladie et de la mort, mais aussi des profondeurs de l'esprit. Les personnages qui évoluent dans un paysage liquide aux contours raréfiés et miroitants plongent dans un univers onirique. La ville aquatique est le paysage de l'âme, le lieu de l'imaginaire et l'espace de la création artistique. Comme l'écrit Bachelard, l'eau « donne sa matière à l'imagination créatrice[27] ». De son côté, Philippe Forest développe en ces termes la relation qui existe entre l'élément aquatique et l'intériorité du sujet chez les symbolistes belges :

> C'est l'intériorité de l'âme malade d'elle-même que les poètes belges vont s'attacher à explorer et à décrire. À travers les nombreuses images de milieux clos et aquatiques qu'ils dessinent […]. C'est là sans doute que se marque la spécificité envoûtante du symbolisme belge […]. Se réfléchissant dans les paysages humides et comme morts que les cités et les plaines du nord peuvent proposer à une authentique imagination poétique, la poésie symboliste belge s'affirme comme une des plus impressionnantes explorations de l'intériorité la plus secrète de l'âme[28].

En somme, Bruges, la ville où le poète « glisse à travers les canaux[29] », Anvers, la « ville endormie[30] » traversée par le « miroir des beautés sidérales », Gand et toutes les petites villes médusantes, ne sont que le

26 Grégoire Le Roy, « Les cloches », *La Chanson du pauvre. Mon cœur pleure d'autrefois*, Paris, Mercure de France, p. 45-46 : https://fr.wikisource.org/wiki/Livre:Le_Roy_-_La_Chanson_du_pauvre,_1907.djvu (consulté le 22 septembre 2022).

27 Gaston Bachelard, *L'Eau et les Rêves*, *op. cit.*, p. 211.

28 Philippe Forest, *Le symbolisme ou naissance de la poésie moderne*, Paris, Pierre Bordas et fils, coll. « Littérature vivante », 1989, p. 95.

29 Georges Eekhoud, « Chanson de gondolier » (1869), *Myrtes et Cyprès*, Paris, Librairie des Bibliophiles, 1877, p. 37-43 : https://fr.wikisource.org/wiki/Myrtes_et_Cypr%C3%A8s (consulté le 22 septembre 2022).

30 Georges Eekhoud, « Méditation » (1871), *Myrtes et Cyprès*, *op. cit.*, p. 55-62.

point de départ du parcours d'initiation qui a pour but d'engloutir le sujet dans le rêve pour aboutir à l'essence de son âme, comme nous le rappellent ces vers de Valère Gille :

> La ville ! un fleuve d'or très lentement embrasse / L'azur assoupi du soir qui tombe : Sera-ce / Pour nous la paix du cœur dans ce monde pervers ? / Va, sommeille ! Plus rien ne bouge dans la vieille / Capitale, et moi seul, penché vers toi, je veille / Ton corps chaste parmi la blancheur des rideaux. / Ferme tes yeux divins, fleurs que la nuit fait clore / Plus doucement que les calices sur les eaux. / Mais dis, dort elle aussi cette âme que j'implore[31] ?

Sans eau il n'y a pas d'âme, comme Rodenbach semble le confirmer dans un passage de « Presque un conte de fées » ; cette nouvelle est hantée d'une ville sans eau et sans essence, mais tout change quand le poète trouve sa muse, comme si l'âme de la ville était la poésie elle-même :

> La Muse s'enfuit de la ville hostile, la ville sans âme et sans fleuve, où ses beaux cygnes avaient pensé mourir. Elle dépassa les banlieues, atteignit les premiers champs, où sont des maisons de campagne, des châteaux blancs. Elle recommença à se sentir mieux d'accord avec le décor. […] Toujours il se trouve dans la ville un pur poète qui se met à m'aimer d'un amour assez pur et désintéressé pour que le prodige se renouvelle, que le linge soit changé en eau, et pour qu'ainsi mes cygnes ne meurent pas, que leur race dure et que la Poésie soit immortelle[32] !

Bref, ce qui intéresse Rodenbach dans les choses, le « monde de Rodenbach[33] », mais cela vaut aussi pour Verhaeren et les autres poètes – dont ceux de la *Jeune Belgique* –, qu'ils soient célèbres ou moins connus comme Eekhoud, Gille ou Demolder, « ce n'est pas leurs contours matériels, mais la somme de spiritualité qu'elles renferment, la signification qu'elles ont pour lui[34] » ; de ce fait, « il les noie dans une sorte de buée

31 Valère Gille, « Berceuse », *Parnasse de la Jeune Belgique*, Paris, Léon Vanier, 1887, p. 101 : https://fr.wikisource.org/wiki/Parnasse_de_la_Jeune_Belgique/Val%C3%A8re_Gille (consulté le 22 septembre 2022).

32 Georges Rodenbach, « Presque un conte de fées », *Le Rouet des Brumes. Contes posthumes*, *op. cit.*, p. 58-59 et 64-65 : https://archive.org/details/lerouetdesbrumes00rodeuoft/page/58/mode/2up (consulté le 22 septembre 2022).

33 Jean-Pierre Bertrand (dir.), *Le Monde de Rodenbach*, *op. cit.*

34 Anny Bodson-Thomas, *L'esthétique de Georges Rodenbach*, chap. « Le monde vu comme une œuvre d'art », Liège, Vaillant Carmanne / Académie Royale de langues et de littératures françaises de Belgique, 1942.

d'où émerge l'âme du paysage ». C'est ce rapport des poètes symbolistes à des villes-fleuves – ou du moins ayant les pieds dans l'eau – métamorphosées en paysage-état d'âme[35] qui corrobore l'idée d'une topographie de l'âme pour ces villes profondément aquatiques et qui fonde une poétique symboliste de l'analogie[36] – jusque dans l'usage symboliste des photographies ajoutées au texte de *Bruges-la-Morte*[37].

Caterina DA LISCA
Universitat Pompeu Fabra
Barcelone, Espagne

35 *Cf.* Michel Draguet, *Le Symbolisme en Belgique*, Bruxelles, Fonds Mercator, 2010. Paul Gorceix (dir.), *La Belgique fin de siècle. Georges Eekhoud, Camille Lemonnier, Maurice Maeterlinck, Georges Rodenbach, Charles Van Lerberghe, Émile Verhaeren*, Bruxelles, Éditions Complexe, 1997.

36 Paul Gorceix, « Georges Rodenbach 1855-1898. Une poétique de l'analogie », *Bruges-la-morte : un conte initiatique* : https://bruges-la-morte.net/wp-content/uploads/Gorceix-texte-catalogue-Rodenbach.pdf, à partir du site général : https://bruges-la-morte.net/ (consultés le 22 septembre 2022). Du même auteur : *Georges Rodenbach (1855-1898)*, Paris, Honoré Champion, 2006.

37 Pierre Piret, « Tentations photographiques : Georges Rodenbach, Dominique Rolin, Guy Vaes », *Textyles*, n° 43, *La littérature au prisme de la photographie*, 2013, p. 13-25 : https://journals.openedition.org/textyles/2348 (consulté le 22 septembre 2022).

VIVRE LA VILLE AVEC LE FLEUVE

L'exemple des villes mosanes

Lorsque l'on envisage toutes les facettes des multiples liens unissant les villes aux fleuves, que l'on s'ouvre à tous les savoirs qui les concernent, et ce dans une perspective diachronique, il convient, dans un premier temps, de proposer quelques remarques générales sur les conditions de telles études et d'insister sur le fait que s'affranchir de tous les cloisonnements – chronologiques, spatiaux, thématiques et disciplinaires – s'impose dans ces recherches. Il faut tout d'abord observer le temps long – en ce qui nous concerne du Ier au XVIe siècle –, puis respecter les espaces dictés par la nature en comparant ce qui est comparable, proposer en outre des critères d'analyse rigoureux et opératoires. Ensuite, il s'agit de considérer tout ce qui touche à la voie d'eau – les bateaux, les techniques de navigation, les infrastructures. On pourra enfin faire converger avec ces sujets les aspects économiques, sociaux et politiques, qui concrétisent la vie urbaine en relation avec la rivière, bref pratiquer l'histoire totale ou globale, l'histoire connectée[1]. On observera qu'à chacune de ces étapes, il paraît indispensable de s'appuyer sur les données et la méthodologie d'autres disciplines, l'archéologie et la géographie surtout[2]. Cet exposé s'appuiera essentiellement sur l'histoire des villes mosanes, même si nous aborderons parfois un espace plus large, pour illustrer l'étendue du champ géographique couvert par nos recherches.

Notons tout d'abord que les fleuves vivent leur Histoire. À Paris, au Néolithique, la Seine dessinait, sur la rive droite, un large méandre. Puis l'abaissement du cours d'eau en provoqua l'assèchement, mais les boulevards, de la Bastille à la Concorde, en conservent la trace.

---

1 Marc Suttor, « Jeux d'échelles et espaces connectés, méthodologie pour une histoire connectée des fleuves et des rivières », *Histoire monde, jeux d'échelles et espaces connectés*, 47e congrès de la S.H.M.E.S.P. (Arras 26-29 mai 2016), Paris, Éditions de la Sorbonne, 2019.

2 Marc Suttor, *Vie et dynamique d'un fleuve. La Meuse de Sedan à Maastricht (des origines à 1600)*, Bruxelles, De Boeck Supérieur, 2006, p. 162-167.

Ce fossé reste, jusqu'au XVIe siècle, une zone marécageuse et inondable[3]. Toujours en ce qui concerne le profil en travers, on observe un glissement du lit de la Meuse à Maastricht, dont l'archéologie vient de démontrer la continuité. La localisation des piles de l'ancien pont romain construit à la fin du Ier siècle et les vestiges d'une jetée en bois du IIe siècle témoignent en effet d'un lent déplacement latéral du fleuve, provoqué par les alluvions apportés par un affluent, le Geer, et accrues par la vie urbaine. Ce glissement est encore mentionné à la fin du XVIe siècle[4]. À Liège, le tracé originel de la rivière dessine un beau méandre. Le cours d'eau l'abandonne peu à peu, en raison d'une faible pente, qui y favorise les atterrissements, et de l'attraction exercée par la confluence instable d'une rivière puissante, l'Ourthe. Il s'agit là d'un déplacement qui débute bien avant le Xe siècle et ne prendra fin qu'au XIXe siècle, par le comblement de ce bras[5]. Ces modifications s'étendent sur de nombreux siècles, accélérées parfois par les citadins. C'est la longue durée qui s'impose davantage encore dans l'étude du profil en long (la pente). Ainsi, les sites où l'on jettera des ponts correspondent le plus souvent à des gués, qui se trouvent à l'amont ou à l'aval d'un courant. Cela convient parfaitement au lancement d'ouvrages, tels ceux de Mézières, Namur, Huy et Liège, qui se maintiennent pendant des siècles. Toutefois, le profil en travers de la Meuse évolue, on l'a vu, ce qui nécessite, à Liège, lors des reconstructions successives de l'édifice, un recul de la culée de la rive gauche vers l'amont[6].

En fait, lorsque l'on étudie l'histoire d'un cours d'eau, plusieurs échelles chronologiques se superposent. D'un côté, on observe les saisons et les rythmes de la navigation au sein d'une année : les temps de l'homme[7]. De l'autre, existent des chronologies beaucoup plus longues :

---

3 Boris Bove, Hélène Noizet et Laurent Costa (dir.), *Paris de parcelles en pixels*, Paris, Presses Universitaires de Vincennes, 2013.

4 Marc Suttor, « L'intérêt des recherches en "géographie historique appliquée". Une étude d'hydrographie fluviale : la Meuse », *Fleuves, rivières et canaux dans l'Europe occidentale et médiane*, Pierre Racine (dir.), Nancy, 1997, p. 155-156.

5 Marc Suttor, « La Meuse et l'essor du "pays mosan" aux Xe et XIe siècles », *Évêque et prince. Notger et la Basse-Lotharingie aux alentours de l'an Mil*, Alexis Wilkin et Jean-Louis Kupper (dir.), Liège, Presses Universitaires de Liège, 2013, p. 26-27.

6 Marc Suttor, *Vie et dynamique d'un fleuve. La Meuse de Sedan à Maastricht (des origines à 1600)*, *op. cit.*, p. 191-192.

7 Virginie Serna, « La rivière aménagée : un objet d'histoire récent », *La rivière aménagée : entre héritages et modernité. Formes, techniques et mise en œuvre*, Virginie Serna et Alain Gallicé (dir.), Cordemais, *Aestuaria*, 2005 n° 7, p. 20.

les temps de la nature[8]. Entre les deux, prend place l'histoire urbaine. De manière globale, on note que les rivières, les bateaux, les techniques de navigation et, dans une moindre mesure, les infrastructures fluviales connaissent une très lente évolution. Cela autorise parfois à combler les hiatus des sources en procédant par extrapolation ou par comparaison avec des bassins semblables et mieux documentés[9].

Penchons-nous à présent sur les aspects spatiaux du sujet, fondés sur une définition géographique. Il faut en effet déterminer ce qui est comparable pour savoir quels espaces et quelles villes l'on peut connecter. Dans notre HDR, nous sommes parti d'un large champ géographique : les cours d'eau qui coulent entre les Pyrénées et le Rhin. Nous avons retenu les fleuves et rivières navigables de régime « pluvial océanique », qui connaissent des crues d'hiver et de printemps ainsi que des étiages d'été et présentent les mêmes caractéristiques essentielles déterminant la navigabilité, bien différentes de celles des autres cours d'eau[10]. Il s'agit de la plupart des fleuves et rivières de la plaine du nord-ouest et du nord de l'Europe, depuis le sud de la

8 Entre autres : Jacques Bethemont, *Les grands fleuves. Entre nature et société*, Paris, Armand Colin, 1999, p. 47-50. Hélène Noizet, Nathalie Carcaud et Manuel Garcin, « Rive droite rive gauche : la Loire et Tours (XIIe-XVe siècles) », *Fleuves et marais, une histoire au croisement de la nature et de la culture. Sociétés préindustrielles et milieux fluviaux, lacustres et palustres : pratiques sociales et hydrosystèmes*, Joëlle Burnouf et Philippe Leveau (dir.), Paris, CTHS, 2004, p. 140-141 : https://www.researchgate.net/publication/258864611_Rive_droite_rive_gauche_La_Loire_et_Tours_XIIe-XVe_siecles (consulté le 22 septembre 2022).

9 Virginie Serna, « Le paysage fluvial de la boucle de Marne d'après les sources historiques et les expressions cartographiques (XVe-XVIIIe s.) », *La dynamique des paysages protohistoriques, antiques, médiévaux et modernes*, Joëlle Burnouf, Jean-Paul Bravard et Gérard Chouquer, Sophia Antipolis, APDCA, 1997, p. 255. Marc Suttor, *Vie et dynamique d'un fleuve. La Meuse de Sedan à Maastricht (des origines à 1600)*, *op. cit.*, p. 162-167. Marc Suttor, « Sources et méthodes pour l'histoire de la navigation fluviale. L'exemple de la Meuse », *Le Moyen Âge. Revue d'histoire et de philologie*, Bruxelles, t. 96, 1990, p. 5-24. Les sources écrites ne permettent pas de remonter à l'origine de ces types de phénomènes naturels, en raison du temps de réponse très lent du système fluvial. Cela rend nécessaire la relativisation des données documentaires : Marc Suttor, « Jeux d'échelles et espaces connectés, méthodologie pour une histoire connectée des fleuves et des rivières », art. cité.

10 Ou « régime pluvio-évaporal ocanique » (*cf.* Alain Giret, *Hydrologie fluviale*, Paris, Ellipses, coll. « Universités », 2007, p. 79) ou « tempéré océanique » (*cf.* Claude Amoros et Geoffrey E. Petts, *Hydrosystèmes fluviaux*, Paris, Masson, Collection d'écologie, n° 24, 1993, p. 28). Caractéristiques : *cf.* Alain Giret, *Hydrologie fluviale*, *op. cit.*, p. 90-91. Voir encore : Paul Joanne (dir.), *Dictionnaire géographique et administratif de la France et de ses colonies*, Paris, Hachette, 1890, t. 1, p. XVII-XIX ; Marc Suttor, *Vie et dynamique d'un fleuve. La Meuse de Sedan à Maastricht (des origines à 1600)*, *op. cit.*, p. 168 et n. 21.

France jusqu'à l'Elbe[11]. Cela amène à exclure, par exemple, le Rhône, mais pas son affluent principal, la Saône[12]. On ne traitera pas non plus des sections fluvio-maritimes, que les caractéristiques hydrologiques, surtout l'action de la houle, différencient nettement des secteurs en amont[13]. Il faut aussi exclure les parties des cours d'eau flottables ou qui ne sont ouverts qu'à une navigation « à sens unique », uniquement avalante[14].

La plus grande partie de ces fleuves et rivières (sauf le Rhin dans sa traversée du massif schisteux) ont atteint leur profil d'équilibre réel, qui fluctue de part et d'autre d'une situation moyenne, de sorte que

11 Si la Loire, la Garonne et l'Adour présentent des régimes complexes, toutefois, une partie importante du cours moyen et toute la section inférieure de ces cours d'eau connaissent aussi un régime pluvial océanique : *cf.* Marc Suttor, *Fleuves et rivières de l'ouest européen. Apports d'une recherche pluridisciplinaire*, thèse de l'université d'Artois, 2009, à paraître. Même remarque à propos du Rhin moyen : Jean Ritter, *Le Rhin*, Paris, P.U.F., coll. « Que sais-je ? », 1963, p. 37-40.

12 Le Rhône connaît en effet un régime complexe, à influence pluvionivale. Il offre, surtout, une pente beaucoup plus forte. De Lyon à Arles, celle-ci se révèle deux fois supérieure à celle de la Loire depuis Orléans, et trois fois celle de la Seine depuis Troyes ou huit fois depuis Paris. Cette configuration forme des rapides puissants dans un lit de graviers très mobile, ce qui rend la navigation rhodanienne beaucoup plus difficile : *cf.* Paul Joanne (dir.), *Dictionnaire géographique et administratif de la France et de ses colonies*, *op. cit.*, 1902, t. 6, p. 3857, 3860. Jacques Bethemont, *Les grands fleuves. Entre nature et société*, *op. cit.*, p. 32. Michel Rochefort, *Les fleuves*, Paris, P.U.F., coll. « Que sais-je ? », 1963, p. 99-100. Jacques Rossiaud, « Les haleurs du Rhône au XVe siècle », *Les transports au Moyen Âge*, Rennes, *Annales de Bretagne et des Pays de l'ouest*, 1978, p. 284, 286 et n. 31, p. 302. Pour la Saône : *cf.* Louis Bonnamour, *La Saône, une rivière, des hommes*, Le Puy, Christine Bonneton éditeur, 1981, p. 8. Jean Loup, *Les eaux terrestres. Hydrologie continentale*, Paris, Masson, coll. « Initiation aux études de géographie », 1974, p. 64, 66.

13 Les sections fluvio-maritimes et les deltas sont sensibles aux transgressions marines. Leurs caractéristiques hydrologiques, surtout l'action de la houle, les différencient nettement des secteurs en amont. Ainsi, les bateaux à fond plat ne peuvent-ils s'y aventurer, au risque d'éclater. En outre, le jeu des marées détermine des techniques de navigation très particulières : Éric Rieth, *Des bateaux et des fleuves. Archéologie de la batellerie du Néolithique aux Temps modernes en France*, Paris, Errance, coll. « Hespérides », p. 28-29, 33-37, 56-57 ; « La construction navale à fond plat en Europe de l'Ouest », *Ethnologie française*, t. 11, P.U.F., 1981, p. 55-56. Marc Suttor, *La navigation sur la Meuse moyenne des origines à 1650*, Liège-Louvain, Centre belge d'histoire rurale, 1986, n° 86, p. 105-106.

14 Patrice Pomey et Éric Rieth, *L'archéologie navale*, Paris, Errance, coll. « Archéologiques », 2005, p. 40-41. À propos du flottage : Éric Rieth, *Des bateaux et des fleuves. Archéologie de la batellerie du Néolithique aux Temps modernes en France*, *op. cit.*, p. 33, 35. Virginie Serna, « Le programme collectif de recherches "Navigation et navigabilités des petites rivières en région Centre" », *Archéologies en Loire. Actualité de la recherche dans les régions Centre et Pays-de-la-Loire*, Anne Belaud de Saulce, Virginie Serna et Alain Gallicé, Cordemais, *Aestuaria*, 2007, p. 19-20.

toute évolution tend à annuler l'effet des variations[15]. Ce qui intéresse l'historien, c'est que, si chaque cours d'eau connaît des modifications locales, lorsqu'il a atteint ce profil d'équilibre, sa pente générale et la largeur de ses lits restent stables. Or, il s'agit là de deux éléments décisifs qui déterminent la navigabilité[16]. On peut dès lors étudier celle-ci de manière régressive, en partant des données enregistrées avant les grands travaux de canalisation entrepris au XIXe siècle. Ici, les échelles spatiales et chronologiques se rejoignent[17]. On observe en effet que les capacités des fleuves et des rivières s'avèrent variables dans l'espace, selon l'endroit que l'on considère, mais aussi dans le temps. On se trouve en fait devant une double échelle, spatiale et chronologique, soit des navigabilités au pluriel. Pour dégager une classification méthodique de celles-ci et permettre des comparaisons valides, il convient d'utiliser des éléments distinctifs et objectifs. Malgré l'intérêt et l'importance de cette question, elle déborde du cadre de l'ouvrage et nous ne nous y attarderons pas[18].

Pour la suite de notre contribution, nous revenons au sujet de notre thèse, le « pays mosan », à savoir la section moyenne du fleuve, sur les rives duquel se développent Mézières, Dinant, Namur, Huy, Liège et Maastricht, même si les notes qui suivent s'appliquent à tous les cours d'eau dont il vient d'être question. Remarquons tout d'abord que les fleuves et rivières, les bateaux, les techniques de navigation,

---

15 Roger Coque, *Géomorphologie*, Paris, Armand Colin, 5e éd., 1993, p. 160-163 ; Jean-Paul Bravard et François Petit, *Les cours d'eau. Dynamique du système fluvial*, Paris, Armand Colin, 2e éd., 2000, p. 89, 145, 150. Voir aussi Jacques Bethemont, *Les grands fleuves. Entre nature et société*, *op. cit.* ; Hélène Noizet, Nathalie Carcaud et Manuel Garcin, « Rive droite rive gauche : la Loire et Tours (XIIe-XVe siècles) », art. cité ; Jean Ritter, *Le Rhin*, *op. cit.*, p. 32.

16 Virginie Serna, « La rivière aménagée : un objet d'histoire récent », art. cité, p. 20-21, et « Gestion des dossiers archéologiques en rivière : seuils, modalités d'intervention et pistes de recherche en région Centre », *Approche archéologique de l'environnement et de l'aménagement du territoire ligérien*, Gérard Mazzochi (dir.), Orléans, 2003, p. 164 ; Éric Rieth, *Archéologie de la batellerie et architecture nautique fluviale*, Conflans-Sainte-Honorine, AAMB, *Les Cahiers du Musée de la Batellerie*, 2006, p. 15 ; Marc Suttor, « Jeux d'échelles et espaces connectés, méthodologie pour une histoire connectée des fleuves et des rivières », art. cité.

17 Voir : Jacques Bethemont, *Les grands fleuves. Entre nature et société*, *op. cit.* ; Hélène Noizet, Nathalie Carcaud et Manuel Garcin, « Rive droite rive gauche : la Loire et Tours (XIIe-XVe siècles) », art. cité ; Marc Suttor, « Sources et méthodes pour l'histoire de la navigation fluviale. L'exemple de la Meuse », art. cité, p. 9-11.

18 Marc Suttor, « Jeux d'échelles et espaces connectés, méthodologie pour une histoire connectée des fleuves et des rivières », art. cité.

les infrastructures restent toujours en parfaite corrélation. Dès lors, la conception d'un bâtiment se voit définie par les particularités hydrographiques d'un cours d'eau déterminé, voire d'un secteur de celui-ci. En effet, l'espace fluvial est un milieu clos. Il se marque par un « enfermement » latéral, entre deux berges, et vertical, entre la surface et le fond, au sein de limites vers l'amont et vers l'aval[19]. Aussi les caractéristiques de chaque rivière, son régime, sa pente, son débit, ses rythmes saisonniers, bref sa navigabilité, agissent-elles d'une manière contraignante sur la morphologie des bateaux qui y circulent. Il s'agira de bâtiments à fond plat, pirogues monoxyles, chalands monoxyles assemblés, bateaux assemblés[20]. À leur tour, les infrastructures fluviales épousent les particularités des cours d'eau et des bâtiments. Il faudra étudier les structures « en long », installées sur les berges (chemins de halage, débarcadères, quais, digues ou levées), les structures « en travers » (ponts, passages d'eau, gués), les structures « en rivière » (« moulins sur barques », moulins « pendus », pêcheries) et les structures de régularisation (barrages, écluses)[21]. Il existe donc des rapports dynamiques entre les bateaux, les cours d'eau et leurs aménagements, qui forment un « hydrosystème », un « paysage fluvial ». C'est l'ensemble de ces éléments en interaction qu'il s'agit d'analyser[22].

Il importe aussi de préciser que la voie d'eau l'emporte largement sur les itinéraires terrestres, en particulier dans le transport des pondéreux, pour deux raisons primordiales, outre les conditions climatiques : une très grande supériorité de contenance et un moindre coût[23]. La capa-

---

19 Jean Chapelot et Éric Rieth, *Navigation et milieu fluvial au* XIe *s. L'épave d'Orlac (Charente-Maritime)*, Paris, D.A.F., 1995, p. 18 ; Virginie Serna, « Le programme collectif de recherches "Navigation et navigabilités des petites rivières en région Centre" », art. cité, p. 20.

20 Éric Rieth, *Des bateaux et des fleuves. Archéologie de la batellerie du Néolithique aux Temps modernes en France*, *op. cit.*, p. 56-57, 83-85 ; Marc Suttor, *La navigation sur la Meuse moyenne des origines à 1650*, *op. cit.*, p. 61, 105-106, 127.

21 Marc Suttor, *Vie et dynamique d'un fleuve. La Meuse de Sedan à Maastricht (des origines à 1600)*, *op. cit.*, p. 161 ; Virginie Serna, « La rivière aménagée : un objet d'histoire récent », art. cité, p. 20.

22 Éric Rieth, *Des bateaux et des fleuves. Archéologie de la batellerie du Néolithique aux Temps modernes en France*, *op. cit.*, p. 16 ; Virginie Serna, « Le paysage fluvial de la boucle de Marne d'après les sources historiques et les expressions cartographiques (XVe-XVIIIe s.) », art. cité, p. 246.

23 Marc Suttor, *Vie et dynamique d'un fleuve. La Meuse de Sedan à Maastricht (des origines à 1600)*, *op. cit.*, p. 211 et n. 165.

cité de charge utile des chariots n'excède pas 500 ou 700 kg jusqu'au XIe siècle, 1,7 à 2,5 t aux XIe-XIIIe siècles, alors que des embarcations peuvent transporter de 10 à 20 t et que les bâtiments rencontrés sur la Meuse aux XVe et XVIe siècles offrent une capacité de charge allant jusqu'à 90 t, soit 45 fois plus que celle d'un chariot à la même époque[24]. Quant au coût, rappelons l'*Édit du Maximum* promulgué par Dioclétien en 301, duquel on peut tirer, malgré quelques réserves d'ordre critique, le rapport existant entre les prix des différents modes de transport au IVe siècle[25]. Pour une même unité de poids sur une même distance, la voie fluviale se révèle huit fois moins chère que la route. À la fin du XVIIe siècle, Vauban estime ce rapport de 1 à 25[26].

Il faut encore considérer de plus près les infrastructures. En ville, l'emplacement des débarcadères résulte de facteurs variés. En ce qui concerne l'hydrographie, on observe que la proximité par rapport au noyau urbain primitif détermine la localisation du premier *portus*, alors même que les conditions techniques ne sont pas toujours favorables[27]. Ainsi, à Namur, le « Grognon », à l'amont immédiat du confluent de la Meuse avec la Sambre, se situe à l'endroit de la concavité d'un méandre, où s'exerce une forte érosion produite par un courant puissant. Les archéologues ont mis au jour récemment des aménagements successifs qui permettaient de lutter

---

24 Marc Suttor, *La navigation sur la Meuse moyenne des origines à 1650*, *op. cit.*, p. 92-93 ; *Vie et dynamique d'un fleuve. La Meuse de Sedan à Maastricht (des origines à 1600)*, *op. cit.*, p. 211 ; *Fleuves et rivières de l'ouest européen. Apports d'une recherche pluridisciplinaire*, thèse citée. Sur la Seine naviguent aux XIVe et XVe siècles des bateaux jaugeant 180 ou 200 t, soit 100 fois plus qu'un chariot à la même époque : Marc Suttor, « La navigation sur la Seine et ses affluents à la fin du Moyen Âge », *Paris et Ile-de-France. Mémoires publiés par la Fédération des Sociétés historiques et archéoliques de Paris et de l'Île-de-France*, t. 66, 2015, p. 78-82, 93-94.

25 *Edictum Diocletiani de pretiis rerum*, *Corpus Inscriptionum Latinarum*, vol. III[2], *Inscriptiones Asiae provinciarum Europae Graecarum Illyrici latinae*, éd. Theodor Mommsen, p. 824-841. Critique : Michel Polfer, « Coûts absolus et coûts relatifs du transport fluvial à l'époque romaine », *La Loire et les fleuves de la Gaule romaine et des régions voisines*, Robert Bedon et Alain Malissard (dir.), Limoges, P.U.L.I.M., 2001, p. 323-328 ; Marc Suttor, *Fleuves et rivières de l'ouest européen. Apports d'une recherche pluridisciplinaire*, thèse citée.

26 *Les oisivetés de Monsieur de Vauban ou ramas de plusieurs mémoires de sa façon sur différents sujets*, Michèle Virol (dir.), Seyssel, Champvallon, 2007, p. 93 ; Marc Suttor, *Fleuves et rivières de l'ouest européen. Apports d'une recherche pluridisciplinaire*, thèse citée.

27 *Cf.* plans de Mézières, Dinant, Namur, Huy, Liège et Maastricht dans Marc Suttor, *Vie et dynamique d'un fleuve. La Meuse de Sedan à Maastricht (des origines à 1600)*, *op. cit.*, annexe 7, p. 643-648. Namur et Liège : *ibid.*, annexe 2, p. 619-620. Ces débarcadères se situent au point d'attaque principal des tourbillons au sein du méandre : Jean Loup, *Les eaux terrestres. Hydrologie continentale*, *op. cit.*, p. 53-54.

contre ce phénomène naturel. Ils correspondent à une structure en bois et à un plan incliné, qui remontent au Ve siècle[28]. La configuration des premiers débarcadères de Liège se présente de manière identique, information attestée par une campagne de fouilles qui vient de se terminer[29]. Selon un document de la fin du XVe siècle, les rives de Dinant se trouvent du côté opposé au chenal navigable et cette ville apparaît dès lors comme la seule agglomération mosane à connaître un tel problème. Aussi devra-t-on s'y contenter, jusqu'à la canalisation au milieu du XIXe siècle, de la technique la plus élémentaire, qui consiste à tirer les bâtiments à fond plat le plus près possible de la berge[30]. À vrai dire, cette faculté d'échouage constitue l'une des qualités essentielles de ces bateaux, qui autorise d'aborder à n'importe quel rivage, sans aucun aménagement[31]. Mais cette configuration empêchera la réalisation de digues ou de quais, facilitant manœuvres et manutention, que l'on commence à établir dans les autres villes de la vallée à partir de la fin du XIVe siècle[32]. À Liège et à Maastricht, on constate un glissement lent et de longue durée du cours d'eau, dont il a été question, qui modifie la localisation des ports les plus anciens[33].

---

28 Ces aménagements fixent la berge et, grâce à des rejets anthropiques, font gagner du terrain sur la rivière. Voir Jean Plumier, Sophie Plumier-Torfs, Raphaël Vanmechelen, Nathalie Mees et Caroline Robinet, « *Namuco fit.* Namur du Ve au VIIe siècle », *Voies d'eau, commerce et artisanat en Gaule mérovingienne*, Jean Plumier et Maude Regnard, Namur, Boek, 2005, p. 224 et 226-229.

29 Marc Suttor, « L'intérêt des recherches en "géographie historique appliquée". Une étude d'hydrographie fluviale : la Meuse », art. cité, p. 155-156, p. 169.

30 1473-1474 : Dieudonné Brouwers, *Cartulaire de la Commune de Dinant*, t. 8, Namur, 1908, p. 122.

31 Marc Suttor, *La navigation sur la Meuse moyenne des origines à 1650*, *op. cit.*, p. 105, p. 111-112 et p. 123.

32 Texte de 1387 à Mézières (Paul Laurent, *Statuts et coutumes de l'échevinage de Mézières (XIe-XVIIe siècle)*, Paris-Mézières-Charleville, 1889, n° 8, p. 22). Toutefois, l'archéologie révèle la précocité de telles infrastructures à Namur (*cf. supra* et Jean Plumier, Sophie Plumier-Torfs, Raphaël Vanmechelen, Nathalie Mees et Caroline Robinet, « *Namuco fit.* Namur du Ve au VIIe siècle », art. cité, p. 224 et 226-229). À Liège, un mur d'eau a peut-être été construit de part et d'autre du « pont des Arches » au XIIe siècle (2009) : *cf. supra* et Marc Suttor, « L'intérêt des recherches en "géographie historique appliquée". Une étude d'hydrographie fluviale : la Meuse », art. cité, p. 155-156, p. 169.

33 Liège, *supra* et Marc Suttor, « L'intérêt des recherches en "géographie historique appliquée". Une étude d'hydrographie fluviale : la Meuse », art. cité, p. 155-156, p. 169. Maastricht : *cf.* Alexandre Joseph Pinchart, *Inventaire des archives des Chambres des Comptes, précédé d'une notice historique sur ces anciennes institutions*, t. 4, Bruxelles, 1879, p. 92. Même phénomène et même solution sur le Rhône à Pont-Saint-Esprit : *cf.* Alain Girard, « L'entretien du pont de Pont-Saint-Esprit et du cours du Rhône de 1473 à 1476 », *Recherches sur l'économie de la France médiévale. Les voies fluviales. La draperie*, Paris, CTHS, 1989, p. 67.

Au point de vue économique, le rôle joué par chaque agglomération, dès le XIVe siècle au moins, comme marché ou étape pour telle ou telle marchandise, détermine la « spécialisation » de différents débarcadères[34]. Ainsi, à Mézières, charnière entre la Champagne et le pays mosan, l'importance du trafic du vin et des céréales vers le nord entraîne la fixation du port d'embarquement de ces denrées à l'aval plutôt qu'à l'amont. En effet, les Macériens ont intérêt à prolonger le transport routier à travers la ville, pour éviter une boucle fluviale de près de 10 km[35]. À Liège, on place l'étape du sel à l'aval du pont, puisque ce produit vient du delta, mais on recueille le bois d'œuvre, flotté depuis l'Ardenne, à l'amont de l'ouvrage. Le bois de chauffage, transporté par bateau, est débarqué sur l'Ile, où ce trafic ne gêne pas la navigation, et le rivage des Augustins permet le chargement de la houille extraite dans les fosses des environs[36]. À Maastricht, il est possible que l'étape des laines soit fixée, dès le début du XVe siècle, au débarcadère de Wyck, à l'est, en raison du caractère essentiel du marché allemand pour l'exportation des draps[37].

Des considérations d'ordre politique peuvent également jouer, comme la proximité du *castrum*, à Mézières, Dinant, Namur et Huy[38]. À l'inverse, les sites des deux chefs-lieux successifs du diocèse, Maastricht et Liège, ne se prêtent pas à l'installation d'un donjon. Ces cités se verront protégées par une enceinte, dès le bas empire pour la première, à la fin du Xe et au début du XIe siècle pour la seconde[39]. Lorsque l'évêque de Liège parvient à évincer à Dinant son rival, le comte de Namur, ce dernier domine toujours la berge opposée, où il fonde Bouvignes, un peu plus au nord. Dès lors – et

---

34 Marc Suttor, *Vie et dynamique d'un fleuve. La Meuse de Sedan à Maastricht (des origines à 1600)*, *op. cit.*, p. 270-274.

35 Marc Suttor, « De la haute Meuse à la Meuse moyenne : les relations économiques à la lumière de la géographie historique », *Inquirens subtilia diversa. Dietrich Lohrmann zum 65. Geburtstag*, Horst Kranz et Ludwig Falkenstein (dir.), Aachen, 2002, p. 351-353, p. 356-357.

36 Marc Suttor, *Vie et dynamique d'un fleuve. La Meuse de Sedan à Maastricht (des origines à 1600)*, *op. cit.*, p. 270-271, 386, 405, 410 ; « Un grand exportateur de bois de marine vers les chantiers navals des Pays-Bas : la vallée mosane, du XIIIe au XVIIe siècle », *Le Moyen Âge*, t. 106, 2000, p. 314.

37 Marc Suttor, *Vie et dynamique d'un fleuve. La Meuse de Sedan à Maastricht (des origines à 1600)*, *op. cit.*, p. 186.

38 Mézières : c'est à partir du château, fondé peut-être dès 899, que la ville se développera (Marc Suttor, *Vie et dynamique d'un fleuve. La Meuse de Sedan à Maastricht (des origines à 1600)*, *op. cit.*, p. 232, 524, 527, 529). Dinant, Namur et Huy : *ibid.*, p. 262-263, 511-512, 516-517, 521.

39 *Ibid.*, p. 511, 522.

au prix de longues hostilités –, les Dinantais n'auront de cesse d'établir une « tête de pont » nécessaire pour contrôler le cours d'eau, puisque le chenal navigable longe cette rive. Mais ce faubourg restera toujours menacé par les Bouvignois et, pour cette raison, les Dinantais n'y installeront jamais un port[40]. À Namur, c'est le comte qui chasse l'évêque, mais celui-ci garde pied outre Meuse, et les Namurois ne pourront pas y disposer un débarcadère[41].

Examinons ensuite les critères de choix retenus pour l'emplacement où construire un pont. L'hydrographie détermine le site des ouvrages de Mézières, Namur, Huy et Liège, jetés sur le fleuve là où existe un courant, nous l'avons observé[42].

Des considérations de nature économique peuvent aussi jouer. Ainsi, on établit ces édifices auprès des premiers ports, à proximité du noyau urbain primitif. À Mézières, la fondation d'un deuxième ouvrage à la fin du XIVe siècle facilite l'important trafic en provenance ou à destination de la Champagne[43].

On évoquera enfin des motifs d'ordre politique, telle la protection du *castrum* à Mézières, Dinant, Namur et Huy[44]. Quant à la mention tardive du pont de Meuse à Namur, au milieu du XIIIe siècle, peut-être provient-elle d'une documentation lacunaire ou de l'évolution du rapport de force entre le comte et l'évêque. En effet, au siècle précédent, les deux seigneurs se neutralisent et aucun ne semble à même de se lancer dans une longue et coûteuse entreprise de construction, avant que le comte ne l'emporte sur son rival au XIIIe siècle, précisément lorsque l'ouvrage apparaît dans les textes[45]. Remarquons encore le rôle militaire de ces

---

40 Marc Suttor, « Les ports de la Meuse moyenne (Mézières, Dinant, Namur, Huy, Liège et Maastricht) », *Ports maritimes et ports fluviaux au Moyen Âge*, *op. cit.*, p. 156 ; *Vie et dynamique d'un fleuve. La Meuse de Sedan à Maastricht (des origines à 1600)*, *op. cit.*, p. 185-187.

41 *Ibid.*, p. 187.

42 Voir *supra* et Marc Suttor, *Vie et dynamique d'un fleuve. La Meuse de Sedan à Maastricht (des origines à 1600)*, *op. cit.*, p. 191-192. Le nombre des courants semble important en Meuse moyenne (tous les 6 km) : Marc Suttor, *La navigation sur la Meuse moyenne des origines à 1650*, *op. cit.*, p. 51-53. En revanche, les édifices de Maastricht et de Dinant ne coïncident pas avec un seuil : *cf.* Marc Suttor, *Vie et dynamique d'un fleuve. La Meuse de Sedan à Maastricht (des origines à 1600)*, *op. cit.*, annexe 2, p. 619-620.

43 Marc Suttor, « Les infrastructures fluviales et l'essor des villes de la Meuse moyenne. Des origines au XVIIe siècle », *Histoire Urbaine*, n° 45, 2016, p. 41 : https://www.cairn.info/revue-histoire-urbaine-2016-1-page-38.htm (consulté le 22 septembre 2022).

44 Marc Suttor, *Vie et dynamique d'un fleuve. La Meuse de Sedan à Maastricht (des origines à 1600)*, *op. cit.*, p. 187.

45 *Ibid.*, p. 201.

édifices, intégrés dans les enceintes des villes, et leur intérêt stratégique considérable[46].

Il reste à étudier le cas des moulins. On note que, pour des raisons d'ordre technique, les roues hydrauliques sont établies sur des affluents, dont la pente plus forte assure davantage de puissance et dont le lit moins large en facilite l'installation. Mentionnons le torrent de Leffe à Dinant, le Houyoux à Namur, le Hoyoux à Huy et la Legia à Liège. On en édifie aussi sur des rivières, comme la Sambre à Namur, l'Ourthe à Liège et le Geer à Maastricht[47]. D'autres engins occupent des bras du fleuve, surtout à Liège. En fait, on n'établit jamais de moulin à eau « classique » sur la Meuse elle-même. Mais on compte quatre machines installées sur de petits canaux de dérivation artificiels, à Mézières, Dinant, Bouvignes et Liège[48].

Les seules roues qui se trouvent vraiment sur le cours principal du cours d'eau, c'est-à-dire « en rivière », consistent en des moulins flottants, montés sur barques. Il en existe à Liège dès le début du XIVe siècle et à Maastricht au début du XVe siècle, qui prennent place en dehors du chenal navigable[49].

46 Ainsi, le déplacement du pont de Huy vers l'aval, au tournant des XIIe et XIIIe siècles, entraîne la correction du système défensif du quartier situé outre Meuse : André Joris, *La ville de Huy au moyen âge. Des origines à la fin du XIVe siècle*, Paris, Les Belles Lettres, 1959, p. 145-149, 158, 164-165, 174-175 ; Marc Suttor, « L'infrastructure fluviale et le développement des villes de la Meuse des origines à 1400 », *Les petites villes en Lotharingie. Die kleinen Städte in Lotharingien*, Actes des 6es Journées lotharingiennes, Luxembourg, 1992, p. 105.

47 *Cf.* André Joris, *La ville de Huy au moyen âge. Des origines à la fin du XIVe siècle*, *op. cit.*, p. 89, 297-299 ; Marc Suttor, « La diversité des moulins mosans et l'usage intensif de l'énergie hydraulique (des origines au XVIe siècle) », *I mulini nell'Europa medievale*, Paola Galetti et Pierre Racine (dir.), Bologne, C.L.U.E.B., 2003, p. 57.

48 Mézières et Liège : Marc Suttor, *Vie et dynamique d'un fleuve. La Meuse de Sedan à Maastricht (des origines à 1600)*, *op. cit.*, p. 194-195. Dinant, 1249 : Cécile Léonard et Pascal Saint-Amand, « La Meuse dans la région de Dinant et Bouvignes. Aspects paysagers d'un cours d'eau, du Moyen Âge au XIXe siècle », *La Meuse. Les hommes*, Inès Leroy (dir.), Bouvignes-Dinant, *Cahiers de la Maison du Patrimoine médiéval Mosan*, 2012, p. 67. Bouvignes : *Archives générales du Royaume*, Chambre des comptes, 10573, 1591-1592, f° 51 v°.

49 Liège : Marc Suttor, *Vie et dynamique d'un fleuve. La Meuse de Sedan à Maastricht (des origines à 1600)*, *op. cit.*, p. 197. Maastricht : *ibid.*, p. 197 ; J.G.J. Koreman, "*Aspecten van de Maastrichtse lakennijverheid en-handel, in hoofdzaak gedurende de late middeleeuwen*", *Miscellanea Trajectensia*, Maastricht, 1962, p. 206. On trouve de tels moulins sur d'autres fleuves, dont les caractéristiques permettent l'emploi (le Tibre, la Garonne à Toulouse, le Rhin à Cologne, la Seine à Paris, la Loire) : Marc Suttor, *Vie et dynamique d'un fleuve. La Meuse de Sedan à Maastricht (des origines à 1600)*, *op. cit.*, p. 209, n. 160. Mais cette variété

Il reste à faire converger avec ce qui précède les aspects économiques, sociaux et politiques, intimement mêlés, qui illustrent le rôle joué par le fleuve dans l'essor urbain au sein du pays mosan, qui concrétisent les liens entre le cours d'eau et les villes. Abordons tout d'abord l'inventaire des richesses naturelles proches de la rivière[50].

L'exploitation de divers minerais est attestée très tôt, dès la période romaine : fer, calamine, plomb, tout comme le travail du bronze, à Namur, Huy et Maastricht[51]. À partir du XIIIe siècle, on observe une multiplication des fourneaux et des forges et un déplacement de ceux-ci vers les cours d'eau, évolution due à une importante innovation, le marteau hydraulique[52]. À la fin du XIVe siècle, le haut fourneau permet bientôt de dépasser la température de fusion du fer et de produire, par une méthode indirecte, le procédé wallon, beaucoup plus de métal et de meilleure qualité. Au XVIe siècle, à proximité des agglomérations, de nombreuses usines (laminoirs, tréfileries, clouteries) transforment le fer grâce à la force hydraulique[53]. On rencontre enfin, non loin de Namur, de la derle, terre plastique indispensable à la métallurgie, puisqu'elle sert à la fabrication des creusets[54].

Les principaux matériaux de construction, comme le bois, la pierre, l'ardoise, foisonnent tout près de la Meuse. Les combustibles, bois de chauffage et charbon de bois, abondent non loin du fleuve ou de ses affluents, sans oublier la houille, découverte à la fin du XIIe siècle et longtemps particulière à la vallée. Si l'on tient compte en outre de la production de céréales en quantité suffisante et d'autres denrées, les potentialités de cette région s'avèrent considérables et diversifiées[55].

---

particulière de moulins ne convient pas à des cours d'eau de plaine : *cf.* Marc Suttor, « Un usage intensif de l'énergie hydraulique : les moulins mosans du XIIIe au XVIIIe siècle », *Moulins et meuniers dans les campagnes européennes (IXe-XVIIIe siècle)*, Mireille Mousnier (éd.), Toulouse, Presses universitaires du Midi, coll. « Flaran », 2002, p. 139.

50 Marc Suttor, « Jeux d'échelles et espaces connectés, méthodologie pour une histoire connectée des fleuves et des rivières », art. cité.

51 Marc Suttor, *Vie et dynamique d'un fleuve. La Meuse de Sedan à Maastricht (des origines à 1600)*, *op. cit.*, p. 358-379.

52 Marc Suttor, « Les évolutions des moulins sidérurgiques dans le bassin mosan au bas moyen âge et à l'époque moderne », *Du moulin à l'usine. Implantations industrielles, du Xe au XXe siècle*, Sylvie Caucanas et Rémy Cazals (dir.), Toulouse, Privat, coll. « Regards sur l'histoire », 2005, p. 50.

53 *Ibid.*, p. 50-52.

54 Marc Suttor, *Vie et dynamique d'un fleuve. La Meuse de Sedan à Maastricht (des origines à 1600)*, *op. cit.*, p. 379-380.

55 *Ibid.*, p. 380-404, 404-414, 301-348.

La rivière joue un rôle capital dans le trafic de ces marchandises, mais aussi pour l'importation de quelques produits dont manque le pays mosan. C'est le cas du cuivre et de l'étain, utilisés avec la calamine dans la fabrication du laiton et du bronze, des laines d'Angleterre, des poissons de mer et du sel venant du delta, des vins de la Moselle, du Rhin ou du royaume de France. Le cours d'eau permet en outre l'exportation des nombreux articles fabriqués dans les villes, comme les draps et la dinanderie – du nom de Dinant –, à destination de Londres, de Cologne et de la Rhénanie, des foires de Champagne, de Paris, de Francfort, de l'Italie et de l'Espagne[56].

Grâce à son excellente navigabilité, le fleuve contribue à fixer tout près de lui ou à favoriser l'essor de plusieurs activités qui utilisent des pondéreux. C'est le cas dans l'industrie du laiton : le minerai de calamine s'avère difficile à transporter, à la différence du cuivre, ce qui explique la naissance puis le développement de la dinanderie dans les localités mosanes, non loin des gisements de calamine. La proximité des minières de fer et de plomb par rapport à la rivière contribue aussi à la croissance de la métallurgie dans ces villes[57].

Dès lors, la dynamique du cours d'eau paraît-elle très puissante et le trafic fluvial, d'une variété et d'une intensité remarquables, se manifeste tant sur le plan local ou régional que dans les échanges à longue distance. La rivière unit sans conteste les différentes agglomérations de la vallée, au point que toute cette contrée forme, à proprement parler, le « pays mosan[58] ».

L'essor de celui-ci repose aussi sur les villes, qui naissent de manière très précoce pour ces régions, peut-être dès avant l'époque carolingienne, puis qui connaissent un développement continu. Au Xe siècle, les noyaux urbains s'étendent autour des *castra*, abritent un marché, un tonlieu, un atelier monétaire, un quartier marchand[59]. Au cours du XIe siècle, Dinant, Namur, Huy, Liège et Maastricht deviennent de véritables villes. Huy obtient en 1066 la première charte d'affranchissement connue dans l'Empire. Ces localités croissent encore, tiennent des foires, sont pourvues d'une enceinte,

---

56 *Ibid.*, p. 487-489 ; Marc Suttor, « La dinanderie, fille de la Meuse ? », *L'or des dinandiers. Fondeurs et batteurs mosans au Moyen Âge*, Nicolas Thomas, Inès Leroy et Jean Plumier, Bouvignes-Dinant, *Cahiers de la Maison du Patrimoine médiéval Mosan*, p. 22-30.

57 *Ibid.*, p. 21-22 ; Marc Suttor, *Vie et dynamique d'un fleuve. La Meuse de Sedan à Maastricht (des origines à 1600)*, *op. cit.*, p. 487.

58 *Ibid.*, p. 487-492, 540-541.

59 *Ibid.*, p. 511-523 ; Marc Suttor, « Les infrastructures fluviales et l'essor des villes de la Meuse moyenne. Des origines au XVIIe siècle », art. cité, p. 50-51.

disposent d'un pont. De 1025 à 1151, sept ouvrages existent sur le cours d'eau, dont deux ou trois réalisés intégralement en pierre, ce qui paraît tout à fait remarquable dans cette région. Apparaissent alors les premières traces de la participation des marchands mosans au commerce à longue distance, en Angleterre, en France et en Rhénanie, preuve la plus claire de ce dynamisme. À cette époque déjà, la rivière joue un rôle primordial, aussi bien dans les échanges d'un grand nombre de produits que dans l'expansion des villes et de leurs artisanats[60]. Aux XIIe et XIIIe siècles, les agglomérations de la vallée continuent à se développer, tout comme le trafic fluvial, grâce à la draperie et à la dinanderie, mais aussi à la sidérurgie. La multiplication des tonlieux sur le cours d'eau et, surtout, la hausse des revenus de ces péages traduisent les progrès de la navigation. Les plus puissants parmi les bourgeois s'adonnent au grand commerce du vin ou du drap et font preuve d'une vitalité remarquable. À partir du XIIIe siècle, les progrès extraordinaires de la métallurgie et de la sidérurgie sont favorisés par la richesse du réseau hydrographique de la vallée, qui offre aux villes, par l'installation de nombreux engins, toute l'énergie dont elles ont besoin[61].

Ensuite, en matière de sociologie, il s'avère indispensable de comprendre les relations entre les acteurs de la rivière – passeurs, bateliers, pêcheurs, meuniers –, mais aussi les conflits qui les opposent[62]. Tout ceci nécessite le recours à des pratiques interdisciplinaires. Celles-ci viennent enrichir les problématiques traditionnelles et elles seules peuvent débrouiller l'écheveau des causalités multiples, comme les questions et les réponses

60 Marc Suttor, *Vie et dynamique d'un fleuve. La Meuse de Sedan à Maastricht (des origines à 1600)*, *op. cit.*, p. 523-527 ; Marc Suttor, « Les infrastructures fluviales et l'essor des villes de la Meuse moyenne. Des origines au XVIIe siècle », art. cité, p. 51-52.

61 Marc Suttor, *Vie et dynamique d'un fleuve. La Meuse de Sedan à Maastricht (des origines à 1600)*, *op. cit.*, p. 527-529 ; Marc Suttor, « Les infrastructures fluviales et l'essor des villes de la Meuse moyenne. Des origines au XVIIe siècle », art. cité, p. 52.

62 Joëlle Burnouf et Nathalie Carcaud, « Le val de Loire en Anjou Touraine : un cours forcé par les sociétés riveraines », *Le fleuve*, Paris, Presses universitaires de Vincennes, coll. « Médiévales », nº 36, 1999, p. 28 : https://www.persee.fr/doc/medi_0751-2708_1999_num_18_36_1443 (consulté le 22 septembre 2022) ; Anne-Marie Cocula-Vaillières, *La Dordogne des bateliers*, Paris, Tallandier, 1981, p. 379. *Cf.* encore Daniel Roche, « Le temps de l'eau rare du Moyen Âge à l'époque moderne », *Annales – Économies Sociétés Civilisations*, t. 39-2, Armand Colin, 1984, p. 383, 386 : https://www.persee.fr/doc/ahess_0395-2649_1984_num_39_2_283062 (consulté le 22 septembre 2022) ; Marc Suttor, « Les conflits pour l'usage et le contrôle de l'eau sur les rivières entre Seine et Meuse à la fin du Moyen Âge et au début de l'Époque moderne », *Eaux et conflits dans l'Europe médiévale et moderne*, Patrick Fournier et Sandrine Lavaud, (dir.), Toulouse, Presses universitaires du Mirail, coll. « Flaran », 2012, p. 71-86.

qui émanent de la géographie et de l'archéologie, capitales pour ce propos. La voie d'eau forme en effet un « anthroposystème » complexe, né de relations entre sociétés et milieux. Son fonctionnement et son évolution ne sont compréhensibles que par l'observation des interactions entre processus naturels et dynamiques sociales, du résultat croisé d'évolutions internes et de contraintes externes[63].

Enfin, l'aspect politique se révèle au travers de l'intérêt manifesté par les pouvoirs pour le contrôle des fleuves d'un point de vue politique ou stratégique[64]. D'un côté, lors du partage de Verdun, mis à part l'Escaut et, dans une moindre mesure, la Saône, les limites de la *Francia occidentalis* ne touchent ni la Meuse ni le Rhône, qui ne sont cités que comme repères[65]. Il faudra attendre le XIIIe siècle, lorsque les « frontières-lignes » se dessinent, pour que ces limites soient atteintes. Une frontière symbolique du royaume devient peu à peu réalité. Mais quand la rivière forme une limite, celle-ci s'avère opérante pour contrôler le chenal navigable, donc la navigation[66]. De l'autre côté, parmi de nombreux exemples, c'est au pont de Maastricht, en 1214, que l'évêque de Liège Hugues de Pierrepont, allié de Philippe Auguste, empêche pour un temps le passage de l'armée impériale d'Otton IV, en route vers Bouvines[67]. Ces thématiques diversi-

63 « Programme Loire » sur les interactions de l'homme et du milieu : Joëlle Burnouf et Nathalie Carcaud, « Le val de Loire en Anjou Touraine : un cours forcé par les sociétés riveraines », art. cité, p. 17-18, 21 ; Hélène Noizet, Nathalie Carcaud et Manuel Garcin, « Rive droite rive gauche : la Loire et Tours (XIIe-XVe siècles) », art. cité, p. 137 ; Corinne Beck, « Études récentes. Bilan de dix ans de recherches fluviales », *Le fleuve*, *op. cit.*, p. 105 : https://www.persee.fr/doc/medi_0751-2708_1999_num_18_36_1451 (consulté le 22 septembre 2022).

64 Marc Suttor, « Seigneurs et seigneuries dans la vallée de la Meuse moyenne du Xe au XVIe siècle », *Seigneurs et seigneuries au Moyen Âge*, Paris, Éditions du C.T.H.S., 1993, p. 201-220.

65 Marc Suttor, « Le rôle d'un fleuve comme limite ou frontière au Moyen Âge. La Meuse, de Sedan à Maastricht », *Le Moyen Âge*, t. 116, 2010, p. 346 : https://www.cairn.info/revue-le-moyen-age-2010-2-page-335.htm (consulté le 22 septembre 2022) ; Léonard Dauphant, *Le Royaume des quatre rivières. L'espace politique français (1380-1515)*, Seyssel, Champ Vallon, 2012, p. 117-120.

66 Marc Suttor, « Le rôle d'un fleuve comme limite ou frontière au Moyen Âge. La Meuse, de Sedan à Maastricht », art. cité, p. 358-362 ; ces deux points essentiels semblent ignorés par Léonard Dauphant.

67 Marc Suttor, *Vie et dynamique d'un fleuve. La Meuse de Sedan à Maastricht (des origines à 1600)*, *op. cit.*, p. 199. Notons entre autres la construction par Rome de camps et de fortins sur le Rhin qui défendent la frontière de l'Empire, ou les ponts fortifiés de Paris qui contribuent à arrêter les Normands en 885 (Rhin : Marc Suttor, *Vie et dynamique d'un fleuve. La Meuse de Sedan à Maastricht (des origines à 1600)*, *op. cit.*, p. 262. Paris : Abbon de Saint-Germain-des-Prés, *Le siège de Paris par les Normands*, Henri Waquet (éd.), Paris, Les Belles Lettres, 1964.

fiées permettent de jeter des regards croisés entre histoire et géographie, entre histoire et archéologie, entre archéologie et géographie.

Au terme de cet exposé, il n'est pas inutile de s'interroger sur l'intérêt de telles études. Les historiens reconnaissent depuis longtemps que, dès l'Antiquité, les voies d'eau offrent des outils de transport efficaces et commodes[68]. Certains citent Blaise Pascal : « Les rivières sont des chemins qui marchent, et qui portent où l'on veut aller. » Or, ce dernier, selon toute vraisemblance, nous parle d'éloquence, du discours et du style, du fil de la pensée et non du fil de l'eau[69]. Au-delà de cette affirmation générale, il convient donc d'apporter quelques précisions. Car, jusqu'il y a peu, les chercheurs ne se sont guère intéressés à l'aspect technique de la navigation. Or, on l'a vu, la connaissance de celui-ci paraît indispensable à la compréhension des conditions du trafic, élément capital de l'histoire économique. C'est pourquoi nous avons proposé un outil pour estimer l'importance relative de la navigabilité entre diverses sections de nombreuses rivières et leur rôle dans l'essor des régions avoisinantes. Il suffira ici de rappeler que la dynamique du fleuve se révèle essentielle, qui permet, grâce à de grandes qualités de navigation, la croissance des agglomérations du pays mosan[70].

On remarque donc que c'est la rivière, par la commodité des transports par bateau, qui entraîne l'épanouissement des riches potentialités que recèle la vallée. Le cours d'eau, véritable cordon ombilical, joue un rôle primordial dans le développement de la dinanderie et de la sidérurgie, qui resteront pour des siècles une des caractéristiques principales de cette région, presque jusqu'aujourd'hui. Mais le trafic fluvial ne se réduit pas à cela. La gamme des marchandises rencontrées sur la rivière apparaît

68 Entre autres, Robert-Henri Bautier, « La circulation fluviale dans la France médiévale », *Recherches sur l'économie de la France médiévale. Les voies fluviales. La draperie*, *op. cit.*, p. 9 ; Olivier Bruand, *Voyageurs et marchandises aux temps carolingiens. Les réseaux de communication entre Loire et Meuse aux VIIIe et IXe siècles*, Bruxelles, De Boeck Université, coll. « Bibliothèque du Moyen Âge », 2002, p. 92.

69 Blaise Pascal, *Pensées*, éd. Léon Brunschvicg, Paris, Classiques Hachette, 1967, n° 17, p. 327.

70 En général : Marc Suttor, « Jeux d'échelles et espaces connectés, méthodologie pour une histoire connectée des fleuves et des rivières », art. cité. À propos de la Meuse : Marc Suttor, *Vie et dynamique d'un fleuve. La Meuse de Sedan à Maastricht (des origines à 1600)*, *op. cit.*, p. 487-492. En ce qui concerne la Seine, ce sont les marchands de l'eau parisiens qui assurent l'approvisionnement de la ville ; on peut se demander si le ravitaillement d'une population aussi importante aurait été possible sans disposer d'un réseau fluvial de grande qualité : Marc Suttor, « La navigation sur la Seine et ses affluents à la fin du Moyen Âge », art. cité, p. 89-94.

très large. La Meuse nourrit des échanges d'une ampleur remarquable, comparable à celle que l'on observe alors sur le Rhin, la Loire ou la Seine[71].

Très précoces, les villes de la vallée procèdent de ce dynamisme et y participent. Leur croissance se fonde sur l'activité de riches marchands. Les infrastructures qui s'y développent, débarcadères, ponts et moulins, témoignent de cet essor. Ces localités connaissent leur expansion maximale au XIIIe siècle, et celle de Liège se prolonge bien plus tard. Au vrai, l'ancienneté du phénomène urbain le long du cours d'eau semble unique dans l'« espace belge » et les villes mosanes l'emportent par leur prospérité sur celles de Flandre jusqu'au milieu du XIIIe siècle[72].

Axe structuré et prospère, le fleuve permet donc l'expansion précoce du commerce et, partant, l'enrichissement des marchands. La vitalité de ces derniers peut aussi s'investir dans la création artistique urbaine. Toutes les conditions, techniques, économiques, sociales, mais aussi politiques, avec des mécènes remarquables, sont réunies, catalysées en quelque sorte, par l'action dynamique de la Meuse, pour favoriser l'éclosion d'un art qui, du point de vue de l'historien en tout cas, porte à juste titre son nom. Dès lors, vivre la ville, vivre le fleuve et vivre avec le fleuve sont des réalités patentes.

Enfin, si l'on souhaite élargir le champ géographique, il faut noter que les rivières dessinent un jeu d'échelles spatiales – du micro au macro, relations locales, régionales, interrégionales, à grande distance – qui s'offrent aux connexions, pour autant que l'on considère le même type de cours d'eau. Leur analyse permet de jeter des regards croisés entre plusieurs disciplines qui tiennent compte de toutes les thématiques très diverses liées aux fleuves et aux rivières mais aussi aux villes dans une corrélation étroite[73].

Marc SUTTOR
Centre de Recherche et d'Études
« Histoire et Sociétés » (C.R.E.H.S.)
Université d'Artois, Arras, France

71 Marc Suttor, *Vie et dynamique d'un fleuve. La Meuse de Sedan à Maastricht (des origines à 1600)*, *op. cit.*, p. 602, 605-609, 509.

72 *Ibid.*, p. 472, 608 ; Marc Suttor, « Les infrastructures fluviales et l'essor des villes de la Meuse moyenne. Des origines au XVIIe siècle », art. cité, p. 55-56.

73 Marc Suttor, « Jeux d'échelles et espaces connectés, méthodologie pour une histoire connectée des fleuves et des rivières », art. cité.

LETTRES DE « MON DANUBE »

> Je t'écris ces lignes pendant que ton gramophone chante « Le Danube est gelé ». Il est bien gelé, mon Danube, gelé pour toujours. Et je me demande si ma vie, riche de rien que des miracles, pourra faire un dernier miracle, dégelant mon Danube au soleil d'un dernier printemps[1].

Il y a la mer, il y a le fleuve, il y a les villes qui ont les deux. Ou presque. Et puis, il y a l'*esprit de port*, cet enracinement dans l'air des voyages et des fuites, dans le provisoire truculent, exhalant des senteurs fortes de vie et de pourriture, d'univers sonores enchevêtrés, de couleurs sauvages, de sublime entouré de pestilences, d'injustice et de marginalité, de beauté mortifère côtoyant l'ignominie des bas-fonds.

Ainsi va Braïla, cette ville portuaire sise directement au bord d'un Danube bien moins bleu que ne le chantent les valses viennoises, lieu de batailles acharnées au Moyen Âge, capitale européenne des Tsiganes au début du vingtième siècle, reliée à la mer Noire par le bras de Sulina, qui traverse le paradis multiculturel et multiethnique du Delta danubien. Une ville amphibie, sans remparts.

> En ce temps, le port n'avait point de quai, et on pouvait avancer de dix et vingt pas, jusqu'à ce que l'eau vous arrivât à la poitrine. Pour entrer dans une barque, il fallait traverser de petites passerelles en bois ; les voiliers, ancrés au loin, frottaient leurs coques contre des pontons qui contenaient un bout du grand pont fait de billots et de planches. Une fourmilière de chargeurs turcs, arméniens et roumains, le sac au dos, allait et venait en courant sur ces ponts qui pliaient sous le poids[2].

---

1 Panaït Istrati, *Lettre à un ami de Braïla*, 1935.

2 Panaït Istrati, *Kyra Kyralina*, *Les Récits d'Adrien Zograffi*, *Œuvres*, I, édition préparée et présentée par Linda Lê, Paris, Phébus, « Libretto », 2006, p. 113.

C'est là que vint au monde, dans un quartier pauvre des bords du fleuve, de mère blanchisseuse roumaine et de père contrebandier grec (tué alors que l'enfant avait à peine 9 mois), Panaït Istrati (1884-1935), écrivain rare et conteur prodigieux, sans doute l'un des plus intenses et originaux que la littérature contemporaine européenne ait connu, se servant d'une langue acquise à la va-vite, qu'il est arrivé à manier à merveille, tout en y roulant des accents et des sourires balkaniques.

> Je suis un ouvrier, écrit-il, un peintre en bâtiment, né à l'endroit où le Danube forme un coude pour se séparer en trois bras et se jeter dans la mer Noire [...][3].

Son romantisme impénitent et imaginatif se drape d'une éthique de la marginalité, mue par l'impératif de la justice et de la liberté, qu'il a transmis à ses *haïdouks* – Robin des bois orientaux –, à ses personnages folkloriques et fantasques, qui rappellent les figures de Chagall, dans lesquels les lecteurs occidentaux découvrent la lente agonie d'un univers étrange, qui n'est déjà plus féodal, mais pas encore moderne, et qui s'éteint au son déchirant des violons tsiganes et des clapotis fluviaux. Le français classique virevolte, s'envole, prend de l'épaisseur sensuelle et s'imprègne d'une musicalité fiévreuse, angoissée et lumineuse en même temps.

Lieu de tous les maux, de tous les dangers, de tous les possibles, *topos* de voies troubles et méandriques, de paradoxes, de peur, de violence, d'amour fou, la ville existe parce que l'homme est incapable de vivre seul et le fleuve lui tend la main quand les autres l'insupportent. Complémentarité entre solitude et solidarité, force et faiblesse, réclusion et ouverture, la ville est l'écran qui protège l'homme de la nature et lui permet de la rêver, alors que le fleuve ou la mer qu'elle borde l'y replonge, élargit l'horizon de ses chimères et se loge dans les têtes et dans les tripes des habitants, qui sont « de la race de ceux qui se nourrissent de rêves[4] », d'après le jeune Adrien Zograffi (*alter ego* de Panaït Istrati). Celui-ci s'entiche d'un prince russe, déchu, à l'humeur changeante, Mikhaïl Kazansky, qui lit *Jack* d'Alphonse Daudet, dans original, au

---

3 Panaït Istrati-Romain Rolland, *Correspondance 1919-1935*, édition établie, présentée et annotée par Daniel Lérault et Jean Rière, Gallimard, 2019 : https://lintervalle.blog/2019/08/09/politique-et-amitie-panait-istrati-romain-rolland-une-correspondance (consulté le 22 septembre 2022).

4 Panaït Istrati, *Mikhaïl*, *Œuvres*, *op. cit.*, p. 669.

fond de la boutique de son maître, l'excellent pâtissier crasseux, Kir Nicolas. Et ce fut ainsi, de cette amitié incongrue, que naquit la passion d'Istrati pour la langue française.

La ville de Braïla est le lieu par excellence de la contradiction. Tantôt légère et fuyante comme un songe, tantôt lourde d'angoisses, menaces et tensions sourdes ; tantôt aérienne et gracile, surplombant « son » fleuve du haut de son passé aristocratique, tantôt visqueuse et dévergondée, mais non moins énigmatique, se laissant caresser ou engloutir par les flots. Une ville palpitant de luttes, de rancœurs, d'attentes, de regrets, de fantaisie, tourbillon de vie et de mort, espace polysémique qui se donne et se dérobe, où chaque quartier a ses codes, ses couleurs, ses odeurs et ses valeurs, qui se chevauchent parfois sous l'œil dolent du fleuve, qui emporte leurs histoires.

Le jardin public de Braïla permet d'imaginer les fameux jardins suspendus de Sémiramis à Babylone, puisqu'il est lui aussi suspendu à pic au bord du plateau qui domine le majestueux Danube et son incomparable delta marécageux.

> Entièrement clôturé, du côté de la ville, par des maisons seigneuriales, il semble avoir été autrefois un superbe parc réservé aux seuls riches. Mais aujourd'hui, grâce à ce satané « régime démocratique », qui abâtardit toute « beauté pure », rien n'est plus respecté, et c'est pourquoi, surtout les jours de fête, les allées du jardin sont envahies par une foule faubourienne qui apporte avec elle, en même temps que le pittoresque violent de ses couleurs et de son babil indiscret, toutes les odeurs possibles et imaginables [...][5].

Réels, imaginés, imaginaires, rêvés, ces multiples rapports que les gens entretiennent entre eux, avec le temps et l'espace, nœuds connus, ou subodorés, ou carrément obscurs, collent à la peau d'une identité bigarrée, d'une personnalité renforcée par celle de l'eau, identité multiple, magnétique, miroitante, faisant jouer toutes les facettes du sensible manifeste, et ouvrant, une à une, les portes de l'imaginaire.

Panaït Istrati, comme tous les écrivains portuaires, est à l'affût du moindre son ou rayon de lumière qui trahit un passage vers autre chose. Le port, plus que tout autre endroit au monde, inspire et cultive l'ambivalence du seuil : d'un côté, la stabilité clôturante de l'abri et la nostalgie lancinante de l'ailleurs ; de l'autre, l'incertitude fluide, le provisoire qui aspire au rivage et au point d'ancrage. L'impossibilité d'un assouvissement tenaille

5 *Ibid.*, p. 681.

les habitants d'une ville au bord de l'eau, car l'accès immédiat à deux éléments fondamentaux – en plus du ciel, donné à tous – augmente la sensation de l'accessibilité et le besoin de cette liberté dont l'évanescence contrarie plus que sur la terre ferme. Dedans et dehors, cloisonnement et abolition des limites, cette empreinte de l'ambiguïté s'inscrit définitivement dans l'esprit des gens et dans le génie des lieux, avec une intensité métaphorique rare, l'exubérance rimant avec l'excès et le tout avec une absence d'ennui et de routine, avec une superposition haletante d'états opposés, d'enlacements ou d'empoignades entre l'homme et le fleuve, baignant dans ce que Bachelard appelait « la puissance poétique de l'eau[6] », tout aussi forte dans le bien que dans le mal.

UN PORT, UNE PORTE…

Bi-ethnique et presque bilingue de naissance, l'oreille à l'affût de toutes ces sonorités grouillantes qu'un monde aux confins de l'Orient pouvait offrir, ce qui lui permit d'absorber facilement, à l'âge adulte, l'idiome qui allait le rendre célèbre, Istrati est un enfant du Danube braïlois dont il restitue dans ses récits (essentiellement dans *Codine*, *Kyra Kyralina*, *Nerrantsoula*, ou *Mikhaïl*) l'ambiance haute en nuances contradictoires, émouvante et sordide, chamarrée et pittoresque, exaltée, affamée, empoisonnée, passionnelle et pulsionnelle, enrichie de toutes les saveurs des populations diverses qui l'habitent ou la frôlent.

Vagabond impénitent et fantasque, autodidacte à partir de 12 ans, quand il lâche l'école, ce « Gorki balkanique », comme l'appelait, plus tard, son ami Romain Rolland, est un gamin typique et typé du port de Braïla, où prennent forme ses rêves d'horizons lointains et germe son inapaisable errance. Voici sa ville natale, telle qu'il la décrit, en amoureux lucide et impitoyable, dans *Nerrantsoula* :

> Braïla, garce plantureuse qui contemple le Danube son amant, d'un œil tantôt fiévreux, tantôt lascif. Braïla possède un plan peut-être unique au monde. C'est un éventail presque entièrement déployé. Du noyau qui fait son centre,

6 Gaston Bachelard, *L'Eau et les rêves : essai sur l'imagination de la matière*, Paris, Éditions José Corti, 1993 (1942), p. 28.

> huit rues et deux boulevards forment autant de bras qui lui élancent la taille et la montrent au Danube comme une offrande, mais pour que la belle ne soit en rien gênée, quatre avenues brisent l'élan de ces dix bras les traversant exactement comme la monture de l'éventail.
>
> Le peuple qui n'aime pas la monotonie a baptisé selon sa logique les fragments ainsi séparés, ce qui a donné naissance aux quartiers, nos fameuses « mahala » : juive, grecque, russe, tzigane, etc.[7] (p. 256 *sq.*)

Tout y est déjà, incarné dans la figure délurée et tragique de Nerrantsoula.

> Une de ces « mahala » s'appelle la fosse [...] vraie fosse pour celle qui court livrer sa jeunesse en pâture au ventre sexuel de ce port [...] portion de rue qui flambe le soir de ses cent lanternes rouges. (*Id.*)

Et à deux niveaux de lecture de surcroît. Il y a d'abord cette allégorie de l'amour aquatique entre la ville et son fleuve, ondoyant entre les élans polissons et la grâce fragile, entre la passivité d'une offrande et la liberté de celle qui se cabre au seuil du don de soi. Ce jeu de l'amour et de la langue n'est possible qu'en français, où Danube est masculin, alors qu'en roumain le nom est féminin, donc, à moins d'envisager une passion saphique avec Braïla, cette première lecture y est annulée. Vient ensuite le niveau suivant, celui de la possession inéluctable et abjecte, de la déchéance et de l'abandon, où la *mahala*, cette fosse puante qui engloutit toute trace de pureté, ouvre son « ventre sexuel » au port, sous l'œil lubrique d'une lanterne rouge. Seule échappatoire possible, la mort. Les deux plans ne distinguent pas uniquement une mythologie spatiale, une progression dans l'accablement, mais aussi une transgression temporelle, un mouvement en sens inverse. La petite porteuse d'eau de la *mahala*, qu'on appelle la *sacadgitsa*, brisée par la gloutonnerie du port, finit par casser les chaînes pour retrouver l'insouciance originaire. Mais pas dans ce monde-ci. Ni dans le fleuve.

L'infini du fleuve est plat, horizontal, rapide, impitoyable dans la violence de son impermanence. L'infini de la mer est vertical, profond, statique, terrifiant. Le fleuve est trompeur, on se laisse souvent duper par l'illusion de circonscrire son royaume, mais ses stratagèmes multiples sont difficiles à déjouer, il faut vraiment avoir l'esprit malléable, toujours aux aguets, des êtres aux semelles de vent.

---

7 Voir le plan urbanistique de Braïla réalisé par C. S. Budeanu (1892) : http://www.danubeculture.org/braila-porte-du-delta/ (consulté le 22 septembre 2022).

Panaït Istrati en est conscient, qui ne résout pas ses tragédies sur les eaux danubiennes de Braïla, mais les emporte loin, là où les ondes farouches rencontrent le calme délétère de la baie de la Corne d'Or. Nerrantsoula, la fille-femme à la beauté sombre et excessive comme une tranche de péché, petite orange amère, indomptable et enjouée, violente et volage, sans port et sans nom, ou plutôt, nommée au gré des apparences qu'elle crée et des fantasmes qu'elle suscite, c'est la madeleine d'Istrati. Quand, à Paris, son ami Apostolis Monastirioty évoque cette chanson grecque, entonnée et dansée sur les bords danubiens de Braïla, tout un monde enfoui dans les tiroirs capricieux de la mémoire de l'écrivain refait surface ; Istrati se met à chanter et à danser, et un troublant récit, gai, déchirant, ambigu, sourd de sa plume. Ils ne sont pas légion ceux qui s'avèrent capables de rendre dans un idiome d'adoption tardive une histoire vécue et revécue dans sa langue maternelle, avec toute la fougue sauvage de l'esprit et du cœur d'un amoureux de cette enfant heureuse-malheureuse de la ville fluviale. Tout ce qu'il écrit, c'est lui, sans jamais être tout à fait lui. Ou plutôt, il n'est pas un seul récit de Panaït Istrati qui ne soit nourri de son passé, de son vécu, quand bien même il s'acharne à oublier son moi qui lui pèse.

Nerrantsoula, l'ainsi nommée d'après le refrain de la chanson, fille insoumise aux origines incertaines, comme beaucoup parmi ceux qui peuplent le port d'avant la mer, libre et tendre, envoûtante et cruelle, à l'âme pure et pourrie à la fois, finit par se donner à tous, mais voue son amour à deux hommes simultanément – Marco (*alter ego* du narrateur) et le grec Epaminonda, dont la passion tyrannique amènera le désastre. Entre ces amis et frères ennemis qu'elle se plaît à monter l'un contre l'autre, Nerrantsoula virevolte, s'offre, se reprend, disparaît, fantomatique image du désir éternel. Un désir à jamais inassouvi, une joie navrante où passion charnelle et amitié sincère se contrecarrent, prennent tour à tour le dessus. Le Danube – « tyran généreux[8] » – et son delta autorisent l'errance aux abords de la folie criminelle, mais pas plus. Qui plus est, le fleuve leur adresse un avertissement terrible, biaisant le drame. C'était début septembre, dans les canaux tortueux du delta,

> [...] quand les mûres retardataires sont la gourmandise la plus convoitée des enfants courageux de Braïla. Ils vont tous, sans penser à la mort, mais parfois

8 Panaït Istrati, *Nerrantsoula*, Paris, Gallimard, 1984, p. 73.

> on les repêche dans le Danube, le museau encore noirci jusqu'aux oreilles par ce fatidique fruit de ronces destiné aux seules bêtes sauvages[9].

Sautillant gaiment dans ce « vrai labyrinthe de canaux naturels sentant la vase et le poisson[10] », abreuvant ses deux soupirants de mûres et de mots tendres à tour de rôle, mûres qu'ils avalaient comme des chardons ardents, Nerrantsoula se fond dans le ciel orageux et les eaux dormantes qui, de concert, concèdent une trêve aux amoureux transis. L'espace d'une seconde éternelle, ceux-ci oublient leur rivalité pour rire aux éclats à la vue de leurs museaux barbouillés de jus rouge. Mais la tempête déferle, elle est non seulement dans l'air de plus en plus lourd, mais aussi dans les tempes du fougueux Epaminonda qui, héritier des grands navigateurs grecs, souhaitait impressionner sa belle, ou mourir. Son envoûtement le transporte à tel point qu'il néglige avec ostentation les avertissements des pêcheurs qu'ils croisent : « N'entrez pas dans le Danube !... Il est démonté ! Et personne ne pourra venir à votre secours[11]. » ; et il met le cap sur Braïla, tandis que la jeune femme contemple impassiblement ce remue-ménage, certaine que son fleuve, même « démonté », ne saurait la faire sombrer. Le drame arrive vite, sur la pointe des vagues, presqu'imperceptiblement, contournant le déchirant triangle amoureux, pour frapper quelques-uns des enfants qui n'ont pas réussi à vaincre la rage orageuse du fleuve tourmenté par les trombes du ciel.

Quant aux protagonistes, ils bénéficient d'un sursis, qu'ils ne mettent pas à profit. Et alors, le Danube, qui ne voulait pas de ce dénouement qui fleure la tragédie grecque classique sur ses eaux, les chasse vers la mer. Pour aller au bout, il faudra retrouver les eaux dormantes de Constantinople, là où l'insouciante Nerrantsoula emmène ses deux soupirants, entre lesquels elle ne sait ni ne veut choisir :

> Le Bosphore était calme comme un cimetière. Sur la Corne d'Or, de petites lumières brillaient, semblables à des âmes ratatinées. Peu de cris... Pas de chants... Point de lamentations[12]...

À cette différence près que, cette fois-ci, l'un d'entre eux décidera pour tous, après un dernier défi de la pétulante braïloise :

9 *Ibid.*, p. 79.
10 Panaït Istrati, *Codine*, *Œuvres*, *op. cit.*, p. 592.
11 *Ibid.*, p. 77.
12 Panaït Istrati, *Nerrantsoula*, *op. cit.*, p. 159.

> Elle ne fit qu'un pas dans la barque. D'un coup de bras pareil à un mouvement de faucheur, Epaminonda lui enlaça la taille et disparut avec elle dans la masse noire[13].

À le lire, on a du mal à croire que l'écrivain qui utilise un français si souple, imagé et somptueux, l'ait appris en trois ans, tapissant de fiches les murs de sa chambre, avec, comme seul appui, un dictionnaire français-roumain et les livres de Montaigne, Montesquieu, Voltaire, Rousseau, et Romain Rolland, évidemment. Un exploit qui force l'admiration, mais qu'il a largement payé de sa personne, pour arriver à s'arracher à une langue dont il aime « l'odeur de fraîcheur et de pourriture, le mélange de soleil et de bouse, la laideur nostalgique, le superbe débraillement[14] » pour passer à la langue des salons raffinés et, plus encore, pour arriver à transposer dans celle-ci une réalité tellement étrangère. Il écrivait à Romain Rolland :

> On ne saura jamais combien de fois par jour je hurle de rage, m'ensanglante la gueule et brise mes dents en mordant furieusement dans cet outil rebelle à ma volonté.

Mais cette intimité avec un espace polyphonique lui permet de naviguer entre des plages de sens multiples et d'introduire des nuances que le monolinguisme, ou même le bilinguisme, ne lui aurait pas autorisées. Le voici donc qui parsème son récit, sans le traduire, d'un xénisme lancinant, le refrain grec de la chanson qui rythme le drame en progression du roman : « Au bord de la mer sur la grève / Nerrantsoula foundoti ! / Une vierge rinçait sa jupe / Nerrantsoula foundoti[15] ! »

DANS *L'ENTRE-DEUX*

Elle n'a jamais été tranquille et sereine, cette ville qui surplombe un fleuve insoumis, plus inquiétant, puissant et revêche au fur et à mesure qu'il approche de son embouchure. Mais, de toute façon, c'est le propre des cités portuaires que de générer un espace hybride, de métamorphoses

13 *Ibid.*, p. 160.
14 Emil Cioran, *L'Ami lointain*, Paris, Critérion, 1991, p. 8.
15 Panaït Istrati, *Nerrantsoula*, *op. cit.*, p. 24.

incessantes, autant de défis à l'imaginaire et aux ambivalences symboliques. La réalité de la ville se révèle dans la fiction d'un conteur aussi extravagant qu'elle, aussi indomptable et pluriel. « C'est l'empire du nénuphar blanc et des mûres sauvages, veloutées, grosses comme des cerises ! », s'extasie Istrati dans *Codine*, avant d'ajouter, dans *Kyra Kyralina* :

> Le Danube m'attira avec une force irrésistible. J'avais onze ans passés, et je ne connaissais pas le plaisir de glisser sur le fleuve dans une de ces barques dont les rameurs chantent, langoureux, en descendant le courant.

Images idylliques, souvent contrariées par les espaces ténébreux du port et les ombres dangereuses qui surgissent çà et là, arpentant un territoire jamais neutre, où s'affrontent ouvertement ou sournoisement passions, intérêts, jalousies, où fleurissent aussi, de temps à autres, de rares fleurs délicates, telle Nerrantsoula, la petite orange amère. La ville se vit et se raconte, et Panaït Istrati, de son propre aveu, ne fait qu'en épouser les contours méandriques, en frère des ouvriers, des paysans, des *haïdouks* – ces *vigilanti* roumains –, des hors-la-loi dont il partage l'exaspération famélique et l'esprit justicier furibond, lui qui prétendait ne rien inventer faute d'imagination, et parler uniquement de ce qu'il avait vu, entendu, vécu. Et il en a vu et entendu des choses, cet être funambule, qui a passé le plus clair de son existence en sursis, comme suspendu entre la vie et le trépas, entre ce monde et l'autre, probablement plus clément. *Entre*, tout comme sa ville, à cheval sur l'eau et la terre, dans les limbes d'un Occident qui ne l'est déjà plus et d'un Orient qui ne l'est pas encore, là où les identités géographiques, raciales, linguistiques fondent en un magma bouillonnant de force, de créativité, de risque. *Entre* – la préposition préférée des Roumains…

Le Danube est un connecteur spatio-temporel, un véritable *topos*, dans le sens bakhtinien du terme, élément coagulant, centre rayonnant, point de départ et de retour d'un homme ou d'une histoire, déterminant psycho-affectif majeur de l'appartenance à une communauté d'esprit et de cœur. Dans tous les cas, un être qui vit au bord de l'eau, à plus forte raison, une ville qui vit au bord de l'eau n'a pas la même perception de la vie et surtout de la mort. La frontière entre les états de l'être est beaucoup plus instable, plus perméable, plus changeante quand l'élément liquide est consubstantiel. L'eau engendre un type d'attrait vertigineux qui fausse les données de la géométrie euclidienne et de la logique newtonienne ; à trop la regarder ou la fréquenter, on peut facilement avoir l'impression que la barque de

Charon fait des allers-retours et que la traversée n'est pas définitive. Une ville sur l'eau vit toujours dans le provisoire, la mort dans l'âme, la mort intégrée au quotidien, qui la nourrit autant qu'elle la meurtrit.

> L'eau est vraiment l'élément transitoire. [...] L'être voué à l'eau est un être en vertige. Il meurt à chaque minute, sans cesse quelque chose de sa substance s'écoule. La mort quotidienne n'est pas la mort exubérante du feu qui perce le ciel de ses flèches ; la mort quotidienne est la mort de l'eau. [...] la mort de l'eau est plus songeuse que la mort de la terre : la peine de l'eau est infinie[16].

Suivant les rythmes capricieux de ce fleuve mythique, l'érudit écrivain italien Claudio Magris s'attardait sur une photo de Panaït Istrati, qu'il avait aperçue dans le musée de Braïla :

> [...] à Nice, en 1921, dans la rue, avec un chapeau à larges bords, en train de lire *L'Humanité*, dans une pose à la Fitzgerald qui traduit toute l'insolence pathétique, l'ingénuité à la fois désarmée et prévaricatrice de cette génération perdue, et revendiquant hautement sa perdition[17].

Sa perdition, il l'a souvent revendiquée, et même recherchée, précisément à Nice, avec, dans sa poche, une lettre adressée à Romain Rolland, sauvé *in extremis* par un passant. C'est à l'auteur de *Jean-Christophe* qu'il doit non seulement son retour à la vie, mais surtout le courage de trouver la voie par laquelle le Danube reflue en lui, allumant les feux follets de toutes ces voix de Roumains, Grecs, Turcs, Juifs, Lipovans et autres, qui s'emmêlaient dans son sang jusqu'à l'étouffer. Rebelle et révolté, avançant toujours sur un fil mince tendu au-dessus du désastre, Istrati se reflète dans sa ville qui, à son tour, se mire dans son fleuve, se l'approprie avec une possessivité émouvante. À défaut d'une identité claire assurée par l'état civil, ou par l'État tout court, le fleuve lui tient lieu de famille. C'est une identité englobante qu'il offre à tous, une *mamma* indifférente à la couleur des peaux et aux inflexions des langues, un giron maternel chaleureux.

> Habituellement, le port et le Danube (mon Danube !) c'était là ma promenade passionnément aimée du jeudi. En été, le port m'absorbait dans son immense labeur. Il me semblait que toutes ces fourmilières d'êtres et de choses vivaient pour ma jouissance personnelle ; en hiver, c'était la majestueuse

16 Gaston Bachelard, *L'Eau et les rêves : essai sur l'imagination de la matière*, *op. cit.*, p. 13.
17 Claudio Magris, *Danube*, Paris, Gallimard, 1988 : http://www.voixauchapitre.com/archives/2015/Panait_Istrati_presse.pdf (consulté le 22 septembre 2022).

> inertie, l'universel silence, l'imposante solitude des quais déserts, la blancheur immaculée, et surtout le terrifiant arrêt du fleuve sous son linceul de glace[18].

Dans cette géographie mouvante et contorsionnée, le plan d'eau acquiert une dimension métaphysique – sa fluidité toujours changeante ouvrant vers des ailleurs plus vastes, par-delà la mer –, mais représente aussi une chance de rachat et même de salut pour ce monde qui métisse toutes les variables sociales, économiques, ethniques et linguistiques imaginables. D'ailleurs, fils de filou grec, Istrati est stimulé par cette ambiance trouble, où la délinquance et la dégénérescence que l'on associe habituellement, et pour cause, avec ce type de paysage, ajoutent une note dramatique, voire tragique, à la misère, au désespoir, à l'insécurité régnant dans ce coin du tout jeune royaume roumain, qui peinait à se frayer un chemin indépendant vers la modernité, en cette fin du XIXe siècle.

Or, Panaït Istrati, bien que profondément enraciné dans son pays de marginaux et d'indigents, voulait comprendre et voulait s'en sortir. Lui, l'enfant des fleurs, est né libre comme la brise qui souffle sur les ondes. Il se met alors à apprendre sur le tas le grec que son père n'a pas eu le temps de lui léguer, pour, plus tard, initié à la grande littérature française et russe, tomber amoureux de l'idiome hexagonal dont il arrive à maîtriser les parfums subtils, le faisant sien sous une forme pétillante, chatoyante, imagée, ne lui épargnant pas toutefois la contamination. Son œuvre, française, quoique parlant de réalités roumaines, est inextricablement liée à ce fleuve et à cette ville. Le regard qu'il pose à chaque fois sur un ailleurs brille des lumières singulières du Danube qui le hante et qu'il raconte sans arrêt :

> Dans ce refuge où tout sentait la vie sauvage, j'oubliais dès le lendemain le choléra et l'ail qu'il fallait manger, et le camphre que l'on portait au cou, et le vinaigre pour se frotter le corps. Le bois de saules et son petit monde d'oiseaux me semblaient un coin de paradis ; la vue de mon cher Danube, par nos nuits tièdes et étoilées, nos clairs de lune, répondaient à mon plus grand rêve d'enfance : une vie sous un ciel clément, avec une hutte, une couverture et une marmite sur le feu… tout ce que j'avais lu dans les histoires de brigands[19].

L'imaginaire puissant du fleuve tresse souvent ses propres souvenirs dans celui de la ville et de l'homme qui accorde son ouïe, sa vue, son odorat à ceux de l'indomptable souverain, au point, parfois, de ne plus savoir où

18 Panaït Istrati, *Codine*, *Œuvres*, *op. cit.*, p. 573.
19 Panaït Istrati, *Mikhaïl*, *Œuvres*, *op. cit.*, p. 601-602.

s'arrêtent ses mille et une vies, où commencent les mille et un récits du fleuve qui entraîne le lecteur, égaré et ravi de l'être, dans des mises en abyme successives où les sens aiguisés jusqu'à l'affolement racontent ce paysage de fin de monde. Pas du monde, mais d'un monde, qui rend son âme dans les flots de la jonction avec un autre. Le Danube est un seuil, son delta est l'antre d'un *no man's land* où les souffles, les passions, les traditions de toutes ces civilisations qui s'accolent fondent dans un tourbillon effréné.

L'écriture de Panaït Istrati est puissamment sensorielle. Tous les sens sont convoqués pour capturer l'esprit de cette ville fluviale, où la frêle délicatesse, la générosité et l'amitié le disputent à l'impudeur, à la crapulerie, à l'agressivité ordurière. Somme toute, les deux versants, la vie dans sa splendeur naturelle, la mort, dans ses oripeaux non dépourvus d'éclat. L'amour et la haine s'y frôlent sans s'exclure, le lyrisme et l'humour sont souvent au rendez-vous, et le Danube fait saillir des traits qu'aucune autre cité ne partage.

Ainsi, par exemple, à Braïla, on boit énormément de thé – ce qui n'est pas original –, mais on ne l'ingurgite pas comme ailleurs :

> Pourquoi fuyait-on, comme la peste, le « sucre farineux » ? Parce que, à Braïla, à l'exemple de la sainte Russie, on ne boit pas le thé comme à Paris ou à Londres. Libre à vous de sucrer votre jus tiède et même de le « salir » d'une goutte de lait ou plus, ou de ne rien faire et de l'avaler – glouc ! – comme on avale une purge, ou, encore, de l'accepter « pour faire plaisir » et de vous en aller – avec un « merci beaucoup » – sans l'avoir touché[20].

Non ! On procède ainsi à Braïla :

> Dans le second port danubien de la Roumanie, les habitants boivent le thé tout autrement. Ces habitants, qu'ils soient nationaux get-beget ou pravoslavniks lipovans aux barbes à la Tristan Bernard, aux bottes d'égoutiers et à vaste lévite qui trimballent dans une poche l'inséparable verre, lourd comme un caillou, dont on se sert là-bas individuellement pour avaler dans des bistrots impurs de la votka pure, après s'être copieusement signé, ces habitants sont, avant tout, de grands buveurs de thé.

Les gens ont découvert une manière originale de faire de l'économie tout en s'octroyant une saveur rare :

> Et pour que l'on puisse boire économiquement tant de thé, vu le prix exagéré du sucre et la modicité des gains, on a dû recourir à un expédient : réduit à l'état de minuscules dés, au moyen d'un petit engin appelé siftch, le grain

20 *Ibid.*, p. 758-759.

> de sucre est d'abord trempé dans du citron, puis, adroitement placé entre la joue et la mâchoire, où il résiste vaillamment à toutes les gorgées du bouillant liquide qui le frôlent sans trop le malmener, et de cette façon on arrive au fond du verre en conservant encore dans la bouche une vague sensation du précieux aliment. C'est ce qu'on appelle là-bas : boire le thé prikoutsk.

Cette ville, Istrati la vit et la raconte, ou plutôt, dans l'autre sens, la raconte et la vit, parce que l'homme est avant tout un être qui raconte, et qui, pour organiser sa pensée ou ses émotions, doit les mettre en parole. Mais Braïla est une garce de ville, une cité accommodante, qui se donne à qui la choie, comme tous les ports qui accueillent des individus issus de races indéfinissables, tel Kir Nicolas, ce Turc-Grec-Albanais, excellent pâtissier braïlois, que les commères des faubourgs traitaient de « vénétic, c'est-à-dire *d'étranger suspect* », un statut peu enviable, mais…

> Il aurait eu mauvaise grâce d'en vouloir aux habitants de Braïla, si semblables à ceux de toute autre ville d'Occident. Les uns et les autres, d'ailleurs, permettent volontiers aux vénétics d'entrer dans leurs familles dès qu'ils deviennent riches. C'est une faiblesse[21].

Certaines villes, quelles que soient leurs dimensions, suscitent davantage l'inspiration littéraire, et on retrouve presque toujours au premier plan celles qui jouissent d'un espace hybride, instable, voué au transit et au transitoire, basculant sans cesse de l'entropie à la néguentropie. On l'a déjà vu, le port naît de confrontations de tous ordres, il est fait d'alternances, de jeux contradictoires, d'ambiguïtés, participant de deux univers qui s'opposent en se complétant, à savoir le plus sauvage – celui aquatique – et l'aboutissement ultime de l'humanité sédentaire – la ville. La dynamique des histoires, le rythme des drames, la mouvance spécifique de la vie dans ces *topoï* en font une enclave aux multiples éclats imaginaires. Plus encore, lorsqu'on a affaire, comme dans le cas de Braïla, à une ville-port qui borde un grand fleuve, lequel, à son tour, s'ouvre vers un immense delta, qui débouche sur la mer. La mer Noire. Il y a ici une particularité supplémentaire, dans cette enfilade d'ouvertures progressives, le long desquelles on glisse de l'étroitesse maîtrisable à une étendue qui nous échappe, des petits accidents domestiques aux tragédies élégiaques à valeur emblématique. Compromis entre l'ouvert et le fermé, passage entre l'intérieur et l'extérieur, lieu qui rassemble les départs et les arrivées, point

21 Panaït Istrati, *Codine*, *Œuvres*, *op. cit.*, p. 616.

symbolique d'articulation de deux mondes, passage qui offre l'évidence d'une intensité primitive, comme si le port était pour le corps de la ville une ouverture naturelle, reflet apaisant de l'autre, humaine.

Istrati vit et écrit *à cheval sur* deux mondes, deux langues, deux cultures, ou dans *l'entre-deux*, ou, au fond, *dans les deux* à la fois, le dynamisme contradictoire des pulsions apparemment irréconciliables le propulsant sur un autre niveau de réalité, où leur coexistence est possible, là où la ville rencontre le fleuve et leurs deux langages retrouvent une fluidité convergente. L'écrivain cherche une manière de contourner la monovalence du mot dans et par le mot, sa faconde liquide entretenant cette illusion immersive de plonger dans un *entre-deux*, dans un non-lieu, un espace de liberté quasi absolue, que le Danube offre à la ville, tous dangers confondus, et que notre quotidien euclidien et aristotélicien nous interdit habituellement. Istrati, quant à lui, préfère glisser entre les frontières, se connaître dans l'impossibilité d'une saisie globale, unitaire, se situant simultanément au-dedans et en dehors de son univers personnel, d'où une sorte de permanent dédoublement du sujet.

L'*entre-deux*, dans la définition de Daniel Sibony, est « une forme de coupure-lien entre deux termes, avec la particularité que l'espace de la coupure et celui du lien sont plus vastes qu'on ne le croit[22] ». Autrement dit, dans l'espace de l'entre-deux la coupure intervient là où s'ouvre l'espace d'un nouveau lien, celui de l'incorporation et de l'intégration. Toute écriture fréquente l'entre-deux langues, espace symbolique et poétique, où la langue d'origine, muselée et reléguée, se potentialise, investit le champ de l'inconscient, tandis que s'actualise le code linguistique de la nouvelle langue d'expression, donnant naissance à un langage et à un style d'auteur. La rencontre de deux espaces culturels divers, bien qu'apparentés, relève de la sémiotique trans-culturelle qui croise la problématique de la *déterritorialisation*[23], et valorise la notion de l'*entre-deux*. Il paraît que ce non-lieu a toujours été un terreau fertile et un espace privilégié par la mentalité roumaine archaïque et, plus tard, par ces écrivains qui ont connu la gloire dans et à travers le français comme langue d'adoption, tels Cioran, Ionesco, et Panaït Istrati, bien sûr.

D'une grande fraîcheur et liberté, trempée dans cette matrice fabulatoire pleine d'empathie et d'humour compatissant, la plume de l'écrivain

22 Daniel Sibony, *Entre-deux : l'origine du partage*, Paris, Seuil, 1991, p. 11.
23 Gilles Deleuze et Félix Guattari, *Kafka pour une littérature mineure*, Paris, Minuit, 1975.

brailois fait surgir devant nos yeux un enclos ouvert aux portes de l'Orient, où splendeurs naturelles et turpitudes humaines confluent pour reconstituer un monde aujourd'hui disparu, avec ses manoirs fastueux, ses pouilleux, ses âmes torturées, ses charmes douteux et ses marais secrets, le monde post-phanariote roumain, dont la ville-port de Braïla est la quintessence, qui pendule encore entre l'Occident et le Levant[24] :

> Océan orageux d'égoïsme et de banalité, avec quelques phares perdus dans des îles minuscules contre lesquelles s'acharnent les vagues de la sottise et les ténèbres de l'inconscience, gênées par la lumière – voici ce que le monde me paraît[25] !

La Braïla de Panaït Istrati communique directement avec « son » Danube, lui jette en pâture ses habitants, ses odeurs, ses couleurs, le protégeant souvent de cette force câline et menaçante, bourrasque de vie ou de mort, berceau des illusions, envies et désirs les plus fous, mais aussi des rêveries paresseuses, n'éludant jamais ses contradictions constitutives, s'ouvrant lascivement aux tensions, aux quêtes, aux rires, aux pleurs, espace privilégié, seuil glissant vers une réalité complémentaire, à la créativité exaspérée. Comme dans un songe, la ville s'abreuve de représentations du passé et de celles du présent, dessinant les contours des destins à venir, puisant dans les légendes et histoires qui la fondent et dans celles qui se tissent sous ses yeux. Tourbillonnante et créative, Braïla se mire dans son fleuve.

Simona MODREANU
Université Alexandre Ioan Cuza,
Iasi, Roumanie

24 Pour approfondir : Alain Corbin, *Le territoire du vide : l'Occident et le désir du rivage, 1750-1840*, Paris, Flammarion, 1988. Fanny Romain, « Le fleuve, porteur d'images urbaines : formes et enjeux », *Géocarrefour*, vol. 85/3, *Fléau, ressource, exutoire : visions et usages des rivières urbaines (XVIIIe-XIXe s.)*, 2010 : https://journals.openedition.org/geocarrefour/8001 (consulté le 22 septembre 2022).

25 Panaït Istrati-Romain Rolland, *Correspondance 1919-1935*, *op. cit.* : https://lintervalle.blog/2019/08/09/politique-et-amitie-panait-istrati-romain-rolland-une-correspondance (consulté le 22 septembre 2022).

DANUBE DE CLAUDIO MAGRIS

L'Histoire et les histoires d'un fleuve

La catégorie éditoriale dans laquelle paraît *Danube*[1] ne rend pas compte de tout ce que le livre raconte, projette et médite. Relevant de l'essai par la somme des réflexions qu'il rapporte ou qu'il propose lui-même, l'ouvrage de plus de 550 pages se définirait d'abord comme un récit de voyage, dans ce sens où, en plus des descriptions des rives du fleuve parcourues, un énonciateur laisse libre cours à l'expression de ses impressions de voyage ainsi qu'à ses sensations et à ses émotions. En effet, *Danube* se présente comme un ouvrage sur/autour du fleuve éponyme, mais il est aussi et surtout une interrogation de l'Autre, un autre pluriel et divers, au miroir de soi, et un récit sur le monde à travers soi[2] lors d'une traversée de la *Mitteleuropa*[3]. L'omniprésence du *je-voyageur*, soumis à un vague mais imparable « Alors, raconte[4]… ! » et se définissant comme un « moi, j'ai vu[5] », donne au texte le statut non d'une méditation d'une quelconque nature sur un sujet comme le ferait

---

1 Claudio Magris, *Danubio*, Milan, Garzanti, 1986. *Danube*, traduit de l'italien par Jean et Marie-Noëlle Pastureau, Paris, Gallimard, coll. « L'Arpenteur », 1988 ; rééd. coll. « Folio », 1990. Toutes les références du présent travail renvoient à la traduction de Jean et Marie-Noëlle Pastureau, éd. 1990.

2 *Cf.* Jean-Marc Moura, *L'Europe littéraire et l'Ailleurs*, Paris, P.U.F., coll. « Littératures européennes », 1998.

3 Ce concept géopolitique constitue une ligne de conduite définitoire dans l'enquête menée par Magris. Le mot, dont la première attestation ne daterait que de 1915, a d'abord décrit une réalité géopolitique, en rapport avec les mouvements expansionnistes et les transactions ou conquêtes militaires depuis le premier XIXe siècle. Il correspond à un espace géographique aux contours fluctuants que se sont disputé l'Empire ottoman, l'Empire austro-hongrois, mais aussi les Russes et le Reich allemand, espace variablement appelé *milieu de l'Europe, Europe de l'Est, Europe centrale* ou encore *région/pays des Balkans*. Cependant, *Mitteleuropa* désigne également une aire géoculturelle (linguistique, littéraire et intellectuelle) propre aux régions et villes situées sur les rives du Danube.

4 Adrien Pasquali, *Le Tour des horizons. Critique et récits de voyage*, Paris, Klincksieck, coll. « Littérature des voyages », 1994, p. 24.

5 *Id.*

un essai (Barthes[6]; Marcel[7], Angenot[8] et Dumont[9]), mais celui d'une révélation dont la « *mission sacrée* est de rapatrier l'exotisme et l'inconnu absolus dans le quotidien du non-voyageur[10] ». L'ambiguïté générique ressentie à la lecture de *Danube* est inhérente à la définition même des deux genres, embrassant tous les deux un éventail d'écrits extensif à souhait, « faute de critères théoriques assez précis » et noyés dans « un magma [...] presqu'exclu du domaine littéraire proprement dit[11] ».

Cette question d'ordre générique induit une sémiotisation particulière de l'objet premier de l'ouvrage. Le fleuve, à travers ce brouillage générique, revêt tour à tour le statut d'un sujet de réflexion autour duquel l'auteur échafaude plusieurs hypothèses qu'il tenterait de valider ou d'invalider dans une démarche argumentative typique de l'essai, et le statut d'une référence factuelle dont les contours se dessinent au gré des postures énonciatives et rhétoriques adoptées dans le texte, postures qui peuvent être métonymiques, synecdochiques, métaphoriques, ou référentielles en ce qu'elles projettent de valider le réel[12]. Le fleuve apparaît, de ce fait, tantôt comme un concept ou une abstraction objet de la méditation intellectuelle, tantôt comme un actant à part entière car narrativisé et enchâssé dans le récit premier, tantôt encore comme un objet fantasmatique, le lieu d'innombrables représentations collectives, réparties sur une échelle axiologique à gradients variables[13].

6 Roland Barthes, *Roland Barthes par Roland Barthes*, Paris, Éditions du Seuil, coll. « Écrivains de toujours », 1975.

7 Jean Marcel, nom de célébrité de Jean-Marcel Paquette, « Forme et fonction de l'essai dans la littérature espagnole », *Études littéraires*, vol. 5, nº 1, 1972, p. 75-88.

8 Marc Angenot, *La Parole pamphlétaire. Typologie des discours modernes*, Paris, Payot, 1982.

9 François Dumont, *Approches de l'essai*, Montréal, Éditions Nota bene, coll. « Visées critiques », 2003.

10 Adrien Pasquali, *Le Tour des horizons. Critique et récits de voyage*, *op. cit.*, p. 24.

11 Robert Vigneault, *L'Écriture de l'essai*, L'Hexagone, coll. « Essais littéraires », Montréal, 1994, p. 9. Marc Angenot, en pointant l'insuffisance des outils et des concepts théoriques pour appréhender le genre de l'essai, propose une distinction préliminaire dans les « littératures d'idées » entre « ce qui tient de l'*essai* » et tout « ce qui est vaguement classé "littérature de combat" et "littérature d'humeur" », puis privilégie une approche textualiste qui exclurait « la réduction du discours littéraire à la *fiction* » et qui consisterait en un « *pur* travail sur le langage » (*La Parole pamphlétaire. Typologie des discours modernes*, *op. cit.*, p. 10).

12 *Cf.* François Affergan, *Exotisme et altérité. Essai sur les fondements d'une critique de l'anthropologie*, Paris, P.U.F., 1987.

13 Le collectif dirigé par Alain Borer, en ce qu'il offre une diversité de points de vue d'écrivains voyageurs, met particulièrement en avant cette question de l'imagologie et notamment

Ce sont ces multiples statuts sémiologiques du Danube de Magris que le présent travail se propose d'interroger. Loin de toutes les considérations géopolitiques qui ont valu à l'ouvrage le prix Bagutta en 1987, en Italie, puis le prix du Meilleur livre étranger (« Essai ») en 1990, en France, mais qui lui ont également valu beaucoup de critiques outre-Atlantique quant à sa neutralité déconcertante, à la veille des conflits intestins qui allaient faire tomber le rideau de fer et démanteler l'Europe soviétique, *Danube* est une œuvre hautement littéraire qui se lit *aussi* comme une élégie en hommage au fleuve centre-européen, à la diversité naturelle, ethnique, linguistique, culturelle et politique qu'il a de tout temps représentée.

Le paradoxe sera pourtant que, chez Magris, ce fleuve qui traverse tant de grandes villes européennes peut exister en quelque sorte à lui tout seul ! Comme s'il était un fleuve sans villes et faisant de notre travail un *hapax* original au milieu des villes-fleuves !

DE L'ESPACE DU VOYAGE À L'ESPACE D'ÉCRITURE

Relatant un épisode biographique factuel, l'ouvrage propose le récit d'un périple devenu quelques mois après objet autographique ; ce récit cumule et la chronologie autobiographique et la chronologie spatiale, géographique. Cette double construction narrative progresse à la faveur d'un principe épisodique expansif, sans trame : ni intrigue, ni nœud, ni péripéties, etc. Elle emprunte cependant beaucoup de composantes narratologiques conventionnelles : une instance narrative réflexive, entourée de quelques compagnons qui font des apparitions épisodiques dans des tableaux descriptifs ou dans les commentaires du narrateur, une ordonnance chronologique linéaire, mais sans dates, ni durées explicitement énoncées, et un ancrage spatial factuel précis, corroboré, avant chaque chapitre, par une carte de l'étape à décrire. Si les deux premières composantes ci-dessous mentionnées peuvent tout aussi bien caractériser l'essai que le récit de voyage – Jean Marcel présentait l'essai comme « un discours réflexif de type lyrique entretenu par un JE

---

des représentations fantasmatiques, dans les récits de voyage. *Cf.* Alain Borer, *Pour une littérature voyageuse*, Bruxelles, Éditions Complexe, coll. « Le Regard littéraire », 1992.

non métaphorique sur un objet culturel[14] », sorte de « biographie sans événement » –, la troisième ne laisse aucun doute sur la précellence de l'espace géographique factuel sur la composition. L'ouvrage de Magris se construit, en effet, grâce à un principe unique : la géographie. L'auteur lui-même définit son entreprise comme une « potamologie » (du grec *potamos* : « le fleuve ») et même comme « un atlas » (p. 221) non *egocentré* mais bien *géocentré*, au sens où l'entendait Bertrand Westphal[15].

La lecture de *Danube* offre de fait plusieurs points de vue egocentrés, et bien plus souvent géocentrés. Car Claudio Magris y entreprend une synthèse sur tout ce qui peut ou a pu avoir trait à ce fleuve euro-central. Présenté comme un « essai-fleuve » par son éditeur, l'ouvrage se défend d'être un récit fluvial – comme l'étaient par exemple les *Aventures de Huckleberry Finn* de Mark Twain (1884), *Au Cœur des ténèbres* de Joseph Conrad (1899), ou *Hymne au Nil* de Gaston Maspero (1912) –, mais prétend à un statut nettement mais faussement moins ambitieux :

> Le projet en question – élaboré par des professeurs d'université de Tübingen et de Padoue, formulé selon une logique rigoureuse et accompagné d'une bibliographie – prétend soumettre à l'ordre inexorable du traité l'imprévisibilité d'un voyage. (p. 17)

Au projet administratif, aux ambitions académiques et scientifiques s'ajoute la référence explicite à la littérature de voyage du XIXe siècle, avec l'invocation, au seuil de l'ouvrage, des *Souvenirs, impressions, pensées et paysages pendant un voyage en Orient* de Lamartine (1835). L'aventure sera faite d'une « moisson d'images à noter, vieilles préfaces, programmes de théâtre, bavardages de relais, poèmes et chants épiques, élucubrations métaphysiques, coupures de journaux, règlements d'hôtels, bulletins paroissiaux » (p. 22). Muni de ce savoir hétéroclite, l'écrivain aura une tâche de « déménagement » (p. 22), la métaphore prosaïque renvoyant à la quantité de documents collectés ou annotés, à sortir, classer et réinvestir dans un texte personnel. Cette littérature de la (re)transcription telle que la présente l'auteur au seuil de l'essai est d'abord définie par sa genèse factuelle et nécessairement autobiographique : une entreprise

14 Jean Marcel, « Forme et fonction de l'essai dans la littérature espagnole », art. cité, p. 75-88.

15 *Cf.* Bertrand Westphal, « Pour une approche géocritique des textes : esquisse », *La Géocritique mode d'emploi*, Limoges, P.U.L.I.M., coll. « Espaces humains », 2000, p. 9-39.

pérégrinative, scripturale, sensorielle et ontologique, qui se résout en une seconde entreprise scripturale *a posteriori*, sorte de *seconde main* qui charrie dans son sillage plusieurs questions poétiques inhérentes à l'exercice.

Ce double projet, à la fois commande administrative et récit de voyage personnel, est soumis à la distance ironique ainsi qu'à la propension de l'auteur au rêve, à la méditation, ainsi qu'à son intime relation aux éléments naturels et son attention très aiguë portée aux objets :

> Ce blanc de bois, qui fait face au mince filet d'eau, invite à considérer avec sympathie le projet systématique découvert dans ma boîte aux lettres [...] Le bois a une bonne odeur, une sécheresse virile qui évoque *l'homme des vallées perdues*. (p. 19)

Au seuil du récit de voyage, une disposition comme naturelle chez l'auteur appelle à un partage, non d'un voyage officiel à la découverte de « l'architecture du voyage. Les hôtels : histoire et utopie », mais d'une expérience sensorielle d'abord, intellectuelle et littéraire ensuite :

> Les pas que je fais vers la maison ressemblent à des phrases sur une feuille de papier, le pied tâte le terrain marécageux et contourne une flaque comme la plume accomplit son parcours à travers l'espace blanc de la page, évite un débordement du cœur ou de l'esprit et passe outre comme s'il s'agissait d'une tache d'encre [...] L'écriture devrait couler, comme ces eaux parmi les herbes (p. 32-33)

Un va-et-vient entre l'univers fluvial observé et le moi du narrateur caractérise les multiples sections constitutives des neuf chapitres qui, globalement, obéissent à un schéma d'écriture récurrent. Ces séquences portent le titre de l'étape ou des principaux protagonistes (rencontrés ou évoqués) relatifs à cette étape ; elles commencent et/ou se terminent par un ancrage ego-spatial du narrateur.

Outre cet être en-soi et pour soi, le *je-voyageur* convoque ses propres références pour décrire et apprécier l'Autre inconnu et quelque peu étrange(r). C'est ainsi des décors de son pays natal, comme cette « clairière de mon Monte Nevoso » (p. 63) à propos de la cabane dans la *lichtung*, au beau milieu de la Forêt-Noire, où aurait vécu Heidegger, qui représente une référence biographique inattendue et hors de propos, rappelant au lecteur l'omniprésence d'un narrateur devenu *clé de lecture de l'espace*, filtre ontologique et épistémologique du monde. Les souvenirs d'enfance aussi se mêlent de la relation danubienne et sont convoqués comme arguments dans son récit. Le lecteur découvre la naïveté du voyageur comparée à celle de l'écolier, sommé de croire et d'accepter ce que lui dictent les programmes scolaires, comme ce fut le cas pour ses camarades et lui-même, crédules écoliers confrontés à l'inanité de certains contenus scientifiques (p. 78). Il découvre des noms de camarades de classe, Schultz l'incrédule, Sandrin le bourreau du « gros garçon incroyablement timide » souffre-douleur de la classe, ou encore Monica Favaretto l'auteure distinguée d'une fable-express publiée dans le journal de l'école (p. 140). Il va à la rencontre d'une ancienne camarade grâce à des retrouvailles à Ratisbonne (p. 145) et il a même droit à une section consacrée à l'oncle viennois Tonton Othon (p. 276). La section dédiée à la mémoire de Tonton Othon tout comme l'épisode dédié à son professeur de lycée Trani qui lui a fait découvrir et aimer la civilisation de l'Europe centrale (p. 315-319) sont particulièrement émouvants et se lisent comme de véritables hommages dans une écriture autobiographique.

Par ailleurs, l'énonciation adopte divers points de vue subjectifs et affiche, à plusieurs endroits du texte, des interrogations sur la modalité du dire. Elle passe ainsi, et avec naturel et fluidité, de la focalisation externe avec un narrateur extradiégétique, tout droit venu de l'univers stendhalien – « le voyageur » est en effet un thème récurrent dans la phrase de Magris –, à la focalisation interne avec l'emploi du *nous* collectif et plus régulièrement du *je* autobiographique. Cette énonciation à la première personne, pourtant conventionnelle dans les récits de voyage, est remise en question dans une relation qui se voudrait objective et *intersubjective* au sens où elle n'impliquerait pas seulement ses propres impressions mais un partage, à échelle collective et de façon objective, de tout ce que le voyage offre à voir et à savoir. Le commentaire méta-discursif, de mise dans le texte, pointe de véritables *hétérogénéités énonciatives*[16] au-delà desquelles le *je* apparaît comme un simple artifice verbal, une commodité, bien plus qu'un choix consenti par l'auteur :

16 Jacqueline Authier-Revuz, « Hétérogénéité(s) énonciative(s) », *Langages*, n° 73, *Les plans d'énonciation*, 1984, p. 98-111 : https://www.persee.fr/doc/lgge_0458-726x_1984_num_19_73_1167 (consulté le 22 septembre 2022). Voir également : « Hétérogénéité montrée et hétérogénéité constitutive : éléments pour une approche de l'autre dans le discours », *Documentation et Recherche en Linguistique Allemande*, n° 26, *Parole multiple. Aspect rhétorique, logique, énonciatif et dialogique*, Vincennes, 1982, p. 91-151 : https://www.persee.fr/doc/drlav_0754-9296_1982_num_26_1_978 (consulté le 22 septembre 2022).

> Je grimpe la pente et j'arrive à la maison. Je grimpe, j'arrive ? L'emploi de la première personne du singulier est loin d'être évident, et le voyageur plus que tout autre, est embarrassé, face à l'objectivité des choses, d'avoir dans les jambes ce pronom personnel. Victor Hugo, se promenant le long du Rhin, aurait voulu s'en débarrasser, exaspéré par cette mauvaise herbe qui se présente sans cesse sous sa plume. Mais un touriste non moins illustre, et non moins hostile à l'égotisme verbal – Stendhal – disait, en parcourant la France, que tout compte fait, c'est un moyen commode pour raconter. (p. 34)

Le narrateur superpose également deux temporalités énonciatives, une première relative au temps de la découverte et de la sensation, et une seconde relative au moment de la rédaction. Le commentaire méta-discursif remet alors l'authenticité des biographèmes affectifs, les suspectant de n'être que des artifices rhétoriques :

> Ce sentiment de plénitude vitale, ce cadeau des endorphines sécrété par un cerveau bienveillant, l'ai-je vraiment éprouvé dans les ruelles et sur les quais de Passau – ou alors est-ce que je crois l'avoir éprouvé seulement parce qu'attablé au *Caffè san Marco* je suis en train d'essayer de le décrire ? (p. 165)

Ce relevé des caractéristiques du récit de voyage dans son essence poétique et stylistique raccorde *Danube* de Magris à une tradition littéraire universelle, pourtant non avouée dans les choix éditoriaux. Mais, pour être omniprésentes tout au long du récit et pour constituer des articulations narratives structurant le texte et assurant sa cohésion et sa progression, ces caractéristiques, propres du reste à tout récit autobiographique, n'en constituent pas l'objet central. Elles ont une fonction synaptique, qui ne doit en rien se transmuer de simple jonction communicante en nerf moteur. Dans une perspective géocritique, nous dirons que, dans *Danube*,

> […] c'est au référent spatial qu'il appartiendra de fonder la cohérence de l'analyse et non plus à l'auteur et à son œuvre. En un mot, on se mouvra de l'écrivain vers le lieu et non plus du lieu vers l'écrivain, au fil d'une chronologie complexe et de points de vue divers[17].

L'inversion de la perspective telle qu'elle est définie par Bertrand Westphal permet de dépasser les considérations poétiques primaires sur

17 Bertrand Westphal, *La Géocritique. Réel, fiction, espace*, Paris, les Éditions de Minuit, coll. « Paradoxe », 2007, p. 185.

le statut de *l'écrivain-voyageur* ou du *voyageur-écrivain*, ainsi que toutes les questions procédurales énonciatives et rhétoriques qui en découlent, vers une découverte de l'espace de référence en tant qu'une identité culturelle et à la faveur d'une pluralité de points de vue, ce que Westphal appelle une « multifocalisation des regards sur un espace de référence donné[18] ».

Dans cette configuration, le Danube se trouve introduit grâce à une mise en scène poétique particulière qui lui assure un statut multisémiotique. Il est l'objet d'une investigation, d'une longue observation, puis d'une remémoration et d'une (re)transcription. Il est à la fois un cadre référentiel et une entité thématique non exempte des dérives fantasmatiques. Il est un thème à part entière, mais bien plus souvent un prétexte à une multitude d'autres thèmes. Il constitue une identité géographique noyée dans une marée de productions discursives qui se recoupent ou se dédient, mais qui font de ce fleuve un objet géocritique voire géopoétique plus qu'un objet géographique à proprement parler.

UNE GÉOPOÉTIQUE FLUVIALE

Autobiographique au sens le plus large, la narration dans *Danube* retrace une double vie, deux parcours : celui de la traversée *mitteleuropéenne* de l'auteur, et celui du fleuve en lui-même : sa genèse, les légendes qui accompagnent sa naissance, les rivalités de voisinage entre les deux villages de Furtwangen et de Donaueschingen quant à la paternité de sa source, etc. En même temps que le récit de voyage de l'auteur, se trame, chapitre par chapitre, section après section, un récit historicisé des légendes, événements et anecdotes corrélées au fleuve et aux différentes contrées qu'il traverse.

Les premières évocations du fleuve appellent une scénographie non référentielle. L'auteur ne fait pas les *présentations d'usage*, mais recourt à la périphrase nominale, d'abord indéfinie et ayant la valeur d'un diminutif, plus affectif que descriptif, du « mince filet d'eau » (p. 19), puis métaphorique, du « ruban de bronze qui se déroule, brun et luisant » (p. 19). La première occurrence du mot « Danube » est fort curieuse ;

18 *Ibid.*, p. 188.

elle intervient dans une interrogation oratoire, mise en incidente métadiscursive et portant sur la dénomination officielle du fleuve (« la Breg – ou le Danube ? », p. 19), comme si le ruisseau, source matrice première du grand fleuve européen, méritait de figurer en premier lieu et même de se substituer (pourquoi pas, semble dire l'incise) au nom officiel du fleuve. La même modalité délibérative induit un doute concernant la légitimité de l'appellation et même de l'existence du Danube au-delà de Passau. Décrivant la rencontre des trois cours d'eau dans cette ville de la Bavière, le narrateur se demande pourquoi le grand fleuve qu'ils forment ne s'appellerait ni l'Inn, ni l'Ilz, mais le Danube, alors même que l'Inn est plus long en amont, plus large et plus profond en cet endroit ; Johann Strauss aurait pu appeler sa célèbre valse **Le Bel Inn bleu* ! Ces questions de géographie, auxquelles du reste la science répond avec précision, ne sont posées que sur le mode facétieux : la seule dénomination à retenir pour Magris est celle de « Danube », non pour une quelconque raison idéologique, mais par pure commodité pragmatique ; le ton est donné de façon désopilante :

> Ayant décidé d'écrire un livre sur le Danube, je ne puis évidemment souscrire à cette théorie, de même qu'un professeur de théologie dans une faculté catholique ne peut nier l'existence de Dieu, objet même de sa science. (p. 171)

Ce problème de la dénomination, de l'onomastique dirions-nous, introduit par les propres mots de l'auteur, puis par des périphrases culturelles ou littéraires célèbres comme « fleuve de la mélodie » chez Hölderlin, ou « langage profond et secret des dieux » dans un registre poétique, ou encore, plus prosaïque et référentiel, « route qui unissait l'Europe à l'Asie » (p. 21), se justifie par un héritage antique, celui de l'hésitation des Anciens qui en ont fait un fleuve *bisnominis* « au double nom », comme le qualifie le poète latin Ovide. L'auteur reprend les éléments de description à la fois géopolitique, économico-administrative et même militaire, par exemple à propos des distinctions en vigueur entre le *Danube supérieur* et le *Danube inférieur*, dont les limites ne font pas consensus. Son projet se refuse cependant de donner dans la présomption, ridicule dont il affuble certaines références du texte. Les trois tomes de l'ingénieur Ernst Neweklowsky (1882-1963) sont l'objet d'une remise en question de la prétention de certains scientifiques à « faire entrer dans des cases tous les détails de l'existence, jusques et y compris les plus fugitifs ». Leur obsession de totalité ne leur vaut que « le rire des dieux » (p. 82-83).

De fait, la modalité épistémique caractérise tous les passages concernant les deux limites initiale et finale du Danube. L'interrogation est omniprésente à propos des connaissances référentielles à retenir et à adopter comme vérités objectives. Les données géographiques ne sont pas, sous la plume de Magris, des évidences relevant d'une quelconque loi irréfutable de la nature, mais de simples données *doxiques*, qu'il faudrait vérifier empiriquement sur le terrain. Aux premières divagations du récit, sur l'hypothétique écoulement d'un robinet-source, correspondent les interrogations en fin de parcours, sur le delta et ses embranchements, bras et ruisseaux, ouvrage de l'homme *régulateur* pour offrir à ce fleuve « une mort importante et tenue sous contrôle » (p. 541). « Où s'achève le Danube ? » (p. 549) répond comme en écho à la question initiale sur sa naissance ainsi qu'à la question épineuse de son nom. Et le narrateur d'ironiser :

> On atteint vraiment des records de confusion, comme quand les vieux s'embrouillent dans les noms et les dates, se trompant de plusieurs dizaines d'années et confondant les vivants et les morts. (p. 551)

Le souci onomastique et définitoire accompagne toutes les étapes du périple. L'auteur, dans sa recherche d'une identité géographique puis ethnique, culturelle, politique, etc. à ce fleuve, démultiplie les tentatives dénominatives qui sont, au gré des anecdotes ou des événements historiques invoqués, tantôt appréciatives et mélioratives (« eau innocente » ; « frêle » ; « juvénile »), tantôt évaluatives et dépréciatives (« fleuve impétueux » ; « eau mensongère »), tantôt encore indécises, témoignant de la perplexité d'un énonciateur qui s'interroge non sur le factuel mais sur le sémiologique : « C'est que le Danube, à l'égal de chacun de nous, est le *Noteentiendo*, un je-ne-te-comprends-pas. » (p. 45)

L'histoire du Danube, comme l'histoire d'une vie, est racontée en termes anthropomorphisants de naissance, jeunesse, vigueur, aventures et rencontres diverses, puis de mort, lente et progressive, organe après organe. Mais la mort, décrite d'abord comme une déchéance progressive, se transmue en une geste épique, entourloupe par laquelle le narrateur déjoue la scène grotesque finale dans ce port de Sulina, militarisé et interdit aux étrangers, pour un dernier hommage à son compagnon de voyage, grâce aux vers d'un autre compagnon de route, le poète Biagio Marin : « Fais, ô Seigneur, que j'entre dans la mort comme le fleuve se jette à la mer. » (p. 557) La fin n'est pas déchéance, elle est ouverture sur les eaux et les océans du monde entier, elle est promesse de nouvelles rencontres et de nouvelles vies. Elle est régénération et résilience imminente.

Outre le *parcours d'une vie*, ainsi présenté sous une forme narrativisée qui en fait comme un personnage à part entière, l'imbroglio des discours sur le fleuve – *pater et locus natiuitatis*, *bisnominis* et *finis terrae* – appelle une statufication peu avantageuse qu'endigue le parallèle incontournable avec le Rhin, que l'auteur rappelle avec insistance. Le Danube n'est pas considéré en tant qu'une référence géographique autonome et indépendante. Comme dans l'ombre d'un grand frère auquel on ne cesse de le comparer, il est prisonnier d'une représentation géopolitique antinomique avec l'autre fleuve :

> Le Danube est donc, d'une certaine façon, un affluent du Rhin, et se jette non pas dans la mer Noire mais bien dans la mer du Nord : triomphe du Rhin sur le Danube, revanche de Nibelungen sur les Huns, domination de l'Allemagne sur la Mitteleuropa. (p. 37)

Que ce soit sur le mode de la personnification ou de l'allégorie, l'analogie anthropomorphiste confond le fleuve avec les conflits et les enjeux géopolitiques de la région :

> Le Danube est souvent enveloppé d'un halo symbolique d'antigermanisme ; c'est le fleuve le long duquel se rencontrent, se croisent et se mêlent des peuples divers, alors que le Rhin est le gardien mythique de la pureté de la race. C'est le fleuve de Vienne, de Bratislava, de Budapest, de Belgrade, de la Dacie, c'est le ruban qui traverse et qui ceint – comme l'Oceanos ceignait le monde grec – l'Autriche des Habsbourg, dont mythologie et idéologie ont fait le symbole d'une *koïné* plurielle et supranationale, cet empire dont le souverain s'adressait « à mes peuples » et dont l'hymne était chanté en onze langues. Le Danube, c'est la Mitteleuropa germano-magyaro-slavo-judéo-romane que l'on oppose souvent avec virulence au *Reich* germanique, l'œcuménisme « hinternational ». (p. 38)

En adoptant une lecture disqualifiante du Danube au profit du Rhin, les diverses descriptions se teintent d'un complexe d'infériorité qui intime au Danube de fourvoyer et de louvoyer pour s'imposer, comme s'il devait afficher une fausse condescendance pour avoir un droit de cité. Le fleuve, dans cette perspective, est donné à voir comme le lieu de toutes les duplicités, un antagonisme vivant, dont plusieurs passages et métaphores du texte rendent compte. L'hétérogénéité constitutive des contrées qu'il traverse l'enserre dans ce cortège d'« anomalies » et de « difformités du monde », ces « parallèles qui ne se rencontrent jamais » (p. 79) :

> Ici le Danube est jeune et l'Autriche encore lointaine, mais le fleuve à l'évidence est déjà un modèle d'ironie, cette ironie qui a fait la grandeur de la civilisation de la Mitteleuropa, et qui était l'art de contourner par les voies obliques sa propre aridité et de faire échec à sa propre faiblesse. (p. 78-79)

Personnifié puis transmué en symbole, il est de même représenté métonymiquement comme le reflet exact de la grandeur ou de la déchéance des civilisations qui se mirent dans ses eaux. On retrouve en effet, tout au long du texte, des descriptions politico-historiques de « l'Europe danubienne » que l'auteur assigne au Danube lui-même. Faisant défiler et prévaloir une grande variété d'attributs socioculturels et même psychologiques, le fleuve est à l'image de cette *Mitteleuropa*[19] qui est sous sa plume « rivée à la terre », méfiante et de nature défensive :

> [...] civilisation de gens qui ont cessé d'être des familiers de l'élément liquide, de l'*amnios* maternel et des anciennes eaux des origines, et qui ne se déshabillent pas facilement, parce que sans veston, sans contour, sans grade, sans uniforme et sans numéro matricule on se sent sans défense, mal à l'aise. (p. 215)

Cette grande civilisation de la défense, tout comme le fleuve lové sur lui-même, est décrite comme une forteresse, refuge de tous ceux qui se sentent menacés ou qui ont peur de se perdre. La culture danubienne, culture de la peur et de la défense, à l'instar des digues, des barrages et des multiples ouvrages de défense, serait aux antipodes de la culture maritime, une culture, elle, et en référence à Conrad, des grands départs et des libérations, port après port :

19 Pour Magris, *Mitteleuropa* est un terme de description géographique et culturelle, un « mot de passe de ceux qui refusent la politique ou plutôt la politisation systématique et totalitaire, [...] l'espoir d'une Europe unie et autonome par rapport aux deux blocs, [...] un mot noble mais vague et général, un illusoire *passe-partout* métapolitique pour n'importe quelle aspiration politique » (p. 371).

> Il se peut que la culture de la Mitteleuropa qui semble si ouverte et si cosmopolite, conduise elle aussi à ce repli sur soi et à cette angoisse ; c'est une culture qui, durant trop de siècles, a été obsédée par les digues, les bastions à construire contre les Turcs, les Slaves, contre les autres. (p. 540)

Et, parce que la lecture géocritique qu'elle entend proposer du Danube est nécessairement multifocale, la voix autobiographique se double constamment de toutes les autres voix sur les pas desquelles marche notre voyageur. L'ouvrage peut être lu comme une revue des textes écrits sur et autour du Danube : textes antiques, textes de vulgarisation, sites nationaux, régionaux ou associatifs, textes d'histoire contemporaine, etc. Magris a de toute évidence entrepris un travail d'investigation et de lecture considérable et son œuvre se présente de ce fait comme une véritable *somme* érudite, en amont, et heuristique cognitive, en aval, sur le fleuve. Le rappel et la citation des prédécesseurs offrent la configuration d'un *odopoios*, « constructeur de route, pionnier, indicateur du chemin[20] » omniprésent à chaque étape. Magris reconduit le modèle d'« une certaine catégorie de voyageur [qui] se choisit ouvertement pour but une route ou un lieu visité par un écrivain célèbre[21] ». Le texte donne alors à voir un narrateur qui a toutes les facilités à converser avec les écrivains qui l'ont précédé, à les faire revivre en les mettant en scène et à s'amuser à deviner leurs motivations tant intellectuelles que sensorielles au moment où ils étaient passés par le fleuve ou au moment où ils avaient écrit le fleuve. *Danube* est en ceci l'album d'un ensemble de biographies d'écrivains célèbres et moins célèbres, d'hommes politiques ou militaires, de chercheurs et de spécialistes toutes disciplines confondues. L'auteur les évoque à travers les lieux qui les ont vus naître, vivre, passer ou trépasser, et les intègre dans une démarche heuristique et rhétorique de reconstitution d'un univers danubien animé et vivant, un *genius loci* qui donne sens à l'étape ou au monument visité. Magris maîtrise l'art du portait, qui rend compte à la fois de l'homme et de sa pensée ou de son œuvre, portrait qu'il double quasi systématiquement d'un métatexte analytique et évaluatif. Ses commentaires apparaissent de nature rhétorique voire stylistique, franchement épidictique, tantôt élogieux tel un panégyrique, tantôt critiques voire ironiques.

---

20 Odile Gannier, « Sur les traces des écrivains : une double mémoire de voyage », Claude Filteau et Michel Beniamino (éd.), *Mémoire et Culture*, Limoges, P.U.L.I.M., coll. « Francophonies », 2006, p. 109-122, p. 109.

21 *Ibid.*

Le Danube, ainsi escorté de tous les discours convoqués, est le fleuve où « penser en plusieurs peuples » (p. 403), polyglotte et multiculturel et idéalement œcuménique. La littérature l'a constitué en un référent analogique fort pratique pour décrire la vie, la femme, la jeunesse, etc. Comparant ou symbole collectif a-national, masculin et viril pour ses principaux sèmes, il est tour à tour « la divine providence pour entraver l'avance des Turcs » (p. 46) chez le poète Sigmund von Birken, « l'image d'une jeunesse fraîche et impétueuse, se hâtant de descendre en plaine féconder la terre » (p. 50) chez Goethe, « le symbole du génie, de l'énergie vitale créatrice de progrès » (p. 50) chez les écrivains du *Sturm und Drang*, le « fleuve des gangsters » (p. 67) pour Céline, « un atlas militaire » (p. 130) chez Trost, etc. Dans cette revue de la littérature, le Danube apparaît comme une référence prismatique, à l'aune de laquelle sont perçus et appréciés les existences environnantes, les événements et le reste du décor. Le narrateur lui-même y recourt pour voir et observer le monde autour de lui. C'est ainsi que le portrait de l'un des membres de l'expédition, Françoise, se trouve surdéterminé par les sèmes fluviaux :

> [...] elle a ce charme de l'eau qui semble s'écouler, légère et transparente comme le ruisseau tout proche, sans rien dissimuler, surface limpide et nette qui, comme celle d'une mer étale à peine ridée par une brise légère, plus insondable que ses profondeurs qui offrent aux regards leurs obscurités caverneuses, évoque un infini aimable et taciturne. (p. 50)

L'analogie permanente entre les compagnons de l'expédition et le fleuve se résout en une opacification de la référence première au fleuve dans des expressions très largement lexicalisées, comme « fleuve de la vie » (*infra*), mais qui sont réactualisées dans le contexte. Une surdétermination sémique fluviale affecte à juste titre le texte, notamment dans ses séquences narrativo-descriptives relatives au voyage :

> [...] et il semble que notre vie [Amédée, Madeleine, Gigi, Françoise, les compagnons de l'expédition] s'écoule avec autant de légèreté et de discrétion que ces eaux dans le mystère du soir. (p. 101)

> Le fleuve de la vie coule dans nos veines [...] et à chaque battement il dépose en nous, comme en lui, une goutte du limon du temps, qui un jour nous montera au cœur, jusqu'à nous ensevelir, mais pour l'heure ce torrent ne nous emporte pas dans sa course, il est plutôt en train de nous percer. (p. 118-119)

Plus largement, le Danube est la métaphore de toutes les méditations et rêveries du narrateur sur la vie. Il est alors synonyme de « l'expérience de tout ce qui manque », une absence permanente ressentie à cause de cet écoulement permanent où rien n'est jamais là et où tout est en éternel passage, fuyant et insaisissable (p. 144). À Passau où confluent trois cours d'eau, le fleuve est « désir de la mer, nostalgie du bonheur marin » (p. 165), il est doublé d'un sentiment de plénitude aquatique qui le déleste de son statut exclusivement fluvial pour l'intégrer à un statut supérieur, maritime, et peut-être même simplement liquide.

Le fleuve, initialement voie et itinéraire de voyage, devient la clé d'une poétique de la vie[22]. Il devient l'essence de ce qui émane de la nature pour toucher le cœur et l'esprit. Médiateur, il est au centre d'une géopoétique en ce qu'elle pose les questions fondamentales de « Qu'en est-il de la vie ? » et « Qu'en est-il du monde[23] ? ». Le Danube, en se constituant en un « appel du dehors[24] », une invitation au voyage le long de ses rives et à travers les villes qui le longent, devient le prisme qui favorise la découverte du monde, qui rétablit le contact avec ce monde, inconnu et ignoré pour beaucoup. Lui-même objet de fascination et de découverte, il s'efface souvent dans le texte pour laisser découvrir ce qu'il y a au-delà de ses rives, réalisant ainsi le projet géopoétique par excellence de « rétablir et d'enrichir le rapport Homme-Terre[25] ».

UNE RÉFÉRENCE ÉCOPOÉTIQUE

L'objet premier de l'expédition de l'auteur et de ses compagnons demeure, au-delà de toutes les distractions de l'esprit auxquelles il donne lieu, la préservation de la nature, dans un monde où celle-ci est dite menacée par l'artifice humain. Le Danube est lui-même l'objet de

---

22 *Cf.* Kenneth White, *Le Plateau de l'albatros. Introduction à la géopoétique*, Paris, Grasset, 1994, et « Introduction à la géopoétique », *Cahiers de l'Atelier du héron*, n° 1, Trebeurden, *Institut international de géopoétique*, 1995, p. 9-38.

23 Kenneth White, « Texte inaugural », *Institut international de géopoétique*, 1989 : http://www.geopoetique.net/archipel_fr/institut/texte_inaugural/index.html (consulté le 22 septembre 2022).

24 *Ibid.*

25 *Ibid.*

toutes les inquiétudes, à cause du projet d'une grande centrale hydroélectrique, entre Vienne et Hainburg, qui avait suscité la colère et de vives réactions des écologistes qui y voyaient une menace pour la faune et la flore de la région[26].

Cependant, malgré cet objet d'écriture explicite, à aucun moment l'essai ne tombe dans la mièvrerie idéaliste de la rhétorique écologiste. Tout en pointant les manquements de l'homme vis-à-vis de Mère Nature, il réhabilite, dans une perspective toute goethienne, l'industrie de l'homme au sens de son ingéniosité, de son savoir-faire, de son esprit et de son aptitude à l'invention. Le texte apparaît dans ce sens, et par moments, fort sceptique, en traduisant le doute vécu quant à la primauté de la nature sur l'ingénierie humaine, et quant à un possible retour en arrière en contradiction avec la logique historique implacable. Mettant en avant une *ère de soupçon* plutôt qu'une quelconque *utopie*, il s'aligne d'abord sur la politique progressiste d'une Autriche qui « a dénoncé avec toute la clarté de sa désillusion l'inauthenticité du postmodernisme, en la raillant comme quelque chose de stupide, mais en l'acceptant comme quelque chose de fatal » (p. 48). « Le soupçon que, derrière elle [la Forêt-Noire], il n'y ait plus de nature première, que l'artificiel et son cortège de bio-ingénieries aient pris la relève, et supplanté ses prétendues lois éternelles » (p. 48) demeure vivace tout au long du livre. Les propos alarmistes des compagnons de voyage sont présentés avec une distance critique, parfois non sans une certaine ironie, non à propos de la légitimité du souci écologique, mais à propos des protestations angoissées aux discours apocalyptiques. Le texte adopte alors un style délibératif, n'assertant rien, mais posant la question écologique comme un dilemme cornélien :

> Pour nous aussi dans cette auberge, comme pour tout le monde, le dilemme est celui que le vieux Goethe pose et, méphistophéliquement, ne résout pas : la Nature créatrice, est-ce l'horizon sans fin, qui renferme aussi tous les événements de cette époque où les humains ne parviennent plus à le voir – ou alors a-t-elle aussi fini sur le char carnavalesque de l'inauthentique, au-delà duquel il n'y a plus rien ? (p. 49)

---

26 Le projet d'une centrale hydroélectrique à Hainburg dans le parc national de Danube-Auen en 1984 a défrayé la chronique et il a mobilisé un grand nombre d'activistes écologistes. Les protestations ont donné lieu à des négociations avec le gouvernement qui a fini par abandonner le projet.

Se prévalant du premier comme du second *Faust*, Magris reprend la métaphore du « carnaval de l'artifice » pour attester de la victoire des robinets sur les fleuves, du *plus vivant et plus tangible* sur un « liquide amniotique maternel bonifié et stérilisé [...] qui disparaîtrait à jamais » (p. 49).

Ailleurs, l'évocation de Heidegger, lors d'une visite à la maison où il aurait passé ses années de jeunesse, donne lieu à une méditation sur le décor sombre aux accents transcendantaux qu'offre la Forêt-Noire environnante. Le grand philosophe allemand, sans être taxé de *partisan du triomphe* de la technologie sur la nature, est présenté comme un exemple de l'attitude mesurée, éminemment moderne, celle d'un homme conscient du mouvement de l'Histoire et se refusant à toute *lamentatio* :

> Heidegger n'était pas de ces âmes candides persuadées qu'il suffit de faire appel aux bons sentiments et de prêcher la vie simple pour restaurer l'harmonie. Il diagnostiquait l'avènement planétaire de la technique sans pathos moralisateur, comme il convient à un philosophe, dont le devoir est d'embrasser son époque par la pensée et d'en comprendre les lois, et non de déplorer la cruauté des temps. (p. 64)

La prise de position du narrateur est explicite en faveur de cette juste mesure. Sur un autre ton et dans un tout autre registre, la même attitude disséminée à plusieurs niveaux du texte, et que l'on pourrait qualifier d'attitude écopoétique en ce qu'elle pose la question écologique dans le texte littéraire[27], apparaît à travers la fable de la rose naturelle et de la rose artificielle. La visite du site de Walhalla, près de Ratisbonne en Bavière, rappelle au souvenir d'un Magris toujours détaché, ironique et même critique envers les objets d'adoration, tant de ses prédécesseurs que de ses contemporains, le texte d'une petite écolière, camarade d'école à Trieste. La fable-express parue dans un bulletin local en 1973, et dont il se souvient et cite avec précision le nom de l'auteure, Monica Favaretto alors en CE1, raconte le dialogue entre une rose naturelle, déjà fanée et sur le point de mourir, et une rose en papier qui, elle, vivra plus longtemps. Lue comme une mise en abyme de l'antithèse de « la tendresse de vivre » d'une part et de « l'impénétrable douleur de mourir » de l'autre, cette fable remet les pendules à l'heure, certes de manière malicieuse

27 *Cf.* Pierre Schoentjes, *Ce qui a lieu. Essai d'écopoétique*, Marseille, Wildproject, coll. « tête nue », 2015.

et quelque peu parodique, mais qui n'en ébranle pas moins certaines de nos convictions quant à la primauté du naturel sur l'artificiel : « en présence de la douleur et de la mort, célébrer l'authentique contre l'artifice n'a guère de sens », écrit Magris (p. 140). Les eaux du Danube coulant en dessous de l'imposant panthéon inspirent cette analogie entre la « vanité » des figures de cire panthéonisées dans ce temple et la fraîcheur de l'herbe et du vent à l'ombre des arbres environnants. Nul dilemme possible pour Magris dont la sentence pourtant formulée de manière insidieuse dit indirectement toute la fatuité et la prétention humaines : « Il n'est pas difficile de prendre parti pour la poésie contre la littérature, pour l'authentique contre l'artifice, pour la vie contre les objets et leur musée. » (p. 140)

Ailleurs, se justifiant de consacrer sa potamologie uniquement aux « derniers arrivés » sur terre, ces hommes « assez téméraires, dirait Faulkner, pour se considérer comme les maîtres de la forêt » (p. 221), le narrateur repose la question d'un point de vue cognitif et didactique cette fois. L'exclusion dans le savoir moderne des noms des plantes et des animaux, demeurés du reste prisonniers d'une nomenclature latine ou hellénique inaccessible à tous – cette « sorte de loi Gentile à l'échelle planétaire » (p. 222), en référence au ministre italien sous Mussolini qui exclut l'enseignement des sciences exactes reléguées au statut d'enseignements techniques au profit de l'enseignement des lettres et des humanités –, explique le malaise, voire le *divorce entre nature et culture*, un antagonisme profond et inhérent à la civilisation européenne tournée vers les mondanités sociales, son « seul horizon », plutôt que vers ce que le narrateur décrit comme une « mutilation ». Les élans idéologiques décrits comme « nostalgie messianique » ou encore comme « pensée utopiste » (p. 223) se heurtent à une opposition fondamentale, rappelle Magris, celle du règne humain et du règne animal. Kant et Freud l'avaient bien dit, il serait impossible à l'homme de vivre sans empiéter peu ou prou sur l'existence des animaux. L'homme peut se résoudre à essayer d'atténuer les souffrances animales, mais il ne pourra, sans se condamner lui-même, les éviter complètement. Son existence est ainsi faite à la fois du mal infligé à l'espèce animale et de la culpabilité, voire de la souffrance, d'être dans la nécessité de l'infliger :

> L'irrémédiable douleur des animaux, ce peuple obscur qui accompagne comme une ombre notre existence, rejette sur cette dernière tout le poids du péché originel. (p. 224)

Rejetée par certains comme un « anthropomorphisme arbitraire » (p. 224), cette culpabilité fondamentale inhérente au règne humain sur les autres modes d'existence sur terre n'aurait aucun fondement si on considérait l'homme comme un mammifère parmi tant d'autres et surtout si on pensait aux conflits intestins qui déchirent l'humanité. La conclusion que tire Magris de ces réflexions de naturaliste sonne cependant comme un rappel à l'ordre adressé à celui qui se trouve aujourd'hui en haut de la chaîne alimentaire :

> [...] l'humanité libérée devrait se souvenir, dans le dernier étage du gratte-ciel où elle aurait élu domicile, de tous ceux qui souffrent et sont humiliés aux étages inférieurs, lesquels, comme l'écrivait Horkheimer, soutiennent l'étage supérieur. Au deuxième sous-sol, sur lequel repose tout l'édifice qui offre à sa partie supérieure un concerto de Mozart ou un tableau de Rembrandt, se terre la bête qui souffre, coule le sang de l'abattoir. (p. 226)

Le plaidoyer au ton incisif en faveur de l'espèce animale, exclue de sa potamologie, fait surgir d'entre les piles de documents et de livres potassés sur le Danube un homme indigné par l'aveuglement de la race. Rares sont les passages où Magris prend la parole aussi franchement pour donner des leçons, encore moins pour énoncer explicitement un jugement, la distance humoristique à ironique étant le plus souvent son unique arme pour dénoncer les aberrations de ses prédécesseurs et contemporains. La conscience environnementale, bien que n'étant pas mise en avant, demeure l'un des moteurs de l'écriture. Aux touches sporadiques et savamment dosées, elle ne leste aucunement le texte, tout au plus s'immisce-t-elle comme entre les lignes pour inciter à réfléchir sur le mode philosophique, didactique ou poétique. Clin d'œil aux lecteurs avisés ? Bien plus, nous semble-t-il. Le fleuve éponyme est l'objet d'une célébration consciente, consentante au progrès mais inquiète de la façon avec laquelle l'homme s'y prend.

La traversée de la *Mitteleuropa* chez Magris a suscité plusieurs réactions dans le monde politique. La traduction anglaise de l'ouvrage aux États-Unis a coïncidé avec les prémices des changements de régime politique et économique dans le camp soviétique. L'engagement de Magris au profit de ce *backwater*, au détriment d'un autre fleuve et d'une autre civilisation, celle du Rhin en l'occurrence, a semblé étrangement synchrone sans être aucunement explicite sur les questions qui animaient alors les mouvements dissidents ou réfractaires aux régimes politiques de l'époque en Roumanie, en Hongrie, en Pologne, en Tchécoslovaquie et en Yougoslavie. La lecture de l'essai a donc été très fortement entachée par la conjoncture géopolitique et par les guerres intestines qui ont déchiqueté notamment l'ex-Yougoslavie de 1991 à 2001.

Cependant, une lecture exclusivement géopolitique de *Danube* ne saurait rendre compte de la richesse du volume. Au-delà de toutes ces considérations politiciennes, lu d'un autre point de vue, l'ouvrage aura rendu le plus bel hommage à un état du monde, à une géographie du monde irrémédiablement perdue. Témoignage élégiaque à sa parution, il est pour nous aujourd'hui l'un des derniers *états de lieu* d'une distribution géographique révolue. Faut-il pour autant le réduire seulement à un texte prémonitoire des scissions à venir dans cette région ?

Notre lecture a justement tenté de mettre l'accent sur ce qui semble primer pour cet écrivain-essayiste au regard aiguisé et à la sensibilité à fleur de peau. Il y a certes cette prédominance d'un idéalisme bon enfant qui caractérise l'ensemble des commentaires du narrateur et qui lui fait considérer la grande diversité ethnique, politique et idéologique des pays traversés par le Danube comme une entité indivisible sur laquelle veille « ce frêle et juvénile filet d'eau », à moins qu'il ne soit ce « torrent jeune et impétueux » (p. 43). Mais il y a aussi une relation à la nature, à la vie et à l'humain acteur de l'espace tant naturel, rural qu'urbain, qui tient compte de la complexité de tout *ce qui paraît*. De la simple géographie, mouvante et objet de discorde, aux ethnies et peuples mythiquement associés au fleuve, en passant par tous les événements et discours qui diffractent la réalité observable et l'enserrent dans l'une ou l'autre appartenance, dans l'une ou l'autre valeur, la relation au factuel géographique et humain adoptée par Magris est hautement philosophique : elle n'atteste rien, ne tranche nullement en faveur des uns ou des autres et donc admet l'hétérogénéité comme un principe structurant l'être dans et avec son espace. La carte esquissée est finalement celle de ce qui demeure, le fleuve et son écoulement. Au-delà, ce sont des données factuelles vérifiables mais non immuables.

Le texte de Magris peut, dans ce sens, être considéré comme une réflexion d'envergure sur « la tension entre la vie et la valeur, entre l'existence et l'ordre » (p. 42). Quel sens auraient tous ces phénomènes naturels et quel sens leur conférer, au-delà de la multiplicité des discours qui tentent de les réduire ? Le texte y répond, du moins tente-t-il d'y répondre, et de plusieurs manières. D'abord en déjouant les limites typologiques et génériques de l'écriture, ensuite en démultipliant les points de vue tant en diachronie qu'en synchronie, puis en transmuant le référent premier en livre ouvert sur le monde qui en même temps qu'il se donne à lire permet de lire le monde autour de lui, et enfin en se constituant cause et prétexte à une revendication écologique. L'écriture fluviale chez Magris est la relation d'une histoire de soi lors d'un voyage, l'histoire d'un fleuve vital de l'Europe Centrale et l'histoire de ceux – un peu moins de celles – qui l'ont fréquenté, habité, étudié, navigué, etc. L'engagement de l'auteur en faveur de ce fleuve, présenté comme mineur, intègre une entreprise de réhabilitation pleinement assumée, mais nullement naïve, car somme toute… « peut-être que la promesse de cette eau innocente est mensongère, que cet universel humain n'existe pas » (p. 44).

Où Braïla, Vienne, Bratislava, Budapest et Belgrade ? Chez Magris, le Danube, qui traverse pourtant dix pays d'Europe, semble transcender ces villes comme le fleuve métaphysique de la *Mitteleuropa* toute entière.

Farah Zaïem
Université de la Manouba,
Tunis, Tunisie

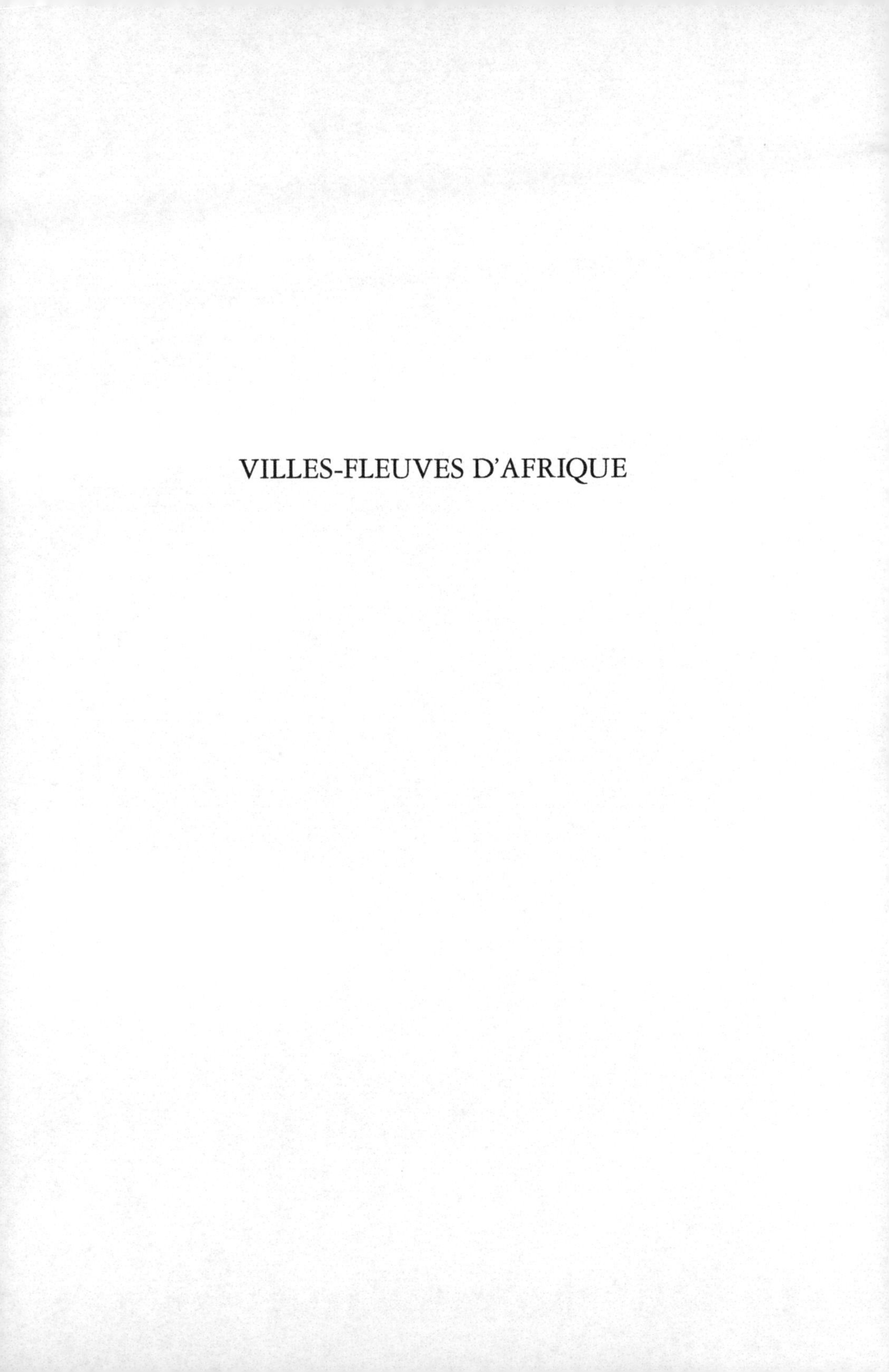

VILLES-FLEUVES D'AFRIQUE

UNE OUM-RBIA[1] LITTÉRAIRE

De Khénifra à Azemmour

À mon voisin printanier, l'oued Tigriga, qui, par l'oued Beht, s'écoule dans le Bouregreg, et puis dans l'océan.

La dédicace du roman de Driss Chraïbi (1982) proclame : « ce livre est dédié à l'Oum-Rbia (La Mère du printemps), le fleuve marocain à l'embouchure duquel je suis né[2]. » *Fleuve-roman, roman-fleuve* alors ? Car c'est bien ici un fleuve, un *oued* Oum-Rbia qui se trouve destinataire d'une œuvre littéraire. Et l'*Oum-Rbia littéraire*, ce sont, avant tout, des images sur une carte du monde.

L'OUM-RBIA

La « géohistoire » d'un fleuve

Étrange *objet* en effet qu'un *fleuve poétique* ou une *poésie fluviale.* Pas seulement géographique dans un sens strictement scientifique. Littéraire certes… Mais d'une multiple littérature pouvant se lire aussi bien entre les lignes des livres qu'entre celles des cartes. Poésie ? *Géopoésie* ? Terme que l'on préférera aux *écocritique*, *géocritique*, *écopoétique*, *géopoétique*, sans même parler des Études *cosmopoétiques*[3]. Pour notre part, nous nous contenterons d'affirmer

1 Puisqu'il faut choisir une graphie, nous préférons cette graphie *Oum-Rbia* (prononcer *Oum-(E)Rbia)*, plus logique et simple que *Oum Errabia*, *Oum Er Rbia* ou encore celle de Driss Chraïbi *Oum Er Bia*.

2 Driss Chraïbi, *La Mère du printemps*, Paris, Seuil, Grands romans Points, 1982, p. 12.

3 Kenneth White, *Au large de l'histoire : éléments d'un espace-temps à venir,* Marseille, Le mot et le reste, coll. « Littératures », 2015, p. 259.

plus simplement « que l'écriture géopoétique est d'abord la tentative de se situer dans le plus large espace possible[4] ». En somme, une poésie de l'univers, aussi ancienne que la poésie elle-même, où « le géo du terme géopoétique signifie vivre sur terre avec une conscience cosmique[5] ». Car, la géopoétique est « une pratique humaine extrême, mais elle est aussi une poétique de la terre[6] », intégrant les « systèmes fluviaux qui constituent des réseaux de lignes parmi les plus marquants de la planète et qui, non seulement ouvrent les territoires, mais ouvrent aussi l'espace d'une lecture sensible du monde, d'une intelligence de l'univers[7] ».

Les fleuves (lignes) autant que les villes (points) constituent ainsi des éléments esthétiques, des formes planes, abstraites, et belles en elles-mêmes. Puisque « la manière dont les cours d'eau s'insèrent dans le complexe géographique général et la dynamique fluviale ont, de tout temps, marqué les esprits[8] ». Qu'était-ce, en effet, à l'origine, qu'une rivière ou un fleuve ? Une route mobile ou la manière dont les yeux d'un enfant appréhendent ces dernières ?

Ainsi, le géographe Élisée Reclus, pensant sa géographie universelle comme un poème du monde, constitue dans le domaine des fleuves une référence incontournable. Élisée Reclus « dont la géographie générale est aussi porteuse d'une philosophie[9] ». C'est pourquoi son ouvrage *La Source et autres histoires d'un ruisseau*[10] (qui est aussi l'histoire d'un fleuve) nous inspirera ici pour suivre le cours de notre *Oum-Rbia littéraire*, de ses sources à son embouchure. En arabe, un fleuve est un *oued*, puisque « le mot oued est arabe et signifie vallée, vallon, lit d'une rivière. Au Maroc, ce même vocable s'applique à un endroit où l'eau coule, où il y a des arbres, de l'ombre et de la fraicheur[11] » : oued Sebou ou encore Oum-Rbia, « Mère du printemps ». Pourquoi donc ce choix, au Maroc, d'une *source-rivière-fleuve* accompagnant les saisons, l'année, l'histoire, et

4 *Ibid.*, p. 112.
5 *Ibid.*, p. 341.
6 *Id.*
7 *Ibid.*, p. 112.
8 *Ibid.*, p. 255.
9 Michel Collot, *Pour une géographie littéraire*, Paris, Éditions José Corti, coll. « Les Essais », 2014, p. 114.
10 Élisée Reclus, *La Source et autres histoires d'un ruisseau*, 1869, rééd. Paris, Gallimard, coll. « Folio sagesses », 2021.
11 Maurice Le Glay, *Récits marocains de la plaine et des monts*, Paris, Berger-Levraut, 1921, p. 136.

finalement la vie ? Choix aussi personnel que celui de figer le *fleuve-rivière* dans sa situation des années 1930-1960 avant les grandes modernisations, et donc de l'illustrer essentiellement au moyen de textes francophones de littérature dite de l'ère *coloniale* ou *postcoloniale*. Choix contestable, mais relatif, comme tous les choix, puisque comme l'écrit Bertrand Westphal, « Gide, Conrad ou Duras (dans *Le Marin de Gibraltar*) ont remonté un bout du fleuve Congo. Je ne connais aucun Congolais qui, texte à l'appui, ait remonté la Loire ou la Tamise à leur époque[12] ». Ces textes pourront sembler datés, anciens, issus de situations politiques dépassées. Pourtant, tels qu'ils sont, ils conservent, nous semble-t-il, une large charge imaginale et poétique. Comment rester indifférent, à la fois à cette trace géographique et à cet immense champ de découvertes esthétiques, sans tenter « de croiser la perspective géographique qui privilégie le réel et la perspective littéraire, domaine de prédilection de l'imaginaire[13] » ? Les œuvres de Maurice Le Glay[14], Driss Chraïbi[15], Saïd Sayagh[16], Antoine de Saint-Exupéry[17], Robert Brasillach[18], Henri Bosco[19] ou Driss Tahi[20] ne présentent-elles pas toutes les « dimensions différentes de l'espace littéraire : ses attaches avec des lieux réels ; la construction d'un univers imaginaire ou d'un paysage[21] » ?

Ainsi Saïd Sayagh, distingué arabisant, poète, calligraphe, historien, dans son beau roman *Et à l'eau tu retourneras* (2013), écrit :

> […] à l'école, on nous enseignait que l'Oum-Rbia est le fleuve le plus long [après l'Oued Draa] et le plus régulier du Maroc, qu'il a un débit équivalent à celui de la Seine, qu'il prend sa source pas loin de chez moi et qu'il se jette dans l'Atlantique[22].

12 Bertrand Westphal, *La Géocritique. Réel, fiction, espace*, Paris, Éditions de Minuit, coll. « Paradoxe », 2007, p. 201.

13 Bertrand Westphal, « Pour une approche géocritique des textes », *La Géocritique mode d'emploi*, Limoges, P.U.L.I.M., 2000, p. 108.

14 Maurice Le Glay, *Récits marocains de la plaine et des monts*, *op. cit.* ; *Les Sentiers de la guerre et de l'amour*, Paris, Berger-Levraut, 1930.

15 Driss Chraïbi, *La Mère du printemps*, *op. cit.* ; *Le Monde à côté*, Paris, Denoël, coll. « Folio », 2001.

16 Saïd Sayagh, *Et à l'eau tu retourneras*, Coaraze, L'Armourier, 2013.

17 Antoine de Saint-Exupéry, *Citadelle*, Paris, Gallimard, coll. « Folio », 1948.

18 Robert Brasillach, *Notre Avant-guerre*, 1941, rééd. Paris, Godefroy de Bouillon, 1998.

19 Henri Bosco, *L'Enfant et la rivière*, Paris, Gallimard, coll. « Folio », 1953.

20 Driss Tahi, *Les ruelles de l'enfance*, Marrakech, Les Infréquentables, 2020.

21 Bertrand Westphal, « Pour une approche géocritique des textes », art. cité, p. 175.

22 Saïd Sayagh, *Et à l'eau tu retourneras*, *op. cit.*, p. 16.

En effet, qu'il est impressionnant, sur le papier, le long tracé du fleuve l'Oum-Rbia (textuellement « La Mère du printemps », anciennement Morbéa), le plus long fleuve du Maroc (650 km) après l'oued Drâa (1.200 km), partageant le pays en deux. Au nord : Casablanca, Rabat… ; au sud : Safi, Marrakech… L'Oum-Rbia prend sa (ses) source(s) à une altitude de 1.800 m au lac Ouiouane, des hauteurs du Djebel Hayane, à 26 kilomètres à l'est de Mrirt et El-Hammam, à une cinquantaine au sud d'Azrou (et d'Aïn-Leuh, 30 km), dans le Moyen Atlas marocain. Il alimente le grand lac Aguelmam (en berbère) Azigza, avant de traverser, à 40 km, Khénifra, puis Kasba-Tadla, de longer Fqih-Ben-Salah, Souk-Sebt, Dar-Ould-Zidouh, Mechra-Benabbou, et de recevoir la Tassaout comme affluent. Aujourd'hui, le fleuve remplit de très grands lacs et surtout d'innombrables barrages : Al Massira, Imfoute, El Hansali, Aït Ouarda, Bin el-Ouidane, Abda Doukkala, ou encore Maachou. Enfin, l'Oum-Rbia baigne la Kasbah de Boulaouane, Daour, Bou-Cedra, et se jette dans l'océan Atlantique à Azemmour.

D'ouest en est, disons à partir de Kasba-Tadla, l'Oum-Rbia constituait historiquement une limite, une frontière des confédérations de tribus parmi les plus insoumises du *bled siba*, comme les Zaïans de Moha Ou Hamou : « la masse berbère qui de l'oued Dades à l'Oum-Rbia, à la haute Moulouya, furieusement jalouse de son indépendance, formait un bloc résistant, difficile à atteindre ou à dissocier, intact de toute entreprise étrangère[23] ». C'est cette frontière que l'on retrouve continuellement dans les récits de Maurice Le Glay, notamment autour de Khénifra. Ces textes sont bien sûr issus d'une situation politique qui n'est plus celle du Maroc actuel. Mais c'est peut-être pourquoi ils dégagent une si forte charge émotionnelle concernant l'espace et les paysages. Plus on va vers le sud-est et le territoire *zaïan*, plus le pays devient dur, sauvage, en apparence déshérité. De toute évidence, le côté sud-est de l'Oum-Rbia est synonyme de sauvagerie et de pauvreté, mais c'est historiquement une ligne de défense, aussi bien des tribus protégées à l'arrière, que des troupes d'invasion dites de *pacification.* Comme les parties du *limes* romain qui virent s'amasser les flots des populations étrangères, les berges du fleuve contiennent jusqu'à aujourd'hui des groupes humains différents. C'est ainsi que Moha Ou Hamou[24], grand défenseur de la

23 Maurice Le Glay, *Récits marocains de la plaine et des monts*, *op. cit.*, p. 283.
24 Lire : Abdelaaziz Selhi, *Vie du caïd Moha Ou Hamou*, 2019.

montagne insoumise contre les troupes françaises, a pris appui sur cette ligne frontière entre *bled siba* et *bled makhzen*, Maroc dit *soumis* et Maroc dit *insoumis*, longtemps considérée comme infranchissable. Le fleuve était le chemin de fuite du vieux chef berbère protégeant ses lignes au moment de la prise de Khénifra.

MORDÉA[25]
Les périlleuses sources « intérieures »

L'Oum-Rbia prend donc ses sources à une vingtaine de kilomètres à l'est de Mrirt (et à une cinquantaine au sud d'Azrou) : « Le fleuve chemine depuis les sommets de l'Atlas pas loin du lieu où Hercule interdit de jardin de l'Hespéride remplaça le dieu qui porte le ciel sur ses épaules[26] », explique Saïd Sayagh. Et qui est mieux désigné qu'Élisée Reclus pour décrire le petit courant qui parle d'une voix claire. Ce haut lieu touristique régional est avant tout un phénomène naturel remarquable, puisque les sources surgissent de la montagne, en plusieurs points circonscrits, avec une énergie prodigieuse, avant de se joindre en un puissant torrent, dévalant les pentes, en un cours profond encastré entre de hautes falaises. Sur ses bords, l'eau dépose un épais sel naturel, qui n'est pas la moindre curiosité du paysage. Des cascades impressionnantes forment de petits bassins de retenue, où, quand elles s'assagissent, l'on peut s'immerger entre la montagne et l'eau, *montagne/eau*. Faisant un détour (exotique) par la Chine de François Jullien, ne serait-on pas tenté d'expliquer qu'« il y a, d'une part, ce qui est immobile et demeure impassible (la montagne) et, de l'autre, ce qui est constamment mouvant, ne cesse d'ondoyer ou de s'écouler (l'eau)[27] » ?

Dans la beauté et le calme de ce site aquatique, on perçoit seulement le pisé ocre de lointains villages berbères. En période estivale, hélas, après le parking bondé où attendent les guides, entre les bras de la source – ou plutôt des sources –, une multitude d'habitations de fortune se

25 Nom local de l'Oum-Rbia.

26 Saïd Sayagh, *Et à l'eau tu retourneras*, *op. cit.*, p. 94.

27 François Jullien, *Vivre de paysage*, Paris, nrf-Gallimard, 2014, p. 40.

transforment en petits restaurants – voire hôtels – improvisés, le long du tumultueux torrent, et offrent à des bruyants touristes en quête de fraîcheur nourritures et boissons. Il n'est donc pas de meilleur moment pour explorer ces sources que l'hiver ou le printemps : paix profonde d'un matin printanier au milieu des eaux claires, alors que les murs cerclés des *tighermts* se dessinent à l'horizon. Car, si les sources sont une naissance, un Élisée Reclus, philosophe, sait comme dans la vie humaine annoncer la fin du ruisseau.

Qu'est-ce en effet que *Et à l'eau tu retourneras* sinon un roman où un narrateur adulte emprunte à l'enfant qu'il fut son regard, encore vierge et pur, pour retrouver ses eaux originelles ? : « Je la revois encore aujourd'hui, gracile, riant, barbotant de toute sa joie dans le petit lac salé, à droite des sources d'où jaillissent les torrents qui font le fleuve[28] », s'écrie-t-il à propos de sa *Mahmma des sources.* D'origine *fassie* et *meknassie* (Fès et Meknès), installé à Khénifra, le narrateur/écrivain Saïd Sayagh avait pris avec sa famille l'habitude des visites aux sources, car, écrit-il, « c'est à l'occasion d'un pique-nique aux sources de l'Oum-Rbia, le fleuve qui arrose Khénifra au cœur de l'Atlas, que tout a commencé[29] ». Deux mondes opposés s'affrontent ainsi aux sources : le monde berbère originel en la personne du berger, qui sait *domestiquer* leur violence naturelle et la mettre à son service, et le monde citadin *fassi* du cousin emporté par la violence de l'eau. Entre un berger très sommairement – pour ne pas dire pauvrement – équipé et l'inexpérience, l'ignorance – pour ne pas dire la suffisance – urbaines, aucun dialogue ni échange n'est possible. Les remous dévorent leur homme, tout comme la vie s'engouffre et saccage les rêves.

Chez Sayagh, le cours de l'Oum-Rbia est bien une allégorie de la vie et de la mémoire qui lui permet, au début du roman, de remonter en amont, à la manière d'un torrent inversé. C'est, en effet, une métaphore connue que celle des eaux de la mémoire, cours qu'il faut remonter péniblement ou dévaler rapidement, comme dévale le flot des souvenirs. L'eau du fleuve se fraye un passage, désobstruant les barrages, en-deçà des temps insondables, où picturalement sommeillent ces innombrables déjeuners sur les berges fluviales. Mis à part le dangereux épisode de la noyade évitée de peu du cousin *fassi*, les pique-niques familiaux sont plutôt synonymes de retour, sinon aux sources, du moins à une origine

28 Saïd Sayagh, *Et à l'eau tu retourneras*, *op. cit.*, p. 18.
29 *Ibid.*, p. 15.

inviolée du monde berbère : « J'arrivais dans des lieux de merveilles, contemporains du début inviolé du monde[30] », confirme le narrateur. La fraicheur estivale, l'eau de la source, la scène de baignade féminine en liberté constituent les signes paradisiaques d'un univers édénique marqué du sceau berbère de l'innocence. L'espace littéraire de l'Oum-Rbia semble inexorablement placé sous le signe de l'innocence juvénile et paradisiaque. D'autant plus que, chez Sayagh, c'est l'image gracieuse et fragile d'une enfant qui habite l'élément liquide.

C'est que l'eau en cette région montagneuse de l'Atlas marocain ne peut manquer de représenter une richesse en elle-même mystérieuse comme la féminité :

> Son rire clair, sans trémolo, presque strident résonnait sur les parois de granit et de calcaire qui entourent le bassin encaissé d'où jaillissent les sources de l'Oum-Rbia, la mère de la verdure ou du printemps[31].

L'Oum-Rbia, si bien nommée que Mahmma veut dire « Mère » tout en étant la petite fille qui « infatigable, sautait, pieds joints en avant, ressortait, replongeait sur la tête, attrapait un galet, remontait la main serrant comme un trésor le caillou du lac[32] ». Sources, rivières, fleuves incarnés en des *filles de l'eau* peuplent ainsi notre inconscient collectif plongeant dans le lointain mythe des origines analysé par Mircea Eliade ou Roger Caillois. Cette petite fille de l'eau devient ainsi la jeune fille qui va accompagner l'auteur tout au long de ce roman des sources, puisque c'est finalement l'eau qui établit le lien entre les deux périodes : « Je me dis qu'elle était fille de l'eau. Elle était fille de l'eau douce et claire[33] », avoue-t-il.

Sources, rivière et féminité se conjuguent dans un inconscient littéraire si profond qu'il ne manque pas d'envahir notre espace littéraire. On en perçoit la prégnance chez Frédéric Mistral et son Anglore dans *Le Poème du Rhône* (1906), ou chez notre célèbre contemporain Jean-Marie Gustave Le Clézio et ses deux héroïnes Nejma et Esther dans *Étoile errante* (1992). C'est la nymphe, la naïade, l'ondine qui appartiennent toutes trois au plus profond inconscient collectif de l'humanité dévoilé par Élisée Reclus :

30 *Ibid.*, p. 16.
31 *Ibid.*, p. 18.
32 *Ibid.*, p. 19.
33 *Ibid.*, p. 20.

> Délivrée de sa prison, la nymphe joyeuse regarde le ciel bleu, les arbres, les brins d'herbes, les roseaux qui se balancent ; elle reflète la grande nature dans le clair saphir de ses eaux[34]

Les remous de la source ne sont-ils pas les plus aptes à abriter de telles créatures ? Et quel élément plus que l'eau est aussi proche de l'évocation de la sensualité ? « Parfois je suis tenté d'envier le jeune homme qui cède à l'appel de la sinueuse ondine[35] », avoue l'auteur de *La Source et autres histoires d'un ruisseau*, si proche en cela de Saïd Sayagh. En effet, entre la petite fille *ondine* et la femme de *Et à l'eau tu retourneras* s'établit un jeu complexe d'allers-retours temporels dans lequel le seul élément aqueux désigne « le lieu où se trouvait la fille des sources de l'eau[36] », un Paradis par son fleuve traversé. Une telle assimilation de la femme à l'eau qui la submerge est pourtant bien païenne, selon l'auteur avouant : « même lorsqu'elle n'était pas là, j'avais l'impression que l'eau gardait sa présence en mémoire[37] ». Et les sources de l'Oum-Rbia sont ici *sources de mythes*. Quant à Mahmma, écrit Sayagh, « elle ne pouvait rien deviner de ce qui la reliait à moi, dans ma mythologie intérieure aux sources de ces eaux[38] ». Finalement, dans notre géographie littéraire, les sources de l'Oum-Rbia sont d'abord reliées à un inoubliable sentiment d'enfance : « vert paradis [d']amours enfantines » quasiment baudelairiennes ?

AGUELMAM AZIGZA : LE LAC DE MÉMOIRE

Les sources de l'Oum-Rbia alimentent le beau lac Aguelmam Azigza, lac de mémoire, tout comme le rythme de la mémoire suit le rythme des eaux :

> Je me rends compte que, comme l'eau du lac Aguelmam qui, disait-on, avalait, chaque année, une quarantaine d'imprudents, les souvenirs sont en train de me précipiter vers des profondeurs insondables[39].

34 Élisée Reclus, *La Source et autres histoires d'un ruisseau*, *op. cit.*, p. 11.
35 *Ibid.*, p. 94.
36 Saïd Sayagh, *Et à l'eau tu retourneras*, *op. cit.*, p. 23.
37 *Ibid.*, p. 51.
38 *Ibid.*, p. 69.
39 *Ibid.*, p. 12.

L'auteur de *Et à l'eau tu retourneras* constate que les remous dévorent leur homme, tout comme la vie s'engouffre et saccage les rêves y compris maternels, puisque c'est à l'eau qu'est aussi lié le souvenir de la mère du narrateur Lalaziza. Ne savons-nous pas que Mahmma veut dire « Maman » en arabe ? Or, c'est bien le décès de sa mère Lalaziza qui ramène l'écrivain au bord du lac : « Je reviendrais, j'emmènerais ma mère au bord d'Aguelmam[40]... » Si les sources et la rivière ramènent inéluctablement vers Mahmma, le souvenir de Lalaziza, lui, est intimement lié à l'évocation du lac. Dans les profondeurs de l'inconscient du roman, l'image de *la jeune fille fluviale* s'oppose à celle de *la mère lacustre* dans l'unité aqueuse : « Ce qui vient de l'eau revient à l'eau[41] », avoue le narrateur.

La mère et Mahmma, telles deux figures féminines de l'absence en un visage unique et indifférencié – par pur hasard ? les deux mots ne sont-ils pas très proches ? –, c'est ce qu'insinue le héros à Mohmidan : « Nous abordons ensuite la longue et sinueuse montée jusqu'aux sources. Là où nageait Mahmma[42]. » Mais la mémoire, fatiguée comme l'eau, est trahie par une réalité décevante marquée par la décrépitude et la destruction moderne des sites, puisque « nous évitons le lac devenu pitoyable à voir » : « Si tu ne veux pas que ton cœur pleure, me dit Mohmidan, évitons le lac Aguelmam[43]. » Touché par la sécheresse, la pollution, le déboisement sauvage de la forêt environnante, « ce qui fut jadis le deuxième paradis sur ma terre, ressemble désormais à des friches de coupes de bois[44] ». C'est en mettant en relation le paysage avec son propre passé que le narrateur compare également le poids de ses souvenirs avec ce qu'il retrouve à Khénifra, puisque « juste à côté de ce qui fut un lac bleu peuplé de poules d'eau, canards et autres gibiers, regorgeant de truites, perches, gardons et autres poissons, se dresse maintenant une construction en béton[45] ». Car, qu'est devenu ce qui fut autrefois un Éden lacustre, enfoui derrière la chute de l'eau d'un autre temps et d'une autre mémoire, derrière l'affaissement et l'obscurité de l'origine mythique de naïades et de nymphes comme la *Mahmma des sources* ? Une

40 *Ibid.*, p. 25.
41 *Ibid.*, p. 150.
42 *Ibid.*, p. 27.
43 *Ibid.*, p. 28.
44 *Id.*
45 *Id.*

phrase nous mettrait-elle trop facilement sur une piste évangélique ? « Je voudrais la retrouver comme si je marchais sur l'eau du lac[46]. »

La psychanalyse nous a appris que, dans l'inconscient, l'évocation de l'élément aqueux est profondément liée à celles de la maternité et de la féminité en général. *Femme-eau*, *femme-vague*, *femme-poisson* sont intimement liées dans le sentiment amoureux du narrateur : « Dites à mon amoureux / Ô dites-lui / Tu m'as enterrée dans l'eau[47]. » C'est que le souvenir de la mère Lalaziza ramène directement à celui d'une autre femme nommée Mhamma. Le sein maternel comme un méandre du fleuve ? Puisqu'un recoin du cours d'eau constitue en effet le site paradisiaque du récit, « j'eus l'impression d'être dans un lieu originel, vierge[48] ». Méandres et tourbillons de violentes passions peut-être inconsciemment figurées par des déduits et des grottes sous-marines lorsque « c'est l'eau de l'Oum-Rbia qui m'a lavé, rincé et nettoyé[49] ». Bien évidemment, c'est l'image de la naïade, voire de l'ondine, qui se dégage ici de ces lignes. Mais, derrière la nymphe, la bacchante n'est peut-être pas si loin. « Elle semblait naître de l'écume du remous de l'Oum-Rbia, épaisseur à peine consistante, une eau à peine consolidée, pas tout à fait ferme, légère, parfois mouvante mais très agile et très fragile[50] », murmure le narrateur à propos d'une Mahmma devenue jeune-fille ou femme, avec qui il partage désormais repas et libations au bord de l'eau.

Or, l'eau est l'élément païen par excellence, qui par un jeu des contraires, atteint une dimension bachique ou dionysiaque. L'auteur prend d'ailleurs bien soin de distinguer les effets du lac, dont nous avons parlé, de ceux de la rivière ou du fleuve au bord duquel se rendent les protagonistes du récit. « Boire au bord du lac est différent de boire au bord de la rivière. Le vin n'a pas le même goût[51]. » « La lumière fugitive sur l'eau et la bouteille s'associe au clapotis de l'eau dans les pierres pour rendre paisible notre ivresse[52] », écrit le romancier à l'occasion d'un *déjeuner sur l'herbe* digne de Manet ou du Titien. Mets et boissons s'y

46 *Ibid.*, p. 39.
47 *Ibid.*, p. 119.
48 *Ibid.*, p. 59.
49 *Id.*
50 *Ibid.*, p. 152.
51 *Ibid.*, p. 119.
52 *Ibid.*, p. 120.

mêlent presque sacralement, en une Eucharistie païenne et tellurique, puisque, ondine, Mahmma appartient à l'eau, son élément originel, appartenance païenne et panthéiste qui est aussi celle de la sorcière. Sources, lacs, rivières, fleuves retrouvent ici en la Mahmma lacustre et fluviale leur profonde unité élémentaire, puisqu'au cours de ces repas dionysiaques et lustraux, même devenue femme, « elle était toujours une merveille dans l'eau. Elle était de l'eau[53] ». Il est bien évident qu'ici nous ne sommes plus dans la réalité sociologique, mais dans l'univers du mythe, alliant la mythologie berbère à l'éternel rêve élémentaire et tellurique de l'humanité, puisque « l'eau est trop claire, trop libre et coule trop vite pour qu'on laisse les filles y plonger. Mahmma, elle, n'était pas allée à l'école mais l'eau était son élément[54] ».

Si les sources évoquent, comme nous l'avons vu, la jeunesse innocente d'un paradis perdu, le lac Aguelmam en est la mémoire douloureuse dans une transe païenne quasi dionysiaque. Origine paradisiaque, lorsque « nous nous sentons comme transportés vers la jeunesse du monde, à la naissance de l'humanité[55] ». Le narrateur pourrait-il s'exprimer comme le Pascalet d'Henri Bosco ? « Nous avions accordé notre vie à la vie de ces eaux dormantes [...]. Et il nous en venait au cœur une merveilleuse plénitude[56]. » Quant à Mahmma, « elle était heureuse, pas saoule, heureuse. Chaque fois qu'elle était dans l'eau, elle avait l'impression de sortir du ventre de Yemmas n'Dounit, la mère du monde[57] » – comme le Gatzo de Henri Bosco qui « y évoluait longtemps et avec une telle aisance qu'il semblait créé pour les eaux autant que pour la terre[58] ». C'est à l'eau et à Mahmma qu'est dédié le poème final de Sayagh, comme à une Lorelei berbère, une reine des eaux, de l'oued et du lac :

> Je plonge et ne me noie jamais / Et ne meurs jamais L'eau perle sur ta peau / L'eau étreint l'or de ton corps offert / Au soleil tu t'ébroues / Tes cheveux dans la rivière / Je ne mourrai jamais dans l'eau / Tu ris encore et encore tu ris / La rivière murmure dans ta bouche / Une chanson éternelle[59].

---

53 *Id.*
54 *Id.*
55 Élisée Reclus, *La Source et autres histoires d'un ruisseau*, *op. cit.*, p. 83.
56 Henri Bosco, *L'Enfant et la rivière*, *op. cit.*, p. 77.
57 Saïd Sayagh, *Et à l'eau tu retourneras*, *op. cit.*, p. 120.
58 Henri Bosco, *L'Enfant et la rivière*, *op. cit.*, p. 77.
59 Saïd Sayagh, *Et à l'eau tu retourneras*, *op. cit.*, p. 157.

Source, rivière, fleuve, lac…, ces multiples voies aqueuses renvoient toutes à leur dénominateur commun qui est l'eau, essentiellement personnifiée chez Sayagh par la jeune fille Mahmma. C'est un déploiement, une ouverture sur un espace géographique rêvé et infini. Jusqu'à retrouver l'allégorie bien connue du cours de la vie / cours de l'eau, puisque, écrit-il, « elle est morte sans que je puisse lui réciter ce poème[60] ».

KHÉNIFRA : LA VILLE OCRE

Sur notre parcours fluvial dans le Moyen Atlas central, nous rencontrons Khénifra, qui a joué un rôle souvent méconnu, au cours de ce que l'on a appelé la *pacification* du Maroc. « La ville qui vous ouvre les bras est une belle femme[61] », écrit Saïd Sayagh. Pour qui connaît la petite ville du Moyen Atlas, la remarque ne laisse pas d'être un peu surprenante. Ville étape vers le sud, avec son *souk* rural hebdomadaire, la cité aride et souvent poussiéreuse en été, certes n'est pas sans charme, mais ne correspond guère aux critères habituels de la beauté touristique. Située dans le *Dir* marocain, perchée à 830 m d'altitude sur les bords de l'Oum-Rbia dans le couloir encombré de coulées basaltiques qui sépare le Moyen Atlas, Khénifra se présente comme une cité rouge, reflet des sols argileux qui l'entourent. Elle est située à l'extrémité ouest du Moyen Atlas. Sa position géomorphologique représente une cuvette entourée de quatre grandes montagnes, Bamoussa à l'ouest, Akllal à l'est, Bouhayati au nord et Jbel Lahdid au sud. Elle est nommée « la ville rouge » en référence à la couleur rougeâtre peinte sur les façades des habitations, ou encore « Khénifra la Zaïane », car elle a été bâtie sur les deux rives basaltiques de l'Oum-Rbia qui la traverse, au parage du pont dit portugais et de la Kasbah de Moha Ou Hamou.

La construction de la bourgade Khénifra remonte au début du XIXe siècle. C'était un atout stratégique, car, au Moyen Âge, cette zone constituait un axe caravanier entre Fès et Marrakech. Sa position géographique lui conférait une situation privilégiée reliant le Moyen Atlas

60 *Id.*
61 *Ibid.*, p. 93.

central au bassin d'Oum-Rbia jusqu'à la côte atlantique. Son histoire reste méconnue par les historiens et les chroniqueurs de l'époque. Le sultan Moulay Hassan décida de nommer *caïds* des personnalités influentes dont Moha Ou Hamou Zïani, qui en profita pour s'imposer sur les Zaïans. La ville évolua donc dès la première arrivée des soldats des sultans alaouites vers 1886. Les Aït Ou Malou sont un ensemble de peuples amazighs de même souche qui occupaient un immense territoire compris entre Tadla au sud et Séfrou au nord. Ils étaient réputés indomptables, avides d'indépendance. Pour manifester leur hegémonie sur la ville, les Zaïanis firent de Khénifra une zone de contrôle pour les non Zaïanis. Moha Ou Hamou Zaïani disait : « Les montagnes sont mes os, l'Oum-Rbia est ma limite, la plaine est ma proie. » Cette célèbre citation montre l'importance de l'espace vital conquis par la tribu zaïane qui fait de Khénifra, plus tard, un centre stratégique sur le plan militaire et commercial. Le commandement des forces d'occupation était conscient des risques de l'affrontement direct avec les tribus zaïanes lors de la campagne du Maroc.

Khénifra, ocre et sèche comme le pisé qui constitue ses murs, est en réalité une véritable création de Moha Ou Hamou qui l'a conçue comme sa modeste capitale avant même les années de la Grande Guerre. Moha Ou Hamou « construira une petite ville et y créera un important marché[62] ». Le *caïd*, dès 1886, à l'occasion de sa réception à Fès par le sultan, a pu prendre contact avec commerçants et artisans *fassis* pour la rénovation de la ville et son embellissement. Il fut l'un des premiers *caïds siba* ou *makhzen* à organiser un système de nettoyage urbain. Il établit un nouveau plan d'édification de la ville de Khénifra sur la rive droite du fleuve Oum-Rbia, alors que la Kasbah est sur la rive gauche. Cette *kasbah* comprend le palais décoré de tuiles vertes alors que les maisons les plus luxueuses se trouvent sur la rive droite du fleuve. On y trouve également la caserne militaire du sultan, la mosquée près du pont et le *souk* tout le long de la voie. L'histoire de Khénifra est liée à ces deux monuments : la Kasbah de Moha Ou Hamou et le vieux pont marquent la conscience des Khénifris où le présent et le passé s'entremêlent dans la conscience collective de ses générations. Les boutiques sont groupées par origine géographique, sans compter les bains et les *zaouïas*. Khénifra est donc, à l'origine,

62 Maurice Le Glay, *Récits marocains de la plaine et des monts*, *op. cit.*, p. 229.

une forteresse berbère améliorée, froide et solide, visant à la lointaine imitation du luxe de la bourgeoisie *fassie*. Et c'est en effet dans ce cadre que s'installèrent les troupes françaises d'occupation. Pour qui connaît aujourd'hui la pittoresque et paisible cité, il est difficile d'imaginer qu'elle fut un haut-lieu guerrier, et quasiment épique. D'abord, parce qu'elle fut la capitale du grand chef berbère Moha Ou Hamou. Ensuite, parce qu'elle fut le poste avancé de l'armée de pacification française qui s'y embusqua contre le même chef durant de nombreuses années. Enfin, parce que, à quelques kilomètres, elle fut le cadre de la plus cuisante défaite française de la dite Pacification, où succomba quelqu'un comme le père de l'écrivain collaborateur Brasillach, qui reposa longtemps dans son cimetière militaire, avant le rapatriement des corps.

La ville a donc un célèbre passé militaire à cause de cette défaite (ou victoire selon le côté où l'on se place) d'El Herri[63]. Après 1912, Moha perd le soutien du Sultan, à cause de son *djihad* antifrançais (et donc antimakhzénien). Le général Moinier a demandé à prendre contact pour négocier avec le *caïd*… mais en vain. Lyautey a dépêché des personnalités qui essuyèrent un refus. Lorsque les Français arrivent à Khénifra, le *caïd* s'en est déjà retiré tactiquement, pour se replier sur la montagne. Le 12 juin 1914, trois colonnes sont complètement maîtresses de Khénifra. Après l'occupation de Khénifra, les Zaïanes font le vide. La tribu organise un blocus étroit de Khénifra qu'elle attaque à tout instant. Au début de la Guerre, la garnison de Khénifra ne comprend plus que neuf compagnies et un *goum* sous les ordres du lieutenant-colonel Laverdure ; elle est à peu près isolée.

Dans les premiers jours de novembre, le *caïd* Moha Ou Hamou vient camper à El-Herri à une dizaine de kilomètres au sud-est de Khénifra ; malgré l'avis contraire du service des renseignements, le lieutenant-colonel Laverdure veut enlever le chef berbère. Le 13 novembre, le lieutenant-colonel quitte la ville en grand secret avec la majeure partie de ses forces. Au point du jour, l'ennemi est complètement surpris. Les montagnards accourent en foule puis lancent une contre-attaque foudroyante. Le désastre est immense. Sur le terrain : 33 officiers (dont le lieutenant Brasillach) et 580 soldats tués. Cette victoire symbolise la

63 Lire : Abdelaziz Achir, *El Herri. Hécatombe des troupes coloniales françaises*, Rabat, Imprimerie El Maarif Al Jadida, 2016.

gloire des tribus et le grand prestige que s'est forgé Moha Ou Hamou Zïani. Qui aurait pu penser qu'autant que bucolique notre dérive fluviale se révélerait aussi guerrière[64] ?

En effet, mis à part son importance militaire, Khénifra est aussi la ville de l'enfance de Saïd Sayagh dans les années 55-60. Son roman se présente en effet comme la recherche d'un passé disparu, enfoui. Et, dans la cité, nul doute que le fleuve, l'*oued*, ait joué un rôle primordial dans l'imaginaire littéraire de l'auteur. Et c'est en cela que la ville est bien une *ville-fleuve*, tant le fleuve la traverse et lui donne une vie aquatique. « Mon enfance à Khénifra a coulé comme une rigole d'eau douce jusqu'à la crue[65] », avoue notre écrivain remontant de la rigole et du ruisseau au torrent des sources. Le dénominateur commun du fleuve, pour le personnage de Mahmma autant que pour le narrateur, est bien la baignade et la nage. Élisée Reclus précise que « quand on aime bien le ruisseau, on ne se contente pas de le regarder, de l'étudier, de cheminer sur ses bords, on fait aussi connaissance plus intime avec lui en plongeant dans son eau[66] ». Existence justement rythmée par les crues régulières et fréquentes de l'*oued*, les rues devenant torrents. Voilà une image étrange d'une ville habituellement présentée comme sèche, poussiéreuse et caniculaire ! C'est pourtant la même qui, en cas d'orage, se transforme en *delta* libérant des plages et des estuaires. À Khénifra, certes, le fleuve joue un rôle omniprésent par le murmure de ses eaux qui traversent la ville, mais, pour le narrateur, ces dernières font surtout surgir un visage intimement mêlé et créateur de beauté. « La fille des sources et moi-même, sommes irrémédiablement mêlés à ce bled[67] », commente le narrateur.

64 Lire : Colonel Louis Voinot, *Sur les traces glorieuses des pacificateurs du Maroc*, Paris, Charles-Lavauzelle et Cie éditeurs, 1939.

65 Saïd Sayagh, *Et à l'eau tu retourneras*, *op. cit.*, p. 41.

66 Élisée Reclus, *La Source et autres histoires d'un ruisseau*, *op. cit.*, p. 93.

67 Saïd Sayagh, *Et à l'eau tu retourneras*, *op. cit.*, p. 57.

BOULAOUANE ET AZEMMOUR : L'EMBOUCHURE

Après ses sources et ses lacs, le fleuve, très assagi, comme un serpent presque assoupi, se transforme en méandres et en sinuosités comme celles sur lesquelles est construite la Kasbah de Boulaouane. Élisée Reclus fait remarquer que « le voyage de l'eau qui descend de la montagne vers la mer se fait par un circuit de courbes s'entrecroisant à l'infini[68] ». Comme les méandres de Boulaouane. « Citadelle, je te construirai dans le cœur de l'homme[69] », c'est ainsi qu'Antoine de Saint-Exupéry salue la Kasbah de Boulaouane qui est le modèle de son œuvre posthume éponyme (1948). Venant d'El Jadida, par la petite route défoncée, le rare visiteur de cette *kasbah* trop délaissée est saisi par la grandeur du site. Au sommet de l'un des immenses méandres du fleuve, s'élève l'impressionnante forteresse. Dans la province d'El Jadida, la Kasbah de Boulaouane est une *kasbah* historique. Elle se situe dans le site même de Boulaouane sur la rive gauche de l'*oued* Oum-Rbia, à 75 km au sud-est d'El Jadida. L'enceinte de la *kasbah* « est de forme quadrilatère renforcée par des tours d'observation de formes rectangulaires et semi-circulaires[70] ». Elle fut édifiée en 1710, sous le règne du sultan Moulay Ismaïl, dans le but stratégique d'assurer la sécurité au sein de l'état marocain. En effet, construite sur une falaise dominant la plaine de Doukkala et de l'Oum-Rbia, elle avait un rôle important dans le contrôle de la région. À ce moment-là, « le port de Mazagan était encore un comptoir portugais (depuis 1502 et jusqu'en 1769), et Moulay Ismaïl le surveillait à partir de Boulaouane[71] ».

Dans son livre *Chroniques secrètes sur Mazagan-El Jadida 1850-1950*, édité au Maroc en 2010, Mustapha Jmahri « attire l'attention sur le rôle joué par la Kasbah oubliée de Boulaouane, le Fort du Bon secours, pour l'écriture de *Citadelle* (1948), volume posthume du pionnier de l'aéronautique Antoine de Saint-Exupéry (1900-1944)[72] » :

---

68 Élisée Reclus, *La Source et autres histoires d'un ruisseau*, *op. cit.*, p. 56.

69 Antoine de Saint-Exupéry, *Citadelle*, *op. cit.*, p. 27.

70 Jean-Pierre Péroncel-Hugoz, « La citadelle africaine de Saint-Exupéry », *La Nouvelle Revue d'Histoire*, mars-avril 2012.

71 *Id.*

72 *Id.*

> [Saint-Exupéry] après avoir vu ce lieu du ciel, voulut s'y rendre et il y fut reçu sans doute en 1927 par le caïd local ; il visita les remparts, les sept bastions, le donjon et le site naturel vertigineux : un cingle du fleuve Oum-Rbia[73].

Mais il faut bien dire que, à part ce décor très abstrait, rien dans l'œuvre posthume n'évoque très précisément l'histoire de la *kasbah*.

Après les sources, après les lacs, après Boulaouane, vient enfin Azemmour, l'embouchure, « l'ultime embouchure de l'Oum-Rbia jusqu'à l'union de la terre et de l'océan[74] », comme l'écrit Driss Chraïbi de « la Mère du printemps » – ce par quoi il débute sa « première marée » : « Debout sur un promontoire qui surplombe la ville d'Azemmour, l'embouchure de l'Oum-Rbia et l'océan[75]. » Car, si les sources sont la naissance, dirons-nous que l'embouchure est la mort ou plutôt l'épanouissement, tant le fleuve a nourri toute la vie berbère comme dans le chant poétique de Hineb ? C'est ainsi que « l'embouchure d'un fleuve, comme la mer pour Baudelaire, apparaît comme un diminutif de l'infini[76] ». L'embouchure est donc aussi belle que la source. En effet, si Khénifra, d'après Sayagh, est emblématisée par les sources de son fleuve, comment dire mieux qu'Azemmour, selon Chraïbi, l'est par son embouchure, avec « le clapotis de l'Oum-Rbia lent et lourd entre ses rives tel le sang dans les veines d'un homme paisible – puis son mugissement à l'embouchure comme à la sortie d'un cœur[77] ». Azemmour, signifiant « olive » en berbère, est une petite ville située à 16 km au nord d'El Jadida à l'embouchure du fleuve Oum-Rbia. Elle est sans doute établie sur l'antique cité d'Azama.

Le roi Juba II de Maurétanie favorisa à Azemmour la pêche à l'alose, poisson qui venait frayer dans l'Oum-Rbia. Au VIIe siècle, elle est l'une des principales cités du royaume berbère des Berghouatas avec Anfa, El Jadida et Safi. Au XIe siècle, Youssef Ibn Tachfin, le troisième souverain de la dynastie almoravide s'empare d'Azemmour. Sous la dynastie des Almohades – et plus précisément sous le règne d'Abd El-Mumin –, c'est une cité florissante. Ce dernier encouragea son peuplement et y édifia une belle mosquée. La dynastie des Mérinides y construisit une

73 *Id.*
74 Driss Chraibi, *La Mère du printemps*, *op. cit.*, p. 185.
75 *Ibid.*, p. 47.
76 Bertrand Westphal, « Pour une approche géocritique des textes », art. cité, p. 112.
77 Driss Chraibi, *La Mère du printemps*, *op. cit.*, p. 64.

médersa et une petite fontaine au cœur de la *médina*, au XIVe siècle. En 1513, elle tomba sous domination portugaise, jusqu'en 1541 lors de la bataille d'Azemmour. En 1541, après la prise d'Agadir par Mohamed Cheikh, le roi du Portugal D. Joao III décida d'abandonner Azemmour Moulay Ismaïl Ben Chérif, de la dynastie des Alaouites, s'en empara.

Au sein de cette ville aux abords du fleuve Oum-Rbia – et précisément dans la partie nord de la cité –, les juifs construisirent leur *mellah* : dans *La Mère du printemps*, Azwaw présente cette communauté. Azemmour possède alors des façades blanches en escalier, et une charmante esplanade arborée et lumineuse, autour d'un mausolée bien entretenu. Car, en dehors du fleuve, de la beauté des bâtiments, du charme des rues, il y a un centre spirituel à Azemmour : Rabbi Braham Moul Nesse, ou Rebbi Abraham Moul Niss, l'éternel protecteur de la cité où il est inhumé, et dont la Hiloula est célébrée pendant Lag Baomer, la fête juive d'institution rabbinique, célébrée généralement en mai. Le mausolée garde un œil sur le fleuve, et un autre tourné vers le cimetière juif de la ville, où reposent encore plusieurs autres saints. Chraïbi, fidèle au génie des lieux, le décrit ainsi : « Synagogue creusée dans la falaise à l'extrême pointe du territoire des Yahouds[78] ». Le tombeau du saint est avant tout considéré comme un lieu de mémoire, un instrument de transmission de la connaissance, tel qu'il est évoqué dans *la Mère du printemps.*

Rabbi Braham Moul Nesse y est vénéré comme *tasdik*. Pour certains, Rabbi Braham Moul Nesse était un saint musulman appelé Sidi Brahim que les juifs se sont appropriés en l'appelant Rabbi Abraham. Car, ce qui rend le mausolée de Rabbi Braham Moul Nesse encore plus mystérieux, c'est qu'il avoisine celui d'un autre saint musulman. C'est Sidi Daoui. Il est assez étrange qu'un mausolée d'un saint musulman soit niché en plein quartier juif sans qu'il n'y ait des légendes sur deux saints qui reposent l'un aux côtés de l'autre. Chraïbi évoque justement la mystérieuse fermeture du tombeau sur les deux hommes. L'histoire d'Azemmour est intimement liée à celle de l'arrivée et de l'implantation de l'Islam au Maroc, puisque c'est le propos même du roman éponyme de Chraïbi : surgie du désert, une armée de cavaliers arabes suit le cours de l'Oum-Rbia. En cette année 681, la religion musulmane est une parole naissante ; le légendaire général Oqba ibn Nafi rêve de déployer l'étendard du prophète sur les terres d'Afrique du Nord. Et, de l'autre côté des montagnes, la

78 *Ibid.*, p. 165.

communauté berbère des Aït Yafelman attend désemparée l'arrivée du nouveau Dieu. « Nous sommes des Aït Yafelman, c'est-à-dire des Fils de l'eau[79] », explique Far'oun à propos des sources – ce à quoi rétorque Azwaw : « Si une seule rivière cesse de lui apporter son eau, eh bien ! Le fleuve tarit[80]. » Comment mieux dire que l'embouchure est aussi essentielle que les sources ? La mort que la naissance ? « L'expression du temps qui passe prend souvent un tour spatial[81] », tant un fleuve est une seule vie, est seulement la vie : « Qui donc nous relèvera / Et nous montrera la vérité / Sinon toi, *assif* éternel[82] ? »

L'OUM-RBIA : LE FLEUVE BERBÈRE

« J'ai toujours eu la folie de la lumière et de l'eau. Si ces deux éléments viennent à manquer, l'histoire des hommes tarit[83] », proclame Driss Chraïbi, natif de Mazagan, actuelle El Jadida, en expliquant qu'« au bout du temps, il y aura toujours la terre, la lumière et l'eau de [s]on pays[84] ». La berbérité ou *amazighité antéislamique* est, sans aucun doute, le dernier trait caractéristique de notre *Oum-Rbia littéraire.* Fleuve ayant adopté, dans ses multiples métamorphoses romanesques, la marque unique d'une culture et d'une civilisation souvent caractérisées par leur anté-islamisme, parfois même anti-islamisme. Rappelons que projetant la fondation d'El Jadida, Oqba déclare dans *La Mère du printemps* : « C'est là-bas que je construirai la ville nouvelle [El Jadida, la neuve]. Je vais faire raser cette ville-ci. Elle est païenne jusque dans ses fondations[85]. » En effet, les héroïnes littéraires de l'Oum-Rbia sont de païennes héroïnes aquatiques. Ces naïades et nymphes qui hantent sources et fleuves ne peuvent vivre que de l'eau, et ne se mouvoir que dans l'eau de ce fleuve se jetant dans l'Atlantique, au niveau d'Azemmour, et traversant ainsi les différentes strates du passé berbère.

79 *Ibid.*, p. 67.
80 *Id.*
81 Bertrand Westphal, *La Géocritique. Réel, fiction, espace*, *op. cit.*, p. 19.
82 Driss Chraibi, *La Mère du printemps*, *op. cit.*, p. 111.
83 *Ibid.*, p. 13.
84 *Ibid.*, p. 214.
85 *Ibid.*, p. 207.

Selon l'aveu même de l'auteur, c'est une vision qui lui a donné l'impulsion du roman, « celle d'une toute jeune fille en train de laver son linge dans la rivière ; une myriade de gouttelettes étincelantes l'environnait tel un arc-en-ciel[86] ». La même image est parallèlement réutilisée par deux fois dans le roman à propos d'Azwaw, Yerma et son linge :

> […] chaque fois qu'elle le soulève pour le faire résonner sur la pierre, des gerbes de gouttes l'entourent d'un arc-en-ciel où se nuance le soleil levant[87].

> Elle était là à quelques brasses près de la rive, qui bat son linge sur le rocher blanc, environnée de gouttelettes[88].

Nous avons certes déjà analysé cette intime alliance romanesque entre les éléments liquides et féminins. Étrange coïncidence, pourtant, que Sayagh, Chraïbi et d'autres aient rencontré, dans un personnage féminin intimement mêlé à l'élément aquatique du fleuve, une allégorie vitaliste de la continuité de cette civilisation. Driss Chraïbi dédie son roman « aux Fils de la terre, les Berbères qui en sont les héros[89] ». Même si ce n'est pas de la terre, mais de l'eau, que les Aït Yafelman semblent être étymologiquement les fils. En berbère, *oued* se dit *assif*, et c'est à une histoire d'eau, une histoire de fleuves que répond celle de la conquête arabe avide et assoiffée : « Le Bou Regreg, le Draa, le Sebou, la Moulaya, le Tensift, le Noun, le Beth… Tant et tant de cours d'eau[90] ! ». Et c'est d'ailleurs ce fleuve pris à sa source qui guide les combattants arabes jusqu'à Azemmour, une source d'eau verte en cataracte, « La Mère du printemps » : « Oqba avait contemplé tout cela, écouté et médité cette aube de la création. Puis il avait dit : – Je veux ça ! Je veux ce fleuve[91]. »

Depuis ses sources jusqu'à Azemmour, en passant par Khénifra, l'Oum-Rbia se décline symboliquement comme un *fleuve berbère.* « Fils de la terre » sont les *Imazighen* berbères, et les Aït Yafelman sont « ceux qui ont trouvé l'*aman*, la paix, la sécurité, le sauf-conduit » ; mais Chraïbi, jonglant avec le jeu polysémique des définitions, traduit : les « Aït Yafelman, c'est-à-dire des Fils de l'eau[92] ». En tout cas, l'élément aquatique devient

86 Driss Chraïbi, *Le Monde à côté*, *op. cit.*, p. 41.
87 Driss Chraibi, *La Mère du printemps*, *op. cit.*, p. 85.
88 *Ibid.*, p. 164.
89 *Ibid.*, p. 12.
90 *Ibid.*, p. 125.
91 *Ibid.*, p. 179.
92 *Ibid.*, p. 67.

symbole de la liberté berbère sous la forme des grands fleuves : « Que sont devenus les Berbères ? Est-ce qu'ils se battent encore pour défendre leur eau[93] ? » Et, selon Azwaw, le fleuve est toujours pensé dans sa dimension ancestrale : « L'eau était l'eau. Il pensait à l'Oum-Rbia, le fleuve nourricier sur l'embouchure duquel avaient vécu ses lointains ancêtres[94]. » À tel point que ce dernier finit par prendre une valeur sacrée[95]. Pour Chraïbi, l'Oum-Rbia est ainsi le symbole de la civilisation des Berbères résistant à celle des Arabes, puisque, comme le déclare son héros, « un *assif* renaît toujours[96] ». L'eau constitue le moyen privilégié de la lutte car « il fallait assoiffer l'islam et ses fils[97] ». Chez Sayagh aussi, le professeur algérien de Khénifra, prenant appui sur le souvenir de la Kahina, juive berbère, pour promouvoir la berbérité de l'Oum-Rbia, « parlait à Mahmma de Moulay Aghoustin, Saint Augustin, d'Afulay, Apulée, Juba et autres berbères des temps anciens qui ont disparu de la mémoire du pays[98] ».

L'auteur-narrateur regrette de ne pas écrire l'histoire de son héroïne dans la langue berbère : « J'aurais voulu, pour rendre hommage à Mahmma, écrire en berbère, sa langue que j'ai appris à aimer et à ressentir dans sa beauté fougueuse et première[99]. » Mais encore, plus que le mur linguistique, c'est celui de la religion qui constitue le principal barrage à la liberté et à la beauté du fleuve. Et, bien sûr, surtout l'Islam, dans sa version radicalisée telle que le narrateur la redécouvre à Khénifra. La *chahada*, formule-clé de l'Islam, mal comprise, devient un instrument de tromperie et de mort. Et aussi bien Mahmma que Yerma, en tant que femmes libres, ne peuvent être jugées que sévèrement par un musulman rigide – la question des noms patronymiques à islamiser (Mahmma, Ou Hammou, Azwaw, Yerma…) étant la meilleure preuve de mise au pas de la civilisation berbère : manque d'islamité selon les reproches que les musulmans citadins opposent généralement, selon Maurice Le Glay, à cette culture *amazighe*.

Géographique, intérieure, mémorielle, berbère, l'Oum-Rbia, représente finalement une vie, *la vie* selon Driss Chraïbi, « comme une musique

93 *Ibid.*, p. 126.
94 *Ibid.*, p. 19.
95 *Ibid.*, p. 141.
96 *Ibid.*, p. 139.
97 *Ibid.*, p. 157.
98 Saïd Sayagh, *Et à l'eau tu retourneras*, *op. cit.*, p. 85.
99 *Ibid.*, p. 35.

lancinante qui m'appelait du fond de mon passé, celle jamais oubliée de l'Oum-Rbia, la Mère du printemps[100] » – la leçon de cette vie étant qu'il n'y a aucun *ailleurs* qu'*ici et maintenant.* Au terme de ce parcours de l'Oum-Rbia, reprendrons-nous les phrases de Saïd Sayagh sur la paradoxale « instabilité de l'eau », toujours semblable, toujours nouvelle, comme celle d'Héraclite d'Éphèse. « La vie est comme l'eau[101]. » La berbérité au long cours se dessine ainsi comme la meilleure image de l'existence humaine. À partir d'un fleuve, nous pouvons tracer la ligne méandreuse d'un destin dans son hasardeuse continuité. L'Oum-Rbia devient l'allégorie complète du cours de la vie, de notre vie, et les villes, Khénifra, Kasba-Tadla, Boulaouane, Azemmour, en sont les étapes. « Le fleuve avait juré par le grand créateur / que les nombreux secrets confiés aux profondeurs / par ses libérateurs et d'autres insoumis / attendront le retour des bancs d'alose enfuis[102] », chante Driss Tahi. Si, comme l'écrit Élisée Reclus, « l'histoire d'un ruisseau, même de celui qui naît et se perd dans la mousse, est l'histoire de l'infini[103] », n'est-ce pas encore plus vrai pour un fleuve ? « Ce grand circuit des eaux n'est-il pas l'image de toute vie ? N'est-il pas le symbole de la véritable immortalité[104] ? » Arrivés à l'embouchure, est-ce une Oum-Rbia trop bucolique que nous avons suivie ? Trop guerrière ? Bucolique et/ou guerrière, comme la pensée et comme la vie ?

> Quand vous ne réalisez pas que vous faites un avec la rivière ou avec l'univers, vous avez peur. Qu'elle soit ou non séparée en gouttes d'eau, l'eau est l'eau. Notre vie et notre mort sont la même chose[105].

Gérard CHALAYE[106]
Laboratoire T.C.L.,
Faculté des lettres Chouaib Doukkali,
El Jadida, Maroc

100 Driss Chraïbi, *Le Monde à côté, op. cit.*, p. 190.
101 *Ibid.*, p. 157.
102 Driss Tahi, *Les ruelles de l'enfance, op. cit.*, p. 51.
103 Élisée Reclus, *La Source et autres histoires d'un ruisseau, op. cit.*, p. 9.
104 *Ibid.*, p. 111.
105 Shunryu Suzuki, *Esprit zen, esprit neuf*, Paris, Seuil, coll. « Sagesses », 1977, p. 120.
106 Également Membre de la Société Internationale d'Étude des Littératures de l'Ère Coloniale, Montpellier, France.

LE CAIRE ET LE NIL

Diptyque d'un paysage

> Comme le petit crocodile / Se fait plus beau encore
> Versant toutes les eaux du Nil / Sur chaque écaille d'or[1] !

Est-il une contrée plus liée à un fleuve que l'Égypte, « don du Nil » selon l'antienne d'Hérodote[2] ? La géographie de ce pays a été façonnée, contenue et signifiée, peut-être même oblitérée par un fleuve, *le* fleuve, figure synecdoque de l'image de l'espace égyptien. Les descriptions et narrations de la capitale de l'Égypte, également pays de/du voyage et de la relation de voyage, se sont aussi nourries de ce modelé singulier et de ces représentations. En témoigne un autre célèbre voyageur de la fin du XIVe siècle, le maghrébin Ibn Khaldûn, lequel évoque avec lyrisme Le Caire « la métropole du monde », sise sur « les bords du Nil, rivière du paradis, réceptacle des eaux du ciel[3] ». De manière plus prosaïque, les classiques éléments, chers aux géographes et aux historiens, de site et de situation de la capitale égyptienne, ses variations de localisation au cours de son histoire, ainsi que sa place stratégique au sein de son territoire, sont en général ainsi synthétisés :

> Le nœud de l'Égypte a toujours été la boucle du Delta – à l'endroit où les barques venues d'Alexandrie rencontrent les caravanes arrivant de Damas. Là, presque avant l'histoire, grandit Memphis[4].

1 Lewis Carroll, *Les Aventures d'Alice au pays des merveilles*.

2 Hérodote, *Histoires*, livre II, *L'Égypte*, Paris, Les Belles Lettres, coll. « Classiques en poche », 2010.

3 Cité dans Edwige Lambert et Isabelle Vinatier (dir.), *Le Caire (Égypte) Mille & une villes*, hors-série n° 12, Paris, Autrement, 1985.

4 Camille Pelletan, « Le Caire », *Les capitales du monde*, Paris, Bibliothèque des écoles et des familles, 1910, p. 341-368, p. 349.

Ainsi se sont façonnés, au fil du temps et des écrits, des récits du Caire dans lesquels le Nil, repère, sujet et objet, s'avère être le déterminant du dispositif descriptif. Le Nil, figure géographique et historique, est devenu également, tout particulièrement au Caire, une figure stylistique.

VOIR LE CAIRE ET LE NIL, ENSEMBLE

Le Caire est, depuis longtemps, une étape ou destination de voyage, un lieu de passage, une cité connue, parcourue, visitée et revisitée. La ville a suscité une multitude d'écrits, elle s'est imposée comme sujet et objet de récits, est devenue un lieu commun de l'imaginaire. En ce sens, vouloir embrasser et balayer la ville d'un regard, la voir assemblée, en découvrir la forme et l'allure générales, relève d'un désir ancien, émanant essentiellement d'étrangers à la ville, voyageurs-visiteurs en quête d'impressions globales. Pendant longtemps, la perception du panorama urbain dans sa réalité visuelle a été l'unique expérience possible d'un paysage total, puisque les premières représentations iconographiques montrant l'ensemble de la ville du Caire sont des vues à vol d'oiseau, dont l'originale semble être celle du vénitien Matteo Pagano, datée du début du XVIe siècle. Ce mode d'expression reste en vogue jusqu'à l'apparition du plan détaillé de la ville, dont le premier, réalisé par Carsten Niebuhr au milieu du XVIIIe siècle, est édité dans sa relation de voyage en 1774.

La fascination attractive exercée par Le Caire est ancienne et tenace, et ses motivations plurielles. Rappelons que la cité a joué un rôle de fac-similé de la ville titre des contes des *Mille et Une Nuits*, dont la traduction par Galland, à partir de 1703, eut un immense succès. De plus, après l'expédition de Bonaparte en Égypte, et surtout à partir de la parution de la *Description de l'Égypte* (dont le premier tome est publié en 1809), l'Europe est saisie d'engouement pour cette contrée et pour les antiquités égyptiennes. Comme l'a démontré Edward Saïd[5], l'orientalisme trouvera également en Égypte nombre de ses ferments, littéraires notamment. Ainsi, au XIXe siècle, fort nombreux sont les écrivains, français notamment, qui réalisent un voyage oriental initiatique en Égypte, souvent assorti

5 Edward W. Saïd, 1980, *L'orientalisme. L'Orient créé par l'Occident*, Paris, Seuil, 1980.

d'une croisière nilotique[6]. Parmi eux, certains relatent leur expérience et décrivent tout particulièrement le paysage du Caire, sans omettre la parabole nilotique (François-René de Chateaubriand[7], Gérard De Nerval[8], Arthur Gobineau[9], Gustave Flaubert[10], Carles des Perrières[11], Gabriel Charmes[12], etc.). Au-delà de sa situation et de sa présence dans un acte de description objective, le Nil se meut en un énoncé, un exercice de style littéraire, l'identifiant majeur de la trame paysagère d'une cité elle-même mythique. « Manifestation spatiale d'un récit : le paysage, ce n'est pas ce qui apparaît, dans son désordre et sa simultanéité, mais l'espace déjà chapitré, borné, bref organisé en figure[13]. »

Partie prenante du récit de voyage, dont le genre s'est formalisé, la description statique et panoramique du paysage cairote et de ses environs, le long et de part et d'autre du Nil, pose la trame de l'image exogène convenue de la ville et devient un des éléments saillants de cet exercice littéraire et stylistique en vogue tout au long du XIXe siècle. Presque toujours, celui-ci se réalise depuis un point de vue dominant, et celui de la butte de la Citadelle (édifiée à la fin du XIIe siècle au sud-est de la ville) apparaît comme le belvédère favori des « voyeurs » de la ville, qu'ils veuillent imaginer, saisir, dessiner, relater, ou juste contempler cette dernière. L'altitude, qui permet un survol en perspective, n'est pas la seule condition pour que d'un lieu émane un panorama, source d'inspiration supplantant, dans cette fonction, d'autres éminences. Une subtile combinaison des critères de mise en scène du paysage convoité est nécessaire à son observation : accès, lumière, orientation, proximité des formes, ordonnance des champs visuels, etc. Ainsi, par le cumul de ses représentations littéraires et iconographiques, la vue panoramique depuis la Citadelle, à partir de la terrasse jouxtant la mosquée de

6 *Cf.* Jean-Claude Berchet, *Le voyage en Orient. Anthologie des voyageurs français dans le Levant au XIXe siècle*, Paris, Robert Laffont, coll. « Bouquins », 1985.

7 François-René de Chateaubriand, *Itinéraire de Paris à Jérusalem*, 1806, Paris, Julliard, 1964.

8 Gérard de Nerval, *Voyage en Orient. I*, 1851, Paris, GF-Flammarion, 1980.

9 Arthur de Gobineau, *Trois ans en Asie*, 1855, Paris, coll. « Pléiade », 1983.

10 Gustave Flaubert, *Voyage en Égypte*, écrit en 1851, publié en 1881, éd. Entente, coll. « Impressions de voyage », 1986.

11 Carles des Perrières, *Un Parisien au Caire*, Le Caire, Librairie Nouvelle, Ebner & Cie, 1873.

12 Gabriel Charmes, *Cinq mois au Caire et dans la Basse-Égypte*, Paris, G. Charpentier, 1880.

13 Philippe Vasset, « Paysages », *Les Cahiers de l'École de Blois*, n° 12, *Enseigner le paysage*, Éd. De la Villette, 2014, p. 86-89, p. 88.

Muhammad Ali, s'est élevée au rang d'image iconique de la capitale[14]. Point de passage obligé des visiteurs, cette vue, consacrée également par la récurrence de son apparition sur les éventaires de cartes postales de la capitale, a même été estimée et classée dans un système de valeurs paysagères touristiques, puisque le *Guide Bleu* la gratifie d'une étoile, laquelle correspond selon une hiérarchie des sites, paysages et curiosités, à l'appréciation « remarquable[15] ». Depuis là, Le Caire a été présenté comme une fresque déployée dans un cadre structuré par des éléments puissants et fortement contrastés. Le Nil, en majesté, immuable et toujours au centre de la composition, est l'identifiant principal à partir duquel se disposent en ruban la cité, la campagne et le désert. Parallèles au fleuve, deux horizons symétriques bornent le paysage : au levant, les falaises du plateau du Muqattam, au couchant, le plateau de Guizeh et les Pyramides éponymes. Le choix d'un panorama est aussi une tactique narrative, car il permet « d'évoquer les échelles du passé en oubliant les jours et les hommes présents, rendus silencieux et imperceptibles par la distanciation, bus par le paysage comme par un sable altéré[16] ». « Du haut de la Citadelle, la vue du Caire est un des plus beaux panoramas que l'on puisse voir », proclame l'égyptologue Auguste Mariette en 1850, qualifiant le spectacle de « grandiose[17] ». Et Camille Pelletan assure que « d'ici on comprend la ville d'un regard[18] ».

Il est en ce sens possible d'envisager, depuis une sélection d'extraits de textes rédigés par des écrivains-voyageurs du XIXe siècle, la relation dialectique entre Le Caire et le Nil dans la fabrique fusionnelle et hybride d'une représentation, celle du récit et de l'image littéraires du paysage panoramique de la capitale égyptienne, composé depuis le promontoire de la Citadelle.

---

14 Lire, par exemple : Jean-Luc Arnaud, « La citadelle du Caire, un corpus iconographique particulier », *Images d'Égypte. De la fresque à la bande dessinée*, Le Caire, C.E.D.E.J., 1991, p. 291-299.

15 *Égypte, Guides bleus*, Paris, Hachette, 1956, p. 268.

16 Julien Gracq, cité par Roger Brunet (dir.), *Géographie universelle. Mondes nouveaux*, Paris, Hachette, 1990, p. 240.

17 *Le goût de l'Égypte*, textes choisis et présentés par Sophie Nauleau, Paris, Mercure de France, coll. « Le petit Mercure », 2007, p. 40.

18 Camille Pelletan, « Le Caire », art. cité, p. 349.

LE CAIRE ET LE NIL EN COMPOSITION
Scène antique et tableau oriental

Au travers de ses représentations cairotes, le Nil s'impose comme une présence magistrale, un élément majeur, totémique, une forme et figure de signalétique urbaine. Le fleuve agit comme un invariant au sein de la ville, contribuant à l'expression d'un site, d'un repère topographique et géographique, de la distribution de strates et composants génériques déterminant l'ordre de la lecture paysagère liée. Mais il est ici, surtout, l'identifiant probatoire d'un lieu fantasmé, le signe déroulé et déroulant d'une cité à façon, mythique et plastique, associée à des épisodes mémoriels historiques, celui de l'Antiquité notamment, et/ou celui de l'espace-temps global et indéfini d'une « ville orientale ». Enfin, Le Nil, au Caire, est à la fois saisi et cadré, dans le contexte délimité de la ville, ainsi qu'un rappel, ou une évocation, voire une invocation, de la symbiose de la géographie et de l'histoire de l'Égypte tout entière, performant ainsi le statut et la symbolique de capitale de la cité.

Le panorama, mot dont l'étymologie grecque signifie « qui montre tout », prend ici valeur de paysage de synthèse, puisque ses commentaires croisent la description d'une apparence et l'expression d'une représentation. La vision distanciée, qui fait la ville étalée, déroulée, aplanie, et surtout ordonnée, est d'autant plus intéressante qu'une des critiques récurrentes faites au Caire par ses visiteurs était un manque d'ordre urbain. Là, lorsque l'on embrasse le vaste espace, lorsque l'on voit nettement une composition en une succession de plans depuis la cité jusque vers ses alentours, la ville devient un paysage signifiant. Ainsi, cette vue, tant de fois exprimée, a désormais valeur de représentation, et deviendra conservatrice de la symbolique du Caire. La ville vue d'en haut, englobée, s'appréhende alors comme une composition, un spectacle, et il faut pour cela des conditions précises. Aussi, chacun recommande une heure, un moment, une saison, autant d'instants propices à l'élaboration d'une mise en scène et d'une théâtralisation. Selon Gabriel Charmes, « c'est au clair de lune qu'il faut admirer, du haut de la citadelle, le Caire endormi au bord du Nil[19] », alors que, de

19 Gabriel Charmes, *Cinq mois au Caire et dans la Basse-Égypte*, *op. cit.*, p. 72.

manière plus pragmatique, le *Guide Joanne* recommande à ses lecteurs de profiter du panorama plutôt en matinée, car, le soir, « les brumes couvrent la plaine des Pyramides[20] ».

Charles Didier, comme hypnotisé, décrit une fresque où, à la ville mélancolique du premier plan, le Nil apporte grâce et vivacité, en particulier un ajout de couleurs. Le Caire est aussi étale et vaste que muet, pas un bruit ne s'en échappe, comme si les cimetières, les tombeaux et le désert qui l'entourent l'avaient étouffé. Ce caractère silencieux est supposé être l'un des attributs des villes d'Orient, même si d'autres auteurs, depuis le même poste d'observation et à la même époque, insistent *a contrario* sur les sons de la cité, parvenus jusqu'à eux ; Gabriel Charmes évoque le « murmure incessant[21] » qui s'élève du Caire, et Élisée Reclus « d'incessantes clameurs[22] ».

> On a sous ses pieds l'immense ville du Caire, hérissée de ses coupoles, de ses minarets, et enveloppée de ses mornes cimetières comme d'une ceinture mortuaire. [...] les villes d'Orient, même de près sont silencieuses : pas un bruit, pas un bruissement humain ne montait à moi du sein des innombrables rues pourtant si populeuses, et cette cité de trois cent mille âmes était aussi muette que les tombes qui l'entourent[23].

Et « plus loin coule le Nil, le vaste Nil coupé en deux par la riante île de Roudah », continue Charles Didier :

> Le long du fleuve, des bouquets, des bois de palmiers, épanouissent dans l'air bleu leur gracieux éventails. Des jardins d'un vert sombre fleurissent çà et là comme autant d'oasis au milieu des habitations et sur la lisière des tombeaux, car la nature épanche indifféremment ses luxuriants trésors sur la terre des vivants et sur la terre des morts. Au-delà se déploie le désert dans sa sereine immensité. Les hauteurs décharnées du Mokkatam ferment l'horizon d'un côté ; de l'autre, l'œil est arrêté par les Pyramides[24].

Même si le belvédère de la Citadelle fait figure de modeste sommet (son altitude étant inférieure à cent mètres), il domine toutefois la cité

20 Adolphe Joanne, Émile Isambert, *Itinéraire descriptif, historique et archéologique de l'Orient*, Paris, Hachette, 1861 ; Émile Isambert, *Itinéraire de l'Orient. (Malte, Égypte, Nubie, Abyssinie, Sinaï)*, Paris, Hachette, coll. des Guides Joanne, 1888, p. 311.

21 Gabriel Charmes, *Cinq mois au Caire et dans la Basse-Égypte*, *op. cit.*, p. 76.

22 Élisée Reclus, *Nouvelle Géographie universelle. La terre et les hommes*, t. X : *L'Afrique septentrionale*, première partie : « Bassin du Nil », Paris, Hachette, 1885, p. 574.

23 Charles Didier, *Les nuits du Caire*, Paris, Hachette, 1860, p. 23.

24 *Id.*

et permet le surplomb et la distanciation, combinaison nécessaire à la recherche harmonique. Enfin, la cité n'est plus éparse, mais rassemblée ; elle peut prendre la forme souhaitée, s'idéaliser et répondre à l'attente imaginaire. Les Pyramides deviennent un thème, et le Sphinx – pourtant absolument invisible depuis la Citadelle – est notamment décrit par François-René de Chateaubriand, qui distingue parfaitement ses traits. C'est à l'occasion de la fête du retour des pèlerins de La Mecque que Gérard de Nerval rend compte du paysage vu depuis la Citadelle. Cette occasion lui permet un subterfuge, de formuler une relation entre le spectacle en cours et l'imaginaire lié à l'Antiquité. Sa description est celle d'une scène : les pyramides et le sphinx campent le décor, le Nil permet d'insuffler vie et mouvement à la scène d'animation antique : « La ville occupe devant vous tout l'horizon qui se termine aux verts ombrages de Choubrah[25] » :

> [...] à droite, c'est toujours la longue cité des tombeaux musulmans, la campagne d'Héliopolis et la vaste plaine du désert arabique interrompue par la chaîne du Mokatam ; à gauche, le cours du Nil aux eaux rougeâtres, avec sa maigre bordure de dattiers et de sycomores. [...] Au-delà, enfin, les pyramides, posées sur les derniers versants de la chaîne libyque, et vers le sud encore, à Saccarah, d'autres pyramides entremêlées d'hypogées ; plus loin, la forêt de palmiers qui couvre les ruines de Memphis, et sur la rive opposée du fleuve, en revenant vers la ville, le vieux Caire, bâti par Amrou à la place de l'ancienne Babylone d'Égypte, à moitié caché par les arches d'un immense aqueduc, au pied duquel s'ouvre le Calish, qui côtoie la plaine des tombeaux de Karafeh.

Dans le prolongement de l'évocation il y a la méditation :

> Voilà l'immense panorama qu'animait l'aspect d'un peuple en fête fourmillant sur les places et parmi les campagnes voisines. [...] des milliers de canges traçaient des réseaux argentés comme aux fêtes des Ptolémées. Il faut redescendre, il faut détourner ses regards de cette antiquité muette, dont un sphinx, à demi disparu dans les sables, garde les secrets éternels ; voyons si les splendeurs et les croyances de l'islam repeupleront suffisamment la double solitude du désert et des tombes, ou s'il faut pleurer encore sur un poétique passé qui s'en va.

C'est sur le mode de la composition picturale que Carles des Perrières brosse, quant à lui, son commentaire, dont ressort une trame à grands

25 Gérard de Nerval, *Voyage en Orient. I*, *op. cit.*, p. 229-230.

traits, déclinée en touches de couleurs franches – l'on notera que les eaux nilotiques vues « rougeâtres » par Gérard de Nerval sont ici dites « jaunâtres » –, qui évoque la polychromie contrastée et les attendus du registre de la peinture orientaliste :

> Un coup-d'œil superbe s'offre à nos yeux ; Le Caire est là, à nos pieds ; la ville immense se présente comme une forêt de coupoles, de flèches, de monuments arabes, de vastes constructions dont il ne reste que des colonnes à moitié brisées ; çà et là, des murs bariolés transversalement de blanc et de rouge nous sautent aux yeux ; puis, le Nil avec ses eaux jaunâtres[26].

À la synthèse de nombre de témoignages littéraires, Le Caire s'avère, vu d'en haut, une ville dense, compacte, étonnamment peu différenciée, nimbée d'une uniformité factice. La ville est « hérissée » – terme récurrent – d'innombrables minarets, qui donnent la forme générale d'une silhouette rythmée par l'association de ces contrastes morphologiques. Dans ces portraits, lieux et monuments ne sont presque jamais détaillés ni même identifiés, sauf ceux du premier plan, très proche, où la mosquée du Sultan Hassan est invariablement présentée. Au-delà de ce plan très net, le paysage devient flou et homogène. Le cadre du paysage urbain est précis, sa structure déterminée par le Muqattam, les Pyramides, le Nil, le désert, les champs. Au sein de la ville, présentée comme monolithique – peut-être faute de reliefs –, n'émerge ou ne se distingue aucun monument particulier, aucun lieu ni quartier, hormis la distinction entre les deux rives du Nil et les îles, dont celle de Roda, invariablement « riante ». Un paysage illusoire se compose : Le Caire devient un archétype de ville orientale[27], peut-être celle, alanguie et lascive, des *Mille et Une Nuits*. Le commentaire d'Édouard Schuré est représentatif de cette tendance :

> La voilà couchée à nos pieds comme une sultane, entre le désert et les bords verdoyants du Nil, la reine des cités arabes, El Kahirêh, la victorieuse. Au premier plan, la place Rouméliêh dresse la superbe façade de la mosquée Sultan Hassan, basanée comme un visage de Bédouin[28].

Cependant, Antiquité et « orientalité » peuvent également être combinées et présentées en un même appareil descriptif, ainsi que le

26 Carles des Perrières, *Un Parisien au Caire*, *op. cit.*, p. 49.

27 Lire, par exemple : Edward William Lane, *Manners and Customs of the Modern Egyptians*, 1836, Londres, East-West Publications, 1989.

28 Édouard Schuré, *Les Sanctuaires d'Orient*, Paris, Librairie académique Perrin, 1898, p. 51.

suggère le chapitre dédié au Caire d'un ouvrage de géographie générale sur « les capitales du monde » :

> Ainsi apparaissent dans le même horizon, avec leur violent contraste, les deux Égyptes du passé. D'abord, cette mystérieuse et indestructible Égypte pharaonique qui a laissé sur le sol du Nil une empreinte définitive. […] Puis voici l'Égypte mahométane, posée à fleur du sol. Cette immense ville de limon séché […] avec son décor improvisé d'architectures de féérie […] prodigieux campement […] dressé à la fois sur le désert […] et sur la terre grasse du Nil[29].

LE COURS DU NIL, TRACÉ D'UNE DÉSILLUSION

Les panoramas proposés par les guides de voyage se doivent, quant à eux, de fournir plus d'indications, de repères et d'informations que ceux des écrivains-voyageurs ; même s'ils insistent essentiellement sur des lieux ou monuments susceptibles d'éveiller un intérêt touristique, ils donnent cependant un aperçu plus réaliste et détaillé de l'étendue et de la forme de la ville, ainsi que de ses transformations au cours du XIXe siècle. En effet, sous le règne du souverain Ismaïl, lequel souhaite moderniser la capitale égyptienne, un vaste ensemble de quartiers (en particulier ceux composant le centre-ville actuel), érigés selon des normes et références urbaines européennes (notamment à partir du modèle haussmannien), voit le jour au Caire à partir de la seconde moitié du XIXe siècle. Des extraits sélectionnés dans deux éditions d'un même guide de voyage (le *Guide Joanne*) nous montrent ainsi l'évolution du paysage urbain lorsque cette ville nouvelle prend corps et forme et modifie la silhouette de la cité :

> Devant soi, immédiatement à ses pieds, est la place Roumaïlah, avec la mosquée du Sultan Hassan ; […] au-delà de ce premier plan, l'immense ville se déploie tout hérissée de minarets. Au milieu de la masse confuse de ses terrasses, les rues n'apparaissent que comme de sombres fissures[30].

29 Camille Pelletan, « Le Caire », art. cité, p. 349.

30 Adolphe Joanne, Émile Isambert, *Itinéraire descriptif, historique et archéologique de l'Orient*, *op. cit.* ; Émile Isambert, *Itinéraire de l'Orient. (Malte, Égypte, Nubie, Abyssinie, Sinaï)*, *op. cit.* ; nous citons ici : *Itinéraire de l'Orient*, 1861, p. 980.

> Le grand boulevard Mohammed-Ali fait exception, et guide le regard du côté des grands édifices blancs qui entourent le massif des arbres de l'Ezbékièh, au-dessus desquels le fronton massif du New-Hôtel fait une saillie désagréable. Les édifices à l'européenne du quartier Ismaïlyèh, qui ont remplacé les dômes touffus des palmiers qui couvraient autrefois les plantations d'Ibrahim-Pacha, s'étendent vers Boulaq et vers le Nil ; à gauche, du côté du fleuve que l'on ne peut voir, on aperçoit le palais de Kasr-el-Nil, le palais de Kasr-el-Doubarah, le palais d'Ibrahim-Pacha, le Kasr-el-Aïn[31].

Ce sont justement ces métamorphoses que repère et déplore Pierre Loti, qui exprime sa désolation de l'effacement d'une ville ancienne autrefois « féérique », désormais décrépite, condamnée à disparaître, et voit se manifester la laideur envahissante des temps nouveaux, *via* des artefacts, pointés par le « vieux » Nil, dont ils suivent le cours :

> Si l'on regarde bien, quel délabrement, quel amas de ruines dans cette ville encore un peu féerique, battue ce soir par les rafales d'hiver ! Les dômes, les saints tombeaux, les minarets, les terrasses, tout est croulant, tout va mourir. Mais là-bas, très au loin, près de cette traînée d'argent qui passe dans les plaines et qui est le vieux Nil, les temps nouveaux s'indiquent par des cheminées d'usines, effrontément hautes, enlaidissant tout et lançant au milieu du crépuscule d'épaisses fumées noires[32].

Comme l'écrit Roger Brunet, « par définition, l'esthétique du paysage est conservatrice ; magnifiant ce que l'on voit dans l'état où on le voit, elle ne supporte pas que change cet état et que se transforment les paysages[33] ». Un temps s'achève, une nouvelle ère de développement de la ville voit le jour, qui met à mal la représentation antérieure. Le Caire est en mutation, se dédouble, la ville neuve est définitivement implantée, mais l'on ne peut encore accepter que ces nouvelles formes fassent définitivement partie de la cité ; là n'est pas la « vraie » ville. Ce qui témoigne de la modernité est occulté, ou évoqué brièvement, ou encore dénigré. Le « véritable Caire » est alors tout entier contenu dans ses quartiers anciens, à l'exclusion des autres secteurs qui ne représentent rien, qui n'ont aucun sens dans la cité. La nostalgie sert de filtre à l'impression générale et de tamis aux éléments nouveaux, perçus comme anachroniques ; elle est aussi la médiation entre un Caire

---

31 Ce passage a été ajouté dans l'édition de 1888 d'*Itinéraire de l'Orient*, p. 311.

32 Pierre Loti, *La mort de Philae*, Paris, Calmann-Lévy, 1908, p. 998.

33 Roger Brunet, *Géographie Universelle. Mondes Nouveaux*, *op. cit.*, p. 338.

disparu, ou seulement imaginé, et la réalité contemporaine. Le paysage doit être déconstruit et réinventé.

> La vraie ville que le regard aborde enfin, il ne faut pas l'observer longtemps pour voir où bat son cœur. Ce n'est pas aux rives du Nil, que l'on repère à des traînées miroitantes sur l'horizon : les grandes bâtisses modernes y sont encore trop clairsemées. [...] C'est là, dans la vieille enceinte fatimide qu'il faut chercher les secrets d'une vitalité toujours prodigieuse[34].

De fait, lorsque l'on regarde la ville contemporaine en face, à l'instar de l'historien André Raymond, à la fin de son ouvrage consacré à l'histoire de cette capitale, force est de constater qu'à l'évidence le paysage a changé et que le cours du Nil en est, effectivement, le récitant et le révélateur :

> De la Citadelle, Gobineau verrait aujourd'hui plus d'immeubles modernes que de minarets, et, dans l'arrière-plan du panorama qu'il décrivait, les tours du Caire contemporain haussent leurs fronts orgueilleux le long du Nil[35].

Aujourd'hui, les constructions récentes, en rangs serrés, affleurent jusqu'à la Citadelle ; la ville s'est agrandie, transformée ; de là est-on encore assuré de lui échapper ? L'on ne voit plus guère de jardins ni de groupes de palmiers. La couleur générale de la ville n'est pas chatoyante, plutôt terne sans les effets de la lumière, elle s'apparente à un jaune ocré, uniformément poussiéreux. Il y a toujours autant de minarets, mais ils ne règnent plus en maîtres du ciel ; rattrapées par d'autres constructions, leurs formes élancées alternent avec celles, cubiques, de hauts immeubles contemporains. Au sud, on identifie Helwan sous le nuage gris de ses cimenteries ; en face, les pyramides, même celles de Guizeh, ne sont pas tous les jours visibles dans un ciel pur, mais l'on peut toujours suivre avec précision le cours du Nil, puisque c'est effectivement le long du fleuve que se tiennent les tours les plus hautes. Peut-être est-ce pour toutes ces raisons que ce panorama est aujourd'hui désuet, suranné. Désormais décalé de la structure et de l'image d'un idéal de ville, absent des dernières éditions des guides de voyage, inusité des reportages de magazines, disparu des *Géographies universelles* du XXe siècle, le commentaire du paysage depuis la Citadelle est apparemment révolu et le genre obsolète.

---

34 Fernand Leprette, *Égypte terre du Nil*, Paris, Plon, 1939, p. 149.

35 André Raymond, *Le Caire*, Paris, Fayard, 1993, p. 370.

> L'immense texturologie qu'on a sous les yeux est-elle autre chose qu'une représentation, un artefact optique ? C'est l'analogue du fac-similé que produisent, par une projection qui est une sorte de mise à distance, l'aménageur de l'espace, l'urbaniste ou le cartographe. La ville panorama est un simulacre « théorique » (c'est-à-dire visuel), en somme un tableau, qui a pour condition de possibilité un oubli et une méconnaissance des pratiques[36].

Néanmoins, le paysage panoramique urbain séduit encore et les Cairotes se pressent au sommet de la Tour du Caire, située au sud de l'île de Zamalek, au cœur de la capitale. D'une hauteur de près de 190 mètres, cet édifice cylindrique érigé en 1961, l'un des premiers symboles du Caire moderne, offre une vue incomparable sur la ville, en particulier sur le Nil qu'il surplombe directement. Enfin, non loin de la Citadelle, un nouveau belvédère a vu le jour, celui du prestigieux parc Al-Azhar, projet financé par la fondation Aga Khan[37]. Inauguré en 2005, ce jardin conçu comme une « plate-forme panoramique » sur le patrimoine architectural et l'héritage historique de la cité, permet également à une foule de visiteurs, Cairotes et touristes, de profiter de la nature, tout en contemplant le spectacle, encore et toujours enchanteur, du Caire du XXIe siècle[38].

Anna MADŒUF[39]
U.M.R. Citeres, E.M.A.M.
(Équipe Monde arabe
& Méditerranée)
Université de Tours, France

36 Michel de Certeau, *L'invention du quotidien. 1. Arts de faire*, 1980, Paris, Gallimard, coll. « folio », 1990, p. 141.

37 *Cairo. Revitalising a Historic Metropolis*, Turin, Aga Khan Trust for Culture, 2004.

38 Lire, par exemple : Nezar Al Sayyad, *Nile : Urban Histories on the Banks of a River*, Edinburgh, Edinburgh University Press, 2019.

39 Lire également : « La vieille ville du Caire et le beau jardin, un conte urbain contemporain », *Les quartiers historiques. Pressions, enjeux, actions*, Étienne Berthold (dir.), Québec, Presses de l'Université Laval, coll. « Géographie », p. 9-23.

LE FLEUVE BIA

Une trajectoire de ville-fleuve

De façon générale, l'histoire des villages ivoiriens – plus particulièrement ceux du sud, notamment des peuples Agni – est teintée certes de poéticité dans leur dénomination, mais surtout faite de mythes pour le moins inconnus du grand public. Cela résulte du fait qu'a été privilégié le canal oral pour la conservation de leurs textes sacrés. Installées pour la plupart au bord d'un cours d'eau, ces communautés écrivent et vivent leur histoire, non seulement à partir du courant de ces fleuves, dont les ressources halieutiques et les conditions climatiques sont les premières motivations du choix de l'emplacement des dites communautés, mais même dans leur courant. Ce faisant, le fleuve charrie les sensibilités, traduit les velléités, les conceptions idéologiques et véhicule les croyances de ces peuples qui s'y sont installés.

Si l'on en croit Eva Schmelmer, la ville qui tire sa consistance et son existence d'un fleuve devient de la sorte le prototype d'un processus affranchi de toute monotonie, dans la mesure où elle s'inscrit dans la mouvance dont fait l'objet le cours d'eau afférent :

> La ville, dans ce processus dynamique, joue bien plus que le rôle d'un simple motif ou d'une décoration encadrant l'action, elle est la source de l'action, elle en est formée et façonne elle-même ce processus. Elle est le sujet et en même temps la source, le moteur de l'énergie créatrice[1].

Si tel est le cas, il s'agit non pas d'étudier le fleuve Bia comme une réalité géographique (*topos*) seulement, mais surtout comme une réalité imaginaire (*chora*) qui féconde l'imaginaire créateur et littéraire – et ce d'autant plus que *topos* et *chora* se fertilisent mutuellement. Le fleuve charrie ainsi toute la

1 Eva Schmelmer, « Paris, "vu à travers un tempérament" : correspondances artistiques dans la représentation de la ville moderne chez Zola et ses amis-peintres », Angelica Rieger, Angelika Corbineau-Hoffmann, Anne Laporte (eds), *Paris – Créations d'un espace culturel*, Actes de la section 25 du 7e congrès de l'Association des Franco-romanistes Allemands : *Ville, culture, espace*, Essen, 29/09 – 02/10/2010, p. 160.

richesse culturelle des communautés qu'il contribue à créer. Une telle réalité est rentable grâce à la géocritique, puisque celle-ci « contribue à comprendre le rapport que les individus et les cultures coloniales et post-coloniales entretiennent avec les espaces dans lesquels ils vivent et se meuvent[2] », selon les mots de Khalid Zekri. La poétique, quant à elle, traduit la valeur littéraire et esthétique du couple « ville-fleuve » dans cette étude.

Digne du plus grand intérêt, le fleuve Bia, situé au sud-est de la Côte d'Ivoire, entretient avec les villes qu'il traverse un rapport singulier ; nous retiendrons principalement Aboisso, Ayamé et Bianouan. Si Aboisso se présente comme une mégalopole marquée par la rencontre de plusieurs personnalités y résidant pour des intérêts divers, Ayamé est caractérisée par une histoire qui frise le déluge en raison de la construction des deux barrages hydroélectriques ; quant à Bianouan, il s'agit d'une communauté établie aux abords du cours d'eau.

ABOISSO À L'IMAGE DE LA SEINE PARISIENNE

La ville d'Aboisso est l'une des grandes contrées ayant un rapport particulier au fleuve Bia. Terre d'hospitalité « outrancière », sa renommée est contrariée quelque peu par l'hostilité de cette merveille qui constitue l'objet de curiosité de nombreux peuples. De fait, à l'image de la Seine qui traverse la ville parisienne en charriant une curieuse sournoiserie par sa façade quiète, la Bia, elle, se caractérise par des rapides, par endroits, présentant une allure des plus hostiles grâce à une kyrielle de rochers prêts à en découdre avec le moindre étranger.

Selon la légende populaire, ce fleuve doit son lit à une duperie à la manière d'Esaü. Ayant reçu l'ordre de son père de lui rapporter le fruit de ses séances de chasse qui a longtemps réjoui son cœur afin de recevoir l'emplacement de son lit, il s'est vu lésé par son frère cadet, en son absence, grâce à la complicité de leur mère. À son retour de la chasse, tous les meilleurs emplacements étaient déjà occupés par ses frères, et

2 Khalid Zekri, « Constructions discursives de Paris chez quelques auteurs arabes », Angelica Rieger, Angelika Corbineau-Hoffmann, Anne Laporte (eds), *Paris – Créations d'un espace culturel*, *op. cit.*, p. 191.

il n'a bénéficié que d'un lit rocailleux. Depuis lors, il s'est promis de se venger de la méchanceté des siens en emportant toute personne étrangère à la région qui se hasarderait à se baigner dans son cours.

La traversée d'Aboisso par la Bia peut plus ou moins être rapprochée de la Seine parisienne en ceci que ces deux villes ont des points en commun. Capitale de la France, Paris rayonne d'une gloire indicible du fait qu'elle se présente également comme la capitale des arts et de la culture du monde. Ainsi, tout artiste qui ne transiterait pas par Paris ne pourrait point atteindre les sommets qu'il escompte. C'est le constat que font les éditeurs de *Paris – Créations d'un espace culturel* à travers les propos suivants :

> Dans une perspective historique, Paris était, après l'importance de Londres au XVIIIe siècle, chronologiquement la « deuxième » des grandes métropoles européennes – centre politique, économique et culturel du XIXe siècle jusqu'à ce qu'il dût passer son rôle dominant à New York et à Berlin. Néanmoins, sa gloire dépasse toujours celles des autres capitales européennes, sinon mondiales[3].

Quant à Aboisso, elle doit sa gloire à Krindjabo, la véritable capitale du royaume Sanwi, tandis qu'Aboisso n'est la capitale que du fait du découpage administratif. De plus, elle est dotée d'une autorité conférant plein succès aux politiques qui transitent. La gloire d'Aboisso est d'ordre historique. En effet, elle a vu la signature du traité de paix avec les premiers explorateurs français, lequel est symbolisé par un document-archive et un monument, un canon à quelques mètres de la Bia.

De plus, dans l'imaginaire collectif, Aboisso est réputé pour son arrogance et son mystère. Cette ville est revêtue du mythe de l'extrême fierté de sa population qui frise l'arrogance. En fait, le peuple Agni (qu'il convient de désigner sous le nom Sanwi) qui habite ces lieux se caractérise par sa conservation des valeurs ancestrales, dont celle de la pureté de sa descendance. Il faut entendre par cette notion le mariage entre membres de la même communauté, ce qui laisse moins de possibilité au métissage. Une telle réalité peut se justifier également sur le plan onomastique dans la mesure où la traduction littérale d'Aboisso serait « Sur la pierre ». Cette pierre est bien plus que celle qui a servi de lieu de repos aux premiers habitants venus du Ghana ; elle est également l'image d'un cœur et d'une conscience endurcis.

---

3 Angelica Rieger, Angelika Corbineau-Hoffmann, Anne Laporte (eds), *Paris – Créations d'un espace culturel*, *op. cit.*, p. 7.

Le mystère qui entoure cette ville jouxtant la contrée de Krindjabo est sa dimension culturelle. En effet, capitale du royaume Sanwi, Krindjabo est le haut-lieu de la consolidation d'une culture millénaire. Entre autres pratiques culturelles, l'on peut noter « la fête des ignames », « les rites funéraires » dont le plus mystérieux est celui d'un roi défunt, « la palabre ou résolution d'un conflit sérieux ». Tout ceci est sous-tendu par une hiérarchie sociale solide et bien structurée, ne laissant point impunie la moindre déviance sociale.

Par ailleurs, l'observation de sa façade géographique permet de saisir une propension à la frivolité. La situation de la ville d'Aboisso n'est guère reluisante d'autant qu'elle est bâtie sur un espace alternant plaines et collines, par endroits, et quelquefois des montagnes de faible altitude. Une telle présomption est renforcée par la position de ville-carrefour recevant les populations en provenance des circonscriptions voisines, dont Ayamé et Maféré, ainsi que celles en partance pour le Ghana voisin, transitant par le village de Noé. Ces allées et venues de personnes de diverses origines dans des intérêts divers (travail, établissement d'actes administratifs et juridiques, formation universitaire, courses de quelque nature, etc.) font de cette localité un lieu ouvert à toutes les influences possibles. De toutes ces rencontres peut se lire la frivolité tant dans les actes que dans les mentalités des autochtones.

L'on peut conclure avec Linda Simonis qui montre que Paris n'est pas seulement la capitale de la France mais prend place dans un imaginaire littéraire et esthétique fécondant. Voici ce qu'elle écrit au sujet de Paris, capitale de la France, et que nous pouvons rapprocher d'Aboisso, chef-lieu de la région du Sud-Comoé :

> Ainsi, à travers le regard de ces poètes, Paris est beaucoup plus que le centre géographique et politique de la France. La capitale acquiert plutôt une qualité subjective et esthétique. Elle se transforme en véhicule de l'expérience vécue ainsi que de l'imagination poétique[4].

Mais, à côté de la capitale, se dresse une autre ville, moins connue, mais dont l'histoire est assez évocatrice à deux niveaux essentiellement, sur les plans social et économique. Il s'agit d'Ayamé.

4 Linda Simonis, « Paris dans la perception des poètes d'avant-garde : Guillaume Apollinaire et Blaise Cendrars », Angelica Rieger, Angelika Corbineau-Hoffmann, Anne Laporte (eds), *Paris – Créations d'un espace culturel*, *op. cit.*, p. 177.

AYAMÉ OU LE MYTHE DE LA RENAISSANCE DE L'APRÈS DÉLUGE

Deuxième grande ville traversée par le fleuve Bia, Ayamé constitue une localité importante dans la mesure où elle abrite deux barrages hydroélectriques qui fournissent de l'électricité à une bonne partie des localités du pays. Si Aboisso est connue pour être le chef-lieu de la région du Sud-Comoé, ce n'est pas le cas pour Ayamé qui ne doit sa renommée qu'à l'histoire de ses deux barrages hydroélectriques (Ayamé 1 et 2) relayée dans les ouvrages scolaires.

Toutefois, aussi célèbre qu'elle puisse paraître du fait de son importance dans la vie des communautés et l'économie ivoiriennes, la construction de ces barrages ne s'est pas faite dans la pure candeur, changeant ainsi le cours de l'histoire du village d'Ayamé. Elle a coupé un peuple de ses racines, car il a fallu délocaliser le premier village de son emplacement. Le peuple Agni, fortement attaché à ses traditions, en particulier à ses morts, devait subir la lourde décision gouvernementale de tout abandonner, y compris ses morts, pour retrouver le nouveau site qui abriterait le village. Ainsi, le peuple vit se produire une sorte de Déluge du fait que son village fut englouti sous les eaux du barrage, pour renaître en un lieu voisin.

Sur le plan de l'influence, Ayamé est moins le théâtre des rencontres constantes de populations comme c'est le cas d'Aboisso, car elle est une ville périphérique et ne regorge pas d'infrastructures semblables. Les déplacements se font généralement entre les populations ressortissantes des villages, campements et hameaux rattachés à Ayamé et ayant généralement un parent venu en ces lieux à la faveur de la construction des barrages. Population à la mémoire effacée, sans racines, elle vit une histoire confirmant la thèse selon laquelle l'espace n'a de sens que par la présence de ceux qui y vivent :

> Désignant, au sens propre, soit une figure géométrique délimitée telle que l'avait conçue Euclide, soit, pour Descartes, une extension sans limites, l'espace apparaît, depuis Einstein, comme une dimension qui change de forme par les corps qui s'y trouvent, qui s'y meuvent[5].

5 Angelica Rieger, Angelika Corbineau-Hoffmann, Anne Laporte (eds), *Paris – Créations d'un espace culturel*, *op. cit.*, p. 8.

Ayamé est donc une ville-fleuve dont le caractère de ses habitants est sournois à l'image de la face stagnante de l'eau qui la borde. Introvertie qu'elle est, elle s'ouvre assez difficilement à l'étranger et lui réserve un accueil quelque peu terne, méfiant, voire hostile. Cela est d'ailleurs renforcé par l'accès difficile à cette ville ; économiquement importante pour la Côte d'Ivoire, Ayamé n'est dotée que d'un pont avec une seule voie, ce qui rend la circulation très difficile.

Quant au plan culturel, elle est caractérisée par une identité-palimpseste, dans la mesure où, du fait de sa position excentrée par rapport à Krindjabo, la capitale du Sanwi, elle ne bénéficie pas de la pratique régulière des rites traditionnels du royaume sanwi et semble réellement se soustraire au contrôle de celui-ci. Sa pratique culturelle est de ce fait hybride, dénaturée, tronquée, au regard de celle en vigueur dans le centre du royaume. D'une part, elle a perdu ses racines, ses liens avec ses ancêtres et ses morts qui lui ouvriraient toujours la voie à suivre ; d'autre part, elle a cohabité très tôt avec les allogènes venus de la sous-région pour servir de main-d'œuvre dans la construction des barrages.

La ville d'Ayamé se présente ainsi comme un lieu né du mythe du Déluge. Certes, elle renaît après le déluge qui a englouti ses racines, mais elle reste hantée par ce brusque changement survenu dans son histoire. Sa mémoire, ses actes, ses croyances ainsi que son imaginaire en sont véritablement affectés et marqués à vie. Son rapport au fleuve diffère donc grandement de celui de la troisième ville que nous allons évoquer : Bianouan.

BIANOUAN OU L'ALCHIMIE ENTRE UNE VILLE ET SON FLEUVE

Dans la langue du peuple Agni Sanwi, Bianouan signifie « le lieu où le fleuve tourne brusquement vers l'Est, ou encore le lieu où le fleuve Bia prend sa source[6] », l'Est étant l'origine de ce peuple. Il se situe donc en amont du fleuve qui traverse Aboisso et Ayamé. Construit au

6 *Synopsis de la sous-préfecture de Bianouan*, AIP (Agence ivoirienne de Presse) : http://www.atoo.ci/2019/03/16/synopsis-de-la-sous-prefecture-de-bianouan/ (consulté le 22 septembre 2022).

bord de sa source – comme le suggère la composition du nom : Bia « le fleuve » et *nouan* « au bord de » –, le village de Bianouan, qui deviendra plus tard une sous-préfecture, doit son appellation à cette eau et à son aire géographique. Par le biais de cette sorte de lien à la fois spatial et dénominationnel, la ville et le fleuve connaissent et produisent un effet fusionnel spécifique, exemplifié par leurs caractéristiques ou atouts naturels similaires.

En effet, étant la source du cours d'eau qui traverse les deux autres localités mentionnées, Bianouan joue nécessairement le rôle d'une force endogène, celle de pourvoyeur hydrique. À cette image de source fluviale ou encore de point de départ, s'ajoute un autre atout, celui d'être une ville-frontière, point de liaison entre la région du Sud-Comoé et celle de l'Indénié-Djuablin. Sans oublier que Bianouan constitue également une porte d'accès au Ghana, pays frontalier de la Côte d'Ivoire. Ainsi décrite, cette ville apparaît comme étant une localité stratégique et une terre nourricière, desservant les contrées environnantes.

Au-delà d'aspects que l'on qualifierait d'attrayants, Bianouan reste une aire géographique hostile, non seulement à cause de la largeur, de la profondeur et de la rapidité de son cours d'eau, mais aussi de son relief accidenté, ce qui pose le problème de sa praticabilité, d'une part, et de son habitabilité, d'autre part. Il est vrai que la source de la Bia constitue le propulseur d'appoint du courant d'eau vers l'aval, mais cette activité naturelle et violente décrit un mouvement de rejet, soit de sa propre substance, soit de tout corps étranger, loin de son sein. Voguer sur une telle eau devient par conséquent périlleux, confirmant cette affirmation de Bachelard : « L'espace appelle l'action, et avant l'action l'imagination travaille. Elle fauche et laboure[7]. » Par ailleurs, le mauvais état du pont séparant Bianouan et le Ghana vient ajouter à son lot d'embûches, préoccupation qui n'échappe pas aux autorités locales d'autant qu'elles en font un sujet de requête auprès de l'État. À ce stade, le rapport analogique entre ville et fleuve se renchérit par l'incommodité du relief de la localité, facteur qui ralentit son développement.

L'on voit bien que celle-ci contraste avec Aboisso sur le plan de l'attractivité. Elle nourrit l'imaginaire d'un prétendu caractère hostile

7 Gaston Bachelard, *La poétique de l'espace*, 1957, Paris, P.U.F., coll. « Bibliothèque de philosophie contemporaine », 1961, p. 39.

dû à ses réalités géographiques peu favorables ainsi qu'à sa situation de réclusion. Et, sur le plan psychologique, cela semble influer sur le caractère et le moral de ses populations. Ainsi se développent – et trouvent des justifications – des stéréotypes autour des autochtones souvent taxés de population distante et difficilement accessible.

En dépit de cela, les populations locales mettent un point d'honneur à entretenir leur rapport avec cette source fluviale, car elle leur assure la protection et le succès des activités agricoles, en guise d'approbation du culte qui lui est dédié. L'hypothèse du lien fusionnel entre la ville et le fleuve trouve donc ses fondements dans ces trois réalités : la valeur polyphonique du nom de Bianouan – qui désigne à la fois la source fluviale, la sphère géographique et la ville –, la similitude de leurs traits caractéristiques et la valeur des rapports établis entre la population et le fleuve.

L'intérêt qu'il y a à étudier une ville-fleuve peut varier, mais l'une des raisons qui reste certaine est la spécificité de l'espace questionné, au regard des rapports existant entre la ville et le cours d'eau qui la traverse. Ce motif est ce qui justifie l'exercice de mise en exergue d'Aboisso, d'Ayamé et de Bianouan, trois villes ivoiriennes traversées par le même fleuve Bia. Il s'est agi d'analyser les points communs mais aussi les particularités, afin de cerner le fonctionnement du couple « ville-fleuve » et de s'imprégner de son influence sur l'imaginaire des peuples dans ces contrées.

Ces investigations ont aidé à comprendre que le fleuve Bia (dont le nom renvoie au « siège » et, partant, au « trône ») représente un élément vital pour ces différentes villes, en ce sens qu'il constitue une source d'alimentation, qu'il participe à l'entretien d'une végétation propice à l'activité agricole et qu'il reste aussi une force spirituelle. Quant aux points de divergence, l'on pourra retenir qu'Aboisso se singularise par le mythe autour de son fleuve, mais également par sa socialité, alors que l'histoire d'Ayamé est fortement marquée par la reconstruction sur les plans géographique, social, historique et culturel. En ce qui concerne Bianouan, l'on retient le caractère fusionnel entre cette ville et le fleuve Bia – leurs traits similaires n'étant pas sans influence sur l'imaginaire de la population de cette contrée.

Ce tour d'horizon qui place sur son axe les trois villes citées étudiées permet d'approcher l'espace géographique, avec ces composantes, mais aussi de cerner, dans une certaine mesure, la poétique (considérée comme l'esthétique qui auréole le récit ou l'ensemble des récits) qui enrichit les mythes, au niveau local, et l'imaginaire de ces espaces empreints de vitalité du fait du renouvellement constant du cours du fleuve qui traverse les contrées.

Marcel Brou Bangah
et Théodore Kanga Konan
Université Félix Houphouët-Boigny,
Abidjan, Côte d'Ivoire

UN CHASSÉ-CROISÉ ENTRE VILLES ET FLEUVES

Les Soleils des Indépendances d'Ahmadou Kourouma

Le roman d'Ahmadou Kourouma intitulé *Les Soleils des Indépendances*, paru en 1968 au Québec, puis en 1970 à Paris (aux éditions du Seuil)[1], raconte l'histoire d'un prince malinké déchu qui a quitté la terre de ses ancêtres pour se perdre dans la ville où il n'est plus rien, dans la transition politique qui conduit son pays de la colonisation aux indépendances. Ce pays, c'est la République de la Côte des Ébènes, soit la Côte d'Ivoire ; la capitale de cette République, avec sa lagune et son pont, ressemble à Abidjan et à sa lagune Ébrié ; et le Président au parti unique de cette République est le portrait frappé de Félix Houphouët-Boigny.

Le roman se déroule, au départ, dans la capitale ; puis, le héros, Fama Doumbouya, retourne au pays de ses ancêtres pour les funérailles de celui qui lui a volé le pouvoir, à Togobala, dans le Horodougou, qui se trouve en République populaire « socialiste » du Nikinaï (en fait, la Guinée de Sékou Touré et/ou le Mali de Modibo Keïta) ; mais la situation politique et économique s'est dégradée au village et l'accueil est peu chaleureux ; aussi Fama décide-t-il de rentrer à la capitale, accompagné de Mariam qu'il vient de rencontrer et dont il pense faire sa nouvelle compagne, car son épouse Salimata ne lui donne pas d'enfant. Pourtant, le retour à la capitale se solde par des déboires politiques et un emprisonnement ; Fama décide donc de revenir à Togobala ; mais, entre-temps, la frontière entre les deux Républiques a été fermée, constituée naturellement par un fleuve. Fama se jette dans le fleuve pour le traverser ; or, il est attaqué par les caïmans sacrés et meurt à la lisière de son pays natal.

Il s'agira pour nous de réduire les voyages de Fama aux passages du roman où ville et fleuve se rencontrent ou pas. Trois espaces se dessinent,

1 Toutes nos références au texte viennent de l'édition suivante : Ahmadou Kourouma, *Les Soleils des Indépendances*, Paris, Points-Seuil, 1995.

qui structurent le récit par les déplacements de Fama : l'espace national et urbain de la capitale, l'espace traditionnel et communautaire du village de Togobala – avec, tout autour, la brousse, espace non cultivé, non maîtrisé –, et le fleuve, à l'écart de tout village, que nous isolons de la brousse dans notre étude en tant qu'il est un lieu particulier ; le premier trajet conduit Fama de la capitale au village, le deuxième du village à la capitale et le troisième de la capitale au fleuve… mais pas au village – ou, du moins, quand il y arrive il est déjà mort. Les conséquences narratives du roman reposent sur ce triple espace et ces déplacements, dans une tradition à la fois occidentale et africaine où l'espace est le lieu dans lequel se réalise le voyage ; pensons au *Voyage au bout de la nuit* de Louis-Ferdinand Céline ou à *L'Aventure ambiguë* de Cheikh Hamidou Kane, sans multiplier les références outre mesure.

Kester Echenim, parmi d'autres, a souligné combien l'espace était important dans le roman, avec ses « interactions entre le haut et le bas »… ainsi que « le dialogue continu entre les humains, les animaux et les éléments naturels[2] ». Et Xavier Garnier, principalement, s'est déjà pertinemment penché sur la question de la spatialisation dans *Les Soleils des Indépendances*, dans une perspective géocritique :

> La double polarisation de l'espace entre le village natal et la grande ville est un lieu commun de la littérature africaine permettant de faire jouer l'opposition tradition/modernité […] Le roman de Kourouma déjoue le piège temporel que nous tend la tenaille tradition/modernité par une spatialisation systématique du roman […] Une lecture géocritique du roman de Kourouma nous permettra de faire apparaître sous un nouveau jour la charge politique de ce texte notamment du point de vue de l'instrumentalisation de la dualité ville/village et du jeu d'assignations identitaires que celle-ci induit ; la spatialisation du mouvement s'opère par le biais de trois lieux distincts que sont la ville, le village et la brousse[3].

Mais, si nous partons de son travail sur la distinction entre trois lieux, nous préférons remplacer sa tripartition capitale/village/brousse par une autre : d'une part, la capitale, d'autre part, le village et la brousse, enfin, le fleuve. Car, à aucun moment, Xavier Garnier ne met suffisamment

2 Kester Echenim, « La structure narrative des *Soleils des Indépendances* d'Ahmadou Kourouma », *Présence Africaine*, n° 107, 1978, 139-161, p. 155.

3 Xavier Garnier, « Ville, village et brousse : lecture géocritique des *Soleils des Indépendances* », *Sous les* Soleils des Indépendances. *À la rencontre d'Ahmadou Kourouma*, textes réunis par Sylvie Patron, Paris, Université Paris Diderot, Textuel, n° 70, 2013, p. 79-92, p. 79-80.

en avant l'eau – qu'elle soit présente ou absente – dans ses interférences avec ces lieux qui constituent réellement des milieux ; or, il semble bien que ce soit l'eau qui régisse les polarités positive et négative de ces lieux. Dès lors, c'est aussi une perspective écocritique et même écopoétique qui s'ouvre, car les plus belles pages du roman sont probablement celles qui, non seulement décrivent les trois milieux, mais, bien davantage, leur donnent sens au regard de l'éco-nomie du monde.

Comment la relation entre ville et fleuve qui sous-tend notre ouvrage s'instaure-t-elle dans le roman de Kourouma ? C'est ce que nous souhaitons approfondir à partir des bases qu'a jetées Xavier Garnier, mais dont nous infléchissons les données dans une perspective différente. La première partie du roman se déroule dans une capitale baignée par l'eau de la lagune ; la deuxième partie voit disparaître tout fleuve ou cours d'eau dans la brousse et autour de Togobala ; la troisième partie met au premier plan un fleuve, mais il n'y a pas de ville à côté. On assiste donc à un chassé-croisé entre ville et fleuve qui fournit un trajet de lecture du roman, auquel s'ajoute comme repère axiologique la double équivalence suivante, du moins au départ : la capitale avec sa lagune est un pôle négatif, alors que le village, dans la brousse, est un pôle positif. L'eau aurait-elle donc une valeur négative ? C'est oublier le renversement final, car le fleuve, sans village ou capitale directement à côté, sauf les postes frontaliers, va se révéler être le cadre de la réalisation de Fama en tant que Doumbouya fidèle à ses origines et à son identité.

Notre lecture de la relation entre ville et fleuve s'attachera à des espaces incarnés et profondément culturels où l'imaginaire a sa place et où la représentation de l'espace se mue en espace de représentation ; le lieu dans lequel s'inscrit l'histoire des hommes devient un lieu qui détermine cette histoire et un lieu que cette histoire elle-même transforme. Ainsi la vie de Fama, qui se déroule entre la capitale baignée par la lagune et l'arrière-pays des ancêtres, permet-elle de vérifier comment la mutation s'effectue dans le rapport, non seulement du personnage au lieu, mais aussi du lieu au personnage, entre espace perçu et espace imaginé, entre réel de référence et lecture dysphorique ou fantasmée.

LA CAPITALE DE LA RÉPUBLIQUE DE LA CÔTE DES ÉBÈNES
Une ville-lagune

Rappelons d'emblée que cette lagune renvoie à la lagune Ébrié qui baigne Abidjan, qui est en contact permanent avec la mer par le canal artificiel de Vridi et qui est alimentée en eau douce par trois principaux fleuves d'importance inégale : les fleuves Comoé, Mé et Agnéby, le fleuve Comoé contribuant à lui seul à 75 % des apports en eau douce ; nous considérons donc la lagune comme un succédané du fleuve.

Pour Fama, la capitale avec sa lagune c'est la « bâtardise », car il y a la marque de l'Occidental qui a tout bouleversé avec l'engrenage de la colonisation, de l'indépendance et de la post-indépendance ; c'est le lieu où se perdent les valeurs sociales et où dépérissent les êtres humains. Cette capitale, même si elle n'a pas de nom car la toponymie est masquée – par exemple, la Côte des Ébènes correspond à la Côte d'Ivoire avec inversion des couleurs –, est un espace bien réel et parfaitement identifiable : opposition entre le quartier nègre et le plateau, configuration d'un espace comprenant la lagune, le port et le pont qui sépare le quartier administratif dit « ville blanche » (Deux-Plateaux) et le quartier populaire (Treichville). Entre la ville occidentale moderne et le quartier nègre, sale et pauvre, il y a « l'eau de la lagune miroitante et infinie, mais pourrie et salée » jusqu'à la mer où « au bord du quai grouillaient des dépotoirs qui pimentaient et épaississaient les odeurs âcres de la lagune ». Christophe Dailly corrobore notre propos :

> Deux quartiers nettement différenciés que relient un plan d'eau sillonné par des pétrolettes et un pont vétuste et branlant. Il ne s'agit ni de Dakar, Conakry ou Bamako, ni de Cotonou, Porto-Novo ou Lagos, mais sans doute d'Abidjan, de sa lagune et de son fameux pont flottant. Abidjan ou la cité des années 50 de notre siècle, où le plateau, centre des affaires, attire quotidiennement les travailleurs de la ville africaine (Treichville)[4].

4 Christophe Dailly, « L'exploitation du monologue intérieur est l'une des plus remarquables contributions d'Ahmadou Kourouma à la littérature négro-africaine », *Essai sur* Les Soleils des Indépendances *d'Ahmadou Kourouma*, Abidjan, N.E.A., coll. La Girafe, 1977, p. 18.

Or, les exhausteurs du rôle que joue la lagune dans cette capitale, ce sont les deux types de trajets symétriquement inverses qu'empruntent Fama et son épouse Salimata ; Fama circule de la ville blanche vers le quartier nègre en empruntant le pont ; Salimata, pour vendre ses produits au marché, fait l'aller et retour entre le quartier nègre et la ville blanche par la lagune. La capitale apparaît bien partagée entre deux mondes qui s'opposent par des inégalités et la ségrégation qui y règnent. Ainsi, la lagune, qui n'est autre qu'un fleuve élargi – avec un pont qui ne réunit pas mais sépare –, éloigne au quotidien ces deux mondes l'un de l'autre. Pourtant, le regard des deux personnages est différent ; si, pour Fama, la ville est dysphorique, car il n'y trouve pas sa place, en revanche, pour Salimata, elle représente un avenir possible, loin des coutumes violentes du village dont Fama lui fait encore subir les contraintes ; elle peut y gagner sa vie ! Christophe Dailly souligne le rapport différent qu'ont Fama et Salimata à la capitale et à sa lagune :

> Alors que Salimata, épouse de Fama, participe au flux et reflux de ces masses d'hommes, son mari est confiné dans le quartier africain où il mène une existence oisive (funérailles, prière à la mosquée, sommeil). L'errance, le caquetage, la sempiternelle prière constituent des actions creuses qui contrastent avec le grouillement du plateau et de son bord de l'eau[5].

Comme le développe Xavier Garnier[6], la ville est donc un « espace circulatoire » permis par la lagune autour de laquelle il s'organise, donnant lieu à des parcours ou itinéraires variés même si l'espace est binaire ; elle est vécue tantôt comme une gêne, tantôt comme un fluide. Les deux premiers chapitres montrent que Fama est à contre-courant de la ville : chocs et heurts physiques, salutations éphémères ; il est autant broyé par la ville qu'un personnage balzacien par Paris (*cf. Ferragus*). Pour Salimata, au contraire, dans son déplacement mécanique d'un lieu à un autre qui est sa ligne de vie, la ville représente un véritable espace social et relationnel. Le parcours entre la chambre et la cuisine, puis la mosquée et la cuisine, s'élargit par le biais des traversées en pirogue, en chaloupe et en bateau : chantier dans la ville blanche où elle vend la bouillie, marché du quartier nègre et maison du même quartier pour

5 *Id.*

6 Xavier Garnier, « Ville, village et brousse : lecture géocritique des *Soleils des Indépendances* », art. cité, p. 80-84.

cuire le riz, marché de riz cuit dans la ville blanche. Les chapitres 3 et 4 retracent les journées chargées de Salimata avec de très belles pages décrivant la lagune au gré des quatre traversées quotidiennes :

> Le moteur péta, l'embarcation tourna et poussa les rides parcourant la lagune, les fendit. Au large, seul maître et omniprésent, le soleil. Son éclat, ses miroitements sur l'eau et sa chaleur. Un peu, les piaillements du moteur, mouillés et essoufflés dans l'espace et se perdant dans la profondeur des eaux [...] (p. 51-52)

Si nous nous penchons de plus près sur la question du rapport entre la capitale et la lagune, nous remarquons, comme Florence Paravy, que « l'eau n'a rien d'un élément fécondant la nature » ; au contraire, « la rencontre de l'eau et de la terre est synonyme de souillure, de putréfaction, de dégénérescence[7] » ; c'est à la fois l'eau de la lagune et l'eau des pluies constantes : « l'eau de la lagune miroitante et infinie, mais pourrie et salée » (p. 61) et « les malsains orages des fins d'après-midi » (p. 11) formant des « lacs d'eau qui continueront de croupir » (p. 27) : « Partout la boue, la boue stagnait autour des maisons, courait dans les fossés et se répandait sur la chaussée. » (p. 78) ; « Le pont étirait sa jetée sur une lagune latérite de terres charriées par les pluies de la semaine. » (p. 20) ; « [...] l'avenue centrale conduisait au cimetière et au-delà à la lagune qui apparaissait au bout chargée de pluies compactes. » (p. 24) La capitale est donc le lieu où tout se confond – au sens étymologique de « se mélanger » et de « se diluer » qui aboutit à la confusion : plus le moindre repère, tout se brouille de façon malsaine. Pourtant... que de belles descriptions d'un point de vue poétique, contrastant avec la réalité matérielle et humaine misérable de la lagune !

> [...] la lagune aveuglait de multiples miroirs qui se cassaient et s'assemblaient jusqu'à la berge lointaine où des îlots et lisières de forêts s'encastraient dans l'horizon cendré. [...] et après les garde-fous droits [du pont], la lagune toujours miroitante en quelques points, latérite en d'autres ; le port chargé de bateaux et d'entrepôts, et plus loin encore la lagune maintenant latérite, la lisière de la forêt et enfin un petit bleu : la mer commençant le bleu de l'horizon. (p. 12)
>
> Seuls tranchaient le gris de la lagune et le bariolé du ciel. À droite, les nuages blafards barbouillaient un fond de ciel incendié et plus au nord-est une bande comme un grand pagne doré barrait tout l'horizon jusqu'au sommet du

---

7 Florence Paravy, « Stérilité et bâtardise », *Sous les* Soleils des Indépendances. *À la rencontre d'Ahmadou Kourouma*, *op. cit.*, p. 93-105, p. 95.

> quartier blanc. […] Brusque lueur diffuse ! Le matin venait de triompher, les nuages dorés bousculaient tout le gris du ciel avec une évidente joie. […] La lagune parut se rider sous le coup des tams-tams, des moteurs et des rythmes de cha-cha escamotés par le batelier. (p. 46)
>
> Le soleil énorme, ardent comme le foyer du forgeron, avait escaladé le ciel, une route cuivrée et importante parcourait la lagune de l'est à l'ouest. (p. 49)
>
> Les horizons après la ville nègre et les limites de la lagune du côté du pont se tourmentaient. Et des nuages en flocons se détachaient des feuillages, léchaient le firmament, montaient à l'assaut de l'incendie du soleil, signes précurseurs indubitables d'un orage. (p. 64)

TOGOBALA : UN VILLAGE SANS FLEUVE

Togobala, c'est l'idéal dont rêve Fama, nostalgique du Horodougou, en contraste avec la réalité repoussante de la capitale qu'il subit :

> Ville sale et gluante de pluies ! pourrie de pluies ! Ah ! nostalgie de la terre natale de Fama ! Son ciel profond et lointain, son sol aride mais solide, les jours toujours secs ! Oh ! Horodougou ! tu manquais à cette ville et tout ce qui avait permis à Fama de vivre une enfance heureuse de prince manquait aussi (le soleil, l'honneur et l'or) […] (p. 21)

En effet, Togobala est censé représenter l'africanité authentique : à la ville baignée par la lagune – et où l'être humain ne peut que se diluer dans l'errance – s'oppose un monde sec au bout de la piste, dans la brousse, après des lieux intermédiaires, sortes de lieux-sas : les « savanes des lagunes » en quittant la capitale (p. 82-85), la « forêt compacte » (p. 85), des arbres qui « se rapetissaient » après le fleuve Boudomo (p. 89), « un mont boisé et des paysages qui ne se démêlaient pas » (p. 90) ; leur succèdent bien vite, dans la brousse, caractérisée par la piste et la poussière (p. 98), un village, puis « un autre village, sosie du premier village traversé » (p. 94) suivi d'autres encore, et la petite ville de Bindia avec son quartier administratif et son quartier malinké, semblable à la capitale, en fait, mais où Fama est « salué […] en honoré, révéré comme un président à vie de la République, du parti unique et du gouvernement, pour tout dire, fut salué en malinké » (p. 95) et passe « une nuit africaine non bâtardisée […] crépitante de tous les bruissements de l'harmattan » (p. 95). Pourtant, il semble bien que Bindia possède déjà les germes de la bâtardise, puisqu'elle est gagnée par la politique. Au bout de deux jours de voyage, après avoir passé d'autres villages enveloppés par la poussière et présentant parfois une trace d'eau avec un petit marigot, au-delà de Bindia la ville-étape, puis après avoir franchi la frontière entre les deux Républiques (p. 100-101), Togobala se dévoile, identifiable de loin à son grand fromager (p. 102).

Plus de trace d'eau, plus de lagune, plus de pluies. Mais, c'est peut-être trop ! À l'arrivée, de façon surprenante, ce monde censé être plus pur est appréhendé de manière déceptive comme un monde de décrépitude et de dépérissement :

> De loin en loin une ou deux cases penchées, vieillottes, cuites par le soleil, isolées comme des termitières dans une plaine. Entre les ruines de ce qui avait été des concessions, des ordures et des herbes que les bêtes avaient broutées, le feu brûlées et l'harmattan léchées. (p. 103)

Dans ce monde étroit et regroupé du village – où disparaît la dislocation de l'espace entre ville blanche et quartier nègre séparés par la lagune nécessitant un pont ou des pirogues, des chaloupes et des bateaux –, Fama pense qu'il peut se refaire une unité et retrouver son identité. Pourtant, le constat se fait vite amer et produit le désenchantement. La capitale était trop mouillée, mais le village est trop sec, comme en témoigne le baobab :

> Enfin un repère ! Fama reconnut le baobab du marché. Il avait peiné, était décrépit lui aussi ; le tronc cendré et lacéré, il lançait des branches nues, lépreuses vers le ciel sec, un ciel hanté par le soleil d'harmattan et par les vols des vautours à l'affût des charognes et des laissées des habitants se soulageant derrière les cases. (p. 103)

D'ailleurs, à peine arrivé à Togobala et avant même de dire à quoi ressemble à présent son ancien village, Fama a déjà tiré la conclusion :

> Au nom de la grandeur des aïeux Fama se frotta les yeux pour s'assurer qu'il ne se trompait pas. Du Togobala de son enfance, du Togobala qu'il avait dans le cœur il ne restait même plus la dernière pestilence du dernier pet. (p. 102-103)

Florence Paravy, dont l'approche des *Soleils des Indépendances* porte, non spécifiquement sur la spatialisation du roman, mais sur la thème de la stérilité, qui est le corrélatif de celui de la bâtardise – deux thèmes qui sont les contraires de la pureté idéale recherchée par Fama –, montre que cette stérilité ne touche pas seulement Salimata, ou finalement Fama lui-même qui reporte sur son épouse son manque de descendance ; la stérilité est la condition du Horodougou, car, dans le Horodougou, « la sécheresse est synonyme de stérilité, d'agonie, et la pureté est mortifère[8] » ; or, nous rappelons que l'adjectif « pur » vient du grec ancien *to pur* « le feu » !

Le voyage et le séjour de Fama à Togobala sont l'occasion de mettre en relief, à maintes reprises, une constellation d'images de la stérilité : soleil accablant, vent sec, feu, terre aride, végétation mourante, etc.[9] ; or, « le feu de brousse » est assimilé à l'orage qui était constamment associé à la lagune dans la première partie (p. 93). Ainsi, la poussière (p. 92, 100, 104, 120, 121), les feux de brousse (p. 93, 101, 115, 116, 117, 121), le soleil écrasant (p. 94, 103), les arbres dénudés (p. 94, 103, 115), les feuilles mortes (p. 94, 100, 116, 121) déclinent inlassablement la thématique de la sécheresse et de la stérilité, avec pour point d'orgue une phrase telle que celle-ci, assimilant la situation à une mort d'ailleurs annoncée par la présence des charognards (p. 121) :

> Cela s'ouvrait par des tourbillons de vent, de poussière et de feuilles mortes, débouchant du cimetière, animés et gonflés par les génies et les mânes des morts. Véritables malédictions ! (p. 121)

Le Horodougou a été coupé en deux Républiques, et Togobala, entouré par une brousse desséchée, est devenu un village ruiné économiquement et démographiquement. Sans eau la vie est-elle possible ?

> Togobala, faut-il le redire, était plus pauvre que le cache-sexe de l'orphelin, asséché comme la rivière Touko en plein harmattan, assoifé, affamé. (p. 127)

> Des habitants de tous âges accouraient, tous faméliques et séchés comme des silures de deux saisons, la peau rugueuse et poussiéreuse comme le margouillat des murs, les yeux rouges et excrémenteux de conjonctivite. (p. 103)

Ainsi, le retour vers la capitale, que l'on ne pouvait imaginer lorsque Fama l'a quittée, correspond à l'instinct de survie devant un village et une

8 Florence Paravy, « Stérilité et bâtardise », art. cité, p. 95.

9 *Ibid.*, p. 96.

région respirant la mort. Même pourrie – et malgré la perte identitaire, l'anonymat et la misère qui règnent dans la capitale –, l'eau de la lagune et des pluies représente toujours la vie, contrairement au Horodougou tout entier qui offre un visage déceptif, comme Florence Paravy le déduit :

> La représentation du Horodougou donne à voir un monde qui se désertifie, dans lequel la matière végétale ou minérale s'effrite, se transforme en poussière ou en cendres, tandis que les êtres vivants brûlent et se dessèchent sous l'ardeur d'un soleil impitoyable[10].

Il n'y a d'ailleurs pas de distance réelle, voire de clivage radical, entre la capitale et le village au milieu de la brousse, mais un « fil de continuité » permettant d'aller de l'une à l'autre ou de l'autre à l'une, comme le souligne justement Xavier Garnier[11] ; certes, la route bitumée devient piste latéritique, avec sa poussière et ses crevasses, mais il demeure une circulation routière par un « continuum » de montées, de descentes et de virages qui empêchent toute rupture et enrayent l'exotisme originel recherché : la rue de la capitale se mue en route à la sortie de celle-ci, puis en piste vers le village et entre les villages. Et, finalement, ville et village présentent les mêmes observations et les mêmes maux : la vermine (poux, puces, punaises), la météo, les cimetières, les intrigues de pouvoir, les jalousies. Tous les villages sont mis en série et constituent des relais de la capitale et de sa bâtardise.

Fama est donc le témoin d'un désordre mondial venu désorganiser et déterritorialiser le village ancestral, le transformant en bâtardise comme la capitale, qu'il y ait une lagune ou pas. Sous des apparences de différences, ville-fleuve et village sans fleuve sont fondamentalement emportés par la même évolution du monde qui conduit à cette impossibilité dans laquelle l'homme insatisfait se trouve de se fixer quelque part, mal déjà dénoncé par Sénèque dans l'Antiquité. Et Florence Paravy de conclure que l'opposition n'est finalement qu'apparente entre les deux espaces de la capitale et du village entouré par la brousse ; elle n'existe que dans l'esprit de Fama[12].

Il y a surtout que la brousse, avec parfois une rivière et un gué, même encore dangereuse, mais pas autant que les hommes – Salimata en a

---

10 *Ibid.*, p. 96.

11 Xavier Garnier, « Ville, village et brousse : lecture géocritique des *Soleils des Indépendances* », art. cité, p. 85-86.

12 Florence Paravy, « Stérilité et bâtardise », art. cité, p. 100.

su quelque chose lorsqu'elle a fui le village (*cf.* p. 47) –, semble être un espace voué à être contaminé et ruiné par la bâtardise ; la stérilité y est visible ; l'équilibre entre terre et eau y est compromis ; tout s'y dessèche et y brûle. Mais, comme dans la première partie qui se déroule dans la capitale, l'écriture de Kourouma, loin d'être dysphorique telle la réalité vécue par Fama, se fait très souvent poétique :

> Après le village il clignait de l'œil. Une autre brousse écrasée par le soleil, le même horizon harmattan, le même ciel serein, puis un autre virage à droite, son arbre de karité penché avec les branches dénudées [...] Et enfin un autre parcours droit s'arrêtant au sommet d'une colline avant le descente jusqu'à un autre village. (p. 94)

> Le brouillard de l'harmattan se crut un chef de l'ancien temps et s'appropria montagnes, routes et brousses. Mais on n'eut pas le temps de s'en plaindre. Le soleil se libéra et s'appliqua à évaporer, à fondre, à éclairer, et tout se dissipa [...] la camionnette traversait une plaine grillée par les derniers feux de brousse. (p. 100)

> C'en était trop et irrémédiablement cela provoqua le sirocco qui a surgi sous forme d'un de ces prompts, rapides et violents tourbillons de poussière et de kapok que seuls savent produire les bons harmattans du Horodougou. (p. 104)

Dès lors, peut-on, comme Xavier Garnier, considérer que les trois lieux à distinguer sont la capitale, le village et la brousse ? Il y a un autre élément que Fama n'a pas encore expérimenté, passé sous silence lors du premier voyage à Togobala car seul le poste des douanes est mentionné (p. 101) : le fleuve ! Là va résider, selon nous, le vrai clivage, la vraie dualité finale, qui remplace la dualité initiale dont parle Xavier Garnier (capitale *vs* village) ainsi que la dualité finale à laquelle son analyse aboutit (capitale/village *vs* brousse) : la capitale, le village et la brousse *vs* le fleuve.

LE LIEU OÙ FAMA SE RÉALISE
Un fleuve sans ville ni village

La troisième partie du roman fait sauter le système binaire capitale-lagune (ville-fleuve) *vs* village sans fleuve, c'est-à-dire – du point de vue de Fama – modernité négative *vs* tradition ancestrale positive, car la démonstration idéologique fait place à un autre horizon : transformer le sort de Fama résultant des indépendances en destin épique et mythique conforme à ses origines de prince noble. Ainsi, les deux espaces opposés initialement se rejoignent dans la même polarité négative. Le village a changé et n'est plus le paradis perdu de l'enfance : souvenir et réalité se télescopent.

Quand Fama rentre à la capitale, celle-ci bascule dans la dictature et Fama est emprisonné. Il prend alors conscience « qu'il ne v[eut] plus revoir la capitale » (p. 183) et qu'il n'a plus rien à y faire (p. 184), même s'il y a une réconciliation nationale qui lui permettrait d'envisager des jours meilleurs. C'est décidé : il retourne à Togobala. Bakary essaie de retenir Fama jusqu'au moment où le camion quitte l'autogare, et il lui tient des propos prémonitoires :

> Que feras-tu à Togobala ? La chefferie est morte. Togobala est fini, c'est un village en ruine. Tu n'es pas une feuille d'arbre qui jaunit et tombe quand la saison change. [...] Adapte-toi ! Accepte le monde ! [...] Fama tu n'as rien compris à la vie. Tu es un vautour et tu vas mourir en vautour. Crois-tu que tous les hommes sont des sujets du Horodougou ? Tu vas mourir à Togobala. Oui, mourir dans la pauvreté. (p. 181-182)

Ce n'est pas pour autant que Fama a confiance dans un avenir à Togobala ; et, s'il décide d'y retourner, c'est par un pur réflexe biologique, car là sont ses origines, même si les retrouvailles avec ces origines se sont avérées être fausses lors du premier voyage ; de toute façon, il a perdu toute identité Doumbouya dans la capitale, et il ne lui reste plus qu'à mourir :

> Est-ce à dire que Fama allait à Togobala pour se refaire une vie ? Non et non ! Aussi paradoxal que cela puisse paraître, Fama partait dans le Horodougou pour y mourir le plus tôt possible. Il était prédit depuis des siècles avant les

> soleils des Indépendances que c'était près des tombes des aïeux que Fama devait mourir. [...] La mort était devenue son seul compagnon ; ils se connaissaient, ils s'aimaient. Fama avait déjà la mort dans son corps et la vie n'était pour lui qu'un mal. (p. 185)

Le conflit entre capitale et village va donc être dépassé et résolu entre la capitale baignée par la lagune et le village desséché qu'il n'a pas reconnu et où il ne va revenir qu'une fois mort ; c'est au bord d'un fleuve où n'existe aucun cadre urbain, seulement deux postes frontaliers de part et d'autre du pont qui passe sur le fleuve, dans une sorte de retour au monde naturel premier, puisque Fama va sauter du pont dans le fleuve.

La troisième partie du roman remplace ainsi le clivage initial par un nouveau : d'un côté il y a la ville et le village, mondes bâtards faits de territoires où la vie s'inscrit dans une histoire et où l'on a également des histoires, mais aussi la brousse qui s'avère être un monde stérile ; de l'autre côté c'est un fleuve à traverser pour passer d'un territoire à un autre, monde véritablement extraterritorial où règnent des forces obscures, particulièrement en la personne des caïmans sacrés, et où se joue un destin, celui de Fama.

Lors de son premier voyage à Togobala, avant de constater le désastre qui a frappé le village, Fama a retrouvé un instant son passé dans la brousse qu'il traversait, mais pour peu de temps et, surtout, dans une illusion :

> On parcourait les brousses que Fama avait sillonnées de cavalcades, et son cœur se réchauffait des matins de son enfance. De partout surgissaient des bruits, des odeurs et des ombres oubliés, même un soleil familier sortit et remplit la brousse. Son enfance ! son enfance ! Dans tout il la surprenait, la suivait là-bas très loin à l'horizon sur le coursier blanc, il l'écoutait passer et repasser à travers les arbres, la sentait, la goûtait. (p. 101-102)

À présent il est au bord d'un fleuve et il a rendez-vous avec lui. Le fleuve-frontière est à la fois un instrument de territorialisation pour les deux Républiques qui se le disputent et un espace appartenant encore à la brousse authentique – même si celle-ci perd peu à peu son identité – par les animaux sauvages qui y règnent ; tout peut y arriver, c'est un espace dont la potentialité événementielle est élevée. Or, les maîtres de l'espace fluvial qu'il faut traverser pour aller à Togobala, si l'on ne peut emprunter le pont, ce sont des caïmans sacrés. Xavier Garnier écrit :

> Il faut comprendre l'attaque du crocodile comme l'irruption des forces de la brousse dans un point de fragilité du territoire, dans ce lieu « entre-deux terres » que constitue le poste frontière[13].

En effet, dans une logique de fleuve territorialisé il suffirait de franchir le pont au-dessus du fleuve, mais un conflit politique l'interdit et la frontière est fermée ; selon les lois de la nature – bien évidemment sauvage –, puisque le pont qui marque la frontière entre deux pays n'est pas empruntable, il faut traverser le fleuve à la nage et profaner l'espace des caïmans sacrés. L'attaque de ceux-ci est donc à la fois compréhensible, prévisible et même attendue ; Fama aura le destin qu'il provoque et mérite. Le fleuve, non relié à un territoire contrôlé par une juridiction, mais obéissant à des forces secrètes, espace ni codifié ni ritualisé comme tout territoire[14], puisque situé entre deux Républiques qui le revendiquent ou considèrent qu'il est un sas ayant sa pleine autonomie naturelle, est un espace qui interfère dans les organisations territoriales, mais qui a sa logique propre.

C'est le monde animal, tout autour du poste-frontière, qui est chargé d'annoncer le destin auquel Fama est désormais préparé mentalement puisqu'il se fait cette réflexion : « C'est dans le Horodougou qu'il fait bon de vivre et de mourir. » (p. 188) Il y a vécu, mais à présent c'est l'heure de mourir.

> Ce furent les tisserins qui commencèrent. Ils remplirent les touffes des fromagers et des manguiers par des gazouillis et des piaillements. Les cocoricos des coqs partirent. Les chiens répondirent d'abord par les aboiements habituels du matin mais, aussitôt après, commencèrent à hurler aux morts d'une façon sinistre à vous arracher l'âme. Cela risquait d'annoncer, de préparer une journée maléfique. C'est pourquoi les charognards et les hirondelles des arbres et des toits s'élevèrent et disparurent dans le ciel pour y tirer le soleil. [...] Les chiens serrèrent leurs queues et fermèrent leurs gueules, et les crocodiles sacrés sortirent de l'eau, et après de brèves querelles de préséance, occupèrent les bancs de sable et fermèrent les yeux pour mieux jouir des premiers rayons du soleil. (p. 187)

Fama a-t-il fait son choix ou est-ce son destin qui se réalise dans ce lieu ? En effet, ne vaut-il pas mieux risquer sa vie dans la rencontre d'un

---

13 Xavier Garnier, « Ville, village et brousse : lecture géocritique des *Soleils des Indépendances* », art. cité, p. 90.

14 Rappelons l'étymologie latine *territorium* de « territoire » et le sens du mot : « étendue de la surface terrestre où est établie une collectivité humaine », ce qui suppose des frontières et une autorité politique.

caïman sacré au milieu du fleuve, loin de la capitale et du village, que de mourir comme une ombre à la ville détrempée par la lagune ou au village à présent décrépit et desséché ? D'autant plus que le fleuve, qui semble investi d'une polarité négative, car il constitue un obstacle à dépasser en le traversant à la nage avec les dangers que cela suppose, peut se charger d'une valeur positive s'il aide Fama, authentique Doumbouya, à rejoindre l'autre rive. Mais, c'est oublier la charge sacrée dont il est investi en tant que lieu où vivent les caïmans sacrés ; or, ce fleuve, tel le Styx, non seulement ne va pas permettre à Fama de traverser d'une rive à l'autre, d'une République à l'autre, mais il va le faire passer de la vie à la mort, trajet à double valeur : positive d'abord, car Fama connaît une épreuve glorifiante, mais négative ensuite, car il meurt, sauf que, dans l'imaginaire d'un Doumbouya, ce n'est pas rester en vie qui compte, c'est mourir en héros au bout d'un combat épique ; et il va expirer avant même d'arriver à Togobala : « Fama avait fini, était fini. [...] Il fallait rouler jusqu'au prochain village où on allait s'arrêter. Ce village était à quelques kilomètres, il s'appelait Togobala. Togobala du Horodougou. » (p. 196) On constate donc un renversement des polarités selon les points de vue que l'on adopte !

Finalement, et c'est ce qu'il faut considérer de son point de vue, le fleuve évite à Fama de mourir d'une bâtardise à la capitale ou au village ; il meurt après un triomphe digne d'un prince : il a traversé le fleuve et la frontière. Martin Mégevand écrit que le fleuve est le cadre d'un *agôn* qui redonne à Fama son *kléos* (« gloire ») par une *aristeia* (« haut-fait »)[15]. Mais la leçon que l'on peut également tirer de ce moment fait tomber toute euphorie. Le caïman aurait dû être un adjuvant du projet de Fama de revenir à un monde originaire où hommes et forces de la nature sont en harmonie ; c'est ce que Fama pensait du moins... et pourtant ce n'est pas ce qui va arriver :

> Les gros caïmans sacrés flottaient dans l'eau ou se réchauffaient sur les bancs de sable. Les caïmans sacrés du Horodougou n'oseront s'attaquer au dernier descendant des Doumbouya ! [...] Fama escalada le parapet et se laissa tomber sur un banc de sable. Il se releva, l'eau n'arrivait pas à la hauteur du genou. Il voulut faire un pas, mais aperçut un caïman sacré fonçant sur lui comme une flèche. (p. 191)

15 Martin Mégevand, « Approche postcoloniale des *Soleils des Indépendances* », *Sous les* Soleils des Indépendances. *À la rencontre d'Ahmadou Kourouma*, *op. cit.*, p. 25-36, p. 28.

Dès lors, ou bien le caïman sauve Fama d'un impossible retour aux origines à Togobala – ce que Fama sait d'ailleurs déjà –, ou bien – et l'on passe à un autre niveau d'analyse – le roman dit une transformation de l'ordre cosmique au-delà de la transformation constatée de l'ordre politique (que ce soit à la capitale ou au village), puisque l'entente entre le caïman sacré et Fama ne se produit pas ; même le caïman a changé, en voyant en Fama un profanateur du fleuve. Tout se révèle être contre Fama dans le monde, et les forces de la nature ne font plus confiance à l'humain. La mort de Fama semble dire le bouleversement de l'ordre du monde et des forces traditionnelles auxquelles il croyait : plus rien n'est possible pour un ancien prince déchu, victime de la colonisation, de l'indépendance et de la post-indépendance. La nature tout entière, sens dessus dessous, fait écho à cela, dans un désastre écologique, et Ahmadou Kourouma écrit que « ce furent les animaux sauvages qui les premiers comprirent la portée historique du cri de l'homme, du grognement de la bête et du coup de fusil qui venaient de troubler le matin » (p. 192) :

> Ils le montrèrent en se comportant bizarrement. Les oiseaux : vautours, éperviers, tisserins, tourterelles, en poussant des cris sinistres s'échappèrent des feuillages, mais au lieu de s'élever, fondirent sur les animaux terrestres et les hommes. Surpris par cette attaque inhabituelle, les fauves en hurlant foncèrent sur les cases des villages, les crocodiles sortirent de l'eau et s'enfuirent dans la forêt, pendant que les hommes et les chiens, dans des cris et des aboiements infernaux, se débandèrent et s'enfuirent dans la brousse. Les forêts multiplièrent les échos, déclenchèrent des vents pour transporter aux villages les plus reculés et aux tombes les plus profondes le cri que venait de pousser le dernier Doumbouya. (p. 192)

Avant de conclure :

> Et dans tout le Horodougou les échos du cri, du grognement et du fusil déclenchèrent la même panique, les mêmes stupeurs. (p. 192)

Fama, qui n'est donc plus compris par personne, ni à la capitale, ni au village, ni même par les caïmans dans le fleuve, paie-t-il de sa vie une sorte d'*ubris* liée à l'excessive conscience de ce qu'il a été, de ce qu'il a perdu et de ce qu'il a voulu croire comme existant toujours ?

> Fama Doumbouya ! Vrai Doumbouya, père Doumbouya, mère Doumbouya, dernier et légitime descendant des princes Doumbouya du Horodougou, totem panthère [...] (p. 11)

> Depuis la nuit la camionnette était arrivée à la frontière, au bord du fleuve, en terre Horodougou. Fama était en terre Horodougou ! Tout lui appartenait ici, tout, même le fleuve qui coulait à ses pieds, le fleuve et les crocodiles sacrés qui l'habitaient en cet endroit. (p. 186)

> Un Doumbouya, un vrai, père Doumbouta, mère Doumbouya, avait-il besoin de l'autorisation de tous les bâtards de fils de chiens et d'esclaves pour aller à Togobala ? Évidemment non. (p. 190)

En effet, même agonisant, il croit toujours à sa puissance !

> N'as-tu rien entendu, Fama ? Tu vas à Togobala, Togobala du Horodougou. Ah ! Voilà les jours espérés ! La bâtardise balayée, la chefferie revenue, le Horodougou t'appartient, ton cortège de prince te suit, t'emporte, ne vois-tu pas ? Ton cortège est doré. [...] Fama, l'Unique ! Le grand ! Le fort ! Le viril ! Le seul possédant du rigide entre les jambes ! (p. 194-195)

C'est ce qu'il faut déduire des réflexions que font les infirmiers dans l'ambulance qui le transporte à Togobala, même s'il reste une hésitation sur ce qu'est Fama : un transgresseur ou un grand chef ?

> Un caïman sacré n'attaque que lorsqu'il est dépêché par les mânes pour tuer un transgresseur des lois, des coutumes, ou un grand sorcier ou un grand chef. Ce malade n'est donc pas un homme ordinaire. (p. 194)

La mort de Fama, dans un délire auquel participent tous les éléments de la nature et qui ranime la métaphore de Fama « fleuve Doumbouya », constitue la dernière page, poétique, du roman :

> Fama sur un coursier blanc qui galope, trotte, sautille et caracole. Il est comblé, il est superbe. [...] Mais Fama se retourne. Son escorte s'est évanouie. [...] Il est seul, il sent la solitude venir, elle assaille, pénètre dans son nez qui souffle un nuage de fumée, balaie les yeux, répand les larmes, vide le cœur, remplit les oreilles de la nausée jusqu'à ce que pointe et sorte la queue fuyante et le manque [...]. Soudain un éclair explose, éparpille l'air, le ciel et la terre, et le coursier se cabre au bord du gouffre. Fama tremblote. Une prière. Tout s'arrange doux et calme, la douceur qui glisse, la femme qui console, et l'homme, et la rencontre d'un sous-bois frais et doux, et les sables menus et fins, et tout se fond et coule doucement et calmement, Fama coule [...]. (p. 195-196)

Très vite, pourtant, la nature reprend ses droits et se prépare aux funérailles ; une page se tourne irrémédiablement :

> Tout n'avait duré que le temps d'un éclair, car aussitôt après, un deuxième coup de fusil résonna. Les montagnes, les rivières, les forêts et les plaines encore une deuxième fois se relayèrent pour faire entendre la détonation à tout le pays. Les oiseaux, les animaux et les hommes rebroussèrent, les oiseaux s'élevèrent, les hommes et les chiens revinrent, les bêtes sauvages regagnèrent la brousse. [...] Mais le matin était troublé. Tout le Horodougou était inconsolable, parce que la dynastie Doumbouya finissait. (p. 192-193)

Ainsi, *Les Soleils des Indépendances* raconte le trajet d'un prince qui est devenu un homme ordinaire ; et c'est la mort, dans un fleuve loin de toute communauté humaine établie (capitale ou village), qui lui fait retrouver une stature mythico-épique qui le requalifie et le transfigure. Le roman, caractérisé par le réalisme d'un point de vue générique, rejoint sa propre source qui est l'épopée avec un personnage qui sort du cadre réaliste pour s'accomplir en personnage épique dans un cadre qui lui ressortit ; pensons à *Soundjata ou l'épopée mandingue* de Djibril Tamsir Niane. Kourouma était d'accord avec Georg Lukács[16] pour dire que l'épopée glorifie, alors que le roman doute.

Au regard de la thématique des villes-fleuves, le roman d'Ahmadou Kourouma offre des clivages intéressants entre une capitale ville-fleuve, un village sans fleuve et un fleuve sans ville ou village, entre la connotation négative de la lagune pour la capitale et la valeur positive que prend le fleuve dans le destin de Fama. L'eau n'est pas la même d'ailleurs : eau stagnante et étale de la lagune dans la capitale *vs* eau dynamique du fleuve hors de tout habitat constitué. Le fleuve devient lagune et la ville est peut-être ce qui le bâtardise.

Ce serait un truisme de dire que l'espace est aussi important que la temporalité dans ce roman comme dans tout roman ; c'est l'espace qui fabrique le destin de Fama, au-delà de son histoire ; et, en retour, au-delà de l'histoire de Fama qui défigure le fleuve devenu lagune, c'est le destin de Fama qui transfigure le fleuve-frontière en Fleuve.

Peut-on aller jusqu'à affirmer que sont déconstruites les représentations opposées de la ville-fleuve et de la ville sans fleuve, pour faire du fleuve une force naturelle qui s'abâtardit en pourriture dans sa relation avec une ville et pour condamner toute ville sans fleuve à se dessécher socialement et économiquement ? Ainsi, échapper à la dégradation du monde passerait-il par l'épreuve du fleuve, de son eau et de ses habitants ?

---

16 Georg Lukács, *Theorie des Roman* (1916), tr. fr. *La théorie du roman*, Paris, Denoël, 1968.

La place de Fama n'était plus à la capitale baignée par sa lagune, ni au village irrigué par aucun fleuve. D'ailleurs, c'est bien comme un fleuve dynamique – contrairement aux extrêmes négatifs que sont d'une part la lagune débordante de la capitale et d'autre part le marigot d'un village desséché – que Fama, insomniaque lors de la nuit passée à Bindia, se conçoit lui-même :

> Réfléchis à des choses sérieuses, légitime descendant des Doumbouya ! Le dernier Doumbouya ! Es-tu, oui ou non le dernier, le dernier descendant de Souleymane Doumbouya ? Ces soleils sur les têtes, ces politiciens, tous ces voleurs et menteurs, tous ces éhontés, ne sont-ils pas le désert bâtard où doit mourir le fleuve Doumbouya ? (p. 96-97)

Or, c'est dans un fleuve que le fleuve Doumbouya trouve la mort ! En effet, Fama, qui « desséchait », semblable aux arbres dénudés de la brousse, est convaincu qu'il est « le dernier Doumbouya » et même « la dernière goutte du grand fleuve qui se perd et sèche dans le désert » (p. 169). Destin digne d'un ancien prince du Horodougou qui finit par sortir de l'entre-deux dont il était prisonnier entre ville abâtardie et village/brousse moribonds. Mort crâne pour celui qui dit avant de sauter : « Regardez Doumbouya, le prince du Horodougou ! [...] Admirez-moi, fils de chiens, fils des Indépendances ! » (p. 191)

Bref, dans *Les Soleils des Indépendances*, même s'il y a des descriptions sublimes, en particulier de la lagune, les espaces sont avant tout des actants de la fiction, selon le schéma actantiel de Greimas[17] : la capitale et le village, avec la lagune ou sans fleuve, mais aussi le fleuve, au milieu de la brousse et sans aucun lien avec une ville ou un village, ne sont pas des éléments de décor, mais permettent d'atteindre au « plus hault sens » rabelaisien[18].

Par exemple, la phrase suivante n'est pas seulement narrativo-descriptive : « les crocodiles sortirent de l'eau et s'enfuirent dans la forêt ». C'est bien la marque que le monde s'est effondré et qu'un monde nouveau remplace l'ancien. De même, la phrase apparemment banale dans son caractère conclusif pour dire que le roman se termine – « Un malinké

---

17 Algirdas Julien Greimas, *Sémantique structurale : recherche de méthode*, Paris, Larousse, 1966 ; il faut ajouter à cela la théorie des trois épreuves ou étapes formelles de tout récit, en particulier l'épreuve glorifiante, que Fama accomplit au milieu du fleuve.

18 *Cf.* Prologue du *Gargantua* (1534) de François Rabelais.

était mort » (p. 196) – pose en réalité la question suivante : n'est-ce pas le monde malinké tout entier qui est mort[19] ?

Si nous essayons de situer la question du rapport entre capitale, village, lagune et fleuve dans le roman d'Ahmadou Kourouma au regard des discours critiques envisagés pour travailler sur les villes-fleuves, nous constatons que les deux perspectives écopoétique et géopoétique y sont pertinentes ; toutes deux partent de la même influence néfaste de la ville et de la modernité sur le milieu naturel et la tradition que ce dernier incarne entre brousse et village ; c'est bien ce que tend à dire Pius Nganda Nkashama, écrivain attaché à la question des mythes :

> À travers la « ville » tout est transformé : les hommes, les éléments, « les mots et les choses » ; les griots, les soleils et les pluies ; les rivières et les brousses ; le sable et la mer. Elle apparaît d'emblée comme un « milieu artificiel » [...]. À l'intérieur d'un tel espace, tout est métamorphosé. Mieux, tout se métamorphose, tout se dissout, comme sous l'action du soufre et de l'acide. Tout est nié dans sa forme première originelle. De telle manière que les éléments cosmiques se constituent en des formes de dissolution et de désorganisation, plus terribles, mais non redoutables, du fait que l'individu n'attend d'eux que cette action pour s'anéantir[20].

Mais nous ne sommes pas sûrs qu'il faille écarter la lecture écocritique comme le fait Xavier Garnier qui lit *Les Soleils des Indépendances* à travers des marqueurs géocritiques :

> Dans le roman, la brousse n'est aucunement la caution d'une idéologie de la vie traditionnelle comme vie écologique, proche de la nature. En ce sens, Kourouma est fort loin des prises de position de Senghor sur la négritude comme mode d'être au monde en empathie avec ce que l'on suppose être un ordre cosmique de la nature. Au contraire, la brousse n'existe qu'en tant qu'elle interfère de façon chaotique dans les organisations territoriales, non pour les menacer, mais pour signaler les grandes inflexions de leurs développements. [...] La lecture géocritique des *Soleils des Indépendances* [...] permet d'attirer l'attention sur [des] enjeux politiques majeurs de ce roman[21].

---

19 *Cf.* Chinua Achebe, *Things fall apart*, 1958 ; la version française présente des titres différents : *Le monde s'effondre*, Paris, Présence africaine, 1966 ; *Tout s'effondre*, Arles, Actes Sud, coll. « Lettres africaines », 2013.

20 Pius Nganda Nkashama, *Kourouma et le mythe : une lecture de* Les Soleils des Indépendances, Paris, Silex, 1985, p. 77-78.

21 Xavier Garnier, « Ville, village et brousse : lecture géocritique des *Soleils des Indépendances* », art. cité, p. 90-92. Nous signalons l'ouvrage tout récent de Xavier Garnier : *Écopoétiques*

Ceci ne signifie pas que nous excluions cette lecture géocritique, nous la partageons également ; mais, elle ne saurait être la seule ; la prise en compte plus grande de la lagune et du fleuve aboutit à des constats souvent convergents mais plus spécifiques, dans une approche nettement plus écopoétique. Ahmadou Kourouma se révèle être un écopoèthe[22] dans son roman, c'est-à-dire « un poète engagé [...] en charge d'un nouveau devoir face au monde sensible », tel Jean-Christophe Bailly pour ne citer que lui – ou à partir des analyses refondatrices de Pierre Schoentjes[23] en matière d'écopoétique.

Patrick VOISIN[24]
Laboratoire Babel EA 2649,
Université de Toulon, France
Projet *Literature.green*,
Université de Gent, Belgique

africaines. Une expérience décoloniale des lieux, Paris, Karthala, 2022, ainsi que sa lecture par Ninon Chavoz : https://www.en-attendant-nadeau.fr/2022/09/17/afrique-ecopoetique-garnier/ (consulté le 22 septembre 2022).

22 Anne Gourio, « L'Écopoèthe : émergence d'une nouvelle figure d'auteur en poésie contemporaine », *Elfe XX-XXI*, 10 | 2021 : http://journals.openedition.org/elfe/3798 (consulté le 22 septembre 2022).

23 Pierre Schoentjes, *Ce qui a lieu. Essai d'écopoétique*, Marseille, Wildproject, coll. « tête nue », 2015.

24 *Cf.* Patrick Voisin, *Ahmadou Kourouma, entre poétique romanesque et littérature politique*, Paris, Classiques Garnier, 2015 ; *Ahmadou Kourouma : une case africaine dans la maison de Molière*, 2/4, France Culture, *La Compagnie des œuvres*, http://www.franceculture.fr/emissions/la-compagnie-des-auteurs/ahmadou-kourouma-24-une-case-africaine-dans-la-maison-de-moliere (consulté le 22 septembre 2022).

L'IMAGE DU FLEUVE AFRICAIN PAR TEMPS DE GUERRE

La Traversée d'Henri Djombo et *Le Cri du fleuve* de Katia Mounthault

Le fleuve Congo fait partie du quotidien des habitants de Brazzaville et de Kinshasa, les deux rives de ce grand fleuve qui a fasciné et inspiré de nombreux auteurs, depuis la fin du XIXe siècle jusqu'à nos jours. Utilisé par le colon pour délimiter deux territoires qui auparavant n'en faisaient qu'un, étant donné que le Congo-Kinshasa et le Congo-Brazzaville faisaient tous deux partie du Royaume Kongo, le fleuve Congo peut être considéré comme une blessure coloniale, faisant de deux villes jumelles des rivales. Ou alors il passe pour un cordon ombilical reliant ces deux villes. Il est une voie de communication, un haut lieu de commerce. Mais que représente-t-il lorsque la guerre éclate aux portes de la ville ?

Comme nous y invite Bertrand Westphal dans son travail sur la géocritique, nous allons interroger quelques textes pour bâtir notre connaissance de ce fleuve et définir l'image qu'il représente pour ses riverains. Nous nous proposons donc d'étudier quelques représentations littéraires africaines du fleuve par temps de guerre. Notre étude prendra appui sur deux romans : *La Traversée* d'Henri Djombo[1] et *Le Cri du fleuve* de Katia Mounthault[2]. Nous nous demanderons dans quelle mesure le fleuve constitue un enjeu majeur en période de guerre civile, et nous comparerons dans notre étude le rôle du fleuve au Congo Brazzaville, pendant les guerres civiles de la fin du XXe siècle, à celui que joua la Loire deux siècles auparavant, pendant la guerre de Vendée, épisode de la Révolution française qui inspira à Victor Hugo un long poème[3].

1 Henri Djombo, *La Traversée*, Brazzaville, Éditions Hemar, 2005.

2 Katia Mounthault, *Le Cri du fleuve*, Paris, L'Harmattan, 2010.

3 Victor Hugo, « À la Vendée », *Odes et ballades*, 1826.

Nous verrons dans un premier temps que le Congo, frontière ou pont entre les deux villes fluviales que sont Brazzaville et Kinshasa, représente une garantie de survie pour les populations menacées, un moyen d'échapper à la mort. Mais il apparaît également comme le complice idéal pour les belligérants, puisqu'ils pourront utiliser le fleuve comme moyen d'extermination ou de dissimulation de leurs forfaits. Enfin nous tenterons de déterminer les spécificités africaines du fleuve.

LE SALUT PAR LE FLEUVE

La guerre civile a tant de fois éclaté à Brazzaville, tout comme à Kinshasa, qu'elle est vécue désormais comme une fatalité, comme une malédiction qui exige le sacrifice régulier de nombreuses vies humaines. C'est le sentiment exprimé par le narrateur de *La Traversée* d'Henri Djombo, qui, dès les premières lignes du roman, déclare que « la guerre est tombée du ciel comme un paquet maléfique que le sort a jeté sur le pays[4] » (p. 9). Si la guerre est pour beaucoup synonyme d'effusion de sang, nul cependant ne veut compter parmi les victimes. Lorsque les hommes politiques et leurs milices « ouvrent un champ de tir en plein cœur de la capitale[5] », la fuite devient une question de vie ou de mort. Mais par où s'échapper ? Quels moyens emprunter ?

La fuite par la voie des airs est un luxe réservé aux étrangers que des avions spécialement affrétés pour leur évacuation rapatrient dans leurs pays respectifs. L'innombrable masse des nationaux ne peut compter que sur la voie terrestre. Cependant, celle-ci présente des risques considérables, étant donné qu'il faut franchir les nombreux barrages installés par les différentes milices pour contrôler l'identité des fuyards, éliminer ceux qui sont soupçonnés de faire partie du camp adverse, extorquer des biens matériels ou financiers, donner libre cours à leur lubricité en commettant des viols, etc. Il est extrêmement difficile, pour ne pas dire impossible, de gagner les zones épargnées

4 Henri Djombo, *La Traversée*, *op. cit.*, p. 9.
5 *Ibid.*, p. 10.

par la guerre sans passer par ce que Polo, le narrateur de *La Traversée*, appelle « les barrages de la mort[6] ».

La voie des eaux paraît dans ces conditions l'option idéale pour se mettre à l'abri. En effet, la proximité des deux villes que sont Brazzaville et Kinshasa offre à leurs habitants respectifs l'opportunité de se retrouver dans un autre pays en traversant simplement le fleuve Congo. C'est la proposition qui est faite à Polo et à sa femme : « Le colonel, confie Polo, me parla du circuit clandestin qui assurait le passage du fleuve et promit de me mettre en contact avec le propriétaire de l'embarcation le lendemain[7]. » Henri Djombo situe l'action de son roman dans des villes fictives appelées Bocaville et Kinanga, séparées par le fleuve Kohé. Mais, à travers ces villes et ce fleuve fictifs, on reconnaît aisément Brazzaville et Kinshasa, qui se regardent par-delà le fleuve Congo.

Katia Mounthault, quant à elle, désigne les lieux par leurs noms véritables. L'héroïne de son roman *Le Cri du fleuve* réside aux États-Unis. Elle reçoit pour mission de faire un documentaire dans son Congo natal au lendemain de la guerre. Les premiers témoignages qu'elle recueille soulignent le désarroi des habitants obligés de quitter en urgence leur domicile lorsque s'annonce la guerre. Là aussi, le défi à relever est de réussir à déjouer les pièges tendus par les milices afin de gagner l'autre rive :

> Les populations avaient tenté une percée par le Djoué[8] [...] D'autres s'étaient terrées toute la nuit dans les bosquets, elles avaient attendu qu'un déplacement des milices permît une escapade de l'autre côté du fleuve[9].

L'on peut donc constater que, lorsque la guerre se déclare sur l'une des rives du Congo, le fleuve n'est plus simplement la frontière naturelle qui marque la limite entre deux villes, entre deux pays. Il apparaît, au contraire, comme le pont miraculeux qui permet à de nombreux Brazzavillois d'échapper à la mort. Le terme « Brazzavillois » paraît même incongru en cette période trouble pendant laquelle les habitants d'une ville ne forment plus un ensemble homogène, mais sont classés en fonction de leur origine ethnique : soit ils font partie du groupe ethnique dont sont issus les dirigeants au pouvoir, soit ils appartiennent

6 *Ibid.*, p. 12.
7 *Ibid.*, p. 46.
8 Le Djoué est l'un des affluents du fleuve Congo.
9 Katia Mounthault, *Le Cri du fleuve*, *op. cit.*, p. 19.

à celui de leurs opposants. Et le sort de chacun en dépend, selon que l'on tombe entre les mains des milices des uns ou des autres. Or, ces différentes formations quadrillent si bien la ville que l'on a de fortes chances de tomber aussi bien sur les uns que sur les autres.

L'auteur de *La Traversée*, qui est, en dehors de sa qualité d'écrivain, l'un des rares ministres à battre le record de longévité dans le gouvernement de son pays, brouille les pistes dans son roman. Il évite de parler du Nord et du Sud du pays, au profit de l'Est et de l'Ouest. Mais il n'en demeure pas moins que la question ethnique constitue le cœur du débat. Polo, le personnage principal du roman, se montre clairvoyant :

> Les gouvernants faisaient croire que cette guerre était tribale et qu'elle opposait les points cardinaux entre eux. Ils promettaient d'en finir avec leurs ennemis, en éliminant les tribus hostiles à leur pouvoir. Cependant, partageant le même destin, les citoyens et toutes les ethnies subissaient, sans discrimination, la pauvreté et les méfaits de la guerre[10].

Katia Mounthault évoque la situation du pays avec plus de liberté. L'histoire de l'un des personnages de son roman, Albert Mpouata, est représentative du calvaire vécu par une certaine catégorie de la population pendant cette période de stigmatisation ethnique :

> [Monsieur Mpouata] avait suivi, puis observé les déplacements de personnes d'un quartier à l'autre et finit par se résigner comme tous ceux qui ne savaient plus où fuir. [...] Mais les nouvelles se faisaient graves. L'annonce publique d'un massacre généralisé des populations sudistes dès la date butoir de la fin du mois d'août l'avait convaincu d'abandonner le quartier et de se déplacer au-delà du Djoué, en direction de Massissia où habitaient quelques parents[11].

On apprend plus loin que, n'étant toujours pas en sécurité, Albert Mpouata et sa famille troquent toutes leurs économies contre une place dans l'embarcation de quelque passeur. C'est ainsi qu'il échappe à la menace d'extermination.

Cette fuite par-delà le fleuve Congo apparaît comme une échappée miraculeuse, qui n'est pas sans évoquer la traversée miraculeuse du peuple baoulé dans la légende rapportée par l'écrivain ivoirien Bernard Dadié[12]. Des hippopotames surgissant d'un bout à l'autre de la largeur

10 Henri Djombo, *La Traversée*, *op. cit.*, p. 17.

11 Katia Mounthault, *Le Cri du fleuve*, *op. cit.*, p. 94-95.

12 Bernard Dadié, « La légende baoulé », *Légendes africaines*, Paris, Seghers, 1945.

du fleuve permirent à la reine Pokou et à son peuple de passer le fleuve à sec et de semer les ennemis qui étaient à leurs trousses. Ce phénomène d'écho entre les fleuves participe de ce que Jean-Marie Grassin appelle, dans son article consacré à la Loire « torrent révolutionnaire, tombeau de la Vendée », l'« interfluvialité » : « Un fleuve en cache un autre ; dans la littérature, un fleuve est la confluence ou la résurgence d'autres fleuves[13]. »

Cette échappée fait également écho au récit biblique de la traversée à sec de la mer Rouge par les enfants d'Israël poursuivis par Pharaon et son armée. La comparaison n'est pas exagérée, puisque nous avons, de part et d'autre, une population jugée trop nombreuse (donc dangereuse ?) par le pouvoir en place, une population qui prolifère malgré les actions mises en place pour la fragiliser. L'actualité politique du Congo Brazzaville révèle une fois de plus la volonté manifeste du pouvoir d'exterminer les populations du Sud, puisque, depuis de longs mois, la région du Pool, située au Sud du pays, est le théâtre des bombardements et des massacres les plus abjects. Officiellement, le pouvoir prétend débusquer l'opposant politique qui a trouvé refuge dans cette région dont il est originaire. Mais la traque d'un individu peut-elle justifier la destruction massive de populations innocentes ?

Outre les récits mythiques tirés de la Bible et des légendes africaines, l'on pourrait établir une comparaison avec le drame des migrants. Alors que l'aventure des migrants, qui s'entassent dans des embarcations inappropriées pour braver la mer de longs jours durant, est extrêmement hasardeuse et périlleuse, celle des personnages de nos romans paraît moins aléatoire. Le danger vient moins des conditions du voyage que du risque de tomber sur les patrouilles en faction. Polo, le narrateur de *La Traversée*, a le temps de méditer sur sa situation pendant le trajet qui le conduit d'une rive à l'autre. Il se voit comme un migrant : « Émigration, immigration clandestine ! », s'exclame-t-il. « Les mots résonnaient dans ma tête et mon cœur commençait à s'agiter[14]. » La perspective de l'exil ne l'enchante pas, mais, entre l'exil et la mort, le choix est vite fait. Peu

---

13 Jean-Marie Grassin, « Pour une poétique postmoderne du fleuve. Le retournement de la douce Loire, torrent révolutionnaire, tombeau de la Vendée », *La Poétique du fleuve*, études réunies par et publiées par Francesca Melzi d'Eril, avec la collaboration de Maria Silvia Da Re et Eleonora Sparvoli, Milano, Cisalpino, Istituto editoriale universitario, 2004, p. 81.

14 Henri Djombo, *La Traversée*, *op. cit.*, p. 66.

après son arrivée à Kinanga, Polo est victime d'une machination qui le mène jusque dans l'une des plus grandes prisons de la ville. Il faudra l'ingéniosité et les relations d'un ami italien, Marioli, pour organiser son évasion : sous le prétexte d'une évacuation sanitaire, il est conduit une nouvelle fois au bord du fleuve où il doit même faire le mort afin que la traversée du fleuve se déroule telle que l'avait planifiée l'ami Maroli. Alors que la première traversée, effectuée en pirogue, avait duré une heure et demie, celle qui le ramène, en embarcation motorisée, dans son pays ne prend que quinze minutes. À l'aller comme au retour, l'issue était incertaine, et pourtant, contre toute attente, il a la vie sauve.

Bref, le fleuve n'est plus perçu comme un obstacle en temps de guerre, mais il est l'occasion d'un miracle. Et il n'est pas de miracle plus frappant que celui qui permet de passer de la mort à la vie. Or la mort est aussi l'une des images les plus puissantes que véhicule le fleuve dans la mémoire collective africaine, surtout un fleuve aussi profond et tumultueux que le Congo.

LE FLEUVE ET LA MORT

Traverser le fleuve Congo de manière clandestine, surtout dans des embarcations de fortune, est une action audacieuse dans l'esprit des riverains. Les risques sont tels que celui qui entreprend un tel voyage a le sentiment de braver la mort. Avant d'accepter la proposition qui lui est faite de gagner l'autre rive, Polo ne peut s'empêcher d'énumérer ces risques.

Tout d'abord, la navigation sur le fleuve nécessite beaucoup d'adresse et d'expérience, car son cours se révèle capricieux et sa configuration dangereuse. Voici l'hypothèse qu'il formule :

> [...] emportés par un puissant tourbillon, nous coulerions dans les profondeurs du Kohé dont les eaux furieuses et puissantes nous engloutiraient et briseraient nos corps contre les monstrueux rochers qui tapissent son lit et arrêtent là sa navigabilité[15].

15 *Ibid.*, p. 67.

L'autre écueil, c'est la perspective de rencontrer des hippopotames qui tant de fois ont renversé des pirogues et provoqué la mort de ceux qui s'étaient ainsi montrés imprudents.

Mais, bien plus que ces dangers, que l'on peut qualifier de naturels, Polo craint surtout la perfidie et la méchanceté de l'homme. On n'est pas plus vulnérable que sur la surface des eaux, où l'on peut aisément être acculé, sans possibilité de recevoir du secours : « Les forces prétoriennes qui surveillaient la rive étaient encore plus redoutables que l'hippopotame[16]. », déclare Polo. Il est conscient que la chance est un facteur important dans la réussite du voyage, cette chance qui favorise également l'odyssée d'Albert Mpouata dans *Le Cri du fleuve* de Katia Mounthault, mais qui fait défaut à certains de leurs compagnons, massacrés sans pitié :

> Une patrouille avait surpris une barque qui naviguait lentement. Elle était proche de son but au moment où les troupiers avaient braqué leurs armes puis, sans mot d'ordre, s'étaient mis à vider leurs chargeurs[17].

Par temps de guerre, on ne s'embarrasse pas d'enterrer les morts ou de les restituer à leurs familles, d'autant plus que le souhait des acteurs de la guerre est de faire disparaître les traces de leurs forfaits. Le fleuve assure donc aux auteurs du crime une relative tranquillité, puisque les corps, engloutis dans ses entrailles, ne peuvent être présentés à charge contre eux.

Se débarrasser des corps en les jetant dans le fleuve apparaît comme un procédé d'inhumation rapide et peu coûteux. Malgré la mise en place d'équipes sanitaires, chargées de ramasser les cadavres qui jonchent la ville et de les acheminer vers le cimetière pour éviter des épidémies, nombreuses sont les victimes qui n'ont pas d'autre linceul que celui des eaux du fleuve. Katia Mounthault dénonce dans son roman ces corps « jetés dans l'anonymat du fleuve, que les pêcheurs retrouvaient estropiés[18] ».

Le fleuve devient donc un dépotoir, il assure par temps de guerre les fonctions de cimetière. Les romans qui se sont inspirés de la guerre civile de Brazzaville ne manquent pas de souligner cette réalité. On

16 *Ibid.*, p. 68.
17 Katia Mounthault, *Le Cri du fleuve*, *op. cit.*, p. 99.
18 *Ibid.*, p. 41.

peut par exemple lire ceci, dans le roman de Patrick Besson *Mais le fleuve tuera l'homme blanc* :

> Le fleuve Congo a englouti de nombreux corps, les restituant sous la forme de poissons dégustés par les expats et les businessmen blancs ou noirs dans les bons restaurants de la ville[19].

Un des personnages du roman, Bernard, refuse de faire partie de ces hommes insouciants de ce qu'ils mangent et ne commande jamais que du bœuf au restaurant, le poisson s'étant sans aucun doute nourri de cadavres humains.

Mais si le fleuve fait office de cimetière, c'est aussi et surtout parce qu'il a été un lieu d'exécution massive des populations visées, c'est-à-dire les populations sudistes. Henri Djombo évoque dans son roman l'élimination des tribus considérées par le pouvoir comme des tribus hostiles, sans dire précisément le rôle joué par le fleuve dans l'accomplissement de ce projet génocidaire. Katia Mounthault, en revanche, est explicite :

> À la tombée de la nuit, le quartier chuchotait que des femmes et des hommes, les bras ligotés dans le dos, étaient emmenés au large. Les barques allégées revenaient dans l'obscurité, tandis que des voix tremblotantes s'élevaient au loin, épelant le nom de ceux qui manquaient à l'appel. À l'aide de lampes à pétrole, les habitants sillonnaient les ruelles jusqu'aux premières lueurs matinales, à la recherche de leurs disparus[20].

L'emploi du terme « disparus » n'est pas anodin ; il oblige le lecteur averti à faire le lien avec l'affaire des « disparus du *Beach* ». En effet, quelques familles ayant eu le courage de porter plainte à la suite de la disparition mystérieuse de leurs proches autour du débarcadère de Brazzaville, appelé « *Beach* », une procédure judiciaire avait été ouverte en 2001. En 2005, un jugement rendu à Brazzaville prononce l'acquittement des personnalités mises en cause dans l'affaire, si bien que les plaignants s'en remettent désormais à la justice française, dont l'instruction du dossier connaît de multiples atermoiements. L'affaire n'ayant pas encore connu l'aboutissement espéré par les familles, elle demeure une plaie vive dans la mémoire de nombreux Congolais, une plaie que les autorités politiques veulent faire passer pour une égratignure et sur laquelle elles

---

19 Patrick Besson, *Mais le fleuve tuera l'homme blanc*, Paris, Fayard, 2009, p. 19.
20 Katia Mounthault, *Le Cri du fleuve*, *op. cit.*, p. 93.

souhaitent tout simplement tirer un trait. On peut donc considérer que la mise en scène de cette disparition massive d'habitants de Brazzaville dans une œuvre fictive procède de la volonté de faire sortir cette affaire du silence dans lequel le pouvoir s'acharne à la murer. La démarche de Katia Mounthault peut être assimilée à celle de Victor Hugo rendant hommage aux Vendéens dans l'ode « À la Vendée ». Les Vendéens, qualifiés de brigands, de rebelles pendant la Révolution française, furent assassinés dans des circonstances similaires à celles décrites dans *Le Cri du fleuve*. Le récit de témoins directs de ces événements, dont l'universitaire Claude Petitfrère livre quelques extraits dans son article intitulé « La Loire et la guerre de Vendée, 1793 », souligne la cruauté ironique avec laquelle les noyades collectives étaient organisées et exécutées :

> On met tous ces coquins-là dans des batteaux [*sic*] qu'on fait couler ensuite à fond. On appelle cela « envoyer au château d'eau ». En vérité si les brigands se sont plaints quelquefois de mourir de faim, ils ne pourront pas se plaindre au moins qu'on les fasse mourir de soif. On en a fait boire aujourd'hui environ douze cents[21].

De telles horreurs, ordonnées par les plus hautes autorités politiques, sont si accablantes pour le prestige de l'État que celui-ci ne les assume pas. On ne trouvera pas ces événements dans les manuels destinés à faire connaître l'histoire du pays à des générations d'élèves et écoliers. C'est une histoire honteuse qui se chuchote plutôt qu'elle ne se transmet au grand jour, comme on a pu le voir dans l'extrait du *Cri du Fleuve*. Cependant le silence est comme une ultime offense faite à la mémoire des disparus. D'où la nécessité de briser le tabou, d'évoquer ces pages sombres de l'histoire, par le biais de la fiction. La démarche de Katia Mounthault nous paraît en ce sens sans équivoque. Henri Djombo, lui, manifeste plus de retenue. Si le roman dans son ensemble dénonce ouvertement les exactions et les incohérences du pouvoir, il ne lève pas le voile sur ce chapitre des assassinats par noyade collective dans le fleuve, ou alors il ne le fait que de manière indirecte. On peut se demander si la phrase suivante n'est pas une allusion discrète à l'affaire des « disparus du *Beach* » : « Le colonel avait tenu promesse, il nous accompagna jusqu'au

---

21 Claude Petitfrère, « La Loire et la guerre de Vendée, 1793 », *La Loire, la guerre et les hommes, Histoire géopolitique et militaire d'un fleuve*, textes réunis par Jean-Pierre Bois, Presses Universitaires de Rennes, 2013, p. 160.

port dont le nom est significatif pour beaucoup de personnes qui ont traversé par là le fleuve[22]. » Que peut être ce port au nom significatif, sinon le *Beach* de Brazzaville ? Au moment où Henri Djombo écrit son roman, le jugement de Brazzaville n'a pas encore été rendu. Or, Katia Mounthault publie le sien en 2010, c'est-à-dire après que les accusés ont été acquittés à Brazzaville et qu'ils ont entamé des démarches pour que la procédure de Paris aboutisse à un non-lieu. Ces circonstances auraient-elles donné plus de verve à Katia Mounthault ?

Il est clair que la remarque faite par Jean-Marie Grassin au début de son article, à propos de la Loire et des massacres dont elle a été le théâtre, peut être applicable au fleuve Congo :

> L'horreur que charrie concrètement la Loire à cette époque trouble encore la conscience nationale française au point qu'on n'ose encore aujourd'hui la nommer. Ce serait trop grave. Seule la littérature alors, grâce au langage figuré, à l'intertextualité, à l'interfluvialité, au mythe arrivera peut-être à dire l'indicible[23].

Si le Congo et la Loire semblent avoir eu un destin commun, funeste pour le moins, qu'est-ce qui les différencie ? En quoi la conception du fleuve par les Africains se distingue-t-elle de celle des Occidentaux ?

LES SPÉCIFICITÉS AFRICAINES DU FLEUVE

Nous venons de voir que le fleuve est un monde qui renferme bien des secrets. Il est notamment le tombeau anonyme d'innombrables victimes, si bien que ceux qui le côtoient le font avec une certaine religiosité. Cette approche religieuse du fleuve n'est pas seulement due à la présence des âmes des trépassés, mais le fleuve constitue, pour les Africains, un lieu sacré par excellence. C'est une constante de la littérature africaine, comme le souligne Bi Kacou Parfait Diandué dans un article consacré à Bernard Dadié. Le fleuve, déclare-t-il à juste titre, c'est « le monde

22 Henri Djombo, *La Traversée*, *op. cit.*, p. 65.

23 Jean-Marie Grassin, « Pour une poétique postmoderne du fleuve. Le retournement de la douce Loire, torrent révolutionnaire, tombeau de la Vendée », art. cité, p. 82.

des esprits[24] », « le temple des génies[25] ». En un mot, le fleuve abrite un monde parallèle, qui échappe aux lois de la science. Il convient donc de s'en prémunir en convoquant une force de même ordre, c'est-à-dire une force spirituelle.

Dans le roman d'Henri Djombo, les candidats qui se remettent aux bons soins des passeurs pour atteindre la rive opposée du fleuve doivent se soumettre à un usage, celui de dire une prière avant la traversée : « [Le passeur] nous obligea à prier avant de lever l'ancre. Il nous dit que c'était la tradition. Dans le silence, chacun fit sa prière[26]. » On comprend que cet usage n'est pas une simple formalité, mais une obligation qui prend le caractère d'un rite religieux. Le passeur ne se mettra pas en mouvement tant que chaque passager n'aura pas accompli ce rite, une manière de s'attirer la bienveillance des esprits et de garantir l'issue du voyage. C'est également ce qui se produit dans le roman de Katia Mounthault :

> Les familles avaient suivi les consignes sans questionner : elles demeureraient courbées tout au long de la traversée ; seuls les murmures tranquilles des prières accompagnaient le clapotis léger des vagues[27].

Cette habitude, bien plus ce réflexe de la prière, ne peut pas être mise uniquement sur le compte de la peur naturelle du voyageur qui, au moment de monter dans un moyen de transport à risque, s'en remet à Dieu. La présence des « bandes armées qui patrouillaient les abords du fleuve[28] » ne peut pas non plus seule expliquer l'oppression ressentie par les voyageurs clandestins. Il faut plutôt associer cette crainte instinctive aux croyances des populations locales : en s'engageant sur le fleuve, les passagers ont conscience d'entrer dans une autre dimension.

Cette caractéristique mythique du fleuve est ostensible chez Katia Mounthault, notamment dans les pages consacrées au père de l'un des miliciens que la narratrice rencontre pour les besoins de son reportage. Dieudonné, le père de ce jeune milicien, est doté à sa naissance d'une force aussi extraordinaire que celle d'Hercule. Comme le héros de la mythologie

---

24 Bi Kacou Parfait Diandué « Le fleuve, une écriture du mythe de la création dans "La Légende Baoulé" de Bernard Dadié », *La Poétique du fleuve*, *op. cit.*, p. 131.

25 *Ibid.*, p. 137.

26 Henri Djombo, *La Traversée*, *op. cit.*, p. 66.

27 Katia Mounthault, *Le Cri du fleuve*, *op. cit.*, p. 99.

28 *Id.*

grecque, il accomplit des exploits dès sa naissance, mais sa force à lui, il la tire de son lien mystique avec le fleuve. Il est né alors que sa mère se trouvait dans une pirogue, sur le fleuve. Il serait d'ailleurs sorti tout seul du ventre de sa mère, sans aucun effort d'expulsion de cette dernière. Les prouesses qu'il accomplit durant sa toute petite enfance sont si impressionnantes qu'on ne le désigne autrement que par « l'enfant *ndoki* », c'est-à-dire « l'enfant sorcier ». Selon les témoignages des anciens qui l'ont vu naître et grandir, Dieudonné « puisait sa force physique dans la puissance du fleuve ». Ici, le fleuve semble jouer le même rôle que celui du Styx rendant invulnérable le héros Achille dans l'épopée homérique.

On le voit, les Africains ne sont pas les seuls à accorder au fleuve une puissance surnaturelle, ou à expliquer le déchaînement des eaux en mettant en avant la volonté d'une puissance supérieure. Dans l'*Odyssée* d'Homère, les mésaventures d'Ulysse, dont le voyage de retour dans son royaume dure plus longtemps que prévu, se justifient par la colère du dieu des mers, Poséidon. Les textes sacrés offrent également un exemple pertinent de soumission des eaux à une volonté divine avec l'histoire de Jonas[29], que ses compagnons de voyage durent jeter par-dessus bord afin que la tempête qui s'était levée subitement s'arrête comme par enchantement. La tempête avait été provoquée par Dieu, à qui Jonas croyait échapper en embarquant pour une destination opposée à celle de Ninive où il devait aller prêcher. Mais, Jonas, qui ne voulait pas que le peuple se repente de ses crimes, préféra fuir. C'est ainsi qu'il fut jeté par-dessus bord, puis avalé par un gros poisson. On constate donc que, dans les textes sacrés ainsi que dans les récits épiques de l'Antiquité, les éléments liquides obéissent à la volonté d'un dieu.

Cependant, dans la littérature africaine, il y a une nuance : le fleuve n'est pas seulement soumis à une force supérieure, il est lui-même une force, une entité à part entière, dotée d'une volonté propre. Le fleuve est un personnage qui attend son heure pour surprendre ceux qui le considèrent comme un adversaire peu redoutable. Le héros du roman *Le Feu des origines* d'Emmanuel Dongala en fait l'amère expérience. Dans la scène où Mankunku, le héros, décide de défier le fleuve, celui-ci est décrit comme un être vivant, pourvu de membres, et dont les pensées sont parfois

29 *Cf. Livre de Jonas*. Lire : Aurélia Hetzel, « Une grande histoire en miniature. Jonas dans la *Bible* et dans le *Coran* », *Réinventer la brachylogie, entre dialectique, rhétorique et poétique*, Patrick Voisin (dir.), Paris, Classiques Garnier, 2020.

exprimées à la première personne. Il s'établit même comme un dialogue entre Mankunku et le fleuve, à l'instar de l'entretien qu'un maître, qui veut donner une leçon à son élève, peut avoir avec celui-ci. Florence Paravy parle de « représentation anthropomorphique du fleuve[30] ». Or, cette description anthropomorphique du fleuve est éclatante dans le roman de Katia Mounthault, dont le titre, *Le Cri du fleuve*, prend l'allure d'un manifeste.

Ce « cri », c'est d'abord celui des personnes assassinées sur le fleuve, comme on peut le voir dans le passage qui explique le titre du roman. Le frère de la narratrice, qui a vécu les horreurs de la guerre, est traumatisé à vie :

> Malgré la thérapie qu'il avait suivie aux États-Unis, sa mémoire le troublait. […] À première vue, Frédéric semblait se rétablir progressivement, mais en son for intérieur, il ne parvenait pas à oublier ce cri strident qui venait du fleuve. Un cri tenace et continu. Le bruit du crissement des balles, les cris de tous ceux qu'on massacrait[31].

Mais ce serait faire une lecture réductrice que de s'arrêter à ce premier niveau d'interprétation. Le cri du fleuve, ce n'est pas seulement tel cri en provenance du fleuve, c'est aussi le cri du fleuve lui-même qui épouse les souffrances des personnes qui sont mises à mort, dans le plus grand secret comme l'estiment les auteurs de ces crimes. Pourtant le fleuve est prêt à livrer son témoignage et à confondre ceux qui tendent à minorer les événements qui ont donné lieu à l'affaire des « disparus du *Beach* ». Le fleuve n'est pas le complice muet que l'on croit. D'ailleurs, il rejette régulièrement des corps sur ses rives, des corps que l'on croyait ensevelis dans ses entrailles, ou mangés par les crocodiles, mais qui finalement réapparaissent à la surface, comme des preuves accablantes des actions criminelles qui se commettent sous le ciel de Brazzaville.

En donnant ce titre à son roman, Katia Mounthault donne la parole à ceux qui ont été sacrifiés. Elle leur prête la voix du fleuve, dont le cri transperce le silence qui pèse sur l'affaire des « disparus du *Beach* ». Le cri du fleuve répond à l'appel désespéré des parents qui dénombrent les disparitions mystérieuses.

Ainsi, le fleuve Congo, ce cordon ombilical qui relie deux villes jumelles, deux villes fluviales, Brazzaville et Kinshasa, prend tour à

30 Florence Paravy, *L'Espace dans le roman africain francophone contemporain*, Paris, L'Harmattan, 1999, p. 294.

31 Katia Mounthault, *Le Cri du fleuve*, *op. cit.*, p. 61.

tour le visage de la mort et de la vie. Ces deux villes sont condamnées à être les témoins de crimes abominables. Les rescapés d'un massacre planifié ne peuvent expliquer leur survie autrement que par le terme de miracle, et ce miracle, c'est le fleuve qui le permet, puisque, malgré la chasse qui leur est donnée jusque sur le fleuve, nombreux sont ceux qui atteignent l'autre rive. Cependant d'autres trouvent la mort dans ce fleuve, qui se transforme alors en tombeau. Mais le fleuve est loin d'être un tombeau silencieux.

Les œuvres que nous avons étudiées montrent la vitalité du fleuve, notamment par sa parole. Le fleuve crie sa vérité. C'est un être vivant qu'il faut se garder de minimiser. Le titre de Katia Mounthault nous apparaît donc comme symbolique ; il sonne comme un avertissement donné à ceux qui pensent pouvoir compter sur le silence du fleuve. Le cri du fleuve, c'est le cri de la nature qui se révolte contre les crimes des hommes, et, à ce titre, il est comparable au célèbre tableau d'Edvard Munch, *Le Cri*, tellement obsédant que l'artiste en a livré plusieurs versions.

La manière dont le fleuve est mis en scène dans les œuvres relevant de la littérature africaine interroge les croyances des populations africaines. Malgré les siècles de christianisation ou d'islamisation, elles demeurent attachées à leurs religions antérieures. La représentation anthropomorphique du fleuve ne serait-elle pas une résurgence de l'animisme ?

Inès Lounda Kihindou[32]
Ensemble scolaire Saint Grégoire
Blanche de Castille, Pithiviers
Laboratoire C.L.S.F. E.A. 1586
de l'Université de Paris Nanterre,
France

32 Sous le pseudonyme Liss Kihindou, Inès Lounda Kihindou est l'auteure de deux essais, *L'Expression du métissage dans la littérature africaine*, Paris, L'Harmattan, 2011, et *Négritude et Fleuvitude et autres observations littéraires*, Paris, L'Harmattan, 2016. Elle a également publié des œuvres de fiction, comme le recueil de nouvelles *Détonations et Folie*, Paris, L'Harmattan, 2007 ; le roman *Chêne de Bambou*, Paris, Anibwe, 2013 ; ou le livre jeunesse *Mwanana la petite fille qui parlait aux animaux*, Paris, L'Harmattan, 2016. Tous ces ouvrages sont publiés sous le pseudonyme de Liss Kihindou.

VILLES-FLEUVES D'AMÉRIQUE

MANAUS SUR L'AMAZONE, VILLE D'AVENTURES

L'eau est indispensable à la vie. L'ayant compris, les êtres humains ont d'abord bivouaqué près des sources ou des cours d'eau avant de se sédentariser au bord des fleuves, des rivières, des lacs, des étangs ou ont appris à creuser des puits quand l'eau douce manquait à la surface. Les fleuves ont tout particulièrement favorisé le développement des grandes villes en fournissant à leurs habitants une ressource pour étancher leur soif, se nourrir, assurer leur hygiène et un moyen de transport des personnes et des marchandises permettant ainsi un enrichissement économique et socioculturel de la cité. Un bon nombre de villes fluviales ont notamment bénéficié de la période coloniale pour croître grâce au commerce entre colonie(s) et métropole – le fleuve jouant alors le rôle de voie d'accès maritime et de refuge portuaire pour charger et décharger les marchandises. On pense, par exemple, à Bordeaux et Nantes, en France, ou à Manaus, au Brésil, même si, dans son cas, il serait plus correct de parler de néocolonialisme, le pays ayant accédé à l'indépendance en 1825.

C'est justement vers cette ville de Manaus que nous allons ici nous tourner. Fondée par les Portugais en 1669, à proximité du lieu où les eaux du Rio Negro rencontrent celles du Rio Solimões pour devenir l'Amazone, la ville de Manaus est la ville-fleuve par antonomase. Son histoire est en effet intimement liée aux eaux qui la bordent et qui favorisèrent son développement au XIXe siècle en facilitant l'exploitation coloniale de l'hévéa d'Amazonie. Sa situation géographique sur les rives du plus grand fleuve de la planète, aux abords de l'une des régions les plus sauvages qu'il soit encore en font une ville toujours fascinante, au point que même les auteurs pour la jeunesse se laissent charmer par les promesses d'aventures que porte Manaus.

C'est le cas d'Eva Ibbotson dans *Reine du fleuve*[1] et de Gérard Janichon et Michel Politzer (illustrateur) dans *Amazonas*[2]. Ces auteurs ont en effet choisi de faire évoluer leurs personnages romanesques respectifs dans cette ville brésilienne. Pour cela, ils ont situé Manaus sur une carte et reproduit un certain nombre de réalèmes permettant de l'identifier, le but n'étant pas d'imiter la réalité, mais de construire une représentation littéraire de la ville porteuse de sens, notamment par rapport aux besoins du récit, et suffisamment évocatrice pour que le lecteur puisse reconnaître le lieu et en établir une « carte mentale », pour reprendre l'expression souvent utilisée par Michel Collot[3]. C'est cette représentation littéraire que nous analyserons ici, en la confrontant à une présentation de Manaus faite par un géographe, Jean Labasse[4], afin de mieux discerner les contours imaginaires de la ville.

DES AUTEURS ET DES ŒUVRES FACE À UNE VILLE-FLEUVE

Mentionnant l'ouvrage *Comment parler des lieux où l'on n'a pas été ?* de Pierre Bayard[5], Michel Collot rappelle que la représentation littéraire de l'espace « [...] ne s'appuie pas uniquement ni nécessairement sur une expérience directe du terrain, qui doit être complétée et peut même être avantageusement remplacée par un travail de documentation[6] ». Pour commencer, nous avons donc cherché à savoir si l'on pouvait déterminer un lien entre Ibbotson, Janichon et Politzer, d'une part, et la ville de Manaus, d'autre part. Nous avons

1 Eva Ibbotson, *Reine du fleuve*, trad. Élie Robert-Nicoud, Paris, Albin Michel, coll. « Wiz », 2004.

2 Gérard Janichon et Michel Politzer, *Amazonas*, Paris, Gallimard, coll. « Folio Junior », 2002.

3 Michel Collot, *Pour une géographie littéraire*, Paris, José Corti, coll. « Les essais », 2014, p. 118.

4 Jean Labasse, « Manaus, ville fluviale », *Revue de géographie de Lyon*, vol. 58, nº 3, 1983, p. 259-275 : https://www.persee.fr/doc/geoca_0035-113x_1983_num_58_3_4002 (consulté le 22 septembre 2022).

5 Pierre Bayard, *Comment parler des lieux où on n'a pas été ?*, Paris, Éditions de Minuit, coll. « Paradoxe », 2012.

6 *Ibid.*, p. 94.

trouvé très peu d'informations biographiques et aucune faisant état d'un voyage au Brésil pour Michel Politzer (1933-) et Eva Ibbotson (1925-2010). Faute d'en savoir plus, nous considérerons donc que leur expérience de Manaus est de type livresque et documentaire. En énonçant le matériel pédagogique utilisé pour préparer son héroïne à la découverte de l'Amazonie – un livre sur l'histoire du Brésil, un livre de Bates et un autre de Humboldt[7] –, Ibbotson semble étayer cette thèse.

Il en va autrement pour Gérard Janichon, navigateur et explorateur français né en 1945. En effet, lors d'un tour du monde à la voile de 1969 à 1973, on sait qu'il a remonté l'Amazone et qu'à la fin des années 1970 et au début des années 1980 il est retourné au Brésil[8]. En écrivant *Amazonas*, Gérard Janichon mobilise donc des souvenirs d'expériences spatiales vécues. Nous aurons l'occasion de juger si cette connaissance du terrain affecte la représentation littéraire de la ville-fleuve mais, pour l'instant, rappelons l'argument des romans de Gérard Janichon et d'Eva Ibbotson.

Amazonas raconte l'histoire de Lucas, fils d'un entomologiste parti étudier les papillons au Brésil. Pendant les vacances scolaires, Lucas va le rejoindre et découvrir l'Amazonie. Ce roman obéit aux règles du récit de voyage : un adulte se souvient d'un épisode de son adolescence – un voyage – et le raconte à la première personne. L'inscription au monde pouvant s'envisager par l'intermédiaire du temps ou de l'espace, connaissant ce dernier nous avons essayé d'établir le premier. Ainsi, l'histoire racontée se situe-t-elle dans les années 1970, puisque Manaus est déjà équipée d'un aéroport et que l'on évoque « la nouvelle route », la BR-319 entre Manaus et Porto Vehlo[9]. Il est dit aussi que la ville de Belém avait à l'époque entre 600.000 et 700.000 habitants[10], ce qui était le cas entre 1970 et 1975. Nous remarquons que ce cadre temporel coïncide avec les voyages de l'auteur au Brésil. Le lien réalité/fiction s'en trouve ainsi renforcé.

Par l'intermédiaire d'un narrateur omniscient, *Reine du fleuve* raconte, pour sa part, l'histoire de Maia, une jeune orpheline britannique que

7 Eva Ibbotson, *Reine du fleuve*, *op. cit.*, p. 66.

8 *Cf.* http://www.gerardjanichon-damien.fr/biographie-gerard-janichon/ (consulté le 22 septembre 2022).

9 Gérard Janichon et Michel Politzer, *Amazonas*, *op. cit.*, p. 34.

10 *Ibid.*, p. 31.

l'on envoie vivre chez un oncle installé au Brésil. Elle est accompagnée d'une gouvernante, Mlle Minton. Arrivée sur place au terme d'un voyage de six semaines[11], Maia est déçue par l'accueil de son oncle, de sa tante et de ses deux cousines. Heureusement, elle va rencontrer un jeune métis, Finn, lui aussi orphelin, qui va lui faire découvrir la région. L'histoire se déroule au tout début du XXe siècle, puisque le théâtre Amazonas existe déjà et qu'il fut inauguré en 1896. Les docks, construits selon Labasse en 1903[12], sont également là. De plus, Mlle Minton évoque un ouvrage de l'entomologiste britannique Henry Walter Bates qui « [...] a lui-même remonté ce fleuve il y a moins de soixante ans », précise-t-elle[13] ; et, un peu plus loin dans le roman, il est écrit qu'« il y a des gens qui essaient de sortir en contrebande des plants d'arbre à caoutchouc pour les faire pousser ailleurs, ce qui détruirait le commerce du caoutchouc ici[14] ». Sachant que l'expédition amazonienne de Bates a duré de 1848 à 1859, que Labasse situe la concurrence des hévéas transposés par les Britanniques en Asie vers 1920[15] et qu'il faut cinq ans pour qu'un hévéa soit productif, il nous paraît raisonnable de dater l'histoire du récit au tournant du siècle. *A priori* ce n'est donc pas la même ville qui est représentée dans les deux romans, puisque trois quarts de siècle séparent les faits relatés. Ibbotson présente Manaus dans toute sa splendeur grâce à l'exploitation des hévéas, tandis que Janichon montre une ville plus moderne, mais encore nostalgique de son passé.

Enfin, pour terminer cette brève introduction du roman d'Ibbotson, nous voulons encore souligner les liens intertextuels que *Reine du fleuve* tisse avec l'œuvre de Frances Hodgson Burnett[16] : Maia rappelle « la petite princesse » Sara, une autre riche héritière orpheline ; et l'un des personnages secondaires, Clovis, qui joue le rôle du Petit Lord Fauntleroy au théâtre, va connaître un destin aussi romanesque que celui-ci. Cet ancrage du récit dans la tradition littéraire laisse entrevoir l'importante fictionnalisation à l'œuvre dans ce roman.

---

11 Eva Ibbotson, *Reine du fleuve*, *op. cit.*, p. 17.
12 Jean Labasse, « Manaus, ville fluviale », art. cité, p. 265.
13 Eva Ibbotson, *Reine du fleuve*, *op. cit.*, p. 67.
14 *Ibid.*, p. 143.
15 Jean Labasse, « Manaus, ville fluviale », art. cité, p. 262.
16 Notamment les romans intitulés *Le Petit Lord Fauntleroy* (1888) et *La Petite Princesse* (1891).

Les différences évidentes entre les deux romans de notre corpus dans leur rapport à la réalité ne doivent cependant pas nous faire oublier un point commun déterminant dans la représentation du couple ville/fleuve : en effet, dès le titre[17] et l'illustration de la page de couverture, les deux ouvrages font du fleuve le véritable protagoniste. On peut considérer que ces éléments paratextuels doivent beaucoup à un choix éditorial obéissant à des intérêts commerciaux. Il en reste que, par cette présence de l'eau au premier plan, figurée par Michel Politzer ou symbolisée par Pierre Mornet à l'aide d'une bande ocre sur laquelle glisse un canoë, encadrée de volutes végétales où s'accrochent perroquets et papillons multicolores, le fleuve s'impose au lecteur et nous interroge sur l'absence affichée de la ville.

EN APPROCHE DE MANAUS

Et pourtant, contrairement aux apparences, la ville est bien là, même si, effectivement, elle se confond avec la nature environnante dans l'imaginaire d'une jeune enfant comme Maia. Lorsqu'on lui annonce qu'elle va rejoindre un oncle qui vit au bord de l'Amazone près de la ville de Manaus, ce sont d'abord des images inquiétantes de la jungle qui lui viennent à l'esprit : « Elle pensait à l'Amazone. Un fleuve grouillant de sangsues, au milieu d'une sombre forêt peuplée d'Indiens hostiles, armés de sarbacanes, une jungle infestée d'insectes inconnus qui vous entrent sous la peau[18] ». Évoquant l'imagologie, Bertrand Westphal nous permet de comprendre la réaction de Maia :

> Dans son acception imagologique, l'espace est espace du voyageur, espace viatique. Par là même, parce qu'il est exotique, au sens premier d'« extérieur », il est affecté d'un fort indice de stéréotypie[19].

17 À noter toutefois l'ambiguïté du titre *Amazonas* qui renvoie en portugais au nom du fleuve et au nom administratif de l'un des vingt-six états fédéraux du Brésil, alors que la région géographique porte, elle, le nom d'Amazônia. Dans le cas présent, la division administrative n'ayant aucun rapport avec le roman, nous considérons que le titre ne peut que renvoyer au fleuve.

18 Eva Ibbotson, *Reine du fleuve*, *op. cit.*, p. 12.

19 Bertrand Westphal, *La géocritique. Réel, fiction, espace*, Paris, Éditions de Minuit, coll. « Paradoxe », 2017, p. 184.

Avant d'initier son voyage, Maia n'a qu'une connaissance limitée de l'Amazonie construite à partir d'une perception occidentale et septentrionale d'une région dont on ne retient dès lors que le caractère exotique que l'on résume à travers un stéréotype porteur de préjugé : l'Amazonie c'est d'abord « l'enfer vert ». Cet appellatif apparaît dès le début des romans et, dans les deux cas, il va être contesté par Lucas et Maia qui vont lui opposer l'idée de paradis : « Dans l'inextricable jungle d'un monde que bien des hommes appellent l'Enfer vert, j'ai connu, durant plusieurs semaines, une vie de paradis et de liberté incomparables[20] », commence Lucas-adulte. Quant à Maia, c'est en étant rapatriée en Angleterre qu'elle aura le sentiment d'avoir été « arrachée au paradis[21] », donnant ainsi raison à l'auteur du livre choisi pour se documenter au début du roman :

> Ceux qui s'imaginent l'Amazonie comme un enfer vert, lut-elle dans un vieux livre à la reliure tout abîmée, ne font que transposer leurs peurs et leurs préjugés dans ce pays merveilleux. Car c'est à vous de faire de tout endroit un enfer ou un paradis, et ceux qui y viendront avec courage et ouverture d'esprit trouveront le Paradis[22].

Maia et Lucas montrent ainsi que l'exotisme annoncé ne leur fait pas peur ; bien au contraire, il les motive.

Revenant à Manaus, on constate que dans les deux romans le premier contact passe par la médiation du récit. C'est en lisant des livres pour se documenter et pouvoir en parler à ses camarades de classe que Maia découvre la ville :

> Après deux semaines sur cet autre bateau, j'atteindrai la ville de Manaus, qui est un endroit merveilleux, avec un théâtre couvert d'un toit vert et or. On y trouve des magasins et des hôtels, comme ici, car les planteurs qui ont cultivé l'arbre à caoutchouc sont devenus très riches et ont pu construire un tel endroit en plein milieu de la Jungle[23].

En réalité, c'est la directrice du pensionnat où se trouve Maia en Angleterre qui pour la première fois prononce le nom de la ville pour rassurer l'enfant : « [Ton oncle, M. Carter] possède une maison sur la

20 Gérard Janichon et Michel Politzer, *Amazonas*, *op. cit.*, p. 7.
21 Eva Ibbotson, *Reine du fleuve*, *op. cit.*, p. 370.
22 *Ibid.*, p. 15.
23 *Ibid.*, p. 17.

rivière, pas très loin de la ville de Manaus. C'est un endroit parfaitement civilisé[24]. »

Ces deux extraits sont très instructifs. Tout d'abord, ils témoignent de la difficulté à percevoir l'autre sans le ramener à soi. L'incise « comme ici », dans un cas, et le commentaire sur le caractère « civilisé » de la ville – *comme ici*, aurait pu ajouter la directrice –, dans l'autre, semblent en effet illustrer la pensée de Marc Brosseau relevée par Bertrand Westphal, selon laquelle « l'altérité, par définition, est indéfinissable, car la définir serait chercher à la rapporter à soi[25] ». L'adjectif « civilisé » permet également d'introduire une opposition entre ville civilisée et nature sauvage sur laquelle nous aurons l'occasion de revenir.

Par ailleurs, le premier extrait décrit l'accès fluvial à Manaus et situe la ville par rapport au temps nécessaire pour s'y rendre depuis l'embouchure de l'Amazone. Son statut de ville-fleuve est ainsi établi. La description de la ville s'attarde ensuite sur son monument emblématique : le théâtre Amazonas ; et on évoque l'origine de la richesse de Manaus : le caoutchouc. Enfin, un des traits caractéristiques de Manaus semble être sa capacité à émerveiller, non seulement par sa beauté, mais surtout par la prouesse que représente sa construction, son existence même dans un milieu naturel que l'on pressent hostile. Une nouvelle allusion à l'opposition civilisation/nature s'insinue ici, marquée par l'idée d'une relation conflictuelle.

Dans *Amazonas*, Lucas se trouve déjà à Manaus lorsqu'il en entend parler pour la première fois. Une rapide traversée de la ville depuis l'aéroport jusqu'au port retarde la découverte des lieux : « De Manaus, l'ancienne capitale du caoutchouc, on ne vit pas grand-chose à l'arrivée[26]. » Finalement, ce sera là aussi un récit qui, le soir même, au cours du dîner, permettra à Lucas de connaître Manaus : « Un professeur brésilien raconta l'étonnante histoire de la ville de Manaus, petit village devenu soudainement métropole vers 1850[27]. » L'autorité du narrateur est d'autant plus importante ici que Lucas n'a pas, en réalité, d'autre occasion d'aller à la rencontre de la ville qu'il quitte dès le petit matin pour rejoindre la jungle par le fleuve, et dans laquelle il ne revient qu'au

24 *Ibid.*, p. 11.

25 Marc Brosseau, *Des romans-géographes*, Paris, L'Harmattan, 1996, p. 75. Cité par Bertrand Westphal dans *La Géocritique, réel, fiction, espace*, *op. cit.*, p. 238.

26 Gérard Janichon et Michel Politzer, *Amazonas*, *op. cit.*, p. 40.

27 *Ibid.*, p. 45.

terme de son aventure pour reprendre l'avion et rentrer en France. Ce sera donc cet extrait de récit que nous commenterons par la suite, mais, dès à présent, on observe que, comme chez Eva Ibbotson, c'est ici aussi l'émerveillement que provoque Manaus, l'exploit de sa construction prenant l'air d'une métamorphose à travers l'adverbe « soudainement ». L'adjectif « étonnante », du verbe « étonner », lui-même du verbe latin **extonare* (de la même origine que *adtonare, attonare*) signifiant « frapper de la foudre, frapper de stupeur[28] », souligne la rapidité de la transformation dont le résultat provoque cette réaction. Enfin, le fait que Lucas ne la visite pas nous oriente vers une fonction de la ville présente dans les deux romans : Manaus est avant tout une porte d'accès à la jungle – rôle que lui reconnaît volontiers le géographe – et une sorte de camp de base pour débuter l'aventure littéraire. Mais, ce qui importe, c'est que cette aventure nous ramène toujours au fleuve.

L'arrivée de Lucas et de Maia dans la capitale amazonienne présente des *topoï* communs que nous allons à présent examiner. Pour commencer, on remarquera que, malgré l'écart historique et l'évolution des moyens de transport – l'un arrive en avion, l'autre en bateau à vapeur –, le temps pour aller de la côte atlantique jusqu'à Manaus est ralenti par les escales – à Belém, notamment – et, au plan narratif, par de longues descriptions. Cela permet au lecteur de percevoir les distances et, à travers elles, l'isolement de Manaus. Cela permet également aux personnages de s'acclimater, de s'habituer au nouveau décor. L'Amazonie, par son exotisme, éveille tous les sens, et il semble falloir un temps aux personnages pour mettre de l'ordre dans leurs perceptions et dépasser une forme de synesthésie évoquée par Bertrand Westphal :

> Lorsqu'on examine la représentation de l'espace selon une perspective polysensorielle, on est confronté, la plupart des cas, à une synesthésie, surtout si l'objet d'étude est un espace complexe et saturé[29].

Le premier contact de Maia avec le Brésil annonce le débordement sensoriel qui va suivre, porté notamment par l'adjectif « entêtant » :

> Au bout de quatre semaines en mer, ils sortirent sur un pont un matin et sentirent, en plus du goudron, du cambouis et du sel de la mer, un riche

28 https://www.cnrtl.fr/definition/étonnant (consulté le 22 septembre 2022).

29 Bertrand Westphal, *La Géocritique, réel, fiction, espace*, *op. cit.*, p. 220.

> parfum entêtant. Ce n'était pas une simple odeur de terre, cela sentait la jungle. Au bout de quelques heures, ils distinguèrent une sombre ligne d'arbres délimitée par le rivage, puis le bateau s'engagea dans l'estuaire du fleuve et ils jetèrent l'ancre à Belém[30].

Après une escale de deux semaines, Maia poursuit sa route sur l'Amazone jusqu'à Santarém, ce qui donne lieu à une longue description du fleuve et de ses berges pour rendre compte de toutes les observations du personnage. À cette description dilatoire se mêle une note toponymique que l'on retrouve dans *Amazonas* et qui agit comme un réalème indispensable à l'identification du fleuve : « En certains endroits, le fleuve était tellement large qu'elle comprenait pourquoi on l'appelait le Fleuve Mer[31]. »

Arrivée à Santarém, les sens de Maia vont à nouveau être sollicités lors de la visite d'un marché :

> Le marché offrait un spectacle éblouissant. Les pastèques étaient grosses comme des bébés, il y avait des bananes vertes, jaunes, et d'autres encore qui étaient presque orange. Des noix étaient empilées dans des charrettes, ainsi que des ananas, des poivrons, et du poisson fraîchement pêché que l'on faisait sécher. [...] De magnifiques Noires les vendaient en riant et en échangeant des plaisanteries, elles étaient vêtues d'étoffes aux couleurs éclatantes et côtoyaient des Indiens habillés à l'européenne, ou d'autres qui s'étaient peint la poitrine et portaient des plumes, ainsi que de jeunes Brésiliennes élancées à la peau dorée[32].

L'accumulation d'adjectifs positifs dans cet extrait révèle la bonne disposition de l'observatrice à l'égard du pays qu'elle découvre. Les couleurs, la taille, la fraîcheur constituent un spectacle pour les yeux, le nez – on imagine l'odeur de poisson frais –, le palais – la description des fruits réveille nos papilles. L'exotisme est également rendu à travers la diversité de la population : « Noires[33] », « Indiens », « Brésiliennes » métis.

La visite au marché semble une étape initiatrice, inoffensive et incontournable, puisqu'on la retrouve dans *Amazonas* : l'aventure, dit Lucas, « commença véritablement sur le marché de Belém[34] » :

30 Eva Ibbotson, *Reine du fleuve*, *op. cit.*, p. 34.
31 Gérard Janichon et Michel Politzer, *Amazonas*, *op. cit.*, p. 34.
32 Eva Ibbotson, *Reine du fleuve*, *op. cit.*, p. 39.
33 Le Brésil a aboli l'esclavage en 1888.
34 Gérard Janichon et Michel Politzer, *Amazonas*, *op. cit.*, p. 26.

> Le marché en question rassemblait tous les aspects, secrets et spectaculaires, de la vie amazonienne. On y trouvait de tout, et sous toutes les formes. Nos yeux émerveillés découvraient soudain tout ce qui vit dans la grande jungle impénétrable, tout ce qui l'habite, la hante[35].

Là encore les poissons frais ou séchés témoignent du rôle nourricier du fleuve et jouxtent avec une grande variété de bananes ; « certaines odeurs fortes » font battre le cœur de Lucas, et il savoure un jus de fruit « délicieux[36] ». La population locale est représentée mais de manière plus misérabiliste et inquiétante : on voit des trafiquants, des paysans métis ou à « l'allure de sorciers », une marchande « en haillons[37] ».

Une fois l'immersion culturelle dans le marché achevée, les personnages poursuivent leur route. Lucas du haut de son avion a tout loisir de porter un regard synoptique sur le paysage amazonien composé de jungle et d'un entrelacs de cours d'eau :

> Un immense tapis vert intense, uniformément dru, au sein duquel serpentaient des rivières et des fleuves aux tracés tortueux et aux couleurs si brunes qu'on avait peine à croire qu'il s'agissait d'eau[38].

Du pont de son bateau, Maia, elle, assiste à un spectacle incroyable :

> Quelques heures avant d'accoster à Manaus, le haut-parleur invita les passagers à se rendre sur le pont pour assister à un célèbre spectacle : le mariage des eaux, l'endroit où les eaux brunes de l'Amazone se jettent dans les eaux noires du fleuve Negro. On pouvait alors voir les deux fleuves parfaitement distincts couler côte à côte dans un même lit[39].

Cependant, le lendemain de son arrivée à Manaus, Lucas descend en bateau le fleuve pour rejoindre la jungle et il assiste au même spectacle, qui fonctionne ainsi comme un réalème caractéristique du fleuve :

> L'étrave droite de la *Festa da Luz* gagna L'Encontro das Águas, là où les eaux noires du Rio Negro coulent parallèlement et sans se mélanger avec les eaux boueuses du Rio Amazonas[40].

---

35 *Id.*
36 *Ibid.*, p. 27-30.
37 *Id.*
38 Gérard Janichon et Michel Politzer, *Amazonas*, *op. cit.*, p. 34.
39 Eva Ibbotson, *Reine du fleuve*, *op. cit.*, p. 40.
40 Gérard Janichon et Michel Politzer, *Amazonas*, *op. cit.*, p. 50.

En réalité, en les examinant de près, ces deux extraits montrent des différences significatives. Eva Ibbotson, par exemple, évoque l'intérêt touristique du lieu avec la mise en scène guidée par haut-parleur et le choix du mot « spectacle ». Intérêt sans cesse renouvelé puisque, aujourd'hui encore, les visites touristiques de Manaus prévoient un détour pour admirer la rencontre des eaux. Pour sa part, Gérard Janichon préfère reproduire un ton plus savant en utilisant le brésilien et en préférant une description scientifique (« coulent parallèlement ») à une métaphore populaire (« le mariage des eaux ») filée avec l'image des deux cours d'eau couchés dans le même lit, comme un couple. Il est vrai que ce ton, que l'on observe tout au long du roman et qui se manifeste également dans les illustrations à l'aide de cartes géographiques ou de planches éducatives, s'accorde davantage avec la mission scientifique qui conduit le père de Lucas au Brésil et au message écologiste du récit qui s'oppose à la déforestation de l'Amazonie et s'inquiète du sort des populations indigènes. Malgré tout, comme dans l'extrait d'Eva Ibbotson, nous observons une certaine liberté du narrateur par rapport à la réalité géographique. En effet, ce n'est pas l'Amazone qui se jette dans le Rio Negro, puisque celui-ci est un affluent du premier, et ce ne sont pas en vérité exactement les eaux du Rio Negro qui longent l'Amazone, puisque ce sont les eaux du Rio Solimões qu'il longe jusqu'à former l'Amazone. Pour reprendre les mots de Michel Collot, ceci nous rappelle qu'une œuvre littéraire ne se contente pas de « s'ancrer dans un territoire » : « [...] elle le transforme pour construire son propre espace, qui est celui de l'imaginaire et de l'écriture[41]. »

MANAUS

Le long voyage de Maia est récompensé par la vue de la silhouette urbaine de Manaus : « Puis, comme ils remontaient le cours du Negro, Maia vit le dôme vert et or du théâtre, elle vit les clochers des églises, et les bâtiments jaunes des douanes[42]. » L'utilisation des articles définis et des compléments de nom contribue à créer une impression de familiarité

41 Michel Collot, *Pour une géographie littéraire*, *op. cit.*, p. 55.
42 Eva Ibbotson, *Reine du fleuve*, *op. cit.*, p. 40.

qui correspond au lien affectif que l'héroïne tisse avec la ville avant même de la connaître, et que résume et partage Mlle Minton à la fin de l'ouvrage : « Nous rentrons tous les trois [Finn, Maia et elle même], ensemble, à la maison [en parlant de Manaus][43]. »

L'arrivée au port[44] permet de découvrir les embarcations locales : « canoës creusés dans des troncs d'arbres » ou « élégantes chaloupes aux couleurs éclatantes avec des stores rayés ». Faisant partie du décor de la ville – comme les taxis jaunes de New York –, elles fonctionnent comme réalèmes, et on les retrouve à peine plus sophistiquées dans *Amazonas* où, remplaçant les stores, « une dunette proéminente et largement ventilée[45] » occupe tout le pont. Les couleurs, elles, ne changent pas et sont toujours « vives aux dominantes bleue, jaune et verte[46] », contribuant à égayer la palette chromatique de la ville. Elles ont un fort caractère identitaire, puisque ce sont aussi celles du drapeau brésilien.

Cependant, le voyage de Maia et de Mlle Minton ne prend pas fin à Manaus, mais se poursuit vers la plantation de l'oncle de Maia, à une heure en bateau de là. Cette destination finale est importante, tant sur le plan narratif que pour la perception de la ville-fleuve.

C'est en effet en voulant rejoindre Manaus pour remplir une promesse que Maia va rencontrer Finn, marquant ainsi le début de l'aventure. Grâce à lui, elle va découvrir le dense réseau d'*igapes*[47], petites rivières, ruisseaux et canaux repérés sur une carte[48], qui forment un « dédale[49] » permettant d'aller de la maison des Carter jusqu'à Manaus. Ce réseau hydrographique est l'une des caractéristiques du paysage de cette région, mais il a également une fonction narrative, puisqu'il permet à Maia d'échapper à la vigilance des Carter.

L'éloignement permet également de donner au lecteur une idée de l'anomalie que représente Manaus dans la région. En effet, elle est isolée au milieu de la jungle, puisque, à peine à une heure de navigation, les personnages laissent « derrière eux tout signe d'une vie urbaine[50] ».

43 *Ibid.*, p. 380.
44 *Ibid.*, p. 42.
45 Gérard Janichon et Michel Politzer, *Amazonas*, *op. cit.*, p. 40.
46 *Ibid.*, p. 41.
47 « Igapes » est le mot utilisé dans le texte. En français on utilise plutôt *igarapé*.
48 Eva Ibbotson, *Reine du fleuve*, *op. cit.*, p. 74.
49 *Ibid.*, p. 105.
50 *Ibid.*, p. 43.

Elle est l'ultime bastion de la « civilisation », celle que Finn ne veut plus approcher[51], c'est-à-dire la civilisation urbaine occidentale et, plus précisément, européenne. Cette position stratégique de la ville en fait un pôle essentiel dans la communication entre la jungle et le reste du monde via l'embouchure de l'Amazone. Jean Labasse fait lui aussi de ce « rôle d'étape centrale dans la circulation amazonienne[52] » un signe d'identité de Manaus.

Eva Ibbotson rappelle que, historiquement, c'est au Rio Negro et à l'Amazone que la ville doit sa prospérité, puisqu'ils ont facilité le transport du caoutchouc :

> Les arbres à gomme poussaient partout dans le bassin de l'Amazone : il suffisait d'embaucher quelques Indiens pour recueillir la sève, de l'emporter dans les cabanes où on la fumait, et d'envoyer les ballots de caoutchouc brut le long du fleuve pour l'exportation[53].

L'emploi du verbe impersonnel « il suffisait » rend compte ici de la simplicité du processus. Au début du XXe siècle, Manaus reste un lieu d'échange de marchandises qui continuent de circuler par le fleuve. On croise ainsi dans *Reine du fleuve* « une vieille barque à vapeur, qui transportait toutes sortes de choses, du bétail comme des troncs d'arbres[54] », ou un transporteur de bananes arrivé de Belém[55]. C'est également par le fleuve qu'arrivent à Manaus des plantes médicinales cueillies dans la jungle pour y être vendues à des marchands locaux, ou des papillons rares capturés dans la forêt pour être vendus à des collectionneurs[56]. Toute cette activité commerciale n'a pas tardé à attirer une activité bancaire figurée dans le roman à travers les soucis financiers de M. Carter, accusé de fraude et détournement de fonds auprès de la banque de Manaus[57]. Et, finalement, l'activité économique florissante a attiré une population de plus en plus dense composée d'Européens venus faire fortune[58] et

51 *Ibid.*, p. 105.

52 Jean Labasse, « Manaus, ville fluviale », art. cité, p. 260.

53 Eva Ibbotson, *Reine du fleuve*, *op. cit.*, p. 55.

54 *Ibid.*, p. 145.

55 *Ibid.*, p 128.

56 *Ibid.*, p. 140, 252.

57 *Ibid.*, p. 316.

58 Nous rappelons que le Brésil est indépendant depuis 1825. La prospérité de Manaus datant de la deuxième moitié du XIXe siècle, on peut donc parler ici d'une forme de néocolonialisme.

d'Indiens « partis pour trouver du travail en ville[59] » après avoir été chassés de leurs terres par les planteurs européens. Sous les yeux du lecteur, la ville devient capitale en se dotant d'institutions pour encadrer la vie de ses habitants : Manaus est la ville qui fait appliquer la loi dans la région en contrôlant le transport des marchandises grâce aux douanes, en envoyant la police remonter le fleuve si nécessaire, en préparant dans son école militaire les soldats chargés de maintenir l'ordre ; c'est enfin le lieu où l'on vient se soigner à l'hôpital. Manaus offre d'autres types de services aux habitants de la région : commerces, salle de spectacle, musée, librairie, lieux de restauration ou d'hébergement. Cette profusion d'informations contribue à créer une représentation vivante de la ville que vient compléter, à la manière d'une bande sonore, l'allusion aux « chansons que [Maia] entendait partout autour d'elle, dans les rues de Manaus, sur les bateaux qui remontaient la rivière, dans les cases des ouvriers[60] ».

Cependant, comme pour toutes les grandes villes, le plan cadastral de Manaus révèle des inégalités sociales. Les belles demeures du centre ville sont réservées à une riche population européenne avec des places bien éclairées grâce à de « grands lampadaires de cuivre[61] » comme sur la place du théâtre. En marge de la ville, on trouve de petites rues sans lampadaires[62], et des « maisons basses[63] » au bord des *igarapés* – et donc à la merci des crues saisonnières du Rio Negro[64]. C'est là et dans le quartier des docks qu'habite la population indigène, puisqu'on parle des « Indiens qui vivaient sur les berges de la rivière et près des docks[65] ». Du fait de son implantation spatiale, cette population est immédiatement perçue par le lecteur comme étant particulièrement vulnérable sur le plan économique, et probablement marginalisée sur la base de préjugés. Pour le géographe Jean Labasse, cette répartition de l'espace met en évidence le lien étroit qui, encore aujourd'hui, unit une partie de la population de Manaus au fleuve :

---

59 Eva Ibbotson, *Reine du fleuve*, *op. cit.*, p. 208.
60 *Ibid.*, p. 210.
61 *Ibid.*, p. 90.
62 *Ibid.*, p. 221.
63 *Ibid.*, p. 104.
64 Selon Jean Labasse, les crues du Rio Negro atteignent en moyenne une douzaine de mètres, d'où la construction de maisons flottantes ou sur pilotis que Maia observe sur les berges en remontant le fleuve.
65 Eva Ibbotson, *Reine du fleuve*, *op. cit.*, p. 332.

> […] le citadin de Manaus qui, lorsqu'il habite l'un des nombreux quartiers pauvres égrenés le long de tel ou tel petit affluent (igarapé) du Rio Negro, est solidaire du milieu fluvial à proportion de son habitat (maisons flottantes), de sa nourriture (pêche), de son mode de transport[66].
>
> Tout cela aide à comprendre que si l'image socialisée de Manaus reste attachée au fleuve et à ses affluents, c'est aux couches les plus populaires qu'elle le doit[67].

En résumé, il a aussi des gens très pauvres à Manaus[68], mais, contrairement à la vision misérabiliste qu'en donne Gérard Janichon, Eva Ibbotson préfère éveiller une conscience de justice sociale par le biais de la comparaison entre défavorisés et privilégiés. La pauvreté intervient, par ailleurs, dans la trame narrative, puisqu'elle fait penser – à tort – aux détectives envoyés par le grand-père de Finn pour ramener le garçon en Angleterre : ils pourront plus facilement le trouver en soudoyant les gens pauvres – comme si la misère pouvait abaisser le seuil de moralité, nous laisse-t-on comprendre.

Pour revenir au fleuve, on observe que le quartier des docks est aussi un lieu malfamé, comme c'est le cas en général dans les villes portuaires : « Il y a des tas d'hommes dangereux là-bas[69] », dit l'une des petites Carter. C'est aussi un lieu de perdition pour les femmes : les cousines de Maia n'ont aucune peine à ruiner la réputation de leur gouvernante en racontant à leur père « qu'elle avait été vue à Manaus avec des hommes[70] ». On remarquera toutefois que ces jugements sont mis en doute par le manque de crédibilité des deux cousines qui sont représentées comme de véritables pestes. En fait, ce quartier joue un rôle très important dans le récit en servant de cachette pour faciliter le subterfuge imaginé par Finn afin d'envoyer un autre que lui auprès de son grand-père.

Ce fleuve, qui a permis à Manaus de se développer économiquement et de devenir capitale de région, est surtout une voie de communication par où arrivent les informations du monde extérieur à travers la poste ou le bouche-à-oreille[71], et c'est avant tout la voie d'accès à la jungle

66 Jean Labasse, « Manaus, ville fluviale », art. cité, p. 260.
67 *Ibid.*, p. 264.
68 Eva Ibbotson, *Reine du fleuve*, *op. cit.*, p. 142.
69 *Ibid.*, p. 229.
70 *Ibid.*, p. 254.
71 *Ibid.*, p. 283, 128.

amazonienne. Jean Labasse va plus loin en affirmant que « les cours d'eau ont été le facteur déterminant de la conquête de l'espace[72] » en Amazonie. Dans le roman d'Eva Ibbotson, le fleuve est le chemin naturel des aventuriers, des explorateurs scientifiques, de ceux qui veulent faire des échanges avec les tribus indiennes isolées, à la recherche de remèdes naturels. Pour toutes ces personnes, Manaus est une sorte de base arrière pour préparer les expéditions, trouver des pièces de rechange[73], se réfugier au moment des crues. Le projet de Mlle Minton, à la fin du roman, prévoit ainsi de se replier pendant la saison des pluies près de Manaus pour que Maia et Finn puissent y poursuivre leurs études : « Et à la saison sèche, partir en expédition, explorer[74]. » À noter que, plusieurs décennies plus tard, Manaus continue de jouer ce rôle dans le roman de Gérard Janichon, même si les explorateurs ne sont plus des botanistes amateurs comme Mlle Minton ou des voyageurs romantiques comme Maia qui, à plusieurs reprises, exprime son souhait de partir pour un voyage sans fin : « Maintenant, elle avait tout autant envie de faire ce voyage avec Finn, remonter sans fin des fleuves inconnus [...] ne jamais arriver à destination, continuer, tout simplement[75]. » Dans *Amazonas*, ce sont de vrais scientifiques qui utilisent Manaus pour mettre en commun leurs découvertes et préparer leurs projets : « Pour le moment, c'est à Manaus qu'une réunion des directeurs de projets rappelait [le père de Lucas] pour au moins une semaine[76]. » Ici aussi, cette circonstance – crédible dans la réalité – est mise à profit sur le plan narratif pour soustraire Lucas à la surveillance paternelle et lui permettre de vivre une aventure rocambolesque, puisqu'il va être pris en otage par des Indiens pour revendiquer la protection de la forêt menacée par les routes et les exploitations agricoles. Cet épisode va, de fait, une nouvelle fois mettre en valeur Manaus comme capitale chargée des décisions affectant toute la région : « Le cacique pria Matarei de s'en retourner à la ville [Manaus] porter toutes ces doléances[77]. »

72 Jean Labasse, « Manaus, ville fluviale », art. cité, p. 260.

73 Eva Ibbotson, *Reine du fleuve*, *op. cit.*, p. 261.

74 *Ibid.*, p. 380.

75 *Ibid.*, p. 38, 259.

76 Gérard Janichon et Michel Politzer, *Amazonas*, *op. cit.*, p. 59.

77 *Ibid.*, p. 73.

HISTOIRE D'UNE VILLE

Nous venons de voir comment Eva Ibbotson et, plus sommairement, Gérard Janichon dessinaient les contours d'une ville-fleuve exceptionnelle par son emplacement géographique. Mais c'est surtout l'histoire de cette ville qui fournit aux deux écrivains les éléments nécessaires pour placer l'opposition civilisation/nature au centre de leur roman respectif.

Dans *Reine du fleuve*, la description de la fastuosité de Manaus ne relève pas encore de l'histoire, puisque les personnages évoluent au moment même où la splendeur de la ville atteint son apogée. Cette description met l'accent sur le caractère eurocentré de Manaus, comme le constatent Maia et Mlle Minton :

> Elles remontèrent une avenue bordée de magasins élégants : des boutiques de vêtements, de chaussures, des selleries et des chapeliers. Tout ce luxe à des milliers de kilomètres de l'embouchure du fleuve paraissait incroyable. On trouvait là tout ce que peut offrir une ville européenne[78].

Derrière cet eurocentrisme, l'auteure perçoit un rapport axiologique entre l'ancien et le nouveau continent, le premier étant considéré comme étant supérieur au second du point de vue culturel. Dans cet autre extrait, Eva Ibbotson met en scène un personnage qui a su tirer parti de cet *a priori*, héritier du colonialisme :

> Mme Duchamp était une Française qui avait eu assez d'esprit pour comprendre que les riches planteurs de caoutchouc et les marchands installés à Manaus voulaient assurer que leurs enfants ne soient privés d'aucune des activités auxquelles ils auraient pu s'adonner en Europe[79].

Un autre aspect important de la ville tient à l'exhibition tapageuse de sa richesse. Nous venons de citer un extrait faisant une énumération de boutiques de luxe, et l'on comprend que les produits qui y sont vendus ne sont pas à la portée de la population locale. Cet autre fragment confirme, quelques pages plus tôt, que le luxe ne la concerne

78 Eva Ibbotson, *Reine du fleuve*, *op. cit.*, p. 78.
79 *Ibid.*, p. 79.

pas : « On rencontrait à Manaus des Européens qui vivaient comme des princes[80]. »

La critique à peine voilée que l'on perçoit ici de la permanence d'une forme de colonialisme, malgré l'indépendance du Brésil, est présente tout au long du roman à travers l'exposition de points de vue de type endogène (les Indiens des Carter), exogène (les Carter, Clovis) ou allogène (Maia, Mlle Minton). Les Carter, par exemple, vivent cloîtrés dans leur bungalow, ne sortant que pour aller à Manaus, se nourrissant exclusivement de produits en conserve importés d'Angleterre et rejetant tout ce qui leur rappelle la nature sauvage de la région où ils se sont installés. Les Indiens qui travaillent pour eux condamnent cette attitude et le manifestent soit en restant distants, soit en partant. De son côté, Mlle Minton ne comprend pas que l'on puisse habiter un lieu sans s'intéresser à lui. Lors d'une expédition sur le fleuve à la recherche de Maia, elle jette son corset pour se libérer. Ce vêtement joue à la fois un rôle symbolique, puisqu'il représente le carcan de la civilisation, et un rôle narratif, puisque c'est en le retrouvant que les policiers vont mettre fin à l'escapade et contribuer au retour – momentané – de Maia, Finn et Mlle Minton en Angleterre. Finalement, son projet de futur, que nous avons déjà cité, montre à quel point le personnage est dans un entre-deux culturel : des expéditions dans la jungle en saison sèche, des études savantes – à l'européenne – en saison humide.

Dans *Amazonas*, Gérard Janichon ne fait aucune description de la ville des années 1970 dans laquelle arrive Lucas. En revanche, il utilise un narrateur autorisé pour évoquer l'histoire de Manaus, qui nous ramène à l'époque décrite par Eva Ibbotson. Ce récit d'« un professeur brésilien » est finalement la seule description de la ville qu'en auront Lucas et les lecteurs. Le passage étant relativement bref, nous le reproduisons ici avant de le commenter. Le narrateur nous explique ainsi comment, grâce à l'exploitation des hévéas pour répondre à la demande mondiale de caoutchouc,

> Manaus, le village de la jungle, se transforma en port industriel et en centre d'affaires. Il fut équipé d'un tramway électrique alors que ceux des villes européennes étaient encore tirés par des chevaux. On y installa le téléphone, on y bâtit des collèges, un opéra en marbre, on y ouvrit des cafés raffinés et mondains.
>
> Vers 1910, quand les hévéas de Malaisie se mirent à produire – après qu'un Anglais perfide eut volé les graines en Amazonie –, toute cette prospérité

80 *Ibid.*, p. 56.

> artificielle s'effondra. Seule la forêt vierge se souvint encore de Manaus pour la redévorer aussitôt, conclut notre orateur[81].

Les deux premières phrases utilisent une approche comparative pour évoquer l'incroyable essor de Manaus dans la seconde moitié du XIXe siècle et au début du XXe : le village de jungle s'oppose à la ville moderne et prospère grâce à son activité portuaire ; la ville moderne rivalise avec ses modèles européens par la sophistication de ses équipements. Le verbe « se transformer », la locution conjonctive d'opposition « alors que » et l'adverbe de temps « encore » soulignent la rapidité du processus. L'énumération de la troisième phrase complète un décor caractérisé par son opulence faite d'innovations technologiques, de matériaux nobles ou de décorations élégantes. L'illustrateur Michel Politzer rend compte de tout ce raffinement en représentant la façade côté jardin de l'Opéra et des personnages habillés à la mode de la Belle Époque.

La seconde partie évoque la décadence de la ville qui est aussi rapide que son essor comme l'indique le choix du verbe « s'effondrer ». Le qualificatif « artificielle » prend ici une connotation négative faisant de Manaus non plus une ville miracle mais une ville mirage. Cet adjectif résonne avec la dernière phrase où l'on voit la nature récupérer avec avidité celle que la civilisation eurocentrée – artificielle en ces lieux – avait construite. En fait, cette représentation de la décadence de Manaus relève de l'imaginaire fictionnel, puisque la ville n'a cessé de s'étendre. Manaus n'intéresse plus l'auteur, et il la fait disparaître pour s'enfoncer dans la jungle avec son personnage afin de revendiquer la protection de cet espace naturel et de ses habitants.

Pour conclure, nous avons pu constater que, du point de vue littéraire, la ville de Manaus reste ancrée dans son passé glorieux. Eva Ibbotson y plonge directement ses personnages et Gérard Janichon se désintéresse complètement de la ville moderne qu'il a pourtant connue dans le dernier tiers du XXe siècle. Cette ville, avec ses larges avenues goudronnées et ses tours en verre et en béton, n'a rien d'original. Elle ressemble à toutes les grandes villes du monde. La ville qui fait rêver, c'est celle qui un jour a vaincu la jungle, de manière presque magique tant sa construction a été rapide et tant sa beauté a été éblouissante. Cette Manaus symbolise la victoire de la civilisation sur la nature, et on comprend que Gérard

81 Gérard Janichon et Michel Politzer, *Amazonas*, *op. cit.*, p. 47-48.

Janichon en dédaigne les artifices, puisque – autres temps, autres mœurs ce qui l'intéresse, c'est la sauvegarde de l'Amazonie dans une perspective écologique. Cette approche est également présente dans *Reine du fleuve*, mais elle s'adapte au contexte historique en se manifestant à travers l'ouverture d'esprit des personnages principaux et leur goût des expéditions à la découverte d'un milieu naturel qu'ils respectent.

Manaus attise surtout l'imaginaire des écrivains grâce à son fleuve, qui permet d'accéder à l'un des rares territoires sur la planète dont la mondialisation n'a pas « relativisé l'exotisme » pour reprendre des mots employés par Bertrand Westphal[82]. La forêt amazonienne reste en effet un lieu sauvage, inconnu ou méconnu, potentiellement dangereux ; c'est un biotope riche, varié et d'une grande beauté. Pour un écrivain, ce sont là les ingrédients parfaits pour faire vivre des aventures à ses personnages. L'écrivain pour la jeunesse doit juste faire attention à ce que ses personnages soient orphelins ou échappent à la surveillance des adultes pour que ces aventures soient plausibles.

La ville-fleuve que l'on perçoit dans ces deux romans est une représentation littéraire qui alimente l'imaginaire du lecteur. Celui-ci en conçoit une image que d'autres lectures ou une visite au Brésil viendront modifier[83]. Il pourra ainsi revivre l'expérience vécue par Italo Calvino :

> Avant d'avoir été une ville du monde réel, Paris a été pour moi, comme pour des millions d'autres personnes de tous pays, une ville imaginée à travers les livres, une ville que l'on s'approprie en lisant[84].

Esther LASO Y LEÓN
Université d'Alcalá
Laboratoire L.I.J.E.L., Université
Autonome de Madrid, Espagne

82 Bertrand Westphal, *La géocritique. Réel, fiction, espace*, *op. cit.*, p. 46.

83 Nous citerons deux travaux dignes d'intérêt sur les villes-fleuves : Sophie Bonin, « Fleuves en ville : enjeux écologiques et projets urbains », *Strates*, 13, 2007 : https://journals.openedition.org/strates/5963 (consulté le 22 septembre 2022) ; Sandy Kumar, Lucie Naveteur, Benjamin Persitz, Gaëlle Renoncet, Jean-Baptiste Roussat, *La ville fluviale*, Mastère A.M.U.R., Atelier International, mars 2015.

84 Italo Calvino, *Eremita a Parigi. Pagine autobiografiche*, Torino, Einaudi 1994, p. 190. Cité par Bertrand Westphal dans *La Géocritique, réel, fiction, espace*, *op. cit.*, p. 242.

EDDY L. HARRIS OU LA RÉINVENTION DE LA VILLE-FLEUVE

Le Mississippi et le « patelin » postindustriel

En 1986, l'écrivain « noiraméricain[1] » Eddy L. Harris, alors âgé de 30 ans, est à un carrefour de sa vie. Il se rêve auteur populaire, mais ses romans policiers, de facture traditionnelle, ne rencontrent pas le succès escompté. La mort dans l'âme, il envisage donc de « rentrer dans le rang » et de chercher un travail plus conventionnel. C'est dans ce contexte biographique qu'il décide subitement de descendre le Mississippi en canoë : 4.000 km depuis la source du fleuve, à Itasca, jusqu'à La Nouvelle-Orléans. Le jeune auteur espère que cette folle aventure aura le pouvoir de le guérir de son irrésolution paralysante. Les attentes qu'il investit dans ce projet sont, de son propre aveu, à la fois « égocentriques », « simplistes[2] », et très vagues. La démarche d'Eddy L. Harris est résolument ouverte : il ne s'assigne aucune contrainte littéraire et il est prêt à accueillir tous les enseignements d'un voyage qui n'est dirigé par aucune démonstration préétablie. Le récit qui découle de cette expérience, *Mississippi Solo*, est une *non-fiction* enthousiaste qui semble littéralement écrite au fil de l'eau, et qui tient du journal et de l'essai au sens large. S'y mêlent des détails techniques sur le fleuve et sur la pratique du canotage, les descriptions lyriques – voire parfois mystiques – des paysages naturels qu'il traverse et, surtout, le récit des nombreuses rencontres que fait l'auteur. Le tout inspire à Eddy L. Harris des considérations plus larges sur l'histoire des États-Unis, leur géographie et leurs politiques d'urbanisation. Émaillant le texte sans le sous-tendre, des réflexions plus personnelles sur son propre parcours de vie et sur ses questionnements identitaires parachèvent un ensemble qui, sur le fond comme sur la forme, frappe par sa spontanéité et son absence de parti pris. De cette façon, alors qu'Eddy L, Harris partait la tête pleine de la légende du fleuve et de ses

1 *Blackamerican.* C'est par ce néologisme qu'Eddy L. Harris a coutume de se désigner.

2 Eddy L. Harris, *Mississippi Solo*, traduit de l'anglais par Pascale-Marie Deschamps, Paris, Éditions Liana Levi, 2020 (1988), p. 24.

grandes villes emblématiques, c'est finalement les « patelin[s][3] » fluviaux méconnus qui retiennent son attention et conquièrent son estime. D'abords sinistres et laids, ces petites villes marquées par la désindustrialisation ont étonné l'auteur tout au long de son aventure par la gentillesse et la générosité de leurs habitants – y compris au Sud du pays où il s'attendait à se heurter à un racisme endémique. La mise en garde de son ami Robert, qui s'« inqui[était] » à l'idée qu'il allait « de là où il n'y a pas de Noirs à là où on ne [les] aime pas toujours[4] », n'a pas trouvé d'écho.

Près de trente ans plus tard, Eddy L. Harris, salué par la critique américaine pour son exploration de l'identité noire, a rencontré son public aux États-Unis et surtout en France, où il vit. *Mississippi Solo* a initié ce succès. Le récit de voyage a réussi là où la fiction avait échoué : il a lancé la carrière de l'écrivain. Or, plus le temps passe et plus l'insouciance du regard que pose *Mississippi Solo* sur la double problématique identitaire et environnementale devient problématique, aux yeux de la réception comme à ceux de l'auteur lui-même[5]. Il faut dire qu'il s'agit de deux thèmes que la campagne pour les élections présidentielles de 2017 place au cœur de l'actualité. Eddy L. Harris décide donc de réactualiser son propos, de descendre à nouveau le fleuve et d'en livrer un second récit. *River to the Heart*[6], documentaire dont l'adaptation en littéraire est intitulée *Le Mississippi dans la peau*[7], se veut donc un correctif chargé

3 *Ibid.*, p. 304. « *Small town* » dans la version originale (*op. cit.*, p. 303), plus neutre – mais la traduction française de *Mississippi Solo*, récente, a été supervisée par l'auteur, parfaitement bilingue (il vit en France depuis vingt ans).

4 *Ibid.*, p. 17.

5 Adam Weymouth, « Introduction » à *Mississippi Solo : A River Quest*, John Murray Journeys, John Murray Publishers Ltd, 2021 (1988), p. VII-XI, p. X-XI : Adam Weymouth attire l'attention sur les « omissions assourdissantes de *Mississippi Solo* » (sur les questions sanitaires notamment, les Noirs étant beaucoup plus exposés aux cancers à cause de la pollution de leur environnement) : « Lisant le livre plus de trente années après, alors que les protestations de *Black Lives Matter* balaient tout le pays et que la race est l'une des questions clés qui définit l'élection américaine, c'est impossible à ignorer. Harris lui-même semble en être arrivé à cette position ». Le journaliste postule alors que, « à l'époque de *Mississippi Solo,* Harris était mûr pour explorer ses propres zones d'ombre, mais n'était peut-être pas prêt à affronter les ténèbres de son pays » (c'est nous qui traduisons).

6 *River to the Heart*, réalisé par d'Eddy L. Harris, présenté en novembre 2017 au Festival du film international de St. Louis. La deuxième descente du fleuve filmée dans le documentaire est accomplie en 2014 et la réalisation du film est donc contemporaine de la campagne présidentielle opposant Hilary Clinton et Donald Trump.

7 Eddy L. Harris, *Le Mississippi dans la peau*, traduit de l'anglais par Pascale-Marie Deschamps. Il faut absolument préciser ici que ce deuxième récit est uniquement paru en France, où l'auteur réside, et qu'il n'existe donc aucune version publiée du manuscrit original. Eddy

de saisir « tout ce qu['il] a manqué[8] » la première fois. On le comprend d'emblée, l'hommage rendu au « patelin » postindustriel de l'Amérique profonde[9] ne peut plus être assumé tel quel[10]. Car ces petites villes sont le foyer d'une pauvreté principalement blanche associée, aux yeux de l'élite intellectuelle démocrate métropolitaine à laquelle se rattachent plutôt Harris et ses lecteurs, à la figure du fameux « déplorable[11] » raciste et pollueur qui vote pour Trump. C'est donc plein de préventions contre ces « recoins obscurs de l'Amérique[12] » que l'auteur repart cette fois. Pourtant, contre toute attente, non seulement l'hommage au « patelin » fluvial et à ses habitants s'impose à nouveau, mais il en vient même à résonner de manière encore plus vibrante. C'est ainsi que, à l'issue d'une réflexion aux accents historiques et sociologiques, cet écrivain noir, démocrate[13] et cosmopolite[14] en arrive à voir dans les petites villes

L. Harris a supervisé la traduction française comme il l'a fait pour celle de *Mississippi Solo*, de manière quasi simultanée (2020 pour la traduction de *Mississippi solo* et 2020-2021 pour la traduction du *Mississippi dans la peau*). Le statut des deux volumes publiés par les Éditions Liana Levi est donc un peu hybride : il ne s'agit pas tout à fait de romans anglophones traduits. Cela concerne il est vrai davantage le second récit, mais on note malgré tout des modifications signifiantes entre le texte original et le texte traduit de *Mississippi Solo* ; l'auteur a ajouté des titres de chapitres, par exemple.

8 *Le Mississippi dans la peau*, *op. cit.*, p. 97.

9 Le Mississippi est, comme le rappelle Eddy L. Harris, la « colonne vertébrale » de l'Amérique (*Mississippi Solo*, *op. cit.*, p. 45), son « centre » (*Le Mississippi dans la peau*, *op. cit.*, p. 29).

10 Donald Trump est déjà président lorsqu'Eddy L. Harris adapte son documentaire en récit. *Cf. ibid.*, p. 25 : « Ce n'était pas encore le temps de Donald Trump. »

11 Expression employée par Hilary Clinton lors de la campagne présidentielle de 2016 pour qualifier ceux qui constitueraient selon elle la moitié des électeurs de son adversaire. On parlera aussi du *white trash*, de l'*angry white man*, désignations réactualisées au moment de la campagne pour désigner « le petit blanc » conservateur des classes moyennes blanches déclassées.

12 C'est plus précisément au problème du racisme qu'entend s'attacher l'auteur, et sa quête se fait nettement plus précise que lors du premier voyage, dont il semble de fait renier les conclusions : « Mais quelque chose de racial couve dans les recoins obscurs de l'Amérique. Quelque chose semble en suspension dans le vent et je veux aller voir de quoi il en retourne. Je n'ai pas trouvé meilleur endroit pour prendre le pouls de l'Amérique qu'en son centre, le long du Mississippi. » (*Ibid.*, p. 29)

13 Eddy L. Harris, malgré une opinion mitigée sur Barack Obama et sur Joe Biden, a une sensibilité démocrate et reproche aux républicains de « tout bloquer ». Il considère aussi que le mandat de Donald Trump a été une aberration. Sur ses positions politiques, voir son interview par Alexandra Schwartzbrod, dans *Libération*, 16 octobre 2020, https://www.liberation.fr/livres/2020/10/16/choisir-entre-biden-et-trump-montre-a-quel-point-les-etats-unis-sont-tombes-dans-la-boue_1802651/ (consulté le 22 septembre 2022).

14 Sur le statut d'éternel voyageur de l'auteur, voir Eddy L. Harris, *Paris en noir et black*, traduit de l'américain par Jean Guiloineau, Éditions Liana Levi, 2009 (2008), p. 36 :

blanches de l'ère postindustrielle, « ces petites villes qui se meurent le long du fleuve[15] », l'âme et l'avenir du Mississippi.

En optant pour la *non-fiction* et en offrant à son lecteur, à trente ans d'intervalle, deux photographies du fleuve et des villes qui le bordent, Eddy L. Harris fait aussi, littéralement, œuvre de géographe. Il décrit en effet sur un plan tant diachronique que spatial plusieurs âges du fleuve et plusieurs modèles d'aménagement du Mississippi par les hommes. Il en interroge les avantages comme les inconvénients, visant en cela une honnêteté intellectuelle rigoureuse et se défiant des mythologies comme des idéologies. Or, dans la perspective écocritique qui est la nôtre, il est frappant de voir les conclusions du géographe-urbaniste Harris redoubler celles de l'historien-essayiste. En effet, là aussi, c'est finalement la petite ville désindustrialisée qui est consacrée : ses rapports au fleuve, en pleine réinvention, laissent entrevoir la possibilité d'atteindre enfin une cohabitation harmonieuse de l'homme et de son environnement.

En tentant de tenir compte de la multiplicité des approches qu'imbrique le diptyque d'Eddy L. Harris[16], nous verrons d'abord comment l'auteur interroge les deux grands âges révolus des rapports de l'homme au Mississippi. Cela nous permettra de voir ensuite comment le « patelin », en dépit de l'aversion tant esthétique qu'idéologique qu'il suscite de prime abord, s'impose sur tous les fronts comme le meilleur avenir du fleuve, dans la mesure où il se révèle être un espace de résilience et de convivence identitaires et environnementales.

« Il y a peu, on m'a demandé combien j'avais passé de nuits sous un même toit depuis que je vis seul. J'ai répondu trente. »

15 *Le Mississippi dans la peau*, *op. cit.*, p. 221.

16 *Cf.* Bertrand Westphal, « Lecture des espaces en mouvement : géocritique et cartographie », *Études de lettres*, 2013, p. 17-32, p. 23 : l'essayiste, initiateur de la géocritique, constate que « le débordement générique, catégorique, disciplinaire » est caractéristique « des questions de représentation spatiale ».

LE FLEUVE DOMINANT L'HOMME

Le Mississippi sauvage ou l'âge d'or des grands espaces vierges

Les deux récits d'Eddy L. Harris articulent plusieurs types d'exploration : individuelle et identitaire d'une part, mais aussi historique et géographique. Ces deux dernières sont étrangement confondues puisque le Mississippi, véritable « récit national[17] », est encore relativement préservé au nord, puis de plus en plus industrialisé à mesure que le céiste – ou canoéiste – s'enfonce dans les états du Midwest[18]. C'est pourquoi, en entamant son premier périple à Itasca, l'auteur s'attend en quelque sorte à remonter le temps et à renouer avec une nature sauvage, vierge de la marque de l'homme[19]. L'auteur, un « citadin affable et civilisé[20] », se réjouit de se lancer, tel un pionnier, un explorateur ou « un trappeur en peau de daim[21] », dans « une aventure, un défi, sans smoking, sans cravate et sans uniforme, sans civilité ni règles[22] » et d'affronter une nature impétueuse et farouche. Cette soif d'aventure et de nature a été partiellement étanchée[23] et, à plusieurs reprises au

17 *Mississippi Solo*, *op. cit.*, p. 90.

18 Le recoupement n'est pas total puisque, au Sud, à un peu plus du dernier tiers du voyage, le fleuve redevient « indiscipliné et sauvage », et convoque surtout la mémoire de l'esclavage (voir *Le Mississippi dans la* peau, *op. cit.*, p. 240).

19 Il est intéressant de noter que, ce faisant, le voyage d'Eddy s'inscrit dans un imaginaire national de prise de conscience du pays par l'exploration, ce qui constitue une spécificité américaine par rapport à l'Europe où la construction nationale s'est faite après la construction territoriale, les pays européens étant connus, aménagés et cartographiés depuis bien plus longtemps. Au contraire, la jeune république américaine s'est formée en se confrontant à un territoire immense dont il s'agissait de prendre progressivement possession – ce qui sera théorisé en 1845 avec la « Destinée manifeste » du pays – *Manifest Destiny.* Le Mississippi, le plus grand fleuve des États-Unis, qui organise le territoire des Grandes Plaines et met en connexion les Grands Lacs et le golfe du Mexique, a évidemment constitué un élément fondamental de cette géographie à explorer.

20 *Mississippi Solo*, *op. cit.*, p. 43.

21 *Ibid.*, p. 17.

22 *Ibid.*, p. 48.

23 *Le Mississippi dans la peau*, *op. cit.*, p. 18 : « Et soudain, c'est la bagarre. Le vent se lève. On veut tenir un cap mais la brise et le courant ne l'entendent pas ainsi [...]. Mais on est en vie. Tandis que l'on se bat contre le vent, la pluie et les grosses vagues, que l'on admire les pélicans et les oies, les loutres, les castors et les tortues serpentines, que l'on se recroqueville au cri du loup, on sent son cœur battre d'excitation, on l'entend cogner. »

cours des deux descentes, Eddy L. Harris s'émerveille du spectacle de la toute-puissance du fleuve, qu'il va même jusqu'à déifier :

> Et puis, le dieu du fleuve – ou le fleuve-dieu, me répond. Une voix intérieure m'apaise. Je me calme. [...] Le jour est gris et le ciel habité de nuages couleur fumée. Ils s'ébrouent là-haut comme du bétail parqué, inquiet, en colère. Quand ils poussent ensemble du même côté, la lumière apparaît et découpe un pan de ciel bleu. Des rayons de soleil argentés tombent du ciel et frappent le lac, égayant son gris de mauvais augure. Tout à coup, je comprends que je ne fais pas le poids face au fleuve, ni à la nature [...]. La nature est un super poids lourd, et moi rien qu'un poids mouche. N'imagine même pas une demi-seconde pouvoir entrer en compétition avec la nature. Le vent, l'eau et la terre sont invincibles. Voilà ce que me dit le fleuve[24].

Dans le lyrisme du style et dans le contraste entre les envolées mystiques de l'auteur et ses conclusions pour le moins prosaïques, on peut néanmoins discerner une discrète modalisation. Certes, il y a bel et bien des moments aussi où Eddy L. Harris a pu se glisser dans la peau d'un explorateur en terre inconnue et sauvage. En effet, comme il le constate au début de son voyage, le fleuve, au nord, n'est pratiquement pas cartographié[25], ce qui le place à plusieurs reprises dans des situations d'indécision et le conduit à emprunter certains bras en se fiant à son « instinct » et au « hasard[26] ». Mais, dans les faits, la civilisation n'est jamais très loin[27]. La « nostalgie[28] » d'un âge antérieur où la nature

24 *Mississippi Solo*, *op. cit.*, p. 53.

25 *Cf. ibid.*, p. 68-69, après que Eddy L. Harris a atteint Minneapolis : « Mais le changement du fleuve s'accompagne d'une nouvelle sécurité. Car je sais où je suis. Je suis enfin sur les cartes de navigation éditées par le Corps des ingénieurs de l'armée. »

26 *Cf. ibid.*, p. 36 : « Je ne sais pas quel bras choisir ». Pour les explorateurs, voir p. 17, sur Lewis et Clark. Voir aussi *Le Mississippi dans la peau*, *op. cit.*, p. 32-33, sur Schoolcraft, Hernando de Soto, Jacques Marquette et Louis Joliet dont il retrace l'histoire : « Les explorateurs avancent en suivant leur instinct et leurs sens, les signes et les étoiles. Ils se fient autant à leurs conjectures qu'au hasard. Prévisions et calculs ont leurs limites. Le sort, bon ou mauvais, le courage et l'adaptabilité font le reste. »

27 L'auteur en convient lui-même avec honnêteté : « Pas âme qui vive, aucun signe d'urbanisation. On est plongé dans la nature sauvage, un voyage dans l'inconnu. L'isolement est libérateur. Ce n'est pas tout à fait vrai, bien sûr. On n'est jamais très loin des longs bras de civilisation, des routes de campagne, des autoroutes, de l'activité moderne. J'ai toujours su lors du premier voyage que, si jamais les choses tournaient vraiment mal, accident ou grand coup au moral ou au physique, je pouvais remonter et échouer le canoë, marcher un peu vers l'est ou l'ouest et croiser la route la plus proche. Je pouvais toujours rentrer chez moi en stop ou à pied. » (*ibid.*, p. 41)

28 *Mississippi Solo*, *op. cit.*, p. 45.

tenait l'homme en respect ainsi que l'aspiration aux sensations fortes du citadin blasé sont remises en question à l'aide d'une comparaison inopinée, naïve de prime abord, mais tout à fait signifiante :

> Cette virée sur le fleuve n'est pas très différente d'une virée à Disneyland. Des spectacles à couper le souffle, des panoramas, de l'excitation, de la magie, du plaisir. Et même le meilleur que le parc ait à offrir : sa faculté de nous défaire de nous-mêmes et de nos soucis. La différence, toutefois, est que, même si le poil se dresse et le sang circule trois fois plus vite aux frissons de Disneyland, on sait qu'on n'est jamais vraiment en danger[29].

Eddy L. Harris le sait donc pertinemment : aller à la rencontre du Mississippi sauvage relève du pur fantasme[30], et ce à plusieurs égards. Loin d'être neuf, le regard qu'il pose sur le fleuve peu urbanisé des États du Nord est d'abord médié par l'iconographie américaine[31] et par la littérature[32], ce qu'il laisse transparaître par le choix de ses intertextes, de Thoreau à Hemingway[33].

C'est non seulement un fantasme, mais, qui plus est, un fantasme à la mode, puisque, dans la lignée des émissions survivalistes comme *Man versus Wild*, mais aussi dans le sillage de *Mississippi*

29 *Ibid.*, p. 49-50.

30 Il le dit lui-même : c'est « un fleuve de légende », le « fleuve de [s]on imagination » (*ibid.*, p. 17).

31 C'est par les images du grand paysage que les Américains feront leur cette géographie, qui est aussi un récit. La création des parcs nationaux (dont le premier, Yellowstone, date de 1873) fut une étape dans la prise de conscience des caractères du paysage américain et donc de la nation. Le photographe Ansel Adams (1902-1984) appliqua son art à représenter les paysages américains, les sublimant et fixant un imaginaire qui participe de ce récit. L'attention d'Eddy L. Harris au paysage et à ses caractères, son sens de l'émerveillement devant celui-ci, sont également une résonance du rapport spécifique qu'entretiennent les Américains avec leur territoire, au travers d'images iconiques et spectaculaires.

32 Comme le rappelle Pierre Schoentjes, « les livres mettant en scène l'expérience de la solitude dans un environnement sauvage » font partie de « l'horizon » américain (*cf. Littérature et écologie. Le Mur des abeilles*, Paris, José Corti, coll. « Les Essais », 2020, p. 351).

33 Les allusions à Thoreau, discrètes dans *Mississippi Solo* (*cf.*, par exemple, p. 44 : « Je ne suis pas un homme des bois. ») se multiplient dans *Le Mississippi dans la peau* – au point de le citer textuellement, *cf.* p. 19. Quant à Hemingway, son influence est si forte que l'auteur craint qu'elle n'ait complètement modelé son projet – tant sur le plan individuel que littéraire : *cf. Mississippi Solo*, p. 45 : « Je suis hanté par le fantôme d'Hemingway. [...] À cause de son style, sûrement, de sa vie intrépide surtout [...]. Bigre, j'espère que je ne suis pas dans cette galère [...] parce que je voulais être Ernest Hemingway. Je veux être Eddy Harris. »

Solo lui-même, on voit se multiplier les « céistes-au-long cours[34] ». Ironie du sort, Dennis Bartz, un riverain, apprend à l'auteur que ce fantasme contemporain de communion avec le fleuve a fini par avoir un impact sur le Mississippi, à présent discrètement aménagé par les Eaux et Forêts afin de « dégager un chenal pour les canoéistes et les kayakistes ». Ainsi, « ils arrivent en bateau avec leurs tronçonneuses et ouvrent au moins un passage praticable », réduisant « son terrain[35] ».

Cet engouement pour le Mississippi sauvage du Nord transparaissait déjà dans le premier *opus*. Harris y décrit les prémices d'un tourisme vert en voie d'implantation : « La direction des parcs et loisirs du Minnesota a installé dans la nature, le long des cent premiers kilomètres du fleuve, une série de débarcadères et de campings [...] Mais tous se fondent parfaitement dans la verdure sans trop se faire remarquer[36] ». Trente ans plus tard, la nostalgie d'une nature vierge est devenue un produit de consommation. Alors qu'il n'y avait croisé qu'une unique famille de promeneurs en 1986, l'auteur constate qu'Itasca, lieu qui permet littéralement d'accomplir un fantasme de retour aux sources, est devenu hautement touristique : « une foule de badauds s['y] presse », et on peut même y acheter un « sweat-shirt vert pâle, souvenir du lac Itasca[37] ». Même ici, l'homme a mis sa marque. C'est un constat qui prend une teinte tragique dans *Le Mississippi dans la peau*, quand Eddy L. Harris entend rappeler que la profanation du fleuve sauvage, qui a commencé avec l'arrivée des grands explorateurs, s'est aussi traduite par le massacre des populations autochtones. Ce chapitre de l'histoire du fleuve, à peine esquissé dans *Mississippi Solo*, fait, trente ans plus tard, l'objet de développements sombres. Là aussi, pourtant, Harris a bien conscience que des mécanismes de reconstruction et d'idéalisation sont à l'œuvre. Les élites intellectuelles sont travaillées par une mauvaise conscience historique

34 La mode lancée par *Mississippi Solo* a même conduit à une tragédie dont l'auteur se sent responsable : deux jeunes gens qui lui avaient demandé conseil pour descendre le fleuve à son imitation ont péri noyés : *cf. Le Mississippi dans la peau*, p. 82. Près de Minneapolis, l'auteur rencontre aussi un groupe d'adolescents en partance pour une descente en canoë du fleuve sous la direction d'un moniteur influencé par *Mississippi Solo*, qu'il a « lu à l'école » : « En somme il disait à ces jeunes qu'il avait été inspiré par mon périple. Le genre de révélation qui incite à la modestie. » (*ibid.*, p. 157)

35 *Ibid.*, p. 87.

36 *Mississippi Solo*, *op. cit.*, p. 38.

37 *Le Mississippi dans la peau*, *op. cit.*, p. 35.

et environnementale qui les pousse à rejeter le récit national américain en insistant sur la violence qui a été faite aux autochtones et à la nature. Ce salutaire travail de mémoire les entraîne cependant à se figurer les Indiens comme un peuple d'écologistes avant l'heure, qui vivait en harmonie avec le fleuve avant que l'homme blanc ne vienne tout saccager :

> Nous ne voyons pas les Indiens tels qu'ils sont, ni tels qu'ils ont été. Ils sont devenus une civilisation tragique qui se portait beaucoup mieux avant l'arrivée des Européens. Ils sont ravagés par la civilisation moderne. Ce sont de nobles sauvages qui menaient autrefois des vies plus simples et plus heureuses en harmonie avec la nature, sans jamais souiller la terre, jeter des ordures ou tuer gratuitement. Toujours et encore des clichés[38].

La nature cesse d'être vierge quand l'homme s'y implante. Comme l'admet Eddy L. Harris, au départ lui-même tenté par cette reconstruction, la figure de l'Indien écologiquement vertueux est une modulation contemporaine du mythe du bon sauvage. Cet âge d'or supposé, à l'instar de tous les âges d'or, est une construction sublimée qui parle surtout du présent et de ses angoisses. En l'occurrence, la réactivation du mythe est aussi largement politique, dans un contexte où les questions environnementales ont clairement constitué un enjeu électoral en opposant radicalement les deux camps.

L'HOMME DOMINANT LE FLEUVE
L'âge de l'industrialisation et de l'urbanisation

Dans cette géographie qui coïncide en large part avec l'histoire mythifiée du pays, la deuxième étape qu'explore Eddy L. Harris est celle de la gloire industrielle du fleuve[39] : le fleuve canalisé, dompté par

38 *Le Mississippi dans la peau*, *op. cit.*, p. 101.

39 L'apogée industriel du Mississippi est antérieur à l'essor de l'industrialisation américaine du tournant du XXe siècle, qui domine les représentations (les usines du nord, les chaînes de montage, etc.) et qui est favorisé par l'arrivée massive des anciens esclaves des États du sud après la guerre de Sécession. La grande gloire économique du fleuve précède justement le développement de cette production massive qui s'ouvre au marché

le Corps des ingénieurs, parcouru de barges, les usines, le rayonnement de ses villes oubliées – telles Potosi et sa bière, Muscatine et ses boutons de nacre, Red Wing et son port fluvial jadis renommé. Et, de fait, l'âge industriel du fleuve correspond à un volet essentiel de sa légende, ainsi que le montre Eddy L. Harris lorsqu'il aborde la question du pouvoir d'évocation du Mississippi, « fleuve des bateaux à vapeur et des joueurs de poker [...], fleuve parcouru par bateaux à aubes surchargés de coton[40] ». Ce Mississippi-là domine les représentations culturelles du fleuve : c'est le Mississippi que représentent Twain[41] et Melville, le Mississippi dysphorique du *blues* aussi[42].

On comprend derechef que, pour Eddy L. Harris, de plus en plus préoccupé par la question d'un racisme structurel américain, la prétendue gloire industrielle du pays est fortement entachée par le rôle qu'y ont joué les esclaves noirs. Cela filtre dans *Mississippi Solo*, où l'auteur établit une analogie entre le fleuve et l'esclave :

---

mondial. Cette mutation a déplacé la puissance économique sur les deux côtes du pays, favorisées par leurs ports ouverts sur les océans Atlantique et Pacifique. Auparavant, quand les échanges commerciaux sont encore internes au pays, le Mississippi en est évidemment l'axe majeur – ce qui explique le rayonnement des villes desservies par le fleuve et le succès de leurs industries. Le Mississippi reste une artère économique importante, mais Eddy L. Harris précise que l'« économie mondiale » ne profite plus à ces villes déchues : « Les deux tiers environ des exportations agricoles américaines et 90 % du fourrage destiné au Japon empruntent le Mississippi. » (*Le Mississippi dans la peau*, *op. cit.*, p. 124)

40 *Mississippi Solo*, *op. cit.*, p. 17.

41 Dans ce cas l'interpénétration est telle que Mark Twain a été incorporé dans le lexique technique des bateliers : *cf. Mississippi Solo*, *op. cit.*, p. 69 : « Dans l'ancien temps, le cri *mark twain* prévenait que le lit était assez profond. »

42 Il y a plusieurs Mississippi dans le *blues*, le dieu-fleuve folklorique évoqué par Eddy L. Harris mais aussi le Mississippi « qui emporte les larmes et la sueur des esclaves » (*ibid.*, p. 17). Le *blues* est né dans les États esclavagistes du Sud, dont l'économie agraire différait *a priori* de l'économie industrielle alors en plein essor dans le Nord des États-Unis. Cependant, l'industrialisation galopante du nord, au mitan du XIXe siècle, provoque un accroissement spectaculaire de la demande en coton (le fameux *Cotton King*) qui se traduit par l'augmentation exponentielle du nombre d'esclaves et de leur charge de travail. Le Mississippi joue évidemment un rôle crucial, puisque c'est lui qui permet l'acheminement du coton du sud agraire au nord industriel. Le souvenir de ces cadences augmentées et de l'acheminement frénétique du coton chargé sur des bateaux à vapeur sillonnant le fleuve hante l'imaginaire culturel noir-américain. Sur le Mississippi comme « limon musical particulièrement fertile », écouter « Mississippi, le vieux père de la musique », *Chansons d'eau douce*, émission radiophonique diffusée le 28 juillet 2020 sur France Culture : https://www.franceculture.fr/emissions/la-serie-musicale-dete/chansons-deau-douce-25-mississippi-le-vieux-pere-de-lamerique (consulté le 22 septembre 2022).

> Les ingénieurs ont détruit le Mississippi et remplacé sa majesté par des bassins d'eau étale [...] Et les écluses – ça ne vous surprendra pas – ont toutes ou presque les mêmes dimensions, 183 mètres de long sur 33 mètres de large. Elles le transforment en un gigantesque escalier : digues pour les contremarches et bassins pour les marches qui élèvent les barges, ou les descendent, de 428 mètres au total sur 1076 kilomètres, si elles font tout le trajet. C'est ainsi que le fleuve est harnaché et exploité[43].

Dans *Le Mississippi dans la peau*, le fleuve change métaphoriquement de camp : il n'est plus tant l'esclave dominé par les Blancs qu'un lieu emblématique de la domination blanche qu'il faut donc, symboliquement, se réapproprier :

> Mais tout aussi importante est ma place sur le fleuve et dans le paysage. Être sur le fleuve, c'est transcender les frontières de la peur et de la peine et revendiquer un droit de propriété, celui d'appartenir à l'*Unum*[44].

Si *Mississippi Solo* effleurait çà et là la question raciale, les exemples abondent dans *Le Mississippi dans la peau*, qui fait de la descente du fleuve une reconquête identitaire des États-Unis. Eddy sur le fleuve, c'est Jim maître à bord et qui avance au grand jour[45], c'est l'esclave qui goûte enfin pleinement au pur loisir des Blancs. Ainsi, envisagée sous l'angle de cette historiographie raciale du Mississippi, la gloire industrielle du fleuve sort plus que largement discréditée.

Car, parallèlement à la question identitaire, le corollaire de l'idéalisation du fleuve sauvage par le citadin aisé des grandes villes, c'est évidemment la critique violente de cette période d'urbanisation et d'industrialisation. En tant que jeune intellectuel métropolitain de sa génération, c'est le regard que pose spontanément Eddy L. Harris sur la transformation du fleuve au XIXe siècle. Comme il le retrace dans *Mississippi Solo*, un programme d'aménagement du Mississippi par des écluses, des canalisations partielles, des ports fluviaux ou des chenaux, a métamorphosé l'objet

43 *Mississippi Solo*, *op. cit.*, p. 80.

44 *Le Mississippi dans la* peau, *op. cit.*, p. 39-40.

45 *Cf.* Mark Twain, *Les Aventures de Huckleberry Finn*, 1884 : Jim est un esclave en fuite qui tente de gagner les États abolitionnistes du Nord. Il descend à cette fin le Mississippi sur un radeau en compagnie du jeune héros. Eddy insiste au contraire sur le fait qu'il doit être visible : « Je suis sur le fleuve parce que je dois être sur ce fleuve. Il est important que les gens m'y voient. Ils doivent savoir que j'ai le droit d'y être, que j'en fais partie. » (*Le Mississippi dans la peau*, *op. cit.*, p. 119)

naturel qu'il était initialement en véritable réalisation humaine au service du transport, de l'industrie et de la logistique. Dans ce contexte, il a fallu « mettre au pas[46] » ce fleuve sauvage à travers un certain nombre d'opérations successives qui commencèrent dès les années 1830. Eddy L. Harris dessine alors une opposition entre le fleuve naturel et le Corps des ingénieurs qui menèrent une entreprise dont il admet l'ampleur et l'audace, mais qu'il présente aussi et surtout comme ayant « détruit le Mississippi[47] » en transformant sa majesté initiale en objet utilitaire et contraint. Là encore, le fleuve est l'acteur et la victime d'une construction nationale qui est un projet aussi symbolique et idéologique que matériel, économique et technique.

Cependant, à nouveau, intervient l'honnêteté intellectuelle d'Eddy L. Harris, qui utilise son expérience pour surmonter une aversion d'ordre idéologique et culturel en se confrontant aux réalités du fleuve. Certes, l'industrialisation s'est faite au prix de la sueur et du sang des esclaves. Certes, ses aménagements ont marqué durablement l'environnement que le céiste traverse[48]. Toutefois l'auteur prend conscience au cours de son voyage qu'il est très facile de condamner sans appel cet épisode de l'histoire américaine quand on est un métropolitain situé à l'écart du fleuve. À cet égard, il est significatif que les métropoles évoquées par l'auteur soient systématiquement représentées comme éloignées du Mississippi. Eddy L. Harris ne dit rien du cœur de Saint-Louis (Missouri), qui l'a vu grandir, et montre plutôt la ville comme un obstacle susceptible de nuire à sa quête. Il ne décrit pas davantage La Nouvelle-Orléans (Louisiane), alors qu'il s'agit du terme de son voyage. Dans les deux cas, il se limite à représenter les infrastructures fluviales de ces deux villes pourtant

46 *Mississippi Solo*, *op. cit.*, p. 78.

47 *Ibid.*, p. 80.

48 Dans les villes traversées, les abords du fleuve sont occupés par des zones d'activité, de logistique, d'industrie, qui constituent une non-ville que doit traverser Eddy L. Harris pour rejoindre le centre et ses commerces où il se ravitaille. La désindustrialisation des États-Unis a souvent transformé ces zones en espaces mal définis, partiellement abandonnés. Dans certains cas, la pauvreté et la hideur des lieux frappent tout particulièrement l'auteur, par exemple : « Caruthersville, quand j'y suis arrivé, était obscure et délabrée et dans la nuit paraissait plus misérable que la terre. La berge était pour partie une aire de stationnement où les locaux venaient se garer, se bécoter et regarder le fleuve, et pour l'autre un vaste terrain vague qui donnait l'impression d'avoir été occupé par des bâtiments démolis et déblayés, puis abandonnés. » : *Mississippi Solo*, *op. cit.*, p. 218.

mythiques. Il précise aussi qu'à Saint-Louis, quand il était enfant, « il [lui] était formellement interdit de s'[...] approcher du fleuve[49] ». La même idée d'éloignement est attachée à Minneapolis (Minnesota) : « Au sortir d'une courbe, j'ai un premier aperçu de [Minneapolis]. Des immeubles, hauts mais fantomatiques, s'élèvent dans la brume au loin[50]. » Cette impression de distance a une origine concrète. En effet, le rapport à l'espace et aux éléments naturels structurants diffère notablement de celui des villes européennes[51]. Les villes américaines du Mississippi, contrairement à la vieille Europe dont les villes fluviales sont bien antérieures à l'ère industrielle, ont pour la plupart été fondées au XIXe siècle. Elles résultent d'opérations de planification et non d'une croissance organique. Les rives du fleuve ont donc été intégralement dévolues aux activités et aux transports, tandis que les quartiers d'habitation étaient installés un peu plus loin, à la fois pour bénéficier de l'espace de la plaine – car il n'y avait pas la contrainte des murailles – et pour les protéger des risques que peut représenter le fleuve. Les grandes villes sont donc, littéralement, loin du fleuve et, dans la mesure où elles n'en dépendent plus économiquement[52], elles le sont aussi devenues métaphoriquement.

Pour celui qui est obligé de vivre sur le Mississippi, en revanche, le legs positif de son aménagement apparaît clairement. De cette façon,

49 *Le Mississippi dans la peau*, *op. cit.*, p. 21.

50 *Mississippi Solo*, *op. cit.*, p. 78.

51 Ces dernières ont été fondées depuis bien plus longtemps et ont connu des contraintes techniques et d'espace qui ne s'appliquent pas aux États-Unis. Les villes fluviales européennes ont bien sûr accueilli depuis très longtemps des activités en lien avec leurs cours d'eau. Mais celles-ci datent d'une époque préindustrielle où les dimensions des navires et leurs capacités de chargement étaient bien inférieures à celles des navires américains du XIXe siècle. Elles ont donc eu besoin de moins d'espace propre le long des berges. Les quais de déchargement étaient situés en plein cœur de la ville et cette dernière à proprement parler, c'est-à-dire ses édifices résidentiels, était en contact immédiat avec le fleuve et ses activités. La place de Grève, la principale aire de déchargement historique en plein cœur de Paris, était encadrée d'immeubles d'habitation. La ville et le fleuve était intimement entremêlés dans leur occupation de l'espace, comme on le voit avec les ponts habités médiévaux. De plus, les villes européennes étaient contraintes par les remparts qui les obligeaient à maximiser l'espace *intra-muros*, amenant à une fusion organique des lieux, des fonctions, des usages.

52 *Cf.* Jacques Bethemont, *Les grands fleuves*, Paris, Armand Colin, coll. « U », 2002, p. 223 : à Saint-Louis, « l'essentiel des activités industrielles ou de services n'a rien à voir avec le fleuve », c'est une ville où domine maintenant la haute technologie, électronique et aérospatiale.

quoique sur un mode apparemment mineur et insouciant, le céiste est bien obligé de constater que les écluses et la canalisation du fleuve ont été indispensables à sa survie, et que l'homme contemporain n'est plus adapté au fleuve sauvage[53]. Ce constat, qui paraît évident, mais dont l'auteur découvre qu'il lui avait été caché par des projections idéalisées, ne se limite pas au seul citadin en goguette sur le fleuve. Bien au contraire, ses implications sont profondes, car des hommes, ceux que l'auteur nomme avec tendresse les « rats de rivière[54] », dépendent entièrement des ouvrages fluviaux. C'est le cas, par exemple, des éclusiers, des conducteurs de barges ou des pêcheurs que rencontre Eddy L. Harris, et qui font preuve à son égard d'une aménité empêchant d'en abstraire l'existence. C'est le cas, plus largement, de toutes les petites villes qui, sans ces aménagements, seraient purement et simplement englouties :

> Le fleuve est aussi un symbole de notre époque car il mène une bataille perdue contre le Corps des ingénieurs de l'armée américaine qui refuse de lui laisser libre cours. Le Corps du génie combat le fleuve avec son intelligence, sa brutalité et sa technologie pour l'assujettir et le conformer aux besoins de la société, afin de sauver les habitations qui seraient submergées, le rendre navigable et le dépouiller de son pouvoir, de sa volonté et de sa dignité. Personne ne lui a demandé son avis. Le fleuve, qui aspire à la liberté, enrage de l'obtenir[55].

On le voit, une vision romantique du fleuve sauvage personnifié prévaut en apparence, mais elle cohabite avec la conscience très nette des enjeux vitaux que recouvre l'aménagement du fleuve, tout assujettissant soit-il. À cet égard, le cas de Kaskaskia, « bourg de l'Illinois »,

---

53 Voir, par exemple, *Mississippi Solo*, *op. cit.*, p. 80. À propos de l'écluse amont de Saint Anthony Falls, à Minneapolis, Harris écrit : « Je dois l'admettre : l'ouvrage est une splendeur et la navigation aisée. De plus, le Corps a réalisé une chose pour laquelle je lui serai éternellement reconnaissant et qui a certainement simplifié mon voyage : il a construit de nombreux petits ports qui facilitent embarquement et débarquement ainsi que l'accès aux villes, ce qui est pratique quand il faut se réapprovisionner. »

54 L'expression, régulièrement employée ensuite, est utilisée pour la première fois pour qualifier les habitants de La Crosse, petite ville du Wisconsin. Dans le texte original, les chapitres n'ont aucun titre. Ils ont été ajoutés par l'auteur dans la traduction française, récente, et qu'il a supervisée. Le chapitre où survient la première occurrence de l'expression a justement été intitulé « *River Rat* » (*Mississippi Solo*, *op. cit.*, p. 91).

55 *Ibid.*, p. 45.

« ancienne ville importante du territoire[56] » désertée à cause de crues incessantes, est éloquent :

> En 1993, lorsque la ville s'est retrouvée de nouveau sous l'eau, il n'y a eu que trois ou quatre douzaines de personnes à évacuer. À ce jour, on ne compte plus qu'une dizaine d'intrépides, bien décidés à ne pas bouger[57].

Dans cette optique, la question esthétique paraît secondaire, et aménager le fleuve n'équivaut pas forcément à lui manquer de respect. Ainsi, en découvrant Cap-Girardeau lors de son premier voyage, l'auteur est frappé par le « mur de quatre mètres et demi de haut en béton plein, muni d'une double porte en acier si nécessaire[58] ». Il comprend vite, lorsqu'il s'aperçoit qu'on y a « inscrit et daté le niveau des crues du fleuve[59] », que ce mur est indispensable à la survie d'une ville dont les habitants, par ailleurs, se montrent particulièrement attachés au Mississippi :

> Cap-Girardeau est une véritable ville fluviale, pas seulement une ville sur un fleuve. Les habitants semblent y goûter sa beauté (peut-être parce qu'ils ont une connaissance intime de sa puissance et de sa capacité de destruction) et ils viennent vraiment s'asseoir au bord pour le contempler, être avec lui à l'heure du déjeuner, l'apprécier[60].

Malgré le mur, on est loin du sème de distance attaché à la caractérisation du rapport de la grande ville au fleuve. Qu'on puisse l'aimer et pourtant parfois l'enlaidir et le contraindre est un cas de figure qui n'avait pas été envisagé par l'auteur, citadin et intellectuel qui prend conscience que sa vision du Mississippi est finalement trop binaire. C'est à partir d'exemples comme celui-ci qu'Eddy L. Harris en vient progressivement, par la force de l'observation – ce qui lui permet d'éviter les positions idéologiques dogmatiques –, à investir dans la petite ville fluviale postindustrielle l'espoir d'un possible équilibre à atteindre entre l'homme et le Mississippi.

56 *Le Mississippi dans la peau*, *op. cit.*, p. 234.
57 *Ibid.*, p. 235.
58 *Mississippi Solo*, *op. cit.*, p. 191.
59 *Id.*
60 *Id.*

ET MAINTENANT… LE « PATELIN » POSTINDUSTRIEL ET SES HABITANTS L'âme et l'avenir du Mississippi ?

Vu des grandes villes, il y a deux avenirs possibles pour le Mississippi : un avenir fantasmatique et un avenir concret déjà bien enclenché. Le futur fantasmatique qui se dessine est celui d'un réensauvagement. Dans ce futur-là, plus ou moins lointain, le fleuve se débarrasse du joug de l'homme, il reprend ses droits et submerge tout. Ce discours est quasiment absent dans *Mississippi Solo*, qui correspond à un moment où les préoccupations environnementales n'occupent pas encore la place qui est la leur aujourd'hui[61]. Il est relayé à plusieurs reprises dans *Le Mississippi dans la peau*, ce qui rappelle que *River to the Heart*, avant d'être transposé sous la forme d'un récit, est initialement un long-métrage sur le fleuve qui donne une tribune aux prévisions alarmantes – sinon alarmistes – à différents spécialistes de l'environnement. Néanmoins, en examinant attentivement ces prédictions dans l'adaptation littéraire du film, il appert qu'elles n'appellent pas – à proprement parler – à l'action, puisque, de toute évidence, il n'y a plus rien à faire. En outre, une certaine fascination pour les perspectives les plus apocalyptiques affleure parfois. Melanie Driscoll, une ornithologue qu'a rencontrée l'auteur, illustre bien cette attirance plus ou moins consciente pour le sacrifice de l'être humain sur l'autel d'une nature trop longtemps offensée. Elle envisage la destruction de l'humain et de ses ouvrages sous l'angle positif d'une libération et d'une « revanche » et ajoute : « Il n'y aura pas de reconstruction sans destruction massive. […] C'est qu'on a l'espoir d'une rédemption après le mal qu'on a fait[62] ». Eddy L. Harris, sans porter de jugement, capte ici les dérives possibles d'un extrémisme écologique contemporain qui en vient à souhaiter l'extermination de l'humanité elle-même en guise de rachat[63]. Il ne se désolidarise pas

61 Voir Patrick Matagne, « Aux origines de l'écologie », *Innovations*, 2003/2, n° 18, p. 27-42, p. 27 : « L'écologie fait irruption dans les années 1960-1970. »

62 *Le Mississippi dans la peau*, *op. cit.*, p. 151-152.

63 Au début de sa deuxième descente, Eddy L. Harris fait la connaissance « d'un professeur de biologie qui travaille au laboratoire de recherche du lac Itasca, rattaché à l'université du Minnesota » et qui tient le propos suivant : « C'est simple. Pour moi, biologiste de terrain

ouvertement de cette vision de l'écologie et se réjouit que certains retours en arrière aient pu s'opérer[64]. Au terme des deux descentes toutefois, le récit enthousiaste des rencontres que fait l'auteur dans les villes qu'il traverse l'emporte largement sur celle de sa navigation solitaire sur le fleuve, suggérant clairement que, pour lui, l'homme ne doit pas disparaître de l'équation.

À côté de ce fantasme de table rase, un autre avenir possible est déjà engagé pour le Mississippi, et qui voit le fleuve industriel déchu converti en lieu à la mode. Ainsi fait-on ce constat à Minneapolis :

> La zone industrielle laisse place à une ville en voie d'embourgeoisement. Des gens font leur jogging, d'autres se promènent sur le Stone Arch Bridge qui enjambe le fleuve et les chutes d'eau ; des touristes les prennent en photo ainsi que les silos, les entrepôts et les tours des minoteries qui dominent le fleuve comme aux jours glorieux où la ville était la capitale de la farine. Les bâtiments sont toujours là, mais leur fonction a changé. Les anciens moulins ont été reconvertis en musée de la Minoterie et, de part et d'autre du fleuve, en appartements de luxe[65].

Même si Eddy L. Harris évite de recourir à des dénominations polémiques, on reconnaît clairement, dans la récupération par les classes aisées de bâtiments industriels délaissés et dans cette politique de réaménagement des berges, une tendance caractéristique des bobos métropolitains. Pour l'amoureux du fleuve qu'est l'auteur, le problème est que l'intégrité du fleuve n'y est pas respectée. Le

---

depuis trente-cinq ans, le problème est qu'il y a trop de monde, trop d'urbanisation. » (*Le Mississippi dans la peau*, *op. cit.*, p. 42)

64 Melanie croit par exemple avoir aperçu un pic à bec d'ivoire, espèce qui était présumée éteinte. Pourtant, même là, il y a une ambivalence. *A contrario* en effet, l'auteur évoque le problème des carpes d'Asie, « spécimens voraces et invasifs » (*ibid.*, p. 143) qui menacent gravement l'écosystème du Mississippi et dont rien ne semble pouvoir arrêter la progression. Jeff, rencontré dans la petite ville de Pokegama, ajoute cependant qu'« il est possible aussi qu'avec le temps [les carpes volantes] s'acclimatent comme le kudzu ou l'étourneau européen, qu'elles se sentent chez elles, s'étant adaptées à leur nouvel habitat et ayant adapté celui-ci à leur présence. Il en va ainsi de toutes les migrations, quelles qu'elles soient » (*ibid.*, p. 144). La conclusion de Jeff, dans un récit qui ne cesse de dénoncer le racisme de la société américaine, interpelle. On peut y décrypter une mise en garde contre cet autre extrémisme écologiste que serait le spécisme, assez nettement mis en parallèle avec le racisme. Il est frappant de constater que ce raisonnement *a priori* purement environnemental double discrètement la problématique identitaire du récit.

65 *Le Mississippi dans la peau*, *op. cit.*, p. 123.

Mississippi, lieu d'histoire et de légendes, creuset culturel, est traité comme un simple accessoire au service du bien-être de quelques privilégiés. Il devient un espace aseptisé et excluant, perdant par là une partie de son identité.

Eddy L. Harris avance certes prudemment, mais le propos sous-jacent se révèle social. Ces métropolitains aisés sont implicitement opposés aux « exclus de la classe moyenne[66] », et les observations de l'auteur s'inscrivent en fait dans la problématique plus large de la métropolisation et de la violence qu'elle inflige aux petites villes qui en subissent les effets :

> À mesure que les grandes villes siphonneront les emplois, elles attireront les habitants des bourgades dont l'activité économique et l'offre de loisirs diminueront. Les jeunes auront de moins en moins de raisons d'y rester. Bientôt, il ne restera rien de la vie de village, si ce n'est des lieux où l'on vient le week-end pour manger, dormir et tondre la pelouse[67].

L'effondrement de la puissance économique du Mississippi et les phénomènes de métropolisation ont plongé dans la pauvreté et la marginalité un bon nombre de riverains du fleuve[68]. Or, vus des métropoles, ces habitants paupérisés de petites villes « délabrées[69] » économiquement exsangues[70] ont le profil type de l'électeur de Donald Trump. Ce sont pourtant eux les fameux « rats de rivière », qu'Eddy L. Harris en arrive à célébrer discrètement et dont il pense qu'ils sont à même d'incarner l'avenir du Mississippi.

---

66 *Ibid.*, p. 214.

67 *Ibid.*, p. 218.

68 L'auteur brosse toute une galerie de portraits de riverains précarisés, chômeurs ou travailleurs pauvres, sans qualification, dont l'horizon paraît fortement bouché : il y a ainsi, entre autres, Troy et Rick, « planqués dans leur voiture, comme des ados, pour boire leur bière » et dont Eddy pense, « triste pour eux », qu'ils sont « inadaptés », « coincés » (*Mississippi Solo*, *op. cit.*, p. 83-84), ou encore Victor, « sans spécialité, sans formation et sans diplômes », qui déplore qu'il « n'y a[it] plus de boulot pour les gens comme [lui] » depuis « qu'ils ont envoyé toutes les usines à l'étranger » (*Le Mississippi dans la peau*, *op. cit.*, p. 174). Eddy L. Harris ne le formule pas explicitement, *a fortiori* dans *Le Mississippi dans la peau* où le sujet est devenu ouvertement clivant, mais il évoque en fait la question de la pauvreté blanche issue de la désindustrialisation – il croise peu de Noirs au cours de ses deux voyages : *cf. ibid.*, p. 218 : « J'étais aussi curieux de constater dans l'Amérique des bourgades l'absence de Noirs. » Et ceux qu'il rencontre appartiennent à des milieux sociaux variés.

69 *Le Mississippi dans la peau*, *op. cit.*, p. 218.

70 *Ibid.*, p. 214 : des « petites villes riveraines encore prospères il y a vingt ou trente ans [qui] ont dépéri », et dont les centres sont désertés.

Pareille consécration n'a rien d'évident pour l'auteur, et elle est politiquement très glissante. Dès sa première descente du fleuve en 1986, le soupçon de racisme pèse déjà sur le « patelin » postindustriel et sur ses habitants. Trente ans plus tard, le contexte de la campagne présidentielle l'a considérablement aggravé. Lors de son premier voyage, Eddy L. Harris n'est pas véritablement préoccupé par le racisme mais s'est préparé à s'y heurter. Dans les faits, il n'y est confronté qu'une seule fois : un courtier en assurances, *loser* en définitive plutôt attachant, risque une plaisanterie malvenue[71] dont il s'excuse ensuite. Il est vrai que plus loin dans le voyage, au Sud, les choses manquent de mal tourner. Il fait nuit et Eddy s'est arrêté pour passer la nuit sur une plage de sable isolée. Alors qu'il s'apprête à manger, surgissent deux individus qui, dans la description qu'en livre l'auteur, sont emblématiques de la figure du *white trash* dans ce qu'elle a de plus inquiétant : « J'ai la tête baissée, soufflant sur les braises pour obtenir de belles flammes. Du coin de l'œil, je les vois. Deux péquenauds adipeux me surplombent. Ils sont plus gras que le poulet et ils ont l'air d'abrutis sortis tout droit d'un film du genre *Massacre à la tronçonneuse*[72]. » Au sein d'un récit plutôt factuel et contemplatif, la relation de cet épisode tranche par son intensité dramatique soudaine. La tension est renforcée par l'allusion particulièrement anxiogène au film de Tobe Hooper. C'est que, là aussi, la perception de la pauvreté blanche est influencée par la littérature et le cinéma. Eddy se mue soudain en Huck terré dans une barque sur le Mississippi et poursuivi par son ivrogne de père – personnage qui préfigure à bien des égards la « raclure blanche » ; il devient aussi, bien sûr, l'un des protagonistes traqués du *Délivrance* de John Boorman. Ces filtres culturels[73], auxquels il faut évidemment

71 *Mississippi Solo*, *op. cit.*, p. 95 : « [Il] m'a demandé d'où je venais. Je lui ai répondu, je lui ai dit ce que je faisais et il a éclaté de rire, en montrant du doigt les vestes des femmes : "Il te faudrait la même, mais au lieu de *River Rat*, il y aurait marqué *River Nigger*". »

72 *Ibid.*, p. 264-265.

73 Sinon politique, si l'on considère l'idée d'un divorce entre les élites politiques, médiatiques et culturelles et les classes populaires, idée théorisée par l'historien américain Christopher Lasch à la fin des années 1980 (*cf. The Revolt of the Elites and the Betrayal of Democracy*, 1995). Les thèses de Christopher Lasch sont largement reprises par le géographe français Christophe Guilluy, qui voit dans *Délivrance* et ses « *rednecks* dégénérés » l'un de ces produits culturels qui vise, à partir des années 1970, à discréditer des catégories populaires décrites comme « racistes, inadaptées et souvent proches de la débilité » (*cf. No Society. La Fin de la classe moyenne occidentale*, Paris, Flammarion, Champs-Actuel, 2019 [2018], p. 86). Quoi qu'il en soit, il est clair que les réalisateurs américains n'ont aucun

ajouter l'influence parfois délétère des médias[74], influent sur les faits eux-mêmes. Armé lors de sa première descente, l'auteur panique et tire dans la direction des deux hommes, déclenchant leur fureur et sa traque. Mais, comme il l'avoue lui-même trente ans plus tard, il lui absolument impossible de savoir si « les deux bouseux qui [lui] sont tombés dessus étaient mal intentionnés ou s'ils se croyaient simplement drôles[75] ». On s'aperçoit alors que la lecture de la scène est complètement orientée par un préjugé favorable à l'auteur et défavorable aux deux *rednecks*. En réalité, techniquement, le véritable agresseur violent c'est Eddy qui, se sentant menacé, fait rapidement usage de son arme. De plus, un examen attentif *a posteriori* révèle que les insultes proférées par les deux hommes après le coup de feu n'ont aucun caractère racial, alors que c'est l'interprétation qui est spontanément faite de l'épisode, dans la mesure où il a lieu dans le Sud. Eddy L. Harris montre ici que les amalgames ne sont pas toujours seulement là où on les imagine[76]. En somme, sa première expérience des « patelins » fluviaux est si positive qu'il rétorque sans ambages à une amie qui le dit « naïf » qu'une attitude à la fois aimable ouverte et ferme l'a protégé du racisme[77].

---

complexe à figurer la pauvreté blanche sous des aspects plus que repoussants : voir aussi *La Colline a des yeux* de Wes Craven, sorti en 1977, ou encore « La Meute », deuxième épisode de la quatrième saison de la série *X-Files*, diffusé pour la première fois en 1996.

74 *Cf. Le Mississippi dans la peau*, p. 208 : « Votre propre histoire [...] peut vous emporter vers le soupçon et l'éventualité d'une malveillance, vous faire succomber à ce que vous avez vécu, vu, lu ou entendu à la télévision. »

75 *Ibid.*, p. 63.

76 Voir l'analyse de l'écrivain Chris Offutt. Selon lui, à la suite de l'élection de Donald Trump et « en raison du racisme ouvertement assumé du nouvel élu, le peuple américain ne pouvait se retourner contre son bouc émissaire habituel : les personnes de couleur. Que lui restait-il alors ? Il lui restait les hommes comme moi, issus des classes populaires du Sud rural. Peu importait que plus de gens à New York qu'en Géorgie aient voté Trump. Peu importait que 55 % des femmes blanches aient voté pour lui. Peu importait que Trump ait gagné l'élection tout en ayant perdu le vote populaire en raison du système dysfonctionnel de son collège électoral. Peu importait que seuls 58 % de la population ait pris la peine d'aller voter. L'important était de savoir sur qui rejeter la faute. Pour endosser ce rôle, qui mieux que les citoyens blancs au bas du système de classe ? » (« Au pays des *hillbillies* », traduit par Anatole Pons, *L'Amérique des marges*, *America*, 2019, nº 11/16, p. 88-97, p. 96-97).

77 *Mississippi Solo*, *op. cit.*, p. 92-93 : « L'attitude ! Elle joue à mon avis un rôle énorme et largement sous-estimé dans la façon dont nous sommes traités et dont nous abordons le monde et notre identité. [...] Le racisme, évidemment que ça existe, je suis au courant. Mais ses effets et ses conséquences dépendent autant des réactions que des actes. »

Trente ans plus tard, sous la pression conjointe de son entourage et de l'actualité, Eddy L. Harris paraît regretter cette insouciance un brin fanfaronne dont l'implicite – les victimes du racisme ont leur part de responsabilité – lui paraît intenable. Cette gêne survient dans un contexte où se multiplient les bavures policières et les meurtres gratuits de Noirs – autant de tragédies rappelées tout au long du récit[78]. Obsédé par l'idée d'un racisme structurellement américain, Eddy L. Harris remet en question le bilan positif de son premier voyage[79]. Pendant les deux premiers tiers du récit, les marques réitérées de gentillesse et de générosité des « rats de rivière » qu'il croise ne parviennent pas à soulager son amertume et son angoisse. Au motif que « deux personnes ne font pas le tempérament d'un pays[80] », on le voit par exemple se refuser à tirer une conclusion positive de son bref passage chez William, un *River Rat* vivant dans un « patelin » du Nord, qui l'a invité à entrer chez lui pour se rafraîchir. On le découvre aussi animé d'un « désir de revanche[81] » sur la base de comparaisons fumeuses : à Red Wing, au Nord du pays, il s'attend à être mal reçu à l'hôtel sous prétexte que l'allure du bâtiment lui évoque un célèbre hôtel de Memphis, le Peabody, où les Noirs étaient interdits de séjour dans les années 1930. Les marques de gentillesse continuent pourtant d'affluer, et l'auteur revient progressivement à ses premières conclusions[82]. À Clayton, Iowa, la digue de ses préventions cède définitivement quand Eileen, une dame âgée, lui ouvre « au beau milieu de la nuit » la porte de son hôtel alors qu'il est « fermé pour la saison[83] », avant de lui offrir de la soupe. Il reste toutefois une ultime épreuve imposée au « patelin » et à ses habitants avant de leur réaccorder une pleine confiance. Elle a lieu à Potosi, symbole de la petite ville fluviale qui a tout perdu avec la désindustrialisation. Aux abords de la ville, Eddy L. Harris voit un *pick-up* qui, l'ayant dépassé, ralentit et se gare sur le bas-côté :

> Aussitôt viennent à l'esprit les histoires atroces de Noirs kidnappés sur des routes désertes du Texas, attachés à l'arrière d'un pick-up et traînés

78 *Cf. Le Mississippi dans la peau*, *op. cit.*, p. 27-28 : Michael Brown, Trayvon Martin, Corey Jones, Laquan McDonal, Levar Jones, et p. 111 : Alton Sterling, Stephon Clark.
79 *Ibid.*, p. 117 : « Tu as eu du pot », lui dit son frère.
80 *Ibid.*, p. 121.
81 *Ibid.*, p. 182.
82 *Ibid.*, p. 195 : « C'est souvent la manière dont on réagit au lancer, la façon dont on gère une situation donnée, qui fait la différence. »
83 *Ibid.* p. 203.

> au sol jusqu'à ce que mort s'ensuive [...] Devez-vous laisser les histoires horribles, la peur et le passé régner sur le présent ? Ou préférer convoquer vos propres histoires, les événements vécus, les portes auxquelles vous avez frappé au milieu de la nuit, les vêtements chauds qu'on vous a donnés ? C'est toujours la question. [...] J'ai grimpé dans le camion. Évidemment je l'ai fait ! Ken Bichel était infirmier la nuit, potier le jour. [...] On n'était pas loin de la ville. Ken s'est garé sur le parking de la brasserie et on nous a chaleureusement accueillis, comme on peut s'y attendre dans une petite ville de rêve[84].

La célébration de la petite ville fluviale, affleurant dans *Mississippi Solo*, refoulée dans les chapitres précédents, s'impose enfin à travers une caractérisation explicitement laudative, ce qui s'accompagne d'une bascule stylistique absolument nette : le récit est littéralement submergé par la joie. On voit nettement ressurgir l'ensemble des procédés qu'affectionnait le jeune auteur de *Mississippi Solo*, dont le style reflétait l'enthousiasme : une ponctuation expressive, une forte activation de la fonction phatique, et une esthétique dynamique obtenue par l'introduction cataphorique des personnes rencontrées. Or, précisément, dès l'*incipit*, *Le Mississippi dans la peau* signale le mal-être de l'auteur et son pessimisme par une disparition de tous ces éléments[85] au profit d'un style neutre fait de vérités générales et de pans de discours spécialisés derrière lesquels il se retranche. D'une manière absolument frappante, à la minute où l'hommage au « patelin » fluvial est enfin clairement assumé, le style se met à nouveau à respirer. Le texte et son auteur sont rassurés[86], la chape de méfiance et de tristesse qui pesait sur eux disparaît : les « rats de rivière » ont réussi avec succès l'examen impitoyable auquel l'auteur a voulu les soumettre avant de s'autoriser à les consacrer à nouveau.

---

84 *Ibid.*, p. 209.

85 L'absence de ponctuation expressive, par exemple, d'autant plus frappante que la grammaire semble la réclamer. *Cf. ibid.*, p. 16 : « Mais pourquoi maintenant, pourquoi tout ça. »

86 Dans une présentation filmée de son livre pour la librairie Mollat, Eddy L. Harris rappelle les motivations de son deuxième voyage dans le contexte de la fin du mandat de Barack Obama : « Ce que je sentais, c'était un recul, une sorte de *backlash* [...] Je voulais en fait voir si, dans les relations interpersonnelles sur le fleuve, une personne, un homme, noir, seul, vulnérable dans un canoë, sur le Mississippi, pouvait avoir les mêmes expériences que j'ai eues la première fois dans le voyage, en fait c'était le cas. C'était un voyage extrêmement généreux, et les gens sont sympas. [...]. » (*Cf. Eddy L. Harris, le Mississippi dans la peau*, vidéo postée le 2 septembre 2021 : https://www.youtube.com/watch?v=Af8sbOJcoPM (consulté le 22 septembre 2022).

Ce résultat, auquel l'ensemble du diptyque contribue à aboutir, promeut la petite ville fluviale comme lieu de convivence et de résilience. C'est vrai d'abord sur le plan identitaire, ce qui revêt une forte dimension symbolique, en particulier dans les États du sud – tant « les fantômes du fleuve[87] », ceux de l'esclavage et de la ségrégation, hantent encore l'auteur. À Helena, ville de l'Arkansas particulièrement sinistrée[88], Eddy L. Harris décrit ainsi le bonheur simple d'un moment de communion interraciale – mais aussi intersociale et intergénérationnelle – dans le petit « restaurant du coin[89] », en compagnie de Daniel McGee, un vieux Noir « laissé-pour-compte » à la suite d'un accident de travail sur les chantiers, et d'une jeune et jolie serveuse au sourire « plus qu'aimable » et au visage qui « irradi[e] de chaleur[90] ». C'est un moment modeste, mais concret, qui l'emporte sur le multiculturalisme flamboyant que revendiquent à peu de frais les métropoles[91] et que l'auteur considère, de plus en plus, comme un vernis factice.

Résilientes, les petites villes postindustrielles le sont aussi sur un plan environnemental, bien qu'ayant la réputation d'être laides[92] et d'héberger des pollueurs[93]. Cette métamorphose procède directement des nouvelles stratégies touristiques qui s'y élaborent, et qui s'avèrent bénéficier spectaculairement au fleuve. Pour en arriver à cette conclusion implicite, Eddy L. Harris établit une comparaison entre une exploitation touristique traditionnellement appuyée sur le patrimoine historique et culturel, et les nouvelles exploitations écotouristiques et agrotouristiques du Mississippi. Ces deux types d'exploitation sont respectivement illustrés

87 *Mississippi Solo*, *op. cit.*, p. 179.

88 *Ibid.*, p. 255 : « [Daniel] m'a expliqué à quel point il était difficile de s'en sortir à Helena parce que tout fermait. Je pensais que même les régions les plus sinistrées du pays étaient à mille lieues de la pauvreté du tiers-monde. Je me trompais. »

89 *Id.*

90 *Id.*

91 *Cf. Le Mississippi dans la* peau, *op. cit.*, p. 226-227 : Saint-Louis incarnait en principe « une de ces villes frontières située au carrefour de plusieurs influences, de plusieurs identités ». Elle a cependant achevé de décevoir l'auteur après « le meurtre de Michael Brown par la police » et est « devenue le symbole d'une grande partie des maux de l'Amérique raciste ».

92 Standardisées du Nord au Sud, désertées, négligeant leur patrimoine architectural. Voir, entre autres, l'exemple de La Crosse, Wisconsin, « une autre ville fluviale aux vieux bâtiments qui luttent pour leur survie à l'ombre des nouveaux hôtels et bureaux » (*Mississippi Solo*, *op. cit.*, p. 99).

93 *Cf.* le contexte électoral au moment de la rédaction du *Mississippi dans la peau*, et les positions de Donald Trump sur l'environnement.

par Hannibal et Potosi, deux petites villes que l'auteur oppose – au grand désavantage de la première qui dépend entièrement de Mark Twain et de *Tom Sawyer*. Muséifiée, elle rebute Eddy L. Harris, qui la fuit à deux reprises « pour regagner le fleuve[94] », dont elle semble radicalement coupée. La ville natale de Mark Twain fait même dire à un *ranger* rencontré un peu en amont que le romancier a « tué l'histoire du Mississippi » qui « n'est plus que du folklore qui s'efforce de le faire revivre, lui et ses personnages[95] ». Au contraire, les habitants de Potosi, ville en pleine mutation qui se tourne vers le futur, placent le fleuve comme un acteur de premier ordre :

> « Et le Mississippi, quel rôle joue-t-il, je demande, maintenant qu'on ne l'utilise plus pour convoyer la bière ? » Frank me coupe aussitôt. « Le fleuve, les collines et le paysage constituent un ancrage naturel qui attire les gens dans la région. Aujourd'hui nous sommes une agglomération agrotouristique et résidentielle dont le fleuve fait partie intégrante[96]. »

La ville, victime de l'effondrement de la brasserie de bière qui avait fait sa gloire, amorce une « réinvention[97] » qui dépend du fleuve. Le Mississippi profite à la ville qui, réciproquement, profite au Mississippi, puisque le redémarrage économique de Potosi a besoin de préserver l'environnement. Le fleuve passe ainsi d'outil industriel à celui de partenaire indispensable qu'il convient de ménager, puisque, comme le dit Richard Stark, petit boutiquier de Prairie du Chien : « Sans le fleuve, cette ville n'existerait pas[98]. » C'est pourquoi, loin des clichés sur les « beaufs » pollueurs qui peupleraient ces « patelins[99] », les habitants de ces petites villes ont tout intérêt à préserver un environnement qu'ils aiment[100] et dont ils ont besoin. Et, de fait, ce partenariat est

94 *Mississippi Solo*, *op. cit.*, p. 149.

95 *Le Mississippi dans la peau*, *op. cit.*, p. 220.

96 *Id.*

97 *Id.*

98 *Ibid.*, p. 191.

99 Les choses se sont nettement améliorées durant les trente ans qui séparent les deux descentes. En 1986, à un moment où la sensibilisation à l'environnement n'en est encore qu'à ses débuts, Eddy lui-même jette sa canette dans le Mississippi. Cela ne lui paraît donc pas encore inconcevable, même s'il le fait un peu à contrecœur (*cf. Mississippi Solo*, *op. cit.*, p. 239).

100 Les habitants des petites villes fluviales traversées par l'auteur aiment le fleuve autant qu'ils en dépendent, et lui sont viscéralement attachés. Voir *Le Mississippi dans la peau*, *op. cit.*, p. 174 (Victor le pêcheur-chômeur, sur Red Wing : « Y a pas grand-chose à faire,

déjà bénéfique au Mississippi, qui va mieux. Entre les deux descentes d'Eddy L. Harris, des espèces presque disparues sont revenues (dont l'emblématique pygargue à tête blanche[101]) et l'eau est nettement plus propre[102]. Par cette association mutuellement profitable et par cette relation d'interdépendance vertueuse, un équilibre entre l'homme et le Mississippi est peut-être enfin en voie d'être atteint, mais là où Eddy L. Harris l'attendait le moins.

En descendant le Mississippi, Eddy L. Harris ne s'attendait sans doute pas à ce que les « rêves[103] » que lui inspirait le fleuve de son enfance prennent l'apparence du « patelin » postindustriel en voie de reconstruction. C'est ce qui se produit pourtant, à l'issue de deux voyages qui lui ont permis de déconstruire des stéréotypes anxiogènes. Il est vrai que son hommage vibrant aux *River Rats* peut paraître irénique, édulcoré ou naïf. Ce serait toutefois oublier que l'auteur est déchiré entre le discours collectif identitaire qu'il voudrait tenir et l'expérience individuelle positive qui vient sans cesse le contredire[104].

Ainsi ces deux récits donnent-ils à voir un écrivain qui ne peut se résoudre à dissoudre le réel dans une démonstration qui ne correspond pas à ce qu'il en perçoit. En retour, la célébration du *River Rat* blanc par un homme qui est *a priori* son parfait opposé politique, social et culturel, apparaît bel et bien comme une façon d'éviter de « tomb[er]

---

mais j'aime bien. […] Et puis j'ai le Mississippi pour me tenir compagnie. J'adore ce fleuve. »), p. 184 (Mike, « rat de rivière » de Stoddard où il possède un hôtel et une marina, qui « parl[e] du Mississippi comme d'un vieil ami qui se trouve être aussi un collègue de travail, à la fois part intime de son existence et gagne-pain »), ou encore p. 199 (Bill le pêcheur de McGregor, qui dit qu'il « n'arrive pas à quitter le fleuve »).

101 *Cf. Le Mississippi dans la peau*, *op. cit.*, p. 200. Sur le retour des espèces presque éteintes, voir aussi p. 248-243.

102 L'auteur y insiste à plusieurs reprises. Voir notamment *ibid.*, p. 154, où Jim Anderson, conseiller culturel, affirme : « Quand j'étais gosse, on ne pouvait pas sortir en bateau sans mettre de masque. Je ne sais pas si je mangerais de son poisson tous les jours, mais le fleuve est beaucoup plus propre. » Dans le récit, Memphis fait exception : *cf. ibid.* p. 244-245, et le panneau du Département de la protection de l'environnement qui prévient que « tous les poissons de ces eaux sont contaminés à des niveaux susceptibles d'augmenter le risque de cancers et d'autres maladies graves chez les êtres humains ». Cela va dans le sens d'un soupçon de superficialité qui porte sur la revalorisation du fleuve telle qu'elle est revendiquée dans les métropoles.

103 *Ibid.*, p. 25.

104 *Cf. ibid.*, p. 96 : « Dans un monde moins simple où les vérités sont enfin dites, il n'est pas forcément préférable de choisir ses propres réalités, légendes, histoires et fables, car alors nous perdons en communauté. Nous perdons en perspective, prenant ce qui peut être vrai à un moment donné pour une vérité générale. »

dans la trappe qui divise [l]e pays en au moins deux univers, l'un noir et l'autre blanc, avec des barrières entre les deux aussi hautes que des montagnes, chaque monde essayant tellement de s'isoler de l'autre[105] ». Après avoir été le théâtre de bien des tragédies, les petites villes du Mississippi, « cœur de l'Amérique[106] » que l'auteur se réjouit d'avoir enfin trouvé, deviennent le lieu d'une possible réconciliation et d'un nouveau « récit national[107] » qu'il s'agit de coécrire[108].

Lisa Romain
Collège Angellier
et Université du Littoral
et de la Côte d'Opale,
Boulogne-sur-Mer, France
UR 1061 ALITHILA,
Université de Lille 3, France

Nicolas Chrétien
Agence d'Urbanisme de la Région
Mulhousienne (A.U.R.M.),
Mulhouse, France

105 Eddy L. Harris, *Harlem*, Paris, Éditions Liana Levi, coll. « Piccolo », 2000 (1996), p. 230.

106 *Le Mississippi dans la peau*, *op. cit.*, p. 253.

107 *Mississippi Solo*, *op. cit.*, p. 90.

108 On peut noter que certains « petits blancs » s'engagent sur l'autre moitié du chemin qu'il reste à parcourir en mettant en valeur ce qui les unit à la communauté noire. Voir, par exemple, J. D. Vance, qui occupe une position exactement symétrique à celle d'Eddy L. Harris, puisque l'auteur, un *hillbilly* originaire d'une petite ville, a une « illumination » à la lecture d'un ouvrage du sociologue William Julius Wilson, au point qu'il envisage de le contacter : « Je voulus lui écrire et lui dire qu'il avait parfaitement décrit ma famille. Pourtant, que l'écho ait été si intime est curieux, car il ne traitait pas des immigrants appalachiens, il parlait des Noirs des grandes villes. » : *cf. Hillbilly élégie*, Globe, 2017 (2016), p. 161. Chris Offutt tient un discours analogue. Tous ces auteurs, qu'ils soient issus de l'une ou l'autre communauté, regrettent ainsi que la focalisation sur les tensions raciales masque en réalité des questions sociales qu'il s'agirait de résoudre en s'unissant.

NEW YORK, UNE VILLE-FLEUVE VUE DU CIEL

Le film américain *Sully* du réalisateur Clint Eastwood, sorti en 2016 et inspiré d'une histoire vraie, retrace l'incroyable amerrissage forcé et réussi du vol 1549 de la *US Airways*, le 15 janvier 2009. En effet, deux minutes après son décollage depuis l'aéroport LaGuardia, l'Airbus A320 heurte des oies bernaches du Canada qui endommagent ses deux réacteurs. Aux commandes de l'avion, Chesley Sully Sullenberger, assisté du copilote Jeffrey Skiles, parvient en peu de temps à poser l'appareil sur le fleuve Hudson, au large de Manhattan, au lieu de se rediriger vers un aéroport à proximité. Ainsi, au moment de sa chute, l'avion perd de la vitesse et survole New York, en offrant une vue imprenable et un spectacle grandiose de la ville américaine, insérée dans le fleuve.

La projection de l'appareil dans les eaux glacées de l'Hudson permet de vivre le fleuve et de tracer les contours de la ville-fleuve de façon verticale et inédite, à partir d'une position en surplomb. Ainsi, en nous servant de la géocritique comme cadre de référence et en empruntant les concepts de *référentialité* et d'*espace trop-plein*, nous tenterons de répondre aux questions suivantes : comment le réalisateur fictionnalise-t-il et représente-t-il l'une des plus grandes villes-fleuves du monde dans son récit filmique ? Comment l'avion, reliant le haut et le bas par effraction, devient-il un élément symbolique permettant de faire l'expérience des frontières territoriales, fluviales et fictionnelles ?

L'HUDSON : FLEUVE DES MIRACLES ?

Dans cette partie et avant de commencer notre analyse, soulignons que notre choix de la géocritique, qui s'intéresse à l'étude de l'espace, s'explique par le fait que cette approche ne s'applique pas uniquement aux textes littéraires. Au contraire, elle s'adapte aux autres arts comme la photographie et le cinéma. En effet, le genre cinématographique, à l'image du genre romanesque, est doté d'un récit narratif, accompagné d'images et de sons, et d'un cadre spatio-temporel défini, dans lequel se situe une action, comme l'explique Christiane Lahaie :

> En tant que genre à la fois mimétique et narratif, le cinéma pourrait, lui aussi, se prêter à une approche géocritique. Il serait, par exemple, fascinant de voir comment la caméra d'un Woody Allen montre New York [...]. On aura compris qu'au bout du compte, le cinéma reste bel et bien un discours narratif en images et en sons, dont le montage balise le parcours de « lecture » du spectateur et, dans une perspective géocritique, sa « déambulation[1] ».

Dès lors, en appliquant la géocritique au récit filmique *Sully*, nous pouvons poser les fondements de notre travail en définissant le concept de la *référentialité*, tel qu'annoncé plus haut. La *référentialité*, concept qui donne aussi son titre au chapitre III de l'ouvrage *La géocritique. Réel, fiction, espace* de Bertrand Westphal, est un concept mettant en évidence la représentation de l'espace, que celui-ci soit perçu, conçu ou vécu[2]. Pour notre part, c'est la dernière catégorie d'espace, le « vécu », qui nous intéresse ; c'est sur elle que la géocritique met l'accent, puisque celui-ci « [...] est constitué par les espaces de représentation, autrement dit tous les espaces vécus à travers les images et les symboles[3] ». De ce fait, un même espace devient multiple par le biais de ses nombreuses reproductions et offre ainsi une panoplie de représentations iconiques.

---

1 *Cf.* https://epistemocritique.org/elements-de-reflexion-pour-une-geocritique-des-genres/ (consulté le 22 septembre 2022).

2 Bertrand Westphal s'appuie, ici, sur l'hypothèse d'Henri Lefebvre proposant « [...] trois modalités de représentations spatiales : l'espace perçu, l'espace conçu, l'espace vécu ». *Cf.* Bertrand Westphal, *La géocritique. Réel, fiction, espace*, Paris, Les Éditions de Minuit, 2007, p. 127.

3 *Ibid.*, p. 128.

De ce point de vue, la *référentialité* rend possible la connexion entre la réalité et la fiction, en interrogeant la nature du lien « [...] entre les espaces du monde et les espaces du texte[4] ». La représentation d'un espace devient ainsi une voie de passage qui facilite l'accès au lieu réel autrement, c'est-à-dire en se projetant d'abord dans le lieu imaginaire, avant d'atteindre le lieu géographique.

Dans ce contexte, il est question de s'interroger sur New York, une ville-fleuve insérée dans l'Hudson, et nous allons nous focaliser sur la représentation de l'Hudson pour montrer en quoi il est un symbole de la ville américaine. En effet, pour accéder à New York, le réalisateur, dans son récit filmique, nous montre le fleuve qui entoure la ville en contre-plongée en direction du cours d'eau. L'originalité du travail de Clint Eastwood réside dans le fait qu'il a choisi de projeter le spectateur, depuis l'avion, au milieu du fleuve. Ce dernier, *a priori*, ne peut que l'effrayer en raison des circonstances dans lesquelles il est montré sur grand écran et de la façon dont il est filmé, en partant d'un événement, celui de l'amerrissage de l'avion, comme si le spectateur assistait à l'événement et le vivait.

Le réalisateur invite le spectateur à une promenade à travers son récit diégétique riche en images et en sons ; il lui fait découvrir la ville-fleuve sous un nouvel angle, c'est-à-dire en lui procurant une vue panoramique depuis le ciel : « La vie est facile dans les airs[5] », suggère le copilote. L'ordre des images physiques, obéissant à un désordre chronologique et accompagnées de musiques vibrantes, permet ainsi de tracer le parcours de lecture du film de façon non-linéaire et, nous y reviendrons ultérieurement, en éveillant un sentiment de fascination chez le spectateur. Cette fascination est double, ici : avant l'impact de l'avion, elle suscite une sensation d'émerveillement, surtout lorsque l'appareil plane au-dessus de la ville-fleuve, en parcourant des espaces symboliques couverts de neige durant la saison hivernale, en janvier 2009. Nous pensons aux buildings qui surplombent la ville, à Central Park – qui ressemble à un autre fleuve –, au Georges Washington Bridge, un des célèbres ponts suspendus de la ville, et bien sûr à l'Hudson, fleuve glacial et miroitant, fonctionnant comme une frontière et permettant de circonscrire la ville,

4 *Ibid.*, p. 17.

5 Clint Eastwood, *Sully*, États-Unis, Flashlight Films / Malpaso Productions, 2016, 96 minutes.

d'en haut. Puis, au moment de la collision de l'avion, la fascination devient terrifiante et provoque une sorte de « terreur spectacle[6] » chez le spectateur, pour pasticher la première partie du titre d'un ouvrage, qui examine la thématique de la terreur spectacle liée aux attentats du 11 septembre 2001.

Or, Clint Eastwood ne se contente pas de nous montrer uniquement, par le biais de sa caméra, les passagers qui sont à bord de l'avion. Au contraire, pour assister à cette vue imprenable, il axe sa caméra sur l'ensemble de l'équipage jusqu'à l'introduire dans le cockpit, espace intime réservé au pilote, Sully, et au copilote, Jeffrey Skiles, les deux personnages principaux du film. Nous remarquons que la cabine de pilotage devient un élément important dans le film, car, depuis le cockpit, le spectateur peut accéder aux espaces clés cités plus haut, parmi lesquels le fleuve qui occupe une place importante au sein de ce décor ensorcelant. Ainsi, la carte postale qui se présente au spectateur est symbolique, car elle est porteuse d'images « vivantes » : elles transportent et les personnages et les spectateurs dans un monde onirique, en réveillant leur imaginaire. Il est question d'un rêve éveillé qui se manifeste sous la forme d'une image mentale relative à l'espace référentiel, tel qu'il est représenté par le réalisateur, et que le spectateur, à son tour, intègre dans son propre espace imaginaire, comme l'explique Nicole Fabre : « Nous pouvons dire aujourd'hui que la proposition de rêver-éveillé dans le cadre d'une analyse implique la création d'une scène imaginaire et d'un espace imaginaire [...]. » Ainsi, le sujet, ajoute-t-elle, « [...] se déplace, éprouve des affects, au fur et à mesure que se développe un scénario dont il est, bien entendu, l'auteur[7] ».

C'est ainsi que la *référentialité* du lieu, au sens où l'entend Bertrand Westphal, prend forme. La ville-fleuve devient un espace référentiel multiple, car chaque spectateur intériorise l'image de cet espace à sa manière, à commencer par le réalisateur. En effet, ce dernier choisit une démarche cinématographique, c'est-à-dire un angle de vision, pour nous introduire dans son univers fictionnel. Il intériorise un événement à sa façon et le place au cœur de son récit filmique. L'amerrissage de l'avion devient le centre de la diégèse et fonctionne comme un *leitmotiv*.

---

6 Daniel Dayan (dir.), *La terreur spectacle : terrorisme et télévision*, Bruxelles, De Boeck, 2006.

7 Nicole Fabre, « Le rêve-éveillé en psychanalyse : historique d'une évolution », *L'Esprit du temps/Topique*, n° 76, 2001, p. 135.

D'ailleurs, cette scène, qui se répète cinq fois, tout au long du film, est rattachée au lieu même où s'est posé l'avion, à savoir l'Hudson. De ce fait, le monde fictionnel entre en interaction avec le monde réel. À l'espace géographique et réel se superpose une panoplie de représentations, qui fonctionnent comme des strates que le spectateur réactive à tout moment. C'est dire que la représentation de l'espace que propose Clint Eastwood se double de celle du spectateur. La mise en abyme de l'espace référentiel nous projette dans des labyrinthes imaginaires qui font partie de la structure narrative du film. De ce point de vue, l'espace mouvant de la ville-fleuve n'est plus seulement traversé, mais il est vécu, comme le suggère l'hypothèse de Bertrand Westphal, citée plus haut, que nous confirmons et qui, elle-même, comme nous l'avons dit, plonge ses racines dans les réflexions d'Henri Lefebvre.

Pour revenir à la scène du cockpit, nous avons souligné, précédemment, que le cinéaste dirige sa caméra vers cet espace stratégique pour permettre au spectateur de survoler la ville de New York et de sillonner l'Hudson du regard, en compagnie de Sully et de Jeffrey Skiles. En outre, en racontant le quotidien d'un pilote et de son copilote durant les heures de travail, le réalisateur, par la même occasion, lève le voile sur la vie ordinaire des deux personnages. Avant le décollage de l'avion, au moment où ces deux derniers procèdent à une vérification coutumière de l'appareil – en attendant le signal de la tour de contrôle de l'aéroport LaGuardia pour se diriger vers la ville de Charlotte –, ils s'échangent quelques propos liés à la vie personnelle de chacun. C'est alors que Jeffrey Skiles nous apprend, par exemple, que Sully vient de créer un site internet – une compagnie relative au monde de l'aviation – à travers lequel il livre quelques conseils tirés de son expérience s'étalant sur une quarantaine d'années. On apprend aussi que le pilote préfère manger une entrecôte de bœuf plutôt qu'un faux-filet, quand il arrivera à destination, etc. Bref, nous retenons, dans cette séquence qui précède le décollage de l'avion, que les deux protagonistes ont l'habitude de parcourir le ciel et, au fil du temps, ils se sont habitués au paysage qu'ils parcourent à chaque vol. Pourtant, ils demeurent envoûtés, à chaque fois, par la vue spectaculaire qui s'offre à eux devant l'Hudson. Car la première image qui les capte est bien celle de l'Hudson, et les premiers mots que Sully prononce après le décollage concernent le fleuve vu depuis le ciel, comme en témoigne le passage suivant :

– Jolie vue de l'Hudson, je ne me lasserai jamais de la beauté de cette vue.
– La vie est plus facile dans les airs.
– J'en ai bien l'impression[8].

À partir de cet extrait, nous remarquons que la vue du fleuve constitue une sorte d'échappatoire, un rêve éveillé qui hante et fascine les deux protagonistes à chaque fois qu'ils sont à bord de l'avion, et un rêve qu'ils partagent avec le spectateur. Mais, cette issue ne prend sens qu'à travers la métaphore du vol, c'est-à-dire l'avion, au moment où Sully et Jeffrey Skiles sont dans les airs. Cela devient possible par le biais de l'imaginaire, ce qui permet le passage de l'état émotionnel ordinaire vers l'extraordinaire, en plongeant le public dans un ailleurs symbolique.

Pour renforcer l'image extraordinaire de la ville-fleuve, provoquée par la métaphore du vol, nous allons nous intéresser à un autre personnage qui, lui aussi, livre une image différente relative au paysage que le spectateur perçoit depuis l'avion. Il est question, dans le film, d'un passager golfeur, accompagné de son père et de son cousin, qui embarque à la dernière minute pour Charlotte, afin d'assister à un match de golf. Lorsqu'il récupère sa carte d'accès, l'agent d'escale explique à ce passager retardataire que ce sont trois derniers sièges « séparés » dont il dispose. Le voyageur, fou de joie, réplique : « C'est pas grave. Je suis prêt à voyager sur l'aile[9]. » Cette citation ne manifeste pas seulement l'intérêt évident du passager pour le golf, mais elle est également porteuse d'une image mentale fantastique, celle de la possibilité de faire voyager le spectateur sur l'aile de l'avion, un endroit qui n'est accessible qu'à travers le rêve, pour lui offrir une scène majestueuse de la ville-fleuve. La séquence relative à ce passager, comme celle des deux protagonistes lorsqu'ils évoquent des bribes de leurs vies privées, juste avant le décollage de l'avion, sont bien évidemment des moments de digression qui servent à livrer des détails complémentaires et à capter l'attention, tout en donnant de la profondeur au scénario. Mais, elles sont aussi un moyen qui sert à transporter le spectateur dans un « autre » ailleurs.

Le réalisateur implique donc le spectateur dans son univers filmique, comme si celui-ci était un passager à bord de l'avion, voire même un des pilotes, en l'introduisant dans la cabine de pilotage, jusqu'à lui faire

8 Clint Eastwood, *Sully*, *op. cit.*
9 *Id.*

vivre l'amerrissage de l'avion – un phénomène qui n'a heureusement pas l'habitude de se produire – et la perte de deux réacteurs « [...] à l'altitude la plus basse jamais enregistrée dans l'histoire de l'aviation[10] », ce qui oblige le pilote à poser l'appareil sur le fleuve. En effet, en quelques secondes, Sully, qui manifeste beaucoup de courage, anticipe ce qui allait advenir et décide de plonger l'avion dans le fleuve, en espérant sauver tous les passagers. D'ailleurs, il n'arrête pas de répéter à l'aiguilleur du ciel qui est entré en contact avec lui depuis la tour de contrôle – et qui tente de le convaincre de retourner à LaGuardia, ou bien d'atterrir à un autre aéroport proche – la phrase suivante : « On va finir dans l'Hudson[11]. » Puis, il ajoute : « C'est pas possible, on va finir dans l'Hudson[12]. » De cette manière, il annonce le chaos aux contrôleurs aériens – qui suivent l'événement depuis la tour –, mais surtout aux voyageurs – qui sont dans l'avion. Il leur fait vivre le fleuve quelques secondes, avant la collision, en disant : « Ici le capitaine, préparez-vous à l'impact[13]. »

Perçu depuis le cockpit comme un espace structurant de New York, le fleuve a toujours impressionné le pilote, comme nous l'avons mentionné plus haut, et il finit par lui inspirer l'idée même de précipiter l'avion au milieu de ses eaux pour échapper à la catastrophe. Il devient une obsession nécessaire, car, n'ayant pas le choix, c'est la seule issue qui semble s'offrir à Sully, surtout lorsque l'incertitude le ronge de l'intérieur, même s'il fait preuve de sang-froid. Il convient de préciser qu'au moment de sa chute l'avion perd de l'altitude de façon brusque. Le spectateur s'en doute, puisque la vitesse empruntée s'avère elle aussi parlante et participe efficacement à la traversée de l'espace aérien vers l'espace liquide, ce qui renforce l'image de l'amerrissage.

À partir de ce moment, l'Hudson se transforme en un lieu de « miracle », malgré les conditions climatiques rudes de l'hiver, puisque le pilote a finalement sauvé cent cinquante voyageurs d'un crash. À la suite de la réussite de l'impact, la presse parle du « miracle de l'Hudson[14] » ; c'est dire l'importance géographique du cours d'eau dans le déroulement de

10 *Id.*
11 *Id.*
12 *Id.*
13 *Id.*
14 *Cf.* https://www.europe1.fr/emissions/linterview-verite-du-week-end/sully-sur-le-miracle-de-lhudson-nous-navions-jamais-simule-damerrissage-auparavant-2904830 (consulté le 22 septembre 2022).

l'action en si peu de temps ; il devient le fleuve des miracles et s'impose plus que New York, puisque, si le pilote était retourné à l'aéroport, l'avion aurait subi un crash en heurtant les buildings, comme le montre la scène d'ouverture du film, que nous allons analyser dans la seconde partie. Ceci donne tout son sens à cet espace géographique qui, lors de l'enquête qui suit l'amerrissage de l'avion, est décrit par le pilote comme « [...] la seule surface assez longue, lisse et large[15] ». La réplique du protagoniste est riche de sens et nous permet de relever un champ lexical relatif à l'Hudson (« surface », « longue », « lisse » et « large ») qui renvoie à une image symbolique du fleuve où interagissent rêve et réalité, en mettant en avant l'exploit de Sully devenu un héros américain malgré lui.

Si, dans ce premier temps de notre contribution, nous avons mis l'accent sur l'espace référentiel du fleuve, cette frontière géographique importante qui borde la ville, nous allons à présent explorer l'espace référentiel de New York et voir comment la ville occupe l'espace dans le récit filmique de Clint Eastwood.

UNE VILLE HANTÉE PAR LES DÉMONS DU WORLD TRADE CENTER

À cet égard, nous allons emprunter le concept d'*espace trop-plein*, afin d'étudier la représentation de la ville new yorkaise qui ne peut être détachée de l'Hudson. La « représentation de l'encore-vide » et la « représentation du trop-plein[16] » nous ramènent de nouveau à l'ouvrage *La géocritique. Réel, fiction, espace* de Bertrand Westphal. Rappelons que ces concepts ont été forgés par le critique dans un contexte colonial et postcolonial, afin d'étudier la cartographie d'un espace, avec ses enjeux politiques, historiques, culturels, etc. L'utilisation d'une carte, qui est une représentation mentale et physique du réel, s'avère importante car elle permet d'avoir une vision certes réduite, mais globale du monde : « Elle est utilisée pour cerner le monde[17]. » Il est question d'un monde

15 Clint Eastwood, *Sully*, *op. cit.*
16 Bertrand Westphal, *La géocritique. Réel, fiction, espace*, *op. cit.*, p. 130.
17 *Ibid.*, p. 97.

intériorisé et hétérogène dont les frontières sont instables et changeantes. L'homme conquérant est souvent confronté à un double sentiment : soit il remplit des espaces vides, soit il vide des espaces trop pleins : « Horreur ! Quand tout se remplit, il faut refaire de la place[18]. »

Pour notre analyse, c'est l'*espace trop-plein*, uniquement, qui nous intéresse. Le but est de voir comment le réalisateur, Clint Eastwood, se sert de l'avion pour cartographier et représenter la ville-fleuve qui occupe tout l'espace géographique et fictionnel dans son univers, et que le spectateur peut percevoir depuis le cockpit. D'emblée, la ville de New York, contrairement au « fleuve des miracles », est représentée comme une ville chaotique. En effet, si précédemment nous avons évoqué le rêve éveillé de Sully avant le décollage, la scène d'ouverture du film, elle, présente un cauchemar du même personnage.

À la suite de l'amerrissage de l'Airbus A320 et avant l'enquête qui a suivi, le pilote continue de se représenter la scène du crash de l'avion qu'il pilotait s'il avait tenté de retourner à l'aéroport. Avant que l'avion ne s'écrase contre un building, il survole New York en perdant de l'altitude de façon rapide et en traversant Central Park. Mais, faute de temps, puisqu'il ne disposait que de 208 secondes seulement au total, et étant trop bas, il ne peut atteindre LaGuardia. Il finit par frôler une première tour avec l'aile de l'appareil, avant d'en heurter violemment une seconde. Nous remarquons que, dans cette scène choquante, la vue de la ville américaine s'impose de manière effrayante en proposant au spectateur un spectacle terrifiant. Et, de cette façon, l'espace fictionnel se dessine et s'impose sur grand écran, en mettant en avant la ville-fleuve qui occupe tout l'espace fictif s'offrant au public.

Outre le cauchemar, il est une autre scène, dominée par l'*espace trop-plein* représentant la ville, où Sully revoit la même image hypnotisante qui se manifeste dans un rêve éveillé. En fait, peu avant qu'il ne rejoigne le plateau de télévision, afin d'être interviewé par une journaliste au sujet de l'amerrissage réussi, le pilote se met debout devant une fenêtre ; alors, il voit de loin l'avion qu'il pilotait surgissant de nulle part – sans doute de sa mémoire qui lui joue un mauvais tour –, en train de chuter en parcourant New York, jusqu'à ce qu'il finisse par percuter un gratte-ciel.

Or, il convient de souligner que les scènes du crash et de l'amerrissage ponctuent le scénario dans la mesure où elles reviennent en boucle tout

18 *Ibid.*, p. 100.

au long du récit filmique et installent un sentiment de confusion chez le spectateur. Mais Clint Eastwood réitère avec obstination ces deux séquences sans jamais tomber dans le *pathos*, puisqu'il est au contraire question d'un *happy end*. En ce sens, même si la scène du crash inspire l'horreur, elle demeure cependant fantasmée, puisqu'elle est le fruit de l'imagination du protagoniste alors marqué par des visions effrayantes.

Les scènes se répètent grâce à la technique narrative du *flash-back* (analepse) et du *flashforward* (prolepse), puisque le pilote Sully est partagé entre ses souvenirs et ses visions. C'est une boucle temporelle qui permet au protagoniste de voyager à travers le temps : tantôt il retourne en arrière en se rappelant son adolescence, lorsqu'il commençait à s'intéresser à l'aviation et à piloter un avion de chasse ; tantôt il anticipe la scène du crash qui aurait eu lieu s'il n'avait pas posé l'avion sur l'Hudson. En fait, ce désordre narratif, techniquement remarquable, perturbe la lecture du film et empêche le déroulement linéaire du récit. La lecture devient donc circulaire, de sorte que le temps de l'histoire – passé, présent et futur – se prolonge, même si le présent – temps de la narration – prend forme précisément après l'amerrissage.

Par la suite, une enquête effectuée par le Conseil National de la Sécurité des Transports voit le jour, comme si le spectateur était projeté dans une autre histoire. Il assiste d'abord à la descente aux enfers du pilote, accusé par son administration d'avoir amerri sur l'Hudson en risquant la vie des voyageurs : « Ce qui est drôle là-dedans, c'est que j'ai transporté un million de passagers en avion sur plus de quarante ans. Mais finalement, je vais être jugé sur ces deux cent huit secondes[19]. » C'est ce que dit Sully à son coéquipier. Ensuite, après l'échec des simulations par ordinateur, le spectateur assiste à la rédemption de Sully qui accuse les ingénieurs de ne pas avoir pris en considération l'aspect humain à l'extérieur du cockpit.

Ajoutons que la scène du crash et la scène de l'amerrissage ne sont pas montrées sur grand écran de la même manière. Autrement dit, le public ne les voit jamais du même côté, c'est-à-dire depuis le cockpit, puisqu'elles sont filmées de différentes manières. Dans la mesure où les angles de vision et les plans se multiplient, la mise en scène, les montages et les découpages influencent les sensations du spectateur au fil des *travellings* « pulsionnels ». Ces images sont accentuées par un mixage sonore convaincant et puissant, qui marque le spectateur en lui faisant vivre un

19 Clint Eastwood, *Sully*, *op. cit.*

moment angoissant, spécialement au moment où l'avion est en chute libre, avant qu'il n'amerrisse sur le fleuve, comme le souligne Jérémy Gallet :

> […] *Sully* se regarde d'abord comme un film d'action ou une œuvre à suspens impeccable, même s'il s'agit d'un événement dont on connaît l'issue heureuse. Eastwood déploie une belle maîtrise dans l'art du cadrage, parvient à varier les angles et à multiplier les échelles de plan pour nous donner la sensation d'un amerrissage dont l'existence devient aussi une sorte de performance stylistique[20].

Ainsi, au sein du récit éclaté, les points de vue se multiplient et l'*espace trop-plein* de la ville-fleuve se fragmente et devient hétérogène. Toutefois, il ne faut pas oublier de préciser que la présence de l'avion participe pleinement au déroulement de l'action. En effet, ce dernier, fonctionnant comme un moyen de connexion entre le haut et le bas, permet de cartographier les espaces filmiques inédits en dessinant des frontières mouvantes qui changent selon les déplacements de la caméra et les prises de vues. Ces frontières sont à la fois territoriales, fluviales et fictionnelles ; elles permettent à la fois de tracer les contours d'une ville-fleuve complexe, à la croisée du rêve et de la réalité, et d'occuper un *espace trop-plein* selon les besoins de la narration et les angles de vision. De ce fait, l'avion devient un élément symbolique dans le récit filmique. D'une part, il joue un rôle important dans la traversée des espaces, en offrant une vue extraordinaire de la ville-fleuve, symbole d'une Amérique puissante et imposante. D'autre part, le spectateur ne peut regarder le film *Sully* sans penser à l'attentat du World Trade Center. Ce dernier, qui est devenu un mythe national depuis le 11 septembre 2001, continue de vivre dans les mémoires. D'ailleurs, dès la scène d'ouverture, celle de l'avion qui explose contre un grand immeuble, le spectateur est dérouté et ressent comme un sentiment de « déjà vu ». Cette image spectaculaire lui rappelle incontestablement les événements de Manhattan, en faisant ressurgir les démons qui continuent de hanter New York et l'inconscient collectif.

Cet événement traumatique, qui apparaît en toile de fond dans ce drame biographique, ne cesse de nourrir aussi bien les récits filmiques que romanesques. D'ailleurs, puisque nous évoquons l'univers des romans, il convient de rappeler que le réalisateur du film *Sully* s'est inspiré de l'œuvre autobiographique du commandant de bord Chesley B. Sullenberger avec la

20 https://www.avoir-alire.com/sully-la-critique-du-film (consulté le 22 septembre 2022).

collaboration de Jeffrey Zaslow. Ce livre témoignage s'intitule *Highest Duty : My search for what really matters*, traduit de l'anglais américain par Laure Joanin, *Sully, la formidable histoire du « héros de l'Hudson »*. Or, si nous avons choisi d'analyser le long-métrage et non le livre, c'est parce que, à notre sens, il retrace mieux l'amerrissage de l'avion tout en mettant en évidence la thématique de la ville-fleuve à travers un montage formidable, composé d'images féériques et d'une sonorisation habile. Pour cela, le cinéma offre au spectateur ce que la littérature ne peut offrir, même si cette dernière capte l'attention du lecteur par le biais de l'imaginaire surgissant des mots. Mais le genre cinématographique, grâce aux techniques narratives et à la mise en scène – les décors, l'éclairage, les acteurs, etc. devant la caméra –, non seulement suscite de nouvelles émotions, mais il tente de les faire résonner de façon durable ; le septième art permet indéniablement de mieux approcher la thématique de la ville-fleuve rendue plus visible à travers les images optiques. Et c'est pour nous une façon d'explorer de nouvelles voies de la fiction et d'interroger les frontières du cinéma qui, comme celle de la littérature, repoussent les limites de l'inaccessible[21].

Revenons maintenant à notre film. Le réalisateur, en choisissant de mettre en scène l'histoire de Sully, dresse le portrait d'un pilote ordinaire et héroïque, confronté à ses doutes qu'il exprime à son épouse : « [...] et si j'avais mis en danger la vie de tous ces passagers[22] [...]. » Mais il a détourné l'avion et il l'a posé sur l'Hudson en sauvant tous les passagers, ce qui lui a permis de ne pas revivre les attentats du World Trade Center – même si le contexte n'est pas le même – et de ne pas déterrer les mauvais souvenirs qu'il n'arrête pas de rejouer dans sa tête. De ce point de vue, l'amerrissage est alors vécu comme un anti 11 septembre, mais, en même temps, le cinéaste nous invite à réfléchir sur la problématique même du héros : qu'est-ce qu'un héros ? qui sont les héros d'aujourd'hui ? quels sont les critères pour être ou devenir un héros ? Bref, le héros peut-il remplacer le super-héros, mythe américain et miroir des U.S.A. ?

De ce fait, Clint Eastwood s'approprie le rôle de guérisseur, à la manière des grands réalisateurs classiques américains, entre autres Steven Spielberg. Il raconte un événement de l'histoire de son pays et, en même temps, il est capable d'en cicatriser les blessures en essayant d'effacer les images du

21 *Cf.* Françoise Naudillon et Mbaye Diouf (dir.), *Spatialités littéraires et filmiques francophones : nouvelles perspectives*, Montréal, Éditions Mémoire d'encrier, 2018.

22 Clint Eastwood, *Sully*, *op. cit.*

11 septembre, à travers l'élégance de l'amerrissage. Il tente par là de réconcilier l'Amérique avec son passé douloureux lié aux attentats : c'est de l'art hollywoodien. Il transporte le spectateur à travers son récit filmique où règnent angoisses, rages et douleurs, en le transformant, de façon inconsciente et à son tour, en pilote de l'*US Airways*. Il l'invite à bord de l'avion A320 et lui fait survoler la ville-fleuve qui, jusqu'à nos jours, continue de symboliser l'idée de l'*American Dream*. C'est pourquoi nous confirmons que le parcours du pilote Sully traduit bien « [...] une métaphore sur l'art et la manière de reconstituer la réalité, autrement dit sur le cinéma lui-même[23] ».

Ainsi, le réalisateur représente dans son film la ville de New York en la dé-familiarisant ou mieux en la déréalisant. Il déréalise le réel en proposant une nouvelle façon de percevoir la ville-fleuve, dont les espaces révèlent le lien qu'entretient le cinéaste avec le monde réel et les multiples représentations qui émanent de son univers filmique. Ceci lui permet de repousser les limites de la fiction et de reconstituer la réalité, en partant d'un événement historique, le « miracle de l'Hudson ». En fait, il intériorise et fictionnalise l'amerrissage de l'avion sur le fleuve. Les mouvements de l'appareil, piloté par Sully, jouent alors un rôle symbolique, en assurant la connexion entre le haut et le bas, une connexion qui invite le spectateur à « vivre » les espaces traversés, mais qui rend également lisibles et visibles tantôt des frontières réelles (fluviales et territoriales), tantôt des frontières fictionnelles « [...] se déployant entre ciel et terre et bornant un territoire où l'esprit ne s'adonnerait à rien d'autre qu'à une mélancolique évagation[24] ». Ces dernières, qui interagissent constamment, permettent l'émergence d'un monde possible et hétérogène, susceptible d'être réactualisé à tout moment à travers les lectures que nous faisons des récits littéraires ou filmiques.

Lamia Mecheri
Université Badji Mokhtar,
Annaba, Algérie

23 *Cf.* https://www.lefigaro.fr/cinema/2016/12/02/03002-20161202ARTFIG00220--sully-le-dernier-clint-eastwood-survole-la-critique.php (consulté le 22 septembre 2022).

24 Bertrand Westphal, *La cage des méridiens. La littérature et l'art contemporain face à la globalisation*, Paris, Éditions de Minuit, 2016, p. 261.

VILLES-FLEUVES D'ASIE

SPLENDEURS ET MISÈRES DE BAGDAD, UNE CAPITALE AU BORD DU TIGRE

Et le Tigre dit :

> Je suis la vie et la mort. Je suis le début et la fin, je suis les récoltes et les crues. Je suis les larmes de Tiamat tuée de la main de Marduk. Je connais la folie des hommes. Mille fois, j'ai vu leur vanité les conduire à la ruine. J'ai vu s'élever Assur et Ninive, j'ai vu tomber de grands rois, et la pluie de Gilgamesh a inondé mes berges. Tous, retournés à la poussière. Marduk a créé le monde à partir d'un cadavre. Je suis le témoin silencieux des serments et des drames qui se jouent sur mes bords. Cette histoire-là finira mal, elle aussi. La mort viendra à temps[1].

Dès l'aube de l'humanité, la région située entre le Tigre et l'Euphrate a vu naître les premières cités et des premiers empires. Constituant un carrefour vital reliant l'Asie, l'Europe et l'Afrique, les deux fleuves ont depuis la nuit des temps attiré les hommes qui ont fait de la Mésopotamie le berceau de la civilisation. On y trouve la trace des premières cités-états fondées par les Sumériens, les Akkadiens, les Babyloniens, les Assyriens : elles ont traversé le temps jusqu'à l'époque des califes et de la civilisation islamique où Bagdad fut fondée sur les rives du Tigre.

Bagdad, la cité de la paix, l'une des merveilleuses métropoles de l'Histoire, rayonna autrefois de mille feux se reflétant sur les eaux tumultueuses et abondantes du Tigre ; elle n'est aujourd'hui que l'ombre d'elle-même, une ville blessée, une princesse défigurée. Qui se souvient que, du VIIIe au XIIIe siècle, elle fut la capitale d'une civilisation raffinée ? Depuis Bagdad, le califat abbasside étendait son influence de l'Espagne aux confins de la Chine. Ville des mille et une nuits, gardienne des savoirs antiques, elle traduisait Aristote, Platon ou Euclide. Puis elle a

1 Émilienne Malfatto, *Que sur toi se lamente le Tigre*, éditions Elyzad, 2020, p. 13.

été effacée de l'Histoire par un de ces retournements tragiques que les chercheurs s'emploient toujours à comprendre.

Capitale du monde et cité de la paix, Bagdad connaissait un bouillonnement culturel où se croisaient artisans, poètes et marchands. Des peuples d'origines diverses se côtoyaient dans la nouvelle ville des califes. Les bazars débordaient de denrées provenant du bout du monde. Langues, cultures et races se mélangeaient, concourant ainsi à faire de Bagdad le carrefour du monde. Bagdad, ville cosmopolite grandiose, métropole dynamique et colorée n'ayant pas son égale à cette époque.

Dans un de ses ouvrages[2] l'historien et géographe Al-Yaqubi (-897) révèle que le siège de l'administration de l'empire était situé sur la rive droite du Tigre à l'endroit où se trouvait une construction circulaire baptisée sous le nom de « la cité ronde ». Ainsi, pour parler de l'emplacement de Bagdad, il suffisait de dire qu'elle était entre les deux fleuves : l'Euphrate à l'Ouest et le Tigre à l'Est. Lorsque la ville, étroitement liée à ses fleuves, était prospère, ses fleuves l'étaient tout autant. Parallèlement, une fois que le chaos s'installa dans la ville, les eaux des fleuves connurent le même sort.

Cette relation tout à fait emblématique, du fait que la ville et ses fleuves ont eu un destin si lié, pousse à se demander quelle est la nature de cette connivence et de cette dépendance fusionnelles et vitales entre la ville de Bagdad et ses deux fleuves : le Tigre et l'Euphrate. Pour répondre à cette question, il faut tout d'abord comprendre que la relation ville-fleuves dans le cas de Bagdad relève d'un rapport originel au monde qui peut se lire à travers une géopoétique de l'espace sacré. Une relation d'ordre cosmogonique fait des fleuves l'eau primordiale sur laquelle se construit le Cosmos, c'est-à-dire la ville.

De ce fait, il convient tout d'abord de souligner que le Tigre et l'Euphrate, fleuves aux eaux abondantes et nourricières, allaient de pair avec une Bagdad florissante quand elle était à l'apogée de son rayonnement. Cependant, en contrepoint mais toujours en écho, vient le moment de dépeindre à la fois la réalité déceptive liée à l'effondrement de Bagdad aujourd'hui – Bagdad ville en guerre qui tombe en ruine – et, parallèlement, la situation alarmante du Tigre et de l'Euphrate

2 Al-Yaqubi est l'auteur d'une Histoire du Monde (*Chronique d'Ibn Wadih*) et d'une géographie générale (*Livre des Pays* : *Kitāb al-buldān*) qui contient des descriptions de Bagdad.

– entre discorde, assèchement et pollution. Les discours géopoétique et écopoétique ne seraient-ils pas à même de rendre compte de ces deux interfaces : la grandeur et la décadence… ou les splendeurs et les misères[3] qu'ont connues et que connaissent la ville et ses fleuves ?

HABITER POÉTIQUEMENT UN ESPACE… BAGDAD COMME CENTRE DU MONDE

Le Tigre et l'Euphrate sont des fleuves mythiques et mystiques, craints et adorés, glorifiés et sacrés, dont la fécondité stimula la fertilité de la terre, faisant fleurir le désert, donnant naissance à des villes, illustrant ainsi le pouvoir sacré dont l'eau est dotée, celui de donner la vie. C'est ainsi que, émergeant des profondeurs du Tigre, imprégnée de mythes et de mystère, Bagdad fut fondée, gracieuse et majestueuse, n'ayant d'égale que sa splendeur.

Au commencement, la ville de Damas était la capitale de la civilisation arabo-islamique, depuis la fondation du régime du califat par les Omeyyades. Après le déclin de la dynastie en place, les Abbassides prirent le pouvoir et c'est à ce moment-là que le centre de la gouvernance se déplaça vers ce qui allait bientôt constituer « la cité de la paix ». On pourrait se demander ce qui a pu inciter Al-Mansour à changer de capitale pour fonder sa dynastie. La réponse est évidente : l'emplacement de la nouvelle capitale Bagdad était minutieusement choisi : au milieu des deux fleuves ; le Tigre en représentait le cœur, étendant ses canaux vers l'Euphrate, et ils formaient ainsi la nouvelle Mésopotamie.

Entre science et culture, Bagdad fut le paradis des férus de connaissances, grâce à sa célèbre Maison de la Sagesse ; ce terme désignait de grandes bibliothèques où les ouvrages grecs, perses, araméens de l'Antiquité – et plus encore – étaient recueillis et traduits sous le règne du Calife Al-Ma'mūn ; celui-ci œuvrait pour la préservation des savoirs et pour la rencontre d'illustres savants qui se réunissaient afin

3 L'on reconnaîtra évidemment deux allusions à Montesquieu (*Considérations sur les causes de la grandeur des Romains et de leur décadence*, 1734) et à Honoré de Balzac (*Splendeurs et misères des courtisanes*, 1838-1847).

d'échanger, de débattre, d'enseigner et de faire progresser le savoir dans l'ensemble de l'empire et dans le monde.

Tous ceux qui se rendaient dans cette ville baptisée « la cité de la paix » étaient fascinés ; ils ressentaient un attachement d'ordre onirique et mythique pour la ville et ses fleuves, et le sentiment était partagé par tous. La ville était chantée et glorifiée par les poètes qui, de manière synesthésique, évoquaient les parfums suaves et exotiques des bazars safranés, les rythmes de la musique orientale et l'essence érotique qu'elle exaltait, le goût de plats mêlant les gastronomies, l'atmosphère qui y régnait et le mysticisme qui l'imprégnait. Tout cela faisait écho avec un décor urbain d'un Orient longtemps fantasmé et rêvé. Pour reprendre Kenneth White, Bagdad était une ville habitée poétiquement, habitée intensément, habitée euphoriquement, par de nombreux poètes, chanteurs, écrivains, géographes faisant l'éloge d'une ville à son apogée.

Avant d'être au centre des troubles profonds qui l'agitent aujourd'hui, Bagdad fut tout d'abord le centre du monde. Conçue initialement comme un cercle, située sur les deux rives du Tigre et reliée par des canaux à l'Euphrate, son emplacement stratégique lui permettait d'avoir des voies fluviales et terrestres vers les quatre coins du monde. Ceci n'est pas une simple métaphore, car Bagdad avait réellement quatre portes qui s'ouvraient sur l'Iran, l'Inde et la Chine à l'Est, sur l'Anatolie (Turquie) au Nord, sur la mer Méditerranée et l'Europe à l'Ouest, et sur La Mecque et l'Afrique au Sud.

Si l'on regarde de plus près la reconstruction faite par les archéologues, la première impression concernant la ville de Bagdad est que le palais du Calife se trouve exactement au centre de la ville. Puis, la ville, de forme circulaire, entoure le palais, et ce dernier représente l'axe central du cercle. À l'intérieur du cercle, quatre voies principales sont tracées précisément en direction des quatre points cardinaux. Le professeur Jacob Lassner révèle une analyse sensationnelle sur la construction de Bagdad et sur sa forme géométrique reposant sur la figure du cercle :

> Si l'on se trouve au centre du cercle, on est à une distance égale à tout point du cercle, alors que, si l'on était au centre d'un carré ou d'un rectangle, les distances seraient inégales par rapport au centre ; cela signifie que l'idée de la centralisation du pouvoir se construit sur le concept de la cité circulaire[4].

4 Jacob Lassner, *The Shaping of Abbasid Rule*, Princeton, Princeton University Press, 1980. Notre traduction.

Le cercle et le centre avaient une importance capitale dans la perception du monde d'Al-Mansour, ce qui laissait entrevoir un rapport à l'espace essentiellement lié à son rapport au monde, ou à sa manière d'être au monde :

> S'il y a quelque chose que les Abbassides ont accompli durant leur califat, c'était de mettre en place une administration hautement centralisée, pas seulement dans la manière de gouverner mais aussi en terme de symbole visuel, de façon à ce que la cité circulaire autour d'Al-Mansour soit le symbole de la centralisation visuelle de la puissance abbasside[5].

Mircea Eliade, dans son ouvrage *Le sacré et le profane*, explique de manière ontologique le rapport de ce qu'il appelle l'homme religieux[6] à l'espace. Il démontre que pour les sociétés archaïques – comme celle dont Al-Mansour est issu –, contrairement aux sociétés modernes, l'expérience spatiale est essentiellement hétérogène, c'est-à-dire que l'espace pour les sociétés traditionnelles se divise en un espace sacré et un espace profane. Nous partons de ce principe afin d'expliquer cette pensée primordiale, fondamentalement archaïque et primaire, qui constitue une rupture opérée dans l'espace et qui fait toute la différence entre le point fixe, véritable centrale de toutes les orientations futures, le Cosmos, et le Chaos « dont l'étendue homogène est infinie, où aucun point de repère n'est possible, dans lequel aucune orientation ne peut s'effectuer » ; or « l'hiérophanie révèle un point fixe absolu, un "Centre[7]" ». Autrement dit, le Centre ou le point fixe est ce qui constitue la sacralité d'un Cosmos[8].

L'espace sacré connaît des cassures, des niveaux, et il représente la véritable réalité, car « la manifestation du sacré fonde ontologiquement le monde[9] » ; c'est une expérience primordiale qui fait que « pour vivre

---

5 *Id.*

6 Mircea Eliade, *Le sacré et le profane*, Paris, Gallimard, coll. « Idées », 1985 ; rééd. Folio, 1998. En posant sur le monde une grille d'interprétation religieuse, Mircea Eliade démontre que le croyant transcende la réalité. Le sacré étant le lieu et le moment de manifestation du réel, l'homme religieux gagne la possibilité de vivre avec une conscience augmentée de sa propre réalité.

7 Mircea, Eliade, *Le sacré et le profane*, *op. cit.*, p. 26.

8 Ce qui caractérise les sociétés traditionnelles, c'est l'opposition qu'elles sous-entendent entre leur territoire habité et l'espace inconnu et indéterminé qui l'entoure : le premier c'est le Monde (plus précisément « notre monde »), le Cosmos ; le reste ce n'est plus un Cosmos, mais une sorte d'« autre monde », un espace étranger et chaotique.

9 Mircea, Eliade, *Le sacré et le profane*, *op. cit.*, p. 29.

dans le monde il faut le fonder, c'est-à-dire créer un centre à ce monde et se mettre à ce centre » : « C'est de là qu'on aura une organisation du Chaos et un début de la vie réelle, le Cosmos[10]. »

Or, c'est exactement ce qu'Al-Mansour a entrepris ; dans la fondation de Bagdad, la non-homogénéité de l'espace constitue une expérience primordiale : celle de la « fondation du monde » organisée autour du palais du Calife, au centre de la ville, point fixe, centre du monde, *axis mundi* autour duquel se construit le Cosmos, notre monde, le monde réel, car « le "vrai monde" se trouve toujours au "milieu", au "centre" » : c'est là qu'il y a « rupture de niveau, communication des trois zones cosmiques[11] ».

Il est évident que le Calife a fait de sa demeure le centre du monde et c'est explicitement démontré tout d'abord au plan visuel puis au niveau symbolique :

> Il veut [...] que sa propre maison se situe au centre et soit une *imago mundi* [...] les habitations sont censées se trouver effectivement au Centre du Monde et reproduisent à l'échelle microcosmique l'univers[12].

La maison est de ce fait, une représentation microcosmique de l'univers. Fonder la ville c'est finalement fonder le monde.

L'on retire de ce qui vient d'être expliqué que le rapport à l'espace fondé sur l'hiérophanie[13] relève d'une expérience sacrée qui fait que tout acte de consécration ou de fondation – dans le cas présent la ville-fleuves de Bagdad –, produise une *imago mundi*, une reproduction de *gesta* liés aux origines, ceux de la cosmogonie. Ainsi, la création du monde devient-elle l'archétype de tout geste créateur humain. Or, cette vision du monde fondée autour d'un centre du monde est présente dans de nombreuses cultures, à différentes époques et dans plusieurs régions du monde ; cela comprend bien entendu la consécration de plusieurs cités antiques, et l'*omphalos* (« nombril », en grec ancien) de Delphes en est un parfait exemple.

La maison du Calife au centre de Bagdad illustre ainsi le symbolisme de l'ombilic ou du nombril du monde. La cosmogonie est décrite

10 *Id.*
11 *Ibid.*, p. 43.
12 *Id.*
13 Nous utilisons ici le mot « hiérophanie » emprunté à Mircea Eliade pour désigner la manifestation des conceptions et des idées sacrées, en opposition à tout ce qui est profane.

comme un développement autour d'un noyau, autour d'un ombilic, « tel un fœtus qui se développe et dont le rayonnement va suivre les points cardinaux[14] ». La ville d'Al-Mansour, avec son palais comme *axis mundi*, avec sa construction circulaire comme Cosmos, avec ses quatre routes et portes ouvertes sur les quatre points cardinaux, retrace le schéma fondateur archaïque cosmogonique par excellence.

Néanmoins, ce ne sont pas les seuls éléments faisant de Bagdad un Cosmos sacré, car les eaux des fleuves elles aussi représentent la sacralité initiale de cet espace. La relation qu'entretiennent la ville et le fleuve est encore plus profonde et enfouie, donc fondamentale.

En effet, bâtie sur des fleuves, la ville de Bagdad, dans sa construction, est étroitement liée en premier lieu au Tigre, puis à l'Euphrate. Le Tigre traverse le centre de la ville, relié à l'Euphrate par quatre canaux, ce qui a pour effet que les eaux des deux fleuves s'entremêlent et coulent à l'intérieur de la cité. Le Cosmos, nous l'avons vu, se construit normalement autour d'un axe, et ce dernier représente le point fixe qui fait communiquer les trois niveaux cosmiques que sont le ciel, la terre et les régions inférieures ; mais, pour Bagdad, le cas est complètement différent : le Cosmos – c'est-à-dire la ville – est construit sur l'eau.

Or, l'eau, dans la conception de l'homme religieux, représente l'eau primordiale, cette substance informe et qui prend toutes les formes, source de vie et force vitale qui provient des profondeurs des abysses. Elle est le Chaos aquatique qui symbolise une autre rupture ontologique dans les trois niveaux cosmiques, car l'eau ne représente pas seulement les régions inférieures, mais elle est ce qu'il y a avant et après la vie ; elle représente ce qu'il y a de primaire, d'originel à la cosmogonie, un état dit larvaire, souterrain, abyssal, qui, contrairement aux régions inférieures que sont les enfers et le Chaos, possède des propriétés vitales et régénératrices. La perception de l'espace cosmique va donc plus loin : notre monde n'est pas bâti sur le Chaos, mais construit à partir de la source vitale qu'est l'eau. La sacralité de Bagdad se trouve dans le fait qu'elle soit placée sur ce monde souterrain aquatique aux vertus mystiques, créatrices et fondatrices. La ville et le fleuve entretiennent alors une véritable relation cosmogonique.

Mais le rapport sacré entre la ville et ses fleuves est loin de s'arrêter là : il faut à présent considérer la construction d'un espace « sanctuaire » très spécial que la ville et ses fleuves façonnent ensemble. Bagdad possède

14 Mircea, Eliade, *Le sacré et le profane*, *op. cit.*, p. 45.

en effet quatre canaux qui relient le Tigre à l'Euphrate. Les deux canaux centraux qui partent du Tigre se rejoignent au début et, avec le lit du Tigre, ils constituent un petit triangle où se situe l'endroit le plus sacré de la cité, appelé « Mintaka », entouré par les eaux du Tigre de tous les côtés. Les Abbassides ont creusé deux canaux de façon à ce qu'ils se rejoignent puis se séparent de nouveau en continuant leur chemin vers l'Euphrate. L'eau faisait donc office de seuil séparant la Mintaka du reste de la ville.

Selon Mircea Eliade, le seuil, qui représente à la fois une continuité et une séparation entre un espace sacré et un espace profane est un « symbole général du passage, il est souvent associé à des dieux gardiens, on peut y faire des jugements ou bien des rituels. Ils protègent et donnent accès à un espace sacré qui transcende l'espace profane[15]. En effet, cet emplacement mystique, calculé avec exactitude au centre de la cité, était le seul endroit susceptible d'accueillir une construction aussi importante que la Mintaka. La sacralité de cet espace emblématique où s'entremêlent et fusionnent ville et fleuves était bien entendu cartographiée par le triangle que formaient les canaux et qui ne dépassait pas deux kilomètres de diamètre. Mais, également, au milieu de la Mintaka, jaillissait la fontaine de la pierre noire, où les habitants venaient s'asperger de l'eau sacrée ; elle représentait un lieu de pèlerinage au milieu de la ville et l'on y pratiquait des rituels de purification par le biais de l'eau du fleuve. Ainsi, ville et fleuves œuvrent côte à côte en faisant surgir ce que Mircea Eliade appelle « l'éruption du sacré dans le monde » ; c'est la conjonction des deux éléments qui constitue la sacralité de Bagdad.

Si l'on considère ce type de relation fondée sur le sacré entre ville, fleuves et êtres, il n'est pas inopportun de déduire que cela rejoint l'essence même de la géopoétique. Car il n'est pas uniquement question ici d'un lyrisme poétique qui serait motivé par la seule présence d'une ville et de ses fleuves ; il y a en jeu une vision du monde et une manière d'être-au-monde si l'on suit la pensée de Kenneth White : « La géopoétique emploie la langue d'une manière à la fois souple et dense. » Par poétique, il entend « une dynamique fondamentale de la pensée[16] ».

15 *Ibid.*, p. 34.

16 Kenneth White cité par Régis Poulet : *cf.* « Sur la géopoétique des fleuves de Kenneth White » : https://www.larevuedesressources.org/Sur-la-geopoetique-des-fleuves-de-Kenneth-White.html (consulté le 22 septembre 2022).

Plus encore, Kenneth White insiste ardemment sur le fait que la géopoétique désigne l'assemblage de trois éléments fondamentaux – *éros*, *logos*, *cosmos* – qui, une fois réunis, fondent ontologiquement le monde.

Autrement dit, il ne faut pas, pour Kenneth White, « cantonner la géopoétique dans une vague expression lyrique de la géographie » :

> La géopoétique, basée sur la trilogie *éros* (énergie vitale), *logos* (qui contient la logique mais est bien plus riche) et *cosmos* (une belle totalité en grec), essaie de créer une cohérence générale : une culture, un monde. Un monde bien conçu émerge du contact entre l'esprit et la terre ; quand le contact est sensible, intelligent et subtil, on a un monde au sens plein de ce mot[17].

Habiter poétiquement le monde, un monde au sens plein de ce mot, un Cosmos, représente une conception qui prend une toute autre dimension lorsqu'il est question d'une perception de l'espace essentiellement hiérophanique : la ville, l'eau (celle du fleuve) et la maison sont perçus comme constituant un Cosmos sacré. Le rapport à l'espace (une ville et un fleuve) est par conséquent plus profond, car vécu intensément ; tous les sens sont en pleine conscience et en éveil, ils respirent et se fondent dans le Cosmos (notre monde) en toute harmonie. Or, le propre de la géopoétique est justement d'éprouver de manière intense et profonde ce rapport à l'espace, d'adopter la posture du flâneur qui s'étonne de tout et qui prend le temps d'exalter l'ensemble de ses sens en étant attentif au monde, à l'espace qui l'entoure – ce qui représente une autre manière d'être-au-monde.

Dans ce sens, le sacré, saturé d'être, est fondamentalement ontologique ; il est une manière de penser que, dans les temps modernes, l'homme a perdu. De ce fait, l'homme sensible au sacré fait une expérience totale de la vie et de l'espace qui échappe en revanche à l'homme qui vit dans un environnement désacralisé. Un retour à la fondation de Bagdad et à la perception du monde qu'avaient Al-Mansour, ses architectes et les hommes de cette époque-là permet d'avoir un aperçu sur la nature de cette expérience. Car le sacré et le profane sont deux modalités d'être-au-monde complètement différentes, et cela concerne de manière très intime l'espace. Dans l'ancienne Bagdad, l'espace résidait essentiellement dans le lien de dépendance et d'influence réciproque que tissaient la ville et ses fleuves.

---

17 *Id.*

BAGDAD, LA VILLE ENTRE LES DEUX FLEUVES AUJOURD'HUI ASSÉCHÉE

Or, ce lien, qui, durant l'âge d'or de la ville, a permis un rayonnement unique faisant de Bagdad le centre du monde, ce même lien se retrouve aujourd'hui maintenu et inviolable, mais dans une Bagdad moderne en proie à la guerre et à la destruction ; et le mythe des fleuves Tigre et Euphrate touche à présent à sa fin, dans un triste anéantissement partagé et fusionnel.

Derrière le mythe de l'ancienne Bagdad, se dresse à présent le Chaos. Comment ville et fleuve ont-ils traversé côte à côte les siècles vers leur chute ? Les fleuves autrefois vénérés et respectés, considérés alors comme la source de vie d'où avait émergé et s'était construit le Cosmos, se retrouvent aujourd'hui profanés, violentés et emprisonnés. Ces fleuves transfrontaliers, qui ne connaissaient aucune barrière géopolitique, qui coulaient naturellement et paisiblement, sont désormais la source de conflits, déchirés entre plusieurs pays, détournés de leur lit initial ; ils sont asséchés et pollués. La région irriguant Bagdad est totalement mise à mal et la situation se dégrade de jour en jour à l'image même de la ville en guerre. Ville et fleuves sont les victimes d'un désastre dans lequel le Tigre, principalement, joue le rôle de témoin impuissant face au Chaos.

Il a été le témoin, tout d'abord, de la naissance et du déclin de nombreuses cités, de nombreux États, de nombreuses dynasties, puis, des massacres tels que ceux qu'ont commis les Mongols : on y jeta les cadavres de milliers d'innocents et tout le patrimoine de la Maison de la Sagesse. Le Tigre a eu ses heures de gloire, mais les massacres, en revanche, s'y sont succédé sans répit.

Dans une ville en guerre où le Cosmos se transforme en Chaos, il ne peut y avoir, pour un tel espace, de perspective à proprement parler géopoétique, car la géopoétique implique une prépondérance d'harmonie avec la nature, d'exaltation des sens et de rapport ontologique avec le Cosmos ; le flâneur y est émerveillé par un espace qui le fascine, le façonne, l'attire et dont l'essence le pénètre profondément. De ce fait, Rachel Bouvet s'interroge sur le lien géopoétique dans un pareil espace ; et elle pose la question suivante :

> Où se situe le rapport à la Terre en ville ? Peut-on adopter une approche géopoétique des lieux marqués par le bruit, la pollution, la violence, l'insécurité ? Peut-on habiter la ville quand on sait que le bâtir ne prend pas en considération l'habiter, quand tout s'avère contraire à « une habitation poétique » ? La géopoétique ne devrait-elle pas se contenter de faire une critique radicale de la ville[18] ?

Habiter poétiquement le monde ne peut se faire que si l'espace en question permet d'établir un tel lien, car « l'enfant se sent fils du cosmos quand le monde humain lui laisse la paix[19] ». Si le monde ne se laisse saisir en tant que Cosmos que dans la mesure où il se révèle comme etant un monde sacré et en paix, ce n'est plus la situation de Bagdad et de ses fleuves.

Émilienne Malfatto, dans son roman *Que sur toi se lamente le Tigre* déjà cité, fait une critique hautement écologique de la situation désastreuse dont l'Irak et plus spécialement Bagdad souffrent au su et à la vue de tous. En offrant un arrière-plan chaotique, elle donne une voix au Tigre, lui permettant d'exprimer ses maux à travers des mots. L'allégorie dénonce la situation critique à la fois de la ville et du fleuve ; c'est un cri de détresse au sein du texte littéraire, dont seule l'écocritique, à présent, permet de déchiffrer l'écho. Étant la critique la plus à même de rendre compte des attitudes et des agissements des humains envers la nature, l'écocritique a pour objet d'étude principal le texte littéraire qui dénonce l'angoisse environnementale qui marque notre époque[20].

Dans l'extrait suivant, au tout début du roman, le Tigre commence par annoncer le problème qui le ronge, en parlant de sa pollution, de son agonie lente et de sa désacralisation par les hommes à travers les dégâts écologiques qu'il subit :

> Mes eaux sont depuis longtemps empoisonnées. Mon flot est large et lourd, mes berges limoneuses, mais je meurs peu à peu. Je meurs car depuis longtemps les hommes ont cessé de m'aimer et de me respecter. Ils ont pris goût au désastre[21].

---

18 Rachel Bouvet, « Introduction », George Amar, Rachel Bouvet et Jean-Pierre Loubes, *Ville et géopoétique*, Paris, L'Harmattan, 2016, p. 11.

19 Gaston Bachelard, *La poétique de la rêverie*, Paris, P.U.F., 1965, p. 84.

20 *Écocritique(s) et catastrophes naturelles : perspectives transdisciplinaires / Ecocriticism(s) and Natural Catastrophes : Transdisciplinary Perspectives*, textes réunis par Chloé Chaudet, Anne Garrait-Bourrier, Lila Lamrous et Gaëlle Loisel (Université Clermont Auvergne, CELIS), Les Colloques / Fabula : https://www.fabula.org/colloques/sommaire7756.php (consulté le 22 septembre 2022).

21 Émilienne Malfatto, *Que sur toi se lamente le Tigre*, *op. cit.*, p. 29.

Dans un monde de mort en masse et de survie – et non de vie –, de Chaos et de décadence, la place qu'occupait autrefois le fleuve n'est plus la même ; le sacré est désormais profané et la source de vie n'est plus que ressource en péril et asséchée :

> Je ne suis plus source mais ressource, et les hommes de cette terre aride ont oublié qu'ils ne pourront pas vivre sans moi. Ils périront avec moi car nos destins sont liés[22].

En effet, l'homme ne peut vivre sans eau, la cité ne peut tenir sans eau, et l'eau ne peut subsister dans un espace livré à la guerre, au détournement et au pillage de la part des pays frontaliers. Le destin lie de façon tragique la ville et le fleuve, et le fleuve promu narrateur lance clairement à la fois un avertissement face au danger du manque d'eau et une invitation à la préservation du patrimoine fluvial.

Source de conflit entre la Turquie, l'Iran, l'Irak et la Syrie, le Tigre et l'Euphrate se retrouvent au carrefour des convoitises et des discordes ; d'après de nombreuses analyses politiques, une guerre de l'eau est susceptible d'éclater dans ce bassin fluvial du Moyen-Orient. Émilienne Malfatto, à travers un style hautement poétique, explique avec précision le conflit des eaux et ses répercussions tant sur la ville de Bagdad que sur ses fleuves. Elle commence par cartographier la géographie des fleuves :

> Je suis le Tigre. Depuis des milliers de lunes, je traverse le désert, long comme une veine sacrée. Je cours de là-haut, des montagnes, je tombe dans la plaine, puis le désert, puis la mer tout là-bas, comme une respiration[23].

En effet, émergeant des montagnes turques et se déversant dans le golfe Persique, le Tigre traverse les territoires de pays qui sont aujourd'hui dans une situation conflictuelle. Au nord, dans les montagnes d'Anatolie, la Turquie tire profit de sa position en amont pour construire des barrages, afin de retenir les eaux dès la source. L'Iran fait de même, de son côté. Ainsi, les territoires qui se situent en aval, tels que Bagdad, souffrent d'assèchement :

> On m'appelle Tigre mais chaque jour je nais du Taureau et de l'orage, là-haut dans les montagnes du nord. Les hommes de cette région ont déchiré mon flanc, éraflé mon flot avec leur métal et leurs pioches. Ils ont élevé des parois

22 *Ibid.*, p. 30.
23 *Ibid.*, p. 32.

> de béton et d'acier pour contraindre mes eaux. Ils sont comme le vent dans les roseaux, ils passent mais ne dureront pas. Quand on compte comme moi en millénaires, plus rien n'a vraiment d'importance[24].

La démarche adoptée par l'écrivaine atteste d'une volonté de décrire et de dépeindre la situation écologique de la région de Bagdad en suivant les procédés écocritiques qui, partant du texte littéraire, renvoient à la réalité environnementale :

> L'écocritique analyse la manière dont la littérature représente le rapport entre les humains et la nature à des moments particuliers de l'histoire, dont les valeurs sont accordées à la nature et les raisons pour lesquelles elles y sont accordées, dont les perceptions du naturel sont formées par les tropes et genres littéraires. Par ailleurs, elle analyse la manière dont ces figures littéraires informent les attitudes culturelles et sociales envers l'environnement[25].

La personnification du Tigre lui permet de faire comprendre explicitement les dommages écologiques que celui-ci subit lui-même. Mais il dresse aussi le portrait d'une Bagdad en ruine, et les massacres et la destruction dus à la guerre font ainsi fusionner la ville et le fleuve dans la même chute et dans le même Chaos : « Dans la grande ville du nord, je longe les maisons détruites. Un géant a piétiné les quartiers. Ici, même les pierres ont souffert. Le béton a hurlé, le métal gémi[26]. » Il enchaîne ensuite en parlant de la cité de la paix :

> Madinat as-Salaam. La ville de la paix est devenue cité de guerre, de béton et de sang. Mais avant cela, quelle splendeur fut celle de Bagdad. Le long de mes berges, palmiers et palais frôlaient mon flot. J'ai baigné les califes et les princesses aux longs cheveux. Aujourd'hui, Bagdad la tourmentée déverse en moi ses vomissures, sa bile et ses blessés[27].

---

24 *Id.*

25 Texte original : "*Ecocriticism analyzes the ways in which literature represents the human relation to nature at particular moments of history, what values are assigned to nature and why, and how perceptions of the natural shape literary tropes and genres. In turn, it examines how such literary figures contribute to shaping social and cultural attitude toward the environment*" ; ce propos a été tenu par Ursula Heise lors du forum sur l'écocritique paru dans *Publication of the Modern Languages Association*, 1999, et traduit par Stéphanie Posthumus : *cf. Humanités environnementales. Enquêtes et contre-enquêtes*, Guillaume Blanc, Élise Demeulenaere, Wolf Feuerhahn (dir.), chapitre 7 : Stéphanie Posthumus, « Écocritique : vers une nouvelle analyse du réel, du vivant et du non-humain dans le texte littéraire », Paris, Éditions de la Sorbonne, 2017, p. 161-179 : https://books.openedition.org/psorbonne/84380?lang=fr#bodyftn14 (consulté le 22 septembre 2022).

26 Émilienne Malfatto, *Que sur toi se lamente le Tigre*, *op. cit.*, p. 41.

27 *Ibid.*, p. 32.

Bagdad, le Tigre, une ville et un fleuve aux destins liés ! Une ville dont la splendeur égayait le fleuve, un fleuve dont l'abondance, la majesté et la grandeur nourrissaient la ville. Et aujourd'hui une même interdépendance fait que tous deux agonisent ensemble.

> Partout le désert grisâtre. Des voitures calcinées sur les bas-côtés. Le monde était gris jaunâtre, cette lumière étrange de fin d'hiver, une ambiance de fin du monde. Dans les palmeraies, les palmiers étaient décapités par la guerre. Immenses silhouettes sans tête, à perte de vue. Comme des soldats vaincus et décharnés. Comme une armée de morts au milieu des sables[28].

Le fleuve ne peut plus que se lamenter sur sa splendeur d'autrefois, et, si l'on considère ces « lamentations » à l'aune du discours écocritique, il est facile de concevoir la vision écologique que l'on peut avoir des conséquences que la guerre et le détournement des eaux induisent sur la ville et sur les fleuves : destruction, assèchement, une agriculture meurtrie et bien d'autres répercussions désastreuses. Cheryll Glotfelty, dans son introduction à l'une des premières anthologies de textes d'écocritique, parue en 1996, déclare :

> De la même façon que la critique féministe aborde la littérature et la langue à partir d'une perspective genrée, [...] l'écocritique ouvre les études littéraires à une perspective centrée sur la terre[29].

Or, aujourd'hui, avec le développement rapide des relations entre l'homme et son écosystème, l'écocritique embrasse des champs plus larges et transdisciplinaires :

> L'écocritique, champ d'études pluriel explorant les relations entre productions humaines (en particulier esthétiques) et environnement, intéresse de plus en plus le monde de la recherche en langue française. Qu'elle relève d'une perspective socio-, ethno- ou géopoétique, d'une approche inter- ou transmédiale et/ou d'une histoire des représentations et des savoirs, l'écocritique déborde le domaine des études littéraires *stricto sensu* pour impliquer anthropologues, philosophes, et autres représentants des sciences humaines[30].

---

28 *Ibid.*, p. 34.

29 Cheryll Glotfelty, Harold Fromm, *The Ecocriticism Reader : Landmarks in Literary Ecology*, University of Georgia Press, 1996.

30 *Écocritique(s) et catastrophes naturelles : perspectives transdisciplinaires / Ecocriticism(s) and Natural Catastrophes : Transdisciplinary Perspectives*, *op. cit.*

Dans cette perspective plurielle, les discours de la géopoétique et de l'écocritique peuvent tout à fait se conjuguer dans l'analyse du roman d'Émilienne Malfatto, car l'écrivaine, tout en dépeignant le tableau du Chaos selon une finalité écocritique, opère parallèlement une description géopoétique de cet espace en guerre ; son analyse entretient une étroite proximité avec l'espace, faisant exalter les sens – goût, vue, ouïe, odorat, toucher – dans leur appréhension de l'espace conflictuel que représente Bagdad ; cela aboutit à une sorte de géopoétique du Chaos qui décrit de manière sensorielle le rapport des sens à la mort en tant que substance :

> La ville empestait la mort. C'était douceâtre, un peu sucré, un peu écœurant, un peu métallique. L'odeur des charognes. Dans les narines, sous les vêtements, sous la peau, sous les ongles. La mémoire olfactive de la mort. Cette odeur-là ne se lave pas. Elle revient frapper sans prévenir, quand on mange ou quand on dort ou dans l'amour, elle s'insinue et remplit le nez, la tête, la chambre, et revoilà la rue Farouq et Mossoul et les cadavres à pourrir[31].

Dans ce petit roman à la fois concis et incroyablement dense, le destin de la ville et de ses fleuves, tragiquement lié dans la chute et le Chaos, est évoqué à travers une approche à la fois géopoétique, écocritique, ontologique et humanitaire qui pousse tout lecteur à penser la Bagdad d'aujourd'hui et celle de demain, cette ville dont on ignore comment ses habitants vont retrouver la paix, comment ils vont pouvoir la reconstruire, comment ils vont sauver leurs fleuves… et, même, s'ils y parviendront jamais. Le cœur de l'humanité se serre en pensant à ce que fut, il y a un millénaire, par la grâce de deux fleuves abondants et d'une terre nourricière, l'une des plus brillantes métropoles de l'Histoire.

Bagdad peut-elle espérer une nouvelle rencontre cosmogonique entre eau et terre qui régénérerait ce que fut autrefois la capitale de la paix ?

Leyla KHELALFA
Université du 8 mai 1945,
Guelma, Algérie

31 Émilienne Malfatto, *Que sur toi se lamente le Tigre*, *op. cit.*, p. 56.

L'INTERDÉPENDANCE DE SAÏGON, SADEC ET DU MÉKONG DANS *L'AMANT* DE MARGUERITE DURAS

Dans un ouvrage dédié aux villes-fleuves à travers le monde, il s'agit d'abord de choisir une ville si possible imposante et traversée par un fleuve, puis de déterminer quelles en sont ou seraient ses représentations. Travail apparemment sans obstacle, mais, dès lors que nous nous interrogeons sur notre propre représentation des fleuves dans la littérature, nous ne pouvons nous empêcher de ressentir un sentiment de mal-être, peut-être même de peur. Après avoir sondé davantage cette étrange impression personnelle, nous avons compris qu'elle ne provenait pas des fleuves en général, mais d'un fleuve en particulier : le Mékong. Il fallait dès lors penser *objectivement* le Mékong dans *L'Amant* de Marguerite Duras, œuvre qui nous avait *a priori* procuré ce sentiment d'angoisse fluviale.

L'Amant fait partie du cycle indochinois[1] constitué de *Un barrage contre le Pacifique*[2] et *L'Amant de la Chine du Nord*[3], et qui relate la jeunesse de Marguerite Duras en Indochine. Le décor se compose de la vallée du Mékong et de deux villes, Sadec et Saïgon[4]. Dans l'œuvre, le fleuve longe Saïgon pour se déverser dans le Pacifique ; en outre, il est franchi par les personnages qui doivent rejoindre Saïgon depuis Sadec. Ainsi, notre contribution relatera l'interaction qui existe entre les deux villes, approfondira le lien que constitue le Mékong au sein de leurs échanges et envisagera comment chacune de ces villes se reflète dans les eaux du fleuve.

1 Tran Thi Thu Ba, « Marguerite Duras : territoires de l'entre-deux dans le cycle indochinois », mémoire de master 2, Pau, UPPA, Litératures, 2015, dumas-01341084 : https://dumas.ccsd.cnrs.fr/dumas-01341084/document (consulté le 22 septembre 2022).

2 Marguerite Duras, *Un barrage contre le Pacifique*, Paris, Gallimard, coll. « Folioplus classique », 2005.

3 Marguerite Duras, *L'Amant de la Chine du Nord*, Paris, Gallimard, coll. « Folio », 1991.

4 Saigon, francisé en Saïgon, est l'ancien nom de Hô Chi Minh-Ville au Viêt Nam.

LES FRONTIÈRES DE SADEC ET SAÏGON

CARTOGRAPHIE DE L'ESPACE

L'enfance et l'adolescence de Marguerite Duras ont pour décor Sadec et Saïgon, deux villes situées près du Mékong au Vietnam. Empreinte de l'Indochine des années 30, l'auteure peint *L'Amant* aux couleurs du delta du Mékong. Malgré son attachement aux lieux et aux espaces, le premier constat que nous pouvons faire est qu'elle ne décrit véritablement ni Sadec ni Saïgon pour elles-mêmes ; elle ne représente que certains espaces clos au sein de ces villes : le domaine familial, la garçonnière, etc.

Sadec et Saïgon sont deux villes intrinsèques à Marguerite Duras. Après la perte de son père en 1921, elle suit sa mère affectée comme institutrice à Vinh Long puis à Sadec, où sa mère achète une concession, un polder[5] – un gouffre financier duquel la famille ne pourra se relever. En effet, l'Administration coloniale les a dupés : ces terres sont incultivables, car le Mékong déborde de son lit à la même période chaque année, emportant avec lui les récoltes tant attendues ; c'est le décor d'*Un barrage contre le Pacifique.* Dans *L'Amant*, la romancière évoque brièvement cet événement lors de la traversée du Mékong sur le bac : « C'est en son absence que la mère a acheté la concession. Terrible aventure, mais pour nous les enfants qui restaient, moins terrible[6]. » Marguerite Duras ne décrit pas la ville de Sadec, ni ses rues, ni ses parcs, ni ses espaces ; elle se contente d'évoquer quelques lieux circonscrits comme la concession ou la maison du père de l'amant. Sadec est la ville familiale, à la fois celle de la jeune fille mais aussi celle du jeune amant ; elle représente l'autorité parentale. Saïgon, à l'opposé, est la ville du secret, de la liberté ; pourtant elle est aussi matérialisée par des endroits clos.

Saïgon n'est pas non plus décrite dans son ensemble. Le premier lieu afférent à cette ville est le lycée où la jeune fille est envoyée en pension pour étudier puis obtenir l'agrégation de mathématiques ; de façon pour ainsi dire normale, elle quitte la ville où elle a grandi pour poursuivre ses études dans une ville plus importante. Néanmoins, elle s'enfuit régulièrement de son lycée pour rejoindre l'amant dans le quartier de

5 On appelle « polder » une étendue de terre endiguée qui a été conquise sur la rivière.

6 Marguerite Duras, *L'Amant*, Paris, Éditions de Minuit, 1984, p. 12.

Cholen. D'ailleurs, Saïgon semble rapidement se limiter à ce deuxième endroit, le quartier chinois de cette ville d'Indochine ; c'est lui qui abrite la « garçonnière », l'appartement de l'amant, lieu de multiples rencontres. Saïgon se résume presque à ce « compartiment au sud de la ville[7] ». Et, lorsque la famille de la jeune fille vient rencontrer l'amant, ils vont au restaurant, mais toujours dans le quartier de Cholen.

Alors que ces deux villes ne sont décrites que partiellement, le Mékong, *a contrario*, est dépeint comme un vaste espace, libre, qui s'oppose aux espaces contraints que sont les villes. Il n'a pas de limites : « Dans le soleil brumeux du fleuve, le soleil de la chaleur, les rives sont effacées, le fleuve paraît rejoindre l'horizon[8]. » D'ailleurs, il semble sans fin, ce fleuve qui se jette dans la mer de Chine qui conduit elle-même au Pacifique. Il est ouvert vers l'Ailleurs, vers l'étranger – et même vers la France, pays d'origine de Marguerite Duras, lorsque les bateaux accostent pour déposer des Français : « Cette boucle, ce bras du Mékong, s'appelle la Rivière, la Rivière de Saigon. L'escale était de huit jours. Du moment que les bateaux étaient à quai, la France était là[9]. »

Cet infini s'étend jusque dans la structure de la narration, car le Mékong est un lieu qui borde le récit de Marguerite Duras ; il fait non seulement le lien entre les deux villes motrices du récit, Sadec et Saïgon, mais il est aussi et surtout un élément diégétique ; il conduit le lecteur tout au long de sa lecture. Autant dire que le Mékong a une place prépondérante dans l'œuvre durassienne ; il est la clé de l'intrigue.

LES DÉPLACEMENTS

Marguerite Duras construit une cartographie propre à *L'Amant*. Elle définit un certain nombre de lieux dans lesquels ses personnages évoluent. Comme nous l'avons annoncé, la jeune fille au chapeau de feutre quitte Sadec pour se rendre au lycée à Saïgon, ville dans laquelle elle effectue des allers-retours entre le lycée et la garçonnière. Et, après un récit rétrospectif sur la traversée du Mékong, la jeune fille quitte l'amant pour rejoindre la France en bateau et parcourir l'océan. Or, pour se déplacer, les personnages utilisent des moyens de transport divers que nous allons à présent développer.

7 *Ibid.*, p. 45.
8 *Ibid.*, p. 29.
9 *Ibid.*, p. 126.

En premier lieu, la jeune fille quitte le domicile familial en bus : après avoir passé l'été auprès de sa mère, elle doit retourner au pensionnat de Saïgon. Ce moyen de transport est le lien entre Sadec et Saïgon, c'est lui qui va permettre au personnage principal de se déplacer d'une ville à l'autre et de traverser le Mékong. Pour la jeune fille, ce trajet est un « voyage », elle est excitée et contente de retourner à Saïgon, ville de la liberté. Mais, même si la jeune fille s'éloigne de sa mère et de son autorité, le bus est encore empreint de cette dernière :

> Comme d'habitude ma mère m'a accompagnée et elle m'a confiée au chauffeur, toujours elle me confie aux chauffeurs des cars de Saïgon, pour le cas d'un accident, d'un incendie, d'un viol, d'une attaque de pirates, d'une panne mortelle du bac. Comme d'habitude le chauffeur m'a mise près de lui à l'avant, à la place réservée aux voyageurs blancs[10].

D'ailleurs, la jeune fille s'éloigne du bus lorsqu'il est stationné sur le bac, car elle craint de sombrer avec lui si jamais la traversée se déroule mal. Et c'est en allant s'appuyer au bastingage, en quittant le bus et la domination maternelle, qu'elle rencontre l'amant, sur le Mékong, en direction de Saïgon. Ce voyage est primordial ; sans lui la rencontre avec l'amant n'aurait pu avoir lieu, et le récit perd son sens.

Après le bus, la jeune fille se déplace dans la limousine qu'elle croise sur le bac : « Je ne ferai plus jamais le voyage en car pour indigènes. Dorénavant, j'aurai une limousine pour aller au lycée et me ramener à la pension[11]. » En effet, l'amant est le fils d'une famille chinoise aisée ; dès leur rencontre, elle se rend au lycée en limousine et effectue ses déplacements à Saïgon ainsi. Le changement de moyen de transport dénote le changement social.

Pour rejoindre Saïgon, la jeune fille doit donc emprunter le bac sur lequel le bus est stationné, afin de traverser le Mékong. Ce passage paraît hors du temps. Marguerite Duras s'attache à la photographie, elle tente de traduire l'image par le texte, ce qui crée une distorsion du temps de la narration. Dans la réalité, la traversée du Mékong est assez courte en comparaison de la distance parcourue en bus pour rejoindre Saïgon ; pourtant, ce voyage sur le bac semble comme figé, long, distendu. Marguerite Duras évoque cette image en ces termes :

---

10 *Ibid.*, p. 16.
11 *Ibid.*, p. 43.

> C'est au cours de ce voyage que l'image se serait détachée, qu'elle aurait été enlevée à la somme. Elle aurait pu exister, une photographie aurait pu être prise, comme une autre, ailleurs, dans d'autres circonstances. Mais elle ne l'a pas été. L'objet était trop mince pour la provoquer. Qui aurait pu penser à ça ? Elle n'aurait pu être prise que si on avait pu préjuger de l'importance de cet événement dans ma vie, cette traversée du fleuve. Or, tandis que celle-ci s'opérait, on ignorait encore jusqu'à son existence. Dieu seul la connaissait. C'est pourquoi, cette image, et il ne pouvait pas en être autrement, elle n'existe pas. Elle a été omise. Elle a été oubliée[12].

Il y aurait ainsi comme un devoir de mémoire de ce moment si spécifique et si marquant. Cette traversée du Mékong est essentielle, car c'est elle qui conduit ensuite au départ de la jeune fille pour la France.

Le bateau est le dernier moyen de transport utilisé par la narratrice. Il marque le départ loin de l'Indochine, la séparation, d'une part avec l'amant, d'autre part avec le mode de vie qu'elle a toujours connu. Ce bateau s'inscrit dans le prolongement du bac, car il remonte dans un bras du Mékong pour faire escale à Saïgon. Le trajet entre l'Indochine et la France est, lui, bien plus long que la traversée du Mékong, puisqu'il dure vingt-quatre jours. Même si notre attention se porte principalement sur Sadec, Saïgon et le Mékong, il est important de comprendre que la traversée du fleuve en direction de Saïgon n'a pas réellement pour destination cette dernière : la vraie destination est la France, comme on le comprend lorsque la narratrice compare la position de la jeune fille sur le bateau à la position qu'elle avait sur le bac : « Elle était accoudée au bastingage comme la première fois sur le bac[13]. » Saïgon ne serait qu'une escale vers l'Ailleurs, l'Europe, et la France qu'elle n'a jamais connue.

LE DELTA DU MÉKONG MODIFIÉ PAR L'IMAGINAIRE DURASSIEN

Comme nous l'avons souligné précédemment, l'image et la photographie sont essentielles dans l'œuvre de Duras. La narratrice, personnage principal, s'arrête sur un moment particulier de sa vie, la traversée du fleuve. Les premières lignes du roman reposent ainsi sur une alternance de deux anaphores : la première « Quinze ans et demi », et la seconde « Sur le bac ». Ainsi, l'auteure insiste sur cette image fixe d'une jeune

---

12 *Ibid.*, p. 16.
13 *Ibid.*, p. 131.

fille sur le bac, image inhérente à l'ensemble du récit. Comme des vagues générées par l'avant du bac sur le Mékong, la photographie de la traversée génère des va-et-vient diégétiques. Le récit s'organise autour de cette image servant de point fixe à la narration. « L'image dure pendant toute la traversée du fleuve[14] » comme l'image dure tout au long du récit. Mais quelles en sont les répercussions sur notre cartographie ?

Le temps se dilate pour raconter la traversée du fleuve. Pourtant, dans la réalité, ce voyage de Sadec à Saïgon est essentiellement terrestre. En effet, environ cent cinquante kilomètres séparent les deux villes indochinoises. La majeure partie du trajet se déroule sur terre, même si le car doit traverser le Mékong pour rejoindre Saïgon. En outre, la route reliant le bac à Saïgon est bien plus longue que la route reliant Sadec au bac. Or, la narratrice ne mentionne guère la seconde partie de la route. Elle accepte de finir le voyage dans la limousine de l'amant et la caméra reste sur le bac :

> Elle entre dans l'auto noire. La portière se referme. Une détresse à peine ressentie se produit tout à coup, une fatigue, la lumière sur le fleuve qui se ternit, mais à peine. Une surdité très légère aussi, un brouillard, partout[15].

La narratrice décrit l'entrée dans la limousine, ses propres émotions, puis elle fait une ellipse de la suite du voyage. Quelques lignes plus tard, elle résume la conversation qui a lieu entre la jeune fille et l'amant durant ce voyage, mais cela reste court par rapport au récit de la traversée du Mékong. D'ailleurs, dans la suite du récit, cette partie du voyage est entièrement occultée : « Et tel est le lieu de Cholen [la garçonnière]. De l'autre côté du fleuve. Une fois le fleuve traversé[16]. » Le lecteur a alors l'impression qu'il suffit de traverser le fleuve pour se rendre à Saïgon, comme si le chemin terrestre était effacé.

L'omniprésence du fleuve a deux conséquences : d'une part, il place au second plan Sadec et Saïgon, car ces villes ne sont plus que deux points reliés par le Mékong, le point de départ et le point d'arrivée du personnage principal ; d'autre part, les eaux deviennent un personnage à part entière. En effet, le Mékong vit, meurt, emporte tout sur son passage et devient le reflet de la vie ette jeune fille.

---

14 *Ibid.*, p. 11.
15 *Ibid.*, p. 43.
16 *Ibid.*, p. 90.

LE MÉKONG,
LIEN ENTRE DEUX VILLES OPPOSÉES
Sadec et Saïgon

OPPOSITION ENTRE NATURE ET CULTURE

Dans son cycle indochinois, Marguerite Duras fait allusion à un conflit d'identité. Née à Gia Dinh en Indochine, elle ne connaîtra sa patrie d'origine que lorsqu'elle sera adolescente. Elle vit comme une Indochinoise, se réclame comme telle dans *Un barrage contre le Pacifique*, et elle refuse les coutumes occidentales imposées par sa mère. Pourtant, cette traversée du Mékong bouleverse toutes ses croyances enfantines.

Le voyage vers Saïgon marque une rupture avec l'enfance. Lorsque la jeune fille monte dans le bus, elle n'est pas identifiée comme une jeune indigène mais comme une jeune blanche qui a une place assise réservée. Elle n'est plus la petite aborigène qui marche pieds nus, se baigne dans le Mékong et vagabonde à la recherche d'aventure ; elle est une jeune fille qui a enfilé des chaussures et se conforme aux codes de Saïgon. Cette ville qui représente la culture s'oppose à Sadec qui représente la nature : la jeune fille évolue et grandit en traversant le Mékong : « Je porte ces lamés or pour aller au lycée. Je vais au lycée en chaussures du soir ornées de petits motifs en strass. C'est ma volonté[17]. » D'ailleurs, son amant souligne lui-même ce changement :

> Il répète que c'est tout à fait extraordinaire de la voir sur ce bac. Si tôt le matin, une jeune fille belle comme elle est, vous ne vous rendez pas compte, c'est très inattendu, une jeune fille blanche dans un car indigène[18].

Le changement culturel et identitaire se traduit donc par le vêtement. En 1971, Marguerite Duras explique dans un entretien que de petits détails peuvent avoir de grandes significations :

> Dépeindre un caractère en son entier, comme faisait Balzac, est révolu. J'estime que la description d'un signe, d'une partie seulement d'un être humain,

17 *Ibid.*, p. 18.
18 *Ibid.*, p. 42.

> ou d'une situation, ou d'un événement est beaucoup plus frappante qu'une description complète[19].

Dans *L'Amant*, les sandales et le chapeau que porte la jeune fille sur le bac traduisent le passage de l'enfance à l'âge adulte, de l'état de nature à l'être de culture, qui détient un savoir. Dans *Un barrage contre le Pacifique*, elle se décrit comme une enfant sauvage, qui refuse les règles établies par sa mère, vit et grandit parmi les indigènes, parcourt des terres parfois inhospitalières. Pourtant, dans *L'Amant*, la jeune fille est promise à un brillant avenir, elle excelle dans toutes les matières et doit se présenter à l'agrégation de mathématiques dans un lycée de Saïgon. Le chapeau et les chaussures lui permettent d'accéder à la ville, d'entrer dans une société que l'on pourrait qualifier de « civilisée » pour l'opposer à l'état de nature de Sadec :

> L'ambiguïté déterminante de l'image, elle est dans ce chapeau. [...] Soudain je me vois comme une autre, comme une autre serait vue, au-dehors, mise à la disposition de tous, mise à la disposition de tous les regards, mise dans la circulation des villes. [...] Je ne les quitte plus non plus, je vais partout avec ces chaussures, ce chapeau, dehors, par tous les temps, dans toutes les occasions, je vais dans la ville[20].

Elle part de Sadec en s'étant déjà émancipée de cet état de nature, elle doit se conformer aux coutumes de la ville pour s'y intégrer, mais, pour cela, elle doit traverser le Mékong qui sert de frontière à ces deux hémisphères.

OPPOSITIONS SENSORIELLES

Sadec et Saïgon s'opposent également d'un point de vue sensoriel. Pour dépeindre l'effervescence de la ville, Marguerite Duras utilise les sens, plus précisément l'ouïe et la vue. En effet, les rues de Saïgon sont bruyantes :

> Le bruit de la ville est très fort, dans le souvenir il est le son d'un film mis trop haut, qui assourdit. Je me souviens bien, la chambre est sombre, on ne parle pas, elle est entourée du vacarme continu de la ville, embarquée dans

19 Bernard Alazet et Christiane Blot-Labarrère (dir.), *Dictionnaire Marguerite Duras*, Paris, Honoré Champion, 2020, p. 147.
20 Marguerite Duras, *L'Amant*, *op. cit.*, p. 19-20.

> la ville, dans le train de la ville. Il n'y a pas de vitre aux fenêtres, il y a des stores et des persiennes. Sur les stores on voit les ombres des gens qui passent dans le soleil des trottoirs[21].

Ce vacarme est causé par une population abondante. Sadec s'oppose à Saïgon par sa tranquillité :

> Le son de la nuit était celui des chiens de la campagne. Ils hurlaient au mystère. Ils se répondaient de village en village jusqu'à la consommation totale de l'espace et du temps de la nuit[22].

Le bruit entendu à Sadec est donc celui des animaux, non celui des humains. Tout est calme, seuls les chiens font entendre leur voix.

Cette opposition des sens n'est pas à négliger. Elle contribue à montrer que la ville est le lieu de l'anonymat. En effet, la jeune fille se remémore des balades nocturnes avec sa mère et son petit frère effrayé par la nuit, qui regarde « le portail ouvert sur l'avenue déserte[23] », indiquant le calme de Sadec. Tous les habitants se connaissent ; d'ailleurs la jeune fille n'a aucun mal à savoir quelle est la maison du père de son amant. Il est donc difficile d'être anonyme dans une telle ville. Or, à Saïgon, il est aisé de se fondre dans la masse, de passer inaperçu, c'est donc un lieu parfait pour entretenir une liaison avec son amant. Le bruit de la ville pénètre dans la chambre de la garçonnière de Cholen et vient entourer les deux amants comme pour les garder à l'abri des regards :

> Le bruit de la ville est si proche, si près, qu'on entend son frottement contre le bois des persiennes. On entend comme s'ils traversaient la chambre. Je caresse son corps dans ce bruit, ce passage. La mer, l'immensité qui se regroupe, s'éloigne, revient[24].

Cholen est un endroit protégé des regards et des jugements ; la jeune fille peut y vivre libre, contrairement à Sadec. La traversée du Mékong lui permet ainsi de s'éloigner de Sadec pour trouver une certaine liberté. C'est aussi de cette façon que va naître une opposition entre le bien et le mal pour ces deux villes.

---

21 *Ibid.*, p. 50.
22 *Ibid.*, p. 90.
23 *Ibid.*, p. 97.
24 *Ibid.*, p. 50.

SAÏGON : VILLE DE LA DÉPRAVATION

La jeune fille quitte Sadec pour se rendre à Saïgon, et nous avons précédemment expliqué que le passage du Mékong traduisait le passage de l'enfance à l'âge adulte. Mais la narratrice ne semble pas grandir positivement : au contraire, elle rejoint une ville corrompue. Cette ville s'oppose à Sadec, la ville où l'enfant innocente a grandi. Le Mékong la conduit donc vers la débauche.

En premier lieu, les habitants de Saïgon sont décrits péjorativement. Marguerite Duras dépeint une foule d'habitants malades :

> Sur le trottoir, la cohue, elle va dans tous les sens, lente ou vive, elle se fraye des passages, elle est galeuse comme les chiens abandonnés, elle est aveugle comme les mendiants[25].

L'auteure montre le grouillement des citadins et les compare à des « chiens » et à des « mendiants ». La ville les a rendus malades, a tronqué leurs facultés physiques mais aussi mentales, puisqu'ils semblent incapables de prendre une décision :

> C'est une foule de la Chine, je la revois encore dans les images de la prospérité de maintenant, dans la façon qu'ils ont de marcher ensemble sans jamais d'impatience, de se trouver dans les cohues comme seuls, sans bonheur dirait-on, sans tristesse, sans curiosité, en marchant sans avoir l'air d'aller, sans intention d'aller, mais seulement d'avancer d'ici plutôt que là, seuls et dans la foule, jamais seuls encore par eux-mêmes, toujours seuls dans la foule[26].

Les habitants de Saïgon ne font qu'un, mais ils vivent en même temps une incroyable solitude. Ils marchent tels des morts-vivants attaqués par un mal issu de la ville. D'ailleurs, ce mal touche tant les femmes que les hommes :

> Elles s'habillent pour rien. Elles se regardent. Dans l'ombre de ces villas, elles se regardent pour plus tard, elles croient vivre un roman, elles ont déjà les longues penderies pleines de robes à ne savoir qu'en faire, collectionnées comme le temps, la longue suite des jours d'attente. Certaines deviennent folles. [...] Certaines se tuent[27].

---

25 *Ibid.*, p. 57.
26 *Ibid.*, p. 57.
27 *Ibid.*, p. 26.

Ces habitants sont vides ; ils ressemblent à des êtres de papier sans âme, gagnés par la monotonie de la ville qui les ronge et les entraîne vers la mort. Or, la jeune fille fait désormais partie de ces habitants.

Et c'est le Mékong qui mène à la perversion celle qui rejoint Saïgon. En effet, elle rencontre l'amant de Cholen sur le bac ; elle décide à ce moment de quitter le bus pour rejoindre la ville dans sa limousine. Là, ils se rendent à la garçonnière pour commettre le péché de chair. La jeune fille commet un acte irréparable, annoncé grâce à la métaphore filée du fleuve qui coule, comme le sang coule lorsque l'hymen est rompu lors du premier rapport sexuel : « Dans le soleil brumeux du fleuve, le soleil de la chaleur, les rives se sont effacées, le fleuve paraît rejoindre l'horizon. Le fleuve coule sourdement, il ne fait aucun bruit, le sang dans le corps[28]. » Le Mékong est ainsi directement lié à la perte de sa virginité, à l'impureté, et il mène la jeune fille vers la fatalité. D'ailleurs, la garçonnière est décrite comme un « lieu irrespirable » qui « côtoie la mort », « un lieu de violence, de douleur, de désespoir, de déshonneur » : « Et tel est le lieu de Cholen. De l'autre côté du fleuve. Une fois le fleuve traversé. »

Le fleuve porte une culpabilité : dès lors qu'on le traverse, il n'y a plus de retour en arrière possible, le péché est inévitable, on est condamné. La mère de l'enfant l'exprime dans ce discours rapporté :

> La mère parle, parle. Elle parle de la prostitution éclatante, et elle rit, du scandale, de cette pitrerie, de ce chapeau déplacé, de cette élégance sublime de l'enfant de la traversée du fleuve, et elle rit de cette chose irrésistible ici dans les colonies françaises, je parle, dit-elle, de cette peau de blanche, de cette jeune enfant qui était jusque-là cachée dans les postes de brousse et qui tout à coup arrive au grand jour et se commet dans la ville, au su et à la vue de tous, avec la grande racaille milliardaire chinoise, diamant au doigt comme une jeune banquière, et elle pleure[29].

Elle accuse Saïgon d'avoir perverti sa fille et regrette de l'avoir laissée traverser le Mékong. Nous remarquons également que l'habit tient toujours une place particulière dans le discours. C'est parce que l'enfant porte un chapeau et des chaussures qu'elle a attiré l'attention du jeune amant. Il y aurait donc une volonté de la part de l'enfant de rejoindre

28 *Ibid.*, p. 29.
29 *Ibid.*, p. 109.

la ville et de rencontrer le déshonneur auquel celle-ci conduit. Mais on peut se demander si le Mékong n'est pas accusé à tort de perversion.

Le récit dans *L'Amant* est une boucle. Le Mékong est un élément diégétique omniprésent qui nous ramène sans cesse à l'image de la jeune fille sur le bac. C'est à partir de cette image que se constitue l'aventure entre elle et l'amant. Néanmoins, ce récit-fleuve tranquille qui berce le lecteur est interrompu par la narratrice à la fin de l'œuvre :

> Quinze ans et demi. La chose se sait très vite dans le poste de Sadec. Rien que cette tenue dirait le déshonneur. La mère n'a aucun sens de rien, ni celui de la façon d'élever une petite fille. La pauvre enfant. Ne croyez pas, ce chapeau n'est pas innocent, ni ce rouge à lèvre, tout ça signifie quelque chose, ce n'est pas innocent, ça veut dire, c'est pour attirer les regards, l'argent[30].

L'anaphore « Quinze ans et demi » vient de nouveau rythmer le récit, mais cette fois-ci le ton change. La jeune fille n'est plus présentée comme une enfant innocente qui a hâte de rejoindre la ville ; elle est déjà déshonorée, avant même d'embarquer sur le bac. Ses intentions sont déjà perverties, avant même d'atteindre Saïgon et le Mékong. D'ailleurs, même le père de l'amant, qui vit dans la ville, ne veut pas du déshonneur qu'elle porte en elle. Ainsi, ce n'est qu'à la fin du récit que nous comprenons que la ville n'est pas le problème, que ce n'est pas vraiment le Mékong qui pervertit la jeune fille, mais que c'est un fait qui lui est inhérent. Du reste, la narratrice donne déjà des indices de cette impureté au début du récit, lorsqu'elle interpelle le lecteur, lui soumettant l'anomalie que représente cette jeune fille : « Sur le bac, regardez-moi, je les ai encore. Quinze ans et demi. Déjà je suis fardée[31]. » Ainsi, tout au long du récit, l'auteure veut faire croire que le vice provient du fleuve et de la ville, protégeant Sadec de cette impureté, mais nous constatons que la chute est tout autre : le problème est intrinsèque à la jeune fille. Saïgon n'est donc que le reflet de Sadec sur le Mékong.

30 *Ibid.*, p. 105.
31 *Ibid.*, p. 24.

SAÏGON REFLET DE SADEC SUR LE MÉKONG

SAÏGON MIROIR DE SADEC

Si la ville semble diabolisée, par opposition à une campagne pure, peu à peu nous constatons que la jeune fille s'éloigne de Sadec avec des intentions qui ne sont déjà plus innocentes. En effet, elle a déjà l'intention de séduire un homme. Son acte est prémédité, comme l'indique sa mère, et il est motivé par l'argent. La vie à Sadec est difficile, car la famille de la jeune fille manque d'argent. Elle tente donc de fuir la misère :

> De tout cela nous ne disions rien à l'extérieur, nous avions d'abord appris à nous taire sur le principal de notre vie, la misère. Et puis sur tout le reste aussi. Les premiers confidents, le mot paraît démesuré, ce sont nos amants, nos rencontres en dehors des postes, dans les rues de Saïgon d'abord et puis dans les paquebots de ligne, les trains, et puis partout[32].

Pour fuir ce quotidien elle se rend à Saïgon, ville dans laquelle elle peut vivre son aventure avec l'amant. Finalement, le mouvement qui la mène de Sadec à Saïgon est motivé par l'argent. Si ces deux villes s'opposent sur de nombreux points que nous avons évoqués précédemment, Saïgon doit également être envisagée comme une continuité de Sadec. Elle est un passage obligé pour la jeune fille qui fuit la ruralité et sa famille ; et elle ne sera qu'un arrêt avant de rejoindre la France.

Même si les deux villes sont dissemblables, elles ont néanmoins un point commun : la jeune fille y est libre. La liberté se traduit de deux manières différentes : à Sadec la jeune fille échappe aux règles imposées par la vie en société, et à Saïgon elle s'exempte de sa famille. La narratrice se remémore un moment heureux de son enfance, lorsque sa mère entamait le grand ménage de la maison : elle invitait « les boys » et tous se mettaient pieds nus pour laver à grandes eaux la maison. Cette absence de chaussures démontre que la jeune fille a été libre à Sadec durant son enfance et, contrairement à ce que nous avons énoncé précédemment, les chaussures qu'elle enfile pour rejoindre Saïgon ne la privent pas de liberté, mais lui offrent une nouvelle liberté : l'émancipation de sa mère.

---

32 *Ibid.*, p. 73.

En outre, l'eau semble ici symbole de liberté : d'une part, elle permet à tous de retirer leurs chaussures ; d'autre part, le Mékong éloigne la jeune fille du giron maternel.

UN SYSTÈME DE LIAISON PARTICULIER : CHAQUE PERSONNAGE APPARTIENT À UN ENDROIT

Les lieux, dans *L'Amant*, occupent une place de choix. Si l'on considère le récit, seuls les lieux sont désignés à l'aide de noms propres. En effet, les personnages ne possèdent pas d'identité propre, ils sont rattachés à ces lieux ou à des liens familiaux et humains.

C'est le cas de l'amant : il est présenté comme « l'amant de Cholen », « le chinois de Cholen » ou encore « il est celui qui passait le Mékong ce jour-là en direction de Saïgon[33] ». L'auteure le rattache à Saïgon, et plus particulièrement à son quartier chinois. Il n'est jamais nommé par son nom de famille ou par son prénom, il est simplement relié à un lieu. C'est également le cas de la narratrice qui est « la jeune fille du bac » ou « du Mékong ». Quant aux parents, ils sont liés à Sadec : le père de l'amant « habite Sadec [...], justement sur le fleuve, la grande maison avec les grandes terrasses[34] » ; et la mère est rattachée à la concession, elle est la « veuve de Sadec ». Même les personnages secondaires sont liés à des lieux, par exemple la « folle de Vinhlong ». Le lieu fait intrinsèquement corps avec le personnage, si bien qu'il remplace sa description morale ou physique : les personnages sont qualifiés par l'endroit auquel ils appartiennent. Les jeunes gens vont vers Saïgon, ils sont effrontés et fuient la tradition familiale ; à l'opposé, les parents restés à Sadec sont les conservateurs. À mesure que progresse le récit, les compléments de lieu ajoutés à la dénomination des personnages prennent une symbolique particulière, et de plus en plus importante. Les personnages sont peu à peu membres à part entière de ces villes.

LE MÉKONG, UN NOUVEAU STYX ?

Comme nous l'avons dit, le Mékong relie Sadec à Saïgon et, pour le traverser, les personnages empruntent un bac. Même si, lors de la traversée, la focalisation se fait plutôt sur la rencontre entre la jeune

33 *Ibid.*, p. 43.
34 *Ibid.*, p. 42.

fille et l'amant, un aspect sous-jacent fait surface. Si le bac transporte la vie, le Mékong ne transporte-t-il pas la mort ?

En effet, ses eaux portent des dépouilles d'animaux ainsi que des morceaux d'arbres dévastés par les différentes tempêtes :

> Il [Le Mékong] a ramassé tout ce qu'il a rencontré depuis le Tonlésap, la forêt cambodgienne. Il emmène tout ce qui vient, des paillotes, des forêts, des incendies éteints, des oiseaux morts, des chiens morts, des tigres, des buffles, noyés, des hommes noyés, des leurres, des îles de jacinthes d'eau agglutinées, tout va vers le Pacifique[35].

Le Mékong est fort et puissant ; il balaye tout sur son passage. Il menace l'homme et le tue puisque certains se noient dedans. En outre, même le bac semble être en péril ; le Mékong longe de près ses flancs, pouvant à tout moment le faire sombrer : « Autour du bac, le fleuve, il est à ras bord[36]. »

Ainsi la jeune fille est-elle effrayée par le fleuve ; elle pourrait ne pas réussir à rejoindre Saïgon ; et, en effet, une partie d'elle n'y parvient pas :

> Dans le courant terrible je regarde le dernier moment de ma vie. Le courant est si fort, il emporterait tout, aussi bien des pierres, une cathédrale, une ville. Il y a une tempête qui souffle à l'intérieur des eaux du fleuve. Du vent qui se débat[37].

Le Mékong est effrayant en lui-même, mais particulièrement pour l'auteure. Dans *Les lieux de Marguerite Duras*, elle se confie à Michelle Porte concernant sa peur de l'eau :

> J'ai toujours été au bord de la mer dans mes livres, je pensais à ça tout à l'heure. J'ai eu affaire à la mer très jeune dans ma vie, quand ma mère a acheté le barrage, la terre du *Barrage contre le Pacifique* et que la mer a tout envahi, et qu'on a été ruinés. La mer me fait très peur, c'est la chose au monde dont j'ai le plus peur... Mes cauchemars, mes rêves d'épouvante ont toujours trait à la marée, à l'envahissement par l'eau. [...] Et c'est après coup que j'ai compris que c'étaient des lieux, non seulement marins mais relevant d'une mer du Nord, de cette mer qui est la mer de mon enfance aussi, des mers... illimitées[38].

35 *Ibid.*, p. 30.
36 *Ibid.*, p. 30.
37 *Ibid.*, p. 17.
38 Marguerite Duras et Michelle Porte, *Les lieux de Marguerite Duras*, Paris, Éditions de Minuit, 1977, p. 84.

Cette peur est retranscrite dans *L'Amant* lors de la traversée du bac : la jeune fille appréhende ce moment, et sa mère la confie au chauffeur du bus en cas de naufrage du bac. Gaston Bachelard explique d'ailleurs que l'eau est synonyme de mort :

> C'est enfin un élément matériel [l'eau] qui reçoit la mort dans son intimité, comme une essence, comme une vie étouffée, comme un souvenir tellement total qu'il peut vivre inconscient, sans jamais dépasser la force des songes. [...] Contempler l'eau, c'est s'écouler, c'est se dissoudre, c'est mourir[39].

Or, sur le bac, la jeune fille se penche pour regarder l'eau ; elle s'accoude même au bastingage une seconde fois lorsqu'elle quitte l'amant et rejoint la France. Comme elle l'explique : « J'ai vieilli. Je le sais tout à coup[40]. » Sur ce bac, elle traverse les âges, quitte l'enfance pour rejoindre l'âge adulte, mais la petite fille qu'elle était meurt, emportée par les eaux du Mékong. Ce fleuve est à l'image du Styx qui conduit les morts vers les Enfers : il prend le corps de la petite fille pour laisser voguer celui de la jeune fille au chapeau et aux chaussures lamées or. Elle le dit elle-même : « Dans le courant terrible je regarde le dernier moment de ma vie[41]. » La petite fille meurt donc une première fois sur le Mékong avant d'atteindre Saïgon, ville que nous pourrions comparer aux Enfers. Et la deuxième mort, pour la jeune fille, n'a lieu qu'après son séjour dans la ville, lorsque qu'elle se pend au bastingage du bateau qui la conduit vers la France. La narratrice se remémore l'histoire de deux amants, dans laquelle le jeune homme s'était suicidé après avoir quitté la jeune fille. Elle imagine ensuite ce qui aurait pu lui arriver : « Et la jeune fille s'était dressée comme pour aller à son tour dans la mer et après elle avait pleuré parce qu'elle avait pensé à cet homme de Cholen[42]. » Ce récit enchâssé fait écho à la vie de la jeune fille, à sa séparation d'avec l'amant de Cholen, mais, cette fois, c'est l'amante qui meurt sur le bateau. Le Mékong conduit certes à Saïgon, à l'amour et à l'amant, mais il conduit aussi à la mort métaphorique de la jeune fille.

---

39 Gaston Bachelard, *L'Eau et les Rêves. Essai sur l'imagination de la matière*, édition numérique de Daniel Boulagnon, Chicoutimi, Université du Québec UQAC, « Les classiques des sciences sociales », p. 93 : http://classiques.uqac.ca/classiques/bachelard_gaston/eau_et_les_reves/eau_et_les_reves.html (consulté le 22 septembre 2022).

40 *Ibid.*, p. 57.

41 *Ibid.*, p. 17.

42 *Ibid.*, p. 133.

Ainsi, *L'Amant* de Marguerite Duras est une véritable carte littéraire repensée et imaginée par l'esprit durassien. Sur cette carte, le Mékong est le maître des lieux. Il est d'abord une passerelle physique qui relie Sadec à Saïgon, mais aussi métaphorique, puisqu'il conduit la jeune fille de l'enfance à l'âge adulte[43]. Il est également un lien intradiégétique fort, car toute l'intrigue repose sur sa traversée. Il est un personnage à part entière, caractérisé comme puissant et impétueux, pouvant même conduire jusqu'à la mort. À côté de lui, Sadec et Saïgon sont reléguées au second plan. Si elles s'opposent par de nombreux aspects et doivent être étudiées l'une par rapport à l'autre uniquement, cette interaction entre elles n'est possible que grâce au Mékong, car Saïgon est le reflet de Sadec, de l'autre côté du fleuve ; elle existe car Sadec ne suffit plus.

Ces espaces sont capitaux dans l'œuvre durassienne ; pourtant, à part le Mékong, ils ne sont jamais décrits dans leur ensemble. Ils sont dépeints par morceaux, chaque morceau étant lié à un trait de la personnalité de la jeune fille ou à une impression. En somme, ils forment la jeune fille. À l'inverse, ces espaces possèdent aussi les caractéristiques de la jeune fille et n'existent que par elle. Les deux villes, Sadec et Saïgon, ne peuvent donc exister sans le Mékong ou sans la jeune fille. Il ne semble pas y avoir de volonté de réel de la part de Marguerite Duras, de volonté de « faire vrai » : ces espaces géographiques sont empreints de fiction, ils sont des paysages miroirs des émotions.

Manon SERRANO
Collège Le Corbusier, Poissy, France

43 Lire, par exemple : Anne Cousseau, *Poétique de l'enfance chez Marguerite Duras*, Genève, Librairie Droz, 1999.

LE GANGE À VARANASI

Controverses autour de la pollution d'un fleuve « sacré »

Le Gange[1] qui est le fleuve sacré par excellence de l'hindouisme draine pourtant de nombreux types de polluants issus des activités humaines dans son bassin versant[2]. Ces types de polluants sont très variés : il peut s'agir de métaux lourds, de produits phytosanitaires (nitrates et phosphates), des pathogènes, des plastiques plus ou moins polluants selon leur concentration dans l'eau sous forme solide ou dissoute[3]. L'augmentation de la température de l'eau est aussi un facteur de perturbation des écosystèmes aquatiques. Ces pollutions résultent de rejets directs d'eaux usées issues des industries, du drainage des sols agricoles ou de la consommation domestique. La pression sur les ressources en eau du Gange n'est pas récente, car les berges du fleuve sont densément peuplées depuis de nombreux siècles. Le traitement des eaux polluées émanant de différentes activités humaines fait de plus en plus l'objet de régulations avant leur rejet dans les cours d'eau. Pourtant, nous verrons que la qualité de l'eau du Gange est encore peu maîtrisée.

1 Le nom approprié pour désigner aussi bien le fleuve que la déesse est Gaṅgā. Dans cette étude, le nom Gaṅgā sera utilisé pour désigner la déesse et « Gange » pour parler du fleuve.

2 Cheng Liu, Carolien Kroeze, Arjen Y. Hoekstra, Winnie Gerbens-Leenes, "*Past and future trends in grey water footprints of anthropogenic nitrogen and phosphorus inputs to major world rivers*", *Ecological Indicators*, 18, 2012, p. 42-49 ; Md Morshedul Haque, Nahin Mostofa Niloy, Omne K. Nayna, Konica J. Fatema, Shamshad B. Quraishi, Ji Hyung Park, Kyoung Woong Kim, Shafi M. Tareq, "*Variability of water quality and metal pollution index in the Ganges River, Bangladesh*", *Environmental Science and Pollution Research*, 27, 2020, p. 42582-42599.

3 Maryna Strokal, J. Emiel Spanier, Carolien Kroeze, Albert Koelmans, Martina Flörke, Wietse Franssen, Nynke Hofstra, Simon Langan, Ting Tang, Michelle Van Vliet, Yoshihide Wada, Mengru Wang, Jikke Van Wijnen, Richard J. Williams, "*Global multi-pollutant modelling of water quality : scientific challenges and future directions*", *Current Opinion in Environmental Sustainability*, 36, 2019, p. 116-125.

Le Gange fait partie des sept fleuves sacrés de la cosmogonie hindoue (*Supta Sindhu*) aux côtés de la Yamuna, la Sarasvati, l'Indus, la Godavari, la Narmada et la Kaveri. De ces sept rivières, les hindous considèrent en général le Gange comme étant la plus importante. Or, comment comprendre que les hindous, dont la piété religieuse face au Gange est manifeste, et en dépit des prescriptions religieuses qui leur enjoignent de le respecter, puissent participer à la pollution du fleuve « sacré » ? En particulier, on peut s'interroger sur la manière dont la population hindoue de Varanasi, l'un des principaux sites pèlerins de l'Inde du Nord, réagit et s'adapte à la dégradation continue de l'écosystème du fleuve. En quoi la pollution du Gange affecte-t-elle également les pratiques religieuses des fidèles ? Nous interrogerons aussi les raisons qui poussent un certain nombre d'hindous à s'opposer de façon systématique aux agences gouvernementales qui s'occupent de la dépollution du fleuve. Les réponses que nous tenterons d'apporter à ces questions nous amèneront à étudier le rapport entretenu entre la science moderne et l'hindouisme dans l'Inde contemporaine ainsi qu'à examiner le lien entre langage et environnementalisme dans un contexte hindou hindiphone. Nous espérons par cette étude contribuer à une meilleure compréhension des relations complexes que la population hindoue tisse avec le milieu fluvial.

EXPRESSIONS DU LIEN SACRÉ ENTRE LA VILLE ET LE FLEUVE

VARANASI : LA VILLE « SAINTE » DE L'HINDOUISME

La notoriété de Varanasi comme centre de la culture sanskrite a contribué à ce que cette ville devienne un lieu de pèlerinage depuis des temps fort anciens. L'association de Varanasi avec la geste shivaïte dans la mythologie hindoue a conduit des Indiens de tout le pays à venir s'y installer. Ces derniers font de cette ville une mosaïque d'espaces sociaux-culturels, une sorte de microcosme indien[4]. Si d'un point de vue socio-culturel Varanasi est considérée comme une *little India*, elle l'est également du point de

4 Diana L. Eck, *Banaras City of Light*, Princeton, Princeton University Press, 1982, p. 283.

vue de la symbolique hindoue. Les principaux sites sacrés du territoire indien sont en effet symbolisés spatialement par des divinités présentes en différents endroits de la ville. En concentrant ainsi symboliquement en elle-même de nombreux lieux saints de l'hindouisme, la ville est souvent considérée par les hindous comme le centre de l'univers, le lieu de tout commencement et de toute fin de l'Humanité.

LE GANGE À VARANASI

Varanasi se situe sur la rive gauche du Gange, sur la rive concave d'un méandre aménagé de gradins (*ghāṭa*) où ont lieu de nombreuses activités sociales, religieuses et économiques. Les 84 *ghāṭa* qui longent le Gange symbolisent les douze signes du zodiaque et les sept enveloppes corporelles du corps humain.

Le Gange représente l'archétype de l'eau sacrée et de nombreuses rivières en Inde portent le nom de Gaṅgā[5] – phénomène auquel on peut donner le nom de "*Gaṅgāisation*[6]". De ce fait, les sept rivières principales de l'hindouisme sont également appelées *Sapta Gaṅgā* (littéralement : « sept Gange »). Si le Gange est si important aux yeux des hindous, c'est que certains textes sacrés de l'hindouisme le présentent comme le suprême *tīrtha* (lieu sacré représentant pour les hindous un gué entre l'espace terrestre et l'espace céleste) pour la période du *Kali Yuga*[7] (littéralement : « âge mauvais »)[8]. Il est déjà fait mention de Gaṅgā dans le *Ṛgveda* (10.75.5),

5 *Ibid.*, p. 214.

6 Rana P.B. Singh, "*Towards Myth, Cosmos, Space and Mandala in India*", *National Geographical Journal of India*, 33-3, 1987, p. 305-326, p. 316-318.

7 Il y a dans la cosmologie hindoue quatre cycles cosmiques (*Yuga*) durant lesquels l'univers est de manière alternative créé et détruit : le *Satya Yuga* (« âge de vérité », « âge parfait »), le *Tretā Yuga* (« la triade »), le *Dvāpara Yuga* (« âge caractérisé par deux ») : *cf.* Louis Renou & Jean Filliozat, *L'Inde classique. Manuel des études indiennes*, Paris, Librairie d'Amérique et d'Orient, 1985, p. 550. Le *Kali Yuga* est le dernier des quatres âges. On traduit généralement *Kali Yuga* par « âge noir ». Dans ce contexte, *Kali* ne veut pas dire noir, mais désigne le plus mauvais d'un des quatre coups de dés d'un jeu traditionnel indien (*cf.* Madeleine Biardeau, *Le Mahābhārata : un récit fondateur du brahmanisme et son interprétation*, Paris, Seuil, 2002, p. 234). C'est durant cette période que le *dharma* est censé être le plus affaibli. Cette dégradation du *dharma* est associée à une vision cyclique du temps. On représente le *dharma* comme un taureau blanc. On dit que ce dernier perd une patte au fur et à mesure que le *dharma* se dégrade. Le *Kali Yuga* est censé avoir perdu les trois quarts du *dharma* qui existait à l'âge parfait ; le taureau n'a plus qu'une patte.

8 Klaus K. Klostermaier, *A Survey of Hinduism*, Albany, State University of New York Press, 1989, p. 312.

le plus ancien des textes fondateurs de la tradition religieuse indienne (*Veda*)[9]. Cependant, le rôle du Gange, soutenant la vie, la fertilité, et comme élément fondamental dans les rituels de purification, se révèle véritablement dans les mythes rapportés par les deux grandes épopées indiennes (le *Rāmāyaṇa* et le *Mahābhārata*). Ces mythes hindous présentent le contexte symbolique nous permettant de comprendre le rapport que les dévots entretiennent avec le fleuve. Gaṅgā, qui est appelée Gaṅgā Māi (littéralement : « Mère Gange »), est perçue comme ayant le pouvoir illimité de tout purifier, les éléments spirituels autant que matériels, tout comme une mère pardonne et répare les erreurs commises par son enfant. À ce titre, le fleuve constitue un élément essentiel dans de nombreuses pratiques rituelles hindoues telles que les cultes de divinités (*pūjā*) ou les *saṃskāra* (rites de « perfectionnement » qui marquent les différentes étapes de la vie). Nous allons en donner ci-dessous un exemple.

Le mythe de la descente du Gange conté dans le *Rāmāyaṇa* de Vālmīki rapporte que c'est grâce à l'eau du Gange utilisée dans leur rite funéraire que les fils du roi Sagara ont pu rejoindre le monde de leurs ancêtres et ne pas être condamnés à demeurer dans le monde terrestre sous la forme d'esprits perturbateurs (*bhūta*). C'est ainsi qu'en écho à ce mythe les hindous considèrent le fait d'immerger les cendres de leurs défunts dans le fleuve comme étant particulièrement bénéfique. S'il est considéré comme auspicieux de mourir à proximité du Gange, « la meilleure des morts » est pour beaucoup d'hindous celle qui a lieu à Varanasi. De nombreux textes sacrés hindous assurent que mourir dans la cité de Shiva permet de s'extraire du cycle des renaissances[10]. Varanasi est d'ailleurs connue sous le nom de *Mahasmashana* (littéralement : « le grand terrain de crémation »). Un nombre très important de corps sont en effet incinérés chaque jour sur les deux *ghāṭa* de crémation de la ville. Puisque mourir à Varanasi présente

9 Les textes qui constituent le *Veda* sont répartis en quatre grands groupes : *Ṛgveda*, *Yajurveda*, *Sāmaveda*, et *Atharvaveda* (*cf.* Madeleine Biardeau, *L'hindouisme : anthropologie d'une* civilisation, Paris, Flammarion, 1995, p. 300). L'ensemble de ces textes est désigné par le terme *Śruti* (littéralement : « audition »). Dans la tradition brahmanique, le *Veda* est considéré comme l'autorité absolue d'où dérive et sur lequel est fondé la *smṛti* (littéralement : « souvenir », « réminiscence ») : *Mahābhārata, Rāmāyana*, *purāṇa* et les traités juridico-religieux qui règlent la conduite normative. La *Śruti*, comme disent les Indiens, se tient sur ses propres pieds. Elle est autoréférentielle et ne repose pas sur quelque chose d'autre. La *smṛti* valide la *Śruti*, elle ne dit pas autre chose.

10 Rana P.B. Singh, *Banaras : Making of India's Heritage City*, Newcastle-upon-Tyne, Cambridge Scholars Publishing, 2009, p. 25.

la garantie d'être libéré de la ronde des renaissances, des personnes de toute l'Inde se rendent dans ce haut lieu de l'hindouisme pour y mourir ou accomplir les rites permettant à leurs ancêtres de sortir du cycle indéfini des transmigrations. Or, si pour les raisons mentionnées ci-dessus le Gange est le plus vénéré des sept fleuves sacrés de l'hindouisme, il est aussi l'un des plus pollués du monde. La prise de conscience du problème de la pollution du fleuve s'opéra en plusieurs étapes.

DES POLLUTIONS DE PLUS EN PLUS PERCEPTIBLES

GESTION DES EAUX DU GANGE À VARANASI À L'ÉPOQUE COLONIALE

Les écrits de Franck Fritzjames sont représentatifs des descriptions que faisaient les administrateurs britanniques des questions sanitaires à Varanasi :

> *When I state that it may be said to be without drainage of any kind, that its subsoil is saturated to a depth of several feet with the filth and abominations of centuries, that every well in the city is contaminated by percolation from the offensive soil, and that in spite of all these evils it is a healthy city, one wonders how this can be [...] The Benaras stinks are already gaining a world-wide celebrity, and ere long those of Cologne will be forgotten*[11].

Les Britanniques commencèrent à prendre les questions sanitaires en compte pour deux raisons précises : d'abord, parce que le taux de mortalité dans l'armée britannique était dû pour un tiers aux épidémies[12] ; ensuite, parce que le gouvernement britannique subissait des pressions

11 Franck Fritzjames, *Preliminary report on the sewerage and water supply of the city of Benaras*, Rapport d'étude, *Government of North West Provinces and Oudh, Public works department*, Allahabad, 1880, p. 9. Notre traduction : « Quand je mentionne qu'on dit qu'il n'y a pas d'écoulement de quelque sorte que ce soit, que le sous-sol est saturé sur plusieurs pieds par la crasse et les abominations des siècles, que chaque puits de la ville est contaminé par capillarité par ce sous-sol agressif, et que malgré tous ces maux c'est une ville en bonne santé, on se demande comment cela est possible. [...] Les puanteurs de Bénarès sont en train d'acquérir une célébrité mondiale et avant longtemps celles de Cologne seront oubliées. »

12 Vijay Prashad," *Native dirt / Imperial ordure : the cholera of 1832 and the morbid resolutions of modernity*", *Journal of Historical Sociology*, 3, 7, 1994, p. 243-260.

internationales. On le menaçait en effet de mettre en quarantaine les convois provenant d'Inde qui était considérée comme responsable des pandémies de choléra qui frappaient l'Europe à cette époque.

Afin d'améliorer les conditions sanitaires à Varanasi, les Britanniques construisirent un système de pompages de l'eau du fleuve pour sa distribution et d'égout pour traiter les eaux usées. Sur la station de pompage de Lalita ghât, ornée de fresques représentant Shiva et Mata Ganga sur son véhicule, le crocodile, il est inscrit : « Contrôle pour la pollution de Ganga », « Corporation pour l'eau de l'Uttar Pradesh ». Le système fonctionnait relativement bien et les eaux usées ne se déversaient pas dans le Gange. Cependant, jusqu'en 1986 les infrastructures adaptées à une population de 200.000 habitants ne furent pas améliorées, malgré une augmentation importante de la population qui compte aujourd'hui environ 1,6 million d'habitants.

GESTION DES EAUX DU GANGE AU XXe SIÈCLE : DE LA POLLUTION DES EAUX À SON TRAITEMENT

Les problèmes de pollution du Gange ont commencé à être pris en compte dans les années 1980. Indira Gandhi (1917-1984), premier ministre de l'Inde à cette époque, demanda qu'une étude de la pollution de l'eau de quatorze rivières fût réalisée, afin de définir les origines de cette pollution ainsi que les paramètres biochimiques à prendre en considération pour évaluer la qualité de l'eau. À la suite de cette étude, le gouvernement indien classa les sources de pollution du Gange en deux catégories.

On appelle "*point source of pollution*" les sources uniques et identifiables de la pollution. Dans cette catégorie, on trouve les déchets industriels et les eaux usées des villes qui sont déversés dans le Gange. Cela constitue plus de 90 % de la pollution totale du fleuve[13]. Selon le gouvernement indien, 1.300 mld (*million liters per day*) d'eaux usées sont déversées dans le Gange par plus d'une centaine de villes situées le long des 2.525 km du Gange[14].

On nomme "*non-point source of pollution*" les sources plurielles de pollutions. Dans cette catégorie, on trouve la pollution par les pesticides et

13 Kelly D. Alley, *On the Banks of the Ganga : When Wastewater Meets a Sacred River*, Ann Arbor, University of Michigan Press, 2002, p. 52-53.

14 Santosh K. Singh & Vijay S. Srivastava, "*SMF's Role For Partnership Transparency in Local Government*", *Kashi Journal of Social Sciences*, 2, 2, 2013, p. 206-214, p. 209.

fertilisants utilisés par l'agriculture, l'utilisation de l'eau du Gange par la population, etc. Il est considéré que ce type de pollution représente moins de 10 % de la pollution totale du Gange.

En 1986, le *Ganga Action Plan* (*G.A.P.*) fut initié après l'apparition des premiers résultats d'études scientifiques entreprises par le *Central Pollution Control Board* (*C.P.C.B.*). Le principal objectif du *G.A.P.* était d'intercepter et de traiter les eaux usées dans les villes en établissant des égouts, des stations d'épuration et des complexes sanitaires. Il s'avéra rapidement que les infrastructures mises en place durant le *G.A.P.* n'étaient pas suffisamment adaptées pour intercepter et traiter l'ensemble des eaux usées à Varanasi, tout comme dans les autres villes se situant le long des rives du fleuve. Théoriquement, le *G.A.P.* aurait dû se terminer en 1990, mais le manque de résultats obtenus entraîna sa prolongation jusqu'en 2001. En 2001, les résultats escomptés n'étant toujours pas au rendez-vous, le gouvernement le prolongea à nouveau jusqu'en 2008. De nombreux rapports du *Comptroller and Auditor General* (*C.A.G.*), l'équivalent de la Cour des Comptes en France, montrent l'inefficacité de ce projet. Ils révèlent ainsi qu'en 2004 le *G.A.P.*, dont le coût financier s'élevait à 3,5 milliards de roupies, n'avait rempli que 39 % de ses objectifs concernant le traitement des eaux usées (*Comptroller of India*, 2004).

Aujourd'hui, les stations d'épuration de Varanasi ne sont pas suffisantes pour traiter les eaux usées. Parce qu'elles fonctionnent à l'électricité, elles sont inactives lors des nombreuses coupures de courant, et les eaux usées se déversent alors directement dans le Gange[15]. Même lorsqu'il n'y a pas de coupures d'électricité, les stations sont inondées durant les mois de la mousson et ne peuvent pas fonctionner. En 1986, le gouvernement indien estimait que 147 millions de litres d'eaux usées par jour se déversaient dans le Gange à Varanasi[16]. À présent, ce sont environ 250 mld (*million liters per day*) qui se déversent à trente-trois endroits le long des *ghāṭa* alors que la capacité des stations d'épuration est de seulement 100 mld.

15 *Ibid.*, p. 210.

16 Anup K. Mishra, "*Question of Sustainability and Answer from VBM-Oswald Model at Varanasi*", *Kashi Journal of Social Sciences*, 2-2, 2013, p. 215-224, p. 218.

DES MONDES DANS DES MONDES
Différentes représentations de la pollution du Gange à Varanasi

Pour de nombreux environnementalistes hindous qui vont chercher dans leur religion les sources de l'écologie, la sacralisation du monde naturel est la preuve que l'hindouisme est une religion qui accorde une valeur intrinsèque à la nature et qui contient des éléments permettant l'élaboration d'une éthique environnementale. Notre enquête ethnographique montre cependant que cette question est complexe et qu'elle ne peut supporter aucune simplification. Si les hindous peuvent vénérer le Gange comme une déesse, cela n'induit pas nécessairement chez eux un sentiment de préservation, au sens écologique du terme, de ce fleuve.

À partir de 1986, les tentatives du gouvernement afin de sensibiliser les dévots de la déesse Gaṅgā à la pollution du fleuve ont rencontré peu de succès. S'appuyant sur des études scientifiques pour évaluer la situation écologique du Gange, les agences gouvernementales conclurent que les problèmes de pollution du fleuve sont des conséquences directes des activités humaines : augmentation trop importante de la population, urbanisation, industrialisation, etc. Les acteurs gouvernementaux critiquèrent aussi certaines croyances et pratiques de l'hindouisme. La foi des hindous dans le pouvoir purificateur de Gaṅgā fut notamment pointée du doigt comme étant un obstacle aux efforts de dépollution du fleuve. À ces considérations, certains des hindous qui vivent à Varanasi réagirent avec hostilité. Il y a trois raisons principales à cela.

UNE QUESTION DE CALENDRIER

La première explication à l'hostilité de certains vis-à-vis des acteurs gouvernementaux nous conduit au cœur de la cosmologie hindoue. Même si un grand nombre d'individus à Varanasi vivent dans la modernité, voire pour certains dans la postmodernité, d'autres semblent plutôt vivre dans l'ère puranique et considérer le présent du point de vue d'une ère cosmique. De nombreux acteurs interviewés expliquent les problèmes du monde d'aujourd'hui par le fait que l'ère cosmique actuelle est celle du *Kali Yuga*[17], cet âge imparfait qui est censé avoir perdu les trois quarts du *dharma*[18] qui existait à l'âge parfait (*Satya Yuga*). La critique que les dévots font du gouvernement se transforme facilement en une critique de la contemporanéité à laquelle ils opposent le mode de vie d'une société traditionnelle hindoue passée et fantasmée – nous l'avons souvent constaté. De façon récurrente, les croyants font un amalgame entre différents éléments : un mode de vie consumériste, la science, la corruption qui sévit dans le milieu politique, etc. Si, de notre point de vue, ces éléments ont peu de chose à voir les uns avec les autres, nous verrons que, du leur, il en va tout autrement. Observons que, pour les hindous, cette dégradation de l'ordre socio-cosmique, dans lequel on ne peut séparer le religieux du social, le moral du politique, est apparue bien avant notre époque contemporaine, puisque le *Kali Yuga* est censé avoir commencé le 18 février 3102 av. J.-C. et doit continuer encore pour une longue période de 426.904 années[19]. Dans un tel contexte, le discours des agences gouvernementales, qui s'appuie sur la science moderne pour parler de la dégradation de l'écosystème du Gange, ne suscite guère l'adhésion des dévots. Les termes scientifiques tels que « Demande biochimique en oxygène » (D.B.O.) ou *"Fecal Coliform Count"* (*F.C.C.*) trouvent peu d'échos chez certains hindous. Il leur semble que l'approche scientifique est présentée comme la panacée aux maux du Gange, alors que les croyances et les pratiques hindoues sont décrites comme ayant une part de responsabilité à la pollution du fleuve. Les projets gouvernementaux sont très fréquemment critiqués en raison de leur manque d'efficacité. Les résidents de Varanasi, soulignant que des sommes considérables ont été investies afin d'améliorer les dispositifs

---

17 Quand ils parlent de *Kali Yuga*, ce que nos informateurs expriment c'est la conviction de vivre dans un ordre global qui régit le cosmos et donc l'ensemble de la société, un cadre en dehors duquel les activités humaines n'ont pas de sens.

18 Il n'est pas aisé de donner une définition précise de la notion de *dharma*. Dérivé de la racine sanskrite DHṚ (« supporter »), le terme *dharma* n'a pas d'équivalent précis en français (*cf.* Madeleine Biardeau, *L'hindouisme : anthropologie d'une* civilisation, *op. cit.*, p. 70). C'est un terme ancien qui apparaît déjà dans le *Veda*. Du *Ṛg Veda saṃhitā* (la partie la plus ancienne du *Veda*) jusqu'à aujourd'hui, ce terme a connu au cours de l'histoire des sens et des usages divers. Selon le contexte, on lui donnera les définitions suivantes : loi socio-cosmique, ordre universel, éthique, ou encore religion. Ce n'est qu'à partir des *Dharma-sūtra* (textes canoniques sur le *dharma* composés entre les IIIe-Ier siècles av. J.-C) que le terme *dharma* se traduit par « ordre socio-cosmique ».

19 Christopher J. Fuller, *The Camphor Flame : Popular Hinduism and Society in India*, Princeton, Princeton University Press, 1992, p. 266.

d'épuration des eaux usées, déplorent le fait que la municipalité ne fasse pas correctement son travail. Les agents gouvernementaux sont très souvent accusés de détourner l'argent destiné à la dépollution du fleuve.

La corruption des acteurs gouvernementaux et cette opposition frontale entre science et hindouisme, créée par le discours gouvernemental, sont aux yeux des hindous représentatifs du déclin général du *dharma* qui est la marque du *Kali Yuga*. Cela explique qu'un certain nombre de dévots se tiennent à l'écart de toutes les tentatives de dépollution initiées par le gouvernement. Tandis que ce dernier prétend assainir le fleuve à l'aide de méthodes scientifiques, un grand nombre d'hindous pensent que la solution aux problèmes de Gaṅgā est Gaṅgā seule puisqu'elle est la grande purificatrice. Il s'agit d'une croyance en un cercle vertueux qui fonctionnerait de manière mécanique de la façon suivante : la juste réalisation des rituels prescrits par les textes religieux contente la déesse Gaṅgā, qui, à son tour, satisfaite, continue à purifier les âmes, le cosmos et ainsi à contrebalancer les effets néfastes du *Kali Yuga*.

UNE QUESTION DE SÉMANTIQUE

La deuxième raison pour laquelle le gouvernement n'a pas réussi à obtenir l'adhésion de certains hindous qui assimilent le Gange à une déesse est d'ordre sémantique. Rajiv Gandhi (1944-1991) était conscient du problème existant dans l'utilisation de différents termes pour parler de la pollution du Gange. Lors d'un discours prononcé en 1986 à Varanasi, il prit bien soin d'utiliser des termes appropriés afin de ne pas heurter la sensibilité de son auditoire. Il commença son discours en disant que la pureté du Gange n'avait jamais été mise en doute ("*the purity of the Ganga has never been in doubt*[20]"). Malgré cette précaution didactique, l'ancien Premier ministre indien se heurta à l'incompréhension de son auditoire.

Une des origines de cette incompréhension qui perdure aujourd'hui est la polysémie des termes utilisés lors des échanges entre le gouvernement et les dévots. Les différents acteurs qui sont concernés par le problème de pollution du fleuve utilisent des termes linguistiques, des signifiants, qui peuvent leur être communs, tout en renvoyant à des aspects conceptuels, des signifiés, qui eux sont différents. C'est ainsi qu'une majorité d'hindous rejettent le concept associé au terme occidental de « pollution », terme

20 *Central Ganga Authority*, *Ganga Action Plan*, Delhi, *Government of India*, 1986, p. 2.

adopté par le monde scientifique ainsi que par le gouvernement indien pour caractériser la crise environnementale du Gange. Ce terme, qui est utilisé de manière systématique dans le *Ganga Action Plan*, présente en effet le problème de confondre ou de négliger la distinction que font les hindous entre ce qui est impur (*aśuddha*) et ce qui est sale (*gandā*)[21]. Si les hindous peuvent parfois admettre que le fleuve soit sale (à cause des activités humaines), jamais ils ne diront qu'il est impur[22]. La notion de pollution environnementale n'a pas d'équivalent dans l'hindouisme et « parmi les résidents de Varanasi, le terme de "pollution" est utilisé, non pas pour qualifier la situation environnementale du Gange, mais pour caractériser la moralité médiocre des personnes en charge du *G.A.P*[23]. ». Le choix des mots pour décrire le problème de pollution du Gange et des solutions à y apporter apparaît être important. Nous observons ici, dans un contexte hindou, un lien fondamental entre langage et action environnementale.

Pour les hindous hindiphones, ce qui pourrait se rapprocher le plus de la notion de « pollution » est ce qui est désigné par le terme de "*gandagī*" (littéralement : « saleté »). Les résidents de Varanasi emploient le terme de "*gandagī*" pour désigner les déchets matériels, les excrétions humaines et animales, les crachats de noix de bétel, les cadavres partiellement brûlés, etc. Retenons que, si la notion de "*gandagī*", perçue "*as part of their civic consciousness or what one might call their urban common sense*" par les résidents de Varanasi[24], présente certaines caractéristiques communes avec celle de « pollution », elle est cependant bien loin d'être équivalente.

UNE PERCEPTION MYTHIQUE DU GANGE

Ces considérations nous amènent à nous poser la question suivante : pour quelles raisons un nombre important de dévots ne considèrent pas que "*gandagī*" puisse constituer une nuisance pour le fleuve ? S'il est possible que certains dévots considèrent que l'aspect matériel de la déesse, l'eau

---

21 Kelly D. Alley, *On the Banks of the Ganga : When Wastewater Meets a Sacred River*, *op. cit.*, p. 37.

22 *Ibid.*, p. 99.

23 Vincent Perrine, *Modalités d'existence de dispositifs urbains. Le cas de l'assainissement à Kanpur et Varanasi, Inde, Doctoral dissertation*, L'Institut National des Sciences Appliquées de Lyon, 2013, p. 235.

24 Kelly D. Alley, "*Ganga and Gandagi : Interpretations of Pollution and Waste in Banaras*", *Ethnology*, 33-2, 1994, p. 127-145, p. 129. Notre traduction : « comme faisant partie de leur conscience civique ou de ce que l'on pourrait appeler leur bon sens urbain ».

du Gange, puisse être affectée par "*gandagī*" et devienne temporairement insalubre, ils ne peuvent concevoir que la déesse puisse souffrir de façon permanente de conséquences d'activités d'origine humaine. L'absence de propreté du Gange n'est pas à leurs yeux un état permanent qui constituerait un danger pour Gaṅgā. La déesse Gaṅgā n'est-elle pas sacrée parce qu'elle est intrinsèquement pure et qu'on lui attribue le pouvoir illimité de tout purifier ? Selon eux, ils peuvent demander à Gaṅgā de les purifier, mais, en aucun cas, ils n'ont le pouvoir de purifier la déesse. Les mythes relatifs à la déesse Gaṅgā qui célèbrent sa grande pureté façonnent ainsi la conscience mythique qu'ont les dévots du Gange et peuvent entraîner des comportements anti-écologiques. La déesse purifie tout, elle donne tout, elle pardonne tout, et l'idée de prendre soin d'elle n'est pas considérée comme étant dans l'ordre des choses par les fidèles.

Nous l'avons vu, une partie de la population hindoue de Varanasi s'oppose aux tentatives gouvernementales de dépollution du Gange. Cependant, pour certains dévots, la pollution du fleuve est un obstacle à la bonne réalisation de leurs pratiques rituelles. C'est notamment le cas des membres d'une O.N.G. étroitement associée à l'un des temples hindous les plus populaires de Varanasi, le *Saṅkaṭa Mocana Temple*.

LA *SANKAT MOCHAN FOUNDATION*
Une réponse hindoue et scientifique
à la pollution du Gange

LA *SANKAT MOCHAN FOUNDATION*

Veer Bhadra Mishra (1939-2013), chef spirituel (*mahant*) de l'*akhāṛā Goswami Tulsīdās*[25] et professeur en ingénierie hydraulique à la *Banaras Hindu University* (*B.H.U.*), a créé, en 1982, la *Saṅkaṭa Mocana Foundation*

25 L'*akhāṛā Goswami Tulsīdās* inclut le temple de *Saṅkaṭa Mocana* qui est situé à l'endroit même où le poète Tulsīdās aurait reçu la vision de Hanuman. Tulsīdās est l'auteur du *Rāmacaritamānasa*, qui est la première traduction dans une langue populaire, en l'occurrence l'hindi, du *Rāmāyaṇa*, l'un des textes fondateurs de l'hindouisme. Les Mishra, famille de brahmanes orthodoxes, se disent les descendants spirituels de Tulsīdās, et beaucoup de résidents, à Varanasi, les considèrent comme tels.

(*S.M.F.*). Même s'il se baignait quotidiennement dans le Gange, la pollution du fleuve était pour lui un obstacle à la réalisation des rituels prescrits à sa condition de brahmane. C'est le fait de ne pas pouvoir faire abstraction de la pollution du Gange lors des rituels qui a motivé la création de la *S.M.F.* :

> *My scientific background says that Ganga water is not clean, it is polluted. But I want to take holy dip in the river because stopping this means leaving the river and I will not. If I don't take dip any day, I think my day doesn't start. I don't feel, kind of, normal. So I don't want to stop that. […] So what should I do ? You can at least imagine that this causes a very deep internal stir and pain in my heart, that what to do ? What should we do ? And actually it is this feeling and this internal struggle and pain and conflict that has given, I would say, birth to the Sankat Mochan Foundation*[26].

Les critiques de la *S.M.F.* à l'égard des résultats du *Ganga Action Plan* furent nombreuses. En 1997, en collaboration avec l'université de Berkeley, la *S.M.F.* fait le choix de la technique *Advanced Sludge Wastewater Pond System* (*A.I.W.P.S.*)[27]. Depuis cela, un conflit oppose la *S.M.F.* au gouvernement en ce qui concerne le choix des dispositifs techniques d'assainissement des eaux usées à mettre en œuvre à Varanasi. Nous ne rentrerons pas ici dans les détails techniques concernant les différentes mesures proposées par les différents partis afin d'assainir le Gange, tout comme nous ne nous arrêterons pas sur la longue bataille juridique qui occupe la *S.M.F.* et les agences gouvernementales jusqu'à aujourd'hui. Retenons seulement que le combat de la *S.M.F.*, durant toutes ces années, a principalement été d'essayer de mettre en place la station *A.I.W.P.S.* ; c'est sur le type de solutions proposées par l'O.N.G.

26 Kelly D. Alley, *On the Banks of the Ganga : When Wastewater Meets a Sacred River*, *op. cit.*, p. 181-182. Notre traduction : « Mes connaissances scientifiques montrent que l'eau du Gange n'est pas propre, qu'elle est polluée. Mais je tiens à faire un plongeon sacré dans la rivière, car arrêter de le faire signifie quitter la rivière et je ne le ferai pas. Si un jour je ne me plonge pas dans l'eau de la rivière, je pense que ma journée n'a pas commencé. Je ne me sens pas, comment dire, normal. Aussi je ne veux pas arrêter de le faire. […] Alors que devrais-je faire ? Vous pouvez au moins imaginer que cela me cause du tourment et me fait mal au cœur ce "que faire ?". Que devrions-nous faire ? Et en fait c'est ce sentiment, ce combat intérieur, cette douleur et ce conflit qui ont donné, si l'on peut dire, naissance à la *Sankat Mochan Foundation.* »

27 Les stations d'épuration *A.I.W.P.S.* fonctionnent depuis plus de vingt-cinq ans en Californie : *cf.* http://www.sswm.info/content/advanced-integrated-ponds (consulté le 22 septembre 2022).

lorsqu'elle s'adresse à un public hindou que nous porterons plus particulièrement notre attention.

GANGA IS SICK, HELP YOUR MOTHER

Nous avons vu que l'une des raisons pour lesquelles le gouvernement n'a pas réussi à obtenir l'adhésion d'une partie de la population dans son projet de dépollution du Gange est d'ordre sémantique. L'exigence de choisir la langue appropriée en fonction du public auquel on s'adresse est un point fondamental pour la *S.M.F.* :

> *When I talk to officials, I show them reports on faecal coliform and when I talk to local people, i show them [gandagī] there is in the holy Ganges. It is the same thing, but I say it in different languages*[28].

La *S.M.F.* a en effet conscience que la sensibilisation des dévots à la pollution du Gange demande un effort pédagogique qui passe par la rhétorique.

> *Gaṅgā is like a mother for these people, a deity, a goddess, so first job is to convince people that Gaṅgā is getting polluted. We could not use this terminology "Gaṅgā is polluted", we change our terminology, we use to say "look, Gaṅgā is your mother, she is sick". We never say that Gaṅgā is polluted, "polluted" word is like an abuse to the mother*[29].

Les membres de la *S.M.F.*, afin que leur action fût efficace, ont compris que « le fait de parler la "bonne" variété de langue inclut un individu dans un groupe ; il en devient membre à part entière » ; mais, « à l'inverse, le fait de ne pas parler la bonne variété exclut un individu d'un groupe donné ou en fait un membre d'un groupe étranger : il/elle n'est pas l'un des nôtres parce qu'il/elle ne parle pas notre langue[30] ».

28 Ajit Singh, Anup K. Mishra & Suman Kumar," *Eco-guru Veer Bhadra Mishra and media discourse*", *Kashi Journal of Social Sciences*, 2-2, 2013, p. 195-205, p. 196. Notre traduction : « Quand je parle aux officiels je leur montre les rapports concernant les coliformes fécaux, et quand je parle aux gens du coin je leur montre la saleté qu'il y a dans le Gange sacré. C'est la même chose, mais j'en parle dans des langues différentes. »

29 Entretien avec Sunil Kumar Mishra, professeur en ingénierie hydraulique et l'un des trois fondateurs de la *S.M.F.* ; notre traduction : « Le Gange est comme une mère pour ces gens, une divinité, une déesse, donc la première des choses à faire est de convaincre les gens que le Gange est en train de se polluer. Nous ne pourrions pas utiliser la terminologie "Le Gange est pollué", donc nous changeons notre terminologie, nous avons pris l'habitude de dire "Regarde, le Gange est ta mère et elle est malade". Nous ne disons jamais que le Gange est pollué ; le mot "pollué" est comme une insulte envers la mère. »

30 Michael Byram, *Langues et identités*. Conférence intergouvernementale, 2006, p. 7.

LORSQUE L'ENVIRONNEMENTALISME SE CONFOND AVEC LA DÉVOTION RELIGIEUSE

Lorsqu'il s'agit de sensibiliser un public hindou à la pollution du Gange, la *S.M.F.* manipule dans la langue vernaculaire des dévots, l'hindi, des symboles et des concepts religieux qui leur sont familiers : "*We say to them 'look, Gaṅgā is your mother, she is sick. Every one has to help his mother, Gaṅgā jī kī sevā karnā*" (littéralement : « il faut faire la *sevā* de Gaṅgā »)[31]. » La *S.M.F.* instrumentalise la *bhakti* « dévotion à un dieu personnel » et le service désintéressé (*sevā*[32]) pour sensibiliser les hindous à la question de la pollution du Gange.

La *sevā* à Gaṅgā, préconisée par la *S.M.F.* aux dévots, consiste essentiellement à les inciter à ramasser les déchets sur les *ghāṭa* et à changer certaines de leurs pratiques religieuses. La *S.M.F.* concilie les règles culturo-cognitives hindoues dans lesquelles sont ancrées les propriétés purificatrices et auto-purificatrices illimitées du Gange avec une éthique environnementale qui se confond avec une pratique de dévotion. Pour

31 Entretien avec Sunil Kumar Mishra, professeur en ingénierie hydraulique et l'un des trois fondateurs de la *S.M.F* ; notre traduction : « Nous leur disons : "Regardez, Gaṅgā est votre mere, elle est malade. Tout le monde doit aider sa mère." »

32 Rappelons brièvement que, si l'emploi de *sevā* s'est généralisé dans la dévotion vishnouite, ce terme a des acceptions antérieures. Dans les *Lois de Manu* (*Manusmṛti*), la *sevā* est avant tout le devoir traditionnel des *śūdra* qui doivent servir les brahmanes. Elle est interdite aux brahmanes mais prescrite aux *śūdra*. Toujours selon la *Manusmṛti*, la *sevā* peut également prendre la forme du service que l'épouse doit à son époux (*patnī sevā*), service qui est considéré comme équivalent à celui rendu à son maître par l'étudiant brahmanique (*brahmacārin*) – le mariage étant ce qui tient lieu d'initiation à la condition de « deux-fois-nés » (*dvija*) pour la femme. Le sacrifice auquel ni les femmes ni les *śūdra* n'ont droit est remplacé par le sacrifice de tout leur être dans le service rendu aux deux-fois-nés. Dans ce contexte hiérarchique, la *sevā* doit être comprise comme une soumission, une pratique inférieure qui est bien loin de la pratique « noble » de la *sevā* qui existera plus tard. C'est ce que Jacobsen appelle « la tradition verticale de la *sevā* » : *cf.* Knut A. Jacobsen, « *Sevā* », *Brill's Encyclopedia of Hinduism*, vol. II, *Sacred Texts and Languages, Ritual Traditions, Arts, Concepts*, Leiden, Brill, 2010, p. 861-865. Si *Sevā* est une notion complexe à définir, c'est précisément parce qu'elle a connu divers usages au cours de l'histoire. Dans tous les sens que nous avons mentionnés, *sevā* désigne une modalité d'action : c'est le service à autrui accompli de manière désintéressée. Selon les contextes sociaux, ont tenu le rôle de récepteur de *sevā* : les brahmanes, les supérieurs hiérarchiques, l'époux, Dieu (dès la *Bhagavad-Gītā*, systématisé dans le *Bhāgavata Purāṇa*), les condisciples (d'un même gourou dans les différentes écoles de *bhakti*) et, à partir du XIXe siècle, les victimes de tremblements de terre, les compatriotes dans la lutte anticoloniale, les pauvres, les malades, etc. Ces dernières modalités renvoient à ce que Jacobsen appelle « la tradition horizontale de la *sevā* ». Quel que soit son contexte, *sevā* s'inscrit dans un rapport hiérarchique : celui qui sert est inférieur à celui qui est servi.

cette O.N.G., c'est l'amour que les hindous portent à Gaṅgā Māi qui semble être la meilleure ressource pour sensibiliser les dévots à la pollution du Gange. Dire que Gaṅgā est malade et qu'elle a besoin de la *sevā* de ses enfants revient à rendre la déesse un peu moins divine, à l'humaniser, afin que les dévots puissent percevoir la vulnérabilité du Gange. L'O.N.G. tente ainsi de sensibiliser les dévots à la pollution du Gange et de les inciter à agir en mobilisant le sentiment dévotionnel qu'ils ont pour Gaṅgā.

Ce recours à la *bhakti* par la *S.M.F.* n'est en soi pas surprenant, car les membres fondateurs sont eux-mêmes des *bhakta*. Ils se considèrent en effet comme les héritiers de Tulsīdās. Dans le *Rāmacaritamānasa*, la porte d'entrée et le guide dans la religiosité pratiquée au temple de *Saṅkaṭa Mocana*, *sevā* est un élément de la *bhakti* au Dieu Rāma, c'est-à-dire d'un vaste ensemble de pratiques et d'attitudes fondées sur une théologie théiste. La voie de salut valorisée par les membres de la *S.M.F.* est le type de *bhakti* prônée par le poète qui est « une relation personnelle à la divinité pour laquelle l'expérience directe du divin et l'attachement personnel au dieu sont cruciaux[33] ». Pour les membres de la *S.M.F.*, « la “tradition” est celle de la *bhakti* de Tulsīdās. C'est à la lumière de cette religiosité telle que le temple de *Saṅkaṭa Mocana* la donne à voir [...][34] » que nous pouvons comprendre le fait que la *S.M.F.* utilise la *bhakti* et la *sevā* afin de sensibiliser et d'inciter à agir les dévots pour la cause écologique qui est la leur. Ils utilisent les outils qui sont les leurs, outils techniques en tant que scientifiques, et dévotionnels en tant que *bhakta*. Et la notion de *sevā* est précisément ce qui permet d'articuler entre elle les deux démarches, parce qu'elle se prête à une double lecture, parce qu'elle peut être entendue à la fois dans son sens classique dans le milieu du temple de *Saṅkaṭa Mocana* (au service de Dieu) et dans son sens moderne dans le milieu de l'ingénierie hydraulique (au service de la société).

La *S.M.F.*, jouant de l'élasticité de la *bhakti* et de la *sevā*, a établi une éthique environnementale qui se confond avec une pratique de dévotion – une éthique dans laquelle la dévotion religieuse et l'acte environnementaliste finissent par ne faire qu'un, où le service désintéressé devient

33 Mathieu Claveyrolas, *Quand le temple prend vie : Atmosphère et dévotion à Bénarès*, Paris, C.N.R.S. Éditions, 2003, p. 21.

34 *Ibid.*, p. 24.

synonyme d'environnementalisme. L'acte environnemental devient un acte de dévotion et donne la possibilité au dévot de se réaliser à travers lui. La *bhakti* et la *sevā*, initialement piliers de l'orthopraxie, se transforment en instruments en faveur d'une cause écologique. La *S.M.F.* fait glisser des attitudes sacrées ancestrales depuis le champ religieux vers le champ de l'éthique environnementaliste. Notons que cette instrumentalisation de l'hindouisme à des fins écologiques est une interprétation de la tradition plutôt qu'une interprétation traditionnelle. Il s'agit d'un cas de figure ressemblant à ce qu'évoquent Hobsbawm et Ranger quand ils parlent de « l'utilisation d'anciens matériaux pour construire des traditions inventées de type nouveau et avec des buts assez nouveaux[35] ». Bien que la sacralisation de la nature soit effectivement présente dans le monde hindou, ni le concept d'écologie, ni *a fortiori* une action écologique ne sont traditionnels dans l'hindouisme.

Ainsi, la science et l'hindouisme, apparaissent clairement comme étant les deux rives du Gange. Les deux représentations de la pollution du Gange, celle des dévots et celle des autorités étatiques, témoignent de deux interprétations du monde qui s'opposent, celle du sacré et du profane, de l'hindouisme et de la science. Même si l'ensemble des acteurs semblent être isolés dans leur solipsisme, notons qu'ils partagent tout de même un avis commun, celui de vivre une époque de déclin. D'un côté, le gouvernement parle de crise écologique et s'appuie sur la science pour apporter des solutions aux problèmes de pollution du fleuve ; de l'autre côté, les dévots parlent d'une dégradation du *dharma* propre au *Kali Yuga* et s'en remettent en dernier recours à Gaṅgā pour y remédier.

Les solutions proposées par la *S.M.F.* constituent un cas d'étude particulièrement intéressant qui nous amène loin de la vision occidentalo-centrée d'une incompatibilité entre science et religion. Selon les membres de la *S.M.F.*, la déesse Gaṅgā comporte deux aspects : d'une part, le Gange qui est l'aspect matériel de la divinité et qui peut être affecté par les activités humaines ; d'autre part, Gaṅgā qui est l'aspect divin et transcendant, éternellement pure et qui ne peut pas être affectée par les activités humaines.

Cette dichotomie entre les aspects matériel et spirituel du Gange se retrouve dans la séparation que les membres de la *S.M.F.* font entre leur

35 Eric Hobsbawm & Terence Ranger, *The Invention of Tradition*, New York, Cambridge University Press, 1992, p. 6.

foi et leur pratique scientifique. Selon eux, l'hindouisme et la science ne sont pas antagonistes. Ce sont deux domaines différents qui coexistent mais qui n'interfèrent pas. La science s'occupe de l'aspect matériel de l'existence, tandis que l'hindouisme est concerné par l'aspect spirituel. D'un côté, ils ont un rapport scientifique avec le Gange lorsqu'ils s'occupent de la pollution du fleuve ; de l'autre, en tant qu'hindous, ils entretiennent une relation d'ordre spirituel avec Gaṅgā. La *S.M.F.* considère l'hindouisme et la science comme deux domaines distincts ; ils ne se mélangent pas mais ont leurs importances respectives :

> *Look, I am an engineer and mahant. It's all fine, there is no contradiction. Science is useful, but it has some limits, where science stops religion start. You cannot all understand with the senses, it has limitations*[36].

Les membres fondateurs de la *S.M.F.* et aujourd'hui le fils de Veer Bhadra Mishra sont tous brahmanes et ingénieurs à la *B.H.U.* La solution principale de la *S.M.F.* pour la dépollution du Gange est de nature scientifique, précisément parce que ses membres fondateurs ont reçu une éducation scientifique. Cependant, l'engagement environnemental de la *S.M.F.* nous apparaît être quant à lui un intérêt typiquement brahmanique où traditionnellement les brahmanes s'occupent de la juste application

---

36 Entretien avec Vishwambhar Nath Mishra. À la mort de Veer Bhadra Mishra, son fils, Vishwambhar Nath Mishra, devint à son tour *mahant* de l'*Akhāṛā Goswami Tulsīdās* ainsi que directeur de la *S.M.F.* ; il est, pour sa part, professeur en ingénierie électronique. La posture de Vishwambhar Nath Mishra consiste à reconnaître la légitimité de la science moderne ainsi que des sciences traditionnelles hindoues. La science moderne est considérée comme valide, mais limitée en comparaison des savoirs traditionnels de la tradition sanskrite. Ce témoignage fait écho à la hiérarchie établie par la *Muṇḍaka Upanishad* entre la connaissance matérielle et la connaissance transcendantale : une connaissance matérialiste (*aparā-vidyā*) qui s'obtient par les modes de perception ordinaires : les sens, la logique, la déduction, l'analyse, etc. ; une connaissance transcendantale (*parā-vidyā*) qui s'obtient par des pratiques spirituelles. Cette connaissance s'appréhende plus qu'elle ne se comprend ; elle ne peut être réalisée par l'intellect ou les sens (*cf.* Varadaraja V. Raman, "*Hinduism and Science : Some Reflections*", *Zygon : Journal of Religion & Science*, 47, 2012, p. 549-574, p. 554-555. De la même manière que la *smṛti* est subordonnée au degré absolu de réalité défini par la *śruti*, la connaissance matérielle l'est à la connaissance transcendantale. Pour ces deux types de connaissance, l'analyse objective et l'expérience subjective sont toutes deux des instruments épistémologiques valables (*cf.* Sangeetha Menon, "*Hinduism and science*", Philip Clayton & Zachary Simpson (eds), *The Oxford Handbook of Religion and Science*, Oxford, Oxford University Press, 2006, p. 17. Notre traduction : « Regarde, je suis ingénieur et *mahant.* Pas de problème, il n'y a pas de contradiction. La science est utile mais elle a des limites, là où la science s'arrête la religion commence. Vous ne pouvez pas tout comprendre avec vos sens, il y a des limites. »

des règles normatives liées à l'opposition pureté/impureté le long des *ghāṭa*. Ce sont eux qui normalement disent ce qu'il est permis ou non de faire près du Gange. Les membres de la *S.M.F.* sont ainsi dans leur rôle lorsqu'il s'agit de restaurer un ordre spatial hindou où théoriquement coexistent pureté et propreté, où la propreté est cofondatrice à l'état de pureté. L'intitulé lui-même de la mission de la *S.M.F.* – "*not a drop of sewage into Ganga in the religious bathing area*[37]" –, afin de maintenir "*and encourage the age old cultural traditions of the ancient city of Varanasi*[38]" est en soi révélateur qu'il s'agit tout d'abord d'un intérêt religieux avant d'être un enjeu écologique.

Comment se fait-il que l'on puisse accorder la même réalité à deux sous-univers qui apparaissent si diamétralement opposés ? Cette conciliation entre pureté et pollution, entre hindouisme et science, peut en effet être perçue comme un paradoxe. Les résultats de notre enquête vont à l'encontre du sens commun qui a tendance à opposer la science et la religion. La relation qu'entretiennent les membres de la *S.M.F.* avec le Gange se réfère au moins à deux mondes, celui de la science et de la religion, que l'on oppose communément, mais qui ne sont pas cognitivement inconciliables chez ces derniers. Selon Alfred Schütz, « une chose pensée (*thought of*) ne peut être contredite par une autre, à moins qu'elle n'entame la querelle en posant quelque chose d'inadmissible au sujet de cette autre chose. Si tel est le cas, l'esprit doit alors choisir celle qu'il soutiendra[39]. » Pour les membres de la *S.M.F.*, le fait de concevoir le Gange comme pollué ne remet en cause ni la sacralité ni la pureté de Gaṅgā. Les deux domaines, scientifique et religieux, sont considérés comme réels. La coexistence d'une perception hindoue et scientifique du Gange chez les membres de la *S.M.F.* peut finalement être considérée comme un pont reliant deux « réalités primordiales » : d'un côté, celle du gouvernement qui repose sur les principes explicatifs de la science moderne, de l'autre, celle d'une majorité de dévots dont la représentation du Gange est façonnée par les mythes hindous.

37 Site de la *S.M.F.* : http://sankatmochan.tripod.com/ (consulté le 22 septembre 2022) ; notre traduction : « pas une goutte qui vienne des égouts et qui entre dans le Gange dans la partie sacrée destinée à se baigner ».

38 *Ibid.* ; notre traduction : « et d'encourager les traditions culturelles anciennes de la ville ancienne de Varanasi ».

39 Alfred Schütz, « Don Quichotte et le problème de la réalité », *Sociétés*, 3-89, 2005, p. 9-27, p. 9.

En mai 2014, sur les rives du Gange, à Varanasi, le Premier ministre Narendra Modi fit la promesse de servir Gaṅgā et de dépolluer le Gange. Il créa le *Ministry for Water Resources and Ganga Rejuvenation* et déclara qu'il entendait mettre un terme au déversement des eaux usées dans le fleuve avant mars 2019. De toute évidence, le gouvernement de Modi n'a pas atteint ses objectifs. Retient notre attention le fait que, si le Gange est le plus vénéré des sept fleuves sacrés de l'hindouisme, il est aujourd'hui encore l'un des dix fleuves les plus pollués au monde[40]. Ce n'est que récemment, durant la période de confinement liée à la pandémie de Covid-19, que la baisse des activités humaines et industrielles a entraîné une amélioration de la qualité de l'eau sur certains tronçons du fleuve, comme à Rishikesh où l'évaluation du taux de pollution a révélé que, pour la première fois depuis des décennies, l'eau du Gange était de nouveau potable[41]. Ces considérations nous amènent au fond à nous interroger sur l'avenir de pratiques dévotionnelles qui ont pour objet la vénération d'un fleuve « sacré » dont la pollution ne cesse de s'accroître.

Johan KRIEG
L.E.S.C. – U.M.R. 7186,
Université Paris Ouest Nanterre
La Défense, France

Émilie CRÉMIN
Université Paris 8 Saint-Denis,
University of Glasgow, Écosse
Centre d'Études Himalayennes
U.P.R. 299 C.N.R.S. Aubervilliers,
France

40 Anjali Dalal, "*What Does It Take to Clean the Ganga ? Gendered Dimensions of Protest and Policy Perspectives*", *Indian Journal of Gender Studies*, 27, 2, 2020, p. 183-204, p. 187.

41 Namrata Agarwal : "*For first time since 2000, water in Ganga at Haridwar, Rishikesh become drinkable amid coronavirus COVID-19 lockdown*", 23 avril 2020 : https://zeenews.india.com/india/for-first-time-since-2000-water-in-ganga-at-haridwar-rishikesh-become-drinkable-amid-coronavirus-covid-19-lockdown-2278421.html (consulté le 22 septembre 2022).

LA PART DU FLEUVE À CHONGQING

Une approche poétique de l'espace urbain

Le discours géographique se rapporte à une description rationnelle, synchronique et prospective de l'espace ; il distingue les lieux physiques et « naturels » que les interventions de l'homme ont rendu méconnaissables de ceux que ses projets ont laissés vierges de toute altération économique et sociale. Un tel savoir est de plus en plus sollicité de répondre aux défis écologiques et climatiques menaçant la survie du monde. Il lui est nécessaire d'être de plus en plus scientifique, de plus en plus interdisciplinaire aussi pour servir avec pertinence les décisions cruciales de la géopolitique et de l'aménagement du territoire. En bref, le savoir géographique risque d'être de moins en moins une écriture et de plus en plus un ensemble de données et de statistiques capable d'informer de façon éminemment utile l'action des institutions gouvernementales publiques et privées.

À l'inverse de ce regain de scientificité hautement nécessaire pour sauvegarder un monde en péril, la poésie peut apparaître comme un égarement, « une folie, un rapport presque pathologique[1] » au langage où le regard de l'individu, sa sensibilité, son corps appréhendent l'espace, les rues, les berges, les paysages sans autre *a priori* que celui de la performativité du dire et de l'écrire. Le paysage doit devenir souffle, les passants l'un ou l'autre passant au visage unique, la parole expressive un acte où se résorbent enfin la froide indifférence du monde et des choses, les contraintes de l'environnemental et de ses collectifs.

En bref, la poésie recherche l'émerveillement et la lutte contre tout endormissement du langage : elle se présente d'abord comme une menace pour le bien commun comme si la préférence du poète, piéton au repos improbable, allait, pour un détail anodin, une seule part du paysage,

---

1 Emmanuel Moses, « Nietzsche est-il entièrement un poète ? », dans le cadre de la conférence éponyme menée sous la direction de Michel Deguy, *Entretiens* de la revue *Po&sie* : https://www.youtube.com/watch?v=fNZr6fFEMr0, [1:13:39], (consulté le 22 septembre 2022).

un seul visage, tout sacrifier à l'organisation et à la sage redistribution des espaces et des biens entre ses habitants et ses observateurs attitrés. En un sens, le poète serait d'un même élan l'étranger et le trouble-fête par excellence, celui dont le regard tout d'intuition involontaire va par principe devenir inassimilable aux compromis des savoirs et des hommes, des politiques et des familiers d'un lieu devenu carte et territoire, faisceau d'identités et projet déterminé. Libre de toute connaissance pragmatique, l'écriture poétique, d'abord esthétique et relationnelle, retentira comme un cri dans le désert, un cri de douleur ou de joie, mais un cri, celui d'un sentiment géographique vierge de toute coutume et de tout accommodement de l'espace à un « état des lieux ».

Cependant, nous ne saurions trop longtemps mimer l'effervescence esthétique d'un regard de « bateau ivre[2] », géniale chez Rimbaud mais factice quand on l'imite de l'extérieur à l'abri de tout risque, le regard d'une esthétique rebelle et éternellement jeune de ne jamais pouvoir coopérer à la demeure des hommes. Prendre place, au contraire, dans le cours de leurs activités quotidiennes et concrètes, c'est sortir alors d'une dichotomie violente et forcée entre le savoir géographique et la poésie : cette dernière peut aussi être un accroissement de la raison au-delà de ses frontières cognitives, un repos souverain conquis sur le partage des eaux de la science et de l'expression. Reprenant un geste fréquent à la Renaissance, nous pouvons aujourd'hui rechercher un renouvellement du mythe par un surcroît de raison et bien aussi réciproquement : comment se contenterait-on de la frigidité du scientisme, comment se satisferait-on d'une inconscience poétique encline à toutes les dénégations du réel ? En ce temps de crise, bien des circonstances peuvent inviter à tisser de nouvelles correspondances entre la raison et l'émotion, les projets écologiques (de la géographie) et les intuitions esthétiques (de la poésie).

La lecture de l'ouvrage *Villes et rivières de France*[3] réserve, par exemple, des fragments de poésie involontaire, d'autant plus efficaces qu'ils n'ont rien de recherché ni d'artificiel. Qu'il s'agisse d'expliquer le sens d'un toponyme – et toute l'histoire qu'il sédimente avec lui, comme le mot « brotteau » à Lyon –, ou qu'il s'agisse de la formation de certains mots indiquant la lente transformation des paysages – « l'envasement »,

---

2 Arthur Rimbaud, « Le bateau ivre » (1871).

3 Nathalie Carcaud, Gilles Arnaud-Fasseta et Caroline Évain (dir.), *Villes et rivières de France*, Paris, C.N.R.S. Éditions, 2019.

« l'enrochement », par exemple –, le parti pris des choses induit par la géographie physique et culturelle fait droit à la poésie d'un cosmos propre à étonner davantage le lecteur que la monotonie des seules passions humaines.

Nous parlerons donc ici à partir d'une incompétence en géographie et au nom d'une rencontre des gens et des paysages fluviaux de Chongqing et de ses environs, une expérience liée à un travail d'enseignant et d'écrivain que nous avons pratiqué par profession et par passion. L'enquête sur le Yangtse et ses affluents, avec ses annexes, ses chiffres, ses données presque statistiques, s'accompagnera aussi, par contraste, du risque propre au geste poétique : tomber dans le ridicule là où on voudrait donner le change en voulant partager ce qui ne nous appartient pas, toute la houle des visages de Chongqing qui flânent ou travaillent ardemment sur les berges du Yangtsé et du Jialing, l'appel du lointain rôdant sous la bruine entre les paquebots de plaisance, les tours démesurées de Jiefangbei et les portiques de manutention gargantuesques du port industriel de Cuntan.

LES NOMS D'UN FLEUVE INSÉPARABLES DE CEUX DE CHONGQING

Chongqing, métropole de quinze millions d'habitants, apparaît comme une suite de collines escarpées, un promontoire au confluent du Yangtsé et du Jialing. Elle est à la fois une ville-montagne (*shan cheng*) et une ville-fleuve (*changjiang cheng*) mais c'est d'abord dans la péninsule de Jiefangbei, au croisement de ses deux fleuves, que se loge aujourd'hui le centre palpitant de la ville ; ses quartiers du sud-est débordent de l'activité des nombreux « immigrés » de la campagne voisine ; ils ont investi avec tant d'énergie et de ténacité ce qui était la « queue » du dragon symbolique de la presqu'île chongqinoise qu'elle est devenue désormais la « tête » de la cité fluviale. District hyperconnecté avec le reste de la Chine et les « grandes marques » du monde entier, Jiefangbei fait oublier le passé d'une ville longtemps prise en otage par quatre chaînes de montagnes et l'absence de tout moyen de transport et de communication en dehors des bateaux à voile et des bacs. Le premier pont de Chongqing traversant le Yangtsé ne fut achevé qu'en 1980, c'est le pont de Shibanpo : il relie, en plein centre ville, le quartier de Yuzhong à celui de Nanan. Depuis ce temps-là, la métropole a construit tant de ponts sur le Yangtsé et ses affluents qu'elle est désignée aujourd'hui comme la première ville-pont (*qiao cheng*) de la Chine. Enfouie l'hiver et le printemps dans le brouillard de ses pluies interminables et de ses vapeurs fluviales, Chongqing est aussi la capitale de la brume (*wudu*), un autre de ses surnoms.

Quant au nom du Yangtsé, il est sujet à fluctuation. Le nom du fleuve y change selon le lieu où il passe ; en Chine, les variantes de la toponymie d'un même cours d'eau peuvent déjà en elles-mêmes exprimer le rapport symbolique différent que chaque ville entretient avec lui. Ainsi, pour les géographes chinois, entre Yibin et Yichang, donc à Chongqing[4], le Yangtsé ne s'appelle pas le Yangtsé, mais prend le nom de *chuanjiang*, la « rivière fleuve » en quelque sorte[5], mais cette appellation demeure réservée à quelques scientifiques et n'est pas du tout employée par les Chongqinois.

Un autre nom du fleuve marque la ville de Chongqing : c'est son abréviation *yu*, qui apparaît sur les plaques d'immatriculation des voitures. Elle manifeste encore la forte identification de cette mégapole au fleuve le plus long de la Chine, puisque *yu* est l'ancien nom du Yangtsé.

Quant à l'origine du nom même de la ville, depuis 1190, une double identité s'y inscrit et symbolise son rêve devenu presque réalité d'une ouverture à l'ensemble de la Chine : choisi entre plusieurs autres désignations possibles, « Chongqing » signifie en effet « Shuangqing », une « double célébration, double réjouissance ou bonheur ». La légende veut que l'empereur Guangzong né Zhao Dun (1147-1200), de la dynastie des Song du Sud, ait décrit son couronnement le 18 février 1189 comme une « double célébration » qui le consacrait à la fois roi et empereur de la Chine du Sud. Celle-ci connut, après 1161, quelques années de relative stabilité, mais, là encore, l'histoire était liée au fleuve, à un combat qui prenait place sur le théâtre de ses eaux : les forces navales des Jin avaient

4 Chongqing se situe donc dans le cours supérieur du Yangtsé mais dans la section la plus basse de ce dernier.

5 Ce n'est qu'en son cours moyen et inférieur, et donc bien loin de Chongqing, que ce même fleuve est nommé *yangzijiang*, du nom d'un petit bourg situé près de Yangzhou.

été repoussées par la flotte des Song, par ses bateaux à roues couverts de trébuchets et de poudre à canon.

La culture et l'histoire de Chongqing ont donc été et sont toujours très liées à la présence du Yangtsé et de ses affluents, en particulier le Jialing. Quand on voit aujourd'hui par beau temps la confluence du fleuve et de sa rivière principale du haut des nouvelles tours de Raffles City dans le quartier de Chaotianmen, les eaux bleues foncées ne sont en tous les cas pas celles du Yangtsé aux eaux jaunâtres marron, mais bien plutôt celles du Jialing.

LE JIALING, PRÉCURSEUR DU YANGTSÉ

Avant de revenir au Yangtsé, il est nécessaire d'évoquer le Jialing. Il n'est qu'un affluent de l'immense Yangtsé, mais non le moindre, en particulier par l'immensité de son bassin versant (160.000 km^2). Surtout, il occupe un rôle symbolique notoire dans la culture chongchinoise ; ayant souvent préfiguré les évolutions du Yangtsé, il apparaît comme une rivière sur laquelle on a « essayé » nombre des innovations que l'on appliquera ensuite à son fleuve d'origine.

Ainsi la première usine d'eau, Diaqiangba, construite à titre expérimental en 1932, va puiser sa matière première à Daxigou dans les eaux du Jialing ; elle est destinée à la consommation hydraulique de la zone urbaine de Chongqing. De même, le premier pont de la cité de Chongqing, Niujiaotuo[6], enjambe le Jialing en 1966, quatorze ans avant le premier pont construit sur le Yangtsé dans la ville de Chongqing, Shibanpo, tout de poutre-caisson.

Plus tard, le premier téléphérique est également construit sur le Jialing en 1982, précédant le funiculaire du Yangtsé (1987) aujourd'hui si couru des touristes venus des quatre coins de la Chine. Ce téléphérique enjambant le Jialing n'aura survécu que 33 ans, car il fut démoli pour laisser place à la construction d'un nouveau pont, le pont Qianximen, achevé en 2015. Ouvert au trafic ferroviaire et routier, ce pont élève une tour originale qui concilie par ses formes l'Extrême-Orient et l'Occident, la forme d'une traditionnelle navette

6 Niujiaotuo est un ouvrage de 625 mètres de long et 22 mètres de large.

de tissage chinoise et celle d'une aiguille. Le ciel se nombre, l'horizon se disloque à travers elle et un interminable hauban, partant de son immense chas, démultiplie encore l'espace visuel au travers de ses neufs câbles asymétriques. Ce pont sidère le regard, tant il est un brasier de métaphores gigantesques et diverses : un éventail d'acier et de béton coulé sur place, une lorgnette de géant, une larme autant que flamme où s'engouffre le treillis rouge de la travée. Enfin, ses six voies sur deux niveaux y font se rencontrer avec le piéton voitures, motos, trains et métros.

Face au pont de Qianximen, le négligé des berges – limon, sable à l'emporte-pièce, trous d'eau à la Wols – et le fini des tours, brillantes, trop brillantes, du quartier de la finance introduisent à une esthétique de la dissonance dans l'harmonie. À première vue, ici, nulle possibilité pour une pacifiante opposition entre le sublime d'une nature infiniment nature et des débauches d'artifice à vouer aux gémonies ; le narrateur proustien qui médite sur les noms de lieux serait bien en peine de voir à l'œuvre dans l'hybridation de ces lieux la trace d'une origine, d'une création en position d'épiphanie que rien ne peut déconstruire : « [de] la force ou [de] la grâce de la nature telle qu'elle se manifeste livrée à elle-même sans l'intervention des hommes[7] » est ce qu'il préfère dans un paysage, mais ce genre de préférence appartient à une autre vision des rapports entre « nature » et « culture ». Ici, il n'y a pas de beauté de prédilection, de beauté substantielle, à part des activités humaines et mondaines : la nature les imprègne toutes et l'homme chinois se voit également entièrement immergé dans la « nature ». La pureté y est synonyme d'absence d'affectation, de spontanéité, elle correspond au *ziran*, au naturel plus qu'à la notion occidentale de « nature », sans mélange et transcendante, ou de « contre-nature », trouble et matérialiste ; par conséquent, l'attente paysagère n'y est pas non plus la mise en relief d'une séparation fulgurante d'avec le construit historique des hommes au profit d'une antériorité souveraine, vierge de toute altération humaine.

La nature est si peu un concept en Chine que nous le rencontrons très rarement dans la littérature de la Chine classique, comme le souligne Anne Cheng dans son dialogue avec Philippe Descola[8] : le mot *xing* ne traduit

7 Marcel Proust, *À la recherche du temps perdu*, édition de 1919, tome 2, *Du côté de chez Swann*, troisième partie, « Noms de pays : le nom », p. 324.

8 Anne Cheng, Philippe Descola, Christian Goudineau *et alii*, *Les grandes civilisations*, textes issus des *Lundis du Collège de France* (Aubervilliers, 2009-2010), Montrouge, Bayard, Paris Collège de France, 2011.

qu'imparfaitement la notion de nature telle que l'Europe l'a pensée. Partant, la perception du paysage fluvial en termes de conglomérats d'énergies mis tant bien que mal en cohérence les unes avec les autres offre d'autres critères d'appréciation de la beauté. L'agencement du mobilier industriel et urbain avec de vastes zones de nature sauvage n'y contrarie pas trop, semble-t-il, l'appréhension du paysage. La « nature » y porte volontiers non seulement l'empreinte des « productions mécaniques des hommes » mais aussi celle de leurs ornementations électroniques. Néanmoins, quoi qu'il en soit du façonnement de notre regard par notre environnement culturel, le constat d'une perte et d'un deuil d'authenticité (littéralement : « ce qui agit de soi-même », notion proche du *ziran*) se retrouve chez bien des Chongqinois qui reconnaissent le prix exorbitant de leur développement économique et immobilier foudroyant, même s'il est aussi l'objet de leur fierté.

Pour revenir à la symbolique de la mémoire paysagère, le *ziran*, « le naturel », notion bien différente de celle de nature, y apparaît avec d'autant plus de force qu'il n'y est visible que par endroit, comme une origine qui résiste, invincible aux manipulations prométhéennes de l'homme. C'est pourquoi la moindre trace d'*arche*, d'une nature à l'état de commencement encore inchangé, réveille le rêve d'osmose entre le cosmos et l'homme qui imprègne si constamment la culture chinoise. Plus la nature y apparaît libre des « empreintes » d'une intentionnalité humaine, plus elle dispose aux cristallisations de l'affect, plus elle offre d'espace à l'expansion du cœur comme l'écrit encore si bien Marcel Proust.

Dans cette perspective, les rivières et les fleuves apparaissent comme des lieux d'attente, de retrouvailles avec la fraîcheur perdue de l'élémentaire, l'eau, le bois, la pierre, et non plus l'acier, le verre et le béton ; témoins d'un passé devenu invisible mais toujours actif dans l'imaginaire du riverain, ils sont aussi comme un métronome de la ville contemporaine et de son accélération saisissante. Le quartier de Ciqikou, « le port de la porcelaine », est, à cet égard, particulièrement significatif. Construit il y a plus de 600 ans sur la rive droite du Jialing, Ciqikou semble désormais ignorer sa rivière, à l'exception des quelques joutes carnavalesques du Nouvel An ; la visite du quartier au quotidien et ses trajets fléchés éloignent les passants de la rivière, la font presque disparaître sous le poids de l'exploitation touristique d'un quartier devenu la vitrine à la fois foisonnante et polissée du passé à la manière de Hongyaodong pour le Yangtsé.

Grandes dalles de pierre beige éventrées, quais concaves privés de perspective, le regard découvrant à la sortie de Ciqikou le Jialing bute sur un réseau d'immeubles tristes comme des miradors. L'eau du Jialing refroidit soudain le visiteur tant elle apparaît bizarrement immobile et morbide à la fin de la longue rue principale du quartier, des quais froids comme la mort au regard des mille divertissements qui lui font face : masques de l'opéra sichuanais, démonstrations artisanales, fumées du *mahuan* (torsade de pâte frite), du *maxuewang* (sang de canard) et du *zhangfei* (bœuf séché). Le temple bouddhiste de Lun Bao, merveille de Ciqikou construite il y a plus de six cents ans sans l'emploi d'aucun clou, s'éclipse aussi insensiblement dans les volutes de ce si grouillant maelstrom de la consommation.

Mais, là encore, tout varie selon l'angle de vue du voyageur, le jour et l'heure de son passage ; et une nouvelle expérience du quartier, dans de tout autres circonstances, peut promptement humilier la présomption de vouloir fixer un cadre, une herméneutique, une direction définitive à des lieux qui ne font que changer à l'instar de leurs observateurs. Comme Claude Monet disait, à propos du crépuscule, que le soleil se couche si vite qu'il ne pouvait pas le rattraper, la symbolique géographique et poétique échappe aussi à toute définition ; ce qu'est vraiment Ciqikou au premier abord, si monstrueux par sa frénésie mercantile sans loi apparente ni repos, nous est apparu tout autre lors d'une visite où tout redonnait vie et singularité au même quartier, à sa rivière aussi une présence *in absentia*.

Ce soir-là, accompagné d'une traductrice inspirée de la littérature italienne en Chine et d'une écrivaine du Sud de l'Italie, nous redécouvrions personnellement, loin des foules déchaînées, Ciqikou redevenu vraiment un « port de porcelaine » ; les correspondances étonnantes avec l'Italie que nous en découvrions à la faveur de cette promenade amicale retiraient soudain au lieu et à son remuement intempestif toute insinuation de frénésie collective et y introduisaient un air de néo-réalisme bonhomme que l'on peut retrouver dans bien d'autres quartiers de Chongqing, mais à une échelle plus réduite ; enfin, toutes ces références vivantes à l'Italie nous rendaient Ciqikou étrangement familier et cinématographique comme peut l'être l'animation immémoriale et baroque des quartiers populaires de Naples que restituaient sans le savoir l'accent chantant du Sichuan et quelques réminiscences des romans d'Elena Ferrante.

Ciqikou s'accordait alors à l'ondulation pacifique des promeneurs clairsemés, l'eau du Jialing n'y était plus stagnante et morbide, mais la nuit la revêtait d'une unanime et légère gravité ; elle cachait aussi la laideur des chantiers et le vertige des plateformes biscornues parcheminant les extrémités du quai. Enfin, elle ne laissait plus briller que le bel embarcadère qui relie Ciqikou à Chaotianmen, illuminé ce jour-là par les lumières d'une petite fête foraine. Le quartier ne tournait plus le dos à sa rivière, elle y célébrait avec lui le manège des couleurs, des enfants et des hommes, un manège plein de peluches cybernétiques veillant sur des circuits de tobogans en coussin d'air aux jaunes et bleus éclatants. Tout redevenait matière à songe, matière à surprise aussi. Les artisans avaient alors le temps de vous parler, ils laissaient agir leurs automates, non plus comme des répliques inquiétantes de l'androïde du *Metropolis* de Fritz Lang, mais comme des enfants tendrement taquins sont trop heureux de contrefaire à la dérobée les gestes de leurs parents. Les pantins électroniques imitant dans leur boutique le geste principal de l'artisan – broyer des épices ou des grains de riz – n'en avaient plus rien de méprisable.

À rebours de tout le grouillement informe que nous avions vu s'imposer à nous dans l'angoisse d'une première découverte faussée par la nécessité de se plier, entre des conférences très officielles, à des démonstrations d'admiration exotiques et béates, tout reprenait forme et visage. Le grand nombre dissipé, le quartier se muait en un lieu de mémoire vivant, non pas tant par ce qu'il restituait du passé, mais par ce que les artisans et les commerçants, n'étant plus assaillis de clients et d'une foule de tâches à exécuter à la fin si nombreuse qu'elles s'excluent l'une l'autre, noyant toute mémoire à long terme dans une succession ininterrompue de rappels et d'oublis tout aussi mécaniques l'un que l'autre, ils redevenaient présents à leur propres gestes et à leur capacité d'entrer en relation avec l'étranger. Les odeurs et les bruits raréfiés redonnaient aussi au temps et au lieu une pondération fraternelle.

Le Jialing que l'obscurité éclipsait au milieu d'un surcroît de lanternes reprenait vie à la faveur de la grande accalmie qui pénétrait son site ; il redevenait le souffle d'un accord reposant entre les mouvements de l'homme et le courant de la rivière. Sa paix retrouvée rappelait soudain les grands escaliers de pierre de Chaotianmen sur le Yangtsé. Ils ressemblent aux *ghats* de Bénarès où les foules descendent de marche en marche dans les eaux du fleuve pour s'y purifier. À Chaotianmen, nul ne se baigne plus dans les eaux du Yangtsé non plus qu'à Ciqikou dans les eaux du Jialing, mais il s'y construit de plus en plus de ponts.

Relier deux terres, deux quartiers que le fleuve sépare, c'est peut-être cette passion-là qui fait aujourd'hui office de « rite purificatoire » à l'intérieur d'une métropole comme Chongqing. Elles sont des séquences de formes architecturales qui domestiquent l'espace urbain, entretenant entre elles un savant mélange de symétries et de variantes capable de les mettre en perspective et de les contre-distinguer l'une de l'autre. La recherche d'une « reliure » empirique toujours plus étendue entre des lieux que la fièvre des « affaires » et ses rivalités roublardes ne manquent pas de souvent opposer obsède le développement de la ville. Le pont de Chaotianmen arbore la plus vaste voûte des ponts à arc de la Chine et du monde ; il dit les mutations d'un fleuve et de ses rapports symboliques au nombre invraisemblable de nouveaux riverains qui se pressent à sa suite.

CHONGQING FACE AU FLEUVE INDOMPTABLE

Nous le disions il y a un instant, le Yangtsé a plusieurs noms ; il s'appelle aussi le « fleuve Bleu », à tort aujourd'hui tant il est chargé de limons havane qui troublent son eau pour qu'elle paraisse plus profonde. Cette expression de « fleuve Bleu » pour le Yangtsé est encore en usage chez quelques écrivains français[9] aujourd'hui et ne vient pas seulement d'une traduction poétique issue de l'imagination de quelques jésuites des XVIIe et XVIIIe siècles, mais elle voulait aussi évoquer l'association du Yangtsé au bleu du ciel et au *yang*, le principe masculin, tandis que le fleuve Jaune symbolisait la couleur de la terre et le *yin*, le principe féminin.

Un proverbe encore très en usage aujourd'hui met en relief ce principe « masculin » associé à l'énergie dévorante du Yangtsé : « Chaque vague du Yangtsé succède à la précédente pour mieux la dépasser » (*chángjiāng hòu-làng tuī qián lang* – littéralement : « les vagues avancent l'une par-dessus

9 Par exemple, dans le dernier livre de Jean-Marie-Gustave Le Clézio sur la poésie de la dynastie Tang, *Le flot de la poésie continuera de couler*, Paris, Philippe Rey, 2020, p. 54.

l'autre »), et c'est là une analogie avec la succession des générations. Chaque nouvelle génération dépasse en excellence celle qui la précède et ce proverbe est souvent employé avec humour dans les familles pour évoquer le lien intergénérationnel. Il illustre aussi l'écart grandissant entre les traditions familiales fondées sur une « piété filiale » (*xiao*) qui imposait la vénération des anciens, et les familles contemporaines éclatées des grandes villes où les liens de filiation, de cousinage et de conjugalité sont malmenés par le travail et les longues heures de transport qui séparent davantage encore les membres d'une même famille.

Évidemment, ce principe masculin, viril, presque martial, du Yangtsé traduit sa position stratégique de plaque tournante entre l'Est et l'Ouest ; qu'il s'agisse de l'économie, de l'industrie et de la vie intellectuelle, le Yangtsé a toujours été synonyme de croissance et d'échange avec l'Est de la Chine, Wuhan, Nankin, Shanghai, et, à travers son littoral, avec l'Europe, mais aussi d'autres pays de l'Asie de l'Est.

D'autre part, le Yangtsé, à Chongqing, a toujours été (nous le verrons bientôt de plus près à travers quelques récits) un lieu de navigation très dangereux, que l'on aille à l'Est, en remontant les Trois Gorges jusqu'à Yichang, ou à l'Ouest, plus avant dans le Sichuan jusqu'aux contreforts du Tibet. Même dans la zone urbaine, la navigation y était encore si malaisée que la plupart des péniches déchargeaient leur marchandise à l'entrée sud de Chongqing dans la baie de Xiakou.

Par ailleurs, depuis la construction du barrage des Trois Gorges à Yichang, le Yangtsé de la province de Chongqing est le symbole d'un engloutissement de la mémoire de l'arrière-pays au profit du développement des grandes villes. Développer les ressources énergétiques de l'eau pour l'électricité et un regain de croissance économique et industrielle, c'est avoir aussi renoncé aux reliques culturelles du passé, les avoir dynamitées pour les recouvrir de gravats et de roches. C'est avoir aussi imposé au monde entier l'image d'une prouesse technique et organisationnelle exceptionnelle, celle de la maîtrise d'un fleuve de plus de 60 mètres de fond réputé pour ses eaux indomptables.

Un lac de retenue de 1.045 km^2 autour d'une île fluviale a été aménagé pour les besoins du barrage, déployant un bassin versant d'un million de km^2 dans la partie orientale du Yangtsé. Plus d'une centaine de villages et de hameaux, plus d'une dizaine de villes aussi ont entièrement disparu de la carte, plus d'un million et demi de Sichuanais ont été déplacés. À

Fengjie, ville de 100.000 habitants engloutie sous 175 mètres d'eau, une ouvrière, relogée dans les hauteurs de sa ville d'origine, mais sur un autre flanc de la vallée, évoque ainsi son déplacement et la présence invisible de son ancienne habitation au-dessous de sa fenêtre : « Il suffirait que l'eau soit transparente pour qu'on puisse revoir où on habitait… C'est un peu comme si on contemplait sa mort depuis le ciel[10]. »

En termes d'écologie, le Yangtsé a été victime de la pollution des eaux davantage encore que le Jialing. Un moratoire, entré en vigueur depuis le 1er janvier 2021, y interdit la pêche pour une durée de 10 ans. La pollution qui détruit les habitats aquatiques provient de la surpêche, mais aussi des engrais chimiques, des pesticides et de l'urbanisation industrielle qui y a trop longtemps déversé les déchets de ses usines, celles-ci préférant payer des amendes plutôt que de suivre les réglementations municipales en matière de protection de l'environnement. Sur les 370 espèces de poissons vivant dans les eaux du Yangtsé, 142 espèces d'entre elles sont endémiques, elles ne vivent que dans le bassin fluvial du Yangtsé. Parmi ses nombreuses espèces endémiques, trois d'entre elles ont été déclarées éteintes : l'espadon chinois, l'alose des rivières et le dauphin de Chine. L'espadon chinois a été victime de la surpêche et de la fragmentation de son habitat. Hélas, de nombreuses autres espèces sont menacées, mais il faudrait une étude scientifique à part entière pour traiter sérieusement de cette question.

En bref, la ville de Chongqing a une dette terrible à l'égard de son arrière-pays de montagnes et de légendes. Il a été sacrifié à son prodigieux développement. Que reste-t-il de la mythologie des gorges du Sichuan, de ses cultures locales et de ses coutumes ancestrales, de la beauté fantastique des villages accrochés aux falaises fluviales ? Les profondeurs du Yangtsé sont devenues à Chongqing une sorte de palimpseste où les traces du passé rassemblent la légende et les mesures scientifiques des eaux du fleuve, des traces où le neuf et l'ancien se mélangent de façon inextricable.

Situé à moins de 100 kilomètres de la mégapole chongqinoise, à Fuling, le musée du Baiheliang, le premier musée subaquatique de la Chine, ouvert en 2009 après sept ans de travaux, est tout à fait significatif de

---

10 *Cf.* Philippe Grangereau, auteur d'un article dans le journal *Libération* : https://www.liberation.fr/planete/2012/07/15/barrage-sacrificiel_833467/ (consulté le 22 septembre 2022).

cette survie mémorielle qui cherche à unifier l'exactitude scientifique à la fabulation mythique. Les visiteurs de Baiheliang peuvent descendre y lire les inscriptions hydrologiques du Yangtsé gravées dans la pierre de cette crête longue de 1.600 mètres et large de 15 mètres en moyenne. Ce lieu appelé « la crête de la grue blanche » recueille des marques du niveau des eaux du commencement de la dynastie des Tang jusqu'en 1963. Dès le commencement, on employait à cet effet un grand poisson de pierre pour y buriner, étalonnées à partir de son œil, les mesures hydrologiques du Yangtsé. À la suite de l'érosion, ces dernières sont devenues indiscernables et l'unique poisson de pierre fut remplacé en 1685 par deux carpes sur lesquelles on regrava les mêmes marques de niveau. Parmi les 165 inscriptions conservées à ce jour, 108 d'entre elles donnent à lire des annotations hydrologiques et 72 indiquent un faible niveau d'eau annuel. Cependant, si seuls ces poissons de pierre faisaient office de « jauge » pour évaluer les variations de hauteur du Yangtsé, la crête qui n'apparaissait que pendant la saison sèche a donné lieu à de nombreuses inscriptions d'hommes politiques jouant un instant au poète ou au calligraphe. Issues de la dynastie des Tang (618-907) et des Song (960-1279), certaines de ses inscriptions parmi les plus anciennes racontent que la crête n'apparaissait pas chaque année (à la fin de l'automne et l'hiver, durant la saison sèche) mais seulement tous les deux ou trois ans, voire même tous les dix ans. Un tel phénomène lié à la décrue du fleuve était considéré comme le gage d'une année fastueuse, de récoltes abondantes et d'une bénédiction du ciel.

À vrai dire, il y a là un paradoxe, puisque l'émergence de cette « crête » est liée à la baisse du niveau des eaux, donc à une menace d'assèchement des zones de cultures vivrières. Nombre d'inscriptions se plaignent en effet de la sécheresse qui provoque la famine dans le Sichuan comme dans d'autres régions de la Chine à l'époque. Or, l'apparition de « la crête de la grue blanche » est lue, à l'inverse de toute interprétation « scientifique », comme l'annonce d'une année d'abondance, et non comme celle d'une pénurie d'eau. Se réjouir des « basses eaux » à la saison sèche pourrait signifier que l'on redoute moins la pénurie d'eau que les inondations qui ont provoqué de graves catastrophes à Chongqing comme dans plusieurs autres villes riveraines du Yangtsé.

Quoi qu'il en soit de cette hypothèse, il ressort d'abord de ces inscriptions qu'elles forment surtout un rite indépendant de tout réalisme climatique, un rite dévolu aux hauts fonctionnaires de diverses régions venus là pour ajouter leur empreinte aux « tables de pierre » du Yangtsé. Ils mentionnent dans leurs inscriptions le fait de n'avoir à s'inquiéter de rien, de boire jusqu'à l'ivresse dans la mesure où tout serait déjà écrit dans la pierre sculptée du fleuve. Celle-ci est le lieu d'un « moi » caché rebelle à toute logique positive où les signes s'inversent : au lieu d'être rationnellement un signe d'année de sécheresse, la mise à nu de la crête rocheuse s'interprète comme le dévoilement d'un temps de bénédiction et de riches récoltes. Il se pourrait bien que ce soit d'abord pour ces hauts fonctionnaires le fait de faire du flux continu des eaux le lieu même de la symbolisation qui les réjouisse. En effet, les inscriptions n'ont souvent d'autre contenu que celui de mettre en relief la continuité des générations à travers les « autographes » des poissons de pierre. Le fait même de déposer une trace écrite dans les profondeurs du fleuve tout en contemplant le paysage de Fenling, cette simple présence semble suffire à ravir ceux qui viennent souvent de loin pour ajouter leur inscription à celle de tous les autres visiteurs qui les ont précédés. Ces inscriptions attestent aussi par là l'imaginaire d'une parfaite harmonie entre la « mansuétude gouvernementale » et « la vie de la nature » : l'attention politique des hauts fonctionnaires et de l'empereur à la prospérité de leur peuple y est souvent comparée à l'ordonnancement immuable du fleuve, en dépit de toute sa violence et de tous ses débordements. Enfin, l'absence de toute littérarité vraiment neuve dans ses inscriptions montre une soumission presque inquiétante à la seule perspective d'un lien aussi circulaire que fatidique entre les générations. Le poisson sculpté de Baiheliang, symbole de prospérité quand il se montre aux visiteurs du site, suffit à faire symbole, sans inventivité, du fait même de sa position transitive entre la nature du fleuve, le gouvernement politique fantastiquement régulateur et l'inscription des visiteurs, acteurs et témoins d'un tel rêve de congruence cyclique et rituelle.

La régulation du Yangtsé occupe donc depuis bien longtemps les élaborations symboliques à l'œuvre dans la vie de cette province sichuanaise ; dans cette perspective, il est temps d'évoquer maintenant les effets du barrage des Trois Gorges tant sur la vie « matérielle » du Yangtsé que sur celui de l'imaginaire géographique de la métropole chongqinoise.

LES EXCÈS DU FLEUVE APPRIVOISÉS
Mythologies du passé et mythologies de la modernité

Mis progressivement en service entre 2003 et 2012, le barrage des Trois Gorges, si discuté pour les déplacements de population et les pertes patrimoniales et paysagères qu'il a provoqués, a permis de contrôler les eaux tumultueuses du Yangtsé, de réguler sa navigation fluviale sans parler ici de sa suprématie « mondiale » toute récente en matière de production hydroélectrique[11]. Les pluies exceptionnelles de l'été 2020 – les plus abondantes depuis 1940 – et leurs inondations particulièrement destructrices à Qijiang, dans le sud de Chongqing, ont certes montré aussi les limites techniques de ce barrage pharaonique, mais, contre l'avis de plusieurs experts qui prévoyaient son effondrement imminent, il leur a tout de même bien résisté et ses bénéfices à moyen et long termes pour la population sichuanaise ne souffrent plus guère de débats aujourd'hui. Depuis longtemps, la Chine voulait contrecarrer la sauvagerie de ce fleuve, lui imposer une rationalité technique et une domestication spectaculaire propres à légitimer ses projets d'expansion et de reconnaissance internationale, propres aussi à développer une nouvelle route de la soie.

Rappelons-nous, par contraste, combien le Yangtsé apparaissait en aval de Chongqing impraticable et risqué au début du XXe siècle. Lucien Bodard dans son roman autobiographique *Le Fils du Consul* nous en livre des descriptions dantesques. La remontée du Yangtsé avec sa mère Anne-Marie et son père y est un enfer aux multiples périls, un enfer d'une « magnificence barbare[12] » :

> Temples pleins de monstres, toits se terminant en queue de dragon, statues aux traits révulsés, murailles crénelées, tours annelées comme des chenilles dressées, vibrantes de cloches. Dans une crique, sur des carcasses de bois, des yeux regardent. Ce sont les yeux des jonques qui affrontent les pièges des génies des eaux dans les gorges du Yang Tse Kiang.

11 *Cf.* Thierry Sanjuan et Rémi Béreau, « Le barrage des Trois Gorges. Entre pouvoir d'État, gigantisme technique et incidences régionales », *Hérodote*, 2001/3, n° 102, p. 19-56, p. 28 : https://www.cairn.info/revue-herodote-2001-3-page-19.htm (consulté le 22 septembre 2022).

12 Lucien Bodard, *Monsieur le Consul – Le fils du Consul – Anne Marie* (Littérature Française) (*French Edition*), *Monsieur le Consul*, Paris, Grasset, Édition du Kindle. Emplacement 134.

Plus loin, le même écrivain décrit l'angoisse des défilés vertigineux, leur « prison profonde et resserrée » ; l'eau du Yangtsé y forme un « corridor géant, [...] [un] fleuve sciant les montagnes » ; il « se tortille comme un boyau, comme de la tripe », « les parois à pic sont écorchées vives, la roche rougeâtre est semblable à de la chair de bœuf à l'étal[13] ».

Par la suite, le même récit évoquera les haleurs de jonques qui meurent d'épuisement sous le fouet des contremaîtres ; il montrera aussi un assaut de brigands dévalant des parois d'une grotte où ils se dissimulent à l'intérieur d'un ancien temple bouddhiste pour mieux rançonner les passagers des jonques ; la canonnière du Yangtsé arrive à une heure opportune pour libérer de ce guet-apens le narrateur et sa mère et les conduire enfin à Chongqing.

Un autre écrivain, une grande voyageuse américaine, Isabelle Lucy Bird, a aussi raconté (mais à la fin du XIXe siècle, et sous la forme d'un récit de voyage documentaire cette fois) l'infatigable combat entre l'homme et un fleuve toujours prêt à l'engloutir[14] ; au cours de l'été 1887, la péninsule de Chongqing lui apparaît comme un énorme récif émergeant des eaux du fleuve à l'arraché entre deux nappes de brume.

Quant à la navigation sur le Yangtsé, sa description n'est pas plus rassurante que celle de Lucien Bodard ; de la ville d'Yichang à Chongqing, au plus fort de l'été, Isabelle Lucy Bird évoque aussi l'épreuve des mille roches cachées sous des tourbillons d'eau funestes, la chaleur étouffante, des foules parfois hostiles aux étrangers amassées sur les rives, les orages diluviens et les nuées de moustiques. Embarquée sur un fragile sampan, la voyageuse américaine voit ses matelots abandonner quotidiennement leur gouvernail sous l'emprise de l'opium qui leur impose une « crise de manque » répétée à la tombée du jour. En regard du fleuve tout-puissant, la ville y apparaît précaire, « une ville de natte et de maisons en bambou[15] » noyée par la mousson. « Comme les eaux du Yangtsé s'élèvent l'été de 90 pieds au-dessus de son niveau hivernal[16] », la bourgade disparaît sous « les eaux jaunes ocres » du fleuve.

Submergée l'été pour réapparaître l'hiver, Chongqing y ressemble à un Janus à double face. Cette figure romaine des commencements et

---

13 *Id.*

14 Isabelle Lucy Bird, *La vallée du Yangtsé et au-delà : un récit de voyages en Chine, principalement dans la province de Sze Chuan et parmi les hommes du territoire de Somo*, 1899, Kindle.

15 *Ibid.*, 5976/6826.

16 Notre traduction.

des fins, des passages et des portes pourrait à plus d'un titre s'appliquer à l'histoire et à la géographie de la ville : elle se situe au croisement des traditions paysannes enserrées dans les hauteurs du Sichuan et d'une « modernité » urbaine fluviale friande de communications et d'échanges. En ce sens, Chongqing est vraiment, à l'image du quartier de Chaotianmen, une somme de paradoxes culturels et civilisationnels : la plus vieille jetée de la Chine ancienne y croise les huit tours futuristes de Raffles City ; les grottes et les constructions sur pilotis mâtinées de quelques traces de culture Bayu font mémoire d'un passé mis en vitrine dans le second centre de loisirs de la Chine contemporaine en termes de fréquentation, le Hongyadong. Ses éclats vertigineux et mercantiles vont de reflet en reflet se briser à vau-l'eau contre le fuseau du pont de Qianximen magnifique de sobriété aérienne.

LUCIDITÉ POLITIQUE ET AFFIRMATION POÉTIQUE
Un combat spirituel

La rivalité entre la ville-fleuve et la ville-montagne continue de hanter la métropole contemporaine. Elle se traduit aujourd'hui encore par la présence de nombreux récifs qui limitent étroitement la chaussée de navigation du Yangtsé dans la métropole de Chongqing, mais cette cohabitation dangereuse de l'eau (traditionnellement associée à la sagesse et à la volonté) et de la pierre (bloc de terre immobile travaillé par l'onde ou bien par le feu) appartient d'abord à la symbolique des cinq éléments ou agents (*wuxing*) de la cosmologie chinoise : le métal, le bois, le feu, la terre et l'eau. L'eau y est évidemment l'un des plus significatifs ; engendrée par le métal, elle génère le bois, éteint ou « équilibre le feu » et se situe dans une relation duelle avec la terre et ses composants solides qui doivent s'opposer au mouvement incessant du fleuve. Si elle sait respecter les limites de son principe féminin (*yin*) dans un juste rapport au masculin (*yang*), l'eau peut garantir aussi la transition entre les « êtres ayant forme » et le « sans forme[17] », le stable et le mouvant.

17 *Cf. Aperçus de civilisation chinoise. Les dossiers du grand Ricci*, Paris, 2003, D.D.B. / Institut Ricci, p. 173.

Une telle confrontation du granit, du calcaire et des eaux ordonne aussi la distribution des espaces verts à l'intérieur de Chongqing. Il n'y a pas eu de « renaturation » massive de ses berges fluviales. Même s'il existe un tissu de six parcs contigus le long du fleuve, le parc de Nanbin, il se voit vite interrompu par le macadam et des zones inaccessibles aux piétons.

Partant, la plupart des berges et des quais, comme les parcs d'Eling ou de Nanshan, regardent le fleuve en surplomb et maintiennent avec lui une ligne de démarcation. De la même façon, avec ses trois presqu'îles et ses plissements rocheux et collineux posés comme à l'aventure sur les pourtours du fleuve, le Yangtsé apparaît souvent au piéton inaccessible et fuyant, dérobé par mille constructions récentes comme par autant de tertres disparates.

Nombre d'escaliers vertigineux mènent à travers un labyrinthe de jardins stratiformes jusqu'aux grands ponts du quartier de Yuzhong, de la station de Xiaozhizi par exemple au pont de Dongshuimen, mais l'horizon recule avec eux et avec eux le fleuve. Bien sûr, il y a un joli *saodao* ou téléphérique qui y transporte chaque année jusqu'aux quais du Yangtsé des millions de touristes, mais Chongqing mérite mieux que des raisons touristiques : une injonction de mémoire la travaille, disséminée entre ses laideurs et ses beautés, les rictus sanglants de l'histoire et le présent de son immanence magnifique. La mémoire des visages est la seule qui ne vieillit pas ; loin du tournis ou de l'ivresse d'un fantastique fatras, un flâneur épris d'épiphanie verra tout sous un autre prisme et le moindre habitant de la ville le lui rendra au centuple. Non qu'il y ait quelque magie d'esthète réservée au passant tenté par l'exotisme, mais les marches du fleuve dévoilent, entre la ville et soi, les traces d'une sorte de « couture ». Michel de Montaigne (1533-1592), dans ses *Essais*, parlait de la « couture » cachée de son amitié avec La Boétie, une couture qui unissait leur physionomie intérieure sans qu'ils pussent l'un et l'autre en rien dire. Les considérations globalisantes sur une ville, un pays, sont « des pièces rapportées » ; elles ne disent rien des affinités qui se tissent, de l'écriture souterraine qui rapproche l'un de l'autre des êtres qu'aucune culture commune ne fédère.

Un cordonnier des rues, dans un vieux quartier voisin du fleuve, un vieux quartier promis à la destruction, savait le faire sentir par des gestes efficaces et muets : recoudre la semelle d'une chaussure défaillante redonnait assise au marcheur ; non seulement son embout était à repriser, mais le pavé du talon, tout ce qui pouvait chausser le corps d'un autre tenant. Au milieu du soleil gris de novembre, les rumeurs du fleuve, sa brise fraîche au milieu des sirènes des paquebots débordants de voyageurs, remontait doucement, colportant avec elle le flottement d'un insaisissable parfum. C'était le parfum d'une entière vacuité, celle du temps qui abolit les distances par l'accaparement d'une entière disponibilité de deux êtres réunis un instant à l'improviste. Face à celui qui incarnait tout entier la passivité du client qui se laisse corriger pour mieux arpenter à l'avenir les rues et les berges, le « couturier » des déambulations, à ses pieds, le dominait de toute sa science réparatrice, officiant dans le silence avec l'assurance d'un nautonier qui sait protéger son navire des secousses et de la dérive des eaux.

La conscience de son « être-pour-la-mort[18] », c'est aussi peut-être la prégnance du fleuve : marche après marche, par les détours de petits squares où dansent jeunes et vieux d'un même impassible mouvement, les rives du Yangtsé longtemps se camouflent avant que le tablier orange et bistre de Dongshuimen ne les lui dévoile : le pont, avec ses deux chas d'aiguille interminablement blancs, épingle soudain un ciel gris saisissant à travers leur trouée d'horizon gigantesque.

Les ponts sont non seulement, comme le barrage des Trois Gorges, un rempart contre les débordements du Yangtsé, mais ils signent aussi la transformation de son énergie sauvage en un foyer d'électricité polychrome. Les prouesses technologiques de ses passerelles et ponts à treillis métalliques, caissons, arcs, poutres ou haubans musiquent toutes les couleurs d'un nouveau pacte de convivialité entre l'homme et le fleuve. Si les effets d'halogènes criards ne manquent pas dans certains quartiers de la mégapole, qui cherchent à masquer la grisaille de leur environnement architectural avec des parcs d'attraction on ne peut plus rococo, ici, au bord du fleuve, les lumières de Jiefangbei et de Chaotianmen dessinent sur les harpes des ponts un bel opéra de rêves et de fictions : les excès d'un travail titanesque et aveugle, les folles passions du commerce et

18 Le *dasein*, concept-clé de Martin Heidegger dans *Être et Temps*, § 46-60. Lire, par exemple l'article de l'*Encyclopaedia Universalis* : https://www.universalis.fr/encyclopedie/etre-et-temps/2-l-etre-pour-la-mort/ (consulté le 22 septembre 2022) ou Cristian Ciocan, « Heidegger, la mort et la totalité », *Revue philosophique de la France et de l'étranger*, 2009/3, tome 134, p. 291-308 : https://www.cairn.info/revue-philosophique-2009-3-page-291.htm (consulté le 22 septembre 2022).

de la finance s'y noyent dans l'ivresse d'une ville tout entière acquise au flamboiement des images et des signes. Lasers roses, jaunes ou pomme acidulée, qu'importe leur trivialité, ils éclairent, subliment, illuminent la ville éprise du commerce et des échanges jusqu'à la frénésie.

La dépense somptuaire s'y affiche avec une incandescence exorbitante qui ne saurait se résumer à la vanité des prouesses de la technologie, à sa boulimie industrielle et architecturale. La surabondance des lumières artificielles en miroir sur les eaux de Chaotianmen atteste davantage encore un esprit d'enfance qui étonne et subjugue. La passion du « faire » chez le plus grand producteur de jouets de la planète incarne aussi la disponibilité d'une énergie que rien ne décourage ni ne lasse : elle est semblable au rythme du fleuve en son arrière-pays de gorges torrentueuses avant qu'il ne soit assagi par le gigantesque barrage ; elle épouse aussi la tonicité électrique du mandarin où l'homophonie broie la distinction du sens et du son dans le « maintenant » jubilatoire d'une parole tout d'images et de chants.

La géographie fluviale de Chongqing raconte ainsi la prose d'un monde où la forme des villes emporte tout au diapason de son hypertrophie, la forme des villes qui change « plus vite, hélas, que le cœur des mortels[19] ». Cette prose, qui donc n'en a jamais « rêvé le miracle, [celui] d'une prose poétique, musicale sans rythme et sans rime, assez souple et assez heurtée pour s'adapter aux mouvements lyriques de l'âme, aux ondulations de la rêverie, aux soubresauts de la conscience[20] » ? C'est surtout de la fréquentation des villes énormes, c'est du croisement de leurs innombrables rapports que naît cet idéal obsédant.

La mémoire de Baudelaire nous est souvent revenue, tant les bains de foule sont nombreux à Chongqing, tant aussi l'étau de mille angoisses politiques croise mille rencontres furtives ou relations approfondies ; une hospitalité tout simplement sublime s'y draine au rythme du fleuve, bonté fuyante mais récurrente des gens de Chongqing comme les vagues et les remous du Jialing et du Yangtsé : marqués par une culture des quais, ils engagent une confiance qui ne se paie pas de mots, comme la passion du travail n'y est d'aucun contrat. Voici quelques mots de cette expérience, quelques alexandrins qui essaient de dire la vérité d'un fleuve au-delà du politique. Est-ce peine perdue que de croire à une microhistoire entre les

19 Charles Baudelaire, *Les Fleurs du mal*, « Le cygne », 1861.

20 Extrait de la préface des *Petits poèmes en prose* (1869), adressée à son éditeur Arsène Houssaye.

êtres, est-ce vanité d'auteur que de vouloir écrire contre toute espérance la lumière d'une épiphanie rendue possible par l'humilité de mille hommes du fleuve, humilité sans doute impuissante face à l'arrogance d'une volonté d'expansion politique inquiétante pour le monde entier ?

> Métropole. Par les bords épineux des jeunes métropoles, / la ville aime en ses fleuves contempler son miroir / lui renvoyer l'aval de sa croissance folle ; / de jour, toute matière y déploie ses mouroirs, / le soir, ponts, verres et feux se kaléidoscopent. // Par des sentiers escarpés, le vent recueillit / sa lie et son ivresse, tenant tête à l'éclat / des sirènes et des hommes pour que rien ne froissât / la lueur qui vacille, étrille et dépérit. // Il est trop tard déjà mais tout n'est que partie remise / où, sur les quais, une ancre attend son heure ; / la pluie, la brume, l'ennui et ses crachats boudeurs, / tout balbutie, parmi l'engeance et la douleur, / la vie d'un grand soleil aux rayons dépolis[21].

Ville ancienne des guerriers Ba, amateurs de courses d'avirons et de bateaux-cercueils[22], ville-mafia fourmillant d'engeances de rebelles avant l'arrivée de Bo Xilai, ville d'une culture rouge ostentatoire mais, en réalité, moins intolérante que bien des villes apparemment plus « occidentalisées », et, enfin, ville-phénomène d'un développement industriel et architectural exceptionnel depuis quarante ans[23], Chongqing est propice aux eaux du songe et des réécritures de l'histoire. Elle appelle à faire mémoire de sa vertigineuse métamorphose avec imagination pour ne pas se condamner et la condamner à mourir de froid ; elle montre aussi l'impossibilité de construire « un barrage contre le Pacifique[24] », contre le mouvement dévastateur de l'histoire, aussi puissant et imprévisible que les crues funestes du Yangtsé.

Qui ne serait pas pris de vertige, en effet, face à un devenir urbain où la part de démesure et de galimatias n'est pas à occulter, où un goût

---

21 Ce poème est de notre composition.

22 Il est dit que les Ba avaient choisi les bords du Yangtsé pour s'imposer aux autres ethnies rivales.

23 Quelques chiffres : en 1945, Chongqing ne comptait que 2 millions d'habitants. Depuis la fin des années 1990, on estime à 300.000 par an les nouveaux résidents principalement issus de la campagne. Quant à la production économique et industrielle de Chongqing, avec une croissance établie à 11 % pour l'année 2012, elle représentait un tiers des tablettes tactiles, vingt pour cent des smartphones et plus de dix pour cent des voitures du monde entier : https://www.ieif.fr/revue_de_presse/chongqing-la-folle-megapole#:~:text=Avec%20ses%2034%20millions%20d,%C3%A0%20cette%20aventure%20urbanistique%20d%C3%A9mesur%C3%A9e (consulté le 22 septembre 2022).

24 Par référence au roman de Marguerite Duras *Un barrage contre le Pacifique* (1950).

prononcé pour *l'hybride* atteste aussi une pente glissante vers l'*hubris*, « la démesure » en grec ancien, son propre étymon à vrai dire ? Un naïf engouement pour la consommation et une croissance effrénée masquent avec acharnement les profondeurs de l'origine et de la culture chinoise. Une crise des valeurs aujourd'hui s'y atteste, une crise de croissance où peinent à s'affirmer les ressources spirituelles de la culture sichuanaise, tant le nombre de productions techniques fascinées par la robotique, de constructions culturelles et mémorielles sans lendemain et de parcs d'attraction de tout acabit forment un brouillamini indigeste : il leur manque l'esprit de finesse et le temps du recueillement propres à la grande tradition chinoise.

LES *BANG-BANG*, HOMMES DU FLEUVE ET HOMMES DE LA MONTAGNE

Les *diaojiaolou* ou « maisons sur pilotis » ont été bâties sous la forme d'un tigre assis ; ce sont des bâtiments à la clôture semi-sèche, dont l'aile principale est construite sur le sol ferme, mais les trois autres ailes demeurent suspendues dans les airs. La plupart des maisons sur pilotis ont été construites après les années 1930 et 1940, mais il n'en subsiste plus guère aujourd'hui. Les *diaojiaolou* ont formé un abri temporaire pour les habitants des quartiers du Kampong et de Yangshangjiao. Trop exposées aux moustiques, aux rats et aux crues du Yangtsé, la plupart de ces maisons sur pilotis ont été détruites ; il en subsiste cependant encore à grande échelle dans le quartier de Chaotianmen, Jianbeizui et Xiahao. La plupart de ces maisons ont été transformées aujourd'hui en attractions touristiques ; donnant l'impression de « survoler la falaise » (*linkong fei juebi*), elles sont comme un musée des sciences de l'homme et des arts ; le bâtiment sur pilotis le plus célèbre, la grotte de Hongya, s'accroche à une falaise chargée d'une histoire de plus de 2.300 ans.

Enfin, en matière de lieux de mémoire du fleuve, bien des objets réputés anciens ne sont que des *ersatz* trompeurs. Au fond, ce sont les hommes qui ont longtemps travaillé au bord du fleuve qui en sont peut-être les témoins les plus vivants, les moins suspects. Il serait ingrat d'achever ce parcours sur la relation de la métropole à ses fleuves sans évoquer la figure des *bang-bang*. Ces portefaix itinérants, si emblématiques de Chongqing, hantent depuis plus de mille ans les rives du Yangtsé et du Jialing dont ils étaient les infatigables dockers et porteurs d'eau. Travaillant en *free-lance*, regroupés selon des règles d'affinités informelles, les *bang-bang* forment aujourd'hui une profession en voie de disparition. Ils étaient, estime-t-on, 300.000 au début des années 1980 et ne seraient plus aujourd'hui que 10.000 à parcourir les rues de la métropole. La symbolique entourant les *bang-bang* vaut mieux qu'un attrait exotique pour une survivance pathétique au milieu d'une technopole de plus en plus riche et sophistiquée, elle vaut mieux aussi qu'une idéologie misérabiliste bientôt prête à cautionner toutes les tyrannies du « bon peuple ».

En suivant de plus près l'histoire des *bang-bang*, on s'aperçoit qu'elle est un trait d'union entre les fleuves et la montagne de Chongqing. Ils en forment à la fois le sel clandestin et l'énergie ostentatoire, arborant, le jour, des charges gigantesques souvent disproportionnées à leur physique fluet, disparaissant, la nuit, dans des cagibis réservés aux migrants de la campagne sichuanaise privés autant de terre arable que de *hukou* (le permis de séjour en ville).

Le nom des *bang-bang* est lié à leur outil de travail, un bâton de bambou avec des cordes de chanvre pour y suspendre des colis aux deux extrémités. Leur histoire est liée à la vie des bateliers et des dockers ; ils sont ceux qui ont quitté leurs parcours balisés pour relier les bacs et les berges des fleuves aux hauteurs escarpées de la ville. Plus la ville s'est développée et plus elle s'est organisée en différents secteurs d'activités normatifs et plus le *bang-bang* est allé rechercher son travail loin des quais et des navires. Il lui a fallu solliciter les marchés de jour, les gares, d'autres ports que Chaotianmen, Cuntan et Ciqikou. Le *bang-bang* est désormais présent dans les quartiers ouest de la ville, le quartier estudiantin de Shapingba, aux portes de ses hypermarchés comme à celles de ses campus.

Plus le *bang-bang* s'éloigne des fleuves, plus il se dilapide dans les différents lieux futuristes des nouveaux secteurs d'activité de la ville : il est le témoin intemporel d'une métropole qui, par contraste, tout à la fois l'absorbe, l'admire et le rejette comme le signe d'un passé irrecevable, celui des vieilles valeurs de la vie traditionnelle et de la Chine rurale, celui des marins et des maraîchers de Cuntan, qui ne reprenaient pas la navigation sur le Yangtsé sans quelques libations et prières auprès d'un temple dédié au culte de Guanyin.

Enfin, la légende qui donne à la réalité des *bang-bang* toute leur puissance mythique est liée à la genèse et à la reconnaissance de la nourriture la plus représentative de la ville, le *huo guo* (littéralement : « la marmite de feu »). Travaillant sur les rives de la péninsule de Jiefangbei, le *huo guo* est né métaphoriquement de la vie quotidienne des *bang-bang*, de la lutte entre le feu qui transforme les aliments en repas et le vent qui balaye les eaux du Jialing et du Yangtsé au risque de tout ruiner sur son passage. Les *bang-bang* sont comme les dépositaires d'un apprivoisement symbolique du fleuve, de son domptage qui continue les peines et les efforts démesurés des haleurs qui secouraient de l'envasement les sampans et les jonques demeurés en rade sur le fleuve. Car ce dernier a été étroitement lié à la notion de sécurité alimentaire et de survie, à travers une longue histoire d'approvisionnement qui ne se réalisait que par la seule voie fluviale et ses nombreux portefaix.

Dans les années 1920, des abattoirs bordaient les embarcadères du Jialing et du Yangtsé, et ils vendaient à bas prix le rebut de leur production à des gargotes réservées aux bateliers et aux *bang-bang*. Ces derniers, travaillant à l'air libre, mangeaient aussi à même le quai, sans espace fixe ni protégé, si bien que le souffle des rives éteignait la saveur des bols d'abats que de nombreux étaliers ou petits restaurants à ciel ouvert leur servaient. Il fallait donc inventer autre chose que son petit plat à soi ; et ces familiers des fleuves, ces nomades de l'intérieur, ont su imaginer une nouvelle nourriture donnée en partage autour d'un feu qui accommode les principaux poissons et légumes du Sichuan à l'huile d'un vaste chaudron. À l'abri du vent, le *huo guo* conserve le goût des aliments et attise le feu de l'hospitalité avec celui de la convivialité. Un *huo guo* ne se mange jamais seul.

Aujourd'hui, la multiplication des moyens de transports et des réseaux ferrés rend dérisoire le corps-à-corps du *bang-bang* avec la ville, ses passants et leurs biens. Cependant, l'énergie, la patience et leur dignité à persifler la misère – et parfois à la vaincre – demeurent encore une parole dérangeante, mais vivante, pour bien des Chinois. Représentant l'envers de l'histoire, la résistance de la présence et de la chair à l'évolutionnisme du monde, les *bang-bang* disent la disproportion entre la mise en abîme du paysage urbain par le prestige de ses grandes tours, dressées comme un mât à la pointe de sa péninsule, et la connaissance réelle d'un fleuve et de ses berges de plus en plus assimilés à une pure et simple attraction culturelle et touristique : la guilde des migrations du Huguang, l'opéra de la ville, le centre de loisirs de Hongyadong se pressent autour d'un des plus actifs ports de plaisance de la Chine.

On peut espérer qu'un nouvel imaginaire écologique redonne plus de corps et de présence à ses sites d'exception et qu'un nouveau style d'habitat, jumelé à des berges fluviales plus hospitalières de l'art topiaire chinois, puisse lui redonner toute sa magnifique « sichuanité ».

Claude TUDURI
Département de philosophie
du Centre Sèvres
et Institut RICCI, Paris
Université des études
internationales du Sichuan (S.I.S.U.),
Chongqing, Chine,
Chongqing Institute of Foreign studies
(ex.T.C.S.I.S.U.), Chongqing, Chine

VILLES-FLEUVES DU MONDE EN DIALOGUE

DES VILLES, DES FLEUVES ET DES ÎLES À ROME ET DANS LE MONDE ROMAIN

Le paysage des villes en bord de fleuve est parfois marqué par un de ces îlots qui ponctuent les cours d'eau, s'étirant dans le sens du courant. Bordés par des chenaux qui charrient les sédiments, ils grandissent par accrétion des alluvions et de divers autres éléments[1]. Ils sont soumis aux aléas du courant qui apporte de nouveaux matériaux mais qui peut aussi les emporter en partie ou les faire disparaître en période de crue. Malgré leur instabilité et les contraintes techniques, les Romains de l'Antiquité n'ont pourtant cessé de tenter d'aménager ces lambeaux de terre au milieu du courant. À Rome même, l'îlot qui émergeait du Tibre fut, dès l'époque républicaine, consolidé afin de pouvoir accueillir, selon Tite-Live, « des temples et des portiques[2] ». Plus tard, les îlots croisés sur le chemin des conquêtes ne les laissèrent pas indifférents, que ce soit sur le site d'une future colonie ou près des rives d'une ville conquise. En effet, comme chaque caractéristique topographique, la présence d'une île fluviale à hauteur d'une ville exerce une influence sur le développement d'un site. Lorsque les villes investissent ces îlots, leurs fonctions reflètent les liens que les cités entretiennent avec leur fleuve, tant topographique que symbolique. Situés au milieu des eaux, ils n'appartiennent à aucune rive et tiennent un rôle ambigu, à la fois lieu à part et lieu de passage au croisement des routes terrestres et fluviales.

---

1 Isabelle Cojan et Maurice Renard, *Sédimentologie*, Paris, Dunod, coll. « Sciences Sup », 2006, p. 273.

2 Tite-Live, *Histoire romaine*, II, 5, 3.

ROME (I)

L'imaginaire collectif perçoit l'île, qu'elle soit océanique ou fluviale, comme un espace lointain, situé à distance, au-delà de l'obstacle formé par l'eau, qu'il faut traverser. Le fleuve joue d'ailleurs fréquemment le rôle de frontière entre deux territoires[3]. Ainsi, le Tibre reste dans l'esprit des anciens Romains la frontière qui sépara le sol latin des possessions de la cité étrusque de Véies. Horace, dans la seconde moitié du Iᵉʳ siècle av. J.-C., parle de « rive étrusque » (*litore Etrusco*[4]), tandis qu'un siècle plus tard Stace qualifie la rive droite de « rive lydienne » c'est-à-dire « étrusque » (*ripa Lydia*[5]). Pourtant le sol romain s'étend au-delà du fleuve depuis plusieurs siècles, emprise définitivement sécurisée après la victoire sur la cité étrusque de Véies au début du IVᵉ siècle av. J.-C.[6]. Ces expressions se rencontrent en contexte poétique et servent à rappeler l'histoire de la cité. Toutefois, cette idée se retrouve également sur des inscriptions de cippes territoriaux des règnes de Vespasien puis de Septime Sévère. Découvertes à Rome sur la rive droite, elles désignent cette dernière sous le nom de « rive de Véies » (*ripa ueientana*), alors que la cité s'étend depuis plusieurs siècles sur cette rive[7]. L'idée de la rive étrangère, dont la ville est séparée par le fleuve, persiste donc, même au-delà de la littérature, en dépit des transformations urbaines. De cette distinction naît une dualité entre les deux rives. Un passage de Tite-Live

---

3 Yves-François Le Lay et Émeline Comby, « Habiter les îles fluviales », *Géographie et cultures*, 84, 2012, p. 9 : https://journals.openedition.org/gc/2523 (consulté le 22 septembre 2022) ; pour la perception des fleuves comme limites spatiales chez les auteurs voir, par exemple, Rémy Poignault, « Les fleuves de la Gaule et des provinces avoisinantes chez Tacite comme éléments de définition de l'espace », Robert Bedon et Alain Malissard (dir.), *La Loire et les fleuves de la Gaule et des régions voisines*, *Caesarodunum* XXXII-XXXIV, 1999-2000, p. 431-455, particulièrement p. 442-451 : https://hal.uca.fr/hal-02552519/document (consulté le 22 septembre 2022).

4 Horace, *Odes*, I, 2,13-16.

5 Stace, *Silves*, IV, 4, 6-7. Une tradition, transmise par Hérodote (*Histoires*, I, 94), fait des Étrusques les descendants d'émigrés lydiens menés par le prince Tyrrhénos sur les rivages italiques.

6 Tite-Live, *Histoire romaine*, V, 21 ; Plutarque, *Vie de Camille*, 5.

7 Pour le règne de Vespasien : CIL VI, 31547 (= ILS 5928) et CIL VI, 31548 (=ILS 5929a) ; pour celui de Septime Sévère : CIL VI, 31555 (= ILS 5934). Voir le plan de la ville de Rome à la fin de l'Antiquité : Eva Margareta Steinby (éd.), *Lexicon topographicum urbis Romae*, vol. I, Rome, 1993, p. 518, fig. 84, dessin de Domenico Palombi.

témoigne du recours, en 186 av. J.-C., à un collège de *quinqueuiri*[8]. Ces cinq magistrats, « adjoints » (*adiutores*) des trois magistrats chargés de la police et des prisons (*triumuiri capitales*), étaient affectés à la lutte contre les incendies « chacun dans son quartier » (*suae quisque regionis*). Rome ne comptant que quatre régions « sur la rive gauche » (*cis Tiberim*), au IIe siècle, la désignation d'un cinquième magistrat concernait « la rive droite » (*uls Tiberim*)[9]. Ce qui importe ici est l'emploi de prépositions mettant en opposition les deux rives : d'une part, la rive où la ville fut fondée, mais aussi celle où se situe le locuteur, la rive en deçà du Tibre ; d'autre part, la rive qui se situe forcément « de l'autre côté ». Il s'agit de situer les rives par rapport au fleuve, mais le point de vue n'est pas neutre, puisque toujours situé depuis la rive gauche, considérée comme romaine. La rive droite est donc toujours l'autre rive.

Dans ce contexte, l'île Tibérine qui se trouve sur le Tibre, au milieu de cette frontière, n'appartient pas à la cité. Plutarque s'interroge en effet à propos du sanctuaire d'Esculape qui se trouve sur l'île : « Pourquoi le sanctuaire d'Asklépios est-il à l'extérieur de la ville[10] ? » Pline expliquait déjà dans la seconde moitié du Ier siècle que le sanctuaire avait été construit « en dehors de la ville » (*extra urbem*) à cause de la méfiance que les Romains avaient à l'égard de la médecine grecque : "*Ideo templum Aesculapii, etiam cum reciperetur is deus, extra urbem fecisse iterumque in insula traduntur*[11]". Chez Plutarque, l'exclusion du cadre urbain semble se faire pour des raisons sanitaires, qui étaient particulièrement prises en compte dans le choix de la situation d'un sanctuaire en Grèce[12]. En revanche, chez Pline, il s'agit clairement d'une forme de rejet, d'une relégation hors de la cité.

---

8 Tite-Live, *Histoire romaine*, XXXIX, 14, 10.

9 Jean-Marie Pailler, « Rome aux cinq régions ? », *Mélanges de l'École Française de Rome – Antiquité*, 97, 1985, p. 785-797, p. 794 : https://www.persee.fr/doc/mefr_0223-5102_1985_num_97_2_1478 (consulté le 22 septembre 2022).

10 Plutarque, *Questions romaines*, 94, traduction d'Émile Chambry, Robert Flacelière et Marcel Juneaux, Paris, Les Belles Lettres, C.U.F., 1961.

11 Pline l'Ancien, *Histoire naturelle*, XXIX, 8, 16, traduction d'Alfred Ernout, Paris, Les Belles Lettres, C.U.F., 1962 : « C'est pour cela, dit-on, que le temple d'Esculape, alors même qu'ils adoptèrent ce dieu, fut construit hors de la ville et, une seconde fois, dans une île. »

12 Malgré certains principes, leur emplacement ne suivait pas une règle clairement définie ni rationnelle. On trouve par exemple des sanctuaires situés sur le littoral (Lébène), en bord de fleuves (Gorthys d'Arcadie), sur des hauteurs (Alipheira d'Arcadie), en ville (Titane) ou en dehors comme à Épidaure : *cf.* Fritz Graf, "*Heiligtum und Ritual : das Beispiel der griechisch-römischen Asklepieia*", Albert Schachter et Jean Bingen (eds), *Le sanctuaire*

Son affirmation est assez paradoxale, car ce sont les Romains eux-mêmes qui ont fait le choix d'adopter le culte d'Esculape dans leur cité. Il n'y a donc aucune raison pour que le dieu soit marginalisé au moment de son installation. Il apparaît clairement que Pline transpose ses préoccupations contemporaines à des décisions prises trois siècles plus tôt.

ANTIOCHE (I)

Or, cette dualité entre île et reste de la cité se retrouve à Antioche. Les sources littéraires sont suffisamment abondantes pour révéler un discours sur la ville, qui, à partir du IVe siècle chez Libanios, puis Évagre le Scolastique un siècle plus tard, fait la distinction entre une « vieille ville » et une « ville neuve ». La première est l'implantation d'Antioche sur la rive gauche de l'Oronte, tandis que la seconde désigne l'île sur le fleuve[13]. Cette dernière est désignée sous plusieurs toponymes évoquant sa nouveauté, parmi lesquels l'adjectif substantivé *Kainè* s'est imposé pour prendre un caractère quasi officiel[14]. La différence revendiquée par ce toponyme est plutôt chronologique que spatiale, mais elle propose bien une « identité » spécifique pour l'île. Remarquons toutefois que la qualification de l'île comme « Ville Neuve » apparaît dans les sources tardives, alors que la première extension de la cité sur son sol remonte au IIIe siècle av. J.-C[15]., sous les règnes de Séleucos II puis d'Antiochos III. Il est d'ailleurs intéressant de constater que le choix porta sur une

grec : huit exposés suivis de discussions, *Entretiens sur l'Antiquité classique*, tome 37, Genève-Vandœuvres, Fondation Hardt 1992, p. 159-203., p. 171.

13 Libanios (*Discours*, XI, 203), Théodoret de Cyr (*Histoire ecclésiastique*, IV, 26), Évagre le Scolastique (*Histoire ecclésiastique*, II, 12). Voir le plan topographique d'Antioche : Jacques Leblanc et Grégoire Poccardi., « L'eau domestiquée et l'eau sauvage à Antioche-sur-l'Oronte : problèmes de gestion », Bernadette Cabouret, Pierre-Louis Gatier, Catherine Saliou (éd.), *Antioche de Syrie. Histoire, images et traces de la ville antique*, *Topoi supplément*, 5, 2004, p. 239-256, p. 249, fig. 1, dessin de Jacques Leblanc.

14 Catherine Saliou, « Le palais impérial d'Antioche et son contexte à l'époque de Julien. Réflexions sur l'apport des sources littéraires à l'histoire d'une espace urbain », *Antiquité Tardive*, 17, 2009, p. 235-250, p. 239.

15 Les premiers témoignages concernant l'aménagement de l'île sur l'Oronte apparaissent pour le premier siècle av. J.-C, lorsque Q. Marcius Rex, proconsul de Cilicie, y fit édifier un hippodrome et un palais : *cf.* Jean Malalas, *Chronographia*, XI, 225, 8, et Grégoire

installation sur l'île plutôt qu'au-delà du fleuve. Cette préférence pourrait s'expliquer par le rôle défensif joué par l'Oronte vis-à-vis de la cité[16]. Dans un premier temps, l'île semble avoir simplement constitué une excroissance de la rive gauche, en adoptant un réseau viaire suivant les mêmes directions. Sur une partie de l'île, un second maillage vient s'ajouter, orienté de manière indépendante sur les points cardinaux, probablement lié à une refonte d'une partie de l'île du IIIe siècle ap. J.-C.[17]. Or, c'est à partir de cette période que le toponyme de « Ville Neuve » semble se développer, témoignant de la postériorité des installations de l'île et l'affirmant aussi comme entité, qui forme, grâce à sa topographie bien délimitée, un tout différencié du reste de la ville[18].

ROME (II)

L'île fluviale a en effet cette particularité d'être enserrée entre les deux bras d'un fleuve qui fait d'elle un lieu clos créant une forte caractérisation de l'espace. À Rome, la présence du sanctuaire d'Esculape définissait l'île Tibérine aux yeux des Romains si bien que les auteurs semblent insister sur sa consécration au dieu guérisseur alors qu'elle n'était pas entièrement occupée par le sanctuaire[19]. Chez Suétone, l'île porte le nom

---

Poccardi, « L'île d'Antioche à la fin de l'Antiquité : histoire et problèmes de topographie urbaine », *Journal of Roman Archeology*, *suppl.* 42, 2011, p. 155-172, p. 155.

16 Jacques Leblanc et Grégoire Poccardi, « L'eau domestiquée et l'eau sauvage à Antioche-sur-l'Oronte : problèmes de gestion », art. cité, p. 247.

17 Jacques Leblanc et Grégoire Poccardi, « Étude de la permanence des tracés urbains et ruraux antiques à Antioche-sur-l'Oronte », *Syria*, 76, 1999, p. 91-126, p. 115-122 : https://www.persee.fr/doc/syria_0039-7946_1999_num_76_1_7645 (consulté le 22 septembre 2022).

18 Catherine Saliou, « Le palais impérial d'Antioche et son contexte à l'époque de Julien. Réflexions sur l'apport des sources littéraires à l'histoire d'une espace urbain », art. cité, p. 239 ; Grégoire Poccardi, « L'île d'Antioche à la fin de l'Antiquité : histoire et problèmes de topographie urbaine », art. cité, p. 157.

19 Au temple d'Esculape viennent s'ajouter les temples de Faunus et Veiouis au début du IIe siècle av. J.-C. : Tite-Live, *Histoire romaine*, XXXIII, 42, 10 ; XXXIV, 53,3 ; XXXIV, 53, 7. L'île était également un quartier urbain et devait abriter des habitations : *cf.* Hélène Moreau, « *Vicus censori*. Un quartier urbain sur l'île Tibérine », *Mélanges de l'École Française de Rome – Antiquité*, 129 (2), 2017 : https://journals.openedition.org/mefra/4468 (consulté le 22 septembre 2022).

du dieu (*in insulam Aesculapi*[20]) et chez Denys d'Halicarnasse elle est « consacrée à Asklépios[21] ». Ce lien perdure jusqu'au Ve siècle, puisque Sidoine Apollinaire la nomme « l'île du Serpent d'Épidaure[22] » (*insula[m] serpentis Epidauri*), souvenir de l'histoire prodigieuse de l'importation du dieu[23]. La synecdoque est facilitée car l'espace dont il est question est isolé, circonscrit par les eaux du fleuve.

ANTIOCHE (II)

Le nouveau quartier d'Antioche se distingue quant à lui par l'aménagement d'un vaste palais initié par Valérien ou Gallien et terminé par Dioclétien[24]. Même s'il n'est pas possible de relier la totalité des édifices de l'île au palais (grandes rues à portiques, stade, nombreux bains), le complexe et son quartier constituent un vaste ensemble relativement cohérent. Ce sont ces derniers aménagements qui donnèrent à l'île son toponyme de « (ville) nouvelle ». Par ailleurs, selon Libanios, le quartier est entouré d'un rempart qui accentue davantage le caractère clos et unitaire de l'espace, pour former un « quartier du palais » qui, pendant un temps, fut l'espace d'exercice du pouvoir en marge de la cité[25].

---

20 Suétone, *Vie de Claude*, 25.

21 Denys d'Halicarnasse, *Antiquités romaines*, V, 13, 4.

22 Sidoine Apollinaire, *Lettres*, I, 7, 12.

23 Ovide, *Métamorphoses*, XV, 622-744 ; Valère Maxime, *Faits et dits mémorables*, I, 8, 2 ; Aurélius Victor, *Livre des Césars*, 22, 1-3.

24 Jean Malalas, *Chronographia*, XII, 38. Voir la discussion dans Catherine Saliou, « Le palais impérial d'Antioche et son contexte à l'époque de Julien. Réflexions sur l'apport des sources littéraires à l'histoire d'une espace urbain », art. cité, p. 242-243.

25 Ce sont les termes de Catherine Saliou : « Le palais impérial d'Antioche et son contexte à l'époque de Julien. Réflexions sur l'apport des sources littéraires à l'histoire d'une espace urbain », art. cité, p. 240 ; pour le rempart : Libanios, *Discours*, XI, 119, 204-205, 250, confirmé par le témoignage de Théodoret de Cyr, *Histoire ecclésiastique*, IV, 26, 1-2. Voir le plan de l'île sur l'Oronte et de ses principaux vestiges : Grégoire Poccardi, « Antioche de Syrie. Pour un nouveau plan urbain de l'île de l'Oronte (Ville Neuve) du IIIe au Ve siècle », *Mélanges de l'École française de Rome – Antiquité*, 106 (2), 1994, p. 1022, fig. 9, dessin de Grégoire Poccardi.

ROME (III)

Les îles sont ainsi comme des excroissances des villes qui ne semblent pas décidées à franchir les fleuves. Paradoxalement, elles semblent aussi des points privilégiés pour la traversée, pour atteindre l'autre rive, car elles offrent un ancrage dans le courant. L'historiographie moderne a ainsi longtemps cru voir dans l'île Tibérine un antique point de traversée du fleuve, parfois même un emplacement probable du pont *Sublicius*, le plus ancien pont construit à Rome[26]. La logique reliant bancs fluviaux et traversée a conduit certains historiens, notamment Louise Adams Holland, à chercher dans les *Annales* romaines des éléments démontrant l'existence d'un point de traversée archaïque, c'est-à-dire antérieur au pont *Sublicius*, par l'île Tibérine. Ce passage est pour elle un « Janus », lié à un culte du dieu en tête de pont et empreint de sacralité. Elle interprète le passage de Tite-Live relatant le passage des *Fabii* (famille romaine plus que célèbre) par la porte carmentale[27] pour justifier l'abandon puis l'oubli de ce passage, puisque le « Janus » de l'île se situe « à droite de la porte » (*dextro Iano*)[28]. Cette théorie ne s'est pas avérée convaincante, mais elle montre l'importance de l'imaginaire collectif dans la fonction qu'on attribue aux espaces.

26 Voir notamment les discussions dans Margaret E. Hirst, "*The Pons Sublicius and the Insula Tiberina*", *Papers of the British School at Rome*, 14, 1938, p. 139-151, puis dans Louise Adams Holland, "*Forerunners and Rivals of the Primitive Roman Bridge*", *APhA*, 80, 1949, p. 281-319. Voir également le rappel et la critique des théories de Theodor Mommsen et Henri Jordan dans Maurice Besnier, *L'île Tibérine dans l'Antiquité*, Paris, A. Fontemoing, 1902, p. 124-127.

27 Tite-Live, *Histoire romaine*, II, 48, 8.

28 Louise Adams Holland, *Janus and The Bridge*, Rome, *American Academy*, 1961, particulièrement le chapitre 15 "*The Story of The Fabii as a Topographical Document*", p. 242-261. Voir le plan schématique de l'île tibérine et de ses environs au milieu de la République : Filippo Coarelli, *Il Foro Boario : dalle origini alla fine della Repubblica*, Rome, 1988, p. 114, fig. 22.

LUTÈCE (I)

Si Rome n'a pas retenu son îlot comme solution de traversée, d'autres villes de l'empire ont tiré avantage de cette caractéristique topographique. À Lutèce, le banc fluvial en contrebas de la montagne Sainte-Geneviève, embryon de l'île de la Cité, joue un rôle décisif dans l'implantation du *cardo maximus*[29] (nord-sud). Axe principal de la trame urbaine de la cité établie sur la rive gauche, il traverse l'îlot de part en part pour rejoindre la rive septentrionale de la Seine. Datées entre 30 et 10 av. J.-C., les plus anciennes traces d'installation romaine se concentrent sur et autour de la montagne Sainte-Geneviève, sous la forme d'une occupation militaire[30]. Or, on a pu dater le premier état du *cardo maximus* grâce à la conservation des pieux en bois du pont, qui proviennent d'arbres abattus vers 4 ap. J.-C. Même s'il faut parfois compter un décalage de plusieurs années pour leur utilisation en construction, le tracé du *cardo* a dû être entrepris dans le premier quart du premier siècle ap. J.-C., dès le début du processus d'urbanisation[31]. La présence de l'île a donc eu un impact direct sur l'orientation du réseau viaire. En revanche, le quadrillage ne semble pas se retrouver sur l'île. Celle-ci reste en marge de la ville de

29 Voir le plan de Lutèce sur cadastre moderne avec la situation des principaux vestiges antiques : Michel Colland, Sylvie Robin, Philippe Marquis, « L'histoire urbaine de Lutèce de César à l'empereur Julien à la lumière des découvertes récentes », *Revue archéologique*, 30 (1), 2004, p. 193-197.

30 Le matériel découvert couvre une période allant de la première moitié du premier siècle av. J.-C. à la moitié du premier siècle ap. J.-C. ; le mélange d'objets d'origines gauloise et romaine ainsi que la quantité d'importations (céramique) permettent de penser que la population installée appartenait à un corps auxiliaire de l'armée. Ces premières traces d'occupation correspondent aux témoignages des sources littéraires sur la présence romaine dans cette région à l'époque tardo-républicaine : *cf.* Matthieu Poux et Sylvie Robin, « Les origines de Lutèce. Acquis chronologiques. Nouveaux indices d'une présence militaire à Paris, rive gauche », *Gallia*, 57, 2000, p. 181-225, particulièrement p. 200 et p. 209-211.

31 Des pieux retrouvés sous la chaussée ont permis une datation par dendrochronologie. Les arbres furent abattus vers 4 ap. J.-C. et durent être utilisés quelques années plus tard : *cf.* Laurent Guyard, « Lutèce : la période protourbaine et l'installation du *cardo* », Robert Bedon (éd.), *Les villes de la Gaule Lyonnaise*, *Caesarodunum*, 30, 1996, p. 237-240, p. 239. Cette installation serait dans tous les cas assez rapide, puisque le tracé du *cardo* apparaît comme un élément principal de la fondation : *cf.* Sylvie Robin, « Les débuts de l'urbanisation de la Lutèce gallo-romaine, création de la ville de la rive gauche », Robert Bedon (éd.), *Les villes de la Gaule Lyonnaise*, *op. cit.*, p. 241-262, p. 245.

la rive gauche, sans pour autant être étrangère à son développement. En effet, l'îlot sur la Seine se vit attribuer, dès les origines de la ville, non pas une simple fonction technique de point d'appui pour un ouvrage d'art, mais un rôle de passage qui fut aussi, pour les voyageurs venant du nord, la porte d'entrée de la cité.

AUGUSTA EMERITA (I)

Cela est d'autant plus évident si la ville s'est développée sur les rives d'un fleuve séparant deux provinces, comme c'est le cas à *Augusta Emerita*, fondation *ex nouo* de 25 av. J.-C, sur les rives de l'actuel Guadiana en Espagne[32]. La ville fait face à un vaste banc longitudinal qui fut également utilisé pour la traversée, mais, à la différence d'autres cités, elle ne s'est pas étendue au-delà du fleuve[33]. La ville doit probablement son emplacement à l'existence d'un gué qui fut par la suite remplacé par une série de ponts réunis dans une seconde phase[34]. Sur *La Isla*, les deux tronçons furent joints par une grande plate-forme se terminant en éperon face au courant. La structure d'environ 150 mètres de long était destinée à protéger l'îlot constitué d'alluvions, particulièrement vulnérable à l'érosion par le courant[35]. L'îlot resta cantonné à sa fonction de traversée et de porte d'entrée de la cité, sans être davantage investi

32 C'est l'actuelle Mérida dans le sud de l'Espagne (Estrémadure). La date de la fondation romaine est connue grâce à Dion Cassius (*Histoire romaine*, LIII, 12, 4).

33 Voir le plan sur cadastre moderne d'*Augusta Emerita* avec les principaux vestiges antiques et le maillage antique *intra-muros* : Manuel Martín-Bueno, "*Los recintos augusteos en Hispania*", *Les enceintes augustéennes dans l'Occident romain : France, Italie, Espagne, Afrique du Nord*, Actes du colloque international de Nîmes, IIIe congrès archéologique de Gaule méridionale, 9-12 octobre 1985, Nîmes, Lattes, 1987, p. 116, fig. 4. ; Sabine Panzram, *Stadtbild und Elite : Tarraco, Corduba und Augusta Emerita zwischen Republik und Spätantike*, Stuttgart, 2002, p. 268, fig. 9.

34 Francisco Germán Rodríguez Martín, "*El paisaje urbano de Augusta Emerita : reflexiones en torno al Guadiana y las puertas de acceso a la ciudad*", *Revista portuguese de Arqueologia*, 7 (2), 2004, p. 365-405, p. 371 et p. 395.

35 Des vestiges de cette structure subsistaient encore au XVIIe siècle, mais les deux tronçons du pont furent reliés en un seul, ne laissant qu'une simple rampe d'accès vers l'île : *cf.* Vittorio Galliazzo, *I ponti romani II. Catalogo generale*, Trevise, 1995, p. 348-349 ; Francisco Germán Rodríguez Martín, "*El paisaje urbano de Augusta Emerita : reflexiones en torno al Guadiana y las puertas de acceso a la ciudad*", art. cité.

ou aménagé ni inclus dans la cité. Toutefois, rien de moins surprenant lorsque l'on sait que le fleuve *Ana* (Guadiana), qui coule aux pieds d'*Augusta Emerita*, constituait à l'époque romaine une limite de territoire séparant les provinces de Lusitanie et de Bétique[36]. Contrairement au site de Lutèce, l'orientation du maillage de la ville ne fut pas décidée par la traversée de l'îlot, puisqu'on observe un léger décalage entre l'axe du pont et celui du *decumanus maximus* (axe principal ouest-est). Cependant, la proximité du débouché de la route à hauteur de *La Isla* atteste d'un projet urbain lié à la traversée[37]. Le site a dû être repéré pour ses qualités permettant la construction de plusieurs ponts courts, plus facile que celle d'un pont très long. En outre, l'entrée de la ville desservie par le pont était au centre de l'imposante muraille qui longeait la rive du fleuve, offrant une vision d'ensemble à celui qui arrivait de la rive opposée. La longueur du pont et la multiplication des structures ajoutaient à la monumentalité de l'entrée, non seulement de la ville, mais aussi de la province de Lusitanie.

CONDEVINCUM, *CABILLONUM*, *VESONTIO*

La présence d'une ou plusieurs îles contribuait effectivement à faciliter la traversée. Les bras plus étroits à leur hauteur nécessitaient des ponts moins longs que sur le cours régulier du fleuve, permettant ainsi de diminuer les coûts d'aménagement. Ainsi à *Condevincum* (Nantes), le franchissement était facilité par un chapelet d'îlots qui furent reliés pour passer la Loire, large à cet endroit[38]. La construction d'un ou plusieurs ponts, qui représente un investissement important, ne concerne souvent que les axes principaux de la cité, ce qui intègre les îles dans le réseau routier. Le pont, situé au carrefour entre un axe routier et le fleuve,

36 Martin Almagro Basch, "*La topografia de Augusta Emerita*", *Ciudades augusteas de Hispania, Universidad de Zaragoza, bimilnerario de la Colonia Caesaugusta, Zaragoza, 5 a 9 de octubre de 1976*, Saragosse, 1976, p. 189-212, p. 191.

37 Francisco Germán Rodríguez Martin, "*El paisaje urbano de Augusta Emerita : reflexiones en torno al Guadiana y las puertas de acceso a la ciudad*", art. cité, p. 370.

38 Île Feydeau, Prairie de La Madeleine, île de Biesse et Prairie d'Aval : *cf.* Michel Provost, *Carte archéologique de la Gaule. La Loire-Atlantique 44*, Paris, éditions de la Maison des sciences de l'homme, 1988, p. 84.

favorisait le développement des villes. L'alignement des villes sur les îles s'explique donc par le choix d'une orientation proche des franchissements par pont, et non selon l'emplacement d'un gué, d'utilisation parfois plus ancienne. À *Cabillonum* (Chalons-sur-Saône), la ville regardait l'île Saint-Laurent par laquelle passe la *uia Agrippa* traversant la Saône en direction de *Vesontio* (Besançon), alors qu'un gué se situait plus à l'est, où s'est développé le port[39]. De ce fait, les îlots se trouvent parfois à la rencontre de plusieurs axes de communication. Cela est particulièrement évident dans le cas de Lutèce, dont le rôle pour le contrôle du trafic sur la Seine est bien connu : l'île se trouve à la croisée du trafic terrestre et fluvial[40].

ROME (IV)

Lorsqu'on déplace son point de vue vers le fleuve, les îles ne peuvent plus être considérées comme des espaces en marge ou exclus, car elles se trouvent au cœur du trafic fluvial. À leur hauteur, le fleuve est souvent plus large et le courant plus lent, faisant de leur voisinage un lieu propice à l'installation de structures portuaires et donc au développement des échanges. C'est ainsi qu'à l'époque républicaine l'île Tibérine se situe entre les deux ports fluviaux de la cité : le port commercial en aval (*portus Tiberinus*) et en amont les *naualia*, port militaire sur les rives du Champ de Mars[41]. C'est dans cet environnement qu'est construit au début du IIIe siècle av. J.-C. le temple d'Esculape, dont le culte était nouvellement importé de Grèce à Rome. Il s'agit du premier édifice d'importance sur l'île. La proximité des installations portuaires transparaît d'ailleurs dans le récit rapporté par Valère Maxime sur l'arrivée

39 Alain Rebourg, *Carte archéologique de la Gaule. Saône-et-Loire 71-3*, Paris, éditions de la Maison des sciences de l'homme, 1994, p. 132.

40 Matthieu Poux et Sylvie Robin, « Les origines de Lutèce. Acquis chronologiques. Nouveaux indices d'une présence militaire à Paris, rive gauche », art. cité, p. 214.

41 Tite-Live, *Histoire romaine*, VIII, 14, 12 ; XLV, 42, 12. Voir Filippo Coarelli, article *"naualia"*, *Lexicon topographicum urbis Romae III*, Rome, 1996, p. 339-340. Voir également le plan schématique de l'île Tibérine et de ses environs au milieu de la République : Filippo Coarelli, *Il Foro Boario : dalle origini alla fine della Repubblica*, *op. cit.*, p. 114, fig. 22.

du dieu guérisseur à Rome : "*in ripam Tiberim egressis legatis, in insula* [...] *tranauit*[42]". Cette allusion, même si elle se rapporte à un conte, montre que la proximité de l'île avec un port paraissait naturelle aux Romains, encore au premier siècle ap. J.-C. lorsque Valère Maxime écrit. Quand l'île est choisie comme sanctuaire du dieu, les navires venant de l'intérieur des terres croisaient ses rives pour rejoindre le port commercial, tandis que ceux remontant le fleuve arrivaient en lui faisant face avant d'accoster sur les quais[43]. Surtout, les navires militaires qui servaient également aux voyages officiels, remontant le fleuve jusqu'au Champ de Mars, longeaient les rives de l'île[44]. Ce cadre s'estompera avec le temps qui entraînera le déplacement des activités portuaires sur la côte, le développement de la ville « de l'autre côté du Tibre » (*transtiberim*) et l'aménagement de nombreux entrepôts sur les rives du fleuve. La construction de deux ponts de pierre la reliant aux rives finira d'intégrer l'île au tissu urbain, transformant totalement le paysage où fut originellement installé le culte.

LUTÈCE (II)

À Lutèce, le rôle de la Seine dans le ravitaillement des armées explique le choix du site et la nature de sa première occupation[45]. Par sa position, l'île était évidemment au cœur du trafic fluvial, mais elle était aussi sur un axe important du transport routier, grâce au passage du *cardo maximus* qui reliait la ville au réseau de voies qui parcouraient le territoire.

42 Tite-Live, *Histoire romaine*, I, 8, 2, traduction de Robert Combès, Paris, Les Belles Lettres, C.U.F., 1995 : « Quand les délégués débarquèrent sur la rive du Tibre, il [le serpent ramené d'Épidaure] le traversa jusqu'à l'île. »

43 Voir par exemple les témoignages chez Pline l'Ancien, *Histoire naturelle*, III, 53-55 ; Pline le Jeune, *Lettres*, V, 6, 16 ; Denys d'Halicarnasse, *Antiquités romaines*, III, 44, 1. Lire également : Giulia Boetto, *Les navires de Fiumicino (Italie) : architecture, matériaux, types et fonctions : contribution à l'étude du système portuaire de Rome à l'époque impériale*, thèse de doctorat sous la direction de Patrice Pomey, s. l., 2006, p. 326-329.

44 John S. Morrison, John Coates, *Greek and Roman Oared Warships 389-30 B.C.*, Oxford, 1996, p. 305.

45 Voir le plan sur cadastre moderne de Lutèce avec la situation des principaux vestiges antiques : Michel Colland, Sylvie Robin, Philippe Marquis, « L'histoire urbaine de Lutèce de César à l'empereur Julien à la lumière des découvertes récentes », art. cité, p. 193-197.

Véritable carrefour entre la terre et le fleuve, l'emplacement fut idéal pour abriter les installations portuaires de la cité dont quelques quais furent mis au jour à la pointe orientale de l'île[46]. L'intérêt pour cette position sur le fleuve apparaît encore plus clairement dans les aménagements mis en place sur l'îlot. Les rares tronçons de quais mis au jour montrent que les Romains ne se sont pas contentés de consolider l'espace autour du pont, mais qu'ils ont intégré au principal banc sableux plusieurs de ses voisins plus petits. L'îlot fut donc partiellement constitué artificiellement, afin sans doute de garantir un ancrage solide dans le fleuve[47]. Cet espace d'échanges entre les terres et le fleuve où les marchandises arrivaient ou partaient, au centre des affaires commerciales, est loin du rôle périphérique ou coupé du monde que l'on attribue aux îles.

AUGUSTA EMERITA (II)

Paradoxalement cette perception n'échappe pas non plus aux idées préconçues. L'antique Mérida est l'objet d'une tradition locale qui présente l'île comme un lieu d'échanges commerciaux à l'époque romaine. Selon des érudits des XVIIe et XIXe siècles, un marché périodique, comme on en connaît de nombreux exemples dans d'autres régions de l'Empire, devait se tenir sur l'île, plus exactement sur la vaste plate-forme à la jonction des deux ponts sur le Guadiana[48]. Il

46 Didier Busson, *Carte archéologique de la Gaule. 75*, Paris, éditions de la Maison des sciences de l'homme, 1998, p. 458 ; Matthieu Poux et Sylvie Robin, « Les origines de Lutèce. Acquis chronologiques. Nouveaux indices d'une présence militaire à Paris, rive gauche », art. cité, p. 218. Les fouilles furent publiées par Venceslas Kruta : *cf.* Venceslas Kruta, Colette Bémont, Marie Tuffreau-Libre, « Le quai gallo-romain de l'île de la Cité (Fouilles du Parvis Notre-Dame, 1980) », *Cahiers de la Rotonde*, 6, 1983, p. 7-34.

47 Didier Busson, *Carte archéologique de la Gaule. 75*, *op. cit.*, p. 383.

48 En Italie et en Afrique du Nord particulièrement ; *cf.* José María Álvarez Martínez, "*¿Un forum pequarium en Augusta Emerita ?*", Adolfo Jerónimo Domínguez Monedero, Gloria Mora Rodríguez (ed.), *Doctrina a magistro discipulis tradita. Estudios en homenaje al profesor Dr. Luis García Iglesias*, Madrid, 2010, p. 181-200, p. 192. Voir le plan sur cadastre moderne d'*Augusta Emerita* avec les principaux vestiges antiques et le maillage antique *intra-muros* : Manuel Martín-Bueno, "*Los recintos augusteos en Hispania*", art. cité, p. 116, fig. 4. ; voir également Sabine Panzram, *Stadtbild und Elite : Tarraco, Corduba und Augusta Emerita zwischen Republik und Spätantike*, *op. cit.*, p. 268, fig. 9.

est vrai que cette esplanade aurait pu offrir de nombreux avantages : un emplacement aux portes de la ville, mais en dehors, afin d'éviter que les rues ne soit engorgées, un lieu au croisement d'une route et du fleuve, axes de communication où devaient circuler les marchandises[49]. L'idée est intéressante mais souffre de la totale absence de données archéologiques, épigraphiques et littéraires sur l'existence d'un tel marché à *Augusta Emerita*[50].

ANTIOCHE (III)

Vue de la terre, l'île fluviale semble un espace à part, difficile à inclure dans la cité dont elle est séparée par les eaux. En revanche, lorsqu'on tourne son regard vers le fleuve, l'île devient un lieu de premier contact entre ce dernier et la ville, comme une porte d'entrée depuis le fleuve. Elle est en effet une des premières découvertes du voyageur qui arrive dans la cité. Ainsi, au lieu de considérer les îles comme des lieux d'exclusion où l'on cherchait à escamoter des activités indésirables, ne pourrait-on pas considérer les îlots comme des espaces permettant de mettre en évidence, d'isoler certes, mais dans le sens positif du terme ? Pensons d'abord à la « ville neuve » d'Antioche où un quartier monumental s'est développé autour d'un palais. Sa façade s'appuyait sur le mur d'enceinte qui, selon Libanios et Théodoret de Cyr, présentait un grand portique à deux niveaux, flanqué de deux tours, qui dominait le cours du fleuve[51]. Cette façade fait évidem-

49 José María Álvarez Martínez, "*¿Un forum pequarium en Augusta Emerita ?*", art. cité, p. 190-196.

50 L'historien Antonio de Guevara au XVIIe siècle et Gregorio Fernández y Pérez, un auteur du milieu du XIXe siècle : *cf.* Antonio de Guevara, *Vida de los diez Emperadores Romanos, que imperaron en los tiempos de Marco Aurelio. Vida del Emperador Trajano*, Madrid, 1669, p. 32-33 ; Gregorio Fernández y Pérez, *Historia de las antigüedades de Merida*, Badajoz, 1857, p. 20-22. Par analogie avec les cas de Rome et d'Aquilée notamment : *cf.* José María Álvarez Martínez, "*¿Un forum pequarium en Augusta Emerita ?*", art. cité, p. 182-183 et p. 192-193.

51 Libanios, *Discours*, XI, 206 ; Théodoret de Cyr, *Histoire ecclésiastique*, IV, 236, 1-2. Sur le palais, voir Catherine Saliou, « Le palais impérial d'Antioche et son contexte à l'époque de Julien. Réflexions sur l'apport des sources littéraires à l'histoire d'une espace urbain », art. cité, p. 242-244.

ment penser aux villas maritimes et aux résidences de prestige de la fin de l'Empire dont on trouve des illustrations sur les mosaïques d'Afrique du Nord[52]. La localisation sur l'île de l'Oronte offrait ainsi une localisation périphérique à l'écart de la densité urbaine et un espace propice à la monumentalisation qui permettait au palais de s'exposer et de se démarquer du reste de la ville[53].

ROME (V)

Puis, revenons à Rome où les auteurs anciens argumentent régulièrement que les Romains ont entrepris d'exclure de leur cité une divinité qu'ils étaient allés expressément chercher jusqu'à Épidaure. La démarche d'envoyer une ambassade en Grèce suit certes une importante épidémie, mais elle s'inscrit surtout dans un contexte politique particulier, celui de la volonté de se rapprocher du monde hellénique. L'accueil d'un culte populaire, qui s'est peu à peu développé en Grèce et dans le sud hellénisé de l'Italie, et qui permet d'établir un lien avec les cités du monde grec, découle d'un choix hautement politique décidé par l'assemblée sénatoriale[54]. Pourquoi alors vouloir « ostraciser » ce nouveau temple ? Le sanctuaire ne devait-il pas, au contraire, être mis en valeur pour symboliser ce rapprochement ? D'ailleurs, la fragilité naturelle de l'îlot supposait un investissement technique humain et donc financier important. C'est ce que semble croire Tite-Live lorsqu'il conclut son récit de l'arrivée d'Esculape : "*Postea credo additas moles, manuque adiutum ut tam eminens area firmaque templis quoque ac porticibus sustinendis*

52 On peut citer la mosaïque dite du « domaine du seigneur Julius », découverte à Carthage et conservée au musée du Bardo à Tunis, ainsi que plusieurs mosaïques découvertes sur le site de Tabarka, en Tunisie.

53 Catherine Saliou, « Le palais impérial d'Antioche et son contexte à l'époque de Julien. Réflexions sur l'apport des sources littéraires à l'histoire d'une espace urbain », art. cité, p. 243-244.

54 Davide Degrassi, "*Il culto di Esculapio in Italia centrale durante il periodo repubblicano*", Filippo Coarelli (dir.), *Fregellae II. Il Santuario di Esculapio*, Rome, 1986, p. 145-152, p. 145 ; Eric M. Orlin, *Temples, Religion and Politics in the Roman Republic*, Leyde, New-York, Cologne, 1997, p. 106-108 ; Mariangela Monaca, *La Sibilla a Roma. I Libri Sibillini fra religione e politica*, Cosenza, 2005, p. 208.

esset[55]". Compte tenu du terrain naturel, il fallut sans doute aménager et consolider son sol, pour offrir une estrade au nouveau temple. Ainsi, tout particulièrement avant la construction du pont *Aemilius*, dans la première moitié du IIe siècle av. J.-C. (179-142), les voyageurs remontant le Tibre se retrouvaient face un îlot émergeant des eaux du fleuve, qui mettait en évidence le temple du dieu nouvellement accueilli, symbole des relations entre Rome et le monde grec.

Dans la ville antique, l'île fluviale tient des rôles multiples et contrastés, évoluant avec le temps et le développement de la cité. Elle se pose comme une composante singulière du paysage des villes au bord des fleuves, tantôt alliée de la traversée, tantôt excroissance urbaine. Le statut de l'île se fait plus ambigu lorsque les eaux forment une frontière, où l'incertitude est d'autant plus forte que l'opposition entre les deux rives, réelle ou symbolique, est marquée. Néanmoins, la présence de l'île au milieu du cours du fleuve en fait un lieu de contact privilégié où elle peut devenir un espace d'accueil ou même de démonstration à destination des voyageurs arrivant sur le fleuve.

Hélène Moreau
Laboratoire H.A.L.M.A.
– U.M.R. 8164, Université de Lille,
France

55 Tite-Live, *Histoire romaine*, II, 5, 4, traduction de Gaston Baillet, Paris, Les Belles Lettres, C.U.F., 1962 : « Il me semble probable que, plus tard, on y ajouta une digue et que la main de l'homme contribua à en faire un emplacement assez haut et assez solide pour porter même des temples et des portiques. »

PATRICK DEVILLE ET LES VILLES-FLEUVES DU MONDE

Une histoire d'art et d'eau

Révélé dans les années 1990 grâce à des fictions minimalistes écrites dans la veine échenozienne[1] et publiées aux Éditions de Minuit, Patrick Deville amorce un tournant dans son œuvre avec son entrée aux éditions du Seuil. Creusant une veine géopolitique et historique inédite et laissant pleinement s'épanouir sa passion pour l'autre et le monde, le goût de l'aventure et du dépaysement qui le taraudent depuis l'enfance, il publie notamment *Pura Vida : Vie & mort de William Walker* (2004), *Équatoria* (2009), *Peste & Choléra* (2012), *Taba-Taba* (2017) et *Amazonia* (2019).

Étonnant écrivain-voyageur qui « n'aime pas tant que ça voyager[2] », il trouve l'inspiration par-delà les mers : parcourant sans relâche terres et océans à la recherche de traces du passé, il remonte les grands fleuves (Congo, Ogooué, Mékong, Amazone…) sur les pas des explorateurs (Pierre Savorgnan de Brazza, Auguste Pavie, David Livingstone, Henri Morton Stanley, Henri Mouhot…), des révolutionnaires (Ernesto Guevara, Simòn Bolívar, Léon Trotsky…) et des artistes aux semelles de vent (Arthur Rimbaud, Blaise Cendrars, Malcolm Lowry…). « Quelle que soit l'embarcation, navire ou barcasse, pirogue ou sampan, il me semblait vivre mieux sur quelque chose qui flotte[3] », annonce-t-il, à peine dissimulé derrière ses doubles narratifs qui ont le désir d'enrichir leur « collection personnelle de Cours d'eau et Rivières du Monde[4] ». Compulsant sans relâche archives et mémoires, bibliothèques, journaux et correspondances familiales, cette subjectivité fictionnelle, si proche

---

1 Jean Echenoz, Prix Goncourt 1999 pour *Je m'en vais*, publié aux Éditions de Minuit.

2 L'écrivain est cité par Jean-Luc Bertini, Christian Casaudon, Sébastien Omont et Laurent Roux, « Patrick Deville : "La Liberté dans la contrainte" », *La Femelle du requin*, n° 44, automne 2015d, p. 26. Il s'en amuse aussi : *cf.* Patrick Deville, *Amazonia*, Paris, Seuil, coll. « Fiction & Cie », 2019, p. 42.

3 Patrick Deville, *Amazonia*, *op. cit.*, p. 30.

4 *Ibid.*, p. 13, 72.

de l'auteur, fouille les destins d'aventuriers aux exploits plus ou moins couronnés de succès (William Walker, Henri Morton Stanley, David Livingstone, Lope de Aguirre ou Francis Scott Fitzgerald), d'élèves-officiers de l'École Navale de Brest devenus célèbres (Pierre Loti, Albert Calmette, Pierre Savorgnan de Brazza ou Auguste Pavie…), de scientifiques (Louis Pasteur, Albert Schweitzer, Émile Roux, Charles Darwin, Alexander von Humboldt…) ou de ceux que la mer éblouit, à l'instar du brillant pasteurien Alexandre Yersin.

Afin de cerner plus avant l'imaginaire de l'eau de Deville, nous parcourrons son œuvre atypique, prioritairement les sept « romans d'aventures sans fiction[5] » composant à ce jour le vaste projet *Abracadabra*[6] : planifiée sur trente ans, cette foisonnante fresque mondiale, intertextuelle et intratextelle, redessine des événements historiques, artistiques et scientifiques de 1860[7] à nos jours selon un cap ouest-est, « de l'Amérique centrale au Mexique en passant par l'Afrique et l'Asie puis est-ouest[8] ». Autant carnet de voyages, reportage, leçon d'histoire, enquête journalistique qu'autobiographie et *vade-mecum* philosophique, elle brasse coïncidences et anecdotes en s'orientant désormais à l'ouest, de l'Atlantique vers le Pacifique[9].

---

5 « Dialogue entre Sylvie Germain et Patrick Deville », *Carnets de Chaminadour*, n° 8, Guéret, Association des lecteurs de Marcel Jouhandeau et des amis de Chaminadour, sept. 2013, p. 198.

6 Le projet tire son appellation de la formule magique prononcée par Michel, le petit héros d'un livre fondateur pour l'auteur, *Le Tapis volant* de Mary Zimmerman (paru aux éditions Hemma en 1962), ainsi que Deville le raconte longuement dans *Taba-Taba* (Paris, Seuil, coll. « Fiction & Cie », 2017, p. 25, 28, 33, 342, 361), antérieurement dans « Les histoires dans le tapis », *Lectures lointaines*, recueil *Meeting*, n° 4, 2006, p. 31-33. Une mention est également faite à l'ouvrage dans *Amazonia*, *op. cit.*, p. 107.

7 Date charnière de la civilisation moderne qui entre alors dans la seconde révolution industrielle, 1860 correspond aussi à la construction du Lazaret de Mindin (créé en 1862 près du nouveau port de Saint-Nazaire pour accueillir les marins atteints par la fièvre jaune de retour du Mexique après l'expédition de Napoléon III) où Deville a vécu une partie de son enfance : la date clé du cycle romanesque présente de fortes attaches autobiographiques.

8 Patrick Deville, *Amazonia*, *op. cit.*, p. 15.

9 Un roman polynésien est actuellement en cours de rédaction.

DES VILLES-FLEUVES POUR POINTS D'ANCRAGE ET D'ENCRAGE

Né à Paimbœuf en 1957, Patrick Deville grandit à Saint-Brévin entre fleuve et océan, dans un milieu naturel propice aux rêves d'aventures et d'ailleurs. Son père dirige durant plusieurs années l'hôpital psychiatrique sis à Mindin à l'embouchure de la Loire, dans un ancien lazaret du Second Empire et, jusqu'en 1965, la famille vit en autarcie sur ce domaine de quinze hectares auprès d'un millier de patients parmi lesquels l'énigmatique Taba-Taba, psychotique amnésique qui donne son titre au roman le plus intime du cycle *Abracadabra*. Les premiers souvenirs du futur écrivain sont tous attachés à Saint-Nazaire et à ses alentours : le territoire qui rassemble plusieurs espaces et différents paysages deviendra un lieu de mémoire fondamental, initial et initiatique qui induira chez l'écrivain une manière d'être au monde[10] et d'écrire, un rejet de toute idée d'enracinement, une façon cosmopolite d'appréhender la littérature qui transcendera ses activités artistiques et éditoriales à venir.

Grand voyageur, régulièrement de retour vers son port d'attache, le Nazairien est amoureux de sa ville avec ses barges et ses cargos rouillés, son ciel brumeux et ses paquebots mythiques. Enfant de l'estuaire, féru d'ornithologie, il consacre un pan de son œuvre à la Loire-Atlantique en rédigeant des récits à la tonalité autofictionnelle comme « Le Pont de Mindin » (2015), « Le Vin de la Guerche » (2012), « Nant-Naz » (2006), « De l'autre côté de l'eau » (2003), « Le Jour du safran » (2002), « Saint-Nazaire et Dunkerque » (1999) ou encore « Le Lazaret de Mindin » (1997). Carrefour de voies terrestres, maritimes et fluviales, sa région natale est sa terre d'élection, inspirante jusqu'à l'obsession et invariablement citée dans chacune de ses œuvres[11].

Chantre d'une littérature-monde, prenant très à cœur sa fonction de passeur, le romancier, devenu éditeur en 2001, dirige la Maison des Écrivains Étrangers et des Traducteurs[12] et sillonne la planète à la recherche d'auteurs

10 L'incessante mobilité de l'artiste figure aussi un remède à sa vulnérabilité – Deville souffre d'un handicap congénital de la hanche – et à son insatisfaction d'être originelle, ainsi qu'il le raconte dans *Taba-Taba*.

11 Patrick Deville, *Amazonia*, *op. cit.*, p. 11, 32, 62, 97, par exemple.

12 http://www.maisondesecrivainsetrangers.com. (consulté le 22 septembre 2022).

à faire découvrir, avec le souhait de dresser la cartographie émotionnelle et artistique actuelle. Installée à Saint-Nazaire dans un immeuble bâti à l'angle exact de la Loire et de l'Atlantique, face aux chantiers navals, la maison d'édition bilingue est depuis trente ans un foyer de production romanesque et poétique cosmopolite qui accueille en résidence des écrivains et des traducteurs venus de tous les continents pour dire ce que le port, l'estuaire et le dépaysement font à leur écriture. Avec *Saint-Nazaire est littéraire*, Deville offre d'ailleurs un écrin aux ouvrages qui prennent pour cadre sa géographie d'enfance ou qui évoquent brièvement cette topographie fondatrice et passionnelle, ce point d'ancrage qui a tout d'un *locus amoenus* : il y collige quarante-neuf fragments d'œuvres rédigées par les auteurs passés par la ville et son port, ceux-là même que, depuis trente ans, il mentionne tels des patrons (Jules Verne, Vladimir Nabokov, Blaise Cendrars, Antonin Artaud mais aussi Paul Nizan ou Alejo Carpentier…) ainsi que les plus marquants des résidents de la *Meet*, tels Orlando Sierra Hernández et Reinaldo Arenas. La concomitance des thèmes abordés dans les publications de la *Meet* et lors des rencontres *Meeting*, ainsi que dans l'œuvre devillienne à la riche intertextualité, signale la cohérence d'une entreprise littéraire et la force de l'engagement d'un artiste ; elle renvoie aux propos de Roland Barthes selon lesquels « […] le lieu risque bien d'être la figure du désir, sans lequel il ne peut y avoir de texte[13] ».

Deville ne convie toutefois sa topographie régionale que pour saisir la dynamique de déterritorialisation qu'elle suscite. Aussi, à Montevideo, remarque-t-il qu'il a « l'impression de voyager dans le temps sans se déplacer dans l'espace » tant le cadre et le climat uruguayens lui rappellent les stations balnéaires de sa Bretagne natale, à peu près à égale distance de l'équateur dans l'autre hémisphère[14]. Le romancier a besoin de ce va-et-vient, de cette retirance et de cette expansion entre sa région d'origine et le lointain qui lui est une respiration ; il demeure à jamais ce gamin de l'estuaire qui n'affectionne rien tant que contempler, fasciné, « […] le rocher dit "du Nez-de-Chien", à Mindin où il est possible […] de baigner son pied droit dans la Loire et le gauche dans l'océan Atlantique[15] ». Le

13 Roland Barthes, *Le degré zéro de l'écriture* suivi de *Nouveaux Essais critiques*, Paris, Seuil, 1972, p. 158.

14 Patrick Deville, *La Tentation des armes à feu*, Paris, Seuil, coll. « Fiction & Cie », 2006, p. 30-31.

15 Patrick Deville, « Nant-Naz », dans *Loire & Océan*, Saint-Nazaire, *Meet*, 2006, p. 71-73, p. 72. « Poser un pied dans chaque hémisphère » est un souhait tenace revivifié à Santarém (*Amazonia*, *op. cit.*, p. 61).

pont[16] est une métaphore qui sied à son *modus scribendi* (« mode d'écriture ») répertoriant partout sur la planète les coïncidences nées des soubresauts historiques et politiques survenus depuis la seconde révolution industrielle, première étape vers la mondialisation. À l'instar de Jean-Christophe Bailly, Deville sait que « [c]e qui rend un pays vivable, quel qu'il soit, c'est la possibilité qu'il laisse à la pensée de le quitter. L'identité définie comme le modelé d'une infinité de départs possibles[17] ». Son esprit cosmopolite invite d'ailleurs à dépasser les approches nationales, et sa pratique scripturale, mise en place en 1997 pendant la rédaction de *Pura Vida*[18], requiert diversité et mobilité. « Je n'imagine pas écrire sur un lieu que je ne connaîtrais pas réellement[19] », assure-t-il en présentant années après années ses « romans alignés autour du monde[20] ».

Lecteur précoce de romans d'aventures[21], il est devenu un arpenteur des villes-fleuves à la manière de Claudio Magris[22] décrivant, extasié, de sa source à son delta, le Danube avec ses mythes, ses paysages, ses histoires. La géographie, relevant bien plus d'une herméneutique spirituelle que d'une observation immédiate, fait du récit de voyage de type devillien une visite de traces destinée à déchiffrer l'amas de signes que constituent les espaces naturels ou architecturés, autant de souvenirs de la vie des hommes[23]. Par leur qualités esthétiques et mythiques, les villes-fleuves, Saint-Nazaire, Brazzaville, Lambaréné, Phnom Penh, Manaus ou Iquitos,

---

16 Un récit comme « Le Pont de Mindin » en atteste : *Presse Océan*, 16 septembre 2015 : http://www.presseocean.fr/actualite/pont-de-saint-nazaire-un-texte-inedit-de-l-ecrivain-patrick-deville-pour-presse-16-09-2015 (consulté le 22 septembre 2022). Inséparable du paysage d'origine, ce pont apparaît régulièrement : par exemple dans « Nant-Naz », *op. cit.*, p. 131, ou dans *Le Feu d'artifice*, Paris, Éditions de Minuit, 1992, p. 37.

17 Jean-Christophe Bailly, *Le Dépaysement. Voyages en France*, Paris, Seuil, coll. « Fiction & Cie », 2011, p. 77.

18 Patrick Deville, *Pura Vida : Vie & mort de William Walker*, Paris, Seuil, coll. « Fiction & Cie », 2004.

19 Patrick Deville, « Le Pont de Mindin », *op. cit.*, p. 26.

20 Patrick Deville, *Amazonia*, *op. cit.*, p. 142.

21 Ce sont ses lectures enfantines qui l'ont mis sur les routes, bouleversé par la géographie rêvée d'un Jules Verne ou par la toponymie magique d'un Alexandre Dumas.

22 En témoignent plusieurs publications : la préface de *À bord du Normandie. Journal transatlantique* (Paris, Le Passeur, 2003) ; « De l'autre côté de l'eau » (*Queen Mary 2 & Saint-Nazaire*, ouvrage collectif, Saint-Nazaire, *Meet*, 2003, p. 64-84) ; « Le Jour du safran » (Revue *Scherzo*, 18-19 octobre 2002, p. 41-47) qui explore sa fascination pour la navigation hauturière et son bonheur à décrire bateaux et marins.

23 Les personnages ont une résistance que les romans n'épuisent pas et certains passent d'un *opus* à l'autre.

se lisent comme des territoires spécifiques à décrire, à identifier, à qualifier. « Les déplacements dans l'espace ne sont rien. Seuls les allers-retours dans le temps sont vertigineux, qui nous procurent le sentiment de sa douce et redoutable relativité[24]. » Fondatrice d'un tel romanesque, la « stratigraphie[25] » permet les contaminations spatiales et temporelles rendues viables par l'érudition de l'écrivain. Tout paysage devient pour lui un déclencheur d'images attestant l'« écart entre topographie objective et topologie littéraire[26] ». Lorsque Deville écrit sur les lieux dans lesquels il séjourne, il lit et relit des livres, curieux de découvrir ce que la Bibliothèque universelle a encore à lui dire ; lorsqu'il « bricole ses petites histoires[27] », il apporte au référent spatial sa part personnelle, imaginaire et épique, et, sous sa plume, l'espace reste en expansion, en dépli infini.

Une indication géographique intitule en général les chapitres qui relatent les étapes des « voyages erratiques[28] ». Les points d'ancrage de ses expéditions locales rendues à renfort d'évocations anecdotiques conradiennes[29] sont généralement des petits ou grands ports maritimes ou fluviaux, dédiés au repos et au commerce, tels Port-Gentil au Gabon sur l'embouchure de l'Ogooué, Lambaréné sur ses rives, Libreville sur son estuaire, Brazzaville sur les bords du Congo, ou encore Manaus sur les bords du Río Negro, à proximité de son confluent avec l'Amazone, une « ville qui ne ressemblait toujours à rien au milieu de nulle part[30] » en dépit de son glorieux passé. Entre hôtels et cafés, le globe-trotteur, rimbaldien[31], y effectue des haltes propices aux rencontres, retrouvailles et « hasards féconds[32] » ; en contact avec la population locale anonyme, il y connaît le réconfort de tout voyageur en quête d'humanité, « cette étrange fraternité des cadavres futurs[33] » qui « entrechoquent leur solitude et s'enivrent[34] ».

24 Patrick Deville, *La Tentation des armes à feu*, *op. cit.*, p. 29.

25 Bertrand Westphal (dir.), *La géocritique. Réel, fiction, espace*, Paris, Éditions de Minuit, coll. « Paradoxe », 2007, p. 200.

26 Michel Collot, « Pour une géographie littéraire », *Fabula-LhT*, nº 8, *Le partage des disciplines*, mai 2011, p. 5 : http://www.fabula.org/lht/8/collot.html (consulté le 22 septembre 2022).

27 Patrick Deville, *Amazonia*, *op. cit.*, p. 159.

28 Patrick Deville, *Équatoria*, Paris, Seuil, coll. « Fiction & Cie », 2009, p. 211.

29 Joseph Conrad (1857-1924).

30 Patrick Deville, *Amazonia*, *op. cit.*, p. 116.

31 Arthur Rimbaud (1854-1891).

32 Patrick Deville, *La Tentation des armes à feu*, *op. cit.*, p. 73.

33 Patrick Deville, *Pura Vida : Vie & mort de William Walker*, *op. cit.*, p. 118).

34 Patrick Deville, *Équatoria*, *op. cit.*, p. 238-239.

Ces refuges du bout du monde, où il fait bon se souvenir des personnages illustres qui ont bâti leur renommée ou achevé leur déclin, sont de véritables palimpsestes : dans un déroulé a-chronologique, le passé interfère en permanence avec le présent dans un tressé d'anecdotes et de coïncidences, un télescopage de dates et de lieux, un jeu de symétries et d'analogies, un enchevêtrement de destinées. Affublé d'une sévère « addiction historique[35] » et d'un œil d'urbaniste éclairé, le narrateur hypermnésique est imprégné par l'Histoire qui peu à peu prend corps dans le paysage qu'il découvre, comme ici à Lambaréné, point d'arrêt provisoire où il déplie verticalement le temps par le détour de son savoir livresque.

> L'embarcadère est un ponton branlant au bout de la piste. Aucun bac n'est en vue. […] Aucune île ne divise le cours du fleuve. On imagine ici, au-delà de la pointe Fétiche, le passage des neuf pirogues de Brazza qu'accompagne le vieux roi aveugle Rénoqué. Ils ont enfin quitté Lambaréné et suivent les méandres de l'Ogooué jusqu'à Lopé, où Brazza […] mènera des expéditions terrestres dans le pays des Fangs pour s'assurer de leur soutien[36].

Ce phénomène de reliance spatio-temporelle, qui place le lecteur entre réel et fiction, est prompt à façonner la mémoire collective en exploitant les marges de l'Histoire officielle. Il se répète : sur les bords des « eaux bleues et calmes du lac Tanganyika » observés aujourd'hui, surgit « le lieu où l'on prétend que fut siroté le champagne chaud dans les timbales en argent, sous ce manguier où le jeune Stanley-Marlow retrouve enfin le vieux Kurtz-Livingstone[37] » ; autour de Muang Sing, où il séjourne, le descripteur fait apparaître l'imposant navire de guerre britannique qui, en 1895, a suivi le cours du Mékong, cartographié sur plusieurs milliers de kilomètres par Auguste Pavie vers 1887-1888, de Luang Prabang, Ventiane, Phnom Penh (construite à la convergence de quatre larges voies d'eau), Can Tho et My Tho jusqu'en mer de Chine[38].

Constamment en vigie, le romancier garde le regard porté loin vers le large, plus enjoué que jamais à l'idée qu'aujourd'hui comme au temps de son enfance estuarienne, trois éléments sont demeurés ses repères fondamentaux : la géographie, les livres et le large. Dans ses propres

35 Patrick Deville, *Kampuchéa*, Paris, Seuil, coll. « Fiction & Cie », 2011, p. 159.
36 Patrick Deville, *Équatoria*, *op. cit.*, p. 37.
37 Patrick Deville, *Équatoria*, *op. cit.*, p. 243.
38 Patrick Deville, *Kampuchéa*, *op. cit.*, p. 188-189.

œuvres, qui font apparaître des linéaments souterrains entre les territoires, comme dans les reliances effectuées entre les littératures des grandes capitales du monde pour la *Meet*[39], il s'agit de « [t]rouver cette amarre, ce cordage tressé, brin à brin entortillé, de l'histoire et des livres[40] » à dessein de faire découvrir la beauté et la diversité de l'univers.

RIVAGES, RIVES ET RÊVES D'ÉCRIVAIN OU « L'OROGRAPHIE EST ONIRIQUE[41] »

Patrick Deville l'explique volontiers, dans son art de voir il accorde une place centrale aux espaces naturels au-delà de la fonction de décor auquel ils sont souvent réduits : « J'aime immensément décrire les paysages, qu'ils soient urbains ou pas. Comme je ne fais pas de récits de voyages, je peux me le permettre, parce que c'est pure littérature, et que ce n'est plus du tout informatif[42] ». Mue par une mémoire créatrice, son écriture fait surgir des lieux aussi inséparables des histoires qui s'y sont déroulées que des récits qu'ils alimentent et font (re)vivre. Ce qui permet l'appréhension du passé des hommes dans les « vieilles histoires d'un vieux monde[43] », c'est bien évidemment la géographie avec la ville et le fleuve en tant qu'espaces anthropologiques : à l'instar des artères urbaines, les fleuves servent de fil conducteur aux pérégrinations et Deville est de ces artistes d'aujourd'hui qui, comme les explorateurs d'hier, savent y recueillir sa saveur amère et douce.

Née dans la nuit des temps, la conscience de la finitude s'épanouit plus librement sur les rives et les ponts, le long des cours d'eau, canaux, rus – petits ruisseaux – ou fleuves susceptibles de secrètement ramifier l'inconscient. Les centaines de paysages qu'il traverse et dépeint sont

39 Le numéro bilingue annuel de la revue *Meet* propose un panorama inédit et original. Les quarante villes à ce jour mises en relation couvrent l'ensemble du globe de Trieste / Buenos Aires (1997) à Amsterdam/Casablanca (2019).

40 Patrick Deville, « Saint-Nazaire et Dunkerque », *Les Annales de la Villa Mont-Noir / Marguerite Yourcenar*, Saint-Jans Cappel, 1998-1999, p. 71-73, p. 72.

41 Patrick Deville, *Amazonia*, *op. cit.*, p. 140.

42 Deville cité par Jean-Luc Bertini, Christian Casaudon, Sébastien Omont et Laurent Roux, « Patrick Deville : "La Liberté dans la contrainte" », art. cité, p. 43.

43 Patrick Deville, *Équatoria*, *op. cit.*, p. 181.

autant de photographies paysagères au tropisme mélancolique insérées dans ses récits. Dans *Équatoria*, c'est le Congo, « le mystérieux fleuve, venant du nord-est, où il apparaissait comme l'horizon d'une mer[44] », qui, entre 1873 et 1879, n'en finit pas d'être découvert par les aventuriers européens au cœur des ténèbres africaines ; dans *Kampuchéa*, c'est la majesté des eaux du Mékong qui est donnée à contempler[45], grâce à la référence aux cartographes Francis Garnier et Ernest Doudart de Lagrée et aux explorations d'Auguste Pavie ; dans *Amazonia*, c'est la démesure de l'Amazone, « lente muraille verte et hypnotique, laquelle avait mené vers la folie ou la poésie les premiers navigateurs effarés[46] », qui est appréhendée sur tout son parcours (en partie établi par Charles Marie de La Condamine, puis complété par Alexander von Humboldt et Aimé Bonpland), depuis Santarem au Brésil jusqu'à Iquitos au Pérou[47]. Ces « milliers de rivières qui, depuis les deux hémisphères, se rejoignent dans le lit du fleuve quelques degrés sous l'équateur comme des milliers d'histoires[48] », conduisent l'écrivain à effectuer des digressions qui couvrent ses premières explorations au XVe siècle, entreprises par les expéditions de Francisco de Orellana ou de Gaspar de Carjaval, jusqu'à sa mise en péril par l'industrie actuelle.

Dans ses déplacements qui invariablement suivent une trame fluviale[49] et portuaire[50], qu'ils tracent une ligne verticale de São Paulo, Rio, Brasilia, Recife, ou horizontale de Belem à Santa Elena jusqu'aux îles Galápagos ou encore de Port-Gentil à Zanzibar, l'écrivain se nourrit des fastes de la nature. Sa palette, vibrante, s'en ressent ; elle ressemble à celle d'un voyant passionné, doublé d'un intuitif en mouvement. Toujours à l'affût, le romancier ne semble jamais autant dans son élément que lorsqu'il vit en prise directe avec la nature et, tel un aquarelliste penché sur son carnet, croque

44 *Ibid.*, p. 62.

45 Patrick Deville, *Kampuchéa*, *op. cit.*, p. 58, 76, 79, 82-83, 152, 168, 174, etc.

46 Patrick Deville, *Amazonia*, *op. cit.*, p. 10.

47 *Ibid.*, p. 141-143.

48 *Ibid.*, p. 13.

49 Une carte dans laquelle le parcours du fleuve Amazone est surligné a rejoint dans le dernier *opus* les références bibliographiques toujours nombreuses annexées en fin des volumes (*ibid.*, p. 297).

50 Les romans sont pareillement emplis d'« habitudes portuaires lentes et oisives » (Patrick Deville, *La Tentation des armes à feu*, *op. cit.*, p. 127) constituées de marches à la Jean Rolin comme lorsqu'à Montevideo il longe « les coques des chalutiers en radoub, et le Pacifique vert clair et blanc, mousseaux comme du champagne » (*Pura Vida : Vie & mort de William Walker*, *op. cit.*, p. 218-219).

des territoires extraordinairement divers, depuis les « longues traînées orange qui écorcent le ciel cendreux » surplombant les « eaux jaunes et bourbeuses emmêlées de branchages où crient des perroquets apeurés » du río Tinto[51], jusqu'aux bords de l'Amazone, « le fleuve aux milliers d'affluents et de sous-affluents comme tentacules d'une hydre fantastique[52] ».

Sur les berges du río Tapajoz, au cœur des forêts amazoniennes, le *Je* procède à une célébration lyrique de la nature dans laquelle, malgré une note pessimiste, l'énumération[53] des animaux confine à la gourmandise descriptive.

> Moteur à l'arrêt, nous écoutions le bruit du ruissellement, le goutte-à-goutte de feuille en feuille, des cris d'animaux […] nous apprenions à prononcer l'alphabet des grenouilles, palmes, anacondas, perroquets, agoutis, singes, caïmans, paresseux, pumas, euphorbes, tout cela que nous ne pourrions plus voir sans le Douanier Rousseau qui ne l'a jamais vu[54].

La référence au peintre Henri Rousseau, qui, reconnu chef de file d'un courant à la fois naïf et exotique, prenait comme modèles pour ses nombreuses jungles les spécimens des jardins botaniques et n'a jamais quitté la France, renvoie au *modus scribendi* singulier de l'écrivain qui veut que la réalité soit non seulement magnifiée mais élucidée par l'art (littérature, peinture, cinéma[55], photographie).

Les paysages ripuaires ont la préférence du narrateur lorsque ciels[56] et berges se confondent, ainsi que le montrent les esquisses saisies lors de nombreux cabotages. « Entre îles et méandres, nous contemplions les faîtes mouchetés de jaune citron et de vermillon, les ciels comme haillons blancs ou violets accrochés aux cimes[57]. » Le romancier admire la nature dont il dévoile par petites touches, à travers ses couleurs, ses odeurs et ses sonorités, l'incroyable beauté. Il décrit « les teintes vieux

---

51 Patrick Deville, *Pura Vida : Vie & mort de William Walker*, *op. cit.*, p. 15.

52 Patrick Deville, *Amazonia*, *op. cit.*, p. 81.

53 Le chapitre « drôles d'oiseaux » comporte d'autres exemples : Patrick Deville, *Amazonia*, *op. cit.*, p. 96-98.

54 *Ibid.*, p. 41.

55 Deville mentionne Werner Herzog et Francis Ford Coppola comme des « cinéastes des brumes sur l'eau » (*Amazonia*, *op. cit.*, p. 194).

56 Pierre Michon admire les ciels devilliens qu'il tient pour « les plus beaux de la littérature contemporaine » : *cf.* Patrick Deville et Pierre Michon, « Rencontre avec des lycéens. Lycée Pierre-Bourdan de Guéret », *Deville & Cie. Rencontres de Chaminadour*, Paris, Seuil, 2013, p. 261-283, p. 266.

57 Patrick Deville, *Amazonia*, *op. cit.*, p. 82.

rose le soir au-dessus des eaux lisses du Mékong[58] », les dérives sur les eaux jaunâtres du lac Nicaragua qui « prennent au couchant des allures de Mississippi sur un ciel couleur de cognac[59] » ; il remarque encore

> [à] la confluence du Tapajoz et de l'Amazone, les deux couleurs des eaux qui ne se mélangent pas, la limite du gris-bleu du premier et du mastic-havane de l'autre chargée de limon. Ce trait tiré au cordeau au milieu du fleuve, comme à Khartoum la rencontre des eaux du Nil, le bleu et le blanc, qui ne se mélangent pas non plus[60].

Grâce à l'hypotypose, ce raccourci riche et précis qui met sous les yeux le lieu décrit, non sans une ombre d'irréalité irradiante, il peut à loisir métaphoriser la nature et noter comment,

> [à] l'approche de l'océan, après plus de mille kilomètres de majesté sereine et rougeâtre au cœur des jungles émeraude, de rapides bouillonnants, l'Ogooué s'éparpille, se fatigue, ralentit, se perd en une multitude de prairies humides, de bras morts, de mangroves et de lagunes, jamais d'estuaire[61].

C'est dans cette inclination pour l'imaginaire de la ville-rive, du port, du fleuve et de l'océan que naît ce ton désormais reconnaissable, reposant sur un discours scientifique métabolisé par l'art.

> Sur chaque rive, c'était l'habituel paysage de forêts basses et de marécages où croissaient les grands nénuphars Victoria, d'aigrettes blanches immobiles, de fermes d'aquaculture et de maison palafittes aux terrasses encombrées de volaille[62].

En outre, le *Je* devillien souligne que, pour qui a le « goût du fleuve et de la forêt[63] », il se passe toujours quelque chose sur les rives et les rivages. Nombreux sont les chapitres intitulés « à bord[64] », « aux bords du río Tinto[65] », « au lac Xolotlán[66] », « sur l'Ogooué[67] » ou « vers le

58 Patrick Deville, *Kampuchéa*, *op. cit.*, p. 173.
59 Patrick Deville, *Pura Vida : Vie & mort de William Walker*, *op. cit.*, p. 118.
60 Patrick Deville, *Amazonia*, *op. cit.*, p. 61.
61 Patrick Deville, *Équatoria*, *op. cit.*, p. 19.
62 Patrick Deville, *Amazonia*, *op. cit.*, p. 114.
63 Patrick Deville, *Équatoria*, *op. cit.*, p. 35.
64 Patrick Deville, *Amazonia*, *op. cit.*, p. 13, 30, 81, 113, 157, 183, 216, 267.
65 Patrick Deville, *Pura Vida : Vie & mort de William Walker*, *op. cit.*, p. 15
66 *Ibid.*, p. 65.
67 Patrick Deville, *Équatoria*, *op. cit.*, p. 18.

Congo[68] ». Le paysage qui défile depuis les embarcations étoffe le récit de captations fragmentées suggérant qu'il existerait un paysage devillien qui ne soit pas seulement les traces d'une terre où l'artiste a séjourné, mais qui consisterait bien plutôt en une appréhension du monde née de son style et de sa sensibilité, attestant ceci :

> [...] le monde est toujours vu, lu, vécu, écrit du point de vue d'un sujet, qui n'existe qu'en rapport avec lui : géo suppose égo et réciproquement. La géographie littéraire est toujours pour une part une « égogéographie[69] ».

Les instants de présence plénière tout en éclatements formels sont rendus tant par la force du style de l'auteur au faîte de sa maturité artistique que par une « incroyable structure [...] où on joue en les traversant les doubles frontières du temps et des livres[70] ». Deville l'avoue, enthousiaste : sa passion pour les fleuves et les estuaires, pour la mer et les ports, lui vient de la littérature. Il est vrai qu'il fut un lecteur précoce[71] de récits d'aventures, de Jules Verne[72] à Pierre Loti, en passant par François-René de Chateaubriand, Victor Hugo et Arthur Rimbaud.

> C'est indispensable pour moi d'aller y voir [...]. Je n'écris jamais sur des lieux que je n'ai pas vus. Mais en même temps, j'ai lu avant sur ces lieux et donc je les vois différemment. Je les vois aussi depuis la bibliothèque[73].

Explicitant son *modus operandi* (« sa façon de procéder ») il déclare :

> Quand je redescends le Mékong du lac Tonlé Sap à Phnom Penh, je fais une description personnelle du fleuve, mais, pour le lac, je reprends la description qu'en fait Henri Mouhot[74].

---

68 *Ibid.*, p. 164.

69 Michel Collot, *Pour une géographie littéraire*, Paris, Éditions José Corti, coll. « Les Essais », 2014, p. 98-99.

70 François Bon, « Patrick Deville. Un fantôme à My Tho », *Le Tiers Livre*, 31 octobre 2011 : https://www.tierslivre.net/spip/spip.php?article2608 (consulté le 22 septembre 2022).

71 Isabelle Bernard, *Patrick Deville : « Une petite sphère de vertige ». Parcours d'une œuvre contemporaine*, Paris, L'Harmattan, 2016, p. 13-18.

72 Clin d'œil vernien, il a rebaptisé le navire dans lequel il remonte l'Amazone *La Jangada* (*Amazonia*, *op. cit.*, p. 10) en hommage au premier roman amazonien de Jules Verne.

73 Deville cité par Christian Desmeules, « Un roman-fleuve de Patrick Deville », *Le Devoir*, 2 novembre 2019.

74 Deville cité par Jean-Luc Bertini, Christian Casaudon, Sébastien Omont et Laurent Roux, « Patrick Deville : "La Liberté dans la contrainte" », art. cité, p. 45. Un autre exemple serait celui où les eaux de l'*arroyo del Miguelete* de Montevideo sont avalées « par les eaux

Grâce à leurs hypotextes foisonnants, les œuvres exposent un Panthéon littéraire qui vaut à Patrick Deville d'être l'un des représentants français du genre hybride et multigénérique qu'est la littérature de terrain[75], précisément conçue dans l'aller-retour constant et « réconfortant[76] » entre l'observation éclairée du monde et la lecture attentive du livre[77]. Le roman qui, par essence, incite une interrogation éthique est définitivement le genre d'élection de l'écrivain.

UNE TENTATION ÉCOPOÉTIQUE

« C'est bien de la beauté que nous venions chercher jusqu'ici, celle des paysages et des animaux[78]. » Parce qu'elle est centrée sur l'idée de lieu, l'écopoétique propose un champ critique qui sied au romanesque érudit et ironique de Deville dans lequel les problématiques liées à la nature et à sa préservation occupent une place grandissante.

> Je ne suis pas prophète mais le fait que l'Amazonie nous soit indispensable est une évidence. Tout comme la forêt équatoriale africaine, qui est également très menacée, notamment dans le bassin du Congo. Ça, c'est nouveau avec ce livre, je ne l'avais pas prévu. Autant dans les premiers livres, mes interrogations étaient plus politiques, elles sont aujourd'hui davantage environnementales. Parce que c'est ce qui est devenu l'urgence[79].

Si la sensibilité écologique a toujours été présente dans son romanesque sans fiction, au détour de sporadiques sentences – comme lorsqu'il écrit que « nous sommes les premiers voyageurs depuis Hérodote à décrire un monde que nous savons fuyant, momentané[80] » –, les constats se

---

douces et salées du Río de la Plata jusqu'au Vieil Océan ducassien » : *cf.* Patrick Deville, *La Tentation des armes à feu*, *op. cit.*, p. 36.

75 Dominique Viart l'explique dans « Les terrains de Patrick Deville », *Création(s) et réception(s) de Patrick Deville*, Isabelle Bernard et Marina Ortrud Hertrampf (dir.), *Romanische Studien, Beihefte* XXX, 2018, p. 151-166.

76 Patrick Deville, *Amazonia*, *op. cit.*, p. 61.

77 *Ibid.*, p. 158.

78 *Ibid.*, p. 82.

79 Deville cité par Christian Desmeules, « Un roman-fleuve de Patrick Deville », art. cité.

80 Patrick Deville, *Kampuchéa*, *op. cit.*, p. 152.

font plus insistants et plus alarmants dans *Taba-Taba* et *Amazonia.* Les mentions sont nombreuses[81] au désastre annoncé, à cette « planète en train de mourir[82] » sur laquelle la disparition des animaux sauvages est engagée[83]. Le séjour en Amazonie et l'étape finale sur les îles vierges des Galápagos ont sans aucun doute renforcé ce sentiment greffé sur une analyse des rapports dialectiques entre l'homme et le monde qu'il habite.

D'une plume soucieuse de forme plutôt que d'engagement et de militantisme, l'auteur attise sa pratique de l'ironie en questionnant la responsabilité individuelle de « la civilisation du déchet durable[84] » dans les destructions des écosystèmes qu'il constate dans ses tours du monde. L'« espèce humaine est bien la plus invasive[85] », déplore-t-il dans quelque pique dans la lignée de celle bien connue de Claude Lévi-Strauss dans *Tristes Tropiques* (1955) : « Ce que d'abord vous nous montrez, voyages, c'est notre ordure lancée au visage de l'humanité[86]. » Sa connaissance aiguë de la philosophie des sciences lui permet de lier ses notations présentes aux hypothèses prémonitoires énoncées dès 1799 par un contemporain et ami de Charles Darwin, Alexander von Humboldt, « inventeur de la définition scientifique d'un écosystème et de son équilibre entre l'eau et les arbres, les bêtes et les plantes [qui] décrit le risque de perturbation amené par l'intervention humaine[87] ».

Renouant avec ce qu'il nommait « une fréquentation mystique de la patience et de l'ennui, une acuité ironique devant le spectacle du monde[88] », le romancier expérimente ainsi l'expansion accélérée, diffuse et sans limites de l'urbanisation contemporaine ; son discours se prête à une approche écopoétique se situant au croisement de la littérature, de l'écologie et de l'éthologie, qui se propose précisément d'examiner la relation entre littérature et environnement naturel[89]. La ville-fleuve d'Iquitos, fondée en 1860 – date clé de l'obsession formaliste devillienne – sert d'exemple édifiant à son constat critique : d'abord, parce que Jules Verne[90] l'avait

81 Patrick Deville, *Amazonia*, *op. cit.*, p. 256, 260, 264, 276, etc.

82 *Ibid.*, p. 42.

83 *Ibid.*, p. 11, 47.

84 *Ibid.*, p. 256.

85 *Ibid.*, p. 264.

86 *Cf. ibid.*, p. 163.

87 *Ibid.*, p. 231.

88 Patrick Deville, *Pura Vida : Vie & mort de William Walker*, *op. cit.*, p. 214.

89 Pierre Schoentjes, *Ce qui a lieu. Essai d'écopoétique*, Paris, Wildproject, coll. « tête nue », 2015.

90 Le chapitre « Pierre & Jules » rappelle en détails les origines du roman qui est aussi résumé et commenté : *cf.* Patrick Deville, *Amazonia*, *op. cit.*, p. 168-170. Dans le chapitre

choisie comme point de départ des aventures de sa *Jangada* (1881) : établie entre les ríos Amazone, Nanay et Itaya, elle devint rapidement un port fluvial d'envergure – « une avancée triomphante de la civilisation industrielle[91] » ; ensuite, parce que, comme Manaus, Iquitos appartient aujourd'hui à ces « agglomérations incontrôlées que ne limite aucun obstacle naturel, chancres au milieu de la forêt qu'elles salissent, métastases de détritus entassés dans les quartiers périphériques et sur les berges du fleuve[92] ». Le *Je* consigne à la fois leur développement chaotique à travers des explicitations géopolitiques, notamment les conséquences de l'exploitation à outrance du caoutchouc[93], et leur « effondrement[94] ». L'apogée et le déclin des villes lui apparaissent aussi imprévisibles que ceux des civilisations ; sans plus de rêve politique révolutionnaire, le *Je* demeure dans l'observation passablement mélancolique de la nature. La dernière image de *Pura Vida* exprimait[95] déjà la nécessité pour le narrateur d'arrêter sa marche dispersée dans le tourbillon des événements, afin de bénéficier d'une pause qui le laisserait, enfin « débarrassé de la mémoire inutile de l'histoire », dans la pure et simple contemplation immobile de la beauté du monde[96]. Au cours des vingt-deux années de publication du cycle *Abracadabra*, le *pathos* s'estompant, l'élan mélancolique a peu à peu nimbé les lieux traversés d'une beauté éphémère mais plus intense telle « une propédeutique à la bonté[97] ». L'orographie est dès lors envisagée telle une pure jouissance de l'instant qui, sans nostalgie aucune, « invite à s'élever haut dans le ciel [...], à lire le futur de ces eaux, à imaginer la main d'un enfant confiant ici au courant un frêle esquif[98] », autrement dit à s'engager dans l'avenir grâce à un passé perçu comme « mémorable[99] », digne d'être conservé par la mémoire.

---

suivant, « père & fils (puis fille) », Deville fait de même avec le second *opus* amazonien de Jules Verne *Le Superbe Orénoque* (*ibid.*, p. 171-174) et suit également les traces de Blaise Cendrars (*ibid.*, p. 14, 46, 113, 123, etc.).

91 *Ibid.*, p. 169.

92 *Ibid.*, p. 162-163.

93 *Ibid.*, p. 187-192.

94 *Ibid.*, p. 236.

95 Les liens entre le cycle de Minuit et celui du Seuil seraient à approfondir. Ce désir de repli contemplatif salvateur existe, par exemple, dans *La Femme parfaite* (Paris, Éditions de Minuit, 1995, p. 15, 155).

96 Patrick Deville, *Pura Vida : Vie & mort de William Walker*, *op. cit.*, p. 280.

97 Patrick Deville, *Amazonia*, *op. cit.*, p. 282.

98 *Ibid.*, p. 14.

99 *Ibid.*, p. 137.

L'attrait du romancier pour la matérialité du monde se nourrit, par ailleurs, de la pratique régulière du *birdwatching* : conquis par l'« habitude salvadorienne de chercher une signification aux chants des oiseaux[100] », sensible autant à la beauté des noms qu'aux plumages[101], il trouve dans l'observation ornithologique une sorte de baume qu'illustre son attachement quasi naturaliste à la faune des berges et des rivages. Les arrêts ornithologiques dont il est coutumier depuis le cycle de Minuit se portent sur toutes les espèces : les perroquets, des grands aras *cyanopsitta* au corps vert pomme aux *papagaio verdadeiro do Brazil* (*Amazona estiva*) à la tête jaune[102], les pélicans, les frégates et les aigles harpies[103] ou le rare « hoatzin huppé[104] » dont il va traquer les traces en Amazonie dans une navigation de près de 4.000 kilomètres qu'il entreprend avec son fils unique, Pierre, avec lequel il partage bien sa passion pour la littérature et le dessin, les oiseaux et les voyages.

La thématique écologique s'intensifie justement par l'accent plus autobiographique des derniers romans dans lesquels le *Je* s'interroge sur les bouleversements politiques et climatiques observables à l'échelle d'une vie et d'une génération. Dans *Taba-Taba*, grâce à un tour de France par la route, Deville s'attache à retracer le destin de sa parentèle paternelle et dresse en particulier les portraits de son père, Paul-Eugène, et de son grand-père, Paul-Marie ; dans *Amazonia*, c'est en compagnie de son fils d'à peine trente ans qu'il traverse le Brésil et le Pérou. La part du récit de filiation dans ce composite romanesque emblématise la sensibilité devillienne selon laquelle la compréhension du présent ne peut s'établir sans un détour vers les moments révolus, sans un inventaire des héritages familiaux[105], réels ou symboliques, sans considération pour la « chaîne des pères et des fils[106] » qu'elle soit biologique, politique ou artistique[107].

---

100 Patrick Deville, *Pura Vida : Vie & mort de William Walker*, *op. cit.*, p. 213.

101 Patrick Deville, *Amazonia*, *op. cit.*, p. 96.

102 Patrick Deville, *Pura Vida : Vie & mort de William Walker*, *op. cit.*, p. 225.

103 Patrick Deville, *Amazonia*, *op. cit.*, p. 265, 94, etc.

104 *Ibid.*, p. 16, 96-98, etc.

105 L'expérience familiale confirmée par les récents acquis de la neurobiologie montre, en outre, que le présent vécu est entravé par les non-dits et les silences du passé, par les lacunes de l'histoire qui pèsent sur la conscience des individus, héritiers des traumas de leurs aînés.

106 Patrick Deville, *Amazonia*, *op. cit.*, p. 15, 18, 63, 160, 166, 183, etc.

107 Les destins de pères célèbres et de leurs fils (Rudyard et John Kipling, Percy et Jack Fawcett, Edgar et Raymond Maufrais, Theodore et Kermit Roosevelt…) se croisent dans

Grâce à cet intérêt pour les « vies minuscules[108] », les perspectives s'ouvrent à l'humanité entière : « héros, traîtres et indécis[109] » ont tous une place dans la fresque embrassée par le romancier plutarquien[110] curieux d'existences « emplies d'actes de bravoure admirables, de traîtrises immenses et de félonies assassines[111] ».

Revigorée par les (re)lectures d'implication éthique et politique[112] toutes référencées dans « une petite bibliothèque de bord[113] » et commentées au fil des pages, l'interrogation écologique se nourrit malgré tout d'inquiétudes pour le devenir de la culture humaniste[114]. Elle a pour motif récurrent[115] la rencontre de Michel de Montaigne avec des Indiens Tupis à Rouen en 1562 en présence de Charles IX[116] narrée dans les *Essais* : l'ouvrage du XVIe siècle préside aux prises de position de Deville qui relèvent d'un humanisme éclairé et d'un cosmopolitisme repensé promouvant la sécurité, la liberté et la dignité de l'homme. Cet humanisme dont il craint la disparition[117] induit la responsabilité de l'individu contemporain envers les autres et l'environnement devant l'explosion démographique et la raréfaction des ressources. Sa conclusion ? « L'optimisme est un impératif catégorique. Même si[118]. »

Depuis son entrée sur la scène littéraire dans le paysage complexe et mouvant du milieu des années 1980, Patrick Deville œuvre à l'édification d'une entreprise narrative majeure portée par un souffle aventureux et un élan ethnographique aptes à mobiliser et à modifier en profondeur la sensibilité et la pratique artistiques de notre contemporanéité. De cet important projet sourd en effet le rôle éthique que l'auteur confère à son art et qui se manifeste avec force à travers le besoin d'interpeller aussi

Amazonia au fil de chapitres intitulés « père & fils » : *cf.* p. 7, 27, 48, 67, 106, 144, 178, 245, 284.

108 Écho aux *Vies minuscules* de Pierre Michon (1984).

109 Patrick Deville, *Équatoria*, *op. cit.*, p. 8.

110 Plutarque (46-125 ap. J.-C.), auteur des *Vies parallèles* et des *Œuvres morales*.

111 Patrick Deville, *Pura Vida : Vie & mort de William Walker*, *op. cit.*, p. 30.

112 Patrick Deville, *L'étrange fraternité des lecteurs solitaires*, Paris, Seuil, coll. « Fiction & Cie », 2019, p. 54.

113 Patrick Deville, *Amazonia*, *op. cit.*, p. 293.

114 *Ibid.*, p. 112, 163.

115 Agit de même le retour dans *Taba-Taba* sur les attentats contre le journal *Charlie Hebdo* en 2015.

116 Patrick Deville, *Amazonia*, *op. cit.*, p. 24-26, 33.

117 *Ibid.*, p. 112.

118 *Ibid.*, p. 80.

bien l'Histoire, avec ses acteurs, glorieux ou oubliés, que la géographie, afin de réfléchir à une vérité qu'un romanesque inédit pourrait saisir.

Interrogé selon une perspective associant écopoétique et géopoétique, le grand-œuvre devillien offre à la thématique des villes-fleuves une perspective nouvelle à saisir dans le feuilleté descriptif des cités de séjour et d'écriture qui est revu et corrigé par un matériau transartistique. En balisant depuis près de vingt-cinq ans son atlas personnel avec des souvenirs historiques ou littéraires, individuels et collectifs, patiemment ordonnés, l'écrivain à la prose fluide et syncopée offre de redonner forme et consistance à la mémoire de l'individu contemporain en perte de repères.

Au fil des publications demeurent donc la vivacité ironique d'un style et l'énergie du geste d'un artiste qui affirme que « toute ignorance est coupable[119] ». Devenue une poétique d'écriture, cette exigence de la littérature en fait définitivement un lieu d'engagement contre

> [...] la multiplication des œuvres, des objets inutiles, ceux qui ne parlent pas à la mémoire des hommes, l'abaissement de la contemplation artistique et de la lecture au rang de passe-temps quand elles sont les voies d'accès à la condition humaine, l'infantilisation de citoyens [...] enfermés dans des parcs de loisirs ou camps de divertissements, la bêtise du présent permanent et l'amnésie[120].

C'est par cette éthique liée à la prodigalité formelle, thématique et sémantique de ses publications que Patrick Deville a su imposer sa patte au champ littéraire contemporain[121].

Isabelle BERNARD
Université de Jordanie, Amman, Jordanie

119 Patrick Deville, *Équatoria*, *op. cit.*, p. 322.

120 Patrick Deville, *L'étrange fraternité des lecteurs solitaires*, *op. cit.*, p. 45.

121 Outre une monographie intitulée *Patrick Deville : « Une petite sphère de vertige ». Parcours dans une œuvre contemporaine*, *op. cit.*, elle a publié une cinquantaine d'articles sur le roman français contemporain (Echenoz, Deville, Philippe Claudel, Chevillard, Toussaint, Thomas B. Reverdy, Majdalani, Énard, Ferrari, Lamia Ziadé, Ndiaye, Slimani, Fournier...). Elle a co-organisé les premières journées d'études internationales consacrées aux « Création(s) et réception(s) de Patrick Deville » (2017) à l'Université de Regensburg en Allemagne.

VILLES-FLEUVE DE L'ESCAUT ET DU SAINT-LAURENT

Les temps de l'eau entre métamorphose et imaginaire

La présente étude aura pour objet les villes-fleuve[1] de la vallée de l'Escaut (8e-21e siècles) et de la vallée du Saint-Laurent (17e-21e siècles), entre métamorphose et imaginaire.

REPENSER LES « TEMPS DE L'EAU » À L'ÉCHELLE OCCIDENTALE

L'étude diachronique des paysages fluviaux européens et nord-américains témoigne d'une géohistoire en partie commune caractérisée par des dynamiques de transformation convergentes à l'échelle occidentale qu'ont mises en lumière les récents travaux comparatifs à partir des années 2000, à travers plusieurs colloques sur le sujet. En 2003, le colloque international *Rivers in History. Designing and Conceiving Waterways in Europe and North America*, tenu à Washington, qui a donné lieu à un ouvrage collectif paru en 2008[2], regroupe différentes contributions portant sur des fleuves d'Europe et d'Amérique du Nord tels que le Rhin, la Seine, la Volga, le Missisipi ou encore les « Trois Rivières » de Pittsburgh. Il s'agit, d'après les auteurs, de l'une des premières approches comparatives de l'histoire des rivières nord-américaines et européennes qui tente de mettre en lumière les points communs et les différences ainsi que les particularités observables de chaque côté

1 Nous faisons le choix de l'orthographe suivante au pluriel : « villes-fleuve ».

2 Christof Mauch, Thomas Zeller (dir.), *Rivers in History. Perspectives on Waterways in Europe and North America*, Pittsburgh, *University of Pittsburgh Press*, 2008.

de l'Atlantique dans la gestion et la transformation des cours d'eau, en soulignant l'importance des différents acteurs à l'origine de ces changements[3]. De la même façon, le colloque international qui s'est déroulé à Trois-Rivières (Québec) en 2009, intitulé *L'industrialisation des rivières : perspectives comparées*, dont les actes ont été publiés en 2012 sous le titre *Urban Rivers. Remaking Rivers. Cities and Space in Europe and North America*[4], a eu pour objectif de comprendre les processus communs concourant à la transformation des cours d'eau urbains de part et d'autre de l'Atlantique, en soulignant les nombreux parallèles observables dans le façonnement des rivières urbaines par les sociétés européennes et nord-américaines à l'époque industrielle, et ce malgré les différences géographiques et historiques majeures entre ces deux espaces. Plus récent, le colloque *Regards croisés sur les zones humides nord-américaines et européennes* s'inscrit également dans cette perspective à travers l'étude géo-historique comparée de la transformation des zones humides par l'étude des transferts technologiques, des conceptions socioculturelles et des modes de gestion de l'environnement ayant façonné les paysages dès l'époque coloniale, notamment dans les espaces très urbanisés, et il invite par-là à étirer la chronologie au-delà de la période industrielle[5].

Il résulte que l'approche comparée favorise une compréhension neuve et globale des relations entre société et environnement, des dynamiques spatio-temporelles ainsi que de l'importance de processus tels que le transfert des techniques, l'industrialisation et l'urbanisation dans la métamorphose des paysages fluviaux à l'échelle occidentale. Par ailleurs, ces recherches comparatives récentes se distinguent par l'émergence progressive de travaux portant spécifiquement sur la France et le Canada à travers l'étude comparée de l'aménagement

3 *"This volume is one of the first to offer comparative insights into the history of European and North American rivers. As a group, these essays demonstrate not only the many commonalities but also the contrasts between rivers on both sides of the Atlantic. Social and economic needs, ecological values, aesthetic preferences, and national identities have shaped perceptions and designs of rivers in different regions and countries"* (*ibid.*, p. 7).

4 Stéphane Castonguay, Matthew Evenden (dir.), *Urban Rivers. Remaking Rivers, Cities, and Space in Europe and North America*, Pittsburgh, Pittsburgh University Press, 2012.

5 Magalie Franchomme, Bertrand Sajaloli (dir.), *Regards croisés sur les zones humides nord-américaines et européennes*, Actes du 5e Colloque du Groupe d'Histoire des Zones Humides, Université Laval et Dalhousie University, Québec et New Brunswick, 26-31 août 2013, *Cahiers de Géographie du Québec*, vol. 59, 2015.

fluvial et palustre[6], du risque d'inondation[7] et de la gestion du réseau hydrographique à l'échelle de la France et des territoires nouvellement intégrés aux XVIIe et XVIIIe siècles[8].

REPENSER L'HISTOIRE DES VILLES-FLEUVE À LA LUMIÈRE DE L'APPROCHE COMPARÉE

Dans cette veine comparatiste, les villes-fleuve nord-américaines et européennes ont suscité un intérêt privilégié au sein des recherches[9]. Parmi les multiples objets et thèmes d'étude de l'histoire environnementale, l'étude des rapports ville-rivière et de leurs dynamiques évolutives a constitué une entrée privilégiée pour comprendre ces interactions réciproques et les dynamiques de co-évolution entre les riverains et leurs cours d'eau au gré des transformations économiques, sociales, politiques et des modes de gestion et de représentation de l'environnement fluvial en milieu urbain[10]. Les géographes français et les socio-écologues autrichiens ont très récemment effectué des études comparées de l'évolution des villes-fleuve à l'échelle européenne, en confrontant la transformation des rivières et voies navigables urbaines au sein de plusieurs grandes villes européennes[11]. Ces chercheurs ont ainsi mis en évidence, grâce à l'étude géo-historique comparée, des trajectoires d'évolution convergentes de ces villes-fleuve en dépit de caractéristiques

---

6 Gregory Kennedy, "*Marshland Colonization in Acadia and Poitou during the 17th Century*", *Acadiensis*, XLII, n° 1 (Winter/Spring 2013), p. 37-66.

7 David Niget, Martin Petitclerc (dir.), *Pour une histoire du risque. Québec, France, Belgique*, Rennes, Presses Universitaires de Rennes et Presses de l'Université du Québec, 2012.

8 Benjamin Furst, *La monarchie et l'environnement en Alsace et au Canada (XVIIe-XVIIIe siècles) : l'eau, politiques et représentations*, thèse en cotutelle, Université de Haute-Alsace, Université de Montréal sous la direction d'Alain Lemaître et Dominique Deslandres, thèse soutenue le 20 juin 2017.

9 Stéphane Castonguay, Matthew Evenden (dir.), *Urban Rivers. Remaking Rivers, Cities, and Space in Europe and North America*, *op. cit.*

10 Michèle Dagenais, *Montréal et l'eau. Une histoire environnementale*, Montréal, Boréal, 2011.

11 Verena Winiwarter *et alii*, "*The Long-Term Evolution of Urban Waters and Their Nineteenth Century Transformation in European Cities. A Comparative Environmental History*", *Water History*, n° 8 (3), p. 209-233. Voir également Catherine Carré, Laurence Lestel, *Les rivières urbaines et leur pollution*, Paris, Éditions Quae, 2017.

orohydrographiques, démographiques, socio-économiques et politiques divergentes. Ils montrent comment des villes très distinctes, qui ont connu différents types d'industrialisation, tendent à devenir similaires au gré des transformations de l'époque contemporaine[12].

Cette convergence est due à certains processus démographiques, socio-économiques, socio-politiques, technologiques et culturels tels que la croissance urbaine et l'industrialisation des fronts d'eau ou encore la diffusion de la pensée hygiéniste qui entraînent une transformation des paysages fluviaux urbains selon des voies parallèles[13]. Les différentes villes sont ainsi marquées par des travaux de canalisation et d'endiguement des rivières navigables et par le recouvrement des cours d'eau non navigables qui sont intégrés aux réseaux d'égouts urbains développés aux XIXe et XXe siècles après avoir été longuement utilisés aux époques médiévale et moderne (moulins, industries du bord de l'eau, etc.). La comparaison permet d'éclairer les similitudes mais également les particularités et les différences, de prendre en compte les variantes et les *scenarii* distincts en fonction des contingences géographiques et historiques et de diverses variables. Ces facteurs de variabilité sont progressivement gommés au cours du temps, conduisant à une homogénéisation convergente des villes-fleuve tout en préservant certaines originalités locales. L'objectif de ces recherches est *in fine* d'établir des modèles d'évolution des villes-fleuves à l'échelle européenne. Ces conclusions peuvent être étendues à la sphère occidentale comme le suggèrent les récentes approches comparées des rivières urbaines à l'échelle nord-américaine et européenne.

12 *"We compare the modernization and industrial transformation of Vienna, Lyon, Munich, and Brussels as a study of co-evolution, paying attention to differences in the aquatic networks as well as to differences in the societal preconditions. The four cities illustrate how driving forces on macro- and local levels led to four distinct cases of industrial transformation of cities and rivers, which became increasingly like one another in the process."* : Verena Winiwarter *et alii*, *"The Long-Term Evolution of Urban Waters and Their Nineteenth Century Transformation in European Cities. A Comparative Environmental History"*, art. cité, p. 210.

13 *"These rough boundaries recognize the comparability of the cases [...] within similar processes industrialization, expansion and urbanization [...] The also refer to areas with a long history of riverine improvements and urban-riverine relationships left a deep imprint, in terms of ecological change, technical infrastructures, and institutionnal arrangements, that framed the future uses of the river."* (*ibid.*, p. 6). Les auteurs, en introduction, renvoient ainsi aux processus communs, à l'existence de « *parallel tracks* » concourant à la transformation des rivières en contexte urbain et aux dynamiques d'interaction villes-rivières sur la longue durée en prêtant attention aux différentes modalités de transformation et aux particularités : *"did cities seek to adapt rivers to industrialization in similar ways ? Were they faced in the same legal and political challenges ?"* (*ibid.*, p. 5).

C'est dans ce contexte historiographique que s'insère le présent article qui entre dans la perspective d'une géohistoire comparée de la construction des paysages et des territoires fluviaux prenant comme terrain d'étude la vallée de l'Escaut (France et Belgique), entre le XIIe et le XXe siècles, et la vallée du Saint-Laurent (Canada), entre le XVIIe et le XXe siècles. À travers ces deux études de cas, il s'agit de voir dans quelle mesure les villes-fleuve de l'Escaut et du Saint-Laurent sont caractéristiques des dynamiques paysagères observables respectivement en Europe du Nord-Ouest (France-Belgique) et en Amérique du Nord (Canada) et, par là, les similarités et convergences qu'il est possible de déduire en mettant ces deux espaces en dialogue. Pour ce faire, nous retiendrons la situation des villes du Haut-Escaut (Cambrai, Valenciennes, Condé, Tournai, Gand) et des trois plus anciennes villes-fleuve de la vallée laurentienne, à savoir Montréal, Trois-Rivières et Québec, qui serviront d'exemples à la réflexion.

HISTOIRES D'EAUX
Les temporalités de métamorphose

L'ESSOR DES ACTIVITÉS ET INFRASTRUCTURES FLUVIALES AU SEIN DES VILLES FORTIFIÉES

Les villes fortifiées de la vallée de l'Escaut (VIIIe-XVIe siècles)

La vallée de l'Escaut est caractérisée par le développement de plusieurs villes le long de cours qui structurent leur défense et leurs activités économiques autour de la voie d'eau[14]. Au sein de ces villes, situées souvent au

14 *Cf.* Laëtitia Deudon, Matthieu Deltombe, « Les places fortes de la vallée de l'Escaut : environnement et aménagement du territoire », Christine Aubry, Thomas Byhet (éd.), *Les places fortes des Hauts-de-France. Actualités et recherches inédites*, Lille, Septentrion, 2022. Voir les documents suivants : plans de Cambrai (ville et citadelle), 1783, BnF, Cartes et Plans, GE-C 2363 ; plan de Valenciennes en 1693, Archives municipales de Valenciennes, non coté (les marais inondés ceinturant la ville sont visibles de même que les différents cours d'eau urbains qui délimitent les anciens bourgs de la ville) ; plan de Condé entouré

confluent d'un autre cours d'eau (Rhonelle, Haine, Lys), les fortifications se développent au fur et à mesure – au cours du Moyen Âge et de l'époque moderne – où l'eau du fleuve sert à alimenter les douves des enceintes castrales, à délimiter les quartiers puis les fossés de l'enceinte urbaine[15]. Dans le même temps, le fleuve permet d'exploiter la force hydraulique à des fins productives, de transporter les marchandises entre chaque ville et de se constituer une ressource alimentaire grâce à la pêche. Dès le Haut Moyen Âge, les autorités seigneuriales laïques, ecclésiastiques et les élites urbaines impulsent le développement d'activités préindustrielles et, rapidement, les moulins prennent place sur le cours du fleuve (Cambrai, Valenciennes, Tournai) ou sur des dérivations pratiquées pour déployer et multiplier les infrastructures. Ces aménagements s'accompagnent souvent dans la vallée de l'Escaut d'annexes hydrauliques pour l'activité piscicole, matérialisées par des chapelets d'étangs et de viviers. Un important réseau hydraulique composé de canaux, de fossés et de buses permet le drainage des eaux de surface, mais aussi l'alimentation des différentes industries (blanchisseries, brasseries) installées dans la ville et ses faubourgs ainsi que l'évacuation des eaux usées artisanales (tanneries, boucheries) et domestiques.

Des infrastructures portuaires sont installées et les grèves aménagées pour développer la navigation (*portus* de Valenciennes et de Tournai, *trou du bouillon* et *franche étaple* de Condé). Progressivement, la navigabilité du fleuve en ville est améliorée à travers la mise en place d'écluses, de travaux de rectification qui restent partiels jusqu'au XVIe siècle[16]. Le développement du réseau fluvial est concomitant à la structuration du réseau terrestre où le prolongement des routes est assuré par la présence de ponts (ponts-levis, ponts dormants) et s'accompagne de la création de péages (droit de vinage et de chaîne, pontenage, tonlieu) pris sur

par ses marais, BnF, Cartes et Plans, Ge DD 4586, vol. II, pl. 9 ; plan de la ville et de la citadelle de Tournai assiégées et prises par les François en 1745, BnF, Cartes et Plans, Ge D 14442.

15 Voir Lionel Droin et Victorien Leman, « La gestion de l'eau au château de l'Arsenal à Condé-sur-l'Escaut (Nord) du XIIIe au XVIIIe siècle », *L'eau dans le château*, Actes du 3e colloque international au château de Bellecroix, 18-20 octobre 2013, Éditions du Centre de Castellologie de Bourgogne (CeCaB), 2014.

16 Pour avoir plus d'informations sur la navigation et la navigabilité de l'Escaut, voir Marc Suttor, « La navigation sur l'Escaut : des origines au XVIIe siècle », Villeneuve d'Ascq, *Revue du Nord*, 2011, tome 93, n° 391-392, p. 851-867 ; Yannick Coutiez, *Bateaux, navigation, bateliers et marchands sur la Haine, de Mons à Condé-sur-l'Escaut (XIVe-XIXe siècles)*, Saint-Ghislain, publication extraordinaire du Cercle d'Histoire et d'Archéologie de Saint-Ghislain et de sa région, n° 15, 2015.

les bateaux de marchandises traversant chaque ville par terre et par eau[17]. Hors les murs, les marais péri-urbains constituent également une ressource productive pour la ville grâce au maraîchage, à l'élevage spéculatif, aux herbages dans les prairies humides et aux activités artisanales telles que le blanchissage, le rouissage du lin ou l'extraction de tourbe ou de charbon[18]. Progressivement, les marais sont drainés pour permettre leur mise en culture dans une logique d'extension des terroirs dans un contexte d'accroissement de la population urbaine. La ville est ainsi connectée à son arrière-pays, à ses faubourgs, ce qui est en outre visible grâce aux ponts qui servent à approvisionner la ville en denrées. Cependant, très vite, la problématique des inondations se pose et les mêmes zones humides périphériques servent d'exutoire aux eaux pour protéger la ville des débordements récurrents. Les zones humides sont ainsi intégrées au fonctionnement des hydrosystèmes urbains et leur transformation est conjointe à l'essor des villes jusqu'à leur disparition à la période contemporaine au profit de la croissance urbaine.

Par ces transformations, les villes-fleuve de la vallée de l'Escaut n'ont sur ce plan rien d'exceptionnel et connaissent *mutatis mutandis* la même trajectoire que de nombreuses villes-fleuve européennes[19]. Les villes de la vallée de l'Escaut présentent toutefois certaines particularités notamment dues à leur situation frontalière. Frontière politique, les différents sièges contribuent à développer les fortifications et à renforcer l'hydraulique militaire par le recours aux inondations défensives[20]. Cette

17 Gérard Sivéry, *Les comtes de Hainaut et le commerce du vin au* XIV*e siècle et au début du* XV*e siècle*, Lille, 1969.

18 Cela renvoie à l'idée de « ville au milieu des marais » développée par Patrick Fournier qui met l'accent sur les liens étroits entre les villes et leurs zones humides périurbaines caractérisées par leur multifonctionnalité et leur rôle déterminant pour les espaces urbains : Patrick Fournier, « La ville au milieu des marais aux XVIIe et XVIIIe siècles. Discours théoriques et pratiques de l'espace », *Histoire urbaine*, 2007/1, nº 18, p. 23-40.

19 Sylvain Dournel analyse ainsi l'exemple d'Orléans et d'Amiens qui suivent une trajectoire convergente, de même que Chloé Deligne dans son étude géohistorique sur Bruxelles : Sylvain Dournel, *L'eau, miroir de la ville : contribution à l'étude de la requalification urbaine des milieux fluviaux et humides (Bassin parisien, Amiens, Orléans)*, thèse de doctorat sous la direction de Guillaume Giroir et Bertrand Sajaloli, Université d'Orléans (CEDETE – EA 1210), soutenue le 8 décembre 2010 ; Chloé Deligne, *Bruxelles et sa rivière. Genèse d'un territoire urbain*, Turnhout, Brepols, *Studies in European urban history (1100-1800)*, nº 1, 2003.

20 *Cf.* Laëtitia Deudon, Matthieu Deltombe, « Les places fortes de la vallée de l'Escaut : environnement et aménagement du territoire », art. cité. Voir les plans déjà cités : plan de Valenciennes en 1693, plan de Condé entouré par ses marais, plan de la ville et de la citadelle de Tournai assiégées et prises par les François en 1745.

situation frontalière de l'Escaut fait que l'on a pendant longtemps encouragé le maintien des zones humides péri-urbaines pour leur fonction défensive tout en essayant en même temps de les assécher.

Ces grandes transformations correspondent à un premier temps fort de la métamorphose des villes-fleuve que l'on retrouve en partie outre-Atlantique, sur une temporalité plus courte qui correspond à la période coloniale.

Les villes fortifiées de la vallée du Saint-Laurent

En dépit de leur apparente dissemblance, les villes nord-américaines reposent sur les mêmes bases de développement que les villes de l'Ancien Monde. Les villes bâties le long du Saint-Laurent n'échappent pas à la règle, à la différence que, dans la vallée laurentienne, les villes s'adaptent à l'hydrographie existante plus qu'elles la modifient[21]. Enserrés entre le fleuve et l'un de ses affluents, les remparts urbains sont édifiés le long des cours d'eau sans les franchir, faisant des rivières un élément morphogénérateur ou morphogène de l'espace urbain[22]. Leurs infrastructures hydrauliques sont par conséquent reléguées en périphérie, dans les faubourgs où se trouvent les moulins à eau, les tanneries et les

21 Constat également effectué par Benjamin Furst dans son analyse comparée des territoires d'Alsace et du Canada à l'époque moderne : *cf. La monarchie et l'environnement en Alsace et au Canada sous l'Ancien Régime. L'eau, politiques et représentations*, *op. cit.* Voir également : Robert de Villeneuve, « Québec et ses environs en la Nouvelle France assiégé par les anglois le 16 octobre 1690 », Gallica BnF : https://gallica.bnf.fr/ark:/12148/btv1b8595960q# (consulté le 22 septembre 2022); le plan de Trois-Rivières en 1704 dans l'ouvrage de Benjamin Sulte, *Histoire de la ville des Trois-Rivières et de ses environs*, Montréal, Eusèbe Senécal, 1870 ; Joseph-Gaspard Chaussegros de Léry, « Plan de la Ville de Montréal dans la Nouvelle France », 1731, *Archives nationales d'Outre-Mer*, FR CAOM3DFC480B : https://ville.montreal.qc.ca/memoiresdesmontrealais/files/plan-de-montreal-en-1731 (consulté le 22 septembre 2022).

22 Le caractère morphogénérateur des cours d'eau de Montréal a entre autres été mis en évidence par Michèle Dagenais et Valérie Mahaut dans leurs travaux respectifs sur l'espace urbain montréalais. Sur le rôle plus général de l'eau en tant que morphogène des paysages urbains, voir Sandrine Robert, Benoit Sittler, *L'eau comme morphogène dans les paysages*, *Proceedings of the XVII UISPP World Congress, 1-7 September 2014*, Burgos, Espagne. Voir également Joseph-Gaspard Chaussegros de Léry, « Plan de la Ville de Montréal dans la Nouvelle France », document déjà cité, et le plan de la Ville de Montréal vers 1815, *Library and Archives Canada*, MIKAN 4126137. Montréal, enserrée entre le fleuve Saint-Laurent et ses petits tributaires, commence à agrandir ses faubourgs par-delà son enceinte et à s'affranchir de ses cours d'eau (ponts) dans un contexte d'accroissement de la population urbaine.

ponts, construits sur de petits tributaires pour conduire les denrées à la ville. Les faubourgs et leurs zones humides servent ainsi de ceinture maraîchère aux cités en développement, à l'instar de l'Europe. Les cours d'eau jouent aussi un rôle majeur dans la défense de la ville, notamment lors des sièges. À Montréal et à Québec, le fleuve et ses affluents servent en l'occurrence de remparts aux attaques ennemies, notamment lors du siège de 1759 à Québec[23].

Ces similarités avec l'Europe répondent à un transfert des techniques et des formes d'aménagement permis notamment grâce à l'exportation du système seigneurial, choisi comme mode d'administration du territoire, et par l'application locale des savoir-faire en matière de fortification. Toutefois, les transformations restent limitées jusqu'à l'ère industrielle, proportionnellement aux dynamiques démographiques marquées par une population très faible jusqu'au début du XIXe siècle[24].

LES TRANSFORMATIONS DE LA MORPHOLOGIE FLUVIALE URBAINE À LA PÉRIODE MODERNE (XVIIe-XIXe SIÈCLES)

La transformation de la morphologie des cours d'eau résulte en outre de la volonté d'améliorer et d'étendre la navigation pour l'approvisionnement des villes. Les travaux de canalisation constituent l'un des enjeux principaux de cette extension par l'endiguement et le redressement des rivières afin de créer des routes de commerce fluvial directes. Dans la vallée du Haut-Escaut, les autorités entament des négociations à partir du premier tiers du XVIIe siècle pour étendre la navigation de Valenciennes à Cambrai et relier ainsi les deux villes marchandes entre elles et, ensuite, jusqu'aux villes de Picardie grâce au canal de Saint-Quentin[25]. Cette motivation est accélérée par l'accroissement du commerce du charbon extrait près des villes (fosses d'Anzin près de Valenciennes). Le creusement du canal est principalement effectué dans la seconde moitié du XVIIIe siècle

23 Voir Robert de Villeneuve, « Québec et ses environs en la Nouvelle France assiégé par les anglois le 16 octobre 1690 », art. cité.

24 La population montréalaise ne compte ainsi que 1.150 habitants vers 1700 contre 17.200 à Valenciennes à la même époque. En 1801, Montréal ne dénombre encore que 9.000 habitants, mais, rapidement, la population triple et atteint plus de 27.000 individus en 1831, 57.000 en 1851, et plus de 176.000 en 1881 ; elle est donc multipliée par vingt en moins d'un siècle.

25 Les discussions autour des travaux de canalisation sont notamment visibles dans les archives municipales de Valenciennes (série DD : Eaux et Forêts).

et est poursuivi au XIXe siècle à travers l'endiguement des berges, la suppression des différents méandres et la réalisation d'écluses à sas et de déversoirs[26]. Les villes-fleuve du Haut-Escaut connaissent alors une croissance économique non négligeable et une métamorphose importante à travers l'aménagement de nouveaux quais, la transformation d'une partie des fortifications, l'installation de postes de douane et, surtout, l'implantation de nouvelles industries. Ces changements entraînent une forte recomposition du territoire urbain, toujours connecté à son fleuve[27].

Cette ambition de corriger la nature en vue d'accroître l'essor économique du pays, que l'on retrouve aux XVIIe et XVIIIe siècles un peu partout en France et par extension en Europe, rencontre les préoccupations des ingénieurs du Nouveau Monde qui emportent avec eux les projets de la métropole. En Nouvelle-France, les ingénieurs, en accord avec les autorités seigneuriales ecclésiastiques (Sulpiciens, Jésuites), proposent des travaux de canalisation dès les premiers temps de la colonisation. Ils proposent par exemple de rectifier le cours de la rivière Saint-Pierre près de Montréal via le redressement et l'endiguement du lit de la rivière, afin de disposer d'un itinéraire direct en contournant les rapides de Lachine, pour faciliter l'accès des canots à la ville et faire tourner plusieurs moulins à blé pour l'approvisionnement de la nouvelle bourgade en expansion[28]. Les premiers travaux sont réalisés à la fin du XVIIe siècle, mais rapidement stoppés à la suite de nombreux problèmes techniques et financiers[29]. Les ingénieurs sont confrontés à une réalité du terrain autre que ce qu'ils connaissent en Europe, à des moyens humains et financiers moindres. Ainsi, malgré une légère reprise au XVIIIe siècle, l'entreprise

---

26 *Cf.* Laëtitia Deudon, « Une géohistoire de l'aménagement de la Vallée de l'Escaut », Franck Minette, Sébastien Verleene (éd.), *Habiter l'inondable. Penser l'inondation comme une opportunité de projet de territoire, en vallée de l'Escaut, en Tournaisis et ailleurs*, Vaulx, UCL-LOCI, Tournai 2018. Voir également un extrait du plan de Valenciennes dressé par Édouard Mariage, *Atlas valenciennois*, 1891, Archives municipales de Valenciennes, Ms 1228, tome 12. L'Escaut, ses affluents et canaux disparaissent progressivement du paysage au nom de la salubrité publique et des intérêts fonciers.

27 Les travaux de canalisation entraînent ainsi un redécoupage du parcellaire existant et de nombreuses expropriations qui impliquent une réadaptation des riverains à ces changements.

28 *Cf.* Plan de Montréal illustrant le redressement et la canalisation d'un des bras de la rivière Saint-Charles, en banlieue de Montréal, XVIIIe siècle, *Archives nationales d'Outre-Mer*, FR CAOM COL/F3/290/56.

29 « Notes historiques de M. Pierre Rousseau sur les canal et moulins de Lachine », 1680-1733, *Archives du Séminaire de Saint-Sulpice de Montréal*, P1:7A-1T-37.

est abandonnée car trop coûteuse. Il faudra attendre les années 1820 pour que soit achevé le premier canal de Montréal, connu sous le nom de canal Lachine. Le Saint-Laurent, quant à lui, ne commencera à être aménagé que très tardivement à partir du XIXe siècle puis au XXe siècle à travers la création de la voie maritime du Saint-Laurent (1959). Le développement des infrastructures portuaires est alors adapté à une navigation fluviomaritime (quais, môles).

Hormis ces travaux, la question des inondations reste primordiale pour les villes tant en Europe qu'en Amérique du Nord. Les cités bâties sur l'Escaut et le Saint-Laurent sont régulièrement frappées par les inondations entre les XVIIe et XIXe siècles avec des conséquences dévastatrices en ville[30]. La rectification des cours d'eau et l'assèchement des zones humides constituent un enjeu primordial pour protéger la ville des crues récurrentes. Cambrai, Valenciennes, Condé, Tournai, Gand sont régulièrement touchées par les débordements qui dévastent rues, bâtiments et industries de la ville. Au cours du XIXe siècle, les inondations à Montréal atteignent fortement la population et la ville, particulièrement l'inondation de 1886. La mise en place de canaux, de digues et de murs de soutènement constituera une réponse partielle aux inondations urbaines, mais les citadins de ces deux territoires restèrent très vulnérables jusqu'à la fin du XIXe siècle.

LA MÉTAMORPHOSE DES VILLES-FLEUVE AUX XIXe ET XXe SIÈCLES : REGARDS CROISÉS SUR LE VALENCIENNOIS ET LA RÉGION DE MONTRÉAL

Les nouveaux canaux construits favorisent l'implantation d'établissements industriels en ville, qui exploitent l'énergie hydraulique et bénéficient de la proximité de ces nouvelles voies navigables. Les canaux de navigation constituent dès lors de nouveaux corridors industriels à l'époque contemporaine. L'importante transformation du paysage fluvial urbain à la suite de la Révolution industrielle au sein des deux vallées est visible à travers le développement d'usines et infrastructures

30 À ce sujet, voir Laëtitia Deudon, « Construction et évolution de la vulnérabilité dans la vallée de l'Escaut (France) et la vallée du Saint-Laurent (Québec), XVIIe-XIXe siècles », Charles-François Mathis, Michèle Dagenais et François Walter (dir.), *Vulnérabilités environnementales : perspectives historiques*, *VertigO, Revue électronique en sciences de l'environnement*, vol. 16, n° 3, décembre 2016 : http://vertigo.revues.org/18027 (consulté le 22 septembre 2022).

hydrauliques associées à ces établissements, à savoir les bassins, prises d'eau industrielles, déversoirs et aqueducs, écluses, barrages, ponts de chemin de fer et chemins de halage qui sont aménagés sur et autour des corridors canalisés. Cette phase d'industrialisation s'accompagne d'une deuxième puis d'une troisième phase de canalisation du canal Lachine[31] et du canal de l'Escaut, entre 1830 et 1840 puis entre 1870 et 1880, qui s'accompagne d'une modernisation des infrastructures anciennes (moulins industrialisés) et d'une extension du tissu urbain. Le cas de la région montréalaise et celui du Valenciennois, deux régions très industrialisées en proportion de leur territoire respectif, où essaiment les usines (métallurgie, sidérurgie, distilleries, raffineries, industries agro-alimentaires et textiles) et leurs infrastructures hydrauliques (prises d'eau industrielles, gares d'eau, bassins, passerelles de halage), reliées au réseau fluvial, routier et ferroviaire, soulignent l'ampleur des réaménagements[32]. Le XIXe siècle est ainsi marqué par une accélération des processus de transformation des villes-fleuve, à un rythme exponentiel pour le Canada, poursuivie au XXe siècle lors de la deuxième industrialisation qui voit émerger de nouvelles villes qui tirent profit de l'exploitation hydraulique et de la navigation. Tel est le cas de la ville de Denain qui se développe autour des établissements Usinor bâtis sur l'Escaut ou de Shawinigan sur la rivière Saint-Maurice au Québec, près de Trois-Rivières en Mauricie, dont l'essor est dû aux implantations hydroélectriques sur cet affluent du Saint-Laurent[33].

Parallèlement, les villes-fleuve de la vallée du Saint-Laurent et de l'Escaut connaissent une disparition progressive de leurs rivières urbaines au cours de la période industrielle. Le recouvrement des cours d'eau urbains est un procédé très ancien dans les villes européennes, avec la présence de voûtes sur les ruisseaux et rivières dès la fin du Moyen Âge, par mesure d'hygiène, mais également par intérêt foncier pour gagner du terrain sur l'eau. Ce phénomène se retrouve dans les villes

---

31 Pauline Desjardins, *L'organisation spatiale du corridor du canal Lachine au XIXe siècle*, Montréal, Association des Archéologues du Québec, 2006 ; Alain Gelly, Yvon Desloges, *Le canal Lachine. Du tumulte des flots à l'essor industriel et urbain*, Québec, Septentrion, 2002.

32 *Cf.* Vue de Montréal depuis la cheminée de la centrale de la Montreal Street Railway, 1896, Musée McCord, VIEW-2944. Voir également sur internet les nombreuses photos du rivage des forges et des aciéries de Denain, connues sous le nom d'Usinor, au bord du canal de l'Escaut, entre 1940 et 1960.

33 Voir Claude Bellavance, *Shawinigan Water and Power 1898-1963. Formation et déclin d'un groupe industriel au Québec*, Montréal, Boréal, 1994.

nord-américaines à l'époque industrielle, à la suite de la diffusion du paradigme hygiéniste de l'Ancien vers le Nouveau Monde[34].

Montréal est une ville profondément marquée par les cours d'eau qui traversent l'île de part en part[35]. Lorsque Montréal perd ses remparts à partir de 1801, la population se multiplie en passant de 1.200 habitants en 1700 à plus de 27.000 habitants en 1831. La ville s'affranchit alors de ses cours d'eau, s'étend spatialement au-delà des rivières et des ruisseaux, se densifie autour de ceux-ci, et les ponts se multiplient de façon spectaculaire[36]. La densification urbaine entraîne une forte concentration des aménagements sur les petites rivières, suréquipées, créant une augmentation des débordements et une plus forte vulnérabilité des riverains. Observable dans les villes européennes dès le XVIIIe siècle, le phénomène s'accentue au XIXe siècle et est particulièrement marqué outre-Atlantique où les changements ont lieu à un rythme très soutenu. Ainsi, entre 1800 et 1840, Montréal dépasse les 30.000 habitants et connaît des situations similaires aux villes françaises telles que Valenciennes où la population est comparable à l'époque. Transformées en véritables égouts à ciel ouvert, les rivières urbaines sont recouvertes petit à petit et incorporées au réseau d'assainissement. Les différentes rivières de Montréal (rivière Saint-Pierre, ruisseau Saint-Martin) sont voûtées, intégrées au réseau d'égout et disparaissent très rapidement du paysage urbain[37] au XIXe siècle (1820-1880), puis au XXe siècle (1960-1980). Dès lors, la disparition des rivières en ville contribue au recul des épidémies et des crues récurrentes à la suite de débordements répétés et de vagues de choléra qui déciment la population urbaine (épidémie de choléra en 1832 à Montréal). Elle permet aussi à la ville en pleine expansion de s'accroître sur l'eau en gagnant du terrain sur les rivières enterrées et sur

34 Magalie Franchomme, Bertrand Sajaloli (dir.), *Regards croisés sur les zones humides nord-américaines et européennes*, *op. cit.*, introduction, p. 254.

35 La ville va jusqu'à être appelée la « Venise de l'Amérique du Nord » dans certains journaux.

36 *Cf.* Plan de la Ville de Montréal vers 1815, document déjà cité. De même, le plan "*Map of the city and suburbs of Montreal*", 1825, *Library and Archives Canada*, NMC 145696, montre l'accroissement spatial de la ville qui prend le pas sur ses rivières, redressées et fortement aménagées.

37 *Cf.* "*Map of the City of Montreal shewing the Victoria Bridge, the Mountain & proposed Boulevard, and the different dock projects*", *compiled and drawn by Frederick N. Boxer architect*, 1859, *Archives de la Ville de Montreal*, CA M001 BM005-3-D15-P001 : https://archivesdemontreal.ica-atom.org/map-of-city-of-montreal-shewing-victoria-bridge-mountain-proposed-boulevard-and-different-dock-projects-compiled-and-drawn-by-f-n-boxer-architect-1859 (consulté le 22 septembre 2022).

les berges de la rivière des Prairies, comme en témoignent de nombreuses coupures de journaux des archives de la Ville de Montréal.

Le même phénomène s'observe dans les villes de la vallée de l'Escaut où la perte de fonctionnalité des cours d'eau associée aux préoccupations hygiénistes et aux intérêts fonciers conduit au recouvrement des multiples canaux et rivières urbaines au cours du XIXe siècle, travail parachevé au siècle suivant : Cambrai, Valenciennes[38]. Cette tendance générale concerne de nombreuses villes-fleuve à l'échelle occidentale qui se retrouvent orphelines d'une partie de leurs cours d'eau autrefois aménagés et qui assuraient leur prospérité économique. Le canal devient alors le nouveau paysage fluvial urbain et les activités et l'identité des citadins se restructurent en partie autour des canaux de navigation. Les activités nautiques côtoient petit à petit les industries – car la navigation de plaisance se développe au cours du XXe siècle (joutes et concours de voile sur l'Escaut et le canal Lachine) – et donnent lieu à de nouveaux réaménagements qui remplacent progressivement les espaces industriels, consécutivement à un abandon progressif et à un déclassement des usines matérialisés par la présence de nombreuses friches industrielles à partir des années 1970[39]. À Montréal, l'apparition de friches industrielles est consécutive à l'abandon du canal Lachine au profit de la voie maritime du Saint-Laurent ouverte en 1959. La fermeture des industries s'accompagne d'un comblement partiel du canal que l'on retrouve pareillement dans le Valenciennois où l'abandon des minoteries du faubourg Notre-Dame (Vert Gazon) entraîne le comblement d'un bras de l'Escaut en 1970[40].

---

38 *Cf.* Laëtitia Deudon, « Une géohistoire de l'aménagement de la Vallée de l'Escaut », art. cité Voir également l'extrait du plan de Valenciennes dressé par Édouard Mariage, *Atlas valenciennois*, document déjà cité.

39 Cette phase d'oubli et de déclassement est particulièrement bien détaillée dans la thèse de Sylvain Dournel qui se penche sur les cas d'Orléans et d'Amiens : *cf. L'eau, miroir de la ville : contribution à l'étude de la requalification urbaine des milieux fluviaux et humides (Bassin parisien, Amiens, Orléans)*, *op. cit.*

40 Il est à noter que Montréal et Valenciennes, par la taille différente de ces villes et de leurs canaux, ont connu un degré d'industrialisation différent, mais ces deux études de cas rendent compte de processus similaires qui touchent les villes-fleuve situées de part et d'autre de l'Atlantique et qui encouragent les comparaisons, en tenant compte bien entendu des différences historiques et géographiques de ces espaces.

LA REQUALIFICATION DES VILLES-FLEUVE À DES FINS TOURISTIQUES ET PATRIMONIALES

Souligné par différents chercheurs, l'abandon partiel des cours d'eau à l'ère industrielle est suivi d'un nouveau « temps de l'eau », marqué par la requalification et la réappropriation des rivières urbaines par les populations riveraines occidentales qui donnent un nouvel élan aux villes-fleuve[41]. Ce mouvement est en outre visible à travers la restauration des friches hydrauliques industrielles, la création de parcs urbains autour des cours d'eau restaurés (Parc de la Citadelle à Valenciennes) ou dont le tracé ancien est replacé dans le paysage (Parc du passage à Québec), la « renaturalisation » et revitalisation des cours d'eau (rivière Saint-Charles à Québec), la remise à l'air libre des rivières enterrées ou encore l'implantation de ports de plaisance et de pistes cyclables sur les anciens quais et chemins de halage (port de plaisance du canal Lachine à Montréal, Écoport Valescaut à Valenciennes). Sur l'Escaut, les étangs d'affaissement, apparus au cours du XXe siècle à la suite de l'activité minière et d'extraction, sont réaménagés et convertis en bases nautiques pour les citadins (étang du Vignoble en banlieue de Valenciennes, étang de Chabaud Latour à Condé-sur-l'Escaut).

Les cités fluviales connaissent également une ré-urbanisation des fronts d'eau, qualifiée par Bernard Le Sueur de « flurbanisation » des rives, matérialisée à Montréal par la construction d'une série de duplex (« condos ») sur les bords du canal Lachine et à Valenciennes par la réhabilitation de l'îlot Folien, toutefois critiquée à cause de la gentrification possible de ces espaces par des logements de haut-standing[42]. Dans le cas de l'Escaut, ces nouvelles fonctions récréatives et résidentielles s'accompagnent d'une relance de la navigation fluviale marquée par l'installation de nouveaux ports à conteneurs et par le creusement du canal Seine-Nord Europe qui reliera la rivière de l'Oise à l'Escaut.

---

41 Sylvain Dournel, Magalie Franchomme, Bertrand Sajaloli, « Géohistoire d'une résurgence d'eaux troubles : les milieux humides et les cités fluviales dans la France du Nord (début XIXe-XXe siècles) », Corinne Beck, Magalie Franchomme, Fabrice Guizard-Duchamp, Jacques Heude (dir.), *Zones humides et villes d'hier et d'aujourd'hui : des premières cités aux fronts d'eau contemporains*, Actes du IIIe colloque international du Groupe d'histoire des Zones Humides, Valenciennes, 25, 26 et 27 mars 2010, p. 169-187, *Revue du Nord*, hors-série, collection « Histoire », n° 26, Université Charles-de-Gaulle-Lille 3, 2011.

42 Ce constat est notamment formulé par Chloé Deligne en conclusion de son ouvrage *Bruxelles et sa rivière. Genèse d'un territoire urbain* (*op. cit.*), qui invite à réfléchir aux conséquences de l'embourgeoisement des rives dans la capitale belge.

L'Escaut est également marqué par une tertiarisation de ses rives où médiathèques, bureaux, pôles numériques prennent bord sur le canal, dans la ville et sa banlieue[43]. La rivière devient ainsi un espace de création pour la population riveraine qui se réapproprie ses cours d'eau urbains, notamment à travers un imaginaire du fleuve construit au fil des siècles.

HISTOIRES D'ART
L'imaginaire construit autour des villes-fleuve

Les liens étroits entre les populations urbaines et leurs rivières ont contribué à la construction d'un imaginaire et de croyances particulières unissant le réel et le fantastique, l'espace perçu et l'espace vécu, l'histoire et la mémoire. Cette seconde partie, qui se veut être un essai sur l'imaginaire du fleuve de part et d'autre de l'Atlantique, est à mettre en miroir avec la première partie pour saisir l'évolution et la dialectique des relations villes-fleuve sur la longue durée. Il s'agira, toujours à travers l'exemple des villes de l'Escaut et du Saint-Laurent, de voir comment l'imaginaire fluvial des citadins se structure à travers l'étude des allégories, des œuvres d'art, des poèmes et autres écrits du temps qui mettent en relief les rapports évolutifs des villes-fleuve au sein des deux territoires étudiés.

LES ALLÉGORIES DU DIEU-FLEUVE

L'Escaut ou le Neptune des villes du Nord

Plusieurs villes scaldiennes arborent sur leurs monuments et œuvres d'art l'allégorie divine de l'Escaut. L'une des plus anciennes représentations du dieu *Scaldis* est visible sur le manuscrit enluminé par Hubert Cailleau[44] où l'illustration est accompagnée du récit mythologique de

43 Les « Rives Créatives de l'Escaut » est un parc qui accueille les formations et les entreprises liées au numérique (groupe Rubika) afin de créer au cœur de Valenciennes un nouveau quartier structuré autour de ce nouveau pôle numérique et technologique.

44 Hubert Cailleau, « Copieuse inondation d'eauve nocturnale en Vallenchiennes. An 1532 », *Archives municipales de Douai*, manuscrit 1183, f° 190v-191 : http://initiale.irht.cnrs.fr/codex/2073 (consulté le 22 septembre 2022).

la vengeance de l'Escaut qui, avec l'accord des dieux, aurait puni les Valenciennois d'avoir voulu borner les eaux d'un rempart de terre, en leur envoyant une inondation spectaculaire qui dévaste la ville en 1532[45]. L'enluminure montre le dieu *Scaldis*, reconnaissable à sa tête jonchée de roseaux et à sa vasque déversant de l'eau, côtoyant Neptune muni de son trident et montant un cheval marin. Les deux divinités sont entourées de Triton qui sonne la trompe et d'une sirène qui jaillit de l'eau. Pendant ce temps, les Valenciennois portent secours aux habitants emprisonnés au premier étage de leur maison en leur apportant du pain à l'aide de barques. Les principaux édifices de la ville ainsi que les habitations de bois sont en partie immergés par les eaux. Cette allégorie du dieu-fleuve se retrouve sculptée sur plusieurs monuments urbains de Valenciennes tels que le fronton de l'Hôtel de ville et le square Froissart, sur l'Arc de triomphe de la navigation construit pour la visite de Napoléon III en 1853, accompagné systématiquement de son affluent, divinité féminine, la Rhonelle, de même qu'à Gand, sur la façade baroque de l'ancien Marché-au-Poisson de la place Saint-Pharaïlde où Neptune surplombe les allégories de l'Escaut et de la Lys, son affluent dans la ville.

Le dieu-fleuve Saint-Laurent

Ce thème architectural du dieu-fleuve, au gré des influences architecturales et artistiques, s'est également transposé en Amérique du Nord, par exemple dans l'une des plus importantes villes-fleuve canadiennes, Montréal. Ainsi, le monument à John Young, monument-fontaine construit en 1908 par Louis-Philippe Hébert, situé dans le Vieux-Port de Montréal, représente l'ancien directeur du port de Montréal, John Young, en visionnaire qui surplombe le dieu-fleuve, figure allégorique du Saint-Laurent, à demi-assis sur les débris d'un navire naufragé, tenant une vasque d'où s'écoule l'eau de la fontaine[46]. De part et d'autre du socle du monument, deux proues de navire sortent d'une vague, évoquant ainsi la navigation sur le Saint-Laurent à l'origine de l'essor et de la richesse de Montréal. L'œuvre, entre réalisme et symbolisme, est

45 Voir le travail de l'historien de l'art Félicien Machelart qui transcrit entièrement cette légende dans son ouvrage sur l'histoire de Valenciennes : *Valenciennes, fille de l'Escaut et de la Rhonelle*, Wimille, Punch, 2005.

46 Louis-Philippe Hébert, « Monument à John Young », 1911 : https://artpublicmontreal.ca/oeuvre/monument-a-john-young/ (consulté le 22 septembre 2022).

destinée à rendre hommage à John Young qui a joué un rôle majeur dans le développement portuaire de la ville. Initialement installée sur la place historique de Montréal, la Place Royale, la fontaine a été déplacée à deux reprises. Elle fut d'abord déménagée à la Pointe-à-Callière, en 1952, avant d'être définitivement installée à son emplacement actuel, en 1997, devant les bureaux de la Société du Vieux-Port de Montréal. Le monument à John Young souligne ainsi les liens étroits entre la ville et son fleuve, à travers le port de Montréal.

L'IMAGINAIRE FANTASTIQUE AUTOUR DU FLEUVE

L'imaginaire fantastique construit autour du fleuve est visible à travers les contes et légendes de l'époque contemporaine. Plusieurs auteurs français et québécois écrivent des récits sur les monstres marins et autres bêtes fantastiques de l'Escaut et du Saint-Laurent. Des récits quasi homériques racontent par exemple la capture des esturgeons, considérés comme des poissons surnaturels, géants sortis des eaux de l'Escaut et de la Meuse qui remonteraient à contre-courant le fleuve depuis la mer. Les histoires de l'auteur condéen Charles Deulin prennent place au sein de la vallée de l'Escaut où se côtoient nains, sorcières, ogres et autres créatures fantastiques vivant au fin fond de la Flandre. Les contes rassemblés par le poète québécois Jean-Claude Dupont décrivent quant à eux les serpents magiques qui sortent des eaux du Saint-Laurent, les baleines aux yeux enflammés et les scènes de sabbat sur le fleuve en face de Québec[47]. Les récits québécois reprennent ainsi les motifs et thèmes issus de la tradition orale indo-européenne et du folklore traditionnel qui ont nourri l'imaginaire collectif. Également, d'autres poèmes et légendes fournissent une vision romantique et idéalisée du fleuve, lieu de promenade et d'aventure apprécié pour son esthétique, par exemple le poème *Les quatre âges de l'Escaut* d'Élie Brun-Lavainne et des poèmes sur le Saint-Laurent.

47 Jean-Claude Dupont, *Légendes du Saint-Laurent*, 2 tomes, 1984. Voir notamment « L'arbre des rêves » et « Le moulin du Diable ».

LA « VILLE DÉLÉTÈRE[48] » : LA PENSÉE HYGIÉNISTE AU PRISME DE L'ART ET DE LA LITTÉRATURE

Au fur et à mesure que la technique enferme les cours d'eau, les fait disparaître du paysage urbain, les esprits les enferment également, les soustraient du paysage mental à la suite du triomphe de la pensée hygiéniste qui confère une image négative des cours d'eau urbains. Les rivières sont considérées comme malsaines, putrides et représentent un danger pour la santé publique. Cette perception des rivières urbaines transparaît dans les textes littéraires et les représentations artistiques qui dépeignent l'insalubrité des villes occidentales à l'époque industrielle. Pour la vallée de l'Escaut, la littérature fantastique de Samuel-Henry Berthoud montre Cambrai à l'image de la « ville délétère » lorsqu'il aborde le « trou d'enfer », « l'Escaut immonde » des rues de Cambrai, lieux insalubres mais aussi lieux de débauche, de mauvaises mœurs (prostitution)[49]. À Montréal, la rivière Saint-Pierre est assimilée au Styx dans les écrits et mémoires des anciens élèves du collège de Montréal qui jouxtait autrefois la rivière, devenue un véritable cloaque au XIXe siècle, jusqu'à son recouvrement et à sa conversion en égout collecteur (collecteur William) en 1831. Les gravures d'époque illustrent une ville insalubre à la suite de l'épidémie de choléra de 1832[50], une ville de miasmes, de fièvres et de dysenterie imputés en partie aux cours d'eau urbains (ruisseau Prudhomme, ruisseau Saint-Martin). Cette iconographie et ces textes font écho aux discours véhiculés par la pensée hygiéniste qui touchent profondément les esprits de l'époque en Europe puis en Amérique du Nord.

48 Sabine Barles, *La ville délétère : médecins et ingénieurs dans l'espace urbain (XVIIIe-XXe siècles)*, Seyssel, Champ Vallon, coll. « Milieux », 1999.

49 Samuel-Henri Berthoud, *Chroniques et traditions surnaturelles de la Flandre*, vol. 1, « Le Trou d'Enfer », Paris, Werdet, 1831.

50 Henri Julien, *Montreal's night major on his ghostly rounds*, 1875, Musée McCord, M992X.5.82 : https://collections.musee-mccord-stewart.ca/en/objects/82690/montreals-nightmayor-on-his-ghostly-rounds-dedicated-to-t (consulté le 22 septembre 2022).

LA REDÉCOUVERTE DES RIVIÈRES URBAINES AU MIROIR DE LA PRODUCTION ARTISTIQUE CONTEMPORAINE

Au cours de la seconde moitié du XXe siècle, la rivière, au fur et à mesure de sa redécouverte et de sa réappropriation par les habitants, devient une source d'inspiration pour la production artistique et littéraire, surtout en ville. L'Escaut donne ainsi lieu à plusieurs formes d'art : théâtre (Scènes du Haut-Escaut), poèmes et ateliers d'écriture sur l'Escaut, dessins et peintures (*Tabula Scaldis* de l'artiste flamand Joost Heeren). Ces créations artistiques renvoient à l'espace perçu et vécu, soulignent une identification à une aire culturelle commune, visible à travers les activités urbaines, l'architecture (maisons dites « scaldiennes »), la mémoire des habitants qui se remémorent les souvenirs de leurs ancêtres bateliers et leurs jeux dans les anciens cours d'eau de la ville, transcrite dans les poésies et les romans locaux. Tous ces éléments témoignent d'une identité forte des habitants des villes-fleuve qui traverse les frontières.

Outre leur taille et leur histoire divergentes, les villes-fleuve de l'Escaut et du Saint-Laurent, comme d'autres villes-fleuve du monde, renvoient à un univers culturel commun, à un sentiment partagé dans la mémoire tant individuelle que collective, et ce, malgré l'épaisseur du temps qui ne ternit par les liens entre les villes et leur fleuve, mais contribue au contraire à en tisser de nouveaux, à les transformer à travers la création de nouveaux usages et de nouvelles relations. Les villes-fleuve actuelles sont ainsi le résultat d'une longue vie de relations, matérialisées par des métamorphoses physiques mais également culturelles, changements qu'aujourd'hui nous sommes également en train de connaître dans ce contexte de transformation à l'aune du XXIe siècle.

Les temps de l'eau, l'évolution des rapports ville-fleuve se reflètent à travers les aménagements, les transformations paysagères, mais également à travers l'art et les représentations. Ce qui se passe dans la vallée de l'Escaut rappelle ce qui se passe dans les villes du Bassin-Parisien, en France et de manière générale en Europe. Ce qui se produit sur le Saint-Laurent rappelle ce qui se produit dans d'autres villes nord-américaines, par exemple aux États-Unis (Boston, Pittsburgh, Détroit). L'exemple des villes-fleuve de la vallée de l'Escaut et du Saint-Laurent conforte l'idée d'une convergence des processus de transformation des paysages d'eau à l'échelle occidentale. Ainsi, par-delà leurs différentes hydrogéographiques et historiques, ces deux espaces présentent des trajectoires comparables, marquées toutefois par des différences en termes de rythmes, de temporalités et de spatialités ainsi que par des particularités régionales fortes (situation du Québec, zone frontalière de l'Escaut)[51]. Ces similitudes dans la transformation des lieux d'eau urbains résultent de processus technologiques, socio-économiques, socio-politiques et culturels en partie communs à l'échelle occidentale voire au-delà sur les autres continents. Les différences constituent quant à elles un outil heuristique pour comprendre les trajectoires empruntées par chaque territoire, l'impact de ces différences et des spécificités locales sur les dynamiques d'aménagement et le façonnement des territoires.

Peu encore sont les historiens qui osent la comparaison des villes-fleuve européennes avec les villes-fleuve d'autres espaces tels que les Amériques, l'Afrique ou encore l'Asie, bien que certains géographes s'y attèlent pour comprendre les villes-fleuve actuelles du monde (étude des pollutions urbaines, des systèmes d'approvisionnement en eau potable, des risques d'inondation), tout en tenant compte des différences géographiques et historiques de chaque ensemble. L'approche comparée des villes-fleuve du monde ouvre un nouveau cadre de réflexion dans un contexte de décloisonnement historiographique favorable à une nouvelle compréhension des processus globaux et des anthroposystèmes, nouvelle voie que, nous l'espérons, beaucoup emprunteront à l'avenir.

Laëtitia DEUDON
Institut national du Patrimoine
– Ministère de la Culture,
Paris, France
Laboratoire C.R.I.S.S.
– Université polytechnique
Hauts-de-France, France
Université de Montréal, Canada

51 Magalie Franchomme, Bertrand Sajaloli (dir.), *Regards croisés sur les zones humides nord-américaines et européennes*, *op. cit.*, introduction, p. 253.

FILETS D'EAU POUR DES VILLES « DURABLES »

Les hypothèses de Salim Bachi et Pierre Patrolin

Élément naturel capable de détruire et/ou de bâtir un écosystème, l'eau configure une déclinaison possible de la ville dans l'écriture de l'extrême contemporain où la notion de liquide favorise l'amplification des conditions de transformation, d'instabilité et d'imprévisibilité de l'urbain. En se chargeant notamment des fonctions utilitaires et des caprices des fleuves, l'eau ne soutient plus seulement des approches visionnaires mais multiplie les formes de résistance et de survie issues d'une pratique du partage.

Sans origine ni fin dans *Équatoria*[1] – où Patrick Deville se met sur les pas de l'explorateur Savorgnan de Brazza pour sillonner les eaux de l'Ogooué –, doté d'une source multiple et complexe en mesure de restituer les flux de l'Histoire entre échec et disparition – comme le Nil de *Méroé* d'Olivier Rolin[2] –, le fleuve se charge d'un potentiel narratif qui structure l'intrigue en revisitant la perspective linéaire. Descendre ou remonter deviennent ainsi une forme scripturale prête à bousculer les horizons et, par conséquent, à briser tant la monotonie que la mémoire. De plus, en renouvelant les « infinis moulages du même chemin[3] », cette présence géographique imprègne l'écriture d'une capacité réflexive qui vise, d'une part, à fixer le point d'observation, à l'enraciner dans la page comme reflet de l'intériorisation d'une certaine vision du monde, et, de l'autre, à prendre le large vers un débordement qui traduit le désir d'un autre espace à vivre. À l'effet mimétique de la contemplation, qui finit par établir le lien incontournable de l'homme à la terre dans la rivière de *La Grande Beune* de Pierre Michon[4], correspond l'évocation

1 Patrick Deville, *Équatoria*, Paris, Seuil, 2009.
2 Olivier Rolin, *Méroé*, Paris, Seuil, 1998.
3 Michel Jullien, *Intervalles de Loire*, Lagrasse, Verdier, 2020, p. 45.
4 Pierre Michon, *La Grande Beune*, Lagrasse, Verdier, 1996.

d'une frontière naturelle qui se charge des valeurs symboliques chères au processus d'initiation légendaire mené dans *Le Livre des Nuits* de Sylvie Germain[5].

Si la question du territoire apparaît ainsi comme un indice de la qualité de l'imaginaire fluvial, la reconstruction de cette ambiance se nourrit d'une expérience sensorielle qui prend en charge la relation affective entre l'homme et son environnement. Comme le soutient Bruce Bégout, « l'ambiance forme le dôme invisible sous lequel se déroulent toutes nos expériences[6] ». C'est pourquoi, outre les résonances des couleurs, des bruits ou des odeurs permettant de faire ressortir les opacités descriptives, le défi littéraire résiderait alors dans la gestion des doubles-fonds non répétables du vivant. De plus, comme, selon Gaston Bachelard[7], l'eau matérialise un silence, le fleuve pourrait établir une relation fusionnelle avec la ville en fonction du sentiment géographique d'appartenance : il bâtirait un lien et montrerait en même temps les effets engendrés par cette union.

Dans ce cas, la possibilité du fleuve et de la ville d'échanger leur rôle ou bien de se fondre cisèlerait un espace singulier, d'autant plus que, d'après Michel Jullien, les fleuves « renvoient à l'étrange sentiment d'une saturation, à un trop-plein de vacuité[8] » et qu'ils peuvent aménager l'espace urbain en fonction de la récupération ou du recyclage aussi de ce qui est épuisé. Par conséquent, l'eau apparaîtrait comme un indicateur pour mesurer la durabilité d'une ville qui doit être en mesure d'assumer elle-même son énergie, de la produire en autonomie.

Dans ce contexte, la ville imaginaire de Cyrtha, que Salim Bachi façonne avec *Le chien d'Ulysse*[9], témoigne d'une intermittence scripturale des propos fluviaux à travers, entre autres, les échos des modèles classiques et les clins d'œil à l'actualité. Quant au Paris de *La montée des cendres* de Pierre Patrolin[10], il tisse un lien éphémère entre la Seine et la pluie, l'horizontal et le vertical, en finissant par éparpiller toute source unique

5 Sylvie Germain, *Le Livre des Nuits*, Paris, Gallimard, 1985.

6 Bruce Bégout, *Le concept d'ambiance*, Paris, Seuil, coll. « L'ordre philosophique », 2020, p. 7.

7 Gaston Bachelard, *La poétique de l'espace*, Paris, P.U.F., 1957.

8 Michel Jullien, *Intervalles de Loire*, *op. cit.*, p. 109.

9 Salim Bachi, *Le chien d'Ulysse*, Paris, Gallimard, 2001, coll. « Folio », 2013. Dorénavant, la page de référence sera indiquée directement dans le texte, entre parenthèses.

10 Pierre Patrolin, *La montée des cendres*, Paris, P.O.L., 2013. Dorénavant, la page de référence sera indiquée directement dans le texte, entre parenthèses.

de l'eau, à la manière des lacis des fleuves. En questionnant les analogies et les différences de choix de ces deux auteurs, cette étude vise à analyser les mécanismes de flux et de reflux – qui recréent l'urbain – pour mettre à l'épreuve du littéraire la notion de ville-fleuve et saisir ainsi la spécificité d'une écriture fluviale aux prises avec un espace « durable ».

INTERMITTENCE

Cyrtha est une ville imaginaire qui ressemble à Alger ou à Constantine. Hocine erre dans ses rues en dressant ainsi le portrait d'une génération impliquée dans la question algérienne. Dès le début, cette ville est présentée comme un rocher qui surgit au milieu d'images liquides. Flotter ou naviguer bercent des « rêves humides [...] océan des songes » (p. 14) qui nourrissent la dimension onirique du récit. D'ailleurs, les choix syntaxiques de l'*incipit*, jouant entre solidité et fragilité, restituent le sens de l'immensité et de l'infinitude, typique d'un espace imaginaire – vécu ou non, désiré et redouté. C'est pourquoi le développement des contours en vertical et à l'horizontal pose un problème de gestion tant de l'espace que du temps. L'exemple des étoffes flottantes qui se déploient vers le haut jusqu'à interagir avec les nuages dessine un hors-lieu et un hors-temps à la fois, à cause du changement de perspective que le mouvement de ces toiles laisse émerger, à savoir l'absence de sol. De même, l'identité historique que Bachi ne néglige pas se constitue au fur et à mesure qu'un lexique de la résistance se déploie et se fortifie en exploitant les paradoxes des ruines ; traces d'une domination produite par l'assemblage de la terre et de la mer, celles-ci dévoilent aussi la pluralité d'un temps qui ouvre la voie à l'imagination avec les stratifications des époques. Tout apparaît alors en devenir, condition qui stimule la rêverie, justifie l'impact fantomatique avec le réel et les empreintes intermittentes aptes à faire résonner un certain urbanisme littéraire. En effet, l'action qui accompagne la création de cette ville en papier est liée à la lumière ; Cyrtha s'exhibe avec toute sa splendeur à travers un verbe, tel que « luire », qui indique le fait de briller de sa propre lumière. La ville imaginaire est ainsi la ville d'un commencement.

> Forteresse hérissée d'immeubles branlants, de toits aux arêtes vives, où flottent d'immenses étoffes blanches, rouges, bleues, vermeilles, qui dans le ciel s'évaporent et se découpent sur les nuages, oripeaux d'une ville insoumise, indomptable, cité en construction et pourtant ruinée, Cyrtha luit, dominant terres et mers infinies. (p. 13)

De plus, en poursuivant une démarche syntaxique vouée aux entrelacs des images fixées à partir de l'ancrage au soleil, Bachi peuple cette ville – conçue sous forme d'un dédale, expression d'un monde enclos en lui-même – avec des habitants qui vivent en symbiose avec des éléments naturels. Leurs postures en crabe s'adaptent aux techniques de navigation exploitées dans leurs vies amoureuses, de l'abordage à la conquête, alors que les rues où ils consomment leurs existences sont comparées aux grottes sombres en attente de nouveaux espoirs ; c'est là qu'émerge la dimension liquide pour assurer des échappatoires « au cauchemar de trois mille années placées sous le poids des conflits » (p. 14) et à un passé séduisant qui évoque guerriers et poètes d'antan pour consolider le désespoir du présent. Au contact avec la réalité, cette ville de rêve se brise et laisse affleurer toute sa fragilité à travers les images du « fleuve de pierre » (p. 15) qui l'envahit, des « cours d'eau mêlés au clapotis de l'onde » (p. 17) ou des « flots menaçants » (p. 27) qui risquent de l'effondrer. Bâti « à la fois sur un rocher en pain de sucre, au bord de la mer et sur une plaine » (p. 28), Cyrtha est absorbé par le paysage – animé notamment par des eucalyptus –, et le défi prométhéen qui vise à en atteindre la vision totalisante, à l'aide aussi des couleurs et des parfums, parvient à happer des moments de ruptures. Par exemple, la préparation d'un siège, avec une vingtaine de navires déployés dans « l'océan plat et vague » (p. 75), traduit un sentiment paradoxal de joie, de fête, avec des étendards coloriés, des tambours et des cris qui n'ont rien à voir avec la guerre, à tel point que « [l'] approche de la bataille [fait] frissonner Cyrtha comme une femme sous la caresse de l'amant » (p. 75). L'écho des croisades que Bachi laisse reconnaître avec la quête d'un autre port antique – Ithaque – se greffe dans le récit pour faire basculer le songe et l'enfoncer dans un effroi grandissant. Par conséquent, l'érudition contribue à ouvrir une trêve dans l'écoulement des événements, à suspendre le souffle même de la ville. Dans le parcours que les filets narratifs prennent en charge, la force insidieuse de l'eau se manifeste en effaçant les frontières et en refluant à l'intérieur des récits de manière à ce que, sous l'impulsion onirique, la construction de la ville apprivoise la mémoire et en fragilise les piliers réels. D'une part, l'énergie brute de l'érosion portée par la mer creuse des labyrinthes souterrains, « des percées obscures qui s'entrecoup[ent] en suivant le plan d'un architecte inconscient » (p. 181) ; de l'autre, elle accompagne un projet de renouvellement urbain en raison des travaux de réaménagement soutenus par les autorités publiques. D'où la superposition d'un chaos naturel à un chaos prémédité. Dans ce contexte, les transformations en fonction aussi des exigences coloniales se tournent « vers une ville froide, enclose, mollusque rentré dans le colimaçon » (p. 218), gardienne de toutes sortes de violences et de rancœurs. Mais, pour restituer les motivations de cette métamorphose, Bachi attribue un profil humain et animal à la ville elle-même à travers des solutions mythiques – tel le mariage du narrateur et de Cyrtha –, porteuses d'abord de mort et ensuite de vie, surtout quand l'élément liquide s'insinue dans les lignes.

> De nos noces naîtrait la mort, la mienne sans doute, la leur, hommes endormis, ravis au sommeil sans bruit, sans éclat. J'espérais me battre et n'être pas soustrait au temps sans renâcler, étalon ébloui dans sa course, cabré sous les balles, transpercé au bord du précipice. La ville guettait un faux pas ; une inconscience de plus nous précipiterait entre ses pattes ; la mer, la mer éternelle, fluait entre ses bras, remparts dont l'érection se perdait dans le nocturne des mémoires, fluait au bord de ses lèvres, échappait aux tentacules par la grâce de son inconsistance. (p. 190)

Si la régénération de l'espace-ville s'appuie sur la fonction de l'eau, sa présence narrative se prête à nourrir les liens d'une dimension à l'autre, du réel à l'onirique, de l'historique au fictif, à travers des filets qui ouvrent des failles pour séparer et composer. Certes, pour passer des rochers aux archipels, pour s'éveiller à la lutte contre les armées, pour remonter en surface, Bachi privilégie la mer et son sentiment d'infini, ce qui justifie le recours aussi aux ressources olfactives de la nature pour dessiner une condition d'illimitation, d'insoumission aux contraintes du temps. En effet, dépositaire de la vie et de la mort, des illusions et des déceptions, ce type d'eau permet à la ville de résister aux assauts du réel ; entre flottements, plongées ou écroulements, l'écriture exploite les atouts de cette source naturelle, comme la puissance évocatrice de ses images – « la mer et ses vagues bouillonnantes » (p. 129), « Cyrtha assiégée par les flots » (p. 144) –, afin de saisir la possibilité d'une régénération. Cependant, ce n'est que par le biais du fleuve que Bachi engendre un lieu de repli qui coule, irrigue l'existence tant du narrateur (p. 59) que de l'espace urbain qui l'entoure, selon un axe bidirectionnel. Ce mouvement plus restreint apparaît au moment où le narrateur se retrouve dans l'appartement de la famille Khan en train de repenser à Cyrtha. Ici, le fleuve possède son point d'arrêt dans un espace clos et rassurant, enclin tout de même à la déambulation.

> Elle délaissait le champ de bataille, non pour se reconstituer et s'élancer à nouveau sur son adversaire, moi, Hocine, mais plutôt pour me permettre de me reconstruire, d'aménager ainsi de nouvelles places, de nouvelles perspectives où ses troupes ordonnées couleraient à nouveau comme un fleuve qui, après de multiples détours et crues, aurait rejoint son lit de pierres. Cyrtha attendait son heure dans la certitude de la victoire finale. (p. 83)

En s'appuyant toujours sur des références mythologiques, Bachi tisse un dédale qui évoque Ariane et le Minotaure pour rendre encore plus visibles les entrelacements des décors appartenant à plusieurs époques mais aussi à plusieurs espaces fictionnels. C'est là que le « filet » de l'imagination déplace le récit vers le rêve chinois en évoquant un fleuve réel, le fleuve Jaune.

> Le Minotaure les suivait tandis qu'Ariane trottinait devant eux, menant quelques chèvres. Ils grillèrent au soleil. [...] La nuit chinoise, lentement, se prélassait sur les quais où de vieux coolies fumaient des cigarettes et crachaient dans l'eau. Leurs glaviots vieux faisaient des ploufs retentissants en tombant dans le fleuve. Les marins voulaient faire le tour des bordels, et ils juraient en grec qu'il n'y avait pas plus belles putains sur la terre. Kaïm voulut les suivre. Ali Khan rechigna ; ils prirent une jonque et remontèrent le fleuve Jaune. La nuit s'épaissit ; on n'entendait plus que l'étrave creusant le flot, le chant des criquets. Les cigarettes des coolies rougeoyaient dans l'obscurité. Le monde leur appartenait, se disaient-ils en observant, de loin en loin, les étoiles. (p. 86-87)

Dans cette deuxième partie du roman, l'eau produit les mêmes effets que le sommeil – apaisement et léthargie –, mais, par rapport à la mer entourant Cyrtha, capable de reprendre et de mélanger la tradition maritime arabe, grecque et chinoise, l'identité fluviale accroît l'action de penser et de repenser. En effet, le flottement qui caractérise cette errance rythme l'évocation de figures familiales intermittentes entre la vie et la mort. En s'alternant dans un vide silencieux et sombre, elles suivent « le flux énigmatique du Yang-tsé » (p. 89) et se fondent à tour de rôle dans cette eau aux pouvoirs particuliers. Le père de Hamid Kaïm, l'un des personnages du roman, apparaît « sur le fleuve » (p. 88) et, blessé à la cheville, reçoit de son fils de l'eau froide et noire pour boire avant de s'éloigner avec la sœur d'Ali Khan, autre personnage à la dérive de ce texte. Berceau de ces « flots sombres » (p. 90), le Yang-tsé de Bachi ne respecte pas les frontières géographiques et favorise l'épanouissement des rêves concernant l'enfance d'Hamid Kaïm dans une ville de pierres – Cyrtha –, « un coquillage » (p. 91) qui matérialise et protège ce que ce fleuve lézarde avec les souvenirs d'antan et les images débordées engendrées par l'opium. En s'éloignant de la mer, la sédentarité rejoint le fleuve et, faite de lenteur et de linéarité, se laisse porter par l'esprit ténébreux nervalien dans l'évocation du personnage D'Hilou (p. 93) qui pleure sur son ancienne vie de footballeur. La pensée fluviale tisse ainsi un monde absorbé par une ville où les intermittences culturelles favorisent les ramifications oniriques.

> Submergé par ses visions, Hamid Kaïm invoquait le fleuve, et pensait ainsi se détourner de la pâle lumière nocturne qui guidait à présent la jonque. Entendait-il monter comme des chants infernaux les cris de ses amis ? Sur chaque oreille, il posa une main. Silence et vertige. Le fanal surmontant la proue jetait une faible lueur sur le visage de son ami. Ali Khan riait. (p. 101)

En se concentrant sur le fleuve, Bachi le personnifie comme s'il représentait une divinité. Il peut s'endormir et interagir avec les ténèbres en tant qu'expression d'« une éternité vague » (p. 103) où la condition d'abandon favorise la rêverie. Du paysage en plein air au paysage intime, en prenant les distances de la mer, le fleuve circonscrit de plus en plus la métamorphose de la ville imaginaire en privilégiant la dimension du déclin, en vue de sa dissolution. Cette condition apparaît à travers les larmes d'une petite fille, comparées à « [d]es fleuves sombres, tumultueux [qui] bouillonnaient. Ils dévalaient ses joues froides puis se mêlaient, sur son menton, comme les affluents d'une rivière » (p. 109). De même, dans le carnet d'Hamid Kaïm, l'image du fleuve en crue établit encore une analogie avec une autre partie du corps orientée vers la dévastation – les narines gonflées d'air (p. 136). La même comparaison permettra également de rendre explicite le déclin politique en Algérie, à la suite des émeutes de 1988, autre élément d'intermittence dont le fleuve se charge en garantissant un clin d'œil à la situation réelle contemporaine.

> Le 5 octobre 1988, une partie de notre jeunesse se jetait dans les rues d'Alger avec la violence d'un fleuve en crue. Le déluge s'étendit aux autres villes du pays – Cyrtha ne fut pas épargnée –, menaçant d'emporter un système politique à bout de souffle. (p. 146)

Si, d'une part, la matière fluviale sur laquelle Bachi s'attarde dans la deuxième partie du roman explore différentes postures de l'eau – géographique, onirique, mythologique –, de l'autre, le recours à cet élément liquide, comprimé par rapport à l'étendue de la mer, contribue à l'épuisement des données face à l'état de guerre approchant. Le fleuve ausculte les habitants et berce leurs actions ; alors que la ville jette « ses ponts sur le fleuve, dont le ronronnement trahissant le travail nocturne, opiniâtre, qui depuis des temps reculés préparait la chute du Rocher » (p. 196), le fleuve se rompt « les reins à démolir la ville qui servait de gîte à des bourdons » (p. 196). Cette cohabitation organise ainsi une résistance.

IMMERSION

Après *La Traversée de la France à la nage*[11], Pierre Patrolin poursuit son immersion dans la dimension liquide de l'existence à travers le prisme de l'eau fluviale. Si son premier roman se construit au ras de l'eau en avançant par fluctuation dans la Garonne, l'Allier ou la Seine à la découverte des plis et des replis du paysage, avec *La montée des cendres*, l'écrivain explore l'équilibre entre ce qui monte et ce qui descend dans un décor urbain – Paris. À travers le double mouvement de l'eau (la pluie et la crue) et ses entrelacs avec les actions du feu dans une cheminée, la verticalité s'impose sur l'horizontalité et engendre un point de vue en mesure de restituer la condition d'opposition nécessaire à la mise en page du mouvement. Au moment où la Seine commence à monter, à s'enfler et à engloutir les berges tout autour à cause d'une pluie abondante, le personnage principal – nouveau locataire d'un appartement – entretient le feu d'une cheminée qui s'élance vers le conduit pour monter vers le ciel. Pour oublier la pluie qui tombe sur Paris et qui rythme la présence du

11 Pierre Patrolin, *La Traversée de la France à la nage*, Paris, P.O.L., 2012.

dehors dans ces pages, il explore les variations sur la forme et la fonction de la flamme dans un espace clos. Cette démarche favorise l'interaction entre le contenant et le contenu à tel point que la temporalité de l'espace privilégie le devenir au détriment de la stabilité des frontières. L'eau et le feu apparaissent alors comme des outils capables de construire le mouvement et de saisir les événements en tant qu'instants. Selon Anaïs Bernard et Bernard Andrieu, « [s]i l'immersion est l'acte par lequel un corps est plongé dans un milieu, alors l'immersivité apparaît comme la capacité d'un corps/sujet à s'immerger dans un espace créé par son propre mouvement[12] ». C'est pourquoi l'expérience immersive chère à l'écriture de Patrolin s'appuie sur l'anacoluthe pour englober la vie en devenir et enfin l'habiter. L'action effectuée et l'effet qu'elle produit finissent ainsi par coïncider.

Si le feu et l'eau agissent pour bâtir le décor par oscillations, leur omniprésence s'appuie sur un goût des instants qui visent à se complexifier en adoptant l'instabilité de la lumière et le filet comme unités de mesure. Dès le début, l'apparition de la flamme est accompagnée d'un effort définitoire qui privilégie le caractère fragile de l'image en train d'être évoquée. Au fur et à mesure que les couleurs, jamais précises, traversent la palette des tonalités – bleu, jaune, orange, rose, vert, bleu, noir, blanc, rouge – à l'aide des nuances adverbiales et verbales, la consistance du feu se fait branlante ; les choix syntaxiques réservés à la mise en évidence du feu et de la flamme reproduisent les mouvances de leur crépitement par le biais de l'alternance tant des subordonnées relatives que des phrases nominales.

> Une nouvelle flamme danse. Un filet presque bleu, une langue chaude, un souffle de lumière, un trait de couleur éphémère qui s'éteint aussitôt dans l'ombre de la cheminée. [...] Une flamme désormais jaune, presque orangée, instable, la pointe rose. [...] Une toute petite flamme indécise, verte dans les creux du papier, puis bientôt bleue quand elle s'élance autour du bois de la baguette, déjà noirci par le milieu lors de la précédente tentative. [...] Une flamme sans assurance, mobile, qui gagne l'épaisseur du carton, et jaunit subitement quand la moulure prend feu en laissant échapper un crépitement furtif, un parfum de résine. Une flamme qui s'allonge vers une pointe lumineuse, presque blanche désormais, une flamme qui chauffe le conduit et rougit le bois [...]. Le feu brûle dans la cheminée. (p. 8-10)

12 Anaïs Bernard, Bernard Andrieu, « Les arts immersifs comme émersion spatiale du sensible », *Corps*, 2015/1, n. 13, p. 75-81.

De plus, outre les variations chromatiques sur lesquelles Patrolin s'attarde à plusieurs occasions (p. 17, 19, 36, 47) pour signaler la métamorphose de la matière, l'attention est également portée sur la manière de les entrelacer. Dans ce contexte, l'écrivain insiste sur certaines expressions ; il les parsème comme des pivots descriptifs pour entretenir le décor des pages au fur et à mesure que les phénomènes météorologiques évoluent. Le manque de verbes provoque l'exploitation des détails sur lesquels l'écrivain se concentre en finissant par en épuiser les effets sur la narration ; toutefois, ceci n'empêche pas l'action de se mettre en place.

Au domaine du feu qui concerne notamment le dedans correspond l'eau qui, avec ses densités variables attestées par la pluie et l'averse, constitue le dehors. Rapide et fugace, longue ou courte, craintive et timide, parfois téméraire et vivace, malgré sa fragilité, la flamme brûle, monte, s'affadit, s'épuise, se ranime : elle habite ainsi l'appartement et rythme les petites actions du personnage en imposant sa manière d'exister. Dotée également d'une odeur variable en fonction des degrés de brûlure, elle s'insinue dans l'approche minutieuse de la réalité sous forme de réflexion et contribue à produire un effet de ralentissement qui permet d'apprécier le pouvoir des paradoxes et de déjouer les contradictions.

> Des tranches de baguette de la veille, coupée en rondelles fines afin de les laisser sécher avant de les porter au feu. [...] Une vraie flamme sinueuse, et légère. Une bouffée de chaleur, qui brunit la croûte avec une odeur nouvelle, inconnue dans cette cheminée. Acide et noire. Une odeur de brûlé. De matière carbonisée. Un parfum différent des bois qui se consument. Une odeur sombre. D'abord âcre. Amère. Puis acerbe : je découvre que le feu de bois ne sent jamais le brûlé. Il dégage un parfum à peine sucré, sans amertume. Oxydé. Chaleureux. Doux. (p. 67)

De même, pour marquer l'écoulement des séquences, Patrolin emploie le mot « filet » qui épaissit ce qui est en train de disparaître, comme dans les exemples du « filet de fumée » (p. 35) que la flamme laisse échapper ou du « filet de bois » (p. 37, 38) qui accentue son épuisement. Il le reprend également pour signaler l'effet de pénétration de la pluie (p. 31, 51). En outre, le feu et l'eau partagent le crépitement comme trace sonore (p. 31, 37, 91) en mesure d'apprécier le mouvement monotone de ces deux éléments et d'en déployer la vitalité. L'écrivain se met notamment à l'écoute des gouttes qui reproduisent « [u]ne danse raide, maladroite, une cadence saccadée, dont la syncope est entraînante, et l'harmonie curieuse au-dessus des moteurs de voitures » (p. 126). D'ailleurs, toujours porteuse d'une humidité enveloppante, la pluie constitue sans cesse un rappel qui se veut attraction tant vers le ciel et les nuages que vers les flaques. En particulier, le froid représente la condition qui lui est associée le plus souvent. « Pluie glacée » (p. 15) qui sollicite la réaction des tilleuls et des érables capables d'y opposer leurs dernières feuilles, pluie qui « tombe froide sur les pare-brises » (p. 17), « rideau d'eau froide [qui] s'abat sur les autobus » (p. 24), ce flux liquide est au cœur de certaines anacoluthes dont la rupture syntaxique peut englober une démarche contradictoire. Dans les exemples suivants, les mêmes données avancent entre négation et affirmation : « Pas de gel, ni grand froid. Une longue pluie continue. Froide et continue. » (p. 20) ; ou encore : « La pluie s'atténue quand j'atteins la palissade. Une palissade plus haute que l'œil. Que la vue. Ni jaune ni verte. Verte et jaune à la fois. » (p. 22) Lorsque la pluie s'intensifie, Patrolin s'empare du lexique musical pour rythmer l'averse. Comme des notes, les gouttes contribuent à établir une partition dont le chiffrage crée l'espace et assure aux nuances – reconduisibles, dans ce cas, aux expressions *lento*, *forte*, *crescendo* ou *sforzando* – le pouvoir d'articuler le déploiement des sonorités, de qualifier l'écoute en retenant les différentes perceptions.

> Une averse rapide s'abat sur le zinc. Toute la cour est éteinte. Le vent rabat la pluie sur les rideaux de bois descendus devant les ouvertures. [...] Dans la cheminée, les gouttes se répètent. La cadence s'accélère, la fréquence augmente. L'impact des gouttes se multiplie, néanmoins régulières. Une flaque ronde s'élargit vers le feu. Une petite flaque encore, où l'eau tombe sans arrêt, et sèche à sa périphérie sur un sol chaud, brûlant à l'approche des braises. [...] Quand la violence de l'averse s'atténue, le rythme des gouttes se ralentit, elles tombent plus grosses, plus espacées, plus lourdes au moment de sonner sur la pierre de la cheminée. (p. 134)

Des mécanismes chromatiques et sonores règlent également la présence de la Seine, fleuve qui s'élargit « sous la pluie » (p. 17), « entre ses quais » (p. 41-42), et monte à la veille d'une possible crue. Caractérisée d'abord par une « eau noire, lourde, terreuse » (p. 17) qui devient bientôt brune et silencieuse (p. 24), la Seine constitue le miroir sombre d'une surface où l'eau et la terre se dissimulent réciproquement ; la première se cache sous les effets de la lumière diffractée et la seconde s'empare de la liquidité pour faire émerger les traits éphémères de la ville de Paris. En effet, les berges n'apparaissent qu'en fonction des éventuelles conséquences de l'inondation notamment sur la circulation ; les maisons sont noyées dans quelques détails ponctuels qui en suggèrent l'existence, comme les toits ou les façades, et les mettent en relation à un tissu urbain fait de vélos et de voitures.

> La rue qui descend vers la Seine ne propose que peu d'arbres. Les premiers, les branches hautes, ne perdent aucun bois mort. En face, des lauriers dans des pots, malingres, peu fournis. Ensuite les persiennes de fer des façades s'alignent à l'aplomb des trottoirs, devant des vélos intrépides et détrempés, des Parisiens pressés dans les phares des voitures à l'arrêt sous l'averse. (p. 23)

Cependant, là où les moyens de transport devraient assurer un mouvement déjà autonome, Patrolin glisse des références liquides – par exemple, « un nouveau flot de voitures immobiles sur la chaussée du quai » (p. 24) – pour accentuer la tendance centripète du fleuve qui, en montant par une suite d'anacoluthes, menace d'engloutir la ville. Le manque parfois de ponts pour scander l'horizon et le décomposer fluidifie davantage la relation de la Seine avec Paris. Certes, les différents marqueurs d'espace accompagnent le mouvement vertical et horizontal de l'eau, selon une articulation syntaxique qui privilégie les moments comme derniers remparts de l'immédiateté, mais cette tendance qui restitue l'inertie scripturale de la ville produit l'inquiétude propre à l'attente de l'inondation. Le fleuve traverse la ville en silence et l'englobe prêt à s'en échapper vers la mer, en abandonnant derrière lui l'organisation des mesures d'alerte et les traces végétales arrachées au paysage. Les traits anthropomorphes accrus au fur et à mesure qu'il envahit la ville – s'éveiller, s'endormir, buter, s'étrangler, pousser, se contenter, s'obstiner, enfler – soutiennent un choix délibéré de revendiquer sa présence, de s'approprier la ville par sa lenteur et sa nature informe et imprévisible.

> La Seine pourrait monter encore. […] Le fleuve attend. Sans vagues. Sans reflets. La Seine paraît apaisée, large, sûre de sa force, capable d'attendre sans impatience les nuages et la pluie, les prochaines averses pour reprendre sa crue. Monter encore. S'élargir. Déborder enfin les murs qui la contiennent. Elle attend de pouvoir inonder la ville. Lancer subitement son eau noire dans les rues de Paris. Sur les quais du Pont-Neuf, des ouvriers s'activent à murer les accès du métro. Des sapeurs, couleur de terre, déposent des sacs de sable sur le trottoir, sous un ciel chargé d'eau à venir au-dessus des voitures. Un

ciel froid, lisse, sans relief. Blanc. Balayé par un vent désormais glacé. Un soleil fragile hésite à se montrer. (p. 169)

C'est pourquoi l'opposition à des objets stables ou à des marqueurs de direction se dilue dans une immersion scripturale en mesure de traduire alors la dissolution finale, non dans la mer, mais dans « des bouffées de cendres, des particules en suspension, une poussière de débris, des flocons noirs et plats dans une averse de neige, légère, poudreuse, [qui] retombent en voletant sur leurs visages » (p. 182) où l'eau rejoint le feu.

Ainsi les villes de Bachi et Patrolin intègrent-elles graduellement le fleuve dans un projet urbain que l'écriture met en place dans une perspective « durable », puisque ces deux réseaux, orientés vers la dilution, exploitent l'intermittence ou l'immersion en tant qu'outils de résistance de la nature en ville. Cette condition prend en compte les variations autour d'un environnement humain qui reconquiert les matériaux bruts et les maîtrise afin de re-densifier la représentation de l'espace urbain. Avec des ressources scripturales traversées par l'imaginaire classique, onirique ou du vivant, le fleuve devient ainsi un levier pour assurer la survie de la ville et en faire l'entre-soi.

Marinella TERMITE
Groupe de Recherche
sur l'Extrême Contemporain
(G.R.E.C.)
Dipartimento di Ricerca
e Innovazione Umanistica
(DI.R.I.UM),
Università degli Studi di Bari Aldo
Moro, Bari, Italie

ÉPILOGUE AUX VILLES-FLEUVES DU MONDE

La ville est comme le fleuve

Il me faut, comme à toi, l'air et la liberté[1].

L'eau, c'est la vie, dit-on communément en épousant l'évidence de l'importance et du rôle de l'eau dans la vie ; sans eau il ne peut y avoir de vie : une femme donne la vie à un bébé qui a baigné dans ses eaux, le liquide amniotique. Ainsi, pour avoir de l'eau et, par conséquent, pour vivre et pour perpétuer la vie, les hommes ont-ils bâti des villages, puis des villes, autour et à proximité de l'eau ; l'eau a donné de la vie à la ville, et la vie de la ville a commencé à tourner essentiellement autour de l'eau, à l'image du fleuve ou de tous les cours d'eau qui environnent et accompagnent la ville, la vie de la ville et de toutes les villes et les villages – notamment avec des fontaines publiques sur les places de ville, avec des jets d'eau à côté d'immeubles, dans les jardins publics, sur des ronds-points ou à des carrefours, qui rappellent les sources d'eau naturelle des campagnes. N'oublions pas les miroirs d'eau des villes ; miroir, représentation, réflexivité, réflexion – pourquoi pas admiration (*mirar* « voir », en espagnol) ou même contemplation.

C'est cette réalité vivante et fluviatile que nous nommons « fleuvitude », concept que nous définissons comme étant l'art de l'équilibre dans l'ordre des choses – l'équilibre entre l'homme et son environnement par le fluide de l'eau –, en le nommant esthétiquement « fleuvitude-miroir ». Le concept découle de notre observation empirique qui se décline comme telle : si tu vois un fleuve, c'est qu'un arbre n'est pas loin ; et si tu vois un arbre, c'est qu'un homme n'est pas loin, et une ville non plus !

1 Louise Michel (1830-1905), « Hirondelle qui vient de la nue orageuse ».

L'homme a bâti sa sédentarisation en fondant des villages puis des villes. Cependant, ne pouvant pas avoir des fleuves à tous les coins de rue, l'homme moderne s'est représenté le fleuve à sa manière, en le substituant, entre autres, par des voies de communication balisées, encore et toujours à l'image du fleuve – le fleuve miroir de la ville. Sans oublier que c'est par mers et fleuves que passent, de nos jours, les fibres optiques servant de véhicule pour l'Internet, nouvelles technologies obligeant ; et l'on parle de flux ou de fluidité d'un réseau dans le cadre des autoroutes de l'information, à l'image de celles où se déplacent automobiles, avions ou bateaux.

La ville qui est devenue un objet d'étude et d'analyse incontournable des sciences humaines est un lieu de confluences, qui a connu des affluences, au fil des siècles, dans une réalité semblable à celle des fleuves, eux qui profitent des eaux de leurs affluents et créent des confluents. La ville, tout comme le fleuve, a une source : c'est la campagne qui nourrit et alimente la ville ; et, quand elle se vide, on parle d'exode rural, ce qui arrive de plus en plus par le simple fait qu'une partie considérable de la population des campagnes est attirée par les mirages mirifiques des villes ; les plus grandes villes deviennent des miroirs aux alouettes, notamment avec la tertiarisation voire la quaternarisation du travail, et les campagnes se désertifient, malgré les cours d'eau qui les parcourent.

La fleuvitude nous apparaît comme étant le symbole du retour aux sources, un retour aux sources par l'Homme pour se rafraîchir la mémoire et pour rafraîchir la mémoire aux autres sur tout : sa propre histoire, l'histoire des autres, l'histoire de sa famille, l'histoire de sa ville, l'histoire de l'humanité – sachant que ceux qui ont fait l'Histoire l'ont faite en descendant des fleuves ; et nous découvrons l'Histoire en remontant les fleuves, c'est-à-dire en faisant un retour aux sources, en ayant recours à la mémoire. Parce que tout être humain est aux prises avec sa mémoire, la fleuvitude est l'affaire de tous ; elle est, à ce titre, universelle, et applicable à tous les domaines de la vie humaine et du savoir.

C'est pour cela que nous la concevons comme étant la civilisation de l'universel. Qui dit civilisation de l'universel dit ensemble de pensées et de cultures humaines plus ou moins communément reconnues et acceptées des hommes à travers l'Univers – ne serait-ce que parce qu'ils s'y retrouvent ou s'y reconnaissent le plus naturellement possible, par simple bon sens, cette « chose au monde la mieux partagée » selon Descartes. Or, la fleuvitude est ce bon sens : c'est la direction, le sens dynamique du fleuve, le sens du temps même, lui qui coule sans revenir en arrière, mais avec un sens, et dans un sens à partir duquel les hommes peuvent se repérer, voire s'identifier.

Par la reconnaissance, la prise en compte et la pratique de la fleuvitude, tous les êtres humains peuvent vivre en harmonie avec la nature mais aussi entre eux. Le fait même de donner des noms à des cours d'eaux et/ou de les définir est une manière de fleuvitude, c'est-à-dire de mettre en rapport l'homme et la nature ; le Canada est allé jusqu'à personnifier ses fleuves, notamment le fleuve Fraser, le plus long fleuve de la Colombie-Britannique (1.370 km), du nom de Simon Fraser, marchand de fourrure qui aurait exploré la totalité dudit fleuve au XIXe siècle.

Depuis des temps immémoriaux, la réalité de la fleuvitude s'impose jusque dans le paysage urbain : dès que l'être humain a commencé à exister sur terre, en contact avec la nature, il a développé sa réflexion à travers la littérature, la pensée humaniste et tous les courants de pensée qui rendent compte de cette réalité, d'où l'héritage riche et instructif de toutes sortes d'expressions héritées des Anciens à propos du fleuve et qui constituent en premier lieu la réalité de la fleuvitude que nous considérons comme le courant des courants. De Platon à Machiavel, comme à bien d'autres époques de raison comme de sagesse, la pensée fluviatile a suivi son cours. Machiavel nous conforte dans cette idée :

> Je compare la fortune à l'un de ces fleuves dévastateurs qui, quand ils se mettent en colère, inondent les plaines, détruisent les arbres et les édifices, enlèvent la terre d'un endroit et la poussent vers un autre. Chacun fuit devant eux et tout le monde cède à la fureur des eaux sans pouvoir leur opposer la moindre résistance. Bien que les choses se déroulent ainsi, il n'en reste pas moins que les hommes ont la possibilité, pendant les périodes de calme, de se prémunir en préparant des abris et en bâtissant des digues [...]. Il en va de même pour la fortune : elle montre toute sa puissance là où aucune vertu n'a été mobilisée pour lui résister et tourne ses assauts là où il n'y a ni abris ni digues pour la contenir. (*Le Prince*, 1532)

Qui dit fleuve dit source ; qui dit fleuvitude dit attitude ou aptitude humaine, travail humain en rapport avec le fleuve ou autour du fleuve et de sa vie. Donc, la fleuvitude, ce n'est pas seulement le fleuve ; c'est à la fois la source, les affluents du fleuve, le fleuve lui-même et la mer (ou l'océan) où se déverse le fleuve : la vie du fleuve en quelque sorte, de sa source à son embouchure ; ainsi n'y a-t-il pas de fleuvitude sans la mer, tout comme nous concevons qu'il n'existe pas de *meritude* au sens où nous parlons de fleuvitude. Cela va de soi : la mer n'a pas d'embouchure, elle ne coule pas non plus ; ses eaux salées, qui diffèrent des eaux douces du fleuve, ne sont pas buvables pour l'être humain, qui risque quasiment sa vie en consommant de l'eau salée s'il est en situation de manque d'eau douce, bien que, paradoxalement, elle puisse soigner. Même les îles qui sont en plein milieu des mers possèdent des rivières ou des fleuves qui ont des eaux douces ; le cas le plus patent, c'est celui de l'Angleterre et de son fleuve, la Tamise mythique. Ce n'est pas non plus vraiment sur la mer que l'Homme érige les barrages hydrauliques qui lui procurent au quotidien du courant, de l'électricité ; c'est sur le fleuve ou encore ses affluents. Enfin, le fleuve va quelque part – dynamique reconnue par Héraclite : il a un sens donné, se déplace et coule d'un point de départ vers un point d'arrivée ; ce n'est pas le cas de la mer qui, elle, ne coule pas.

Or, la ville est comme l'eau, elle est vivante, parce qu'elle a une vie et une âme ; et, inversement, le fleuve qui est tout d'abord eau devient une voie, une route mobile, un moyen de communication, un trait d'union entre les hommes, comme la ville. Le Mékong, par exemple, est même une ville à lui tout seul, avec des habitations flottantes, à l'instar de nénuphars – une fleuvitude sans commune mesure. Au Congo, pays du plus puissant fleuve d'Afrique du même nom, les maisons le jalonnent, sur pilotis, notamment à Mossaka, dit le pays des confluents, que d'aucuns surnomment aussi la Venise du Congo.

La ville comme le fleuve a une histoire que l'on aime à raconter aux autres passionnément – voire passionnellement –, une histoire que l'on veut toujours laisser à la postérité comme un roman, et même un roman-fleuve que la postérité pourra lire au bord du fleuve, ou au fil de l'eau comme au fil du temps. Car, la ville, comme le fleuve, a vu des vies et des hommes passer, l'embellir, l'agresser ou battre ses pavés pour moult événements possibles, avec des imaginaires et des mythologies qui jalonnent son histoire. Et l'histoire de la ville peut se confondre, par exemple, avec l'histoire de ses eaux courantes. Sylvain Dournel conclut ainsi que « les milieux fluviaux et humides apparaissent comme des miroirs de la ville et constituent de puissants révélateurs des dynamiques urbaines, des conceptions de la ville, des conjonctures politiques, sociales et économiques des cités depuis leur premier âge[2] ».

---

2 Sylvain Dournel, *L'eau, miroir de la ville : contribution aux enjeux de la requalification urbaine des milieux fluviaux et humides*, thèse de l'Université d'Orléans, sous la direction de Guillaume

Les hommes ont édifié les villes en s'inspirant des fleuves qui les ont alimentées ; l'homme étant en grande partie le produit de son environnement – environnement avec lequel il interagit jusqu'à produire une culture, puis une civilisation au fil des millénaires –, en se sédentarisant il a commencé à bâtir autour de lui tout en traçant des voies assurant sa mobilité et en n'oubliant pas que les cours d'eau sont ses premières voies de communication.

Les histoires des hommes, des villes et des fleuves se trouvent intrinsèquement liées : comme les fleuves font leur lit, les hommes se couchent, se réveillent et vivent d'amour et de fleuve. Ce n'est pas pour rien que des municipalités n'ont de cesse de mettre de plus en plus à l'honneur ces histoires mêlées d'eau et d'hommes, notamment avec des musées au bord des cours d'eau comme au fil de la mémoire. Toute une fleuvitude !

Or, la France est à notre sens le pays par excellence de la fleuvitude. C'est devenu d'ailleurs une tradition que de dîner aux chandelles en amoureux ou de se marier et de festoyer sur une péniche, en ville ou près d'une ville, sur la Seine, la Marne, la Somme, la Loire, ou le Rhône, plutôt que de rester simplement au bord de l'eau. Quand ce n'est pas une ville, seule, qui se trouve liée à un cours d'eau, en France, c'est tout un ensemble de villes, un département ou une région que l'on identifie à un ou des cours d'eau. De Vitry-sur-Seine, Asnières-sur-Seine, Épinay-sur-Seine, Le Mée-sur-Seine, Neuilly-sur-Seine, Neuilly-sur-Marne… on passe aux Hauts-de-Seine, à la Seine-Maritime, à la Seine-et-Marne, puis à l'Île-de-France pour désigner la région parisienne. En s'éloignant, c'est la région Centre-Val-de-Loire, avec son Loir-et-Cher, sa Loire-Atlantique, son Indre-et-Loire, et, de l'autre côté, en Bourgogne, la Saône-et-Loire, puis, plus loin encore, au sud, le Lot-et-Garonne, le Tarn-et-Garonne, l'Hérault, et, au nord, la Somme, etc.

On peut en déduire que lorsque des habitants discutent, se divisent et votent sur une nouvelle appellation de leur agglomération, la fleuvitude est bien souvent là pour trancher, entre mariage de raison et mariage de cœur, dans un point d'équilibre et pour la vie. N'y a-t-il pas un fleuve côtier qui s'appelle la Vie, en Vendée ! Et l'on ne peut oublier le mirobolant Limousin, le pays des mille sources, arrosé par ses limousines, toutes les eaux qui le jalonnent : la Creuse, la Corrèze, la Vienne, la

Giroir et Bertrand Sajaloli, p. 288-289 : http://theses.univlyon2.fr/documents/getpart.php?id=lyon2.2008.sey-buhrig_am&part=155885 (consulté le 22 septembre 2022).

Dordogne et d'autres, qui ont parfois donné leur nom aux territoires administratifs français que sont les départements.

En Afrique, Brazzaville, capitale de la France libre dans l'Histoire récente, ville-capitale du Congo, au bord de la rive droite du plus profond fleuve sur Terre, n'est pas en reste en termes de fleuvitude. Les Brazzavillois ont nommé un de leurs restaurants des plus huppés *Mamiwata* (« Sirènes », en français), salué en contrebas, au quotidien, par les vagues du fleuve Congo. Aux noms de colonisateurs qui désignent les grandes artères de la ville, les autorités locales ont ajouté plusieurs rues portant les noms de cours d'eau majeurs affluents du Congo : la rue Congo, la rue Niari, la rue Louessé, la rue Loufoulakari, la rue Léfini, la rue Nkéni, la rue Lekity, la rue Kouyou, la rue Likouala, la rue Sangha, etc.

Apprivoisé par la ville, le fleuve n'est plus ce lieu mythique de terreurs mystiques, comme naguère. Il suffit simplement que les hommes sachent garder de bonnes distances avec le fleuve pour couler des jours heureux ; le fait de gêner la liberté du fleuve pousse le fleuve à sortir de son lit avec beaucoup de dégâts qui s'ensuivent bien souvent. Une ville et un fleuve – qui forment deux interfaces –, c'est un équilibre qui a besoin d'être maintenu continuellement. Agir pour cela requiert dextérité et adaptabilité, deux atouts qui prennent tout en ligne de compte, même les catastrophes éventuelles. Et, c'est ce savoir-faire que nous pouvons nommer fleuvitude : art de l'équilibre, point de jonction ou de confluence entre l'homme et son environnement naturel, point de commutativité ou d'union entre les habitants et les rives du fleuve, en ne portant préjudice ni à l'une ni à l'autre des deux parties. Ainsi, la ville et le fleuve sont les deux entités d'une réalité réflexive – réflexivité qui implique le miroir, tout comme, à la lumière du jour ou de la nuit, on peut littéralement voir la ville et ses paysages à partir du miroir du fleuve : « Ô fleuve, mon beau miroir ! », pourrait dire poétiquement la ville.

La Loire est le plus long fleuve de France, avec ses plus de mille km, mais elle n'est pas cependant le fleuve le plus célèbre des fleuves de France ; c'est Dame Seine, comme l'est la Tour Eiffel pour les monuments ! C'est Paris, Paris en Seine, capitale de la France, qui, avec sa tour Eiffel et sa Basilique Notre-Dame, a donné sa célébrité au fleuve qui a été à l'origine de sa création : la ville est comme le fleuve, parce que le fleuve est comme la ville, qui, par son travail – mieux, le travail de l'homme sur elle – a donné une valeur ajoutée au fleuve qui l'a nourrie et abreuvée, dans une logique donnant-donnant, gagnant-gagnant, où qui donne gagne, et qui gagne donne.

Les villes écologiques ne sont rien d'autre que des villes, bâties ou à bâtir, à l'image de la campagne, des villes naturelles, des villes de retour aux sources, de retour aux valeurs d'antan, aux valeurs originelles qui font défaut de plus en plus aujourd'hui à cause de la civilisation du béton armé et du tout-à-l'égout. Sans avoir à réinventer la roue, on travaille à réinventer la ville, à réinventer l'urbain, à réinventer la Seine, pour attendrir le béton, l'urbain, car l'urbain ne doit pas larguer l'humain, ni l'humain larguer l'urbain : c'est la pratique même de l'art de l'équilibre, avec les confluences ; c'est la fleuvitude.

En Afrique, le fleuve Niger, ou Negro, a donné son nom à deux pays de l'Afrique dite noire, subsaharienne : le Niger et le Nigéria qui est le pays le plus peuplé d'Afrique. La littérature congolaise d'expression française commence au bord du fleuve : sur la rive gauche, c'est avec *Ngando* (« caïman », en français) de Lomami Tshimbamba, en 1948 ; sur la rive droite, c'est avec *Cœur d'Aryenne* de Jean Malonga, en 1953 ; et c'est ce dernier qui nous a inspiré le concept même de fleuvitude. De même, le Congo lie deux pays : tandis qu'il continue à couler sans frontière, ouvert, généreux et hospitalier, il a donné son nom au Congo à sa droite… et au Congo encore, à sa gauche ! Deux pays qui chantent ses louanges à longueur de temps, en odes comme en élégies.

Alors, quoi de mieux que la littérature pour mettre en lumière les hauts et les bas de cette relation entre hommes, villes et fleuves, avec moins de contraintes et plus de liberté que la recherche scientifique *stricto sensu* ! On peut d'ores et déjà observer que les poètes, surtout, ont donné de la voix sur la réalité de la fleuvitude, en rendant très poétiques les villes et leurs fleuves, notamment en les personnifiant. Qui n'a jamais lu un texte où un poète ne rende hommage à une ville, à plusieurs villes, et surtout à sa propre ville natale ou au cours d'eau de son enfance, à défaut de lui adresser simplement des louanges ?

> Je viendrais toujours à Brazza / Pour voir le temps les Vacances / Je viendrai toujours / Sur Brazza-la-Verte la Cité du Fleuve / Dieu voulant / Je viendrai / Le fleuve de Brazzaville / Je reverrai / Comme un poisson dans l'eau / Je rêverai / Dans le fleuve Congo / Je serai / Et des nouvelles photos / Je me ferai[3]…

---

3 Aimé Eyengué, extrait de « Brazzaville onirique ».

Dans l'ordre des équations, si eau égale mémoire, ville aussi égale mémoire, tant pour un individu que pour toute une collectivité, d'où la mémoire collective, voire le devoir de mémoire autour des villes qui ont fait l'Histoire au bord d'un fleuve. Dans une évocation de la mémoire, pour un Devoir de mémoire de l'Humanité, notamment avec le célèbre Mémorial de Caen en Normandie, nous avons écrit ces mots :

> À Caen bien des eaux de l'Orne se déversent sur la mer… pur sang / Avec tous les souvenirs de guerre par Ouistreham / C'est Fleuvitude pure et Fleuvitude à fort dose d'âmes… / Fleuvitude contre la guerre… qui plus est / la Fleuvitude ne se rapporte guère à un fleuve physique / Caen aussi est assimilable à un fleuve… / Et sa Fleuvitude tient / des sources, des rivières, des fleuves, des mers / et des pluies de pleurs et larmes qui se substituent à l'eau / comme les vers fluviatiles du poète normand bien inspiré / qui sont gravés sur le fronton du Mémorial de Caen / avec des lettres à l'enjeu de la mémoire et au gré du souvenir / Oui… la Fleuvitude c'est la Civilisation de l'Universel / C'est l'art de la liberté contre la guerre[4].

Le XXIe siècle ne serait-il pas le siècle de la fleuvitude ? Car, tout bien considéré, la fleuvitude œuvre pour la remobilisation des énergies et des synergies culturelles émancipatrices de tous les savoirs. Elle est l'art de l'équilibre dans l'ordre des choses ; elle est l'art de toutes les affluences et de toutes les confluences qui font jaillir de l'énergie des pensées actives. Il n'y a qu'à observer l'art de « faire ville » dans les ouvrages de quelques architectes pour comprendre que les temps sont sur les ponts et non derrière les murs, et on en déduira la fleuvitude, à l'image de tous les ponts sur la Seine, de tous les ponts sur le Rhône, de tous les ponts sur le Rhin – et de tous les souvenirs inoubliables qu'ils laissent à leurs visiteurs (mémoires de guerre, souvenirs d'évasion, souvenirs d'amour), sur le pont des Arts à Paris ou sur le pont de Cologne sur le Rhin, avec leurs cadenas d'amour comme le fleuve ; c'est cela la fleuvitude.

À considérer simplement cet aspect de la réalité des sociétés, le retour aux sources qui définit la fleuvitude ne saurait être un repli identitaire ou un repli sur soi ou dans l'entre-soi, comme pour tenter de surseoir, au moyen d'artifices incantatoires ou de mistigris, à l'ère des synergies, au temps des solidarités d'antan, à celui des confluences, au mouvement

---

4 Aimé Eyengué, extrait de « Pour dire l'art de la liberté contre la guerre ».

inéluctable des choses et de la mondialisation, au profit des identités meurtrières dont parle Amin Maalouf[5].

Parce que le sens est l'essence du bon sens, nous nous devons de donner du sens à la fleuvitude, pour le bénéfice de l'humanité tout entière ; car la fleuvitude consiste à mettre de l'honneur dans ce que nous avons en commun, à savoir la vie et l'humanité, en faisant converger et se rencontrer nos intellections, pour venir à bout de la barbarie régnante. Elle est le point élevé de jonction et d'union des civilisations, des cultures, des pratiques, des opinions et des idéologies qui s'opposent : les idéologies sont séparées, mais les fleuves les font se converger ; nous sommes éloignés les uns des autres, mais les fleuves nous rapprochent. Dans le mouvement de la fleuvitude, tout est dynamique, tout est changement, tout se renouvelle, et il n'y a point de place pour le *statu quo*. Cela est d'une évidence claire comme de l'eau de roche qui coule de source : pur bon sens, loi de la nature[6]. La fleuvitude, par les temps qui courent, promeut le retour aux valeurs d'antan, contre les antivaleurs et les brûlures de l'air du temps.

Ce retour aux sources, c'est le retour aux bonnes pratiques, le retour aux valeurs, le retour au bon sens, bref, le retour à l'humanité, une humanité comme le fleuve dans toute sa splendeur, une humanité comme le fleuve dans toute sa liberté, une humanité comme le fleuve dans toute sa nature, avec des villes attirantes et non repoussantes, avec des villes lumières et non ténèbres, avec des villes accueillantes et non aliénantes, avec des villes bienveillantes et non malveillantes, avec des villes bienfaisantes et non malfaisantes, avec des villes sources et ressources, avec des villes vivantes et non mourantes, avec des villes terroirs et non mouroirs, avec des villes hospitalières et non inhospitalières, avec des villes humaines et non inhumaines, avec des villes colorées et non monocolores.

La fleuvitude sert à produire de la vie, de la vivacité par le métissage, par le croisement, par les confluences des cultures et des hommes, le plus

5 Amin Maalouf, *Les identités meurtrières*, Paris, Grasset, 1998.

6 *Cf.* Henri Lopès, *Le Pleurer-Rire*, Paris, Présence africaine, 1982 : « Entre Moundié et le quartier du Plateau coule le fleuve Kunawa, qui lave les deux rives et avale les rejets des égouts des deux mondes. Un pont l'enjambe : il a nom Hannibal-Ideloy Bwakamabé Na Sakkadé. » Une fleuvitude pure, que ce travail de polissage des hommes et de leurs mondes de travers par le fleuve !

naturellement possible et dans la tolérance mutuelle, qui vient à bout de tous les -ismes nocifs, asphyxiants et liberticides pour les sociétés.

Le miroir d'eau dans lequel se mire la ville peut-il être plus mirifique et plus vrai en même temps qu'à Venise, au bord d'un canal ou de la lagune ? Voir Venise et mourir ! Car – *éros* et *thanatos* obligent – la mort est le chemin de tous, la finalité, comme le fleuve finit à la mer… et continue d'y aller jusqu'à la fin des temps[7].

Aimé Eyengué
Écrivain-poète[8] et universitaire

7 Nous aimerions citer les ouvrages qui ont alimenté notre réflexion de la source à l'embouchure : Isabelle Backouche, *La trace du fleuve. La Seine et Paris (1750-1850)*, Paris, Éditions de l'E.H.E.S.S., 2000 ; Jean-Charles Depaule, *L'impossibilité du vide. Une anthologie littéraire des espaces de la ville*, collection « Architectures », Éditions Parenthèses, 2016 ; Philippe Gagnebet, *Réinventer la ville : les (r)évolutions de Darwin à Bordeaux*, Collection « Le changement est dans l'r », Éditions Ateliers Henry Dougier, 2016 ; Claude Prelorenzo, Philippe Dehan, Virginie Picon-Lefebvre, Cyrille Simonnet, *La Ville au bord de l'eau*, collection « Villes et Ports », Éditions Parenthèses, 1993 ; Marcel Roncayolo, *Le géographe dans sa ville*, collection « Architectures », Éditions Parenthèses, 2016.

8 Entre autres ouvrages et opuscules : *L'Abbé est mort, vive l'Abbé. Mémoire d'Isidore Monvoisin-Ivremort*, Paris, Le Manuscrit, 2008 ; *Le conseiller du Prince, pour un Prince de la Paix*, Paris, L'Harmattan, 2009 ; *Briseurs de rêves*, suivi de *Rêves de Brazzaville*, Paris, L'Harmattan, 2012 ; *Anthologie des 60 ans de la littérature congolaise (1953-2013) : Noces de diamant*, Paris, L'Harmattan, 2015 ; *Par les temps qui courent…*, Paris, L'Harmattan, 2015 ; *L'appel du fleuve*, Montréal, Les Éditions de la Fleuvitude, 2017 ; *Boire à la source*, Montréal, Les Éditions de la Fleuvitude 2017 ; *La bien nommée : élégie publique*, Montréal, Les Éditions de la Fleuvitude, 2018 ; *Montréal aime*, Montréal, Les Éditions de la Fleuvitude, 2018.

REMERCIEMENTS

Nous tenons à remercier chaleureusement Olivia Voisin et Bertrand Sajaloli à l'heure où l'embouchure est en vue pour cet ouvrage qui a trouvé sa source à Orléans.

INDEX DES AUTEURS[1]

ABADIE-REYNAL, Catherine : 22-24
ABBON DE SAINT-GERMAIN-DES-PRÉS : 209
ACHEBE, Chinua : 316
ACHIR, Abdelaziz : 266
ADAMS, Ansel : 361
AFEISSA, Hicham-Stéphane : 40
AFFERGAN, François : 230
AGARWAL, Namrata : 450
AGUIAR ANDRADE, Amélia : 125
AGUIRRE, Lope de : 496
ALAZET, Bernard : 420
ALBARRACIN, Laurent : 44
ALBERTI, Leon Battista : 137
ALLEN, Woody : 382
ALLEY, Kelly D. : 436, 441, 443
ALMAGRO BASCH, Martin : 488
AL-SAYYAD, Nezar : 286
ÁLVAREZ MARTÍNEZ, José María : 491-492
AL-YAQUBI : 398
AMAR, George : 49, 139-140, 159-160, 407
AMOROS, Claude : 197
ANDRIEU, Bernard : 543
ANGENOT, Marc : 230
APOLLINAIRE, Guillaume : 20, 98, 107-109, 290
APTED, Michael : 174
APULÉE : 273
ARAGON, Louis : 94, 100, 137, 155
ARENAS, Reinaldo : 498
ARISTOTE : 397
ARÍZAGA BOLUMBURU, Beatriz : 125
ARNAUD, Jean-Luc : 278
ARNAUD-FASSETTA, Gilles : 15, 48, 452
ARON, Paul : 187
ARTAUD, Antonin : 498
AUBRY, Christine : 517
AUGUSTIN, saint : 273
AURÉLIUS VICTOR : 484
AUSONE : 99, 107
AUSTER, Paul : 129-131, 135-136, 144, 152, 158, 162
AUTHIER-REVUZ, Jacqueline : 234

BACHELARD, Gaston : 28, 96, 189, 192, 216, 222, 293, 407, 428, 536
BACHI, Salim : 535-542, 547
BACKOUCHE, Isabelle : 558
BACRY, Patrick : 25-26
BAILLET, Gaston : 494
BAILLY, Jean-Christophe : 44-48, 317, 499
BAKHTINE, Mikhaïl : 221
BALZAC, Honoré de : 83-89, 93-96, 100, 301, 399, 419
BARBÉRIS, Pierre : 83
BARDÈCHE, Maurice : 83
BARLES, Sabine : 531
BARON, Christine : 30
BARTHES, Roland : 95, 230, 498
BARTZ, Dennis : 362
BATES, Henry Walter : 337-338
BAUDELAIRE, Charles : 185, 260, 269, 470
BAUDOIN, Sébastien : 31
BAUTIER, Robert-Henri : 210

1 Cet index contient les noms des auteurs d'œuvres littéraires, artistiques et critiques ou des traducteurs mentionnés dans l'ouvrage.

BECK, Corinne : 209, 527
BEDON, Robert : 201, 480, 486
BÉGOUT, Bruce : 536
BÉGUIN, Albert : 83
BÉGUIN, François : 30
BELAUD DE SAULCE, Anne : 198
BELLAVANCE, Claude : 524
BÉMONT, Colette : 491
BENIAMINO, Michel : 241
BÉREAU, Rémi : 465
BERCHET, Jean-Claude : 277
BERG, Christian : 187-188
BERGOUNIOUX, Pierre : 30, 32
BERGSON, Henri : 36
BERKELAAR, Wim : 146, 158
BERNARD, Anaïs : 543
BERNARD, Isabelle : 506-507, 512
BERNARD, Jacques : 111, 114, 116-119, 121-123, 125
BERNARD, Tristan : 224
BERTHOLD, Étienne : 286
BERTHOUD, Samuel-Henry : 531
BERTINI, Jean-Luc : 495, 502, 506
BERTRAND, Jean-Pierre : 187, 193
BESNIER, Maurice : 485
BESSON, Patrick : 326
BETHEMONT, Jacques : 13, 197-199, 367
BEUGNOT, Bernard : 100
BIARDEAU, Madeleine : 433-434, 439
BIASE, Alessia de : 31
BINGEN, Jean : 481
BIRD, Isabelle Lucy : 466
BIRKEN, Sigmund von : 242
BLACHE, Jules : 10
BLANC, Guillaume : 41, 47, 409
BLANC, Maurice : 97, 100
BLANC, Nathalie : 37-38
BLANCHARD, Damien : 187
BLANCHOT, Maurice : 30
BLONDE, Didier : 95
BLOT-LABARRÈRE, Christiane : 420
BOCHACA, Michel : 117, 125
BODARD, Lucien : 465-466
BODSON-THOMAS, Anny : 193
BOETTO, Giulia : 490
BOIS, Jean-Pierre : 327
BOLÍVAR, Simòn : 495
BOLTZMANN, Ludwig : 104
BOMBARD, Alain : 55
BON, François : 29, 32-33, 506
BONIN, Sophie : 50, 354
BONNAMOUR, Louis : 198
BONNIN, Philippe : 31
BONPLAND, Aimé : 503
BOORMAN, John : 373
BORER, Alain : 230-231
BORGES, Jorge Luis : 163
BOSCO, Henri : 255, 263
BOULAGNON, Daniel : 428
BOULOUMIÉ, Arlette : 31
BOUQUET, Stéphane : 44, 47
BOUTRUCHE, Robert : 114, 116, 119, 121-123
BOUVET, Rachel : 34, 37, 42-43, 49, 139-144, 157, 159-160, 406-407
BOVE, Boris : 196
BOXER, Frederick N. : 525
BRASILLACH, Robert : 255, 266
BRAVARD, Jean-Paul : 197, 199
BREDERO, Gerbrand Adriaenszoon : 163
BRENNER, Jacques : 95
BROSSEAU, Marc : 32, 341
BROUWERS, Dieudonné : 202
BRUAND, Olivier : 210
BRUNET, Roger : 278, 284
BRUN-LAVAINNE, Élie : 530
BUDEANU, C. S. : 217
BUEKENS, Sara : 54
BURNOUF, Joëlle : 197, 208-209
BURTON, Jessie : 129-132, 134, 138, 140, 144, 155, 163
BUSSON, Didier : 491
BUTOR, Michel : 21, 29
BYHET, Thomas : 517
BYRAM, Michael : 444

CABOURET, Bernadette : 482
CAILLEAU, Hubert : 528

CAILLOIS, Roger : 54, 60, 259
CALMETTE, Albert : 496
CALVINO, Italo : 130, 160 163, 354
CAMINADE, Emmanuelle : 48
CAMUS, Albert : 130, 133-135, 137-139, 143-148, 150-151, 155-158, 160-161, 163
CARCAUD, Nathalie : 15, 48, 197, 199, 208-209, 452
CARJAVAL, Gaspar de : 503
CARPENTIER, Alejo : 498
CARRÉ, Catherine : 515
CARROLL, Lewis : 275
CASAUDON, Christian : 495, 502, 506
CASTONGUAY, Stéphane : 11, 514-515
CAUCANAS, Sylvie : 206
CAVALLIN, Jean-Christophe : 41
CAZALS, Rémy : 206
CÉLINE, Louis-Ferdinand Destouches dit : 242, 298
CENDRARS, Blaise : 290, 495, 498, 509
CERTEAU, Michel de : 286
CHAGALL, Marc : 214
CHAMBRY, Émile : 481
CHAPELOT, Jean : 200
CHARLES-NICOLAS, Stéphanie : 30
CHARLIER, Jean-Michel : 166, 170, 177
CHARTIER, Denis : 37-38
CHARMES, Gabriel : 277, 279-280
CHATEAUBRIAND, François-René de : 29, 277, 281, 506
CHAUDET, Chloé : 44, 407
CHAUSSEGROS DE LÉRY, Joseph-Gaspard : 520
CHAVOZ, Ninon : 317
CHENET, Françoise : 31
CHENG, Anne : 456
CHEVALIER, Michel : 30
CHEVILLARD, Éric : 512
CHOUQUER, Gérard : 197
CHRAÏBI, Driss : 253, 255, 269-274
CIOCAN, Cristian : 469
CIORAN, Emil : 220, 226
CLARK, William : 360
CLAUDEL, Philippe : 512
CLAVEYROLAS, Mathieu : 446
CLAYTON, Philip : 448
COARELLI, Filippo : 485, 489, 493
COATES, John : 490
COCULA-VAILLIÈRES, Anne-Marie : 113-115, 121-122, 208
COJAN, Isabelle : 479
COLLAND, Michel : 106, 190
COLLODI, Carlo : 152
COLLOT, Michel : 27, 30-32, 35-36, 46, 50, 102, 254, 336, 345, 500, 506
COMBÈS, Robert : 490
COMBY, Émeline : 480
CONDELLO, Guillaume : 44
CONRAD, Joseph : 232, 240, 255, 500
CONTESTIN, Maurice : 81
COPPOLA, Francis Ford : 504
COQUE, Roger : 199
CORBIN, Alain : 227
CORBINEAU-HOFFMANN, Angelika : 287-291
CORGER, Jean-Claude : 133
CORTY, Bruno : 136
COSTA, Laurent : 196
COUSSEAU, Anne : 429
COUSTEAU, Jacques-Yves : 55
COUTIEZ, Yannick : 518
CRAVEN, Wes : 374
CUARÓN, Alfonso : 177, 180

DADIÉ, Bernard : 322, 328-329
DAGENAIS, Michèle : 515, 520, 523
DAHAN-GAIDA, Laurence : 34
DAILLY, Christophe : 300-301
DALAL, Anjali : 450
DANTE, Dante Alighieri dit : 135, 159, 465
DA RE, Maria Silvia : 50, 323
DARMOIS, Eugène : 104
DARWIN, Charles : 496, 508, 558
DAUDET, Alphonse : 71, 76, 214
DAUDET, Léon : 9
DAUMARIE, Xavière : 166

DAUPHANT, Léonard : 209
DAUX-COMBAUDON, Anne-Laure : 30
DAYAN, Daniel : 384
DEFOE, Daniel Foe dit : 84
DEGRASSI, Davide : 493
DEGUY, Michel : 27, 34, 36, 44-46, 451
DEHAN, Philippe : 558
DELEUZE, Gilles : 43, 104-105, 110, 226
DELIGNE, Chloé : 519, 527
DELTOMBE, Matthieu : 517, 519
DEMEULENAERE, Élise : 41, 47, 409
DEMOLDER, Eugène : 191, 193
DENYS D'HALICARNASSE : 484, 490
DEPAULE, Jean-Charles : 558
DEPRET, François : 131
DESCARTES, René : 158, 291, 550
DESCHAMPS, Pascale-Marie : 355-356
DESCOLA, Philippe : 456
DESFORGES, Jean-Baptiste : 80
DESJARDINS, Pauline : 524
DESLANDRES, Dominique : 515
DESLOGES, Yvon : 524
DESMEULES, Christian : 506-507
DEUDON, Laëtitia : 517, 519, 522-523, 526
DEULIN, Charles : 530
DEVILLE, Patrick : 495-512, 535
DE WERE, Edward : 176
DEZALAY, Auguste : 133
DIANDUÉ, Bi Kacou Parfait : 7, 49, 328-329
DIDIER, Charles : 280
DIOCLÉTIEN : 201, 484
DION CASSIUS : 23, 487
DIOUF, Mbaye : 392
DJAMENT-TRAN, Géraldine : 20
DJOMBO, Henri : 319-323, 326-329
DOBENESQUE, Étienne : 27
DOMÍNGUEZ MONEDERO, Adolfo Jerónimo : 491
DONGALA, Emmanuel : 330
DOUDART DE LAGRÉE, Ernest : 503
DOUDET, Caroline : 26
DOURNEL, Sylvain : 519, 526-527, 552
DOYLE, Sir Arthur Conan : 165, 172
DRAGUET, Michel : 194
DRISCOLL, Melanie : 370
DROIN, Lionel : 518
DUCLOS, Jean-François : 34
DUCROT, Oswald : 99
DUMAS, Alexandre : 71, 74, 499
DUMONT, François : 230
DUPONT, Jean-Claude : 530
DUPRIEZ, Bernard : 25
DUPUY, Lionel : 30
DURAS, Marguerite : 255, 413-429, 471

EASTWOOD, Clint : 381-393
ECHENIM, Kester : 298
ECHENOZ, Jean : 30, 32, 495, 512
ECK, Diana L. : 432
EEKHOUD, Georges : 192-194
ELIADE, Mircea : 259, 401-404
ELON, Emuna : 129-130, 132, 138-143, 145-148, 150, 152, 155-156
ELSKAMP, Max : 185, 187
ÉNARD, Mathias : 183, 512
ENQUIST, Anna : 129
ÉPICURE : 105
ERNOUT, Alfred : 481
ESCOLA, Marc : 27
EUCLIDE : 291, 397
ÉVAGRE LE SCOLASTIQUE : 482
ÉVAIN, Caroline : 15, 48, 452
EVENDEN, Matthew : 514-515
EYENGUÉ, Aimé : 51, 103, 105, 555-556, 558

FABRE, Nicole : 384
FAGES, Arsène : 73
FALKENSTEIN, Ludwig : 203
FATEMA, Konica Jannat : 431
FAULKNER, William : 246
FAVARETTO, Monica : 234, 245
FAWCETT, Jack : 510
FAWCETT, Percy : 510
FERNÁNDEZ Y PÉREZ, Gregorio : 492
FERRANTE, Elena : 458
FERRARI, Jérôme : 512

FEUERHAHN, Wolf : 41, 47, 409
FILLIOZAT, Jean : 433
FILTEAU, Claude : 241
FITZGERALD, Francis Scott Key : 222, 496
FLACELIÈRE, Robert : 481
FLAUBERT, Gustave : 20, 277
FLÖRKE, Martina : 431
FONTANIER, Pierre : 25
FOREST, Philippe : 192
FORGEUR, Brigitte : 131, 156, 163
FOUCAULT, Michel : 46
FOUGÈRES, Dany : 11
FOURNIER, Gisèle : 512
FOURNIER, Patrick : 208, 519
FOURNIER, Pierre : 54
FRANCHOMME, Magalie : 514, 525, 527, 533
FRANK, Anne : 147
FRANSSEN, Wietse : 431
FRASER, Simon : 551
FREUD, Sigmund : 246
FRIEDMAN, Donald Flannel : 187
FRIOUX, Stéphane : 19
FRITZJAMES, Franck : 435
FROMILHAGUE, Catherine : 25
FROMM, Harold : 37, 410
FROST, Robert : 164
FULLER, Christopher J. : 439
FURST, Benjamin : 515, 520

GAGNEBET, Philippe : 558
GALETTI, Paola : 205
GALLAND, Antoine : 276
GALLET, Jérémy : 391
GALLIAZZO, Vittorio : 487
GALLICÉ, Alain : 196, 198
GAMES, Gutierre Díaz de : 114-115, 118
GANDHI, Indira : 436
GANDHI, Rajiv : 440
GANNIER, Odile : 241
GARCIA, Patrick : 72, 75
GARCÍA IGLESIAS, Luis : 491
GARCIN, Manuel : 197, 199, 209
GARNIER, Francis : 503
GARNIER, Xavier : 298-299, 301, 306-307, 309-310, 316-317
GARRAIT-BOURRIER, Anne : 44, 407
GARY, Romain : 54
GASCAR, Pierre : 53-66
GATIER, Pierre-Louis : 482
GATISS, Mark : 165, 172
GAUTIER, Théophile : 185
GAUTIER DALCHÉ, Jean : 115
GAVILLON, François : 38
GELLY, Alain : 524
GENETTE, Gérard : 30, 36
GERBENS-LEENES, Winnie : 431
GERMAIN, Sylvie : 536
GERMÁN RODRÍGUEZ MARTÍN, Francisco : 487-488
GIDE, André : 255
GILLE, Valère : 193
GIRARD, Alain : 202
GIRAUDOUX, Jean : 99
GIRET, Alain : 197
GIROIR, Guillaume : 519, 553
GLOTFELTY, Cheryl : 37, 410
GOBINEAU, Arthur de : 277, 285
GOETHE, Johann Wolfgang von : 92, 242, 244
GORCEIX, Paul : 188, 194
GORKI, Maxime : 216
GOUDIN-STEINMANN, Élisa : 30
GOUDINEAU, Christian : 456
GOURIO, Anne : 41, 44-46, 317
GRACQ, Julien : 29, 54, 278
GRAF, Fritz : 481
GRANGEREAU, Philippe : 462
GRASSIN, Jean-Marie : 323, 328
GRÉGOIRE, Vincent : 145
GREIMAS, Algirdas Julien : 315
GUATTARI, Félix : 43, 45, 104, 226
GUERBER, Éric : 113
GUERRE, Claude : 70
GUEST, Bertrand : 38
GUEVARA, Ernesto : 495
GUEVARA, Fray Antonio de : 492
GUICHARDET, Jeannine : 90

GUILLUY, Christophe : 373
GUILOINEAU, Jean : 357
GUITTON, Florentin : 15
GUIZARD-DUCHAMP, Fabrice : 527
GUYARD, Laurent : 486

HAAKE, Martin : 50
HAQUE, Md Morshedul : 431
HARRIS, Eddy L. : 355-380
HÉBERT, Louis-Philippe : 529
HEEREN, Joost : 532
HEIDEGGER, Martin : 46, 233, 245, 469
HEISE, Ursula : 41, 409
HEMINGWAY, Ernest : 361
HEMPTINNE, Gerald de : 134
HENRIOT, Émile : 148, 150-151
HÉRACLITE D'ÉPHÈSE : 110, 552
HERNÁNDEZ, Orlando Sierra : 498
HÉRODOTE : 275, 480, 507
HERRIOT, Édouard : 9
HERTRAMPF, Marina Ortrud : 507
HERZOG, Werner : 504
HETZEL, Aurélia : 330
HEUDE, Jacques : 527
HIRST, Margaret E. : 485
HOBSBAWM, Eric : 447
HODGSON BURNETT, Frances Eliza Hodgson dite : 338
HOEKSTRA, Arjen Y. : 431
HOFSTRA, Nynke : 431
HÖLDERLIN, Friedrich : 44-45, 237
HOLLAND, Louise Adams : 485
HOMÈRE : 98, 109
HOOPER, Tobe : 373
HOOFT, Pieter Corneliszoon : 163
HOORNIK, Eduard : 163
HORACE : 480
HORKHEIMER, Max : 247
HOUSSAYE, Arsène : 470
HUBINON, Victor : 166, 170, 177
HUGO, Victor : 98, 108-109, 235, 319, 327, 506
HUMBOLDT, Alexander von : 38, 337, 496, 503, 508

IBBOTSON, Eva : 336-340, 342-353
IBN KHALDÛN : 275
IBRAHIM-LAMROUS, Lila : 44
IONESCO, Eugène : 226
IRVING, John : 137-138
ISAMBERT, Émile : 280, 283
ISTRATI, Panaït : 213-216, 218-227

JACQUIER, Claire : 27-28, 38-40
JACOB-ROUSSEAU, Nicolas : 19-20
JACOBS, Edgar P. : 175
JACOBSEN, Knut A. : 445
JAMMES, Francis : 130, 149
JANICHON, Gérard : 336-338, 340-341, 343-346, 349-354
JEANPIERRE, Laurent : 27
JMAHRI, Mustapha : 268
JOANIN, Laure : 392
JOANNE, Adolphe : 280, 283
JOANNE, Paul : 197-198
JOLIET, Louis : 360
JORDAN, Henri : 485
JORET, Paul : 187
JORIS, André : 205
JOSHI, Harit : 17
JOUHANDEAU, Marcel : 496
JUILLARD, André : 175
JULIEN, Henri : 531
JULLIEN, François : 257
JULLIEN, Michel : 535-536
JUNEAUX, Marcel : 481

KAMOUN, Josée : 137
KANE, Cheikh Hamidou : 298
KANT, Emmanuel : 48, 246
KENNEDY, Gregory : 515
KIHINDOU, Liss : 332
KILITO, Abdelfattah : 76
KIM, Kyoung Woong : 431
KIPLING, John : 510
KIPLING, Rudyard : 510
KLOSTERMAIER, Klaus K. : 433
KLOTZ, Roger : 76
KNEBUSCH, Julien : 31

KOELMANS, Albert : 431
KOREMAN, J. G. J. : 205
KOSSAIFI, Christine : 133, 136
KOUROUMA, Ahmadou : 297-317
KRANZ, Horst : 203
KREMER, Nathalie : 30-31
KROEZE, Carolien : 431
KRUTA, Venceslas : 491
KUMAR, Sandy : 30, 334
KUMAR, Suman : 444
KUPPER, Jean-Louis : 196

LABASSE, Jean : 336, 338, 347-350
LA BOÉTIE, Étienne : 468
LA CONDAMINE, Charles Marie de : 503
LAHAIE, Christiane : 382
LAMARTINE, Alphonse de : 92, 232
LAMBERT, Edwige : 275
LAMBERT, Jean-Clarence : 136
LANE, Edward William : 282
LANG, Fritz : 459
LANGAN, Simon : 431
LAPORTE, Anne : 287-291
LARBAUD, Valery : 21, 133, 136-137
LASCH, Christopher : 373
LASSNER, Jacob : 400
LATOUR, Bruno : 43
LAURENT, Paul : 202
LAUTRÉAMONT, Isidore Lucien Ducasse dit Comte de : 507
LAVAUD, Sandrine : 113, 116, 119-120, 122, 208
LÊ, Linda : 213
LEBLANC, Jacques : 482-483
LE BLAY, Frédéric : 39
LE BŒUF, Christine : 129
LE BOUËDEC, Gérard : 113
LECHNER, Gabriele : 14
LE CLÉZIO, Jean-Marie Gustave : 29, 32, 54, 259, 460
LE DOUANIER ROUSSEAU, Henry Rousseau dit : 504
LEFEBVRE, Henri : 382, 385
LE GALL, Joël : 18
LE GLAY, Maurice : 254-256, 265, 273
LE LAY, Yves-François : 480
LEMAÎTRE, Alain : 515
LEMAN, Victorien : 518
LEMONNIER, Camille : 194
LÉONARD, Cécile : 205
LEPRETTE, Fernand : 285
LÉRAULT, Daniel : 214
LE ROY, Grégoire : 192
LEROY, Inès : 205, 207
LESTEL, Laurence : 515
LETELLIER, Dominique : 129
LEVEAU, Philippe : 197
LÉVI-STRAUSS, Claude : 508
LEWIS, Meriwether : 360
LIBANIOS : 482, 484, 492
LIOURE, Françoise : 133
LIU, Cheng : 431
LIVINGSTONE, David : 495-496
LOISEL, Gaëlle : 44, 407
LOPÈS, Henri : 557
LOTI, Pierre : 284, 496, 506
LOTMAN, Youri : 163
LOUBES, Jean-Pierre : 49, 139-140, 159-160, 407
LOUP, Jean : 198, 201
LOWRY, Malcolm : 495
LUCRÈCE : 104-106
LUKÁCS, Georg : 83, 314

MAALOUF, Amin : 557
MACÉ, Marielle : 30, 47
MACHELART, Félicien : 529
MACHIAVEL, Nicolas : 551
MAETERLINCK, Maurice : 187, 189, 194
MAGRIS, Claudio : 222, 229-249
MAHAUT, Valérie : 520
MAJDALANI, Charif : 512
MALALAS, Jean : 482, 484
MALFATTO, Émilienne : 397, 407-409, 411
MALHERBE, François de : 101
MALISSARD, Alain : 49, 201, 480
MALLARMÉ, Stéphane : 185-186

MALONGA, Jean : 555
MANET, Édouard : 262
MARCEL, Jean, Jean-Marcel Paquette dit : 230-232
MARIAGE, Édouard : 522, 526
MARIETTE, Auguste : 278
MARIN, Biagio : 239
MARQUETTE, Jacques : 360
MARQUIS, Philippe : 486, 490
MARTÍN-BUENO, Manuel : 487, 491
MARTÍNEZ SOPENA, Pascual : 125
MASPERO, Gaston : 232
MATAGNE, Patrick : 370
MATHIS, Charles-François : 523
MAUCH, Christof : 513
MAUFRAIS, Edgar : 510
MAUFRAIS, Raymond : 510
MAUROIS, André : 83
MAYOUX, Patrick : 139
MAZZOCHI, Gérard : 199
MEES, Nathalie : 202
MÉGEVAND, Martin : 311
MEHNERT, Volker : 50
MELVILLE, Herman : 364
MELZI D'ERIL, Francesca : 50, 323
MENDES, Sam : 174
MENON, Sangeetha : 448
MERCADAL, Thierry : 13
MICHEL, Louise : 549
MICHEL-ANGE, Michelangelo di Lodovico Buonarroti Simoni dit : 180, 183
MICHON, Pierre : 504, 511, 535
MINETTE, Franck : 522
MISHRA, Anup K. : 437, 444
MISHRA, Sunil Kumar : 444-445
MISHRA, Veer Bhadra : 442, 444, 448
MISHRA, Vishwambhar Nath : 448
MISTRAL, Frédéric : 70-72, 75-77, 259
MOFFAT, Steven : 165, 172
MOLIÈRE, Jean-Baptiste Poquelin dit : 141, 317
MOLINA, Géraldine : 21
MOMMSEN, Theodor : 201, 485
MONACA, Mariangela : 493
MONDRIAN, Piet : 140
MONET, Claude : 165, 458
MONTAIGNE, Michel Eyquem de : 21, 220, 468, 511
MONTESQUIEU, Charles Louis de Secondat, baron de : 132, 220, 399
MORA RODRÍGUEZ, Gloria : 491
MOREAU, Hélène : 483
MORETTI, Franco : 27, 34
MORRISON, John S. : 490
MOSES, Emmanuel : 451
MOUHOT, Henri : 495, 506
MOUNTHAULT, Katia : 319, 321-322, 325-329, 331-332
MOURA, Jean-Marc : 229
MOUSNIER, Mireille : 206
MOZART, Wolfgang Amadeus : 247
MULHAUSER, Gilles : 19
MUNCH, Edvard : 332
MUSSO, Guillaume : 95

NABOKOV, Vladimir : 94, 498
NAUDILLON, Françoise : 392
NAULEAU, Sophie : 278
NAVETEUR, Lucie : 50, 354
NAYNA, Omne K. : 431
NDIAYE, Marie : 512
NERVAL, Gérard Labrunie dit Gérard de : 277, 281-282, 541
NESJAR, Carl : 162
NEWEKLOWSKY, Ernst : 237
NEWTON, Isaac : 221
NIANE, Djibril Tamsir : 314
NIEBUHR, Carsten : 276
NIGET, David : 515
NILOY, Nahin Mostofa : 431
NIZAN, Paul : 498
NKASHAMA, Pius Nganda : 316
NOIZET, Hélène : 196-197, 199, 209
NOOTEBOOM, Cees : 130-132, 135-136, 156, 163

OFFUTT, Chris : 374, 380
OLLIER, Claude : 21

OMONT, Sébastien : 495, 502, 506
OORTMAN, Petronella : 155
ORELLANA, Francisco de : 503
ORLIN, Eric M. : 493
ORR, David : 164
ÔTOMO, Katsuhiro : 166, 168-170, 182
OVIDE : 237, 484

PAGANO, [illegible] : 276
PAIGNEAU, David : 189
PAILLER, Jean-Marie : 481
PALOMBI, Domenico : 480
PANZRAM, Sabine : 487, 491
PAQUOT, Thierry : 32
PARAVY, Florence : 302, 305-306, 331
PARK, Ji Hyung : 431
PASCAL, Blaise : 105, 133, 210
PASQUALI, Adrien : 229-230
PASTEUR, Louis : 496
PASTUREAU, Jean : 229
PASTUREAU, Marie-Noëlle : 229
PATROLIN, Pierre : 536, 542-547
PATRON, Sylvie : 298
PAVIE, Auguste : 495-496, 501, 503
PELAZ FLORES, Diana : 125
PELLETAN, Camille : 275, 278, 283
PELLETIER, Jean : 13
PEREC, George : 29, 32
PÉRISSE, Sébastien : 117
PÉRONCEL-HUGOZ, Jean-Pierre : 268
PERRIÈRES, Carles des : 277, 281-282
PERRINE, Vincent : 441
PERSITZ, Benjamin : 50, 354
PÉTAIN, Philippe : 66
PETIT, François : 199
PETITCLERC, Martin : 515
PETITFRÈRE, Claude : 327
PETTS, Geoffrey E. : 197
PICASSO, Pablo : 162, 180
PICON, Gaëtan : 83
PICON-LEFEBVRE, Virginie : 558
PIKE, Burton : 21
PINCHART, Alexandre Joseph : 202
PINSON, Jean-Claude : 41, 44-46
PIRET, Pierre : 194
PLATON : 107, 397, 551
PLINE L'ANCIEN : 22, 481-482, 490
PLINE LE JEUNE : 490
PLUMIER, Jean : 202, 207
PLUMIER-TORFS, Sophie : 202
PLUTARQUE : 23, 480-481, 511
POCCARDI, Grégoire : 482-484
POIGNAULT, Rémy : 480
POIRIER, Louis : 29
POLFER, Michel : 201
POLITZER, Michel : 336-337, 339-341, 343-344, 346, 350, 353
POMEY, Patrice : 198, 490
PONGE, Francis : 97-110
PONS, Anatole : 374
POPOVIC, Pierre : 20-21
PORTE, Michelle : 427
POSTHUMUS, Stéphanie : 38, 41, 43, 409
POUCHKINE, Alexandre : 99
POULET, Régis : 139-140, 159-160, 404
POUX, Matthieu : 486, 489, 491
PRASHAD, Vijay : 435
PRELORENZO, Claude : 558
PROUST, Marcel : 456-457
PROVOST, Michel : 488
PUGHE, Thomas : 27, 37-40
PULLMAN, Philip : 177-178

QUAGHEBEUR, Marc : 187
QURAISHI, Shamshad B. : 431

RABELAIS, François : 315
RACINE, Pierre : 196, 205
RAMAN, Varadaraja V. : 448
RANGER, Terence : 447
RAYMOND, André : 285
REBOURG, Alain : 489
RECLUS, Élisée : 38, 48, 254, 257-260, 263, 267-268, 273-274, 280
REGNARD, Maude : 202
REMBRANDT, Rembrandt Harmenszoon van Rijn dit : 136, 144, 247
RENARD, Maurice : 479

RENONCET, Gaëlle : 50, 354
RENOU, Louis : 433
RENOUARD, Yves : 111, 114, 116, 121-122
REVERDY, Thomas B. : 512
RICHARD, Jean-Pierre : 29
RIEGER, Angelica : 287-291
RIÈRE, Jean : 214
RIETH, Éric : 198-200
RILKE, Rainer Maria : 93, 95
RIMBAUD, Arthur : 101, 452, 495, 500, 506
RIME, Jean : 189
RITTER, Jean : 198-199
ROBERT, Sandrine : 520
ROBERT-NICOUD, Élie : 336
ROBIN, Sylvie : 486, 489-491
ROBINET, Caroline : 202
ROCHE, Daniel : 208
ROCHEFORT, Michel : 198
RODENBACH, Georges : 187-194
ROLIN, Dominique : 194
ROLIN, Jean : 503
ROLIN, Olivier : 535
ROLLAND, Romain : 214, 216, 220, 222, 227
ROMAIN, Fanny : 18, 227
ROMESTAING, Alain : 40, 46
RONCAYOLO, Marcel : 558
ROOSEVELT, Kermit : 510
ROOSEVELT, Theodore : 510
ROSSIAUD, Jacques : 13, 125, 198
ROUSSAT, Jean-Baptiste : 50, 354
ROUSSEAU, Jean-Jacques : 92, 220
ROUSSEAU, Pierre : 522
ROUX, Émile : 496
ROUX, Laurent : 495, 502, 506

SAÏD, Edward Wadie : 276
SAINT-AMAND, Pascal : 205
SAINT-AMANT, Marc-Antoine Girard de : 102
SAINT-EXUPÉRY, Antoine de : 255, 268-269
SAINT GIRONS, Baldine : 31
SAJALOLI, Bertrand : 49, 514, 519, 525, 527, 533, 553, 559
SALIOU, Catherine : 482-484, 492-493
SAMAIN, Albert : 69
SANJUAN, Thierry : 465
SARRASIN, Jean-Luc : 117
SARTRE, Jean-Paul : 158
SAVORGNAN DE BRAZZA, Pierre : 495-496, 535
SAYAGH, Saïd : 255, 257-260, 263-264, 267, 269, 272-274
SCÈVE, Maurice : 9, 20
SCHACHTER, Albert : 481
SCHMELMER, Eva : 287
SCHOENTJES, Pierre : 27, 40-41, 46, 53-54, 141, 245, 317, 361, 508
SCHOOLCRAFT, Henry Rowe : 360
SCHURÉ, Édouard : 282
SCHÜTZ, Alfred : 449
SCHWARTZBROD, Alexandra : 357
SCHWEITZER, Albert : 496
SELHI, Abdelaaziz : 256
SÉNÈQUE, le philosophe : 306
SENTE, Yves : 175
SERNA, Virginie : 196-200
SERRES, Michel : 38, 43
SEVE, Vincent : 74
SHAKESPEARE, William : 175-176
SIBONY, Daniel : 226
SIDOINE APOLLINAIRE : 484
SIMON, Anne : 40, 46
SIMONIS, Linda : 290
SIMONNET, Cyrille : 558
SIMPSON, Zachary : 448
SINGH, Ajit : 444
SINGH, Rana P. B. : 433-434
SINGH, Santosh K. : 436
SITTLER, Benoît : 520
SIVÉRY, Gérard : 519
SLAUERHOFF, Jan Jacob : 163
SLIMANI, Leïla : 512
SOLÓRZANO TELECHEA, Jesús Ángel : 125
SOTO, Hernando de : 360

SPANIER, J. Emiel : 431
SPARVOLI, Eleonora : 50, 323
SPECQ, François : 38
SPIELBERG, Steven : 392
SRIVASTAVA, Vijay S. : 436
STACE : 480
STANLEY, Henri Morton : 495-496
STEINBY, Eva Margareta : 480
STENDHAL, Henri Beyle dit : 71, 78-80, 234-235
STRAUSS, Johann : 237
STROKAL, Maryna : 431
SUBERCHICOT, Alain : 27, 38
SUDRES, Georges : 71, 73-74
SUÉTONE : 483-484
SULLENBERGER, Chesley B. : 381, 391
SULTE, Benjamin : 520
SUPERVIELLE, Jules : 93, 95
SUTTOR, Marc : 195-211, 518
SUZUKI, Shunryu : 274

TAHI, Driss : 255, 274
TANG, Ting : 431
TARDIF, Emmanuelle : 129
TAREQ, Shafi M. : 431
THÉODORET DE CYR : 482, 484, 492
THI THU BA, Tran : 413
THIBAUDEAU, Jean : 130
THOMAS, Nicolas : 207
THOREAU, Henri David : 38
TIRSO DE MOLINA, Gabriel José Lòpez Téllez dit : 84
TISSIER, Jean-Louis : 30
TITE-LIVE : 479-481, 483, 485, 489-490, 493-494
TITIEN OU LE TITIEN, Tiziano Vecellio ou Vecelli dit : 262
TOLSTOÏ, Léon : 101
TOOROP, Jan : 152
TOURNIER, Michel : 21, 139, 156-160
TOUSSAINT, Jean-Philippe : 512
TRANCHANT, Mathias : 125
TRASSARD, Jean-Loup : 54
TRAUTMANN-WALLER, Céline : 30
TRIVISANI-MOREAU, Isabelle : 31
TROST, Ernst : 242
TROTSKY, Léon : 495
TSHIMBAMBA, Lomami : 555
TUDURI, Claude : 471
TUFFREAU-LIBRE, Marie : 491
TULSĪDĀS, Goswami : 442, 446, 448
TURNER, Joseph : 165
TWAIN, Mark : 364

VAES, Guy : 194
VALÈRE MAXIME : 484, 489-490
VALÉRY, Paul : 185-186
VALLÈS, Jules : 21
VĀLMĪKI : 434
VALTAT, Jean-Christophe : 27
VAL VALDIVIESO, María Isabel del : 125
VAN BEVERLOO, Cornelis (*alias* Guillaume Corneille) : 136
VANCE, James David : 380
VAN DE VELDE, Henry : 185
VAN DEN BRINK, Hans Maarten : 151
VAN DEN VONDEL, Joost : 163
VAN DIS, Adriaan : 129
VAN GOGH, Vincent : 144, 154
VAN LERBERGHE, Charles : 194
VANMECHELEN, Raphaël : 202
VAN TROOSTWIJK, Wouter Johannes : 140
VAN VLIET, Michelle : 431
VAN WIJNEN, Jikke : 431
VASSET, Philippe : 277
VERE, Edward de : 176
VERHAEREN, Émile : 187, 190, 193-194
VERLEENE, Sébastien : 522
VERMEER, Johannes : 136, 173
VERNE, Jules : 183, 498-499, 506, 508-509
VIART, Dominique : 507
VIBERT, Bertrand : 189
VIGNEAULT, Robert : 230
VIGUIER, Anne : 17
VILLENEUVE, Robert de : 520-521
VINATIER, Isabelle : 275

VINCLAIR, Pierre : 44
VIROL, Michèle : 201
VOINOT, Louis : 267
VOISIN, Olivia : 49, 559
VOISIN, Patrick : 6, 8, 18, 39, 49, 317, 330
VOLTAIRE, François-Marie Arouet dit : 220

WADA, Yoshihide : 431
WALKER, William : 496
WALTER, François : 523
WANG, Mengru : 431
WAQUET, Henri : 209
WERCHOWSKI, Katherine : 129
WESTPHAL, Bertrand : 7, 26, 28-29, 33-34, 46, 137, 144, 157, 163, 232, 235-236, 255, 269, 271, 319, 339, 341-342, 354, 358, 382, 384-385, 388, 393, 500
WEYMOUTH, Adam : 356
WHITE, Kenneth : 27, 34, 36, 42-43, 46, 139-140, 143, 159-160, 164, 243, 253, 400, 404-405
WILKIN, Alexis : 196
WILLIAMS, Richard J. : 431
WILSON, William Julius : 380
WINIWARTER, Verena : 515-516

YERSIN, Alexandre : 496
YOUNG, John : 529-530
YUKIMURA, Makoto : 166-167, 182

ZASLOW, Jeffrey : 392
ZEKRI, Khalid : 288
ZELLER, Thomas : 513
ZIADÉ, Lamia : 512
ZIMMERMAN, Mary : 496

INDEX DES ŒUVRES[1]

Abbé est mort, vive l'Abbé (L'). Mémoire d'Isidore Monvoisin-Ivremort : 558
À bord du Normandie. Journal transatlantique : 499
Abracadabra : 496-497
Acadiensis. Journal of the History of the Atlantic Region : 515
Acta fabula : 27, 30-31, 34, 38
Adventures of Huckleberry Finn : 232, 365
Afrique septentrionale (L') : 280
Agonies de villes : 187
Ahmadou Kourouma, entre poétique romanesque et littérature politique : 6, 317
Ahmadou Kourouma : une case africaine dans la maison de Molière : 317
Akira : 170
À la recherche du temps perdu : 456
Alcools : 20, 99
Amant (L') : 413-429
Amant de la Chine du Nord (L') : 413
Amazonas : 336-341, 343-344, 346, 350, 352-353
Amazonia : 495-500, 502-511
Âme romantique et le rêve (L') : 83
America : 374
American Association of Teachers of French : 145
Amérique des marges (L') : 374
Ami lointain (L') : 220
Ange gardien (L') : 55, 57
Anna Karénine : 101
Annales : 485
Annales – Économies Sociétés Civilisations : 208
Annales de Bretagne et des Pays de l'ouest : 198
Annales de la Villa Mont-Noir/Marguerite Yourcenar (Les) : 502
Anne Marie : 465
Anthologie des 60 ans de la littérature congolaise (1953-2013) : Noces de diamant : 558
Antioche de Syrie. Histoire, images et traces de la ville antique : 482
Antiquité Tardive : 482
Antiquités romaines : 484, 490
Aperçus de civilisation chinoise : 467
APhA : 485
Appel du fleuve (L') : 558
Approche archéologique de l'environnement et de l'aménagement du territoire ligérien : 199
Approches de l'essai : 230
Arche (L') : 54, 62
Archéologie de la batellerie et architecture nautique fluviale : 199
Archéologies en Loire. Actualité de la recherche dans les régions Centre et Pays-de-la-Loire : 198
Archéologie navale (L') : 198
Archipel (L'). Institut international de Géopoétique : 34-35
Archives de la Ville de Montréal : 525
Archives du Séminaire de Saint-Sulpice de Montréal : 522
Archives générales du Royaume : 205
Archives municipales de Douai : 528

1 Cet index contient les noms des œuvres et revues littéraires, artistiques ou critiques mentionnées dans l'ouvrage.

Archives nationales d'Outre-Mer : 520, 522
Art de vivre à Amsterdam (L') : 131, 156, 163
Arts de faire : 286
Arts et sociétés. Lettre du séminaire : 47
Association for the Study of Literature and Environment : 37
Atelier Fabula : 27-28, 30, 41
Atlas valenciennois : 522, 526
Au Cœur des ténèbres : 232
Au large de l'histoire : éléments d'un espace-temps à venir : 253
Aurélien : 94, 100
Autrement le monde : 41, 45
Aventure ambiguë (L') : 298
Aventures d'Alice au pays des merveilles (Les) : 275
Aventures de Barbe-Rouge (Les) : 166, 170
Aventures de Pinocchio (Les) : 152

Balzac et le réalisme français : 83
Balzac romancier : 83
Balzac par lui-même : 83
Balzac « archéologue » de Paris : 90
Banaras City of light : 432
Banaras : Making of India's Heritage City : 434
Bateaux, navigation, bateliers et marchands sur la Haine, de Mons à Condé-sur-l'Escaut (XIVe-XIXe *siècles)* : 518
Bateliers de la Volga (Les) : 110
Beaucaire, cité portuaire à travers l'histoire : 71, 73
Beaucaire et sa foire à travers les siècles : 73
Belgique artistique et littéraire (La). Une anthologie de langue française 1848-1914 : 187
Belgique fin de siècle (La). Georges Eekhoud, Camille Lemonnier, Maurice Maeterlinck, Georges Rodenbach, Charles Van Lerberghe, Émile Verhaeren : 194
Bel Inn bleu (Le) : 213, 237
Bhagavad-Gītā : 445
Bhāgavata : 445
Bible : 105, 323, 330
Bien nommée (La) : élégie publique : 558
Blake et Mortimer : 175
Boire à la source : 558
Boomerang : 29
Bordeaux de 1453 à 1715 : 114, 116, 119, 121-123
Bordeaux sous les rois d'Angleterre : 111, 114, 116, 121-122
Bourgeois gentilhomme (Le) : 141
Brill's Encyclopedia of Hinduism : 445
Briseurs de rêves, suivi de *Rêves de Brazzaville* : 558
Bruges-la-morte : 187-188, 190, 194
Bruges-la-Morte de Georges Rodenbach. Lecture : 187-188
Bruges-la-morte : un conte initiatique : 194
Bruges, Saint-Malo, Paris et les petites patries : 187
Bruxelles et sa rivière. Genèse d'un territoire urbain : 519, 527
Bulletin de l'Association de Géographes Français : 21
Bulletin de la société d'histoire et d'archéologie de Beaucaire : 81
Bulletin Interactif du Centre International de Recherches et Études transdisciplinaires : 143

Caesarodunum : 480, 486
Cage des méridiens (La). La littérature et l'art contemporain face à la globalisation : 393
Cahiers de Géographie du Québec : 514
Cahiers de géopoétique : 35
Cahiers de l'Atelier du héron : 243
Cahiers de l'École de Blois (Les) : 277
Cahiers de la Maison du Patrimoine médiéval Mosan : 205, 207
Cahiers de la Recherche Architecturale et Urbaine : 31
Cahiers de la Rotonde : 491
Cahiers de Malte Laurids Brigge (Les) : 93
Cahiers de Narratologie : 30

Cahiers du Musée de la Batellerie (Les) : 199
Cahiers François Viète : 39
Cahiers Valery Larbaud : 133
Caire (Le) : 285
Caire (Égypte) (Le) : Mille & une villes : 275
Cairo. Revitalising a Historic Metropolis : 286
Campagnes hallucinées (Les) : 190
Camphor Flame (The) : Popular Hinduism and Society in India : 439
Canal Lachine (Le). Du tumulte des flots à l'essor industriel et urbain : 524
Capitales du monde (Les) : 275
Carillonneur (Le) : 191
Carnets de Chaminadour : 496
Carnets de navigation : 35
Carnets du grand chemin : 29
Carte archéologique de la Gaule. La Loire-Atlantique 44 : 488
Carte archéologique de la Gaule. Saône-et-Loire 71-3 : 489
Carte archéologique de la Gaule 75 : 491
Cartulaire de la Commune de Dinant : 202
Castilla y el mundo feudal : Homenaje al profesor Julio Valdeón : 125
Catastrophes : 44
Central Ganga Authority, Ganga Action Plan : 440
Ce qui a lieu. Essai d'écopoétique : 27, 40, 54, 141, 245, 317, 508
César Birotteau : 86
Chanson du pauvre (La). Mon cœur pleure d'autrefois : 192
Chansons d'eau douce : 364
Chant du monde dans la poésie française contemporaine (Le) : 31
Charlie Hebdo : 511
Chêne de Bambou : 332
Chien d'Ulysse (Le) : 536
Chine ouverte : 58
Choses tues : 186
Chronique d'Ibn Wadih : 398
Chroniques et traditions surnaturelles de la Flandre : 531
Chroniques secrètes sur Mazagan-El Jadida 1850-1950 : 268
Chronographia : 482, 484
Chute (La) : 130, 133-135, 137-139, 143, 145-146, 148, 151, 154-157, 159-160, 163
Cinq mois au Caire et dans la Basse-Égypte : 277, 279-280
Citadelle : 255, 260
Cité de paroles (La) : 47
Città invisibili (Le) : 130
Ciudades augusteas de Hispania : 488
Cobra Poésie : 136
Codine : 216, 219, 221, 223, 225
Cœur d'Aryenne : 555
Colline a des yeux (La) : 374
Comedia : 159
Comédie humaine (La) : 83-84, 90, 95
Comment parler des lieux où l'on n'a pas été ? : 336
Compagnie des œuvres (La) : 317
Comtes de Hainaut et le commerce du vin au XIV*e* *siècle et au début du* XV*e* *siècle (Le)* : 519
Concept d'ambiance (Le) : 536
Conseiller du Prince, pour un Prince de la Paix (Le) : 558
Considérations sur les causes de la grandeur des Romains et de leur décadence : 399
Construction des horizons (La) : nature, lieux, paysages dans la littérature et la géographie : 30
Contes d'Yperdamme : 191
Contes symbolistes : 189
Corps : 543
Corpus Inscriptionum Latinarum / C.I.L. : 201
Correspondance 1919-1935 : 214, 227
Cours d'eau (Les). Dynamique du système fluvial : 199
Cousine Bette (La) : 86-89
Crassus : 23
Cratyle : 107
Création(s) et réception(s) de Patrick Deville : 507, 512
Cri (Le) : 332

Cri du fleuve (Le) : 319, 321-322, 325-327, 329, 331
Current Opinion in Environmental Sustainability : 431

Danube : 222, 229-249
David : 180
Décor ciment : 29, 33
Degré zéro de l'écriture (Le) : 498
Déjeuner sur l'herbe (Le) : 262
De l'autre côté de l'eau : 497, 499
Délie, objet de plus haute vertu : 9
Délivrance : 373
De natura rerum : 98, 106, 108
De Nieuwe Haarlem Sluis bik het Singel : 140
Dépaysement (Le). Voyages en France : 45, 47-48, 499
Des bateaux et des fleuves. Archéologie de la batellerie du Néolithique aux Temps modernes en France : 198, 200
Description de l'Égypte : 276
Des romans géographes : 32
Détonations et Folie : 332
Deuil des primevères (Le) : 1898-1900 : 130, 149
Deux jeunes mariées : 86
Deville & Cie : 504
Devoir (Le) : 506
Dictionnaire encyclopédique des sciences du langage : 99
Dictionnaire géographique et administratif de la France et de ses colonies : 197-198
Dictionnaire Littré : 100, 107
Dictionnaire Marguerite Duras : 420
Die kleinen Städte in Lotharingien : 205
Discours : 482, 484, 492
Divine Comédie : 159
Dix-Neuf. Journal of the Society of Dix-Neuviémistes : 39
Doctrina a magistro discipulis tradita. Estudios en homenaje al profesor Dr. Luis García Iglesias : 491
Documentation et Recherche en Linguistique Allemande : 234
Dominical : 185
Dordogne des bateliers (La) . 208
Dossiers de la Direction générale de l'Urbanisme, de l'Habitat et de la construction (Les) : 14
Dossiers du grand Ricci (Les) : 467
Du côté de chez Swann : 456
Du moulin à l'usine. Implantations industrielles, du xe au xxe siècle : 206
Dynamique des paysages protohistoriques, antiques, médiévaux et modernes (La) : 197

Eau comme morphogène dans les paysages (L') : 520
Eau dans le château (L') : 518
Eau et les Rêves (L'). Essai sur l'imagination de la matière : 28, 189, 192, 216, 222, 428
Eau, miroir de la ville (L') : contribution à l'étude de la requalification urbaine des milieux fluviaux et humides (Bassin parisien, Amiens, Orléans) : 519, 526
Eaux et conflits dans l'Europe médiévale et moderne : 208
Eaux étroites (Les) : 29
Eaux terrestres (Les). Hydrologie continentale : 198, 201
Échos (Les) : 15
Ecocriticism Reader (The) : 37, 410
Écocritique(s) et catastrophes naturelles : perspectives transdisciplinaires : 44, 407, 410
Écologie & politique : 38
Écologiques : 45
EcolΩ. Écologie et environnement en Grèce et à Rome : 18, 39
Écopoétiques africaines. Une expérience décoloniale des lieux : 316
Écopoétique pour des temps extrêmes : 41
Écopoétiques : 40
Écriture de l'essai (L') : 230
Édit du Maximum (Edictum Diocletiani de pretiis rerum) : 201
Eddy L. Harris, le Mississippi dans la peau : 376

Éducation sentimentale (L') : 20
Égypte : 15
Égypte terre du Nil : 285
El Burlador de Sevilla y convidado de piedra : 84
Elfe XX-XXI : 41, 44, 317
El Herri. Hécatombe des troupes coloniales françaises : 266
Émergence d'une littérature environnementale. Gary, Gascar, Gracq, Le Clézio, Trassard à la lumière de l'écopoétique : 54
Enceintes augustéennes dans l'Occident romain (Les) : France, Italie, Espagne, Afrique du Nord : 487
Encyclopaedia Universalis : 469
Enfant de la haute mer (L') : 93
Enfant et la rivière (L') : 255, 263
Enfer, Purgatoire et Paradis : 159
Enseigner le paysage : 277
Entre-deux : l'origine du partage : 226
Entretiens de la revue Po&sie : 451
Entretiens sur l'Antiquité classique : 482
Envergure des comparses (L') : écologie et poétique : 45-46
Envers de l'histoire contemporaine (L') : 89
Environmental Science and Pollution Research : 431
Équatoria : 495, 500-503, 505, 507, 511-512, 535
Eremita a Parigi. Pagine autobiografiche : 354
Espace dans le roman africain francophone contemporain (L') : 331
Espace littéraire (L') : 30, 36
Espèces d'espaces : 29
Esprit du temps (L') / Topique : 384
Esprit zen, esprit neuf : 274
Essai sur Les Soleils des Indépendances *d'Ahmadou Kourouma* : 300
Essais : 468, 511
Essais critiques : 27, 38
Essais sur le roman : 21
Esthétique de Georges Rodenbach (L') : 193
Et à l'eau tu retourneras : 255, 257-258, 260-261, 263, 267, 273
État liquide de la matière (L') : 104
Ethnologie française : 198
Ethnology : 441
Étoile errante : 259
Étrange fraternité des lecteurs solitaires (L') : 511-512
Être et Temps : 469
Études anglaises : 39
Études de lettres : 338
Études françaises : 21
Études littéraires : 230
Europe littéraire et l'Ailleurs (L') : 229
Évêque et prince. Notger et la Basse-Lotharingie aux alentours de l'an Mil : 196
Évocations : 187
Exotisme et altérité. Essai sur les fondements d'une critique de l'anthropologie : 230
Expression du métissage dans la littérature africaine (L') : 332

Fabula-LhT : 30-31, 41, 500
Faits et dits mémorables : 484
Faust : 245
Femme de trente ans (La) : 85-86
Femme parfaite (La) : 509
Femelle du requin (La) : 495
Ferragus : 301
Feu d'artifice (Le) : 499
Feu des origines (Le) : 330
Figaro (Le) : 136, 187
Figures I : 30
Figures de style (Les) : 25
Figures du discours (Les) : 25
Fils de l'homme (Les) : 177, 180, 183
Fils du Consul (Le) : 465
Fin dans le monde (La) : 45
Fin du monde, de la théorie à l'expérience vécue (La) : 39
Fléau, ressource, exutoire : visions et usages des rivières urbaines, XVIIIe-XIXe *s.* : 18-19, 227
Fleurs du mal (Les) : 470
Fleuve en ville, enjeux et perspectives dans les projets de reconquête : 15

Fleuves (Les) : 198
Fleuves et marais, une histoire au croisement de la nature et de la culture : 197
Fleuves et rivières de l'ouest européen. Apports d'une recherche pluridisciplinaire : 198, 201
Fleuves, rivières et canaux dans l'Europe occidentale et médiane : 196
Flot de la poésie continuera de couler (Le) : 460
Fondation de la ville de Beaucaire (La) : 74
Forme d'une ville (La) : 29
Fregellae II. Il Santuario di Esculapio : 493
French Review (The) : 145
French Studies : 41

Gallia : 486
Gard Périodiques : 76
Gargantua : 315
Génie du lieu (Le) : 29
Génie du lieu (Le) : cinquième et dernier, autrement dit Gyroscope : 29
Génie du lieu (Le) : des paysages en littérature : 31
Gens de mer (Les) : ports et cités aux époques ancienne, médiévale et moderne : 113
Gentes de mar en la ciudad atlántica medieval : 125
Géocarrefour : 18-20, 227
Géocritique : 34
Géocritique mode d'emploi (La) : 29, 43, 137, 232, 255
Géocritique (La) : réel, fiction, espace : 26, 34, 235, 255, 271, 339, 341-342, 354, 382, 388, 500
Géographe dans sa ville (Le) : 558
Géographie et cultures : 31, 480
Géographie et littérature / Marginalités spatiales et sociales : 21, 30
Géographie universelle. Mondes nouveaux : 278, 284
Géohistoire / géo-histoire : quelles méthodes pour quel récit ? : 19-20
Géomorphologie : 199
Georges Rodenbach (1855-1898) : 194
Goût de l'Égypte (Le) : 278
Gradus. Les procédés littéraires (Dictionnaire) : 25
Graine (La) : 55, 57
Grand recueil (Le). Lyres. Méthodes. Pièces : 108
Grande Beune (La) : 535
Grandes civilisations (Les) : 456
Grands fleuves (Les). Entre nature et société : 13, 197-199, 367
Graphes, cartes et arbres. Modèles abstraits pour une autre histoire de la littérature : 27
Greek and Roman Oared Warships 389-30 B.C. : 490
Guernica : 180
Guides bleus : 278
Guides Joanne : 280

Habiter l'inondable. Penser l'inondation comme une opportunité de projet de territoire, en vallée de l'Escaut, en Tournaisis et ailleurs : 522
Harlem : 380
Herméneutique du sujet (L') : cours au collège de France (1981-1982) : 46
Hérodote : 465
Het Raamportje in Amsterdam : 140
Highest Duty : My search for what really matters : 392
Hillbilly élégie : 380
Hindouisme (L') : anthropologie d'une civilisation : 434, 439
His Dark Materials : 177-178, 183
Histoire d'un ruisseau (L') : 48
Histoire de Bordeaux : 113-115, 121-122
Histoire de la captivité des français en Allemagne : 66
Histoire de la ville des Trois-Rivières et de ses environs : 520
Histoire ecclésiastique : 482, 484, 492
Histoire et fiction dans la production romanesque d'Ahmadou Kourouma : 7

Histoire monde, jeux d'échelles et espaces connectés : 195
Histoire naturelle : 22, 481, 490
Histoire romaine : 23, 479-481, 483, 485, 487, 489-490, 494
Histoire urbaine : 22, 204, 519
Histoires : 275, 480
Historia de las antigüedades de Merida : 492
Horizon fabuleux (L') : 31
Humanité (L') : 222
Humanités environnementales. Enquêtes et contre-enquêtes : 41, 47, 409
Hydrologie fluviale : 197
Hydrosystèmes fluviaux : 197
Hymne au Nil : 232

Identités meurtrières (Les) : 557
Île Tibérine dans l'Antiquité (L') : 485
Il Foro Boario : dalle origini alla fine della Repubblica : 485, 489
Iliade : 109
Illusions perdues : 91-92
Image of the City in Modern Literature (The) : 21
Images d'Égypte. De la fresque à la bande dessinée : 278
Imaginaire géographique (L'). Essai de géographie littéraire : 30
Impossibilité du vide (L'). Une anthologie littéraire des espaces de la ville : 558
I Mulini nell'Europa medievale : 205
Inconnue de la Seine (L') : 93-95
Inde classique (L'). Manuel des études indiennes : 433
Indian Journal of Gender Studies : 450
Industrialisation des rivières : perspectives comparées (L') : 514
Information littéraire (L') : 188
Innovations : 370
Inquirens subtilia diversa. Dietrich Lohrmann zum 65. Geburtstag : 203
Inscriptiones Asiae provinciarum Europae Graecarum Illyrici latinae : 201
Inspiration (L') – Invitation au voyage : 146
Intervalles de Loire : 535-536
Introduction à la Géopoétique : 36, 243
Inventaire des archives des Chambres des Comptes, précédé d'une notice historique sur ces anciennes institutions : 202
Invention du quotidien (L') : 286
Invention de la solitude (L') : 129-130, 135-136, 144, 152, 158, 162
Invention of Tradition (The) : 447
I Ponti romani II. Catalogo generale : 487
Irish Economic and Social History : 125
Itinéraire de l'Orient. (Malte, Égypte, Nubie, Abyssinie, Sinaï) : 280, 283-284
Itinéraire de Paris à Jérusalem : 277
Itinéraire descriptif, historique et archéologique de l'Orient : 280, 283

Jack : 214
James Bond : 172, 174, 182
Jangada (La) : 509
Janus and the Bridge : 485
Jean-Christophe : 222
Je m'en vais : 30, 495
Joconde (La) : 93, 100
Jour du safran (Le) : 497, 499
Journal of Historical Sociology : 435
Journal of Roman Archeology : 483
Julie ou la Nouvelle Héloïse : 92

Kafka pour une littérature mineure : 226
Kampuchéa : 501, 503, 505, 507
Kashi Journal of Social Sciences : 436-437, 444
Kitāb al-buldān : 398
Kourouma et le mythe : une lecture de Les Soleils des Indépendances : 316
Kyra Kyralina : 213, 216, 221

Langages : 234
Langues et identités : 444
Lazaret de Mindin (Le) : 497
Lectures lointaines : 496
Lectures Montaigne, Vallès, Larbaud, Ollier, Tournier : 21

Légendes africaines : 322
Légendes du Saint-Laurent : 530
Lettre à un ami de Braïla : 213
Lettres : 484, 490
Lexicon topographicum urbis Romae : 480, 489
Libération : 357, 462
Library and Archives Canada : 520, 525
Lieu et son mythe (Le) : 34
Lieux de Marguerite Duras (Les) : 427
Life and Strange Surprizing Adventures of Robinson Crusoe, Of York, Mariner (The) : 84
Limbes incandescents ou Le livre des sept chambres (Les) : 139, 164
Literary Hub : 164
Littérature américaine et écologie : 38
Littérature au prisme de la photographie (La) : 194
Littérature dans tous ses espaces (La) : 30
Littérature, Environnement et Écologie : 40
Littérature & Écologie : vers une écopoétique : 37-38
Littérature et écologie. Le Mur des abeilles : 27, 53, 361
Littérature et environnement. Pour une écocritique comparée : 38
Littérature et géographie : 49
Livre de Jonas : 330
Livre de La Genèse : 105, 108
Livre des Césars : 484
Livre des fuites (Le) : 29, 32
Livre des Nuits (Le) : 536
Livre des Pays : 398
Loire et les fleuves de la Gaule romaine et des régions voisines (La) : 201, 480
Loire & Océan : 498
Loire, la guerre et les hommes (La) : Histoire géopolitique et militaire d'un fleuve : 327
Lois de Manu : 445
Londres. Le Parlement. Reflets sur la Tamise : 165
Lou Pouèmo dóu Rose : 70
Lublin Studies in Modern Languages and Literature : 189
Lundis du Collège de France (Les) : 456
Lys dans la vallée (Le) : 85

Mahābhārata (Le) : 434
Mahābhārata (Le) : un récit fondateur du brahmanisme et son interprétation : 433
Mais le fleuve tuera l'homme blanc : 326
Man versus Wild : 361
Manifest Destiny : 359
Manifeste pour une écologie de la différence : 40
Manners and Customs of the Modern Egyptians : 282
Manusmṛti : 445
Marin de Gibraltar (Le) : 255
Massacre à la tronçonneuse : 373
Méditations poétiques : 92
Meet : 498, 502
Meeting : 496, 498
Mélanges de l'École Française de Rome – Antiquité : 481, 483-484
Mémoire et Culture : 241
Mémoires d'un touriste : 78, 80
Mère du printemps (La) : 253, 255, 269-272
Méroé : 535
Mer près de Katwijk (La) : 152
Métamorphoses : 484
Météores (Les) : 139, 156, 157-160
Metropolis : 459
Meuse (La). Les hommes : 205
Midi de la France : impressions de voyage : 73-74
Mikhaïl : 214, 216, 223
Mille et Une Nuits (Les) : 276, 282
Mille plateaux : 104
Miniaturist (The) / Miniaturiste (Le) : 129-132, 134, 138, 140, 145, 148, 161
Miscellanea Trajectensia : 205
Mississippi dans la peau (Le) : 355-380
Mississippi Solo : 355-380
Mississippi Solo : A River Quest : 355-380
Modalités d'existence de dispositifs urbains. Le cas de l'assainissement à Kanpur et Varanasi, Inde : 441

Modeste Mignon : 87-88
Monarchie et l'environnement en Alsace et au Canada (XVIIe-XVIIIe *siècles) (La) : l'eau, politiques et représentations* : 515, 520
Monde (Le) : 148
Monde à côté (Le) : 255, 272, 274
Monde de Rodenbach (Le) : 187, 193
Monde ne suffit pas (Le) : 174
Monde plausible (Le). Espace, lieu, carte : 31
Monde s'effondre (Le) : 316
Monsieur le Consul : 465
Montée des cendres (La) : 536, 542
Montréal aime : 558
Montréal et l'eau. Une histoire environnementale : 515
Montréal imaginaire : 20
Montreal's night major on his ghostly rounds : 531
Mort de Philae (La) : 284
Mosaic : A Journal for the Study of Interdisciplinarity Study of Literature : 38
Moselle (La) : 99, 108
Moulins et meuniers dans les campagnes européennes (IXe-XVIIIe *siècle)* : 206
Moyen Âge (Le) : 203, 209
Moyen Âge (Le). Revue d'histoire et de philologie : 197
Muse du département (La) : 86
Musée de Béguines : 190
Mwanana la petite fille qui parlait aux animaux : 332
Myrtes et Cyprès : 192
Mythes balzaciens : 83

Nant-Naz : 497-499
Nation Belge (La) : 1830-1905 : 187
National Geographical Journal of India : 433
Navigation et milieu fluvial au XIe *s. L'épave d'Orlac (Charente-Maritime)* : 200
Navigation sur la Meuse moyenne des origines à 1650 (La) : 198, 200-202, 204
Navires de Fiumicino (Italie) (Les) : architecture, matériaux, types et fonctions : contribution à l'étude du système portuaire de Rome à l'époque impériale : 490
Navires et gens de mer à Bordeaux (vers 1400-vers 1550) : 118
Négritude et Fleuvitude et autres observations littéraires : 332
Nerrantsoula : 216-221
Newsweek : 131-132
Ngumb : 333
Nile. Urban Histories on the Banks of a River : 286
Nos cabanes : 47
No Society. La Fin de la classe moyenne occidentale : 373
Notes de lecture : 30-31, 34
Notre Avant-guerre : 255
Nouma Roumestan. Mœurs parisiennes : 76
Nouveau territoire (Le). L'exploration géopoétique de l'espace : 42
Nouveaux Essais critiques : 498
Nouvelle Géographie universelle. La terre et les hommes : 280
Nouvelle Revue d'Histoire (La) : 268
Nuits du Caire (Les) : 280

Odes : 480
Odes et ballades : 319
Odyssée : 330
Œuvres morales : 511
Oiseau (L') : 162
Oisivetés de Monsieur de Vauban ou ramas de plusieurs mémoires de sa façon sur différents sujets (Les) : 201
On the Banks of the Ganga : When Wastewater Meets a Sacred Rive : 436, 441, 443
Ondine : 99
Or des dinandiers (L'). Fondeurs et batteurs mosans au Moyen Âge : 207
Or des livres (L') : 48
Organisation spatiale du corridor du canal Lachine au XIXe *siècle (L')* : 524
Orientalisme (L'). L'Orient créé par l'Occident : 276

Orientales (Les) : 109
Orléans et villes-fleuves du monde au fil des siècles : histoire d'eau et d'art : 4, 49
Où : 29
Oxford, Cambridge. La musique et les lettres : 186
Oxford Handbook of Religion and Science (The) : 448

Pages Paysages : 29
Papers of the British School at Rome : 485
Papiers collés II : 45
Paris – Créations d'un espace culturel : 287-291
Paris de parcelles en pixels : 196
Paris en noir et black : 357
Paris et Ile-de-France. Mémoires publiés par la Fédération des Sociétés historiques et archéologiques de Paris et de l'Île-de-France : 201
Parle-leur de batailles, de rois et d'éléphants : 183
Par les temps qui courent… : 558
Parnasse de la Jeune Belgique : 193
Parole multiple. Aspect rhétorique, logique, énonciatif et dialogique : 234
Parole pamphlétaire (La). Typologie des discours modernes : 230
Partage des disciplines (Le) : 30-31, 35, 500
Parti pris des choses (Le) : 97-99, 104, 107
Pastoral. De la poésie comme écologie : 45
Patrick Deville : « Une petite sphère de vertige ». Parcours d'une œuvre contemporaine : 506, 512
Paysage (Le) : état des lieux : 31
Paysage de Chateaubriand : 29
Paysage et Poésie, du romantisme à nos jours : 31
Paysage urbain : genèse, représentations, enjeux contemporains : 50
Paysan de Paris (Le) : 94
Pays-Bas. Les pieds sur terre : 134
Peau de chagrin (La) : 84, 86, 90-92, 94-95
Pensée-paysage (La) : 31
Pensées : 105, 210
Père Goriot (Le) : 88
Peste & Choléra : 495
Petit Lord Fauntleroy (Le) : 338
Petite Princesse (La) : 338
Petites villes en Lotharingie (Les) : 205
Petits poèmes en prose : 470
Places fortes des Hauts-de-France (Les). Actualités et recherches inédites : 517
Plans d'énonciation (Les) : 234
Plateau de l'Albatros (Le) : introduction à la géopoétique : 36, 243
Pleurer-Rire (Le) : 557
Plus grands fleuves du monde (Les) : 50
Poème du Rhône (Le) : 70, 72, 75-76, 259
Poésie moderne et la structure d'horizon (La) : 31
Poésies de A.O. Barnabooth (Les) : 133
Poéthique. Une autothéorie : 46
Poétique de l'enfance chez Marguerite Duras : 429
Poétique de l'espace (La) : 28, 293, 536
Poétique de la rêverie (La) : 407
Poétique du fleuve (La) : 50, 323, 329
Poisson (Le) : 162
Pont de Mindin (Le) : 497, 499
*Ports et littoraux de l'Europe atlantique, transformations naturelles et aménagements humains (*XIV*e*-XVI*e* siècles)* : 117
Ports maritimes et ports fluviaux au Moyen âge : 125, 204
Pour une géographie littéraire : 31, 35, 254, 336, 345, 506
Pour une histoire du risque. Québec, France, Belgique : 515
Pour une littérature voyageuse : 231
Preliminary report on the sewerage and water supply of the city of Benaras : 435
Présage (Le) : 54, 63
Présence Africaine : 298
Presqu'île (La) : 29
Presse Océan : 499
Prince (Le) : 551
Proêmes : 97, 102

Prométhée ou la vie de Balzac : 83
Publication of the Modem Languages Association : 409
Pura Vida : Vie & mort de William Walker : 495, 499-500, 503-505, 508-511

Quand je n'aurai plus d'ombre : 129
Quand le temple prend vie : Atmosphère et dévotion à Bénarès : 446
Quartiers historiques (Les). Pressions, enjeux, actions : 286
Quatre âges de l'Escaut (Les) : 530
Quatuor : 129
Que sur toi se lamente le Tigre : 397, 407, 409, 411
Queen Mary 2 & Saint-Nazaire : 499
Questions romaines : 481

Rage de l'expression (La) : 97
Rāmacaritamānasa : 442, 446
Rāmāyaṇa (Le) : 434, 442
Recherches sur l'économie de la France médiévale. Les voies fluviales. La draperie : 202, 210
Récits d'Adrien Zograffi (Les) : 213-214
Récits marocains de la plaine et des monts : 254-256, 265
Réflexions géocritiques sur l'œuvre d'Ahmadou Kourouma : 7
Regards croisés sur les zones humides nord-américaines et européennes : 514, 525, 533
Règne du silence (Le) : 191
Reine du fleuve : 336-340, 343-351, 354
Réinventer la brachylogie entre dialectique, rhétorique et poétique : 6, 8, 330
Réinventer la ville : les (r)évolutions de Darwin à Bordeaux : 558
Rencontres de Chaminadour : 504
Revista portuguese de Arqueologia : 487
Revolt of the Elites and the Betrayal of Democracy (The) : 373
Révoltés de la Bounty (Les) : 183
Revue (La) : 34
Revue archéologique : 486
Revue belge de Philologie et d'Histoire : 187
Revue critique de Fixxion contemporaine : 45
Revue d'histoire urbaine : 11
Revue de géographie de Lyon : 10, 13, 336
Revue des Lettres, Arts, Sciences de l'imaginaire et Sciences humaines : Nodus Sciendi : 7-8
Revue du Nord : 518, 527
Revue philosophique de la France et de l'étranger : 469
Rhin (Le) : 108, 199
River to the Heart : 356, 370, 572
Rivers in History. Designing and Conceiving Waterways in Europe and North America : 513
Rivers in History. Perspectives on Waterways in Europe and North America : 513
Rivière aménagée (La) : entre héritages et modernité. Formes, techniques et mise en œuvre : 196, 199-200
Rivières urbaines et leur pollution (Les) : 515
Roi des Sept Mers (Le) : 166, 170, 177, 182
Roland Barthes par Roland Barthes : 230
Romanische Studien : 507
Romantisme : 38
Rome ridicule, caprice : 102
Rouet des Brumes (Le). Contes posthumes : 189, 193
Roussalka (La) : 99
Royaume des quatre rivières (Le). L'espace politique français (1380-1515) : 209
Royaumes du Nord (Les) : 178
Ruelles de l'enfance (Les) : 255

Sacré et le profane (Le) : 401, 403, 405
Sacred Texts and languages, Ritual Traditions, Arts, Concepts : 445
Saint-Nazaire est littéraire : 498
Saint-Nazaire et Dunkerque : 497, 502
Sanctuaire grec (Le) : huit exposés suivis de discussions : 481-482
Sanctuaires d'Orient (Les) : 282
Saône, une rivière, des hommes (La) : 198

Scherzo : 499
Sédimentologie : 479
Seigneurs et seigneuries au Moyen Âge : 209
Seine (La) : 97-98, 102, 104-105, 107-109
Sémantique structurale : recherche de méthode : 315
Sentiers de la guerre et de l'amour (Les) : 255
Serres chaudes : 189
Shaping of Abbasid Rule (The) : 400
Shawinigan Water and Power 1898-1963. Formation et déclin d'un groupe industriel au Québec : 524
Sherlock : 165, 172-174, 182
Sibilla a Roma (La). I Libri Sibillini fra religione e politica : 493
Siège de Paris par les Normands (Le) : 209
Silves : 480
Société et groupes sociaux en Aquitaine et en Angleterre : 119
Sociétés : 449
Soleils des Indépendances (Les) : 297-317
Souffrances du jeune Werther (Les) : 92
Soundjata ou l'épopée mandingue : 314
Source et autres histoires d'un ruisseau (La) : 254, 260, 263, 267-268, 274
Sources (Les) : 53-54, 60, 64
Sourd (Le) ou L'auberge pleine, comédie en trois actes et en prose par le citoyen Desforges : 80
Sous les Soleils des Indépendances. *À la rencontre d'Ahmadou Kourouma* : 298, 302, 311
Souvenir d'Amsterdam : 140
Souvenirs, impressions, pensées et paysages pendant un voyage en Orient : 232
Spatialités littéraires et filmiques francophones : nouvelles perspectives : 392
Spectre : 174
Splendeurs et misères des courtisanes : 90, 399
Stadtbild und Elite : Tarraco, Corduba und Augusta Emerita zwischen Republik und Spätantike : 487, 491
Statuts et coutumes de l'échevinage de Mézières (XIe-XVIIe siècle) : 202
Steamboy : 166, 168
Strates. Matériaux pour la recherche en sciences sociales : 50, 354
Studies in European urban history (1100-1800) : 519
Sully : 381-393
Sully, la formidable histoire du « héros de l'Hudson » : 392
Superbe Orénoque (Le) : 509
Sur Catherine de Médicis : 85
Sur l'eau : 151
Sur les traces glorieuses des pacificateurs du Maroc : 267
Survey of Hinduism (A) : 433
Symbole & philosophie : 31
Symbolisme en Belgique (Le) : 194
Symbolisme ou naissance de la poésie moderne (Le) : 192
Symbolist Dead City : A Landscape of Poesis (The) : 187
Symphonie héroïque : 69
Synopsis de la sous-préfecture de Bianouan : 292
Syria : 483

Taba-Taba : 495-497, 510-511
Tabula Scaldis : 532
Tamise au-dessus du Pont de Waterloo (La) : 165
Tapis volant (Le) : 496
Tel Quel : 186
Temples, Religion and Politics in the Roman Republic : 493
Tentation des armes à feu (La) : 498, 500, 503, 507
Terreur spectacle (La) : terrorisme et télévision : 384
Territoire du vide (Le) : l'Occident et le désir du rivage, 1750-1840 : 227
Testament de William S. (Le) : 175, 182
Textyles : 194
Theorie des Roman / *Théorie du roman (La)* : 314
Things fall apart : 316
Tibre, fleuve de Rome, dans l'Antiquité, entre 414 av. J.-C. et 398 ap. J.-C. (Le) : 18

Tiers Livre (Le) : 506
Tom Sawyer : 378
Topoi : 482
Topolectes 1 : 7
Topolectes 2 : 7
Tour des horizons (Le). Critique et récits de voyage : 229-230
Tout s'effondre : 316
Trace du fleuve (La). La Seine et Paris (1750-1850) : 558
Transatlantica : 38
Transit A / Transit B : 29
Transports au Moyen Âge (Les) : 198
Traversée (La) : 35, 319-324, 328-329
Traversée de la France à la nage (La) : 542
Tristes Tropiques : 508
Trois ans en Asie : 277
Trois Écologies (Les) : 45

Un barrage contre le Pacifique : 413, 419-420, 471
Une maison sur l'eau : 129-130, 132, 139-150, 152-154
Une veuve de papier : 137-138
Un Parisien au Caire : 277, 282
Un peu de bleu dans le paysage : 30
Urban Rivers. Remaking Rivers, Cities, and Space in Europe and North America : 514-515

Valenciennes, fille de l'Escaut et de la Rhonelle : 529
Valery Larbaud. Espaces et Temps de l'Humanisme : 133
Vallée du Yangtsé et au-delà (La) : un récit de voyages en Chine, principalement dans la province de Sze Chuan et parmi les hommes du territoire de Somo : 466
Veda : 434, 439
Versant animal (Le) : 45
Vertiges du présent : 56-57
VertigO, Revue électronique en sciences de l'environnement : 523
Victorial (Le). Chronique de Don Pero Niño, comte de Buelna (1378-1453) : 114-116
Vida de los diez Emperadores Romanos, que imperaron en los tiempos de Marco Aurelio : 492
Vida del Emperador Trajano : 492
Vie de Camille : 480
Vie de Claude : 484
Vie du caïd Moha Ou Hamou : 256
Vie et dynamique d'un fleuve. La Meuse de Sedan à Maastricht (des origines à 1600) : 195-197, 200-201, 203-211
Vieille Fille (La) : 91
Vies encloses (Les) : 189-190
Vies minuscules : 511
Vies parallèles : 23, 511
Ville au bord de l'eau (La) : 558
Ville, culture, espace : 287
Ville de Huy au moyen âge (La). Des origines à la fin du XIV*e siècle* : 205
*Ville délétère (La) : médecins et ingénieurs dans l'espace urbain (*XVIII*e-*XX*e siècles)* : 531
Ville et fleuve en Asie du Sud. Regards croisés : 17
Ville et géopoétique : 49, 139-140, 159-160, 407
Ville fluviale (La) : 54, 354
Villes de la Gaule Lyonnaise (Les) : 486
Villes du symbolisme (Les) : 187
Villes et fleuves : 13
Villes et fleuves au Japon et en France : 13
Villes et fleuves de France : 15
Villes et fleuves en Europe : 13
Villes et rivières de France : 15, 48, 452
Villes invisibles (Les) : 130, 160-163
Villes tentaculaires (Les) : 187, 190
Vin de la Guerche (Le) : 497
Vinland Saga : 166-167
Visage du vent d'Est (Le). Errances asiatiques : 159
Vivre de paysage : 257
Voies d'eau, commerce et artisanat en Gaule mérovingienne : 202
Voyage au bout de la nuit : 298
Voyage de Hollande (Le) : 137, 155
Voyage en Égypte : 277
Voyage en Orient : 277, 281

Voyage en Orient (Le). Anthologie des voyageurs français dans le Levant au XIXe siècle : 277
Voyages : 132
Voyageurs et marchandises aux temps carolingiens. Les réseaux de communication entre Loire et Meuse aux VIIIe et IXe siècles : 210
Vulnérabilités environnementales : perspectives historiques : 523

Water History : 515
Widow from One Year (A) : 137

X-Files : 374

Zones humides et villes d'hier et d'aujourd'hui : des premières cités aux fronts d'eau contemporains : 527
Zygon : Journal of Religion & Science : 448

INDEX
DES RESSOURCES ÉLECTRONIQUES[1]

academia.edu : 39
archive.org : 189, 193
archivesdemontreal.ica-atom.org : 525
artpublicmontreal.ca : 529
atoo.ci : 292
avoir-alire.com : 391

beaucaire.fr : 72
books.openedition.org : 41, 47, 409
bruges-la-morte.net : 194

cairn.info : 22, 38-39, 204, 209, 465, 469
canal-u.tv : 31
classiques.uqac.ca : 428
cnrtl.fr : 342
collections.musee-mccord-stewart.ca : 531

danube-culture.org : 217
demainlaville.com : 14
docplayer.fr : 71
dumas.ccsd.cnrs.fr : 413

Ecozon@ : 38
en-attendant-nadeau.fr : 317
epistemocritique.org : 34, 382
erudit.org : 11, 21
europe1.fr : 387

fabula.org : 27-28, 30-31, 34, 38, 41, 407, 500
film-documentaire.fr : 13
franceculture.fr : 317, 364
fr.wikisource.org : 187-193

gallica.bnf.fr : 191, 520
geographie.ens.fr : 15
gerardjanichon-damien.fr : 337

hal.uca.fr : 480
halshs.archives-ouvertes.fr : 44

ieif.fr : 471
initiale.irht.cnrs.fr : 528
initiativesfleuves.org : 19
institut-geopoetique.org : 139

journals.openedition.org : 18-20, 30, 38, 41, 44, 50, 194, 227, 317, 354, 480, 483

kennethwhite.org : 27

landart-creations-sur-le-champ.ca : 14
larevuedesressources.org : 34, 404
latraversee.uqam.ca : 35
lefigaro.fr : 393
liberation.fr : 357, 462
lintervalle.blog : 214, 227
literature.green : 40, 51, 317
lithub.com : 164

maisondesecrivainsetrangers.com : 497
matheo.uliege.be : 15
memoiredelivrade.canalblog.com : 72

nodus-sciendi.net : 7
nonfiction.fr : 27, 32, 40

1 Cet index contient les noms des ressources électroniques mentionnées dans l'ouvrage.

porsoo.fr : 10, 13, 30, 187, 208-209, 234, 336, 481, 483
presseocean.fr : 499
puq.ca : 49

rachelbouvet.wordpress.com : 35, 141
researchgate.net : 21, 189, 197
revue-critique-de-fixxion-francaise-contemporaine.org : 40, 45

sankatmochan.tripod.com : 449
sciencespo.fr : 47
sflgc.org : 29, 137
sswm.info : 443

theses.univlyon2.fr : 553
tierslivre.net : 506

universalis.fr : 469

vertigo.revues.org : 523
ville.montreal.qc.ca : 520
voixauchapitre.com : 222

youtube.com : 129, 376, 451

zeenews.india.com : 450

RÉSUMÉS

Patrick VOISIN, « Prolégomènes à l'étude des villes-fleuves du monde sous le signe de Zeugma »

L'étude des villes-fleuves du monde occupe la recherche chez les historiens, les géographes et les urbanistes, en lien avec les questions écologiques : comment envisager la relation entre ville et fleuve ? Or, dans le carrefour d'études des humanités environnementales, il y a aussi la littérature avec des courants tels que la géopoétique et l'écopoétique. Mais y a-t-il unité d'objectifs et de moyens entre ces discours, ou ces derniers sont-ils sous le signe de zeugma ?

Pierre SCHOENTJES, « Petite écopoétique du fleuve chez Pierre Gascar »

L'étude transversale de l'œuvre de Gascar à partir de l'image du fleuve, appuyée par certains rapprochements avec des événements biographiques majeurs, montre que, lorsqu'il s'agit de penser un rapport à la nature, c'est toujours contre un imaginaire de l'enracinement qu'il écrit. Alors que l'attachement excessif à une terre ouvre la porte aux dérives du nationalisme, l'œuvre de Gascar adopte une perspective cosmopolite et privilégie le réseau de la mobilité et du mouvement.

Fatouma QUINTIN, « Beaucaire au fil de l'eau, au fil des lignes »

Par sa situation stratégique sur le trajet du Grand Rhône, la petite bourgade de Beaucaire, entre fleuve et mer, a acquis un grand destin de ville-fleuve. Les amours du fleuve et de la terre se traduisent par leurs liens intrinsèques et dans leurs échanges ; aussi se mesurent-ils, d'une part, par ce qu'ils s'apportent mutuellement, de l'autre, par leur disparition simultanée, sous la poussée industrielle, fossoyeuse d'un monde naturel.

Annic RIZK, « Paris au miroir de la Seine chez Balzac. Une mythologie sociale ? »

Dans le roman balzacien, la Seine acquiert une géographie symbolique, entre image de la conquête des ambitieux et gouffre où d'autres tournent le dos à la ville et à la vie. Dès lors, la Seine est-elle au cœur de la mythologie sociale balzacienne ou bien a-t-elle une existence plus poétique et imaginaire étrangère à l'urbanité ? Comment le mythe de l'Inconnue de la Seine a-t-il pu émerger et se perpétuer pour représenter les traces mystérieuses de l'histoire de cette ville-fleuve ?

Frédéric PICCO, « *La Seine* ou Ponge à l'épreuve de l'informe »

Dans *La Seine*, Ponge rencontre à un double niveau la difficulté de donner une forme satisfaisante au fleuve. Premièrement, l'existence de clichés fait obstacle à la perception, il faut donc les liquider. Vient alors le malaise : le fleuve résiste à toute représentation et à toute domestication et renvoie à une réalité crue. Ponge recourt enfin à des actes de métrise/maîtrise du fleuve, en conjuguant science et poésie, sous le patronage de Lucrèce, son modèle depuis *Le parti pris des choses*.

Valérie BORDUA, « Contre vents et marées… Bordeaux et son fleuve durant la guerre de Cent Ans »

La ville de Bordeaux a toujours suscité la convoitise des couronnes anglaise et française durant la longue guerre de Cent Ans. Le fleuve de la capitale bordelaise s'avère donc indéniablement être le centre de bien des enjeux par son triple intérêt militaire, économique et social.

Mayi VINCENT, « Amsterdam ou la "nostalgie du présent". Traversée-lecture de la ville qui avait canalisé son fleuve »

Cosmopolite, cannelée d'eau et d'histoire, Amsterdam est l'archétype de la ville-fleuve pour les écrivains qui s'immergent dans l'expérience thaumaturgique de son mouvement perpétuel, selon des itinéraires littéraires à la fois singuliers et jumeaux, sondant l'image spéculaire d'une ville d'architecture, d'eau, de lumière et de vent dont les reflets démultipliés entrelacent à l'infini l'intime et l'universel, ricochant d'un miroir à l'autre à la recherche de la gémellité perdue avec son double.

Pierre LAVIELLE, « Londres et la Tamise. Théâtre de fictions contemporaines »

Un corpus d'œuvres contemporaines, comprenant une bande dessinée, un manga ainsi que plusieurs films et séries télévisées, nous offre des conceptions singulières et variées des relations qu'entretiennent Londres et la Tamise. Le fleuve y est représenté comme un champ de bataille stratégique, un lieu propice au mystère et au crime, ainsi qu'une frontière ambivalente permettant l'évasion ou favorisant au contraire l'enfermement dans la ville.

Caterina DA LISCA, « Les villes aquatiques dans la littérature *fin-de-siècle*. Bruges, une topographie de l'âme »

La cité sur l'eau occupe une place centrale dans la production littéraire fin-de-siècle. Bien plus qu'une toile de fond ou un élément descriptif, elle concrétise l'exploitation d'un thème spécifique à la sensibilité décadente et elle témoigne de la fascination pour un espace qui suscite la rêverie et la communication entre le sujet et l'univers. Or, les petites provinces flamandes, sous les brumes du Nord, constituent la géographie privilégiée de l'âme et de l'imaginaire fin-de-siècle.

Marc SUTTOR, « Vivre la ville avec le fleuve. L'exemple des villes mosanes »

L'étude des multiples liens unissant les villes aux fleuves nécessite de s'affranchir des cloisonnements chronologiques, spatiaux, disciplinaires. Il faut observer le temps long, respecter les espaces de la nature, proposer des critères d'analyse opératoires. Ensuite, on considérera les bateaux, les techniques de navigation, les infrastructures. On abordera enfin la vie urbaine en relation avec la rivière, par la pratique de l'histoire connectée, en s'appuyant sur l'archéologie et la géographie.

Simona MODREANU, « Lettres de "mon Danube" »

Panaït Istrati, Braïla, le Danube : la conjugaison heureuse de ces trois éléments configure un espace-temps particulier, aux saveurs multiples, à la musicalité sensuelle, aux contours estompés dans les limbes de la rêverie. Les récits de Panaït Istrati structurent un univers vertigineux, riche et dangereux, captivant et inquiétant, se forgeant une langue d'expression, le français, qui, tout en gardant son identité, se laisse malmener et vivifier par des sonorités étrangères.

Farah ZAÏEM, « *Danubo* de Claudio Magris. L'Histoire et les histoires d'un fleuve »

Danube, œuvre hautement littéraire, se lit aussi comme une élégie en hommage au fleuve centre-européen et à la diversité naturelle, ethnique, linguistique, culturelle et politique de la *Mitteleuropa*, « potamologie » ou « atlas » où le fleuve a un statut multisémiotique et fonctionne comme une référence prismatique. Initialement voie et itinéraire de voyage, il se résout en une poétique de la vie qui transmue le factuel géographique et humain en un objet hautement philosophique.

Gérard CHALAYE, « Une Oum-Rbia littéraire. De Khénifra à Azemmour »

L'Oum-Rbia, second fleuve du Maroc par sa longueur, a inspiré des œuvres littéraires francophones, au cours des périodes coloniale et postcoloniale, dont la plus célèbre est peut-être *La Mère du printemps* de Driss Chraïbi. Il en est de même pour les villes et les sites que le cours d'eau traverse ou côtoie sur son parcours sinueux : Khénifra, la Kasbah de Boulaouane, Azemmour… dont les charmes et les rêves, historiques, religieux et philosophiques, peuvent nourrir un article de géopoésie.

Anna MADŒUF, « Le Caire et le Nil. Diptyque d'un paysage »

La géographie de l'Égypte a été façonnée par le Nil, figure synecdoque de l'espace égyptien. Les représentations du Caire se sont également nourries de ce modelé singulier, où le fleuve s'avère être le déterminant du dispositif narratif. Partie prenante du récit de voyage, la description panoramique du paysage cairote, élaborée depuis le Nil, pose la trame d'une image exogène convenue de la capitale et le cadre d'un exercice littéraire et stylistique en vogue tout au long du XIXe siècle.

Marcel BROU BANGAH et Théodore KANGA KONAN, « Le fleuve Bia. Une trajectoire de ville-fleuve »

Le fleuve, avant tout réalité géographique, revêt généralement une dimension littéraire, car il travaille l'imaginaire des peuples dont il charrie l'histoire et l'idéologie. Ainsi la Bia offre-t-elle des particularismes tant dans son géopositionnement que dans l'enrichissement du limon pour la création littéraire.

L'onomastique est en mesure de révéler la poéticité des noms des lieux pour dévoiler, dans une approche géopoétique, la symbolique des espaces et leurs liens avec les hommes.

Patrick VOISIN, « Un chassé-croisé entre villes et fleuves. *Les Soleils des Indépendances* d'Ahmadou Kourouma »

Le roman se déroule dans une triple spatialité : la capitale du pays, Bindia et Togobala. Il s'agit de questionner les rapports que ville et fleuve entretiennent : ville-fleuve, ville sans fleuve, fleuve sans ville. Le fleuve apparaît comme ce qui semble toujours séparer les humains, même et surtout dans une ville, mais il peut être également, loin de la ville, l'actant des retrouvailles d'un individu avec lui-même. La géographie des lieux se prolonge dans une géographie du personnage.

Inès LOUNDA KIHINDOU, « L'image du fleuve africain par temps de guerre. *La Traversée* d'Henri Djombo et *Le Cri du fleuve* de Katia Mounthault »

Le Congo, frontière ou pont entre ces deux villes fluviales que sont Brazzaville et Kinshasa, représente une garantie de survie pour les populations menacées, un moyen d'échapper à la mort. Cependant, il apparaît également comme le complice idéal pour les belligérants, puisqu'ils peuvent utiliser le fleuve comme moyen d'extermination ou de dissimulation de leurs forfaits. Voie de passage, complice, témoin, tombeau… le fleuve donne lieu à différentes représentations, parfois contradictoires.

Esther LASO Y LEÓN, « Manaus sur l'Amazone, ville d'aventures »

Comment des écrivains et un illustrateur s'emparent-ils d'un lieu réel pour en faire la scène d'un récit fictionnel ? C'est ce que Manaus permet de vérifier, en observant les relations ville-fleuve, fleuve-transport/commerce, ville-nature, et la place de l'histoire de cette ville dans les romans, sans oublier d'esquisser le profil littéraire de la ville de Manaus, fondée par les Portugais en 1669 près du lieu où le Rio Negro et le Rio Solimões deviennent l'Amazone, ville-fleuve par antonomase.

Lisa Romain et Nicolas Chrétien, « Eddy L. Harris ou la réinvention de la ville-fleuve. Le Mississippi et le "patelin" postindustriel »

À trente ans d'intervalle, l'écrivain noir américain Eddy L. Harris descend le Mississippi en canoë. Chacun de ces voyages fait l'objet d'un récit : *Mississippi Solo* (1988) et *River to the Heart* (2021). Dans l'un comme dans l'autre, l'auteur en arrive à une célébration inattendue des « patelins » fluviaux sinistrés par la désindustrialisation. Ces deux cartographies littéraires du fleuve mettent alors en évidence l'imbrication des questionnements identitaires, urbanistiques et environnementaux.

Lamia Mecheri, « New York, une ville-fleuve vue du ciel »

Le film américain *Sully* du réalisateur Clint Eastwood retrace l'incroyable amerrissage forcé et réussi du vol 1549 de l'*US Airways*, le 15 janvier 2009. Comment, à partir d'une vue en surplomb, le réalisateur fictionnalise-t-il et représente-t-il de façon verticale et inédite l'une des plus grandes villes-fleuves du monde dans son récit filmique ? Comment l'avion devient-il un élément symbolique permettant de faire l'expérience des frontières territoriales, fluviales, et fictionnelles ?

Leyla Khelalfa, « Splendeurs et misères de Bagdad, une capitale au bord du Tigre »

Les relations d'affinité qu'entretiennent la ville de Bagdad et ses deux fleuves, Tigre et Euphrate, est un sujet complexe. À l'aune de la géopoétique et de la mythanalyse, il apparaît que la relation entre la ville et ses fleuves fut de nature cosmogonique, l'eau étant le fondement sacré sur lequel la ville fut construite. Mais l'analyse écocritique d'un texte d'É. Malfatto expose la situation désastreuse actuelle à la fois de la ville et des fleuves dans une Bagdad livrée à la guerre et au chaos.

Manon Serrano, « L'interdépendance de Saïgon, Sadec et du Mékong dans *L'Amant* de Marguerite Duras »

Alors que tout semble opposer Sadec et Saïgon dans *L'Amant* de Marguerite Duras, le traversée du Mékong se revèle unificatrice. L'auteure pense cette vallée comme un nouvel espace romanesque : le fleuve est d'abord une passerelle physique qui relie Sadec à Saïgon, mais celles-ci ne peuvent subsister sans le Mékong et la narratrice. Impétueux, menaçants, séduisants, c'est ainsi que Marguerite Duras décrit les flots de ce fleuve ouvert vers le monde et l'ailleurs.

Johan KRIEG et Émilie CRÉMIN, « Le Gange à Varanasi. Controverses autour de la pollution d'un fleuve "sacré" »

L'incapacité des autorités étatiques à faire face à la pollution croissante du Gange a conduit le chef d'un des temples les plus importants de Varanasi (Inde du Nord) à créer l'O.N.G. *Sankat Mochan Foundation.* Il convient d'examiner les solutions envisagées par ce responsable religieux pour protéger le fleuve, les légitimations qu'il tire de l'enseignement de l'hindouisme sur la nature et la façon dont il harmonise les premières et les secondes au nom de son autorité religieuse.

Claude TUDURI, « La part du fleuve à Chongqing. Une approche poétique de l'espace urbain »

La part du fleuve, celle du Yangtsé et du Jialing, à Chongqing (Chine), ville-montagne, permet d'interroger les enjeux et les significations de son développement spectaculaire depuis 40 ans : les effets de ses ponts uniques au monde et du Barrage des Trois Gorges sur la vie des Chongqinois, la symbolique de l'eau, du commerce et des rêves d'harmonie face à la nature indomptable, et, enfin, la présence déclinante mais tutélaire des « hommes du fleuve », les *bang-bang*, au cœur de la ville.

Hélène MOREAU, « Des villes, des fleuves et des îles à Rome et dans le monde romain »

Les îlots qui ponctuent les cours d'eau sont une composante singulière du paysage des villes-fleuves. Situés au milieu des eaux, ils n'appartiennent à aucune rive, mais, en dépit des contraintes techniques, les Romains n'ont cessé de tenter d'aménager, structurer, maîtriser ces lambeaux de terres fragiles au statut incertain. Les villes qui, comme Rome, Lutèce, Antioche, ou encore *Augusta Emerita*, ont pris possession de ces îlots, leur ont offert des rôles multiples et contrastés.

Isabelle BERNARD, « Patrick Deville et les villes-fleuves du monde. Une histoire d'art et d'eau »

Les villes-fleuves devilliennes sont des points d'ancrage et d'encrage pour l'auteur, le dépaysement étant une donnée cardinale de son écriture. C'est une histoire d'art et d'eau qui fonde sa littérature voyageuse, Deville s'adonnant à la contemplation des paysages fluviaux avec son carnet de route tel le peintre avec ses couleurs. Mais l'écrivain-voyageur envisage de plus en plus les enjeux environnementaux dans ses romans à la fois autobiographiques, poétiques et foncièrement écologiques.

Laëtitia DEUDON, « Villes-fleuve de l'Escaut et du Saint-Laurent. Les temps de l'eau entre métamorphose et imaginaire »

Les villes-fleuve de la vallée de l'Escaut (France et Belgique) et de la vallée laurentienne (Canada) sont-elles représentatives des villes-fleuve du monde ? L'approche géo-historique comparée permet de voir comment leurs dynamiques d'évolution sont caractéristiques de grands temps de l'eau. Et, entre géocritique et écocritique, l'enjeu est de cerner l'évolution des rapports ville/fleuve à travers l'analyse des métamorphoses paysagères mais aussi des représentations culturelles du fleuve.

Marinella TERMITE, « Filets d'eau pour des villes "durables". Les hypothèses de Salim Bachi et Pierre Patrolin »

Élément naturel capable de détruire et/ou de bâtir un écosystème, l'eau configure une déclinaison possible de la ville dans l'écriture de l'extrême contemporain où la notion de liquide en amplifie les conditions d'instabilité. Il s'agit d'étudier les mécanismes de flux et de reflux – qui recréent l'urbain – pour mettre à l'épreuve du littéraire la notion de ville-fleuve et saisir ainsi la spécificité d'une écriture fluviale qui se ferait fractale pour dire la quête d'un espace durable.

Aimé EYENGUÉ, « Épilogue aux villes-fleuves du monde. La ville est comme le fleuve »

L'eau c'est la vie. Et l'eau a donné de la vie à la ville. C'est cette réalité vivante et fluviatile qui peut recevoir le nom de « fleuvitude », concept pouvant être défini comme étant l'art de l'équilibre dans l'ordre des choses : l'équilibre entre l'homme et son environnement par la symétrie de l'eau. Ne pouvant pas avoir un fleuve à tout coin de rue, l'homme moderne s'est représenté le fleuve à sa manière. Or, la France n'est-elle pas le territoire par excellence de la « fleuvitude » ?

TABLE DES MATIÈRES

Patrick Voisin
Hommage au professeur Bi Kacou Parfait Diandué
(1973-2019) 7

Patrick Voisin
Prolégomènes à l'étude des villes-fleuves du monde
sous le signe de Zeugma 9

Pierre Schoentjes
Petite écopoétique du fleuve chez Pierre Gascar 53

VILLES-FLEUVES DE FRANCE

Fatouma Quintin
Beaucaire au fil de l'eau, au fil des lignes 69

Annie Rizk
Paris au miroir de la Seine chez Balzac.
Une mythologie sociale ? 83

Frédéric Picco
La Seine ou Ponge à l'épreuve de l'informe 97

Valérie Bordua
Contre vents et marées…
Bordeaux et son fleuve durant la guerre de Cent Ans 111

VILLES-FLEUVES D'EUROPE

Mayi VINCENT
Amsterdam ou la « nostalgie du présent ».
Traversée-lecture de la ville qui avait canalisé son fleuve 129

Pierre LAVIELLE
Londres et la Tamise.
Théâtre de fictions contemporaines 165

Caterina DA LISCA
Les villes aquatiques dans la littérature *fin-de-siècle*.
Bruges, une topographie de l'âme 185

Marc SUTTOR
Vivre la ville avec le fleuve.
L'exemple des villes mosanes 195

Simona MODREANU
Lettres de « mon Danube » 213

Farah ZAÏEM
Danube de Claudio Magris.
L'Histoire et les histoires d'un fleuve 229

VILLES-FLEUVES D'AFRIQUE

Gérard CHALAYE
Une Oum-Rbia littéraire.
De Khénifra à Azemmour 253

Anna MADŒUF
Le Caire et le Nil.
Diptyque d'un paysage 275

Marcel Brou Bangah
et Théodore Kanga Konan
Le fleuve Bia. Une trajectoire de ville-fleuve 287

Patrick Voisin
Un chassé-croisé entre villes et fleuves.
Les Soleils des Indépendances d'Ahmadou Kourouma 297

Inès Lounda Kihindou
L'image du fleuve africain par temps de guerre.
La Traversée d'Henri Djombo et *Le Cri du fleuve*
de Katia Mounthault 319

VILLES-FLEUVES D'AMÉRIQUE

Esther Laso y León
Manaus sur l'Amazone, ville d'aventures 335

Lisa Romain et Nicolas Chrétien
Eddy L. Harris ou la réinvention de la ville-fleuve.
Le Mississippi et le « patelin » postindustriel 355

Lamia Mecheri
New York, une ville-fleuve vue du ciel 381

VILLES-FLEUVES D'ASIE

Leyla Khelalfa
Splendeurs et misères de Bagdad,
une capitale au bord du Tigre 397

Manon Serrano
L'interdépendance de Saïgon, Sadec et du Mékong
dans *L'Amant* de Marguerite Duras 413

Johan KRIEG et Émilie CRÉMIN
Le Gange à Varanasi.
Controverses autour de la pollution d'un fleuve « sacré » 431

Claude TUDURI
La part du fleuve à Chongqing.
Une approche poétique de l'espace urbain 451

VILLES-FLEUVES DU MONDE EN DIALOGUE

Hélène MOREAU
Des villes, des fleuves et des îles
à Rome et dans le monde romain 479

Isabelle BERNARD
Patrick Deville et les villes-fleuves du monde.
Une histoire d'art et d'eau 495

Laëtitia DEUDON
Villes-fleuve de l'Escaut et du Saint-Laurent.
Les temps de l'eau entre métamorphose et imaginaire 513

Marinella TERMITE
Filets d'eau pour des villes « durables ».
Les hypothèses de Salim Bachi et Pierre Patrolin 535

Aimé EYENGUÉ
Épilogue aux villes-fleuves du monde.
La ville est comme le fleuve 549

Remerciements 559

Index des auteurs 561

Index des œuvres 573

Index des ressources électroniques 587

Résumés 589

Achevé d'imprimer par Corlet,
Condé-en-Normandie (Calvados),
en Avril 2023
N° d'impression : 180380 - dépôt légal : Avril 2023
Imprimé en France

Achevé d'imprimer par Corlet,
Condé-en-Normandie (Calvados),
en Avril 2023
N° d'impression : 180380 - dépôt légal : Avril 2023
Imprimé en France